38
39
40
41
42
43
44
45
46
47
48
49
50
51
52
53
54
55

PETER UND INGRID SCHÖNFELDER

Die Kosmos Mittelmeer—flora

KOSMOS

Die Kosmos-Mittelmeerflora

Vorwort 9
Einführung – Hinweise zum Gebrauch des Buches 10
Klima 13
Lebensformen 14
Vegetationsstufen 15
Die wichtigsten Lebensgemeinschaften 16
Botanische Fachausdrücke in Zeichnungen . 28
Schlüssel zur Bestimmung der Pflanzenfamilien 32
Abkürzungen und Symbole 51

Die Familien der Mittelmeerflora

Equisetaceae Schachtelhalmgewächse, *Isoëtaceae* Brachsenkrautgewächse, *Marsileaceae* Kleefarngewächse, *Polypodiaceae* s. l. Tüpfelfarngewächse 52
Selaginellaceae Moosfarngewächse 56
Cupressaceae Zypressengewächse 58
Ephedraceae Meerträubelgewächse 60
Pinaceae Kieferngewächse 62
Acanthaceae Akanthusgewächse, *Aceraceae* Ahorngewächse 66
Aizoaceae Eiskrautgewächse, *Amaranthaceae* Fuchsschwanzgewächse 68
Anacardiaceae Sumachgewächse 70
Apiaceae (Umbelliferae) Doldenblütler 72
Apocynaceae Hundsgiftgewächse 84
Aristolochiaceae Osterluzeigewächse 86
Asclepiadaceae Seidenpflanzengewächse . . 88
Asteraceae, Asteroideae Röhrenblütige Korbblütler 90
Asteraceae, Cichorioideae Zungenblütige Korbblütler 126
Berberidaceae Berberitzengewächse, *Betulaceae* Birkengewächse, *Boraginaceae* Raublattgewächse 136
Brassicaceae (*Cruciferae*) Kreuzblütler 146
Buxaceae Buchsbaumgewächse, *Cactaceae* Kakteen 156
Caesalpiniaceae Johannisbrotgewächse, *Campanulaceae* Glockenblumengewächse 158
Capparaceae Kaperngewächse 162
Caprifoliaceae Geißblattgewächse, *Caryophyllaceae* Nelkengewächse 164
Celastraceae Spindelstrauchgewächse 170
Chenopodiaceae Gänsefußgewächse 172
Cistaceae Zistrosengewächse 174
Cneoraceae Zwergölbaumgewächse 180
Convolvulaceae Windengewächse 182
Coriariaceae Gerberstrauchgewächse, *Corylaceae* Haselnussgewächse 184
Crassulaceae Dickblattgewächse 186
Cucurbitaceae Kürbisgewächse, *Cynomoriaceae* Hundskolbengewächse, *Datiscaceae* Scheinhanfgewächse 188
Dipsacaceae Kardengewächse 190
Ericaceae Heidekrautgewächse 192
Euphorbiaceae Wolfsmilchgewächse 194
Fabaceae (Papilionaceae) Schmetterlingsblütler 200
Fagaceae Buchengewächse 238
Frankeniaceae Frankeniengewächse, *Gentianaceae* Enziangewächse 242
Geraniaceae Storchschnabelgewächse 244
Gesneriaceae Gesneriengewächse, *Globulariaceae* Kugelblumengewächse, *Hamamelidaceae* Hamamelisgewächse, *Hypericaceae (Guttiferae)* Johanniskrautgewächse 246
Lamiaceae (Labiatae) Lippenblütler 248
Lauraceae Lorbeergewächse, *Lentibulariaceae* Wasserschlauchgewächse, *Linaceae* Leingewächse 270
Loranthaceae Mistelgewächse 272
Lythraceae Weiderichgewächse, *Malvaceae* Malvengewächse 274
Moraceae Maulbeergewächse, *Myrtaceae* Myrtengewächse, *Oleaceae* Ölbaumgewächse 278
Orobanchaceae Sommerwurzgewächse, *Oxalidaceae* Sauerkleegewächse 280
Paeoniaceae Pfingstrosengewächse, *Papaveraceae* Mohngewächse 282
Plantaginaceae Wegerichgewächse 286
Platanaceae Platanengewächse, *Plumbaginaceae* Bleiwurzgewächse 288
Polygalaceae Kreuzblumengewächse, *Polygonaceae* Knöterichgewächse 292
Primulaceae Primelgewächse 294

Punicaceae Granatapfelgewächse, *Rafflesiaceae* Schmarotzerblumengewächse, *Ranunculaceae* Hahnenfußgewächse 298
Resedaceae Resedengewächse, *Rhamnaceae* Kreuzdorngewächse 306
Rosaceae Rosengewächse 308
Rubiaceae Rötegewächse 312
Rutaceae Rautengewächse, *Santalaceae* Sandelholzgewächse 316
Saxifragaceae Steinbrechgewächse, *Scrophulariaceae* Rachenblütler (heute teilweise zu *Plantaginaceae* gestellt) 318
Solanaceae Nachtschattengewächse 330
Styracaceae Styraxgewächse, *Tamaricaceae* Tamariskengewächse 334
Theligonaceae Hundskohlgewächse, *Thymelaeaceae* Seidelbastgewächse 336
Ulmaceae Ulmengewächse, *Urticaceae* Brennnesselgewächse 338
Valerianaceae Baldriangewächse 340
Verbenaceae Eisenkrautgewächse 342
Violaceae Veilchengewächse, *Zygophyllaceae* Jochblattgewächse 344
Agavaceae Agavengewächse, *Alismataceae* Froschlöffelgewächse, *Amaryllidaceae* Narzissengewächse 346
Araceae Aronstabgewächse 350
Arecaceae (Palmae) Palmen, *Cyperaceae* Sauergräser 354
Dioscoreaceae Schmerwurzgewächse, *Iridaceae* Schwertliliengewächse 356
Juncaceae Binsengewächse 360
Liliaceae s. l. Liliengewächse 362
Orchidaceae Orchideen 382
Poaceae (Gramineae) Süßgräser 400
Posidoniaceae Neptungrasgewächse, *Typhaceae* Rohrkolbengewächse 410

Die Familien der Nutz- und Zierpflanzen

Araucariaceae Araukariengewächse, *Cycadaceae* Palmfarngewächse, *Acanthaceae* Akanthusgewächse, *Actinidiaceae* Strahlengriffelgewächse, *Aizoaceae* Eiskrautgewächse 412
Anacardiaceae Sumachgewächse, *Apocynaceae* Hundsgiftgewächse 414
Araliaceae Araliengewächse, *Asclepiadaceae* Seidenpflanzengewächse, *Asteraceae* Korbblütler, *Basellaceae* Schlingmeldengewächse 416
Bignoniaceae Trompetenbaumgewächse, *Bombacaceae* Wollbaumgewächse, *Caesalpiniaceae* Johannisbrotgewächse 418
Casuarinaceae Kasuarinengewächse 420
Celastraceae Spindelstrauchgewächse, *Convolvulaceae* Windengewächse, *Crassulaceae* Dickblattgewächse, *Cucurbitaceae* Kürbisgewächse, *Ebenaceae* Ebenholzgewächse 422
Elaeagnaceae Ölweidengewächse, *Euphorbiaceae* Wolfsmilchgewächse, *Fabaceae* Schmetterlingsblütler 424
Lamiaceae Lippenblütler, *Lauraceae* Lorbeergewächse, *Malvaceae* Malvengewächse 426
Meliaceae Zedrachgewächse, *Mimosaceae* Mimosengewächse 428
Moraceae Maulbeergewächse 430
Myoporaceae Drüsenpflanzengewächse 432
Myrtaceae Myrtengewächse, *Nyctaginaceae* Wunderblumengewächse 434
Oleaceae Ölbaumgewächse, *Passifloraceae* Passionsblumengewächse, *Pedaliaceae* Sesamgewächse 436
Phytolaccaceae Kermesbeerengewächse, *Pittosporaceae* Klebsamengewächse, *Platanaceae* Platanengewächse, *Plumbaginaceae* Bleiwurzgewächse, *Polygalaceae* Kreuzblumengewächse 438
Proteaceae Proteusgewächse, *Punicaceae* Granatapfelgewächse, *Rosaceae* Rosengewächse, *Rutaceae* Rautengewächse 440
Scrophulariaceae Rachenblütler, *Simaroubaceae* Bittereschengewächse 442
Solanaceae Nachtschattengewächse 444
Sterculiaceae Sterkuliengewächse, *Verbenaceae* Eisenkrautgewächse, *Vitaceae* Weinrebengewächse 446
Agavaceae Agavengewächse, *Arecaceae* Palmen 448
Liliaceae s. l. Liliengewächse, *Musaceae* Bananengewächse, *Poaceae* Süßgräser 450

Literaturauswahl 452
Register 454

Vorwort

Die „Kosmos Mittelmeerflora" erschien erstmals 1984 und wurde 2008 völlig neu bearbeitet, neu bebildert und die Zahl der aufgenommenen und abgebildeten Arten mehr als verdoppelt. Nach dem unerwarteten Tod von Prof. Dr. Peter Schönfelder im Jahr 2020 hat sein Schüler Ralf Jahn die Aktualisierung und Bearbeitung des Buches übernommen.

In der vorliegenden aktualisierten Auflage wurde die Nomenklatur dem neuesten Stand internationaler Datenbanken umfangreich angepasst. Viele neue Zuordnungen zu Arten, Gattungen und Familien ergeben sich aus molekulargenetischen Untersuchungen der letzten Zeit. Wegen der alphabetischen Anordnung des Buches wurden sie oft in Klammern gesetzt.

Zahlreiche Reisen von der Algarve bis zur Türkei und bis Zypern, von Südfrankreich bis Tunesien und Marokko haben Peter und Ingrid Schönfelder die Flora des Mittelmeergebietes nähergebracht. Besonders begeistert haben sie die Floren der Inseln mit ihren Endemiten, von den Balearen, Korsika, Sardinien, Sizilien und Malta bis Korfu, Kreta, Rhodos und Zypern, von denen allerdings immer nur eine kleine Auswahl abgebildet werden konnte.

Auch wenn die vielen Millionen Touristen in den Ländern rund um das Mittelmeer oft „nur" das warme Klima und die langen Strände suchen, und wenn sie Pflanzen wahrnehmen, meist nur die auffälligen Zierpflanzen der Hotelanlagen und Orte, so hat die Zahl der Naturliebhaber doch zugenommen, die im Mittelmeergebiet wandern und sich für die Vielfalt der mediterranen Pflanzenwelt interessieren. Zwar haben die ständig wachsenden Tourismus-Anlagen in den letzten drei Jahrzehnten gerade in Küstennähe sehr viel Natur unwiederbringlich zerstört, aber man findet immer noch naturnahe Strandabschnitte, Macchien und Garigues, Felsfluren und Wälder. Auch bei den vielen Zeugnissen der zum Teil jahrtausendealten Kulturen kann man manche interessante Blütenpflanze zwischen griechischen und römischen Ruinen oder mittelalterlichen Mauern antreffen. Das Kulturland, vor allem die früher extensiv bewirtschafteten Ölbaumhaine, ist – genauso wie die Felder in Mitteleuropa – artenärmer geworden, und man muss nach artenreicheren Beständen heute suchen. Die weit verbreitete Herbizidanwendung in den oft bewässerten Ölbaumkulturen ist im Frühjahr immer wieder erschreckend.

Die Vielfalt der Flora ist mit über 24 000 Arten in den Ländern rund um das Mittelmeer beträchtlich, allein für die Iberische Halbinsel rechnet man heute mit etwa 7700, für Italien mit 6700, für Griechenland mit 5700, jeweils einschließlich der Inseln, und für die Türkei mit 9200 Arten. Viele von ihnen kommen nur in kleinen oder kleinsten Gebieten und in den Gebirgen vor. So stellen die über 1600 in diesem Buch beschriebenen und über 1200 abgebildeten Arten auch weiterhin nur eine Auswahl dar. Aber die häufigeren Pflanzen, wird der Interessierte hier wiederfinden und bestimmen können. Gelegentlich allerdings wird er auf eine Pflanze stoßen, die hier nicht abgebildet ist, und damit „Neues" entdecken, so wie es Peter und Ingrid Schönfelder bei jeder Reise irgendwo im Mittelmeergebiet erging.

Gewöhnliches Steckenkraut *Ferula communis* zwischen antiken Säulen in Delphi (Griechenland)

Einführung – Hinweise zum Gebrauch des Buches

Auswahl der Arten

Unser Anliegen ist es, in diesem Buch einen möglichst gleichmäßigen Querschnitt durch alle Pflanzenfamilien zu geben, von den Farnen bis zu den Orchideen, und dabei die attraktiven ebenso zu berücksichtigen wie die unscheinbaren, wie zum Beispiel die Gräser. Im Vordergrund stehen die weit verbreiteten Arten, die im ganzen Mittelmeergebiet vorkommen, daneben aber auch charakteristische Vertreter, die nur in Teilbereichen, sei es im Westen oder Osten anzutreffen sind, schließlich beispielhaft auch auf kleine Gebiete beschränkte Arten („Endemiten") z. B. der Balearen, Korsikas oder Kretas. Der Schwerpunkt liegt auf den Sippen der immergrünen, mediterranen Stufe, daneben werden auch eine größere Anzahl von Arten der sommergrünen submediterranen Stufe berücksichtigt, aber nur einzelne der mediterranen Gebirgsvegetation. Auf die Wiedergabe von Arten, die auch in den deutschen Floren enthalten und damit in entsprechenden Büchern abgebildet sind, wird meist zugunsten möglichst vieler charakteristischer Arten des Mittelmeerraumes verzichtet. Deshalb kann auch eine deutsche Flora im Reisegepäck zusätzlich nützlich sein.

Anordnung der Familien

Sie erfolgt alphabetisch nach den wissenschaftlichen Namen der Familien, Gattungen und Arten, da die Meinungen über die Verwandtschaftsverhältnisse durch viele neue Erkenntnisse der systematischen Forschung mit molekularen Methoden heute noch einem ständigen Wechsel unterliegen. Die Hauptgruppen der Farnpflanzen, Nacktsamer, Zweikeimblättrigen und Einkeimblättrigen werden in getrennten Abschnitten dargestellt und mit Farbbalken in der Kopfzeile gekennzeichnet: grün, braun, gelb und rot, blau schließlich die Nutz- und Zierpflanzen.

Benennung der Familien, Gattungen und Arten

Die Nomenklatur der wissenschaftlichen Namen richtet sich weitgehend nach den Datenbanken Euro+Med und Plants of the World online (siehe Literaturverzeichnis), in Einzelfällen auch nach neueren Landesfloren, wie der Flora Hellenica oder der Flora Iberica, oder einzelnen Monografien. In diesen Werken werden manche Gattungen und Arten in ihrem Umfang neu gefasst, teilweise in mehrere Gattungen bzw. Arten aufgespalten, teilweise kehrt die Benennung aber auch zu schon vor Jahrzehnten gebräuchlichen Namen zurück. So weit es der Platz erlaubt, werden früher in entsprechenden Büchern verwendete Namen als Synonyme in Klammern angegeben, gegebenenfalls finden sich in Klammern selten auch neuere Namen, die wir hier (noch) nicht akzeptieren. Die Nomenklatur der Korbblütler *Asteraceae* folgt überwiegend der Euro+Med Pflanzen-Datenbank im Internet (http://ww2.bgbm.org/EuroPlusMed). Bei den Orchideen wurden in den letzten beiden Jahrzehnten zahlreiche, kleinräumig verbreitete Sippen oft im Artrang beschrieben. Wir übernehmen hier überwiegend die Nomenklatur von Baumann et al. (2006), die ebenso wie Kreutz (2004) viele nahe verwandte Sippen als Unterarten zusammenfassen. Eine Reihe von Arten der Gattung *Orchis* wird aufgrund neuerer Untersuchungen in Zukunft wohl zu den Gattungen *Anacamptis* und *Neotinea* gestellt werden müssen (Kretzschmar, Eccarius & Dietrich 2007), eine Erkenntnis, der wir uns aus praktischen Gründen hier noch nicht anschließen. Die Benennung der Familien erfolgt konservativ, die neue Zuordnung verschiedener Gattungen zu anderen Familien aufgrund molekularer Untersuchungen wird hier noch nicht durchgeführt, wie z. B. bei einer Anzahl von Gattungen der *Scophulariaceae* zu den *Plantaginaceae*. Die *Polypodiaceae* und die *Liliaceae* im weiteren Sinn werden noch im Zusammenhang dargestellt, auch wenn sie nach heutiger systematischer Auffassung in eine Vielzahl von Familien aufgespalten werden, über deren Abgrenzung und Bezeichnung noch unterschiedliche Meinungen herrschen. Die Namen dieser Familien werden bei den einzelnen Gattungen aber in Klammern angeführt. Die Benennung der Zierpflanzen erfolgt überwiegend nach der European Garden Flora. Die Angabe des oder der Autoren ist für die wissenschaftlich eindeutige Identifizierung einer Art notwendig.

Deutsche Namen

Die deutschen Namen haben wir – so weit vorhanden – von älteren deutschsprachigen Büchern über die Mittelmeerflora übernommen oder von den wissenschaftlichen Namen abgeleitet, seltener auch nach einer charakteristischen Eigenschaft der betreffenden Pflanze neu gebildet.

Bestimmung der Pflanzen

Für das Auffinden einer Pflanze in diesem Buch gibt es mehrere Möglichkeiten: Zunächst kann man mit den Beispielfotos in den Klappen oder dem Inhaltsverzeichnis zu einer Familie gelangen und dann entsprechend weiterblättern und vergleichen. Falls man schon eine Vermutung hat, sucht man über das Register der wissenschaftlichen und deutschen Namen (S. 454) eine bestimmte Familie, Gattung oder Art auf. Ohne Vorkenntnisse kann man mit dem Bestimmungsschlüssel (S. 32) die Familie ermitteln und sich dabei gleichzeitig ihre wichtigsten Merkmale erarbeiten, wobei die Detailfotos hilfreich sind. Schließlich kommt man durch Vergleich mit den Fotos und zugehörigen Textbeschreibungen sicher zu 1136 im Mittelmeergebiet heimischen Arten und kann rund 380 weitere Arten mit hoher Wahrscheinlichkeit ansprechen.

Gliederung der Artbeschreibungen

Am Anfang jedes Textes stehen Angaben zur Größe. Bei den Blütezeiten wurde eine mittlere Schwankung und Dauer berücksichtigt, im äußersten Süden kann der erste Beginn der Blüte noch eher und an der Nordgrenze sowie in größerer Höhe der Anfang und das Ende der Blütezeit noch später liegen. Die üblichen Zeichen der Lebensformen werden auf S. 51 erklärt.
Merkmale Die Beschreibung beginnt mit dem Aufbau des Sprosses und seiner Beblätterung. Es folgen Angaben zu Blütenstand, Blüte und Frucht. Besonderer Wert wurde dabei auf solche Merkmale gelegt, die zur Unterscheidung von verwandten, eventuell unter „Weitere Arten" erwähnten Pflanzen herangezogen werden können. Bei der ersten Art einer Gattung werden ihre Merkmale oft ausführlicher beschrieben, bei den folgenden nur wichtige Unterschiede genannt. In diesem Abschnitt finden sich auch Hinweise auf die Gliederung in Unterarten oder die Bedeutung als Nutz- oder Heilpflanze. Die verwendeten Fachausdrücke werden auf den Seiten 28–31 mit schematischen Abbildungen erläutert.
Vorkommen Die hier aufgeführten mediterranen Vegetationstypen, wie Macchie oder Garigue usw. werden auf den Seiten 14–27 dargestellt. Die Verbreitung im Mittelmeergebiet wird in einem Kärtchen gezeigt (siehe unten). Vorkommen außerhalb des Mittelmeerraumes werden auch im Text nicht erwähnt, mit Ausnahme des gelegentlichen Vordringens bis Mitteleuropa. Zahlreiche, besonders einjährige Arten der Mittelmeerflora sind heute in den Regionen mit mediterranem Klima weltweit von Kalifornien bis Australien und Neuseeland eingebürgert.
Weitere Arten Hier werden weitere, meist ähnliche Arten mit ihren Merkmalen aufgeführt. Soweit sie abgebildet sind, findet sich am Rand die Ziffer des Fotos und ein fett gedruckter deutscher Name. Die Verbreitungsangaben folgen in Klammern. Blütezeit und Standort werden nur dann genannt, wenn sie wesentlich von der vorhergehenden Art abweichen.

Verbreitungskärtchen

Die Verbreitung der Hauptarten wird in Kärtchen dargestellt, mit jeweils einem Punkt für Vorkommen in den größeren Ländern und Inseln. Kleinere Länder wurden zusammengefasst, so Sizilien mit Malta, die Staaten der nord-

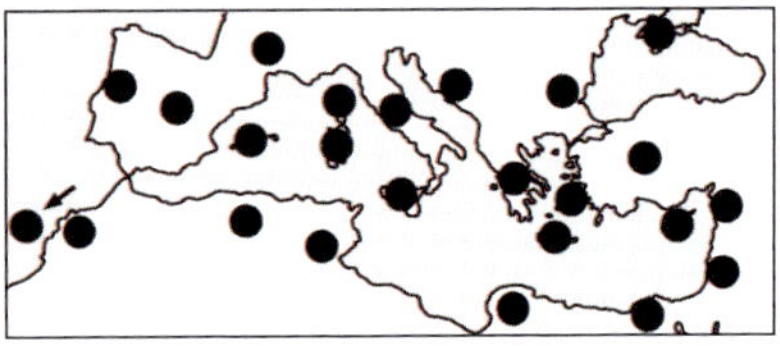

westlichen Balkanhalbinsel: Slowenien, Kroatien, Bosnien-Herzegowina, Serbien, Montenegro, Kosovo, Albanien und Mazedonien, außerdem Syrien mit Libanon sowie Israel mit Jordanien. Ein Punkt wurde auch eingetragen, wenn die Art in einem Gebiet nur verwildert und eingebürgert vorkommt, dies wird im Text unter „Vorkommen“ angemerkt. Am SW-Rand der Karte wurde gegebenenfalls auch ein Punkt für Vorkommen auf den Kanarischen Inseln eingetragen, da hier viele Beziehungen zur Mittelmeerflora bestehen. Manche dieser Arten sind dort allerdings nicht ursprünglich, in vielen Fällen ist der Status noch nicht ausreichend geklärt. Während viele Arten im gesamten Mittelmeergebiet (siehe Karte) vorkommen, sind andere auf das westliche Mittelmeergebiet, d. h. die Iberische Halbinsel, meist auch Teile Nordwestafrikas und Südfrankreichs beschränkt. Auf die Apenninhalbinsel greifen sowohl westmediterrane als auch ostmediterrane Arten über, während die Zahl der zentralmediterranen geringer ist, deren Verbreitungsgebiet Italien und meist auch die umliegenden Inseln einschließt. Die Areale der zahlreichen ostmediterranen Arten können recht unterschiedlich sein, teilweise umfassen sie nur die südliche Balkanhalbinsel, oft bis zu den ostägäischen Inseln, teilweise reichen sie aber auch über die Türkei oder Zypern bis nach Israel und Nordägypten.

Naturschutz

In den meisten Ländern am Mittelmeer gibt es heute eine mehr oder weniger umfangreiche Naturschutzgesetzgebung mit der Ausweisung von Naturschutzgebieten, Nationalparks und Naturparks (mit wesentlich geringerer Schutzfunktion). Rote Listen gefährdeter Pflanzen existieren beispielsweise für Spanien und Griechenland mit umfangreichen Informationen über diese Arten (Bañares Baudet & al. 2003, Phitos & al. 2009). Auch durch die deutsche Bundesartenschutzverordnung sind eine Reihe seltener Arten des Mittelmeerraumes geschützt, ebenso durch europäische (FFH) und internationale Regelungen (CITES).

Das Hauptproblem aber ist nach wie vor der fortschreitende Ausbau der touristischen Infrastruktur an vielen für die Urlauber interessanten Küsten ohne Rücksicht auf die Reste unversehrter Natur. So haben hier die naturnahen Bereiche in einigen Mittelmeerländern deutlich abgenommen und schrumpfen noch ständig weiter. Gerade dort kommen aber manche der interessanten Endemiten vor, die zu ihrer Erhaltung auf intakte Lebensgemeinschaften angewiesen sind. Eine weitere Bedrohung für die Natur bildet in großen Bereichen die Überweidung durch Schafe und Ziegen, die

Am Peñón d'Ifach (Prov. Valencia, Spanien) mit vielen interessanten Arten wird heute der Versuch unternommen, Naturschutz und Tourismus in Einklang zu bringen (Foto 1973)

die bereits in der Antike begonnene Degradation der Vegetation von Wäldern über Macchien und Garigues bis zu Felsfluren immer weiter fortgesetzt. Einige seltene Arten kann auch der Pflanzenliebhaber gefährden, wenn er rücksichtslos sammelt und fotografiert. Neben den durch nationale und internationale Gesetze geschützten Arten sollte der wahre Naturfreund alle Pflanzen schützen, ganz besonders aber, wenn er erkennt, dass diese selten sind.

Klima

Das Vorkommen der Mittelmeerflora ist wesentlich abhängig vom typischen Mittelmeerklima. So wird es – ebenso wie die Verbreitung charakteristischer Pflanzenarten und Formationen – zur Abgrenzung des Mittelmeerraumes herangezogen. Wir wollen seine Grundzüge deshalb zunächst kurz darstellen:

Die Niederschläge entsprechen in ihrer Summe mit etwa (400–)500–900 mm pro Jahr durchaus weiten Bereichen Mitteleuropas (zum Vergleich: Stuttgart 680 mm, Hamburg 710 mm, München 950 mm). Die Unterschiede sind allerdings vom feuchteren Westen und von Gebieten im Regenstau der Gebirge bis zum Süd- und Ostrand des Mittelmeergebietes recht groß. Ganz anders als in Mitteleuropa ist dagegen die Verteilung der Niederschläge: Während sie bei uns das ganze Jahr über fallen, mit einem deutlichen Maximum im Sommer, konzentrieren sie sich dort auf das Winterhalbjahr, etwa von Oktober bis April. Die Sommermonate sind trocken, Juli und August können fast vollständig niederschlagsfrei sein. Das zeigt auch das Diagramm der Niederschlagsverteilung (oben), in dem der Jahresgang von Athen und Barcelona mit Stuttgart verglichen wird. Insgesamt ist die Kurve von Barcelona mit jährlich 600 mm wesentlich höher als die von Athen (380 mm Jahresdurchschnitt), das Maximum liegt in Barcelona bereits zu Beginn des Winterhalbjahres im Oktober, in Athen dagegen im Dezember. Die Kurve von Stuttgart veranschaulicht den typisch

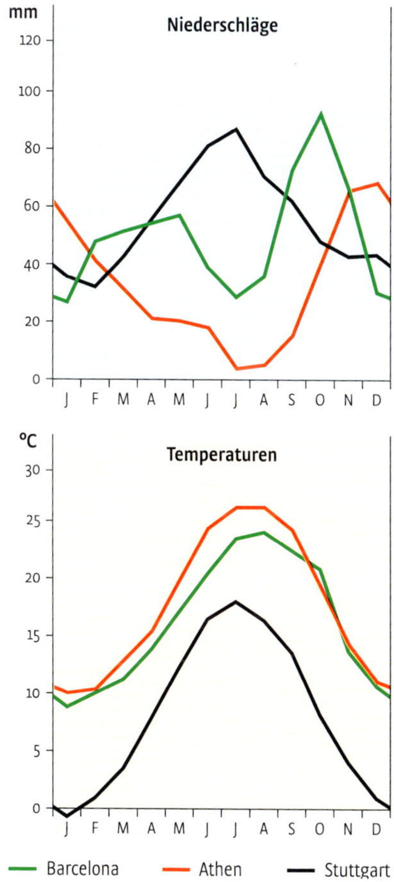

Jahresgang der Niederschläge (oben) und der Temperaturen (unten).

mitteleuropäischen Verlauf mit einem Niederschlagsmaximum im Hochsommer.

Der Temperaturverlauf bildet das zweite wichtige Kennzeichen des Mittelmeerklimas: Der Winter ist mild, die Durchschnittswerte der Temperatur liegen auch im kältesten Monat Januar meist zwischen 5° und 10 °C. Kurze Frostperioden treten in Meeresnähe regelmäßig nur im nördlichen Mittelmeergebiet auf, im Süden fehlen sie fast völlig. Auch im Sommer sind die Durchschnittswerte wesentlich höher

als bei uns in Mitteleuropa, die Tagesmaxima der Lufttemperatur können im Juli und August oft 30 °C überschreiten, die Bodentemperaturen offener Standorte steigen dann bis auf etwa 70 °C. Vergleicht man die Kurve der Monatsmittelwerte der Temperatur (unten), so haben alle drei Kurven ihr Maximum im Juli/August, die von Athen liegt allerdings deutlich über der von Barcelona und im Durchschnitt fast um 10 °C über der von Stuttgart.
Dieser typisch mediterrane Klimaverlauf mit feuchtgemäßigten Wintern und trockenheißen Sommern ist dadurch bedingt, dass im Winter die von Island zum europäischen Kontinent ziehenden Tiefdruckgebiete weit nach Süden ins Mittelmeergebiet übergreifen und hier die Winterregen bringen. Im Sommer dehnt sich das Azorenhoch bis in den Mittelmeerraum aus und drängt die Tiefdruckgebiete nach Mittel- und Nordeuropa ab. Das Mediterrangebiet liegt dann im trockenen Klimabereich der Subtropen, wobei sich dies im kontinentaleren Osten und Süden wesentlich stärker auswirkt als im atlantiknäheren Westen und Norden.

Lebensformen

Gehölze

Das Gebiet des Mittelmeerklimas ist gleichzeitig das Gebiet der mediterranen Hartlaubvegetation und der Ölbaum-Kulturen. Bäume und Sträucher sind an diese Klimaverhältnisse meist dadurch angepasst, dass sie hartlaubige, ledrige, immergrüne Blätter haben, die zwei bis mehrere Jahre alt werden, mit denen sie die sommerlichen Dürreperioden überstehen. Sie können dadurch das ganze Jahr über Stoffe produzieren, solange nicht der Wassermangel im Sommer Einschränkungen erfordert. Der Charakterbaum der natürlichen Vegetation im größten Teil des Mittelmeergebietes ist die Stein-Eiche *Quercus ilex*, im Westen und Osten gebietsweise ersetzt durch andere Eichen-Arten. Ähnliche Blattformen zeigen auch manche Sträucher des Unterwuchses dieser Wälder wie die Erdbeerbaum-Arten *Arbutus andrachne* und *A. unedo*, der Immergrüne Schneeball *Viburnum tinus* oder der Immergrüne Kreuzdorn *Rhamnus alaternus*. Viele Gehölze haben ihre immergrünen Blätter weiter reduziert zu schmaleren, elliptischen bis linealen Blattformen, wie der Charakterbaum des Kulturlandes, der Ölbaum *Olea europaea*, außerdem Rosmarin *Rosmarinus officinalis*, Schmalblättrige Steinlinde *Phillyrea angustifolia* sowie Oleander *Nerium oleander*. Manche verfügen nur über Schuppenblätter wie die Behaarte Spatzenzunge *Thymelaea hirsuta*, die Tamarisken *Tamarix* spec. oder Heide-Arten wie *Erica arborea* oder *E. multiflora*. Auch einige charakteristische Dornsträucher haben nur sehr kleine Blättchen bzw. verlieren sie im Sommer: verschiedene Ginster-Arten *Genista corsica* oder *G. acanthoclada* und Dornginster-Arten *Calicotome villosa* und *C. spinosa*, die Wolfsmilch-Arten *Euphorbia acanthothamnos* und *E. spinosa* oder Dornige Bibernelle *Sarcopoterium spinosum*. Rutensträucher wie Meerträubel *Ephedra* spec., Pfriemenginster *Spartium junceum*, Gewöhnliche Retama *Lygos sphaerocarpa* und Binsen-Kronwicke *Coronilla juncea* verlieren in der sommerlichen Trockenheit die älteren Blätter ebenso wie die Salbeiblättrige Zistrose *Cistus salviifolius*. Der vollständige Laubwurf z. B. bei der Baumartigen Wolfsmilch *Euphorbia dendroides* im Sommer bildet dagegen eine Ausnahme.

Geophyten

Viele Kräuter sind auf die mediterrane Klimarhythmik eingestellt, indem sie als Erdpflanzen, Geophyten, mit Rhizomen, Zwiebeln oder Knollen die trockene Sommerzeit unterirdisch überdauern und uns im Frühjahr mit ihrer Blütenfülle begeistern wie alle Orchideen, aber auch Liliengewächse wie Affodill-Arten *Asphodelus* spec. und Affodeline *Asphodeline* spec., Tulpen *Tulipa* spec., Schachblumen *Fritillaria* spec., Milchstern- und Blaustern-Arten *Ornithogalum* spec. und *Scilla* spec., Traubenhyazinthen *Muscari* spec. und Lauch-Arten *Allium* spec., aber auch

Narzissengewächse *Narcissus* spec., *Pancratium* spec. und *Sternbergia* spec. sowie Schwertliliengewächse *Iris* spec. Nur einzelne Vertreter dieser Familien blühen im Herbst.

Annuelle

Schließlich sind viele Arten, besonders die der offenen Standorte, an das Überdauern der sommerlichen Dürreperiode dadurch angepasst, dass sie als Einjährige, Annuelle, diese ungünstige Jahreszeit als Samen überleben, im Herbst und Winter auskeimen und dann vom Spätwinter bis zum Frühling zur Blüte kommen, um am Abschluss ihres Lebenszyklus wieder neue Samen auszubilden. Diese Lebensform ist im Mittelmeergebiet in mancher Gattung vertreten, die in unserer mitteleuropäischen Flora nur ausdauernde Arten ausbildet, wie bei den Brillenschötchen *Biscutella didyma,* den Lupinen *Lupinus angustifolius,* Kronwicken *Coronilla scorpioides,* Hufeisenklee-Arten *Hippocrepis unisiliquosa,* aber auch bei Wegerich-Arten *Plantago afra* oder Gänseblümchen *Bellis annua.*

Blütezeit

Während sich die Blüte in den meisten unserer mitteleuropäischen Lebensgemeinschaften vom Frühjahr bis in den Herbst verteilt, konzentriert sie sich im mediterranen Klima viel stärker auf das Frühjahr, besonders aber auf die Monate März, April und Mai. Nur an den besser mit Wasser versorgten Standorten der Küsten und an den wenigen Gewässern blühen auch im Sommer noch einzelne Arten. An trockeneren Standorten, aber auch in den Wäldern beginnt die Blüte dann allmählich wieder im Herbst, überwiegend nach den ersten ergiebigeren Niederschlägen.

Vegetationsstufen

Da sich die Klimabedingungen sowohl mit der geografischen Breite von Norden nach Süden als auch mit der Höhenlage in den Gebirgen ändern, verschieben sich die einzelnen Vegetationsstufen entsprechend. Die eigentliche **mediterrane Stufe**, heute oft auch als **mesomediterrane Stufe** bezeichnet, die Stufe der immergrünen Eichen und des Ölbaumes, ist im nördlichen Mittelmeergebiet, z. B. in Südfrankreich, Norditalien und Jugoslawien, auf einen schmalen Küstenstreifen beschränkt und reicht nur wenige 100 m in die Höhe. Im Süden steigt sie dann auch in die Gebirge hinauf und dehnt sich weit ins Innere, z. B. des südlichen Spani-

Verbreitung der immergrünen Hartlaubvegetation (rot) und der sommergrünen, submediterranen Wälder (grün). Nach Bohn et. al., Lalande und Quezel & Barbero, verändert.

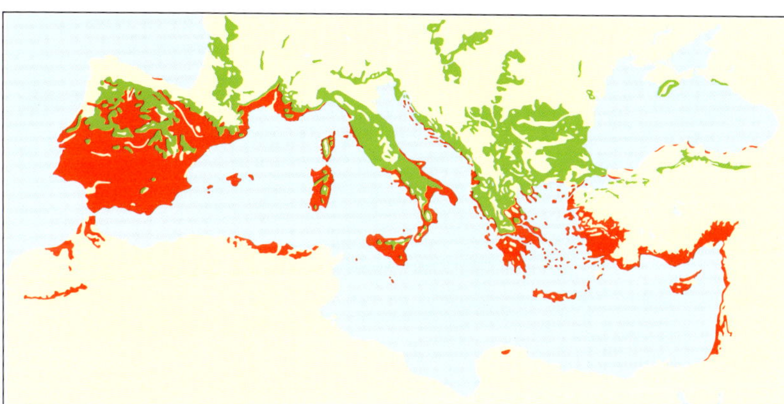

ens, aus. Neben den immergrünen Wäldern sind hier besonders immergrüne Strauchformationen, Macchien und Garigues kennzeichnend. Im äußersten Süden der Mediterraneis findet sich als unterste Stufe die **thermomediterrane Stufe**, in der von Natur aus Buschwälder mit dem Johannisbrotbaum *Ceratonia siliqua*, Wildem Ölbaum *Olea europaea* var. *sylvestris* und verschiedenen Sträuchern vorkommen.
Nach Norden und über der mesomediterranen Stufe schließt sich die **submediterrane Stufe**, heute oft **supramediterrane Stufe** genannt, an, deren natürliche Vegetation meist von laubwerfenden, sommergrünen Eichen, insbesondere der Flaum-Eiche *Quercus pubescens*, gebildet wird. Diese oft lichten, strauch- und unterwuchsreichen Wälder reichen bis an den Südfuß der Alpen, aber auch westlich und östlich um die Alpen herum bis zum Kaiserstuhl und nach Niederösterreich. Einzelne ihrer Arten sind mit Vorpostenstandorten auch noch weiter nach Mitteleuropa vorgedrungen. In dieser submediterranen Stufe sind die Sommer bereits nicht ganz so heiß und trocken, die Winter weisen nach Norden und mit der Höhe zunehmende Frostperioden auf, an die die Bäume durch den herbstlichen Laubabwurf angepasst sind. Der Charakterbaum des Kulturlandes ist hier besonders im Westen die Esskastanie *Castanea sativa*, und auch der Weinbau ist noch verbreitet.
Nach Norden und in den Gebirgen im nördlichen Mittelmeergebiet wie im Apennin und auf der Balkanhalbinsel schließt sich die Bergstufe, die **montane** oder **oreomediterrane** Stufe an, die in den feuchteren, nördlichen Bereichen von Buchen- und Laubmischwäldern gebildet wird. Während die Buche am Nordrand ihrer Vorkommen in Südschweden noch auf das Flachland beschränkt ist, steigt sie über Mitteleuropa bis zu ihrer Südgrenze in Sizilien in die montane Stufe an und bildet dort die Waldgrenze. In den trockeneren Teilen des Mittelmeerraumes können von der **thermomediterranen** bis in die **oreomediterrane Stufe** Nadelwälder wachsen, gebildet von verschiedenen Kiefern-Arten, in der Letzteren dann auch charakteristische lockere Wälder aus verschiedenen Tannen, Zypressen und Zedern. Oberhalb der Waldgrenze folgt eine **altimediterrane Stufe**, teilweise mit Dornpolsterbusch-Vegetation, die regional sehr unterschiedlich ausgebildet ist und viele endemische Arten enthält. Nach Süden klingt die mediterrane Vegetation bei immer geringeren Niederschlagssummen und längerer Dauer der sommerlichen Dürreperiode in lockeren Strauchformationen aus, die dann in Steppen und Halbwüsten übergehen.

Die wichtigsten Lebensgemeinschaften

Sandküsten

Sandstrände ziehen Urlauber an den Mittelmeerküsten besonders an. In den Touristikzentren sind sie heute oft kahl, durch Planierraupen eingeebnet und von „störenden“ Pflanzen gesäubert. Um naturbelassene Sandküsten mit vielfältiger Flora zu finden, muss man sich von Sonnenschirmen und Liegen entfernen und trifft dann vom Frühjahr bis in den Spätsommer hinein immer neue blühende Arten.
Im Spülsaum, direkt oberhalb der Linie, die auch von den höheren Wellen nicht mehr überflutet wird, wächst zwischen dem angeschwemmten Material eine lockere Pflanzengemeinschaft vor allem aus zwei mehr oder weniger sukkulenten Einjährigen, dem Meersenf *Cakile maritima* und dem Kali-Salzkraut *Salsola kali*.
Die ersten kleinen, vom Wind laufend veränderten Primärdünen werden von Gräsern gefestigt, die mit langen Ausläufern durch den Sand kriechen und auch immer wieder nach oben durchwachsen, wenn sie überschüttet werden, wie die Strand-Quecke *Elytrigia juncea* oder das Stechende Vilfagras *Sporobolus pungens*. Der Strandhafer *Ammophila arenaria* siedelt schon auf den höheren Sekundär- oder Weißdünen. Dazwischen kommen zahlreiche Arten vor, die in verschiedener Weise an die zeitweise oberflächlich stark austrocknenden und sich aufhei-

Primärdünen mit Strand-Quecke *Elytrigia juncea*, Strand-Wolfsmilch *Euphorbia paralias* und Schneeweißer Strandfilzblume *Achillea maritima* bei Vartholomio (Peloponnes).

zenden Sandstandorte angepasst sind: Im Frühjahr blüht hier bereits die Strand-Winde *Calystegia soldanella* mit dicklichen Blättern und großen Blütentrichtern, aber auch Polster von verschiedenen Schmetterlingsblütlern, besonders Kretischer Hornklee *Lotus creticus* und Strand-Schneckenklee *Medicago marina* mit einem Verdunstungsschutz aus silbrig-weißen Haaren. Durch weißfilzige Behaarung schützen sich auch die Schneeweiße Strandfilzblume *Achillea maritima* und die Strand-Levkoje *Matthiola sinuata*. Zwei dornige Doldenblütler sind für die barfuß laufenden Strandwanderer besonders „eindrucksvoll": die Stranddistel *Eryngium maritimum* mit köpfchenförmig zusammengezogenen Dolden und stahlblau überlaufenen Hochblättern und die Starre Stacheldolde *Echinophora spinosa*. Beide blühen erst im Hochsommer, ebenso wie die Dünen-Trichternarzisse *Pancratium maritimum* mit ihren großen weißen Blüten. Leider wird dieses Narzissengewächs zunehmend gepflückt, sodass es gebietsweise selten geworden ist. Die Büschel von langen, gedrehten Blättern sind schon im Frühjahr zu beobachten, die pechschwarzen, großen Samen noch spät im Herbst. Auf den schon längere Zeit festliegenden Graudünen nehmen die am Grund verholzenden Halbsträucher zu, so das Strand-Kreuzblatt *Crucianella maritima* oder die Mittelmeer-Strohblume *Helichrysum stoechas*. Schließlich kommen auch höhere Sträucher auf, gebietsweise besonders der Großfrüchtige Wacholder *Juniperus oxycedrus* ssp. *macrocarpa*, der auf solche Dünenstandorte spezialisiert ist, oft aber auch Arten der Garigues und Macchien.

Salzmarschen

Hinter den Dünen, an verlandenden Lagunen mit mehr oder weniger salzhaltigem Wasser

Salzmarschen mit der Grauen Gliedermelde *Arthrocnemum macrostachyum* in der Camargue (Südfrankreich)

Ausdauernder Strandstern *Pallenis maritima* an der Punta Amer (Mallorca)

und im Mündungsbereich von Flüssen finden sich Salzmarschen. Wie alle Pflanzengesellschaften extremer Standorte sind sie oft artenarm, häufig dominieren die sukkulenten, strauchigen Gliedermelden *Arthrocnemum macrostachyum* oder *Sarcocornia fruticosa*. Auch der Schmalblättrige Strandflieder *Limonium angustifolium* gehört hier zu den charakteristischen Bewohnern. Mit weiter fortschreitender Verlandung kann dann die Stechende Binse *Juncus acutus* mit ihren kräftigen, übermannshohen Horsten das Bild etwas artenreicherer Gesellschaften bestimmen, in denen z. B. verschiedene Tausendgüldenkraut-Arten *Centaurium* spec. oder auch der Salz-Alant *Limbarda crithmoides* blühen.

Felsküsten

An unverbauten Felsküsten findet man im Einflussbereich der salzhaltigen Gischt eine kleine Auswahl oft fleischiger Pflanzen. Häufig sind der Meerfenchel *Crithmum maritimum* oder der Geißkleeartige Hornklee *Lotus cytisoides*. Aber auch das Weißfilzige Greiskraut *Jacobea maritima* oder das unscheinbare Mauerpfeffer-Leimkraut *Silene sedoides* trifft man immer wieder an. Von den Strandflieder-Arten der Gattung *Limonium* gibt es an manchen Küstenabschnitten alle paar Kilometer eine andere, endemische Art, der Ausdauernde Strandstern *Pallenis maritima* ist auf das westliche und zentrale Mittelmeergebiet beschränkt.

Immergrüne Wälder
Eichenwälder

Die für die mediterrane (mesomediterrane) Stufe charakteristischen immergrünen Eichenwälder sind heute selten geworden. Von den waldbildenden Bäumen ist die Stein-Eiche *Quercus ilex* am weitesten verbreitet, doch sind nach Jahrtausenden menschlicher Einwirkung besonders ältere Steineichenwälder nur noch vereinzelt und nicht sehr großflächig zu finden. Häufiger sieht man die aus Stockausschlägen hervorgegangenen Niederwälder, die bisher regelmäßig zur Brennholz-und Holzkohlengewinnung abgeschlagen wurden, heute aber – nach dem Ende dieser Nutzung – wieder höher wachsen können. Steineichenwälder sind verhältnismäßig dunkel. In ihrem Unterwuchs gedeiht eine Anzahl von Sträuchern, die uns als bestandsbildende Arten der Macchien wieder begegnen werden, wie der Mastixstrauch *Pistacia lentiscus*, Baum-Heide *Erica arborea*, Erdbeerbaum *Arbutus unedo*, Steinlinde *Phillyrea latifolia* und der Wilde Ölbaum *Olea europaea* var. *sylvestris*, daneben auch einige Kletterpflanzen, so der Kletten-Krapp *Rubia peregrina* oder die Stechwinde *Smilax aspera*. Die Zahl der krautigen Arten ist dagegen gering: Häufiger finden sich Spitzer Streifenfarn *Asplenium onopteris* oder Geschweiftblättriges Alpenveilchen *Cyclamen repandum*. Im südlichen Mittelmeergebiet sind die Bestände der Stein-Eiche bei geringeren Niederschlägen lichter und unterwuchsreicher. Auf der Iberischen Halbinsel wird *Quercus ilex* durch die nahe verwandte Rundblättrige Eiche *Quercus ilex* ssp. *ballota* (ssp. *rotundifolia*) ersetzt und auch die halbimmergrüne Portugiesische Eiche *Quercus faginea* bildet dort Wälder. Bei höheren Niederschlägen und auf Silikatböden tritt die Kork-Eiche *Quercus suber* auf. Da ihre Bestände oft (auch heute noch) zur Korkgewinnung genutzt werden, sind sie offener und dadurch krautreicher. Gebietsweise kann der Adlerfarn *Pteridium aquilinum* hier Massenvorkommen bilden. Im östlichen Mittelmeergebiet sind es *Quercus calliprinos*, die baumförmige Form der Kermes-Eiche *Quercus coccifera*, und die halbimmergrüne Wallonen-Eiche *Quercus ithaburensis* ssp. *macrolepis*, die gelegentlich waldbildend auftreten. In feuchten Schluchten, aber auch im etwas niederschlagsreicheren Küstengebiet, wie an der dalmatinischen Küste, kann der Lorbeerbaum *Laurus nobilis* beigemischt sein, während er in größeren Beständen kaum anzutreffen ist. In den trocken-wärmsten Gebieten (der thermomediterranen Stufe) dagegen finden sich noch selten immergrüne Buschwälder aus Wildem Ölbaum *Olea europaea* var. *sylvestris*, Johannisbrotbaum *Ceratonia siliqua* und Mastixstrauch *Pistacia lentiscus*.

Steineichenwälder in den Monti Lepini (Provinz Latium, Italien).

Aleppo-Kiefern auf Mallorca

Pinienwald bei Grosseto (Toskana, Italien)

Kiefernwälder

Auch eine Reihe von Nadelbäumen bildet immergrüne Wälder, in der (meso)mediterranen Stufe sind es vor allem zwei Kiefern-Arten, die Pinie *Pinus pinea* und die Aleppo-Kiefer *Pinus halepensis.* Da die Kronen der Kiefern lichter bleiben als die der immergrünen Eichen, sind Kiefernwälder gewöhnlich unterwuchsreicher und bilden wohl den primären Standort mancher Arten, die heute ihren Schwerpunkt in Macchien und Garigues haben. Die Pinie wird schon seit dem Altertum wegen der essbaren Samen („Pinioli") kultiviert, sodass ihre ursprüngliche Verbreitung heute nicht mehr sicher feststellbar ist, jedoch dürfte sie ihr natürliches Vorkommen wohl auf Sandböden in Küstennähe im westlichen Mittelmeergebiet haben. Die Aleppo-Kiefer ist das verbreitetste Nadelholz der immergrünen Stufe und tritt vor allem auf Kalkgestein auf. Wegen ihrer Anspruchslosigkeit und des guten Holzertrages wird sie viel gepflanzt. Im Unterwuchs finden sich u. a. der Herbst-Seidelbast *Daphne gnidium,* Salbeiblättrige Zistrose *Cistus salviifolius* oder Rosmarin *Rosmarinus officinalis.* Im östlichen Mittelmeergebiet westlich bis zum Berg Athos und bis Kreta wird *Pinus halepensis* durch die Kalabrische Kiefer *Pinus brutia* ersetzt, die auch in höhere Lagen hinaufsteigt. Auf trockenen, sauren Urgesteins- und Sandsteinböden kommt im westlichen Mittelmeergebiet die Stern-Kiefer *Pinus pinaster* vor. Auch sie reicht besonders auf der Iberischen Halbinsel oder auf Korsika weit in die Bergstufe (oreomediterrane Stufe). Die Unterarten der Schwarz-Kiefer *Pinus nigra,* die im Mittelmeergebiet isolierte Verbreitungsgebiete einnehmen, bilden hier ausgedehnte Wälder und beeindrucken an der Baumgrenze oft mit bizarren Baumgestalten. Von den heimischen Arten reicht die Wald-Kiefer *Pinus sylvestris* südlich bis in einige Gebirge Zentralspaniens und in einer eigenen Unterart bis in die südspanische Sierra Nevada.

Tannenwälder

Von den Tannen reicht die Weiß-Tanne *Abies alba* – meist in Begleitung der Buche – bis in die Pyrenäen, den Apennin und die Gebirge der nördlichen und mittleren Balkanhalbinsel, auf Sizilien ersetzt durch die nahe verwandte und in ihrem Bestand heute äußerst gefährdete Sizilianische Tanne *Abies nebrodensis.* Von den kleinräumig-endemischen Tannen sei die Igel-Tanne *Abies pinsapo* erwähnt, die in Südwestspanien, besonders in der Serranía de Ronda, lichte Bergwälder bildet, ebenso die verwandte Marokkanische Tanne *Abies marocana* in kleinen Restbeständen im Rif-Atlas. Ein größeres Areal besiedelt die Griechische Tanne *Abies cephalonica* in den Gebirgen Südgriechenlands.

Zypressen- und Zedernwälder

Im östlichen Mittelmeergebiet, westlich bis Kreta und bis zur ostägäischen Insel Rhodos, bildet die Zypresse *Cupressus sempervirens*, zum Teil zusammen mit der Kalabrischen Kiefer *Pinus brutia*, dem Immergrünen Ahorn *Acer sempervirens* und der Baumförmigen Kermes-Eiche *Quercus calliprinos*, in der Bergstufe bis zur Waldgrenze ansteigend lichte, unterwuchsreiche Wälder. Im äußersten Osten schließlich tritt in den Gebirgen an ihre Stelle die Libanon-Zeder *Cedrus libani* und im Südwesten im marokkanischen Atlas die Atlas-Zeder *Cedrus atlantica*. Die isolierten Gebirgsvorkommen dieser Arten sind als Relikte einer einst weiteren Verbreitung in älteren Erdzeitaltern zu deuten.

Sommergrüne Wälder

Wenn die Wasserversorgung der Pflanzen im Sommer mit zunehmender Höhe oberhalb der (meso)mediterranen Hartlaubstufe und im nördlich angrenzenden Gebiet besser gesichert ist, werden die immergrünen Wälder von sommergrünen Eichenwäldern abgelöst, die mediterrane Stufe geht in die submediterrane (suprамediterrane) über. In diesen wärmeliebenden und relativ lichten Wäldern dominiert von Nordspanien und Südfrankreich über die Apennin- bis zur Balkanhalbinsel die Flaum-Eiche *Quercus pubescens*, jedoch können auch andere Eichen-Arten, wie die Pyrenäen-Eiche *Quercus pyrenaica* auf der Iberischen Halbinsel, ihre Stelle einnehmen. Die halbimmergrüne Zerr-Eiche *Quercus cerris* tritt bestandsbildend oder beigemischt auf, ebenso einige andere Baumarten, nämlich die Orientalische Hainbuche *Carpinus orientalis*, die Hopfenbuche *Ostrya carpinifolia*, Zürgelbaum *Celtis australis*, Französischer Ahorn *Acer monspessulanum* oder Manna-Esche *Fraxinus ornus*. Im Unterwuchs finden sich sommergrüne Sträucher, z. B. die Mandelblättrige Birne *Pyrus spinosa*, Strauchige Kronwicke *Emerus major*, Gewöhnlicher Blasenstrauch *Colutea arborescens* oder der Perücken-

Wälder der Griechischen Tanne *Abies cephalonica* am Mt. Delphi auf Euböa (Griechenland)

Zedernwald mit Cedrus libani *bei Elmali (Türkei)*

Sommergrüne Wallonen-Eichenwälder mit *Quercus ithaburensis* ssp. *macrolepis* bei Armeni (Kreta)

strauch *Cotinus coggygria*. Auch immergrüne Arten wie die Immergrüne Rose *Rosa sempervirens* oder der weit verbreitete Stechende Mäusedorn *Ruscus aculeatus* kommen vor. Die Krautschicht dieser Wälder ist reichhaltig, und manche ihrer typischen Vertreter dringen mit Vorpostenstandorten bis in die wärmsten Gebiete Mitteleuropas vor. Hierzu zählen Gewöhnliche Schmerwurz *Dioscorea communis* und auch Orchideen, z. B. Violetter Dingel *Limodorum abortivum* oder Holunder-Fingerwurz *Dactylorhiza sambucina*.

Bei den sommergrünen Wäldern sind auch die gebietsweise vorkommenden Buchenwälder der Bergstufe (oreomediterrane Stufe) zu erwähnen, die uns Mitteleuropäern vertraut anmuten, in diesem Buch aber kaum berücksichtigt werden. Sind sie doch im Aufbau wie auch in der Artenzusammenstellung durchaus mit unseren heimischen Buchenwäldern zu vergleichen. Neben vielen mitteleuropäischen finden sich nur einzelne vorwiegend mediterran verbreitete Arten wie die Apennin-Anemone *Anemone apennina* oder Nieswurz-Arten *Helleborus* spec.

Schließlich sind die ostmediterranen Platanen-Auwälder mit *Platanus orientalis* zu nennen, die westlich bis Sizilien reichen. An vorwiegend ganzjährig fließenden Gewässern der mediterranen Hartlaubstufe bis in den submediterranen Bereich hinein bilden sie bisweilen lichte Bestände mit Keuschbaum *Vitex agnus-castus*, Feuerdorn *Pyracantha coccinea*, Gewöhnlichem Oleander *Nerium oleander* und Gewöhnlicher Schlangenwurz *Dracunculus vulgaris*. Auch die Walnuss *Juglans regia* hat hier ursprüngliche Vorkommen.

Macchien

Strauchformationen sind heute in der mediterranen Stufe des gesamten Mittelmeerraumes weiter verbreitet als die immergrünen Wälder. Die Mehrzahl dieser Bestände ist nicht ursprünglich, sondern durch Rodung der Wälder

Auwald mit Morgenländischer Platane *Platanus orientalis* auf Euböa (Griechenland).

bzw. Brand und nachfolgende Beweidung entstanden. In diesem Buch bezeichnen wir alle aus höheren, meist 2–5 m hohen, überwiegend aus immergrünen Sträuchern aufgebauten Bestände als Macchien, die von niedrigeren, aus meist unter 1,5 m hohen Sträuchern und Halbsträuchern gebildeten Bestände dagegen als Garigues (s. folgender Abschnitt). Von wenigen natürlichen Ausbildungen abgesehen sind Macchien und Garigues Stadien einer Degradationsreihe, die bei wechselnder Einwirkung von Axt, Brand und Beweidung von den immergrünen Wäldern über Macchien und Garigues zu den für die Hirten erwünschten Grasfluren und schließlich zu Felsfluren führt. Mit dieser Degradation verbunden ist eine Abschwemmung und Verarmung der Böden, sodass die umgekehrte Entwicklung, die Regeneration zu Macchien und Wäldern, wenn überhaupt, nur sehr langsam möglich ist. Der Begriff Macchie ist abgeleitet von dem korsischen Wort „maquis", mit dem der auf dieser Insel großflächige, dichte und oft undurchdringliche Buschwald bezeichnet wird, in dem Baum-Heide *Erica arborea* und Erdbeerbaum *Arbutus unedo* dominieren. Neben vielen Arten der Steineichenwälder ist für die Macchien ein verstärktes Auftreten lichtliebender Elemente wie der Myrte *Myrtus communis* kennzeichnend. In anderen Teilen des Mittelmeergebietes können weitere Arten vorherrschen und damit zu unterschiedlichen Bildern führen, gebietsweise sind Mastixstrauch *Pistacia lentiscus*, Steinlinden *Phillyrea* spec., Pfriemenginster *Spartium junceum* oder der Östliche Erdbeerbaum *Arbutus andrachne* bestimmend. Diese dichte und hohe Macchie ist in ihrem Vorkommen an relativ hohe Niederschläge bzw. Feuchtigkeit gebunden und findet sich deshalb besonders an den West- und Nordhängen der Gebirge, mit Schwerpunkten in den niederschlagsreicheren Teilen des westlichen und zentralen Mittelmeergebietes.

Die im Sommer weitgehend ausgetrockneten Bach- und Flussläufe werden von hohen,

Macchie mit Westlichem Erdbeerbaum *Arbutus unedo* und Baum-Heide *Erica arborea* (Korsika)

immergrünen Auengebüschen begleitet, in denen der Oleander *Nerium oleander* seinen natürlichen Standort hat. Hier blüht er in der heißesten Jahreszeit mit rosaroten, ungefüllten Blüten, während er an Straßenrändern und in Gärten oft in gefüllten Formen gepflanzt wird.

Garigues

Die vielfältigste Formation des Mittelmeerraumes ist die Garigue (auch Garrigue geschrieben). Diese regional sehr verschiedenartig ausgebildeten Strauchformationen wurden mit mehreren Namen belegt, die wir hier unter diesem Begriff zusammenfassen. Ursprünglich ist sie nur an den natürlichen Grenzen des Wald- und Baumwuchses, zum Beispiel an der Küste gegen das Meer hin. Hier kann man auch heute noch gelegentlich, z. B. auf gefestigten Graudünen im Übergang zu den immergrünen Eichen- und Kiefernwäldern, einen schmalen Gebüschstreifen finden. Auch an stürmischen Felsküsten ist manche Küstengarigue mit ihren charakteristischen, nur hier vorkommenden Arten als primär anzusehen, wie zum Beispiel Bestände der Baumförmigen Wolfsmilch *Euphorbia dendroides*. Weitere Vorkommen bilden die Trockengrenze der immergrünen Wälder, dort wo im südlichen Mittelmeergebiet, z. B. in den Trockengebieten Südspaniens und Nordafrikas, der lockere Baumwuchs langsam aufhört. Niedrige Sträucher und Halbsträucher treten in einer Fülle von Arten auf, wenn auch in gebietsweise stark wechselnder Zusammensetzung.
Besonders eindrucksvoll sind die „gemischten Garigues“, in denen sich zahlreiche Sträucher zu einer bunten Blütenpalette vereinen: rot und weiß blühend die verschiedenen Zistrosen-Arten, gelb die Ginster- und Wolfsmilch-Arten, blau der Rosmarin *Rosmarinus officinalis* oder Steinsame-Arten wie *Lithodora fruticosa*, und schließlich unscheinbar blühend die beiden Wacholder-Arten *Juniperus phoenicea* und *J. oxycedrus*. Der Abstand zwischen den einzelnen Sträuchern ist vor allem durch die Intensität

und Art der Beweidung bedingt. In den Lücken finden sich Kräuter in großer Zahl, besonders auch Zwiebel- und Knollenpflanzen, darunter reich vertreten die Orchideen, aber auch viele einjährige Arten. Oft sind die Flächen mosaikartig von offenen Fels- und Grasfluren durchsetzt. Die Mehrzahl der Garigues ist allerdings durch die Dominanz von nur ein oder zwei Straucharten bestimmt, die sich alle dem Verbiss durch Weidetiere, überwiegend Schafe und Ziegen, mehr oder weniger erfolgreich widersetzen, sei es durch Dornen, durch Giftigkeit oder durch „schlechten" Geschmack, bedingt durch den Gehalt an ätherischen Ölen. Von den vielen Garigue-Typen sind nur einzelne in größeren Teilen des Mittelmeergebietes vertreten, wie z. B. die des Phönizischen Wacholders *Juniperus phoenicea* oder der Behaarten Spatzenzunge *Thymelaea hirsuta*. Wohl am weitesten verbreitet sind die Zistrosen-Garigues, oft gefördert durch Brand. Hier dominiert dann besonders die Montpellier-Zistrose *Cistus monspeliensis* auf großen Flächen. Auch die ebenfalls weißblütige Salbeiblättrige Zistrose *Cistus salviifolius* und die rotblütigen Arten *C. albidus, C. creticus* und *C. parviflorus*, die beiden Letzteren besonders im Osten, spielen eine wichtige Rolle. Von den Lippenblütlern überwiegen gelegentlich Rosmarin *Rosmarinus officinalis* vor allem auf Kalk oder verschiedene Lavendel-Arten wie *Lavandula stoechas, L. dentata* oder *L. latifolia*. Von den Salbei-Arten bildet hauptsächlich *Salvia officinalis* im Karst der nordwestlichen Balkanhalbinsel gebietsweise große Bestände, weiter südlich dann der Griechische Salbei *Salvia fruticosa*. Auch Brandkraut-Arten, wie *Phlomis fruticosa* können bestandsbildend auftreten.
Für den Osten Spaniens und Südfrankreich charakteristisch sind die großflächigen Vorkommen des Echten Thymians *Thymus vulgaris* und des Winter-Thymians *Th. hyemalis*, die hier als „Tomillares" bezeichnet werden, während die

Garigue mit *Cistus parviflorus* auf Rhodos

Garigue mit bestandsbildendem Strauchigem Brandkraut *Phlomis fruticosa* am Mt. Parnassos (Griechenland)

Phrygana mit Dornbusch-Wolfsmilch *Euphorbia acanthothamnos*, Großer Affodeline *Asphodeline lutea* und Kopfigem Thymian *Thymbra capitata* (Kreta).

Palmito-Formation, gebildet von der Zwergpalme *Chamaerops humilis*, typisch für die südwestmediterranen Küstengebiete ist.
Im östlichen Mittelmeergebiet, wo niedrige Gariguebestände, meist nur bis 0,5 m hoch, mit charakteristischer Artenzusammensetzung Phrygana genannt werden, ist besonders die Dornige Bibernelle *Sarcopoterium spinosum* auf weiten Flächen deckend, daneben z. B. die Kugelbüsche der Dornbusch-Wolfsmilch *Euphorbia acanthothamnos* oder die niedrigen Polster des Kopfigen Thymians *Thymbra capitata* und der Thymbra-Bergminze *Satureja thymbra*. Auch im Unterwuchs haben die ostmediterranen Phrygana-Gesellschaften nur noch wenige Arten mit den zentral- und westmediterranen Garigues gemeinsam, wohl aber die Struktur ihrer Lebensformen.

Gras- und Felsfluren

Oft bleibt die Degradation nicht bei den Macchien oder Garigues stehen, sondern führt nach dem fast völligen Verschwinden der Holzgewächse zur Ausbildung von trockenen Grasfluren und mit der Abspülung der Feinerde besonders über Kalkgestein zu Felsfluren. Im Sommer sind diese Pflanzengemeinschaften gelb und braun vertrocknet, sodass man ihre bunte Artenzusammenstellung nur im Frühjahr beobachten kann. Teilweise dominieren die Gräser wie Ästige Zwenke *Brachypodium retusum*, Behaartes Bartgras *Hyparrhenia hirta*, Walch-Arten *Aegilops* spec., Großes Zittergras *Briza maxima* oder auch Gedrehtes Federgras *Stipa capensis*. Dazwischen finden sich viele einjährige Pflanzen, besonders Schmetterlingsblütler wie die Hornklee-Arten *Lotus* spec., Pfennigklee *Hymenocarpos circinnatus*, Klee-Arten *Trifolium* spec. und Schneckenklee-Arten *Medicago* spec. Bei intensiver Beweidung nehmen die stache-

Affodillflur mit *Asphodelus ramosus* in Perge (Türkei)

Steppe mit *Espartogras Lygeum spartum* an der Südküste Kretas.

Die Monastiraki-Schlucht auf Kreta

ligen oder giftigen Weideunkräuter überhand und es bilden sich z. B. Silberdistelfluren von *Carlina corymbosa* oder *C. racemosa*, Affodillfluren mit den dekorativen, aber giftigen *Asphodelus*-Arten oder Massenbestände der Meerzwiebel *Urginea maritima*. Auch die Halfagras-Steppen mit der namengebenden, kräftige Horste bildenden *Macrochloa tenacissima* und mit dem Espartogras *Lygeum spartum*, das oft auch bestandsbildend auftritt, sind in ihrer heutigen Ausdehnung durch den Menschen begünstigt und ersetzen zum Beispiel in den Trockengebieten Südspaniens teilweise die südmediterranen trockenen Garigues. Nur an der südlichen Trockengrenze des Mittelmeerraumes bilden sie auch die natürliche Vegetation.

Felsspalten, Schluchten

Während in den beweideten Felsfluren im Wesentlichen dieselben Arten gedeihen wie an den offenen Stellen der Garigues, wachsen die eigentlichen Felspflanzen dort, wo Felsen so hoch und steil aufragen, dass sie von Natur aus baum- und strauchfrei sind und Feinerde und Wasser nur in kleinsten Spalten zur Verfügung stehen. Zu diesen Spezialisten von sonnigen oder schattigen Felsspalten gehören mehrere Farne wie die Streifenfarne *Asplenium* spec., Pelzfarn-Arten *Cheilanthes* spec. oder der Milzfarn *Asplenium ceterach*. Häufig findet man hier auch die Nabelkraut-Arten *Umbilicus* spec. Die Mehrzahl der Bewohner dieser auch für Ziegen unerreichbaren Felsstandorte ist in ihrer Verbreitung auf kleine Gebiete beschränkt wie das Nierenblättrige Löwenmaul *Asarina procumbens* in Katalonien, der Balearen-Kohl *Brassica balearica* auf Mallorca, die Korsische Strohblume *Castroviejoa frigida* auf Korsika, Topalis Glockenblume *Campanula topaliana* und weitere Glockenblumen in Griechenland oder der Kretische Diptam *Origanum dictamnus* und der Bäumchen-Lein *Linum arboreum* auf Kreta.

Kulturland

Der Ölbaum *Olea europaea* ist d e r Charakterbaum im mediterranen Kulturland von seiner Nordgrenze z. B. am Gardasee oder in Südfrankreich bis zur Südgrenze am Rand der Sahara. Mit seinen verhältnismäßig schmalen, hartlaubigen, unterseits silbrig glänzenden Blättern ist er an den Klimarhythmus des Mittelmeergebietes bestens angepasst und gleichzeitig als Öllieferant seit alters einer der Grundpfeiler der menschlichen Ernährung in diesem Raum. Die Früchte, deren Ölgehalt 40–50 % beträgt, werden zermahlen und mechanisch kalt gepresst. Es entsteht Olivenöl in verschiedenen Güteklassen, die nach chemisch-physikalischen Eigenschaften und sensorischer Prüfung unterschieden und entsprechend gekennzeichnet werden. Nach EU-Bestimmungen wird das beste Speiseöl heute als „natives Olivenöl extra" bezeichnet. Außerdem kommt ein nicht geringer Teil der von Hand gepflückten Früchte nach einem Prozess der Entbitterung als Speiseoliven in den Handel. Die manchmal mehrere Hundert Jahre alten Ölbaumkulturen bilden meist lichte Bestände, die auf weiten Strecken die immergrünen Wälder ersetzen (Foto S. 2–3). Auf besonders nährstoffreichen Böden und bei guter Wasserversorgung ist dazwischen auch Feldbau möglich, ausnahmsweise sogar Mehrfachkulturen mit Weinbau und Gemüse. Wenn der Boden in den Olivenhainen brach liegt, kann er für den Pflanzenliebhaber im Frühjahr ein wahres Eldorado sein, das inzwischen allerdings immer öfter durch Herbizideinsatz zerstört ist. Hier blühen dann Geophyten wie die Anemonen *Anemone coronaria* oder *A. hortensis*, Rosen-Lauch *Allium roseum*, Aronstab-Arten *Arum* spec., Gewöhnlicher Krummstab *Arisarum vulgare* und Orchideen der Gattungen *Ophrys*, *Orchis* und *Serapias*. In buntem Wechsel finden sich Einjährige wie Stacheliger Skorpionsschwanz *Scorpiurus muricatus*, Gefurchter Steinklee *Melilotus sulcatus*, Gauchheil-Arten *Anagallis arvensis* und *A. foemina*, Große Wachsblume *Cerinthe major*, Acker-Ringelblume *Calendula arvensis*, Wucherblumen *Glebionis* spec. und viele andere mehr. Das jährliche Pflügen oder Hacken verhindert, dass ausdauernde Kräuter und Sträucher hier Fuß fassen.

An weiteren Kulturbäumen sei der Johannisbrotbaum *Ceratonia siliqua* erwähnt, dessen Früchte vor allem als Viehfutter dienen, aber auch zu diätetischen Nährmitteln oder Alkohol verarbeitet werden. Er ist äußerst frostempfindlich und hauptsächlich im östlichen und südlichen Mittelmeergebiet anzutreffen. Der sommergrüne Feigenbaum *Ficus carica* teilt sich häufig eine Terrasse mit dem Ölbaum. Seine großen, handförmig gelappten Blätter entfalten sich erst im späten Frühjahr an den Zweigenden, während der Mandelbaum *Prunus dulcis* oft schon Ende Januar mit zartrosa Blüten austreibt. Besonders der Letztere steigt bis in die submediterrane Stufe an.

Andere Gehölzkulturen sind meist intensiver gepflegt, sodass sie nur wenige Wildpflanzen aufweisen. Das gilt für den im ganzen Mittelmeergebiet verbreiteten Weinbau ebenso wie für die *Citrus*-Kulturen, die nur in den wärmsten, am wenigsten frostgefährdeten Gebieten bei ausreichender Bewässerung möglich sind. Jedoch können auch hier gelegentlich einzelne Arten im Unterwuchs in so großen Massen auftreten, dass sie zur Blütezeit ganze Landschaften bestimmen, z. B. der gelb blühende Nickende Sauerklee *Oxalis pes-caprae*.

Das Ackerland, insbesondere die Weizenfelder, wird heute im Allgemeinen genauso stark mit Herbiziden behandelt, wie das in Mitteleuropa überwiegend üblich ist, sodass manche Ackerwildkräuter auch im Mittelmeergebiet sehr viel seltener geworden sind. Gelegentlich aber findet man noch bunte Getreidefelder, in denen die elegante Saat-Siegwurz *Gladiolus italicus* in solchen Mengen wächst, dass das Getreide erst auf den zweiten Blick zu erkennen ist. Manche dieser Arten reichen bis Mitteleuropa, wie die rotblühenden Mohn-Arten *Papaver rhoeas* und *P. hybridum*, manche sind bei uns heute zu großen Seltenheiten geworden wie die Flügel-Platterbse *Lathyrus ochrus* oder Kletten-Haftdolde *Caucalis platycarpos* und Echter Venuskamm

Kultur mit Artischocken *Cynara cardunculus* auf Mallorca.

Scandix pecten-veneris. Zu den charakteristischen Feldkulturen des Mittelmeerraumes gehören schließlich die Artischocken *Cynara cardunculus*, deren Köpfe bereits vor der Blüte als beliebtes Gemüse geerntet werden.

Siedlungen

Im Siedlungsbereich, besonders auch in den Hotelanlagen fallen die viele Monate im Jahr blühenden Zierpflanzen auf, mit großen, attraktiven Blüten oder buntem Laub. Hier haben die Gärtner in der Kultur dankbare Arten aus subtropischen Klimagebieten der ganzen Erde ausgewählt, die heute weltweit in Gärten, Parks und straßenbegleitend angetroffen werden können. Die meisten dieser Arten sind im Mittelmeerraum allerdings auf regelmäßige Bewässerung angewiesen. Ihre Vielfalt nimmt vom feuchteren Westen zum trockneren Osten und Süden hin deutlich ab. Da sie für jeden Pflanzenfreund interessant sind, haben wir den verholzten Arten – zusammen mit den wichtigsten Nutzpflanzen – auf den letzten 20 Doppelseiten einen eigenen Abschnitt gewidmet.

Botanische Fachausdrücke

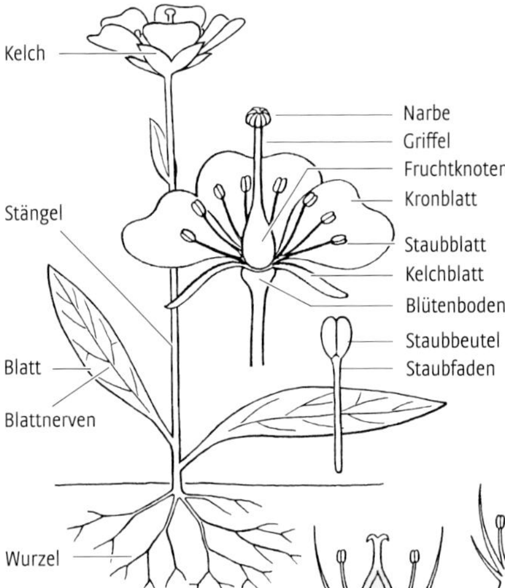

Sprossaufbau

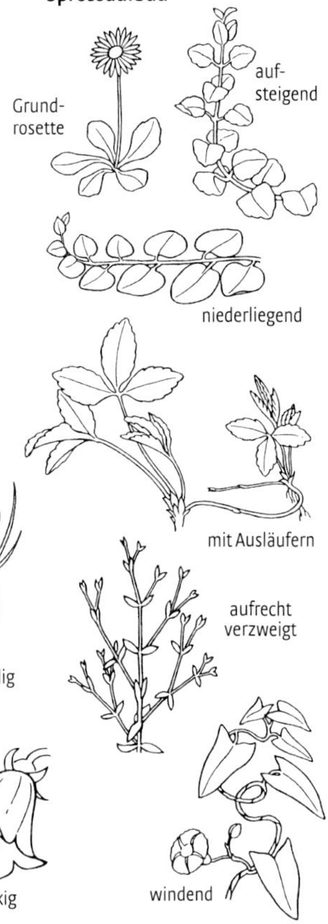

Fruchtknoten

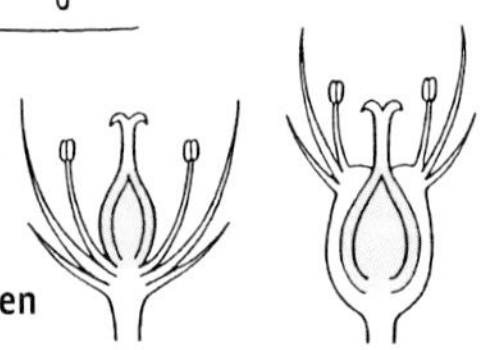

oberständig unterständig

Blütenkrone radiär

getrenntblättrig genagelt ausgebreitet glockig

Blütenkrone zweiseitig-symmetrisch

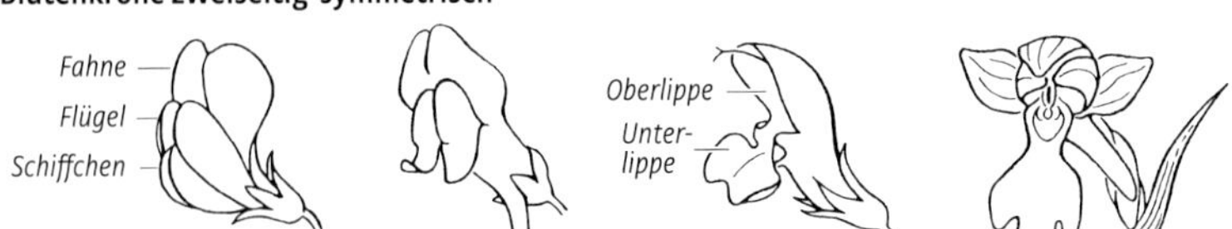

Schmetterlingsblüte Rachenblüte Lippenblüte Orchideenblüte

Kelch

getrenntblättrig am Grund gesackt zweilippig Außenkelch einfache Blütenhülle (Perigon)

Blütenstände

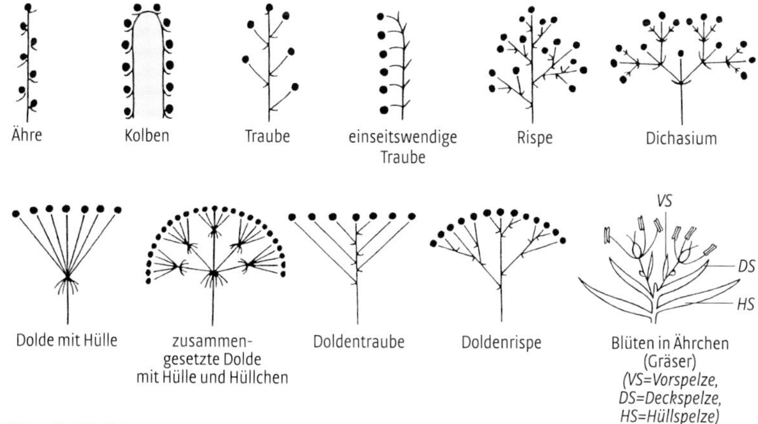

Blüten in Köpfchen

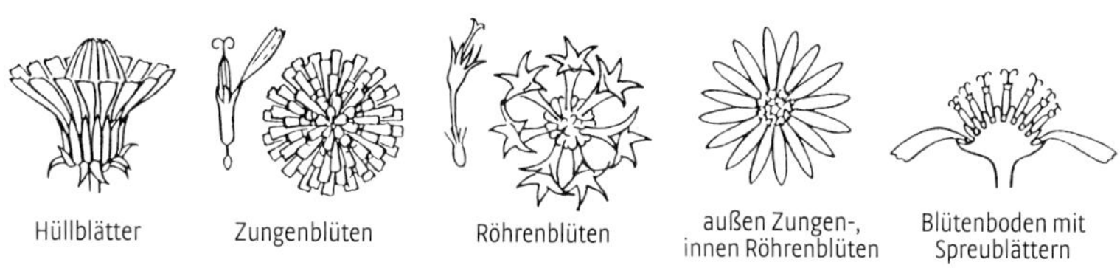

Spaltfrucht

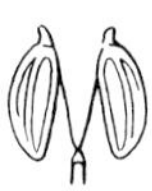

Öffnungsfrüchte

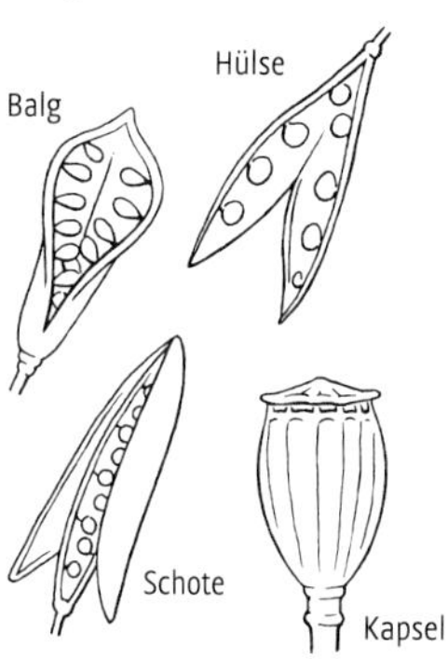

Schließfrüchte

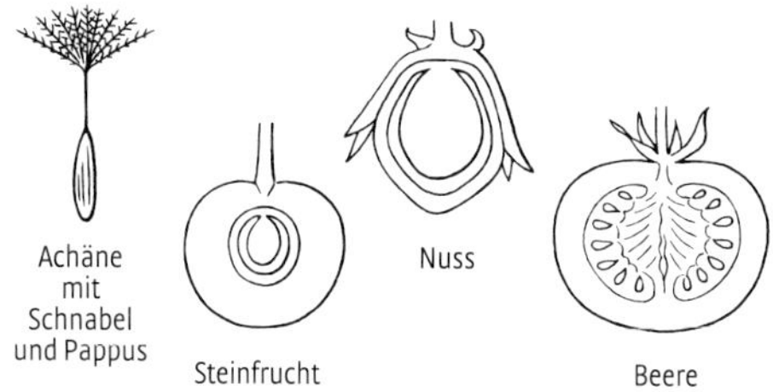

Sammelfrüchte

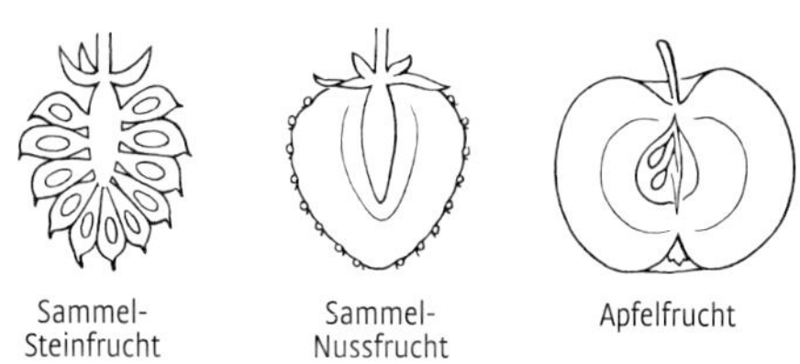

Das Blatt

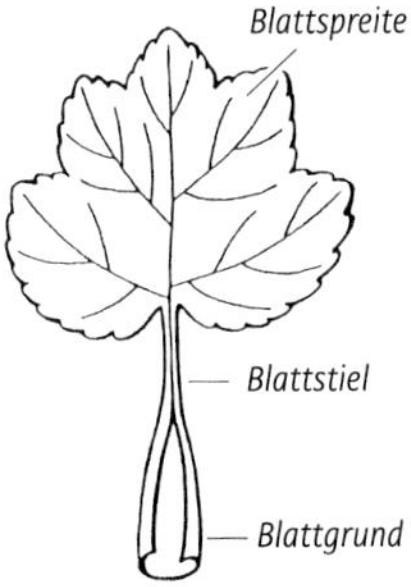

Blattspreite

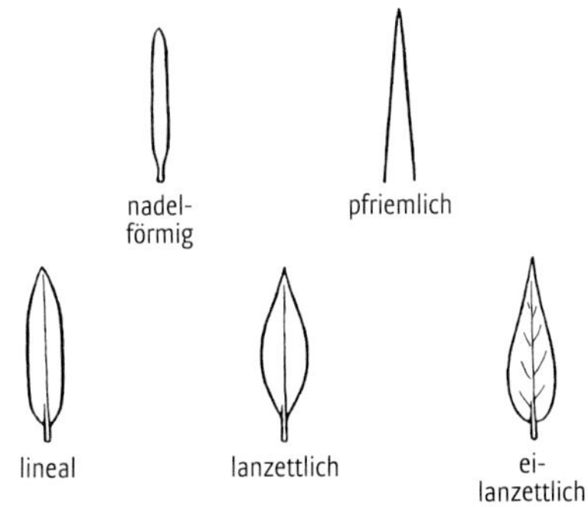

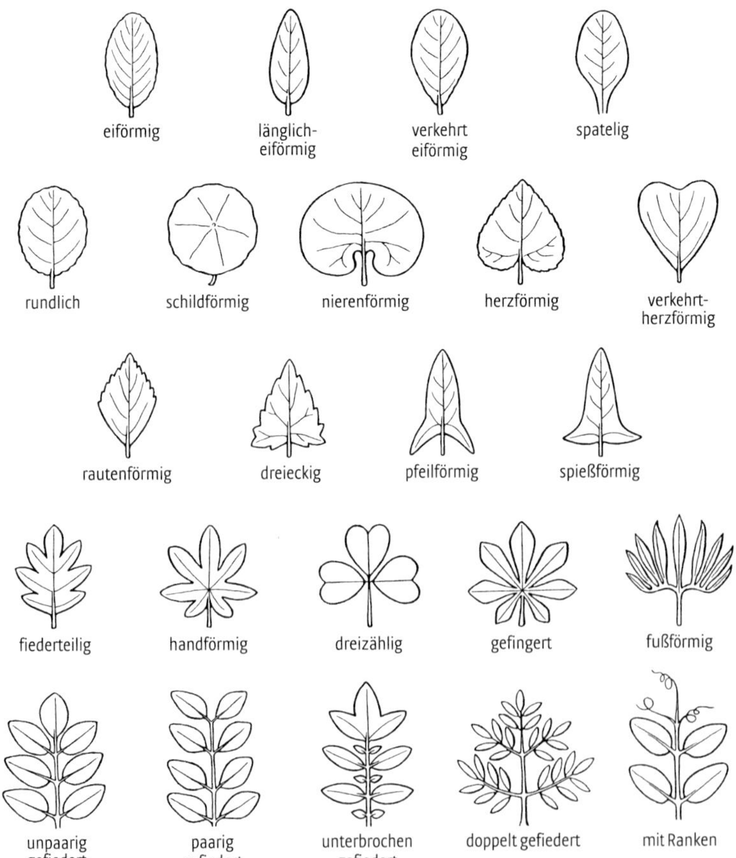

Blattrand

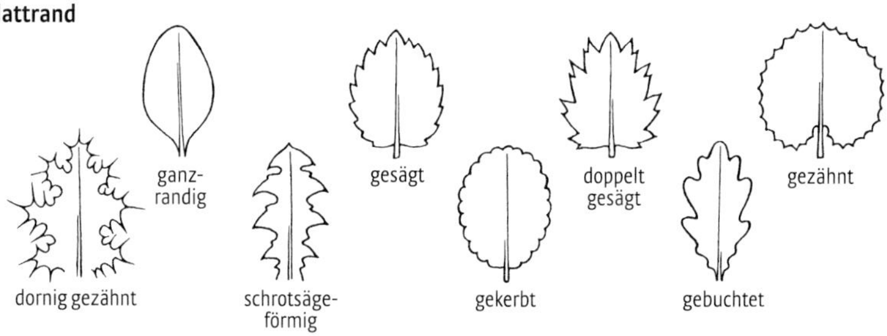

Blattansatz

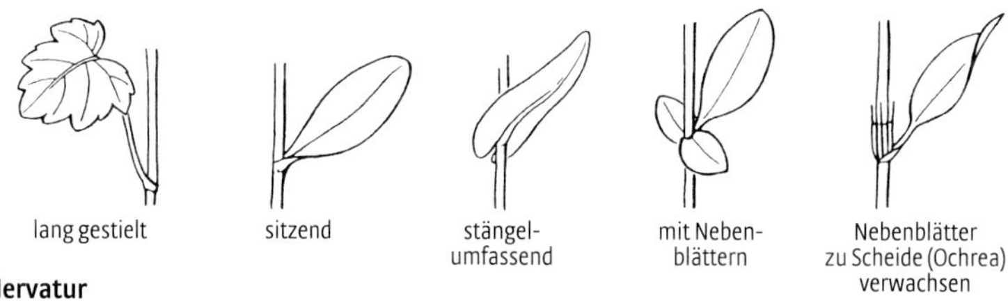

Nervatur

Blattstellung

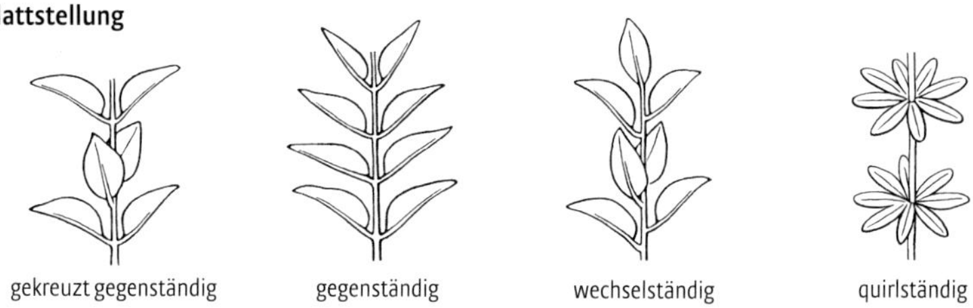

Unterirdische Pflanzenteile

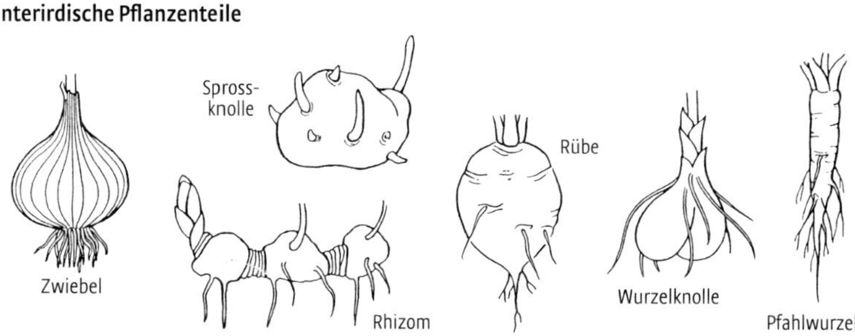

Schlüssel zur Bestimmung der Pflanzenfamilien

Dieser Schlüssel hilft, eine im Mittelmeergebiet angetroffene wild lebende Pflanze auf einfache Weise einer Familie zuzuordnen und damit im alphabetisch angeordneten Bildteil dieses Bandes schnell aufzufinden. Wir haben uns bemüht, vorwiegend gut sichtbare, auch dem Laien verständliche Merkmale zu verwenden. Weitere Unterstützung bieten die kleinen Fotos, die jedoch besonders bei den größeren Familien nur ein Beispiel darstellen können, nicht aber immer die spezielle Gattung und Art. Gelegentlich wird auf Fotos zu einzelnen Familien in den Umschlagklappen verwiesen, diese sind mit F und der Nummer des Bildes gekennzeichnet. In den Schlüssel nicht aufgenommen wurden die zahlreichen subtropischen Familien der Nutz- und Zierpflanzen (Seite 412–451). Diese durch ihr Vorkommen im Siedlungs- und Kulturbereich kenntlichen, überwiegend auffällig blühenden Arten lassen sich durch Blättern in den entsprechenden 20 Doppelseiten am Ende des Buches relativ einfach unterscheiden.
Der Schlüssel beginnt mit der Einteilung in Sporenpflanzen, Nacktsamige Pflanzen, Zweikeimblättrige Pflanzen (mit 3 Hauptgruppen) und Einkeimblättrige Pflanzen, die im ganzen Buch durch farbige Kopfbalken gekennzeichnet sind. Der Leser muss sich zunächst für eine der 6 Gruppen entscheiden. In dieser ist bei jeder Ziffer, begonnen mit der Ziffer 1, unter den mit verschiedenen Buchstaben (oft nur a und b, aber auch a bis e) bezeichneten Alternativen zu wählen. Sobald eine Beschreibung zutrifft, die mit dem Namen einer Familie endet, kann auf der oder den angegebenen Seiten mit den Abbildungen verglichen und dann der zugehörige Text zu Rate gezogen werden. Besonders bei den umfangreicheren Gruppen werden dazu oft 4, 5 oder auch mehr Bestimmungsschritte nötig sein, bis man auf eine passende Familienbeschreibung stößt. Um den Schlüssel auf möglichst einfach erkennbare Merkmale zu beschränken, war es gelegentlich nicht zu umgehen, verschiedene Gattungen einer Familie getrennt zu verschlüsseln, diese werden dann vor der Familie in Klammern angegeben. Wegen der Formenmannigfaltigkeit mancher Familien kann der Schlüssel oft nur zu den in diesem Buch abgebildeten Arten führen.
Das Vorgehen bei der Bestimmung sei am Beispiel des auf der Titelseite abgebildeten kleinen Strauches (siehe auch Foto unten) erläutert, den man im westlichen und zentralen Mittelmeergebiet in Garigues, offenen Macchien und Wäldern im Frühjahr häufig blühend antrifft. Man beginnt bei den Hauptgruppen: Die Möglichkeiten 1. Sporenpflanzen, Farnpflanzen und 2. Nacktsamige Pflanzen treffen nicht zu, wohl

aber 3. Zweikeimblättrige Pflanzen. Die Blätter sind netznervig, nicht parallel- oder 1-nervig, die Blüten sind nicht 3- bzw. 6-zählig, sondern 5-zählig. Nun ist die Entscheidung zwischen den Möglichkeiten 3a, 3b und 3c zu treffen: Die Kronblätter sind bis zum Grund frei, dies führt zu Gruppe D auf Seite 39. Im weiteren Weg durch den Schlüssel wird in diesem Beispiel jeweils die zutreffende Alternative mit „+", die nicht zutreffende mit „–" bezeichnet, alle im Folgenden nicht aufgezählten Ziffern werden übersprungen:

1a – Blüten zweiseitig-symmetrisch (zygomorph), manchmal nur undeutlich
1b + Blüten radiär → **9**
9a – Blütenhülle bis zu 4-zählig (Gipfelblüte auch 5-zählig)
9b + Blüten überwiegend 5-zählig → **14**
14a – Staubblätter 5
14b – Staubblätter 6–10
14c + Staubblätter zahlreich (meist über 10) → **23**
23a – Blätter gefiedert oder 3–9-zählig gefingert
23b + Blätter ungeteilt bis eingeschnitten gelappt → **27**
27a – Blätter fleischig, spiralig angeordnet
27b + Blätter nicht fleischig, wenigstens die untersten Blätter gegenständig → **28**
28a + Kronblätter nach völliger Entfaltung noch zerknittert → **29**
29a + Kronblätter 5, Kelchblätter 3 oder 5, Kapselfrüchte **Zistrosengewächse** *Cistaceae* S. 174

Auf Seite 174 beginnen die Zistrosengewächse mit verschiedenen *Cistus*-Arten. Der Vergleich mit den Abbildungen auch noch auf der folgenden Seite und die Texte mit den genauen Beschreibungen lassen schnell die erste Art, die **Weißliche Zistrose** *Cistus albidus* erkennen. Der Bestimmungsweg führt hier über 7 Schritte zum richtigen Ergebnis. Wie ein Vergleich der Gruppenschlüssel zeigt, werden die meisten Familien wesentlich schneller erreicht. In Zweifelsfällen, zum Beispiel wenn nicht klar erkennbar ist, ob ein Blatt nun immergrün oder sommergrün ist, wird man auch einmal zwei Wege verfolgen müssen. Durch den häufigen Gebrauch dieses Schlüssels wird auch der Laie die Merkmale der wichtigen Familien kennenlernen und schließlich ohne ihn auskommen. Der Fortgeschrittene kann dann zu einer der großen Landesfloren oder zur „Flora Europaea" greifen, die einen heute zwar nicht mehr ganz aktuellen, aber mehr oder weniger vollständigen Stand der Flora Europas in englischer Sprache enthält.

Die Hauptgruppen

1. Farnpflanzen (Schachtelhalme, Brachsenkräuter, Kleefarne, Tüpfelfarne, Moosfarne). Pflanzen blütenlos. Vermehrung durch Sporen, die in besonderen Behältern, den Sporangien, gebildet werden **Gruppe A** S. 34

2. Nacktsamige Pflanzen (Nadelgehölze, Meerträubelgewächse). Bäume, Sträucher oder Rutensträucher mit nadel- oder schuppenförmigen Blättern. Blüten eingeschlechtig, ohne Blütenhülle, die weiblichen zu später verholzenden oder beerenartigen Zapfen vereinigt. Samen nicht in einen Fruchtknoten eingeschlossen **Gruppe B** S. 34

3. Zweikeimblättrige Pflanzen. Blätter meist netznervig, falls parallel- oder 1-nervig, dann Blüten nicht 3- bzw. 6-zählig oder nicht mit einer Blütenhülle aus Spelzen

3a Zweikeimblättrige Pflanzen mit unscheinbaren Blüten, Kronblätter fehlend oder sehr klein (bis 4 mm lang) **Gruppe C** S. 35

3b Zweikeimblättrige Pflanzen mit ansehnlichen Blüten, Kronblätter bis zum Grund frei **Gruppe D** S. 39

3c Zweikeimblättrige Pflanzen mit ansehnlichen Blüten, Kronblätter zu einer langen oder kurzen Röhre verwachsen **Gruppe E** S. 43

4. Einkeimblättrige Pflanzen. Blätter meist parallel- oder bogennervig, ungeteilt, zuweilen stielrund, auch nadelförmig ausgebildet, bei den Palmen fächerförmig oder gefiedert, wenn netznervig, dann Blüten 3- bzw. 6-zählig oder Blüten an einem von einem Hochblatt umschlossenen Kolben **Gruppe F** S. 49

1

2

3

4

Gruppe A: Sporenpflanzen, Farnpflanzen

1a Schachtelhalm mit hohlem, geripptem Stängel, an den Knoten schuppenförmige, zu gezähnten Scheiden verwachsene Blätter, Sporenähre endständig 1
Schachtelhalmgewächse *Equisetaceae* S. 52

1b Sumpfpflanze ohne Ausläufer, mit knolligem Wurzelstock, Blätter in dichter Rosette, am Grund je einen Sporenbehälter tragend 2 **Brachsenkrautgewächse** *Isoëtaceae* S. 52

1c Sumpfpflanze mit kriechenden Stämmchen, Blätter lang gestielt, kleeblattartig, 4-zählig, jung eingerollt, mit kugeligen Sporenbehältern am Grund 3 **Kleefarngewächse** *Marsileaceae* S. 52

1d Farne mit ungeteilten, fiederschnittigen bis mehrfach gefiederten Blättern, Sporenbehälter auf der Unterseite der Blätter zu verschieden geformten Häufchen (Sori) vereinigt, z. T. vom umgebogenen Blattrand verdeckt 4 **Tüpfelfarngewächse** *Polypodiaceae* s. l. S. 52

1e Moosartige kleine Pflanzen, Blätter 4-reihig 5 **Moosfarngewächse** *Selaginellaceae* S. 56

Gruppe B: Nacktsamige Pflanzen

1a Zweihäusige Rutensträucher, Pflanzen schachtelhalmartig, Blätter gegenständig, zu kleinen Schuppen reduziert, Früchte beerenartig 6 **Meerträubelgewächse** *Ephedraceae* S. 60

1b Sträucher oder Bäume, Blätter schuppenförmig, der Sprossachse angedrückt 7 oder nadelförmig abstehend, in Quirlen zu 3, Zapfen kugelig, fleischig, die Samen einschließend oder holzig, dann 6–20 Samen je Zapfenschuppe freigebend 8 **Zypressengewächse** *Cupressaceae* S. 58

1c Bäume, Blätter nadelförmig, spiralig angeordnet, einzeln, zu 2 oder in Büscheln an Kurztrieben, Zapfen länglich oder rundlich, holzig, auf jeder Schuppe 2 Samen tragend, die bei der Reife frei werden 9
Kieferngewächse *Pinaceae* S. 62

5

6

7

8

9

10

11

12

Gruppe C: Zweikeimblättrige Pflanzen mit unscheinbaren Blüten, Kronblätter fehlend oder sehr klein (bis 4 mm lang)

1a Pflanzen auf Kiefern, Wacholder-Arten oder Laubgehölzen schmarotzend 10 **Mistelgewächse** *Loranthaceae* S. 272

1b In der Erde wurzelnde Bäume oder Sträucher → **2**

1c Kräuter, Halbsträucher oder fleischige Sträucher → **16**

2a Bäume oder Sträucher, Blüten in hängenden, kugeligen Köpfchen, Blätter handförmig gelappt → **3**

2b Bäume oder Sträucher, Blüten in kätzchenartigen Blütenständen → **4**

2c Bäume oder Sträucher, Blüten in andersartigen Blütenständen oder einzeln → **6**

3a Blütenstand grünlich oder rötlich, zur Fruchtzeit nicht verholzt 11 **Platanengewächse** *Platanaceae* S. 288

3b Blütenstand grünlich, zur Fruchtzeit verholzt 12 **Hamamelisgewächse** *Hamamelidaceae* S. 246

4a Blütenstand rosa oder weißlich, Blätter schuppenförmig, den Zweigen anliegend 13 **Tamariskengewächse** *Tamaricaceae* S. 334

4b Blütenstand weißlich, gelblich oder grün, Blätter nicht schuppenförmig → **5**

5a Reifer Fruchtstand hängend, zapfenförmig, nicht verholzt, 3–5 cm lang 14 **Haselnussgewächse** *Corylaceae* S. 184

5b Reifer Fruchtstand eiförmig, verholzt, bis 3 cm lang, Blätter ohne Nebenblätter 15 **Birkengewächse** *Betulaceae* S. 136

5c Früchte ganz oder teilweise von einem stacheligen oder schuppigen, verholzenden Fruchtbecher umgeben, Blätter mit (oft hinfälligen) Nebenblättern 16 **Buchengewächse** *Fagaceae* S. 238

6a Blätter gefiedert oder gefingert → **7**

6b Blätter ungeteilt oder gelappt → **8**

13

14

15

16

17

18

19

20

7a Niedrige Dornsträucher (*Sarcopoterium* 17) — **Rosengewächse** *Rosaceae* S. 312

7b Bäume oder Sträucher, Blüten direkt aus Ästen und Stämmen hervorbrechend, Hülsenfrüchte 18 — **Johannisbrotgewächse** *Caesalpiniaceae* S. 158

7c Meist Sträucher, Früchte 1-samige rosa oder rote, kahle oder behaarte Steinfrüchte 19 — **Sumachgewächse** *Anacardiaceae* S. 70

8a Pflanzen mit Milchsaft → **9**

8b Immergrüne Sträucher oder Bäume ohne Milchsaft → **10**

8c Sommergrüne Sträucher oder Bäume ohne Milchsaft → **13**

9a Feigenfrüchte F61 — **Maulbeergewächse** *Moraceae* S. 278

9b Kapselfrüchte 20 — **Wolfsmilchgewächse** *Euphorbiaceae* S. 194

10a Blätter an den Zweigenden abstehend, beiderseits behaart, wenn nur unterseits weißfilzig, schuppenförmig den Zweigen anliegend. Blüten 4-zipfelig F89 — **Seidelbastgewächse** *Thymelaeaceae* S. 236

10b Blätter gegenständig → **11**

10c Blätter wechselständig → **12**

11a Blütenstand knäuelig, aus endständiger 5- oder 6-zähliger weiblicher Blüte und 4-zähligen männlichen F24 — **Buchsbaumgewächse** *Buxaceae* S. 156

11b Blüten zwittrig, mit 4-zipfeliger, verwachsener Blütenhülle 21 — **Ölbaumgewächse** *Oleaceae* S. 278

12a Blüten mit 3-teiliger Blütenhülle 22 — **Sandelholzgewächse** *Santalaceae* S. 316

12b Blüten mit 4-zipfeliger Blütenhülle, in Trauben 23 — **Kreuzdorngewächse** *Rhamnaceae* S. 306

12c Blüten 5-zählig, gelb, in zusammengesetzten Dolden F14 — **Doldenblütler** *Apiaceae* S. 72

13a Blätter gegenständig → **14**

13b Blätter wechselständig → **15**

14a Früchte beerenartig, Blätter ungeteilt, ganzrandig 24 — **Gerberstrauchgewächse** *Coriariaceae* S. 184

21

22

23

24

14b Früchte aus 2 geflügelten Teilfrüchten, Blätter handförmig 3–5-lappig F10 **Ahorngewächse** *Aceraceae* S. 66

15a Bäume oder Sträucher, Blätter 2-zeilig gestellt, schief eiförmig F90 **Ulmengewächse** *Ulmaceae* S. 338

15b Sträucher mit silbrig-schilfrigen Blättern (*Atriplex* 25) **Gänsefußgewächse** *Chenopodiaceae* S. 172

15c Sträucher mit kahlen Blättern, Blütenstiele zuletzt fedrig behaart (*Cotinus* 26) **Sumachgewächse** *Anacardiaceae* S. 70

15d Sträucher mit Nebenblattdornen (*Paliurus* 27) **Kreuzdorngewächse** *Rhamnaceae* S. 306

16a Pflanzen fleischig, kolbenartig, rotbraun, ohne Blattgrün F40 **Hundskolbengewächse** *Cynomoriaceae* S. 188

16b Scheinbar blattlose, gegliederte, fleischige Pflanzen 28 oder Blätter ungeteilt, fleischig und stachelspitzig **Gänsefußgewächse** *Chenopodiaceae* S. 172

16c Blätter andersartig → **17**

17a Blüten in charakteristischen Scheinblüten, mit einem Fruchtknoten und 5 Gruppen von Staubblattblüten (Cyathien), Pflanzen mit Milchsaft 29 **Wolfsmilchgewächse** *Euphorbiaceae* S. 194

17b Blüten in Köpfchen, von einer gemeinsamen vielblättrigen Hülle umgeben 30 bei *Xanthium* 2 weibliche Blüten in einen mit Dornen besetzten und in 2 Schnäbel auslaufenden Blütenboden eingesenkt 31 (auch bei manchen Doldenblütlern köpfchenartige Blütenstände (32 S. 76) **Röhrenblütige Korbblütler** *Asteraceae* S. 90

17c Blüten anders angeordnet → **18**

18a Blätter nur in grundständiger Rosette F68 **Wegerichgewächse** *Plantaginaceae* S. 286

18b Blätter quirlständig F80 **Rötegewächse** *Rubiaceae* S. 312

18c Blätter gegenständig → **19**

18d Untere Blätter gegenständig, obere wechselständig → **20**

18e Blätter alle wechselständig → **21**

33

34

35

36

19a Blätter mit Brennhaaren F91 — **Brennnesselgewächse** *Urticaceae* S. 340

19b Blüten in kleinen sitzenden Knäueln mit silbrigen Tragblättern (*Paronychia* 33) — **Nelkengewächse** *Caryophyllaceae* S. 166

19c Blüten 4-zählig, in aufrechten, gestielten, grünlichen, köpfchenartigen Ähren 34 — **Wegerichgewächse** *Plantaginaceae* S. 288

19d Blüten 5-zählig, in verlängerten, meist rötlichen Scheinähren F12 — **Fuchsschwanzgewächse** *Amaranthaceae* S. 68

20a Unscheinbare, zerbrechliche Pflänzchen (*Theligonum* 35) **Hundskohlgewächse** *Theligonaceae* S. 336

20b Kräftige Pflanzen mit graugrün bemehlten Blättern 36 — **Gänsefußgewächse** *Chenopodiaceae* S. 172

21a Blätter gefiedert → **22**

21b Blätter ungeteilt → **23**

21c Blätter am Grund mit stängelumfassender Scheide, der Ochrea (37 s. auch S. 31) — **Knöterichgewächse** *Polygonaceae* S. 292

21d Blätter sternhaarig graufilzig, lang gestielt, Blüten getrenntgeschlechtlich, obere männlich, untere weiblich (*Chrozophora* 38) — **Wolfsmilchgewächse** *Euphorbiaceae* S. 194

22a Blüten 5-zählig, in zusammengesetzten Dolden oder köpfchenartig, meist mit Hülle und/oder Hüllchen 39 — **Doldenblütler** *Apiaceae* S. 72

22b Blüten mit 3–9 Kelchlappen, in Trauben 40 — **Scheinhanfgewächse** *Datiscaceae* S. 188

23a Blüten 4(5)-zählig, knäuelig in den Blattachseln (*Parietaria* 41) — **Brennnesselgewächse** *Urticaceae* S. 338

23b Blüten 5-zählig, in zusammengesetzten Dolden oder köpfchenartig, meist mit Hülle und/oder Hüllchen F14 — **Doldenblütler** *Apiaceae* S. 72

37

38

39

40

41

42

43

44

Gruppe D: Zweikeimblättrige Pflanzen mit auffälligen Blüten, Kronblätter bis zum Grund frei

1a Blüten zweiseitig-symmetrisch (zygomorph), manchmal nur undeutlich → **2**

1b Blüten radiär → **9**

2a Blüten gespornt → **3**

2b Blüten nicht gespornt → **4**

3a Kronblätter 4, das obere gespornt 42 **Mohngewächse** *Papaveraceae* S. 282

3b Kronblattartige Hüllblätter 5, das obere gespornt 43 **Hahnenfußgewächse** *Ranunculaceae* S. 302

3c Kronblätter 5, das untere gespornt 44 **Veilchengewächse** *Violaceae* S. 344

4a Blüten schmetterlingsblütenartig → **5**

4b Blüten nicht schmetterlingsblütenartig → **6**

5a Kronblätter 5, sich von oben nach unten deckend: Das nach oben weisende große Blatt ist die Fahne, die beiden seitlichen sind die Flügel, die 2 unteren sind zum Schiffchen vereint. Alle 10 Staubblätter verwachsen oder das oberste frei 45 **Schmetterlingsblütler** *Fabaceae* S. 200

5b ähnlich, aber Kronblätter sich von unten nach oben deckend, alle Staubblätter frei. Bäume oder Sträucher mit rosa Blüten (*Cercis* 46) **Johannisbrotgewächse** *Caesalpiniaceae* S. 158

5c Die 2 seitlichen der 5 Kelchblätter kronblattartig ausgebildet und Flügel vortäuschend, eigentliche Kronblätter am Grund verwachsen, das untere schiffchenartig, mit gefranstem Anhängsel 47 **Kreuzblumengewächse** *Polygalaceae* S. 292

6a Kronblätter 4 → **7**

6b Kronblätter 5 oder 6 → **8**

7a Kronblätter gelb, innere gelappt, Staubblätter 4, einjährige Kräuter (*Hypecoum* 48) **Mohngewächse** *Papaveraceae* S. 284

45

46

47

48

49

50

51

52

7b Kronblätter weiß, Staubblätter zahlreich. Sträucher, meist mit Nebenblattdornen 49
Kaperngewächse *Capparaceae* S. 162

8a Blüten in zusammengesetzten Dolden, Kronblätter 5, Randblüten häufig größer und strahlend, Mittelblüten kleiner und radiär, Staubblätter 5 50 **Doldenblütler** *Apiaceae* S. 72

8b Blüten in Trauben, Kronblätter 5 oder 6, gelappt, Staubblätter zahlreich 51
Resedengewächse *Resedaceae* S. 306

9a Blütenhülle bis zu 4-zählig (Gipfelblüte auch 5-zählig) → **10**

9b Blütenhülle überwiegend 5-zählig. aber auch 6–10-zählig → **14**

9c Blütenhülle mehr als 10-zählig → **34**

10a Blütenhülle 3–4-zählig, gelb 52 **Zwergölbaumgewächse** *Cneoraceae* S. 180

10b Blütenhülle meist 4-zählig → **11**

11a Blütenhülle einfach, ohne Kelchblätter 53 **Hahnenfußgewächse** *Ranunculaceae* S. 298

11b Blütenhülle doppelt, Kelchblätter aber z. T. hinfällig → **12**

12a Pflanzen mit weißem oder gelbem Milchsaft 54 **Mohngewächse** *Papaveraceae* S. 282

12b Pflanzen ohne Milchsaft → **13**

13a Niederliegende oder hängende Sträucher meist mit Nebenblattdornen, Blüten schwach zweiseitig-symmetrisch, weiß, mit zahlreichen Staubblättern 49 **Kaperngewächse** *Capparaceae* S. 162

13b Kräuter oder Halbsträucher, Blüten mit 4 freien Kelch- und 4 lang genagelten Kronblättern, 2 äußere kurze und 4 innere längere Staubblätter. Frucht eine Schote 55 oder ein Schötchen F22
Kreuzblütler *Brassicaceae* S. 146

13c Kräuter oder niedrige Sträucher mit stark aromatischem Geruch, Gipfelblüte 5-zählig (*Ruta* 56)
Rautengewächse *Rutaceae* S. 316

13d Bäume, Blätter gegenständig, gefiedert, Kronblätter am Grund paarweise verbunden (*Fraxinus* 57)
Ölbaumgewächse *Oleaceae* S. 278

53

54

55

56

57

58

59

60

14a Staubblätter 5 → **15**
14b Staubblätter 6–10 → **18**
14c Staubblätter zahlreich, meist über 10 → **23**
15a Blätter gegenständig → **16**
15b Wenigstens die oberen Blätter wechselständig oder Blätter in einer Grundrosette → **17**
16a Blätter lanzettlich-pfriemlich, starr und stachelspitzig, Blütenstände doldenförmig zusammengezogen (*Drypis* 58) **Nelkengewächse** *Caryophyllaceae* S. 166
16b Blätter eiförmig, gekerbt-gesägt, eingeschnitten gelappt oder fiederschnittig. Blütenstand doldenförmig, Früchte lang geschnäbelt 59 **Storchschnabelgewächse** *Geraniaceae* S. 244
17a Blüten in lockeren Rispen, Kelchblätter frei 60 **Leingewächse** *Linaceae* S. 270
17b Blüten in zusammengesetzten Dolden 61 oder doldigen Köpfchen, meist mit Hülle und/oder Hüllchen **Doldenblütler** *Apiaceae* S. 72
17c Blüten in einseitswendig angeordneten kleinen Ährchen in rispigen Gesamtblütenständen. Kelchblätter zu einer meist trockenhäutigen und farbigen Röhre verwachsen (*Limonium* 62) **Bleiwurzgewächse** *Plumbaginaceae* S. 290
17d Blüten in kurzen Rispen, Dornsträucher mit wechselständigen, ungeteilten Blättern 63 **Spindelstrauchgewächse** *Celastraceae* S. 170
18a Blätter ungeteilt → **19**
18b Blätter gefiedert oder gefingert → **22**
19a Blätter gegenständig → **20**
19b Blätter wechselständig → **21**
19c Blätter büschelig an Kurztrieben, Blüten mit 6, die endständige mit 5 Kronblättern. Dornsträucher 64 **Berberitzengewächse** *Berberidaceae* S. 136

61

62

63

64

65

66

67

68

20a Kräuter, Kronblätter genagelt, oft ausgerandet bis tief 2-lappig, Kelchblätter zu einer 5-zähnigen Röhre verwachsen oder frei 65 — **Nelkengewächse** *Caryophyllaceae* S. 164

20b Kleine Halbsträucher mit nadelförmigen Blättern oder 1-jährig mit breiteren Blättern, niederliegend, Blüten sitzend, Pflanzen salzhaltiger Böden 66 — **Frankeniengewächse** *Frankeniaceae* S. 242

21a Blüten mit 5 weißen Kronblättern 67 — **Steinbrechgewächse** *Saxifragaceae* S. 318

21b Blüten mit 6 purpurnen Kronblättern und 8–12-zähnigem Achsenbecher F59 — **Weiderichgewächse** *Lythraceae* S. 274

22a Blätter 3-zählig, kleeblattartig F65 — **Sauerkleegewächse** *Oxalidaceae* S. 280

22b Blätter gefiedert 68 z. T. nur mit 1 Fiederpaar — **Jochblattgewächse** *Zygophyllaceae* S. 344

23a Blätter gefiedert oder 3–9-zählig gefingert → **24**

23b Blätter ungeteilt bis eingeschnitten gelappt → **27**

24a Holzgewächse 69 — **Rosengewächse** *Rosaceae* S. 308

24b Kräuter → **25**

25a Blüten meist über 8 cm im Durchmesser, kräftige Stauden mit doppelt 3-teiligen Blättern F66 — **Pfingstrosengewächse** *Paeoniaceae* S. 282

25b Blüten meist kleiner, Pflanzen nicht so kräftig → **26**

26a Kronblätter ungeteilt, Kelch einfach oder fehlend 70 — **Hahnenfußgewächse** *Ranunculaceae* S. 298

26b Kronblätter ungeteilt, Kelch doppelt 71 — **Rosengewächse** *Rosaceae* S. 308

26c Kronblätter am Ende zerteilt 51 — **Resedengewächse** *Resedaceae* S. 306

27a Blätter fleischig, spiralig angeordnet (*Sedum* 72) — **Dickblattgewächse** *Crassulaceae* S. 186

27b Blätter nicht fleischig, wenigstens die untersten gegenständig → **28**

27c Blätter wechselständig oder überwiegend in einer Grundrosette → **31**

28a Kronblätter nach völliger Entfaltung noch zerknittert → **29**

28b Kronblätter glatt → **30**

69

70

71

72

73

74

75

76

29a Kronblätter 5, Kelchblätter 3 oder 5, Kapselfrüchte F33 **Zistrosengewächse** *Cistaceae* S. 174

29b Kronblätter und Achsenbecher oft mehr als 5-zählig, leuchtend rot, Frucht apfelförmig 74 **Granatapfelgewächse** *Punicaceae* S. 298

30a Kronblätter gelb, Staubfäden gebüschelt F53 **Johanniskrautgewächse** *Hypericaceae* S. 246

30b Kronblätter weiß 73 **Myrtengewächse** *Myrtaceae* S. 278

31a Bäume oder Sträucher mit Sprossdornen 74 **Rosengewächse** *Rosaceae* S. 308

31b Kräuter oder unbewehrte Sträucher → **32**

32a Staubblätter zu einer Röhre verwachsen 75 **Malvengewächse** *Malvaceae* S. 274

32b Staubblätter frei → **33**

33a Kronblätter gelb, Pflanzen meist verholzt, Zwergsträucher 76 **Zistrosengewächse** *Cistaceae* S. 174

33b Kronblätter weiß, gelb, rot oder blau, Pflanzen krautig 77 **Hahnenfußgewächse** *Ranunculaceae* S. 298

34a Pflanzen fleischig → **35**

34b Pflanzen nicht fleischig 78 **Hahnenfußgewächse** *Ranunculaceae* S. 298

35a Pflanzen dornenlos, Blätter fleischig 79 **Eiskrautgewächse** *Aizoaceae* S. 68

35b Pflanzen mit fleischigen, verbreiterten Stängelgliedern und Dornenpolstern 80 **Kakteen** *Cactaceae* S. 156

Gruppe E: Zweikeimblättrige Pflanzen, Kronblätter zu einer langen oder kurzen Röhre verwachsen

1a Pflanzen ohne grüne Blätter → **2**

1b Pflanzen mit grünen Blättern → **3**

2a Blütenkrone regelmäßig 4-lappig F75 **Schmarotzerblumengewächse** *Rafflesiaceae* S. 298

2b Blütenkrone 5-lappig, ± 2-lippig F64 **Sommerwurzgewächse** *Orobanchaceae* S. 280

77

78

79

80

81

82

83

84

3a Stängel windend oder rankend → **4**

3b Stängel nicht windend oder rankend → **7**

4a Stängel mit sich spiralig einrollenden Ranken 81 **Kürbisgewächse** *Cucurbitaceae* S. 188

4b Stängel ohne Ranken, in seiner Gesamtheit windend → **5**

5a Blätter quirlständig (*Rubia* 82) **Rötegewächse** *Rubiaceae* S. 312

5b Blätter gegenständig → **6**

5c Blätter wechselständig, Pflanzen mit meist großen Trichterblüten 83 **Windengewächse** *Convolvulaceae* S. 182

6a Auch die obersten Blätter gestielt, Krone regelmäßig 5-zipfelig, mit kleiner Nebenkrone 84 **Seidenpflanzengewächse** *Asclepiadaceae* S. 88

6b Blätter unterhalb des Blütenstandes meist verwachsen, Krone 2-lippig (*Lonicera* 85) **Geißblattgewächse** *Caprifoliaceae* S. 164

7a Blüten in dichten Köpfchen, von einer gemeinsamen, vielblättrigen Hülle umgeben → **8**

7b Blüten in 1-blütigen Köpfchen, zu einem kugeligen Kopf ohne vielblättrige Hülle zusammengefügt, blau oder blaugrau. Pflanzen distelartig (*Echinops* 86) **Korbblütler** *Asteraceae* S. 110

7c Blüten nicht in dichten Köpfchen oder nicht von einer gemeinsamen, vielblättrigen Hülle umgeben → **9**

8a Bis 1 m hohe Sträucher, Blüten 2-lippig, blau, Fruchtknoten oberständig 87 **Kugelblumengewächse** *Globulariaceae* S. 246

8b Kräuter, Blüten deutlich 4- oder 5-lappig (*Lomelosia*), Fruchtknoten unterständig, unter dem borstenförmigen Kelch meist ein schüsselförmiger Außenkelch, Blätter gegenständig 88 **Kardengewächse** *Dipsacaceae* S. 190

8c Kräuter oder niedrige Sträucher, Blütenkrone radiär mit 5-zipfeliger Röhre (Röhrenblüten) oder zweiseitig-symmetrisch, zungenförmig (Zungenblüten), entweder alle oder nur die randständigen des

85

86

87

88

89

90

91

92

Köpfchens zungenförmig, dann die inneren röhrenförmig, oder alle Blüten röhrenförmig. Fruchtknoten unterständig (89 s. auch Seite 28) **Korbblütler** *Asteraceae* S. 90

9a Blüten zweiseitig-symmetrisch (zygomorph). manchmal nur undeutlich → **10**

9b Blüten radiär → **21**

10a Blüten mit einfacher, am Grund bauchig erweiterter, zum Teil U-förmig gebogener Röhre 90 **Osterluzeigewächse** *Aristolochiaceae* S. 86

10b Blütenhülle doppelt, in Kelch und Krone gegliedert → **11**

11a Blätter gegenständig (wenigstens die unteren) oder quirlständig → **12**

11b Blätter wechsel- oder grundständig → **16**

12a Blüten gespornt, Staubblätter 1, 2 oder 3 91 **Baldriangewächse** *Valerianaceae* S. 340

12b Blüten ohne Sporn, Staubblätter 2 oder 4, Blüten 2-lippig, die Oberlippe manchmal fehlend → **13**

13a Sträucher, Blätter lang gestielt, fingerförmig 5–7fach gefiedert. Blüten 8–10 mm. blau oder rosa (*Vitex* 92) **Eisenkrautgewächse** *Verbenaceae* S. 342

13b Kräftige Stauden mit großen fiederschnittigen Blättern. → **14**

13c Sträucher oder Kräuter, Blätter anders → **15**

14a Blätter überwiegend grundständig, oberer Lappen des Kelches über die kurz verwachsene Blütenkrone ragend und deren Oberlippe vortäuschend 93 **Akanthusgewächse** *Acanthaceae* S. 66

14b Stängelständige Blätter zu 3, Blüten mit langer, schlanker Kronröhre (*Morina* 94) **Kardengewächse** *Dipsacaceae* S. 190

15a Fruchtknoten bereits zur Blütezeit deutlich 4-teilig, Frucht in 4 Teilfrüchte (Klausen) zerfallend. Blüten meist deutlich 2-lippig, manchmal die Oberlippe fehlend, oft zu mehreren in Scheinquirlen in den Achseln laubiger Hochblätter, einen ährenartigen Gesamtblütenstand bildend, Stängel 4-kantig 95 **Lippenblütler** *Lamiaceae* S. 248

15b Fruchtknoten nicht 4-teilig, Stängel meist rund 96 **Rachenblütler** *Scrophulariaceae* S. 318

93

94

95

96

97

98

99

100

16a Blüten schmetterlingsförmig (s. Seite 28), Blätter 3-zählig, Staubblätter 10, davon 9 zu einer den Griffel umgebenden Röhre verwachsen (*Trifolium* 97) **Schmetterlingsblütler** *Fabaceae* S. 232

16b Blüten nicht schmetterlingsförmig, Blätter nicht 3-zählig, Staubblätter 2–5 → **17**

17a Fruchtknoten tief 4-teilig, bei der Reife in 4 Teilfrüchte (Klausen) zerfallend. Pflanzen rauhaarig 98 **Raublattgewächse** *Boraginaceae* S. 136

17b Fruchtknoten nicht tief 4-teilig → **18**

18a Blätter überwiegend stängelständig → **19**

18b Blätter nur in Grundrosette, teilweise mit Hochblättern am Blütenstiel → **20**

19a Staubblätter 5, Kelch mit stacheligen Zähnen, Blütenstand dicht kopfig bis ährenartig (*Coris* 99) **Primelgewächse** *Primulaceae* S. 294

19b Staubblätter 5, Staubfäden höchstens am Grund behaart (*Hyoscyamus* 100) **Nachtschattengewächse** *Solanaceae* S. 330

19c Staubblätter 2 oder 4 (wenn 5, dann violett- oder weißwollig behaart) 101 **Rachenblütler** *Scrophulariaceae* S. 318

20a Staubblätter 5, Krone 5-lappig, ohne Sporn (*Solenopsis* 102) **Glockenblumengewächse** *Campanulaceae* S. 158

20b Staubblätter 4, Blüten 4-zählig, Krone 4-lappig, ohne Sporn 103 **Gesneriengewächse** *Gesneriaceae* S. 246

20c Staubblätter 2, Krone 5-lappig, mit langem Sporn 104 **Wasserschlauchgewächse** *Lentibulariaceae* S. 270

21a Blüten 4-zipfelig → **22**

21b Blüten 5-zipfelig oder selten bis 12-zipfelig → **26**

22a Blütenhülle einfach, nicht in Kelch und Krone gegliedert F89 **Seidelbastgewächse** *Thymelaeaceae* S. 336

101

102

103

104

105

106

107

108

22b Blütenhülle doppelt, Kelch bisweilen sehr klein → **23**

23a Blätter wechselständig 105 — **Lorbeergewächse** *Lauraceae* S. 270

23b Blätter in Quirlen, nadelförmig → **24**

23c Blätter gegenständig → **25**

24a Blüten glockig (*Erica* F43) — **Heidekrautgewächse** *Ericaceae* S. 192

24b Blüten mit langer, schlanker Röhre 106 — **Rötegewächse** *Rubiaceae* S. 312

25a Blätter ohne Nebenblätter, Bäume oder Sträucher 21 — **Ölbaumgewächse** *Oleaceae* S. 278

25b Blätter mit Nebenblättern, niedrige Sträucher (*Putoria* 107) — **Rötegewächse** *Rubiaceae* S. 312

26a Blätter wechselständig und/oder in Grundrosette → **27**

26b Blätter gegenständig oder quirlständig, gelegentlich außerdem in einer Grundrosette → **32**

27a Grundblätter schildförmig, fleischig 108 — **Dickblattgewächse** *Crassulaceae* S. 186

27b Grundblätter herzförmig, aus kräftiger Knolle entspringend, ± dicklich, Kronlappen zurückgeschlagen (*Cyclamen* 109) — **Primelgewächse** *Primulaceae* S. 294

27c Grundblätter anders oder fehlend → **28**

28a Fruchtknoten tief 4-teilig, Frucht in 4 Teilfrüchte (Klausen) zerfallend, Pflanzen meist rauhaarig 98 (Ausnahme *Cerinthe*) — **Raublattgewächse** *Boraginaceae* S. 136

28b Fruchtknoten nicht tief 4-teilig → **29**

29a Blüten mit 2 Staubblättern, Sträucher mit 3-zähligen Blättern (*Jasminum* 110) — **Ölbaumgewächse** *Oleaceae* S. 278

29b Männliche Blüten mit 3 Staubblättern 111 — **Kürbisgewächse** *Cucurbitaceae* S. 188

29c Blüten mit 5 Staubblättern → **30**

29d Blüten mit 10–14 Staubblättern → **31**

30a Narbe kopfig, wenn 2-teilig, dann Dornsträucher 112 — **Nachtschattengewächse** *Solanaceae* S. 330

109

110

111

112

113

114

115

116

30b Narben 2, Trichterblüten 113 **Windengewächse** *Convolvulaceae* S. 182

30c Narben 3 (2) oder 5, Blüten glockenförmig oder lang trichterförmig 114 **Glockenblumengewächse** *Campanulaceae* S. 158

30d Narben 5, Blüten mit langer, schmaler Kronröhre und radförmig ausgebreitetem Saum 115 oder Blüten in einseitswendig angeordneten kleinen Ährchen in rispigen Gesamtblütenständen 62 **Bleiwurzgewächse** *Plumbaginaceae* S. 288

31a Blütenkrone krugförmig, unter 1 cm lang, immergrüne Sträucher oder kleine Bäume (*Arbutus* 116) **Heidekrautgewächse** *Ericaceae* S. 192

31b Blütenkrone etwa 2 cm lang, mit sehr kurzer Röhre und 5–7 langen Zipfeln, sommergrüne Sträucher oder kleine Bäume F86 **Styraxgewächse** *Styracaceae* S. 334

32a Blätter in Quirlen zu 4 oder mehr 82 **Rötegewächse** *Rubiaceae* S. 312

32b Blätter gegenständig oder in Quirlen zu 3 (4) → **33**

33a Blätter immergrün → **34**

33b Sträucher mit sommergrünen Blättern oder Kräuter → **35**

34a Sträucher oder Bäume, Blüten weniger als 1 cm breit (*Viburnum* 117) **Geißblattgewächse** *Caprifoliaceae* S. 164

34b Sträucher oder niederliegende Halbsträucher (Ausnahme *Vinca herbacea*: sommergrünes Kraut), Blüten über 2 cm breit, in der Knospe gedreht F15 **Hundsgiftgewächse** *Apocynaceae* S. 84

35a Sträucher oder Kräuter, Blüten mit kleiner Nebenkrone, Samen mit Haarschopf 118 **Seidenpflanzengewächse** *Asclepiadaceae* S. 88

35b Kräuter, Staubblätter vor den Kronzipfeln stehend 119 **Primelgewächse** *Primulaceae* S. 294

35c Kräuter, Staubblätter zwischen den Kronzipfeln stehend, Krone in der Knospe gedreht, bis 12-zipfelig 120 **Enziangewächse** *Gentianaceae* S. 242

117

118

119

120

121

122

123

124

Gruppe F: Einkeimblättrige Pflanzen

1a Wasser- und Sumpfpflanzen → **2**

1b Landpflanzen → **3**

2a Untergetaucht lebende Wasserpflanzen der Meere **F108** **Neptungrasgewächse** *Posidoniaceae* S. 410

2b Kleine Süßwasserpflanzen in zeitweise austrocknenden Gewässern (*Damasonium* **121**) **Froschlöffelgewächse** *Alismataceae* S. 346

2c Hohe Pflanze mit Blüten in walzenförmigen Kolben **122** **Rohrkolbengewächse** *Typhaceae* S. 410

3a Pflanzen busch- oder baumförmig mit großen, fächer- oder fiederförmigen Blättern **123** **Palmen** *Arecaceae* S. 350

3b Pflanzen windend oder kletternd und/oder mit Dornen → **4**

3c Pflanzen nicht windend oder kletternd, ohne Dornen → **5**

4a Pflanzen strauchig, mit Dornen, z. T. kletternd **124** **Liliengewächse** *Liliaceae* s. l. S. 362

4b Pflanzen krautig, windend, aber dornenlos, Blätter tief herzförmig, bogennervig, (*Dioscorea* **125**) **Schmerwurzgewächse** *Dioscoreaceae* S. 356

5a Blütenhülle weiß oder anders auffällig gefärbt, meist über 4 mm lang → **6**

5b Blütenhülle fehlend oder unscheinbar, weniger als 4 mm lang oder nur in Form von schuppenförmigen Blättern (Spelzen) → **11**

6a Blüten zweiseitig-symmetrisch (zygomorph) → **7**

6b Blüten radiär → **8**

7a Staubblätter 6 (*Asphodeline* **126**) **Liliengewächse** *Liliaceae* s. l. S. 366

7b Staubblätter 3, Narben 3 (*Gladiolus* **127**) **Schwertliliengewächse** *Iridaceae* S. 356

7c Staubblätter 1, mit der Narbe zu einer Säule verwachsen, das untere innere Blatt der Blütenhülle zur vielfältigen Lippe umgebildet **128** **Orchideen** *Orchidaceae* S. 382

125

126

127

128

129

130

131

132

8a Fruchtknoten oberständig, Staubblätter 6 129 — **Liliengewächse** *Liliaceae* s. l. S. 362
8b Fruchtknoten unterständig — → **9**
9a Staubblätter 6 — → **10**
9b Staubblätter 3, Griffeläste oft blumenblattartig 130 — **Schwertliliengewächse** *Iridaceae* S. 356
10a Blätter dickfleischig, dornig gezähnt, bis 2 m lang F96 — **Agavengewächse** *Agavaceae* S. 346
10b Blätter anders, Blüten mit Nebenkrone 131 Ausnahme *Leucojum, Sternbergia* — **Narzissengewächse** *Amaryllidaceae* S. 346
11a Blüten ohne Blütenhülle an einem Kolben, von einem auffälligen Hochblatt (Spatha) umgeben, Blätter netznervig 132 — **Aronstabgewächse** *Araceae* S. 350
11b Blütenhülle 6-blättrig oder aus Spelzen bestehend — → **12**
12a Blütenhülle 6-blättrig — → **13**
12b Blütenhülle aus Spelzen bestehend, Blätter lineal, unten mit einer Scheide — → **14**
13a Pflanzen scheinbar mit stechenden, nadelartigen Blättern (*Asparagus* 133) oder blütentragenden Flachsprossen — **Liliengewächse** *Liliaceae* s. l. S. 366
13b Blätter stielrund, stängelähnlich, stechend, Blütenhülle trockenhäutig 134 — **Binsengewächse** *Juncaceae* S. 360
14a Blüten in Ährchen, jede Blüte nur von 1 Spelze umschlossen. Gesamtblütenstand oft doldig-spirrig oder kopfig, die obersten Stängelblätter den Blütenstand umgebend, Blattscheiden am Grund nicht mit knotiger Verdickung 135 — **Sauergräser** *Cyperaceae* S. 354
14b Blüten von meist 1 Deck- und 1 Vorspelze umschlossen in 1- bis vielblütigen Ährchen, diese meist mit 2 Hüllspelzen (s. Seite 29). Gesamtblütenstand ährenförmig, fingerförmig oder rispig 136 Blattscheiden oben mit Blatthäutchen oder Haarkranz, am Grund mit knotiger Verdickung — **Süßgräser** *Poaceae* S. 400

133

134

135

136

Die Familien der Mittelmeerflora in alphabetischer Reihenfolge

Symbole und Abkürzungen

⊙	Einjährige Pflanze, die die sommerliche Trockenperiode nur als Samen überdauert
⚇	Zweijährige Pflanze, die im ersten Jahr nur eine Rosette ausbildet und nach der Blüte im 2. Jahr abstirbt
♃	Krautige ausdauernde Pflanze
♄	Holzgewächs, Baum, Strauch oder Halbstrauch
agg.	Aggregat = Artengruppe
s. l.	sensu lato = im weiteren Sinn
s. str.	sensu stricto = im engeren Sinn
spec.	species = Art
ssp.	subspecies = Unterart
×	vor Artnamen = Hybride
N-, S-, O-, W-	Nord-, Süd-, Ost-, West- und entsprechende Zusammensetzungen

1 Ästiger Schachtelhalm *Equisetum ramosissimum* DESF. *Equisetaceae*

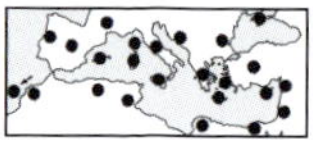

Triebe 0,3–1 m Sporen Mai–Juli ♃

Merkmale Oberirdische Triebe im Herbst absterbend, nur 3–9 mm dick, mit 8–20 gewölbten (!) Rippen, einfach oder ungleich lang quirlig verzweigt, auch die fruchtbaren Triebe grün, mit spitzer Sporangienähre. Stängelscheiden nach oben trichterförmig erweitert, ihre Zähne nach Abwerfen einer weißlichen pfriemlichen Spitze 3-eckig, weiß gerandet, am Grund schwarz.

Vorkommen Feuchte, oft sandige Standorte, selten auch in Mitteleuropa.

2 Stachelschwein-Brachsenkraut *Isoëtes histrix* BORY *Isoëtaceae*

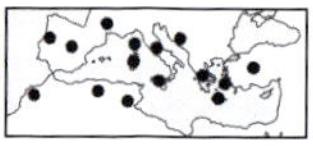

Blätter 0,05–0,1 m lang Sporen März–Mai ♃

Merkmale Zahlreiche lineale, etwa 1 mm breite, rosettig gedrängt stehende Blätter an kurzem, 3-lappigem Stamm, im Sommer vertrocknet. Am scheidig verbreiterten Grund die Sporangien in einer Grube.

Vorkommen Zeitweilig überflutete, meist sandige Standorte, wie austrocknende Teiche, Gräben.

3 Behaarter Kleefarn *Marsilea strigosa* WILLD. *Marsileaceae*

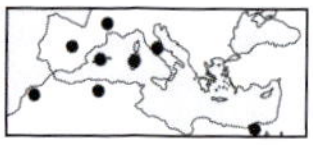

Blätter bis 0,1 m lang Sporen März–Juni ♃

Merkmale Die lang gestielten ± kahlen Blätter einem Kleeblatt ähnlich, hervorgegangen aus 2 nahe beieinander stehenden Blattpaaren mit kurzer Spindel. Die 4 Blättchen keilförmig, vorne abgerundet, bisweilen gezähnelt. Zusammengedrückt kugelige Sporokarpien fast sitzend am Grund der Blattstiele.

Vorkommen Offene, zeitweise überschwemmte, nährstoffreiche Standorte.

4 Frauenhaarfarn *Adiantum capillus-veneris* L.

Polypodiaceae (Adiantaceae)

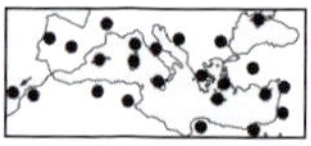

Blätter 0,1–0,6 m lang Sporen Juni–September ♃

Merkmale Blätter mit glänzend schwarzbraunem, am Grund mit Schuppen besetztem Stiel und eilänglicher, 2–4-fach gefiederter Spreite. Abschnitte leuchtend grün, zart, haarfein gestielt (Name!), rhombisch-rundlich, vorne unregelmäßig eingeschnitten. Sori ohne Schleier auf der Unterseite umgeschlagener Randlappen. Arzneiliche Verwendung früher bei Erkrankungen der Atemwege.

Vorkommen Schattig-feuchte, oft überrieselte Kalkfelsen, an Quellen und Brunnen, auch Zierpflanze.

5 Dünnblättriger Nacktfarn *Anogramma leptophylla* (L.) LINK

Polypodiaceae (Adiantaceae)

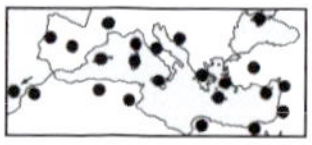

Blätter bis 0,03–0,25 m lang Sporen Februar–April ☉

Merkmale Zierlicher Farn, der die trockene Jahreszeit als Prothallium in Knöllchen eingezogen überdauert. Nur wenige gestielte dünnhäutige Blätter, die untersten rundlich-nierenförmig, am Rand eingeschnitten, die folgenden im Umriss eiförmig, 1–3-fach gefiedert, mit am Grund keilförmig verschmälerten Abschnitten. Auf ihrer Unterseite längliche Sori ohne Schleier (Name!), die später flächig zusammenfließen.

Vorkommen Feuchte, schattige Felsen, Erdanrisse, kalkmeidend.

6 Milzfarn, Schriftfarn *Asplenium ceterach* L. (*Ceterach officinarum* DC.)

Polypodiaceae (Aspleniaceae)

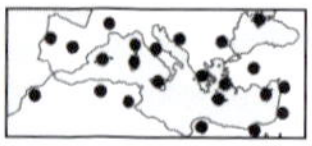

Blätter bis 0,25 m lang Sporen Mai–August ♃

Merkmale Blätter lederartig dick, mit kurzem, wenigstens unten spreuschuppigem Stiel, die längliche Spreite beiderseits mit 9–12 wechselständigen, halbkreisförmigen Abschnitten, oben grau bis dunkelgrün, kahl, unten dicht mit goldbraunen, am Rand wimperartig hervorragenden Spreuschuppen bedeckt. Sori lineal, schräg zur Mittelrippe verlaufend (schriftzeichenähnlich). Bei sommerlicher Trockenheit rollen sich die Blätter ein, sodass die schützenden Schuppen nach außen gekehrt sind.

Vorkommen Sonnige Fels- und Mauerspalten, meist im Kalk, selten in warmen Gebieten Mitteleuropas.

1

2

3

4

5

6

1 Eiförmiger Streifenfarn *Asplenium obovatum* Viv.

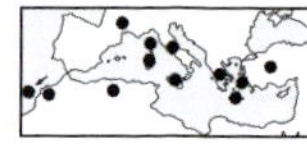

Polypodiaceae (Aspleniaceae)
Blätter 0,1–0,3 m lang Sporen März–Oktober ♃
Merkmale Blattstiel rotbraun, mit einzelnen fädlichen Schuppen, am Grund nicht verdickt, die Mittelrippe der eiförmig-lanzettlichen Spreite oberseits grün. Letztere nur in der unteren Hälfte 2-fach gefiedert, oben fiederschnittig, die Abschnitte eiförmig, mit stumpfen, fein bespitzten Zähnen. Sori nahe den Blatträndern.
Vorkommen Schattige Felsspalten in saurem Gestein.
Weitere Arten Ähnlich *A. billotii* Schultz mit länglichen, scharf gezähnten Abschnitten, Fiedern auf die ganze Länge nochmals geteilt (westl. Mittelmeergebiet, Kanaren).

2 Spitzer Streifenfarn *Asplenium onopteris* L.

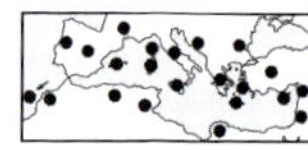

Polypodiaceae (Aspleniaceae)
Blätter 0,1–0,5 m lang Sporen März–August ♃
Merkmale Blätter mit rotbraunem, am Grund verdicktem Stiel. Spreite ledrig, 3-eckig-eiförmig, 2–4-fach gefiedert, Fiedern gegen die Blattspitze gekrümmt und wie diese an den Enden lang zugespitzt (geschwänzt), Endabschnitte schmal, grannenartig gezähnt, am Grund keilförmig. Sori nahe den Mittelrippen. Ähnlich die *A. adiantum-nigrum*, aber Blattspitzen und Fiedern nicht geschwänzt, Endabschnitte weniger spitz, am Grund oft abgerundet (W-Europa, seltener bis S- und Mitteleuropa, Kanaren).
Vorkommen Schattige Felsen, Gebüsche, meist auf Silikatgestein. Bis in warme Gebiete Mitteleuropas.

3 Pfeilförmige Hirschzunge *Asplenium sagittatum* (DC.) Bange

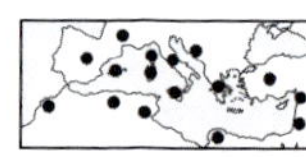

(*Phyllitis sagittata* (DC.) Guin. & Heyw.) *Polypodiaceae (Aspleniaceae)*
Blätter 0,1–0,3 m lang Sporen ganzjährig ♃
Merkmale Blätter gestielt, Spreite länglich-lanzettlich, am Grund tief herzförmig mit 2 spreizenden abgerundeten oder 3-eckigen Öhrchen, ältere spießförmig. Sori streifenförmig schräg zur Mittelrippe verlaufend.
Vorkommen Schattig-feuchte Felsspalten in Kalkgestein.
Weitere Arten Ähnlich *A. hemionitis* L. mit herz-, spieß- oder 3–5-lappig handförmiger Spreite (südl. Iberische Halbinsel, N-Afrika, Kanaren), häufiger und aus Mitteleuropa bekannt *A. scolopendrium* L.

4 Wimpern-Schuppenfarn *Cheilanthes acrostica* (Balb.) Tod.

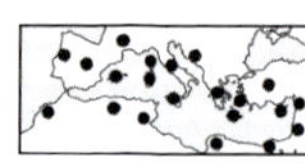

(*Oeosporangium acrosticum* (Balb.) L. Sáez & Aymerich) *Polypodiaceae (Adiantaceae)*
Blätter 0,05–0,15 m lang Sporen Februar–September ♃
Merkmale Auffällig nach Cumarin duftender Farn. Blätter mit braunrot beschupptem Stiel und kahler, eiförmig-länglicher, 2–3-fach gefiederter Spreite. Sori vom umgeschlagenen, gewimperten Blattrand verdeckt.
Vorkommen Sonnige, trockene Felsspalten und Mauerfugen.
Weitere Arten Ähnlich *Ch. maderensis* Lowe (*Oeosporangium pteridioides* (Reich.) Fraser-Jenk. & Pariyar), aber umgeschlagener Blattrand ganzrandig (westl. und zentrales Mittelmeergebiet, selten bis Kreta, Kanaren).

5 Marantas Pelzfarn *Cheilanthes marantae* (L.) Dom.

(*Paragymnopteris marantae* (L.) K. H. Shing) *Polypodiaceae (Adiantaceae)*
Blätter 0,1–0,35 m lang Sporen März–September ♃
Merkmale Derbledrige Blätter mit schuppigem, glänzend rotbraunem Stiel. Spreite lineal-lanzettlich, zugespitzt, doppelt gefiedert, mit umgerolltem Rand und länglichen stumpfen Abschnitten, oberseits dunkelgrün und kahl, unterseits mit zunächst silbrig weißem, später rostrotem Spreuschuppenbesatz.
Vorkommen Sonnige Felsspalten und Mauerfugen.
6 **Weitere Arten** Ähnlich der **Wollige Pelzfarn** *Ch. vellea* (Ait.) Muell. (*Ch. catanensis* (Cosent.) Fuchs, *Cosentinia vellea* (Ait.) Tod.), aber Blattstiel gelblich braun, Spreite mit rundlich stumpfen Abschnitten, beiderseits dicht mit weißlichen, später rostroten Spreuschuppen besetzt (südl. Mittelmeergebiet, Kanaren).

1
2
3
4
5
6

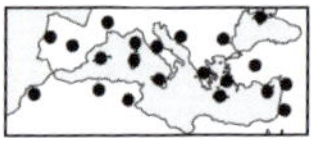

1 **Südlicher Tüpfelfarn** *Polypodium cambricum* L. (*P. australe* Fée)
Polypodiaceae
Blätter bis 0,5 m lang Sporen Februar–Juni ♃
Merkmale Blätter im Sommer absterbend, die neuen im Herbst treibend. Spreite kurz gestielt, ledrig, eiförmig bis 3-eckig-eiförmig mit gestutztem Grund, bis fast zur Mittelrippe fiederteilig. Abschnitte schmal lanzettlich, doppelt gesägt, die untersten von der Mittelrippe nach vorne abstehend. Sori länglich-elliptisch, ohne Schleier, in je 2 Reihen auf der Unterseite der Abschnitte. Der oberirdische oder flach im Boden kriechende Wurzelstock mit lineal-lanzettlichen, 5–16 mm langen Schuppen bedeckt.
Vorkommen Schattig-feuchte Felsspalten, Mauerfugen, auf alten Baumstämmen.
Weitere Arten Ein Komplex von Sippen, die nur mit mikroskopischen Merkmalen sicher zu unterscheiden sind. Neue Blätter im Frühsommer treibt *P. vulgare* L., Schuppen am Wurzelstock nur 3–6 mm lang, Sori rundlich (Mittelmeergebiet, fast ganz Europa). Vor allem im atlantischen Europa, aber auch auf Korsika und in Italien *P. interjectum* Shiv. mit ovalen Sori. Der deutsche Name "Engelsüß" für die Arten leitet sich von dem süßen Geschmack des Wurzelstocks ab, der früher als Hustenmittel verwendet wurde.

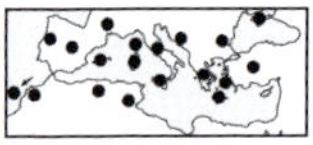

2 **Borstiger Schildfarn** *Polystichum setiferum* (Forssk.) Woynar
Polypodiaceae (Aspidiaceae)
Blätter 0,3–1,2 m lang Sporen Juni–August ♃
Merkmale Blätter starr, der kurze Stiel wie die Spindel dicht mit Spreuschuppen besetzt. Spreite dreieckig-lanzettlich, 2(–3)-fach gefiedert, untere Fiederchen deutlich gestielt, lang borstig begrannt, am Grund einseitig keilig geöhrt. Sori ziemlich klein und rund, an den Nervenenden.
Vorkommen Schattig-feuchte Wälder auf kalkarmen Böden, selten bis Mitteleuropa.

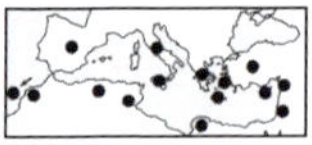

3 **Gebänderter Saumfarn** *Pteris vittata* L. *Polypodiaceae (Pteridaceae)*
Blätter 0,35–1,3 m lang Sporenreife Juli–Oktober ♃
Merkmale Spreite der Blätter lanzettlich, mit 10 oder mehr gegenständigen, lineal-lanzettlichen, spitzen, am Grund herzförmigen, teilweise fein gesägten Fiederpaaren. Sori vom Blattrand bedeckt.
Vorkommen Feuchte Felsspalten, Mauern, an Wasserläufen.
Weitere Arten Ähnlich *P. cretica* L. mit eiförmiger Spreite, Fiederpaare nur 2–7, am Grund keilförmig, die beiden unteren bisweilen gegabelt (zentrales und östl. Mittelmeergebiet, als Zierpflanze weiter verbreitet, gebietsweise eingebürgert).

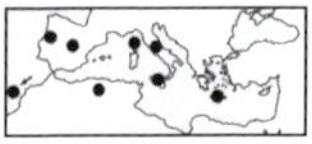

4 **Wurzelnder Kettenfarn** *Woodwardia radicans* (L.) Sm.
Polypodiaceae (Blechnaceae)
Blätter bis 2,5 m lang Sporen Februar–September ♃
Merkmale Sehr große, überhängende, ledrige Blätter, oft mit Brutknospen an der Spitze. Spreite eiförmig-lanzettlich, 2-fach gefiedert, Fiedern bis 30 cm lang, geschwänzt, mit sichelförmigen, gekerbtgezähnten Abschnitten. Sori lineal-elliptisch, in 2 regelmäßigen Reihen beiderseits der Hauptnerven.
Vorkommen Schattig-feuchte Wälder, im Mittelmeergebiet vereinzelte Vorkommen, größere Bestände auf den Kanaren, Madeira und Azoren.

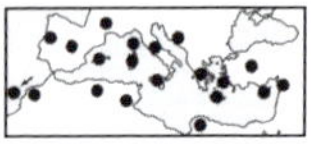

5 **Gezähnter Moosfarn** *Selaginella denticulata* (L.) Spring *Selaginellaceae*
Sprosse 0,04–0,15 m lang Sporen März–August ♃
Vorkommen Dem Boden angedrückt kriechende, reich verzweigte, moosartige Pflanze mit abgeflachten Sprossen. Blätter 4-reihig stehend, paarweise ungleich: 2 Zeilen kleinere, dem Stängel anliegende Blättchen, seitlich davon jeweils 1 Zeile größere, abstehende, breit eiförmig zugespitzte, bis 2,5 mm lange Blättchen mit feinen Sägezähnen (Lupe!). Sporangienähren sitzend, nicht scharf abgegrenzt.
Vorkommen Frische, schattige Standorte.

1

2

3

4

5

1 Mittelmeer-Zypresse *Cupressus sempervirens* L.

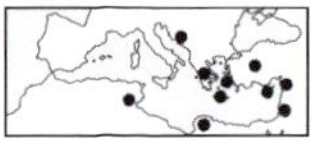

20–35 m Januar–April ♄

Merkmale Einhäusiger Baum mit waagerecht ausgebreiteten Ästen (f. *horizontalis* (Mill.) Voss, **1a**) oder in der Säulenform (f. *sempervirens*, **1c**) mit aufrechten Ästen. Blätter schuppenförmig, 0,5–1 mm lang, den Trieben dicht dachziegelig anliegend. Zapfen (**1b**) 2,5–4 cm, eiförmig-kugelig, mit 8–14 holzigen, 5-kantig schildförmigen, stumpf bespitzten, zuletzt gelblich braunen bis silbergrauen Schuppen. Heilpflanze.
Vorkommen Gebirge, zum Teil waldbildend (f. *horizontalis*), die Säulenzypresse im ganzen Mittelmeergebiet vielfach gepflanzt und die Kulturlandschaft wie in der Toskana prägend.
Weitere Arten Ähnlich *C. macrocarpa* Hartw., aber Blätter 1–2 mm lang, Zapfen zur Reifezeit glänzend braun. Als Zierbaum und in Windschutzpflanzungen besonders im Westen (Heimat Kalifornien).

2 Pflaumenfrüchtiger Wacholder *Juniperus drupacea* Lab.

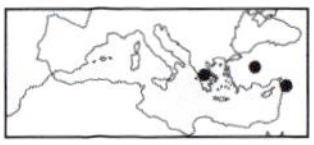

10–20 m April–Mai ♄

Merkmale Zweihäusiger Baum oder Strauch, Blätter nadelförmig, in dreizähligen Wirteln von den Zweigen abstehend und am Spross herablaufend, 10–25 mm lang, auf der Oberseite mit 2 hellen Streifen. Beerenzapfen ziemlich groß, ± eiförmig, 2–2,5 cm, rötlich braun oder bläulich, bereift, Samen zu einem einzigen großen, 3-fächerigen Steinkern verwachsen.
Vorkommen In offenen Wäldern der Gebirge, häufig zusammen mit *Abies cephalonica* und *Pinus nigra*.

3 Hoher Wacholder *Juniperus excelsa* Bieb.

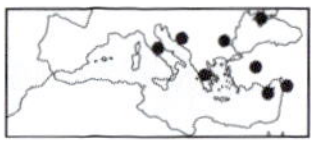

Bis 20(–30) m Dezember–Juni ♄

Merkmale Ein- oder zweihäusiger hoher Baum, die anliegenden Schuppenblätter 1–1,5 mm lang, ± spitz, mit einer Drüse auf dem Rücken. Beerenzapfen 10–12 mm, dunkel purpurbraun, bereift, mit 4–6(–8) Samen.
Vorkommen Gebirge, gebietsweise bestandsbildend.
Weitere Arten Ähnlich *J. foetidissima* Willd., aber Blätter zum Teil nadel-, zum Teil schuppenförmig, beim Zerreiben mit intensivem, widerlichem Geruch, Drüse undeutlich. Beerenzapfen 7–12 mm, dunkelbraun bis schwarz, mit 1–3(–5) Samen (Gebirge im östl. Mittelmeergebiet).

4 Phönizischer Wacholder *Juniperus phoenicea* L.

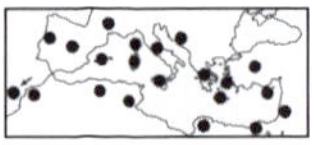

1–2(–8) m Februar–April ♄

Merkmale Einhäusiger kleiner Baum oder Strauch. Blätter schuppenförmig, stumpflich, den Zweigen dicht angedrückt, 1 mm lang, mit schmalem, häutigem Rand, auf dem Rücken mit einer Drüsenfurche. Blätter von Jungpflanzen dagegen abstehend nadelförmig, 5–14 mm lang. Beerenzapfen kugelig, 8–12 mm, glänzend dunkelbraunrot, nur wenig bereift, mit 3–9 Samen. Im westl. Mittelmeergebiet bis S-Frankreich und Sizilien die ssp. *turbinata* (Guss.) Nym. (Foto) mit zugespitzten Schuppenblättern und 12–14 mm großen, eiförmigen Zapfen, die ssp. *phoenicea* im ganzen Gebiet.
Vorkommen Wälder, Macchien und Garigues, vor allem in Küstennähe, aber auch im Binnenland.

5 Stech-Wacholder, Zedern-Wacholder *Juniperus oxycedrus* L.

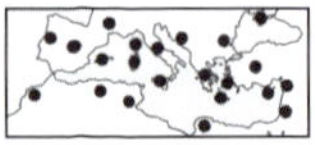

1–8(–14) m April–Mai ♄

Merkmale Zweihäusiger Strauch oder kleiner Baum. Blätter nadelförmig, zu dritt abstehend, spitz, bis 25 mm lang, auf der Oberseite mit 2 weißlichen Streifen. Beerenzapfen rotbraun, ± glänzend, nur an der Spitze bereift, bei der ssp. *oxycedrus* (**5a**) 8–10 mm, bei der ssp. *macrocarpa* (Sm.) Ball (*J. macrocarpa* Sm.) (**5b**) 12–15 mm. Samen zu 1–3.
Vorkommen Die westmediterrane ssp. *oxycedrus*: häufig in Macchien und Wäldern, bis in die Gebirge ansteigend, von Italien ostwärts durch ssp. *deltoides* (R. P. Adams) N. G. Passal. ersetzt. Die ssp. *macrocarpa* in Küstennähe, besonders auf Sand. **Weitere Arten** Der auch bei uns heimische Wacholder *J. communis* L., in 3 Unterarten in den Gebirgen, Nadeln mit nur 1 weißlichen Streifen, reife Beerenzapfen blauschwarz, 4–10 mm.

1a

1b

1c

2

3

4

5a

5b

1 Spanischer Wacholder *Juniperus thurifera* L. *Cupressaceae*

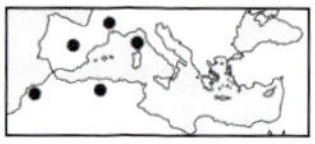

2–12(–20) m Januar–Mai ♄

Merkmale Zweihäusiger, langsam wachsender Baum. Schuppenblätter eiförmig, zugespitzt, 1–2 mm lang, mit einer Drüse auf dem Rücken und bisweilen mit gezähntem Rand, an die fast 4-kantigen Zweige angedrückt, am zugespitzten Ende aber frei. Beerenzapfen kugelig, 6–10 mm im Durchmesser, bereift, zuletzt dunkelpurpurn, mit 2–6 Samen.

Vorkommen Trockene Gebirgsstandorte, gebietsweise bestandsbildend, auch Zierbaum.

2 Gliederzypresse *Tetraclinis articulata* (Vahl) Mast.

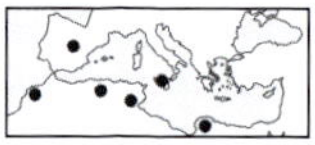

6–7(–15) m Oktober–Februar ♄

Merkmale Einhäusiger Baum mit ± aufsteigenden Ästen, die Schuppenblätter in 4 Reihen, an scheinbar gegliederten Zweigen, anliegend, aber an der Spitze frei, auf dem Rücken mit einer Drüse (**2a**). Zapfen 10–15 mm, mit nur 4 ungleichen, zuletzt grauen, verholzenden, bespitzten Schuppen (**2b**). Samen mit 2 breiten, häutigen Flügeln.

Vorkommen In NW-Afrika bis in die Gebirge gebietsweise waldbildend, in SO-Spanien und auf Malta nur zerstreut. Der Baum („Berberthuja") liefert das wohlriechende, wie Weihrauch verwendete Harz Sandarac, das auch den aus dem Wurzelholz gedrechselten Gegenständen den typischen Geruch verleiht.

3 Gewöhnliches Meerträubel *Ephedra distachya* L.

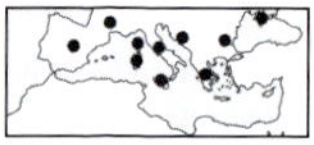

(*E. vulgaris* L. C. M. Rich.) *Ephedraceae*

0,2–1 m März–Juni ♄

Merkmale Niedriger, mit unterirdischen Achsen kriechender, zweihäusiger Strauch, seine aufsteigenden graugrünen Zweige schachtelhalmartig, fein gerillt, 0,7–1 mm dick. Die schuppenartigen, bis 2 mm langen Blätter auf dem Rücken grün, später grauweiß. Blüten unscheinbar, männliche (Foto) zu 8–16 büschelig sitzend oder gestielt, weibliche zu 2, meist gestielt, von 3 Paaren Hochblättern umgeben (davon das innerste etwa zur Hälfte verwachsen), die zur Reifezeit eine eiförmige, 5–7 mm lange, rote, fleischige Zapfenbeere mit herausragenden Samen bilden.

Vorkommen Sandige Küsten und Flussufer.

Weitere Arten Ähnlich *E. nebrodensis* Guss. (*E. major* auct.),aber Zweige 0,4–0,7 mm dick, Schuppenblätter fast vollständig häutig, später dunkelbraun. Männliche Blüten zu 4–8 sitzend, weibliche einzeln, gestielt. Innerstes Hochblattpaar zu ⅓ oder ½ verwachsen. Der einzige Same aus der 3–7 mm langen, roten oder gelblichen Zapfenbeere herausragend (Mittelmeergebiet, Kanaren).

4 Krummstiel-Meerträubel *Ephedra foeminea* Forssk.

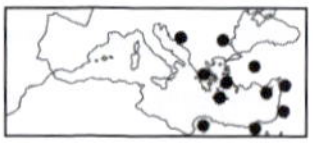

(*E. campylopoda* Meyer)

0,5–3(–5) m Januar–Oktober ♄

Merkmale Zweihäusiger, reich verzweigter, niederliegender oder kletternder Strauch, die oft überhängenden, schachtelhalmartigen, graugrünen Äste an den Knoten leicht brechend. Unscheinbare, schuppenartige, zunächst grüne, später bräunliche Blätter. Männliche Blüten zu 8–16 büschelig sitzend, weibliche an 2–10 mm langen, gekrümmten Stielen (Name) zu 2, von 2–3 Paaren Hochblättern umgeben, wobei das äußere viel kürzer ist als das fast bis zur Spitze verwachsene innere. Rote, fleischige, 8–9 mm große, 2-samige Zapfenbeeren, aus denen die Samen gewöhnlich weniger als 1 mm herausragen.

Vorkommen Garigues, Mauern.

5 **Weitere Arten** Im westl. Mittelmeergebiet (mit Kanaren) das **Zerbrechliche Meerträubel** *E. fragilis* Desf., ± aufrechter Strauch mit dickeren, 1,5–2,2 mm breiten, sehr stark zerbrechlichen Ästen. 1 oder 2 weibliche Blüten 2–4 mm lang gestielt, Hochblätter ebenfalls fast bis zur Spitze verwachsen, eine 7–9 mm lange Zapfenbeere bildend, die Samen komplett bedeckend. Mediterrane *Ephedra*-Arten enthalten im Gegensatz zu manchen asiatischen nur wenig Ephedrin und sind daher medizinisch kaum nutzbar.

1

2a

2b

3

4

5

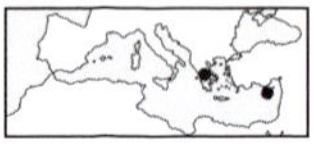

1 Griechische Tanne *Abies cephalonica* Loud.

Bis 30 m Mai–Juni ♄

Merkmale Hoher Baum mit steifen, spitzen, stechenden, 15–35 mm langen Nadeln, die seitlich und nach oben von den Zweigen abstehen, auf der Unterseite mit 2 weißen Streifen. Junge Triebe kahl, Knospen sehr harzreich. Fruchtzapfen zylindrisch, aufrecht, 10–16 cm lang, bei der Reife in Schuppen zerfallend, Deckschuppen herausragend und zurückgeschlagen.
Vorkommen In Gebirgen zwischen 750 und 1700 m waldbildend. In Italien und weiter häufig gepflanzt.

2 Igel-Tanne *Abies pinsapo* Boiss.

Bis 30 m April–Mai ♄

Merkmale Nadeln wie bei der Griechischen Tanne starr und stechend, aber dicker und am Grund verbreitert, 10–20 mm lang, nach allen Seiten von den Zweigen abstehend. Deckschuppen in den aufrecht stehenden Fruchtzapfen eingeschlossen.
Vorkommen Kalkgebirge in S-Spanien, gebietsweise in Reinbeständen.
Weitere Arten Nahe verwandt in Marokko *A. marocana* Trab. mit dunkelgrünen bis blaugrauen stechenden Nadeln. Weitere im Mittelmeergebiet heimische Tannen-Arten haben ebenfalls begrenzte, sich ausschließende Areale in den Gebirgen. Wie bei der Weiß-Tanne *A. alba* Mill. (im Mittelmeergebiet von N-Spanien bis N-Griechenland und Korsika) sind ihre Nadeln biegsam, an der Spitze stumpf oder ausgerandet, scheinbar ± zweizeilig gestellt: *A. nebrodensis* (Loj.) Mattei, nur noch wenige Exemplare auf Sizilien, *A. borisii-regis* Mattf. mit Merkmalen von *A. cephalonica* und *A. alba* von S-Griechenland bis Bulgarien, in der Türkei *A. nordmanniana* (Stev.) Spach in N-Anatolien und im Kaukasus, *A. cilicica* (Ant. & Kotschy) Carr. vom östl. Taurus bis nach Syrien, *A. numidica* Carrière in den Gebirgen Algeriens.

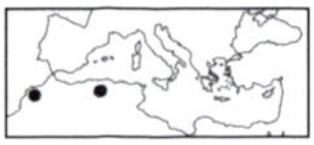

3 Atlas-Zeder *Cedrus atlantica* (Endl.) Carrière

Bis 45 m August–Oktober ♄

Merkmal Stattlicher Baum, zunächst mit geradem, aufrechtem Gipfeltrieb und ± aufragenden Ästen, junge Triebe flaumig behaart. Nadeln an Langtrieben spiralig, an Kurztrieben büschelig gestellt, steif, grün oder blaugrau, 10–25 mm lang. Die aufrechten Fruchtzapfen tonnenförmig, 5–8 × 3–5 cm, am Ende flach oder eingedellt, bei der Reife in Schuppen zerfallend. Samen mit großem Flügel.
Vorkommen Waldbildend im Atlas-Gebirge, in S-Europa besonders in der graublauen Form als Zierbaum.
Weitere Arten *C. deodara* (D. Don) G. Don f. mit überhängendem Gipfeltrieb, Zierbaum (Heimat Himalaja).

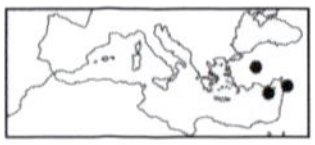

4 Libanon-Zeder *Cedrus libani* Rich.

Bis 30(–60 m) August–Oktober ♄

Merkmale Krone des hohen Baumes im Alter abgeflacht schirmförmig oder der Gipfeltrieb ± seitlich abstehend, Äste ausladend waagerecht, junge Triebe kahl. Nadeln meist dunkelgrün, 15–35 mm lang, Fruchtzapfen 9–15 cm. Kleinräumig verbreitete Unterarten (teilweise als Arten angesehen): ssp. *stenocoma* (Schwarz) Greut. & Burd. (Türkei, Foto), ssp. *brevifolia* (Hook. f.) Meikle mit sehr kurzen, bis 12 mm langen Nadeln (Zypern), die ssp. *libani* nur noch selten im Libanon, Syrien.
Vorkommen Waldbildend in den Gebirgen, in S-Europa besonders in graublauen Formen gepflanzt.

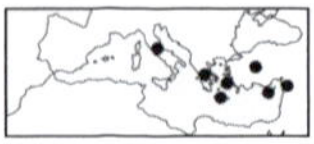

5 Kalabrische Kiefer, Brutia-Kiefer *Pinus brutia* Ten.

12–25(–40) m März–Mai ♄

Merkmale Baum mit lichter unregelmäßiger Krone, junge Triebe rötlich gelb oder grünlich, Knospen harzfrei. Nadeln zu 2, dunkelgrün, starr, 11–18 cm × 1–1,5 mm. Zapfen meist einzeln, kurz breit eiförmig, 5–8 cm lang, an höchstens 1 cm langem waagerechtem oder aufrecht-abstehendem Stiel oder sitzend. Die Art wird auch als Unterart zur Aleppo-Kiefer siehe S. 64 gestellt. Im Kontaktbereich gibt es Übergangsformen.
Vorkommen Oft waldbildend, überwiegend in Küstennähe.

1

2

3

4

5

1 Aleppo-Kiefer *Pinus halepensis* Mill.

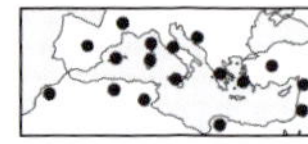

13–20(–30) m März–Mai ♄

Merkmale Kiefer mit lichter, unregelmäßiger Krone, Stamm und Äste häufig gekrümmt oder gedreht, Borke anfangs silbergrau, später rötlich braun und rissig. Junge Triebe kahl bis fein behaart, Knospen harzfrei. Nadeln zu 2, im Gegensatz zu denen der Kalabrischen Kiefer weich und biegsam, hellgrün, 6–15 cm × 0,7 mm. Zapfen schmal eiförmig, glänzend rotbraun, 5–11 × 4 cm, unverwechselbar an 1–2 cm langem, zurückgekrümmtem Stiel. Schuppenschild flach, mit etwas erhabenem, dornlosem Nabel. Samen 7 mm, 2–3 cm lang geflügelt.

Vorkommen Oft waldbildend, allein oder mit anderen Baumarten, besonders auf Kalk in Küstennähe.

Weitere Arten In den Gebirgen der Balkanhalbinsel und in S-Italien *P. heldreichii* Christ (incl. *P. leucodermis* Antoine), Zapfen nur 7–8 × 2,5 cm groß.

2 Schwarz-Kiefer *Pinus nigra* Arnold

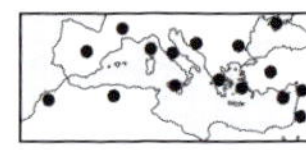

Bis 30(–50) m Mai–Juni ♄

Merkmale Die tief rissige Borke im oberen Stammabschnitt schwarzgrau, junge Triebe hellbraun und kahl, Knospen harzig. Nadeln zu 2 an Kurztrieben, ± steif und spitz, sichtbar fein gezähnelt, 4–19 cm × 1–2 mm. Zapfen 3–8 × 2–4 cm, geschlossen eikegelförmig, glänzend gelbbraun, fast sitzend und waagerecht abstehend. Schuppenschild ± gekielt, Nabel meist mit einem kleinen Dorn. Samen 5–7 mm, geflügelt. Mehrere Unterarten, die auch als eigene Arten angesehen werden können, schließen sich in ihrer Verbreitung aus: **Lärchen-Kiefer** ssp. *laricio* Maire (**2a**), Korsika, Kalabrien, Sizilien; **Pallas-Kiefer** ssp. *pallasiana* (Lamb.) Holmboe (**2b**), südl. und östl. Balkanhalbinsel, Krim, Vorderasien, Zypern; ssp. *salzmannii* (Dun.) Franco, Cevennen, Pyrenäen, Zentral- und O-Spanien; ssp. *nigra*, von Österreich bis Jugoslawien und Griechenland, Mittelitalien; ssp. *dalmatica* (Vis.) Franco, NW-Jugoslawien mit Inseln.

Vorkommen Meist in der höheren Bergstufe, teilweise bestandsbildend bis zur Baumgrenze.

Weitere Arten Im nördl. Mittelmeergebiet kommt daneben auch die bei uns heimische *P. sylvestris* L. vor, Nadeln nur 3–7 cm lang, wenigstens die jüngeren blaugrün. Zapfen deutlich gestielt, hängend, glanzlos. Borke im oberen Stammabschnitt rotbraun.

3 Stern-Kiefer *Pinus pinaster* Ait. (*P. maritima* Lam.)

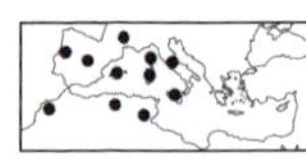

Bis 40 m April–Mai ♄

Merkmale Stamm mit tief rissiger, rötlich brauner Borke. Junge Triebe kahl, Knospen harzfrei. Nadeln zu 2, grün, kräftig und stechend, 10–25 cm × 2 mm. Die kegelförmigen, hellbraun glänzenden Zapfen sitzend, zu 2–8 sternförmig gestellt, mit 14–22 × 5–8 cm die größten der europäischen Kiefern. Schuppenschild mit scharfer Querleiste und ausgeprägtem, spitzem, geradem oder abwärts gerichtetem Nabel. Samen 7–8 mm, bis 3 cm lang geflügelt. Liefert neben anderen Arten das arzneilich verwendete Terpentinöl.

Vorkommen Auf Sandböden und Silikatgestein waldbildend, bis in die untere Bergstufe ansteigend. Gelegentlich zur Dünenbefestigung gepflanzt.

4 Pinie *Pinus pinea* L.

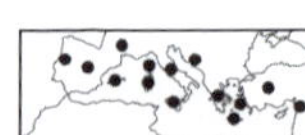

Bis 30 m April–Mai ♄

Merkmale An der schirmförmig gewölbten Krone leicht kenntliche Kiefer (**4a**), Stamm mit graubrauner Borke, die beim Abblättern rötliche Flecken hinterlässt. Junge Triebe graugrün, später braun, Knospen harzfrei. Nadeln zu 2, grün, steif und spitz, mit feinen, nach oben gerichteten Zähnchen (Lupe), 10–20 cm × 1,5–2 mm. Zapfen sitzend, geöffnet fast kugelig, 8–14 × 10 cm, glänzend rotbraun, Schuppenschilder dick, mit 5–6 radialen Leisten und großem, flachem, grauweißem Nabel (**4b**). Samen 1,5–2 cm lang, kaum geflügelt, mit dicker, harter Schale.

Vorkommen Bildet größere lichte Waldbestände in den küstennahen Sandgebieten, häufig auch wegen der schmackhaften Samenkerne (Pinienkerne, Pinoli) oder als Zierbaum gepflanzt.

1

2a

2b

3

4a

4b

1 **Weicher Akanthus** *Acanthus mollis* L. *Acanthaceae*

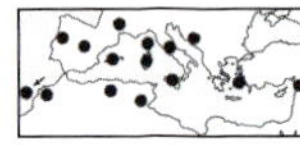

0,3–1,5 m März–August ♃

Merkmale Kräftige ± behaarte Staude, die großen, dunkelgrünen, grundständigen Blätter lang gestielt, tief fiederschnittig und gezähnt, weich und dornenlos, Stängelblätter einfacher, sitzend. Vierzählige Blüten in endständiger, dichter, zylindrischer Ähre in den Achseln von fein dornig gezähnten Tragblättern und je 2 kleineren ganzrandigen Vorblättern, die 3,5–5 cm lange Krone mit kurzer Röhre und der 3-lappigen, weißen, purpurn geaderten Unterlippe. Der obere Lappen des kahlen Kelches vergrößert, violett überlaufen und über die Krone ragend, die fehlende Oberlippe ersetzend.

Vorkommen Schattig-feuchte Gebüsche oder Brachland, häufig aus Gärten verwildert.

Weitere Arten Ähnlich *A. hungaricus* (Borb.) Baen. (*A. balcanicus* Heyw. & Rich.) ebenfalls mit weichen Blättern, Blüten in den Achseln von kräftig gezähnten Tragblättern, Unterlippe des Kelches an der Spitze behaart (Balkanhalbinsel).

2 **Dorniger Akanthus** *Acanthus spinosus* L.

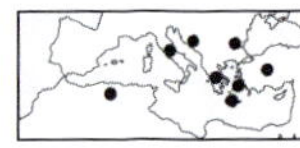

0,3–0,9 m April–August ♃

Merkmale Kräftige, distelähnliche, bisweilen behaarte Pflanze, die grundständigen Blätter 2(–3)-fach tief fiederschnittig, dornig gezähnt, steif und ledrig, unterseits weißnervig. Ob die Blätter dieser in Griechenland heimischen Art Vorbild für die Ornamente der Korinthischen Säulenkapitelle waren, ist zweifelhaft.

Vorkommen Lichte Wälder, Weiden.

Weitere Arten Ebenfalls dornig gezähnte Blätter hat *A. syriacus* Boiss., in der Verbreitung östlich anschließend (S- und O-Anatolien, Syrien, Israel).

3 **Französischer Ahorn** *Acer monspessulanum* L. *Aceraceae*

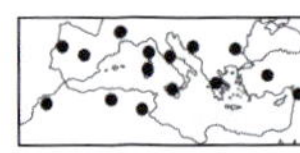

Bis 6(–12) m April–Mai ♄

Merkmale Sommergrüner Strauch oder Baum. Die 2–6 cm lang gestielten, derben, oberseits glänzenden, unterseits etwas graugrünen, weichhaarigen, verkahlenden Blätter bis zur Mitte in 3 etwa gleiche, ± ganzrandige Lappen zerteilt. Blüten 5-zählig mit gelbgrünen Kronblättern in zuerst aufrechten, später hängenden Doldentrauben. Früchte verkahlend, mit fast parallelen Flügeln.

Vorkommen Sommergrüne Wälder, Gebüsche, überwiegend in Kalkgebieten, selten bis in die wärmsten Gegenden Mitteleuropas.

4 **Weitere Arten** Ähnlich der **Immergrüne Ahorn** *A. sempervirens* L., sommergrüner oder halbimmergrüner Strauch oder kleiner Baum, Blätter nur 0,5–1,5 cm lang gestielt, die bisweilen ungeteilte, meist aber 3-lappige Spreite am Rand knorpelig wellig gekerbt-gezähnt, unterseits grün und kahl, Fruchtflügel parallel oder spitzwinkelig spreizend (waldbildend, auf Felsen, Griechenland, Kreta, Ägäis bis S-Anatolien). Ähnlich *A. obtusifolium* Sm., Blätter immergrün, 2–4 cm lang gestielt, schwach 3-lappig (Zypern, Libanon, Syrien).

5 **Schneeballblättriger Ahorn** *Acer opalus* Mill.

Bis 7(–12) m März–April ♄

Merkmale Strauch oder kleiner Baum, Blätter sommergrün, 5-lappig, am Grund herzförmig oder gestutzt, der Rand unregelmäßig gesägt oder gezähnt. Bei der typischen Unterart die 3 Hauptlappen ± breit eiförmig, spitz, kürzer als die halbe Spreitenlänge, nur unterseits auf den Nerven bleibend behaart. Blüten wie bei den vorigen Ahorn-Arten in Doldentrauben. Fruchtflügel ± spitzwinkelig spreizend. Bei der abgebildeten ssp. *granatense* (Boiss.) Font Quer & Rothm. Hauptlappen mit parallelen Rändern, oft so lang wie die halbe Spreite, unterseits auf der Fläche bleibend behaart.

Vorkommen Lichte Laubwälder, sehr selten nördlich bis SW-Deutschland, die ssp. *granatense* vereinzelt an trockenen Hängen nur in S-Spanien, Mallorca und Marokko.

Weitere Arten *A. obtusatum* Willd., ebenfalls mit sommergrünen Blättern, die 3 Hauptlappen rundlich, stumpf, unterseits bleibend dicht, oft filzig behaart (zentrales Mittelmeergebiet).

1

2

3

4

5

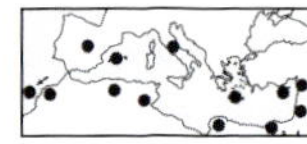

1 Spanisches Eiskraut *Aizoon hispanicum* L.

(*Aizoanthemopsis hispanica* (L.) Klak) **0,05–0,25 m Januar–Juni** ⊙

Merkmale Papillöse, fleischige Pflanze mit zerbrechlichen, gabelig verzweigten Stängeln, nur die oberen Blätter gegenständig, untere wechselständig, stumpf länglich-lanzettlich, halbstängelumfassend sitzend. Blüten einzeln, mit einfacher Blütenhülle, ihre 5 spitzen Zipfel außen grün, innen weiß oder gelblich, mit 1,5 cm länger als die Röhre. 10–20 mm große, an der Spitze öffnende, 5-klappige Kapseln.

Vorkommen Sandige oder felsige beweidete Flächen, Steppen.

2 **Weitere Arten** Ausgebreitet niederliegend wächst das **Kanaren-Eiskraut** *A. canariense* L., eine fleischige, behaarte Art mit wechselständigen, flachen, ± spatelförmigen Blättern, Blütenhülle außen grünlich, innen gelb, Zipfel bis 5 mm lang, kürzer als die Röhre, Kapseln 5–8 mm (trockenes Brachland in Küstennähe, N-Afrika, S-Spanien, Kanaren).

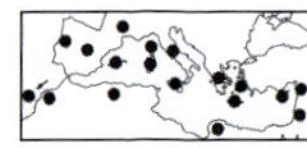

3 Gelbe Mittagsblume *Carpobrotus edulis* (L.) N. E. Br.

Bis 2 m lang März–Juli ♃

Merkmale Niederliegende oder hängende, dichte Matten bildende, am Grund verholzende Pflanze. Die unten paarweise verbundenen, fleischigen, grünen oder graugrünen Blätter kahl, im Querschnitt 3-eckig, zur Spitze verschmälert, an der oberen Kante fein gesägt. Blüten gestielt, einzeln, 4–10(–12) cm breit, mit zahlreichen freien, gelben (**3a**), gelblich rosa bis leuchtend karminroten (**3b**), linealen Kronblättern und Staubblättern mit gelben oder bräunlichen Staubfäden. Früchte fleischig, die zahlreichen Samen in eine schleimige Flüssigkeit gebettet. Pflanzen mit karminroten Kronblättern im Mittelmeerraum wurden früher als *C. acinaciformis* (L.) Bolus bezeichnet, nach neueren Untersuchungen werden sie als Varietäten zu *C. edulis* gestellt. Die Früchte wurden früher als „Hottentottenfeigen" gegessen.

Vorkommen In Küstennähe als Zierpflanze und zur Befestigung von Böschungen und Dünen gepflanzt, häufig eingebürgert (Heimat S-Afrika).

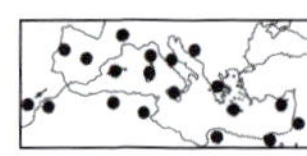

4 Kristall-Mittagsblume *Mesembryanthemum crystallinum* L.

0,2–0,8 m lang Februar–Juli ⊙ ⊙

Merkmale Ausgebreitet niederliegende, verzweigte Pflanze, dicht mit großen, glitzernden, wassergefüllten Papillen besetzt, die an Eiskristalle erinnern. Blätter fleischig, spatelförmig bis breit eiförmig, flach und etwas gewellt, ± rot überlaufen, die unteren gestielt. Blüten nahezu sitzend, 2–3 cm breit, die zahlreichen, sehr schmalen, weißlichen oder blassrosa Kronblätter am Grund zu einer kurzen Röhre verbunden, länger als die 5 Kelchblätter. Kapsel 10–12 mm. Die Blätter früher als Salatbeigabe und zur Sodagewinnung.

Vorkommen Küstennahe Ruderalstandorte, Brachland, Salzsümpfe, Salzsteppen. Heimat S-Afrika.

5 **Weitere Arten** An ähnlichen Standorten die **Knotenblütige Mittagsblume** *M. nodiflorum* L., zur Trockenzeit oft rot überlaufene, meist niederliegende, verzweigte Art. Blätter fleischig, walzlich, mit nur kleinen Papillen besetzt. Blüten bis 1,5 cm breit, die weißlichen bis gelblichen Kronblätter kürzer als die Kelchblätter. Kapsel bis 10 mm (Mittelmeergebiet, Kanaren).

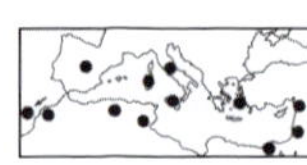

6 Sizilianische Spreublume *Achyranthes sicula* (L.) All.

(*A. aspera* L. var. *sicula* L.) *Amaranthaceae*

0,3–0,7 m Februar–Juni ♃

Merkmale Am Grund verholzte Pflanze mit 4-kantigen, kahlen oder leicht behaarten Stängeln. Blätter gegenständig, kurz gestielt, zugespitzt eiförmig, unterseits silbrig-seidig behaart. Unauffällige, etwa 4 mm große Blüten in verlängerten Scheinähren, zunächst aufrecht-abstehend, später hängend. 2 rötliche, lang begrannte Vorblätter umgeben die trockenhäutige, 5-blättrige Blütenhülle.

Vorkommen Ruderalflächen, Mauern. Im östl. Mittelmeergebiet wohl nur eingebürgert.

Weitere Arten Lokal eingebürgert ist *A. aspera* L. mit dicht behaartem Stängel und beiderseits grünen Blättern, Blüten über 5 mm lang (Heimat tropisches Afrika und Asien).

1

2

3a

3b

4

5

6

1 Perückenstrauch *Cotinus coggygria* Scop.

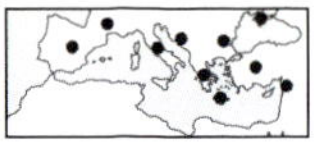

1–3(–5) m Mai–Juli ♄

Merkmale Sommergrüner kahler Strauch. Die lang gestielten, eiförmig-rundlichen, ganzrandigen Blätter unterseits bläulich grün, im Herbst prächtig dunkelrot gefärbt. Kleine 5-zählige, gelbgrüne Blüten in 15–20 cm langen, reich verzweigten Rispen. Zahlreiche unfruchtbare Blütenstiele, zur Fruchtzeit verlängert und mit fedrigen, violetten Haaren besetzt, geben dem Fruchtstand ein perückenartiges Aussehen. Gerbstoffreiche Pflanze, wie viele Sumachgewächse früher zum Gerben, Färben und als Heilmittel.
Vorkommen Lichte Wälder, Gebüsche, auch Zierpflanze.

2 Mastixstrauch *Pistacia lentiscus* L.

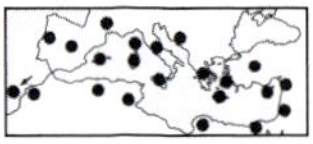

1–3(–8) m März–Juni ♄

Merkmale Selbst in Trockenzeiten noch dunkelgrüner Strauch, seltener kleiner Baum mit immergrünen, paarig gefiederten Blättern, die 8–12 elliptisch-lanzettlichen Blättchen stumpf mit kleiner aufgesetzter Spitze an breit geflügelter Spindel. Blüten 2-häusig ohne Kronblätter in kurzen dichten Blütenständen, die männlichen auffällig durch dunkelrote Staubbeutel, weibliche grünlich. Steinfrüchte etwa 4 mm, rot, später schwarz. Mastix, das durch Einschnitte in die Rinde kultivierter Bäume vor allem auf der Insel Chios gewonnene Harz, findet heute noch Verwendung, z. B. zum Befestigen von Wundverbänden, in Mundwässern, im östl. Mittelmeergebiet als Kauharz, gebietsweise zum Harzen von Wein.
Vorkommen Häufig in Garigues, Macchien und Wäldern.

3 Terpentin-Pistazie *Pistacia terebinthus* L.

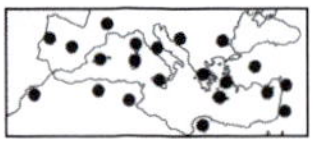

2–5 m April–Juli ♄

Merkmale Sommergrüner, 2-häusiger Strauch oder kleiner Baum mit unpaarig gefiederten Blättern, die 3–9 Blättchen oval, mit aufgesetzter kleiner Spitze, Blattspindel nicht geflügelt. Blüten ohne Kronblätter, bräunlich, in langen Rispen. Steinfrüchte 5–7 mm, anfangs rot, später bräunlich. Im östl. Mittelmeergebiet die ssp. *palaestina* (Boiss.) Engl., Endfieder fehlend oder sehr klein.
Vorkommen Offene Wälder, Macchien, bis in die Bergstufe.

4 **Weitere Arten** Blätter der sommergrünen **Atlantischen Pistazie** *P. atlantica* Desf. mit 5–11 eiförmig-länglichen Teilblättchen ohne aufgesetzte Spitze und mit schmal geflügelter Spindel (östl. Mittelmeergebiet, N-Afrika, Kanaren, wohl auch aus früheren Kulturen für die Gewinnung von Gerbstoff verwildert). Zu der **Echten Pistazie** *P. vera* siehe S. 414.

5 Gerber-Sumach *Rhus coriaria* L.

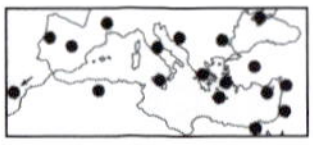

1–3(–5) m April–August ♄

Merkmale Milchsaftführender zumeist immergrüner Strauch oder kleiner Baum. Blätter unpaarig gefiedert, mit 7–21 eiförmig-lanzettlichen, grob gekerbt-gesägten, weichhaarigen Blättchen, Blattspindel wenigstens am oberen Ende geflügelt. Blüten mit weißlichen Kronblättern in dichter behaarter Rispe. Behaarte, braunrote, in frischem Zustand giftige Steinfrüchte.
Vorkommen Im Unterwuchs lichter Wälder und Gebüsche, bisweilen gepflanzt und verwildert.
Weitere Arten In S-Europa stellenweise eingebürgert der aus Mitteleuropa als Zierpflanze bekannte Essigbaum, *R. typhina* L., Blätter sommergrün, Blattspindel nicht geflügelt (Heimat N-Amerika).

6 Finger-Sumach *Rhus pentaphylla* (Jacq.) Desf.

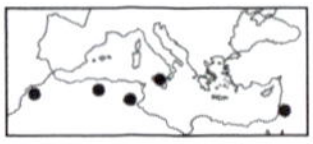

(*Searsia pentaphylla* (Jacq.) Moff.) **1–3(–7) m Januar–April ♄**

Merkmale Dorniger Strauch oder kleiner Baum, Blätter mit 3–5 fingerförmig gestellten, lineal-spateligen, ganzrandigen oder an der Spitze 3-zähnigen Blättchen, Blattstiel in der oberen Hälfte geflügelt. Blüten mit 5 weißlichen Kronblättern. Glänzend rote, zuletzt schwärzliche Steinfrüchte mit 3 kleinen Fortsätzen.
Vorkommen Trockene Ruderalstandorte.

1

2

3

4

5

6

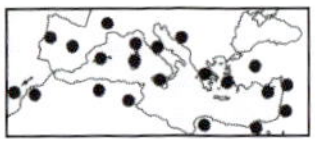

1 Echte Knorpelmöhre *Ammi visnaga* (L.) Lam.

0,2–1 m Mai–September ⊙ ⊙

Merkmale Blätter bis 3-fach gefiedert, mit linealen bis fädlichen Abschnitten. Dolden aus 30–150[!] Strahlen, die zunächst abstehen, sich zur Fruchtzeit nestförmig zusammenziehen, verdicken und verhärten („Zahnstocher-Ammei"). Hüllblätter fiederschnittig, nicht kürzer als die Strahlen, Hüllchenblätter borstlich. Blüten weiß. Früchte kahl, gerippt, 2–2,5 mm lang. Heilpflanze mit krampflösenden Wirkstoffen.

Vorkommen Feuchte Unkrautfluren, gebietsweise angebaut und verwildert.

2 **Weitere Arten** Bei der **Großen Knorpelmöhre** *A. majus* L. Abschnitte der unteren Blätter breiter als die der oberen mit lanzettlichen, knorpelig gezähnten, stumpfen Enden. Dolden aus 15–30(–60) dünnen, aufrecht-abstehenden Strahlen, Hüllchenblätter deutlich hautrandig. Früchte 1,5–2 mm lang. Die Pflanze wirkt stark photosensibilisierend (Kulturland, Brachland, Wegränder, Mittelmeergebiet, Kanaren).

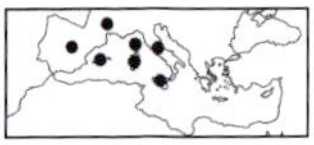

3 Monte Baldo-Hasenohr *Bupleurum baldense* Turra

0,05–0,35 m April–August ⊙

Merkmale Blätter graugrün, schmal lanzettlich. Dolden mit lanzettlichen, zugespitzten Hüllblättern, die über halb so lang sind wie die längsten der 3–4 Doldenstrahlen. Hüllchenblätter 5–7-nervig.

Vorkommen Offene Grasfluren, Ruderalstellen.

Weitere Art Ähnlich *B. veronense* Turra, aber bis 70 cm, hellgrün, stärker verzweigt, Dolden 5–8-strahlig, Hüllchenblätter 3-nervig. N-Italien, W-Balkanhalbinsel.

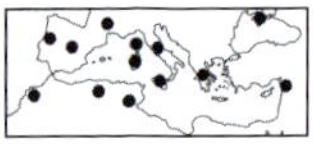

4 Strauchiges Hasenohr *Bupleurum fruticosum* L.

1–2 m April–September ♄

Merkmale Aromatischer Strauch mit ledrigen, immergrünen, unterseits blaugrünen, verkehrt eiförmig-lanzettlichen, fast sitzenden Blättern. Mittelrippe deutlich und in einer kleinen Stachelspitze endend, Hauptseitennerven den Blattrand erreichend. Dolden gelbblütig, mit 5–25 kräftigen Strahlen und jeweils 5–6 zurückgeschlagenen, hinfälligen Hüll- und Hüllchenblättern. Früchte 7–8 mm, mit schmal geflügelten Rippen.

Vorkommen Felsen, Garigues, lokal, als Zierstrauch weiter verbreitet.

5 **Weitere Arten** Ähnlich das **Gibraltar-Hasenohr** *B. gibraltaricum* Lam., Stängel oben nicht beblättert, Hauptseitennerven nicht den Blattrand erreichend, Hülle und Hüllchen bleibend (Spanien, NW-Afrika).

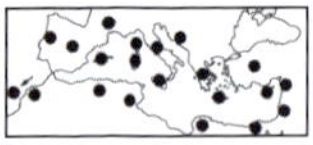

6 Eiblättriges Hasenohr *Bupleurum subovatum* Spreng.

0,1–1,0 m April–Mai ⊙

Merkmale Stängel abstehend verzweigt, mit blaugrünen, eiförmigen Blättern, untere verschmälert, obere vollkommen vom Stängel durchwachsen, mit 5–9 parallelen, miteinander verbundenen Nerven. Doldenstrahlen 3–4, ohne Hülle. Die am Grund verbundenen Hüllchenblätter zu 5, gelbgrün, rundlich, das gelbe, 15–25-blütige Döldchen weit überragend. Früchte 4–5 mm, zwischen den Rippen dicht warzig.

Vorkommen Kulturland, Brachland.

Weitere Arten Ähnlich *B. lancifolium* Hornem., aber Blätter lanzettlich, Döldchen 8–16-blütig, Früchte 2–3 mm (südl. Mittelmeergebiet). *B. rotundifolium* L., aber Blätter elliptisch-eiförmig bis fast rundlich. Doldenstrahlen meist 5–10, Früchte zwischen den Rippen glatt (Mittelmeergebiet, selten auch bis Mitteleuropa).

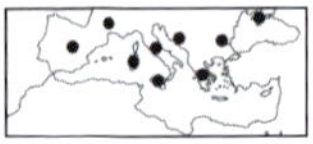

7 Binsen-Hasenohr *Bupleurum praealtum* L. (*B. junceum* L.)

Bis 1,5 m Juli–September ⊙

Merkmale Hochwüchsige Pflanze, die linealen, oft etwas sichelförmig gekrümmten und durch eine starke Mittelrippe unterseits gekielten Blätter am Grund plötzlich verschmälert, mit einer kurzen Scheide stängelumfassend. Dolden aus 2–3(–5) ungleichen Strahlen mit kurzer mehrblättriger Hülle, die Hüllchen und gelben Blüten zuletzt von den 4–6 mm langen, braunschwarzen Früchten überragt.

Vorkommen Gebüsche, lichte Wälder.

1
2
3
4
5
6
7

1 Dorniges Hasenohr *Bupleurum spinosum* Gouan

0,15–0,4 m Juli–August ♃

Merkmale Sparrig verzweigter Kugelbusch, dornig durch die steifen und spitzen, abgestorbenen oberen Stängelteile mit den Doldenstrahlen, die 2–3 Jahre an der Pflanze ausdauern. Blätter lineal-lanzettlich, graugrün, mit 3–5 parallelen Nerven. Die gelben Blütendolden 2–7-strahlig, mit 5 pfriemlichen Hüllblättern. Früchte 3–4,5 mm, eiförmig-länglich, gerippt. Die Sippe wird auch als Unterart zur folgenden Art gestellt.

Vorkommen Felsfluren der Gebirge, oft bestandsbildend.

Weitere Arten Ähnlich *B. fruticescens* L., bis 1 m hoher Strauch mit schwach hin- und hergebogenen Ästen, Doldenstrahlen nicht stechend (Spanien).

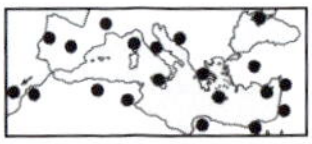

2 Koriander *Coriandrum sativum* L.

0,15–0,5 m Mai–Juli ⊙

Merkmale Frisches Kraut unangenehm nach Wanzen riechend („Wanzenkraut"). Blätter 1–3-fach gefiedert, untere mit breiten eiförmigen, obere mit schmalen Abschnitten. Dolden 3–5(–10)-strahlig, ohne Hülle, aber mit einseitswendigem, meist 3-zähligem Hüllchen. Kronblätter weiß bis zartrosa, die äußeren größer und tief 2-lappig. Kugelige Früchte, frisch glatt, nach dem Trocknen mit abwechselnd geschlängelten und gerade verlaufenden Rippen. Das frische Kraut als Gewürzkraut, die getrockneten Früchte als Gewürz (für Brot, Currymischungen) und Heilmittel bei Verdauungsbeschwerden.

Vorkommen Kultiviert, häufig verwildert und eingebürgert. Heimat wohl N-Afrika, W-Asien.

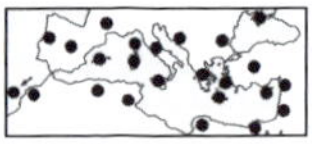

3 Meerfenchel *Crithmum maritimum* L.

0,1–0,6 m Juli–Oktober ♃

Merkmale Kahle, am Grund verholzte Pflanze, die fleischigen, blaugrünen, 1–2-fach gefiederten Blätter mit linealen, zugespitzten Abschnitten. Blütendolden aus 8–36 ziemlich kräftigen Strahlen, Kronblätter grünlich gelb, Hülle und Hüllchen mehrblättrig, zur Fruchtzeit zurückgeschlagen. Früchte 5–6 mm, eiförmig-länglich, stark gerippt, kahl, gelblich bis rötlich. Die würzigen Blätter werden gelegentlich als Salatbeigabe genutzt.

Vorkommen Felsküsten, selten auch auf Sand oder Kies, im Spritzwasserbereich.

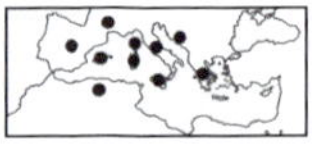

4 Starre Stacheldolde *Echinophora spinosa* L.

0,2–0,8 m Juni–Oktober ♃

Merkmale Kräftige kugelbuschartige, graugrüne, ± behaarte Pflanze. Blätter 2–3-fach gefiedert, fleischig und steif, mit dornigen, gekielten Abschnitten. Dolden aus 4–8 behaarten Strahlen und 5–10-blättriger, dorniger Hülle und Hüllchen. Kronblätter weiß, auch rosa, Kelchblätter stechend. Jedes Döldchen mit einer zentralen zwittrigen Blüte, umgeben von einer Anzahl männlicher, deren Stiele mit dem Fruchtknoten verbunden sind und eine Hülle um die Frucht bilden.

Vorkommen Sandstrände.

Weitere Arten Gelbblütig und weich behaart *E. tenuifolia* L., Blattabschnitte ohne Dornen, flach, lanzettlich bei der typischen Unterart (S-Italien und Sizilien) oder eiförmig, unregelmäßig gezähnt bei der ssp. *sibthorpiana* (Guss.) Tutin, Dolden 2–3(–5)-strahlig (Garigues, Balkanhalbinsel, Kreta, Anatolien).

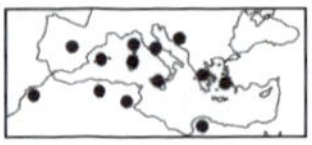

5 Asklepias-Ölsilge *Elaeoselinum asclepium* (L.) Bertol. (*Thapsia asclepium* L.)

0,3–1,2 m April–Juni ♃

Merkmale Stängel am Grund mit faserigem Schopf. Blätter fast alle grundständig, 4–5-fach gefiedert, mit haarfeinen Abschnitten, Stängelblätter bis auf die Blattscheiden reduziert. Dolden aus 8–25 Strahlen, bei der typischen Unterart (Foto) meist ohne Hülle oder Hüllchen. Blüten gelb, Früchte eiförmig, 8–12 mm, Teilfrüchte mit 2 seitlichen Flügeln, die über die Frucht hinausragen. Weitere Unterarten mit je 2 zusätzlichen Flügeln auf dem Rücken.

Vorkommen Gebüsche, Felsstandorte.

1

2

3

4

5

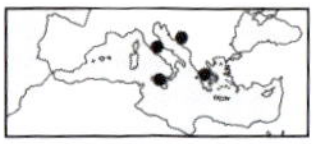

1 Stahlblaues Mannstreu *Eryngium amethystinum* L.

0,2–0,7 m Juli–Oktober ♃

Merkmale Aufrechte, oberwärts fast immer stahlblau überlaufene Pflanze mit dickem Stängel. Grundblätter ledrig, meist ausdauernd, die Spreite doppelt fiederschnittig mit dornig gezähnten, lineal-lanzettlichen Abschnitten. Blattstiele der Stängelblätter verbreitert, ganzrandig. Blüten blau, in 1–2 cm breiten, wie für *Eryngium*-Arten charakteristisch, köpfchenartig zusammengezogenen Dolden, hier überragt von 5–9 lineal-lanzettlichen, stechenden, 2–5 cm langen Hüllblättern, die am Rand 1–4 kleine Dornenpaare tragen. Äußere Spreublätter 3-spitzig.

Vorkommen Felsfluren, Grasfluren, Garigues.

Weitere Arten Ähnlich *E. dilatatum* Lam., aber Blütenköpfchen 0,5–1,5 cm breit, die 6–9 Hüllblätter 2–4 cm lang, mit 4–9 Dornenpaaren, Spreublätter meist ganzrandig (westl. Mittelmeergebiet).

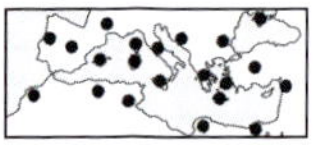

2 Feld-Mannstreu *Eryngium campestre* L.

0,2–0,6 m Juli–September ♃

Merkmale Graugrüne oder weißlich grüne Pflanze. Grundblätter meist ausdauernd, oft 3-zählig doppelt fiederspaltig, dornig gezähnt, obere Blätter einfacher und mit dornig gezähnten Öhrchen stängelumfassend. Blüten weißlich, in 1–1,5 cm breiten Köpfchen, umgeben von 5–7 lineal-lanzettlichen, stechenden, 1,5–4,5 cm langen Hüllblättern, die am Rand gelegentlich 1–2 Dornenpaare tragen. Spreublätter meist ganzrandig.

Vorkommen Trockenes Weideland, Felsfluren. Auch bis in warme Gebiete Mitteleuropas.

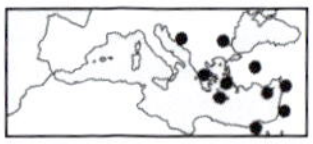

3 Kretisches Mannstreu *Eryngium creticum* Lam.

0,2–1 m Juni–August ⊙ ♃

Merkmale Grundblätter ungeteilt bis 3-schnittig, gekerbt-gesägt, bald verwelkt, Stängelblätter tief geteilt, mit schmalen Abschnitten. Blütenstand stahlblau, mit 0,5–1 cm breiten, blaublütigen Köpfchen, Hüllblätter 5–7, lineal-pfriemlich, stechend, 1–3 cm lang, mit 1–2 Dornenpaaren, Spreublätter 3-spitzig.

Vorkommen Brachland, Ruderalflächen.

4 **Weitere Arten** Graugrün dagegen das **Sichelblatt-Mannstreu** *E. falcatum* Delar., Stängelblätter charakteristisch sichelförmig herabhängend, die 0,8–1,5 cm breiten Köpfchen mit weißlichen Blüten, weit überragt von 5 linealen, stechenden Hüllblättern, äußere Spreublätter 3-spitzig (Türkei bis Israel).

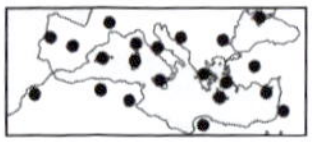

5 Stranddistel *Eryngium maritimum* L.

0,15–0,6 m Juni–September ♃

Merkmale Blaugrün bereifte, oft kugelbuschartig wachsende Pflanze. Grundblätter mit 3–5-lappiger, dornig buchtig gezähnter Spreite, obere Blätter mit breitem Grund sitzend, weniger geteilt. Blüten in 1,5–3 cm großen Köpfchen, umgeben von 4–7 elliptischen bis verkehrt eiförmigen, 2–4 cm langen, breit dornig gezähnten Hüllblättern. Blüten blau, von 2-spitzigen Spreublättern überragt.

Vorkommen Sandstrände, Dünen, selten auch an den Küsten W- und N-Europas.

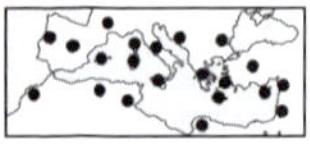

6 Gewöhnliches Steckenkraut, Rutenkraut *Ferula communis* L.

1–3 m April–Juni ♃

Merkmale Sehr kräftige hohe Pflanze mit vielfach gefiederten Blättern, deren lineale Abschnitte flach, 1,5–5 cm lang (bei der ssp. *communis* (Foto) bis 1 mm breit und beiderseits grün, bei der ssp. *glauca* (L.) Rouy & Cam. bis 3 mm, unterseits graugrün). Der große Blütenstand reich verzweigt, die fruchttragenden Enddolden jeweils kurz gestielt oder sitzend, umgeben von lang gestielten, unfruchtbaren Seitendolden. Hülle fehlend, Hüllchen hinfällig. Früchte elliptisch, etwa 1,5 cm lang, zusammengedrückt, mit seitlichen Flügeln.

Vorkommen Garigues, Weiderasen, auf Kalk, oft in Massenbeständen.

Weitere Arten Ähnlich *F. tingitana* L., aber Blattabschnitte nicht länger als 1 cm, mit deutlich umgerollten Rändern (Iberische Halbinsel, N-Afrika, Vorderasien).

1

2

3

4

5

6

1 **Knotiger Ferulago** *Ferulago nodosa* (L.) Boiss.

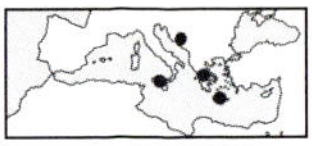

0,5–1,5 m April–Mai ♃

Merkmale Ähnlich der Gattung *Ferula* (siehe S. 76), aber niedriger und mit deutlicher Hülle und Hüllchen, bei dieser Art aus eiförmig-länglichen Blättchen. Stängel mit unübersehbar verdickten Knoten, die 4-fach gefiederten Blätter mit feinen, linealen, etwa 1 cm langen Abschnitten. Dolden 9–12-strahlig, Blüten gelb. Früchte zusammengedrückt, 8–10 mm lang, mit etwas gewellten seitlichen und schmaleren Rückenflügeln.
Vorkommen Brachland, Wegränder, Felsfluren.

2 **Wilder Fenchel** *Foeniculum vulgare* Mill. ssp. *piperitum* (Ucria) Cout.

0,5–2,5 m Juli–September ⚇ ♃

Merkmale Hohe, blaugrün bereifte Pflanze. Blätter 3–4-fach gefiedert, Blattzipfel pfriemlich, etwas fleischig und steif, kaum länger als 1 cm. Dolden aus 4–10 ungleich langen Strahlen ohne Hülle und Hüllchen, die Enddolde oft von achselständigen überragt. Blüten gelb, Teilfrüchte mit je 5 Rippen, scharf schmeckend. Als Gewürz und für medizinische Zwecke nutzt man Früchte von Varietäten der ssp. *vulgare* aus dem Anbau.
Vorkommen Straßenränder, Flussläufe, Brachland.

3 **Hasenkümmel** *Lagoecia cuminoides* L.

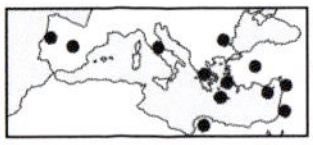

0,1–0,3 m April–Juni ⊙

Merkmale Aromatische kleine Pflanze mit schmalen, gefiederten, nach oben zu feiner zerteilten, schafgarbenähnlichen Blättern. Blüten weiß, in einfachen, 0,5–1,5 cm breiten, köpfchenförmigen Dolden aus zahlreichen Strahlen, verdeckt von den Zipfeln der zerteilten Kelch-, Hüll- und Hüllchenblätter. Früchte mit kurzen keulenförmigen Haaren, vom Kelch pappusartig gekrönt. Gelegentlich als Gewürz genutzt.
Vorkommen Felsfluren.

4 **Kretische Lecokie** *Lecokia cretica* (Lam.) DC.

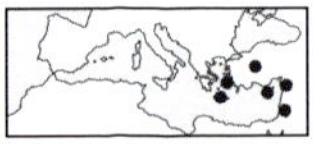

0,4–1 m März–Mai ♃

Merkmale Kahle Pflanze mit 2-fach gefiederten Blättern, Abschnitte eilänglich, unregelmäßig gekerbt-gesägt oder gelappt. Dolden 6–10-strahlig, mit 0(–1) Hüllblättern und einigen pfriemlichen Hüllchenblättern. Blüten weiß, Früchte eiförmig, 10–15 mm lang, etwas zusammengedrückt und kurz geschnäbelt, die Rippen mit zur Spitze gekrümmten Stacheln besetzt.
Vorkommen Immergrüne Wälder, Gebüsche, Bachläufe.

5 **Gewöhnliche Kerndolde** *Malabaila aurea* (Sm.) Boiss.

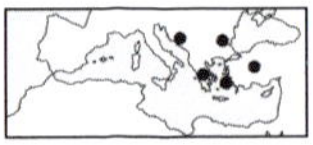

(*Leiotulus aureus* (Sm.) Pimenov & Ostr.) **0,3–0,5 m März–Juni** ⚇

Merkmale Behaarte, etwas klebrige Pflanze mit hohlem, gerilltem Stängel. Blätter einfach gefiedert, untere mit 6–8 eiförmigen, gezähnten bis fiederschnittig gelappten Abschnitten, die oberen lineal-lanzettlich, gesägt. Blütendolden aus 3–10 Strahlen, Kronblätter gelb, nur mit hinfälligem Hüllchen. Früchte mit bleibendem Griffel, rundlich, flach, etwa 1 cm, mit deutlichem Harzkanal, der Flügel am Rand stark verdickt.
Vorkommen Gebüsche, Wegränder.

6 **Cheiron-Gummiwurz** *Opopanax chironium* (L.) Koch

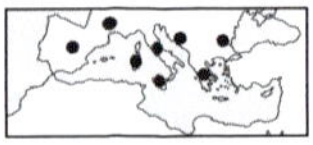

0,6–2 m Mai–Juli ♃

Merkmale Kräftiger hoher Doldenblütler. Untere Blätter 2-fach gefiedert, Abschnitte gekerbt-gesägt, am Grund schief herzförmig oder keilförmig, unterseits mit Sternhaaren. Dolden aus 9–25 Strahlen mit wenigen borstigen Hüll- und Hüllchenblättern. Blüten gelb bis orangefarben. Früchte 5–7 mm, stark zusammengedrückt, mit schmalem, verdicktem Rand. Das Harz wurde früher arzneilich genutzt.
Vorkommen Schattige und feuchte Unkrautfluren, Hecken, überwiegend auf Kalk.
Weitere Arten Ähnlich *O. hispidus* (Friv.) Griseb. mit nur 6–15 Doldenstrahlen (östl. Mittelmeergebiet).

1

2

3

4

5

6

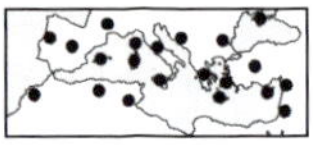

1 Möhrenartiger Breitsame *Orlaya daucoides* (L.) Greut. (*O. kochii* Heyw.)

0,08–0,4 m März–Mai ⊙

Merkmale Pflanze aufrecht, ± behaart. Blätter 2–3-fach fiederschnittig mit länglich-lanzettlichen, spitzen Endlappen. Dolden aus 2–4 Strahlen auf langem Stiel, Kronblätter weiß oder rosa, die äußeren der Randblüten tief 2-lappig, 5–8 mm lang. Hüllblätter 2–3, weiß berandet und gewimpert wie die kürzeren und breiteren Hüllchenblätter. Früchte zusammengedrückt, elliptisch, steifhaarig und mit jeweils 2–3 Reihen hakiger Dornen auf den Rippen, die so lang sind wie die Früchte breit.

Vorkommen Kulturland, auf Kalk.

Weitere Arten Bei *O. grandiflora* (L.) Hoffm. Doldenstrahlen 5–12, äußere Kronblätter der Randblüten 9–14(–18) mm lang (Mittelmeergebiet, selten in Mitteleuropa).

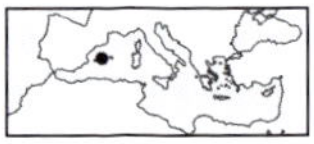

2 Glänzender Pastinak *Pastinaca lucida* L.

0,2–0,6(–1) m April–August ⊙

Merkmale Robuste, unangenehm riechende Pflanze mit starken phototoxischen Eigenschaften! Blätter glänzend, ledrig, fein gesägt, die grundständigen ungeteilt, ± herzförmig, untere Stängelblätter größer, gefiedert, mit 3–7 ganzen bis schwach gelappten Abschnitten. Dolden aus 5–15 Strahlen, Blüten gelb. Früchte elliptisch, stark zusammengedrückt, 4–7 mm, mit randlichen, bis 1 mm langen Flügeln.

Vorkommen Felsfluren, Wegränder, vorwiegend im Gebirge. Endemisch auf Mallorca und Menorca.

Weitere Arten Ähnlich *P. latifolia* (Duby) DC. mit gefiederten Grundblättern, endemisch auf Korsika.

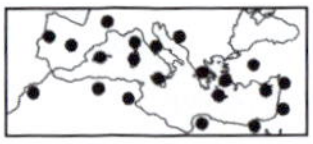

3 Falscher Breitsame *Pseudorlaya pumila* (L.) Grande

(*Daucus pumilus* (L.) Hoffmanns. & Link)

0,05–0,2 m Apri–Juli ⊙

Merkmale Niederliegend-aufsteigende, dicht behaarte Strandpflanze. Blätter 2–3-fach gefiedert mit eiförmigen Abschnitten. Dolden aus 2–5 ungleich langen Strahlen, mit 2–5 Hüllblättern. Kronblätter weiß bis hellpurpurn, die äußeren wenig größer als die inneren. Früchte elliptisch, 7–10 mm, seitliche Rippen mit 8 am Grund verbreiterten Dornen, die übrigen mit jeweils 18 schmalen Dornen.

Vorkommen Sandstrände, Dünen, meeresnahe Sandäcker.

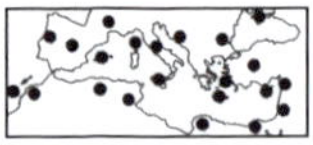

4 Echter Venuskamm *Scandix pecten-veneris* L.

0,15–0,5 m April–Juli ⊙

Merkmale Pflanze aufrecht, behaart. Blätter 2–4-fach gefiedert, mit schmalen, spitzen Lappen. Dolde aus nur 1–3 Strahlen, Kronblätter weiß, die äußeren oft etwas vergrößert. Hülle fehlend, Hüllchenblätter 3–5, mit vorwärts gerichteten Zähnen oder fiederschnittig, gewimpert. Frucht auffällig groß, 1,5–8 cm lang, mit kräftigem, seitlich stark zusammengedrücktem, an den Rändern borstigem Schnabel, der sich deutlich vom samentragenden Teil absetzt und viel länger ist als dieser.

Vorkommen Kulturland, Brachland.

5 **Weitere Arten** Ähnlich der **Südliche Venuskamm *S. australis*** L., aber Hüllchenblätter mit breitem, häutigem Saum, Frucht nur 1,5–4 cm lang, Schnabel nicht so deutlich vom samentragenden Teil getrennt (Mittelmeergebiet).

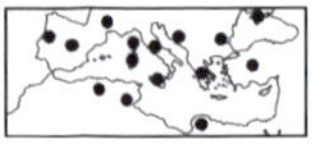

6 Gewundener Sesel *Seseli tortuosum* L.

0,3–0,7 m Juli–Oktober ⊙ ♃

Merkmale Vom Grund an sparrig verzweigte Art mit schwach hin- und hergebogenen Stängeln. Blätter 3–4-fach steif gefiedert, mit linealen, 6–12 mm langen Endlappen. Die Blütendolden mit 4–11, nur auf den Innenseiten fein behaarten Strahlen, 0(–3) Hüllblättern und 10 Hüllchenblättern mit breitem, häutigem Rand. Kronblätter weißlich, wie die eiförmigen, gerippten, 2–4 mm langen Früchte fein behaart.

Vorkommen Dünen, Kiefernwälder, trockene Gebüsche, Kulturland, Wegränder.

1

2

3

4

5

6

1 Gespenst-Gelbdolde *Smyrnium olusatrum* L.

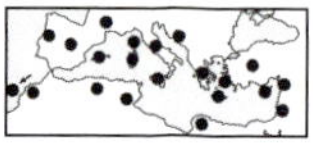

0,5–1,7 m März–Mai ⊙

Merkmale Kräftige, kahle, oberwärts oft gegenständig verzweigte Pflanze mit Selleriegeruch und -geschmack. Grundblätter 2–4-fach 3-zählig oder gefiedert, Abschnitte rhombisch-eiförmig, gekerbt-gesägt, manchmal gelappt, obere Stängelblätter 3-zählig, kurz gestielt, nicht stängelumfassend. Dolden aus 5–18 Strahlen, Hülle und Hüllchen klein, hinfällig oder fehlend, Blüten grünlich gelb. Früchte 6–8 mm, breit eiförmig, zur Reifezeit schwarz glänzend und lange an den schon abgestorbenen, gebleichten Stängeln „gespensthaft" verbleibend. Junge Triebe und Blätter wurden früher als Gemüse genutzt.

Vorkommen Feuchte, schattige Ruderalflächen, Felsen.

2 **Weitere Arten** Ähnlich die **Kretische Gelbdolde** *S. creticum* Mill. (*S. apiifolium* Willd.), aber obere Blätter stängelumfassend, ungeteilt, Doldenstrahlen 15–20 (auch Felsküsten, Griechenland, Kreta, Ägäis, Türkei).

3 Rundblättrige Gelbdolde *Smyrnium rotundifolium* Mill.

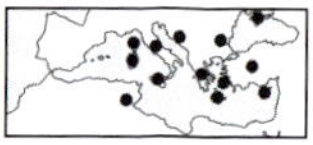

0,5–1,5 m April–Juli ⊙

Merkmale Grundblätter 2-fach 3-teilig mit eiförmigen, gezähnten bis gelappten Abschnitten, obere Stängelblätter rundlich, ohne deutliche Spitze, ganzrandig bis fein gekerbt-gesägt, den runden, gerillten Stängel wechselständig umfassend. Dolden aus 5–15 Strahlen, ohne Hülle und Hüllchen, mit gelben Blüten. Wird auch als ssp. zu *S. perfoliatum* gestellt.

Vorkommen Immer- und sommergrüne Gebüsche, Brachland, Olivenhaine.

Weitere Arten Ähnlich *S. perfoliatum* L., aber Stängel im mittleren Teil an den Kanten schmal geflügelt, obere Blätter herzeiförmig, gekerbt-gesägt (Mittelmeergebiet).

4 Gargano-Purgierdolde *Thapsia garganica* L.

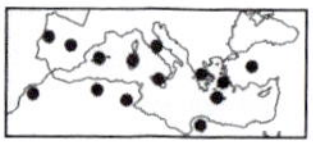

0,3–2,5 m April–Juli ♃

Merkmale Stattlicher, ± kahler Doldenblütler. Blätter 2–4-fach zum Teil wirtelig gefiedert, die Abschnitte 1–6 cm lang, lineal, am Rand umgerollt, ganzrandig oder mit 1–2 Zähnen. Gelbe Blütendolden aus 5–30 Strahlen, meist ohne Hülle und Hüllchen. Früchte flach elliptisch, 12–30 mm lang, mit 3–7 mm breiten, oben und unten tief eingebuchteten, seitlichen Flügeln. Giftpflanze.

Vorkommen Trockene Weideflächen, Olivenhaine, Wegränder.

Weitere Arten Ähnlich *Th. villosa* L., aber Blätter wollig behaart, Endabschnitte 0,5–1,5(–3) cm, eiförmig-länglich mit regelmäßigen, fein bespitzten Zähnen. Früchte 8–15 mm, mit 2–3 mm breiten Flügeln (westl. Mittelmeergebiet).

5 Apulischer Zirmet, Echter Zirmet *Tordylium apulum* L.

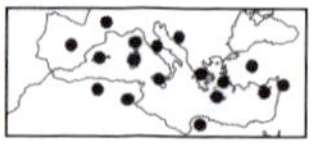

0,2–0,5 m April–Juni ⊙

Merkmale Stängel aufrecht, am Grund dicht weich abstehend behaart. Blätter gefiedert, untere mit rundlich-eiförmigen, eingeschnitten-gekerbten Blättchen, obere mit ganzrandigen, linealen Abschnitten. Doldenstrahlen 3–8, Randblüten mit je 1 weißen, vergrößerten, gleichmäßig tief 2-lappigen Kronblatt. Hüll- und Hüllchenblätter pfriemlich, kurz. Frucht fast rund, flach, 5–8 mm, mit Blasenhaaren und charakteristischem, weißlichem, gekerbtem, wulstigem Rand.

Vorkommen Kulturland, Brachland, Wegränder.

6 **Weitere Arten** Der **Ägyptische Zirmet** *T. aegyptiacum* (L.) Lam. unterscheidet sich durch tief fiederschnittige obere Blattabschnitte, Dolden mit einer violetten „Mohrenblüte" in der Mitte und Randblüten mit 3 vergrößerten Kronblättern (davon nur das mittlere 2-lappig). Früchte verschieden gestaltet: äußere scheibenförmig, flach, innere ± kugelig, alle mit verdicktem, nahezu glattem Rand (Zypern, Türkei bis Ägypten). Randblüten mit meist 2 ungleich 2-lappigen Kronblättern haben *T. maximum* L. (Frucht borstig mit glattem, verdicktem Rand, S- und SO-Europa, Kleinasien) und *T. officinale* L. (Frucht mit Blasenhaaren und runzeligem, verdicktem Rand, östl. S-Europa).

1

2

3

4

5

6

1 Knotiger Klettenkerbel *Torilis nodosa* (L.) Gaertn. *Apiaceae*

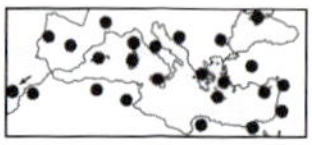

0,1–0,5 m März–Juni ⊙

Merkmale Pflanze niederliegend-aufsteigend oder aufrecht, rau behaart. Blätter 2–3-fach fiederteilig mit eiförmigen, spitzen Abschnitten. Dolden scheinbar blattgegenständig, fast sitzend, ohne Hülle, mit pfriemlichen Hüllchenblättern, die 2–3 kurzen Strahlen völlig von Blüten oder Früchten verdeckt, sodass der Blütenstand köpfchenartig erscheint. Früchte 2,5–3,5 mm lang, äußere Teilfrucht mit geraden, an der Spitze widerhakigen Stacheln, innere mit stumpfen Warzen.

Vorkommen Brachäcker, Ruderalflächen, Wegränder, an der Nordseeküste eingebürgert.

Weitere Arten Ähnlich *T. pseudonodosa* Bianca, aber Blätter nur 1–2-fach fiederschnittig, alle Teilfrüchte mit widerhakigen Stacheln (Mittelmeergebiet, Kanaren).

2 Breitblättrige Haftdolde *Turgenia latifolia* (L.) Hoffm.

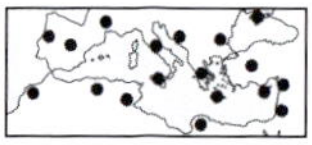

0,1–0,4(–6) m Mai–August ⊙

Merkmale Pflanze aufrecht, rau behaart. Blätter gefiedert, mit 3–6 Paaren lineal-länglicher, spitz gesägter Abschnitte. Die lang gestielten Blütendolden aus 2–5 Strahlen, 2–5 Hüll- und 5–7 Hüllchenblätter hautrandig, Letztere mit rauer Mittelrippe. Kronblätter weiß, rosa oder purpurn, tief 2-lappig, die randlichen etwas strahlend. Frucht eiförmig, 6–10 mm lang, mit widerhakigen Stacheln.

Vorkommen Kulturland, Brachland, Felsfluren, auf Kalk, selten bis Mitteleuropa.

3 Gewöhnlicher Oleander *Nerium oleander* L. *Apocynaceae*

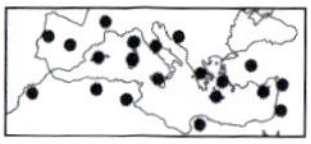

1–4 m Juli–September ♄

Merkmale Kräftiger, nahezu kahler, immergrüner Strauch. Blätter ledrig, lanzettlich, zu 3–4 quirlständig oder gegenständig. Blüten in endständigen Trugdolden, Krone rosarot oder weiß, 3–4 cm breit, mit trichterförmiger Röhre und 5 (in der Knospe gedrehten) schief abgeschnittenen, radförmig ausgebreiteten Zipfeln, im Schlund mit zerschlitzten Anhängseln. Aufrecht stehende, 8–18 cm lange, rötlich braune Früchte. Samen mit braunem Haarschopf. Die giftige Pflanze enthält herzwirksame Glykoside.

Vorkommen Flussufer, in zeitweilig trockenen Bachbetten, auf steinigen Böden. In Hecken und als Zierpflanze häufig kultiviert, zum Teil mit gefüllten Blüten.

4 Mittleres Immergrün *Vinca difformis* Pourr. (*V. media* Hoffm. & Link)

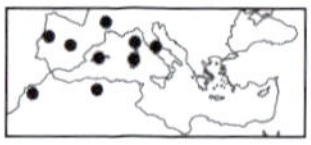

Bis 2 m weit kriechend Februar–Mai ♃

Merkmale Niederliegende Pflanze, blütentragende Triebe aber bis 0,3 m ± aufrecht. Die immergrünen Blätter gegenständig, eiförmig-lanzettlich, an den Rändern kahl. Blüten einzeln, ihr Stiel kürzer als das zugehörige Blatt. Krone blassblau, mit trichterförmiger Röhre und flach ausgebreitetem Saum, 3–4,5 cm breit, die 5 Zipfel spitz oder schief abgeschnitten. Kelchzipfel kahl. Die ssp. *sardoa* Stearn mit winzigen Haaren an den Blatträndern und Kelchzipfeln und 6–7 cm breiten Blüten (Sardinien).

Vorkommen Schattig-feuchte Grabenränder und Gebüsche.

5 **Weitere Arten** Dunkler blauviolette, 3–5 cm breite Blüten hat das **Große Immergrün** *V. major* L., Blätter eiförmig, am Grund fast herzförmig, am Rand wie auch an den Kelchzipfeln fein bewimpert (Mittelmeergebiet, Kanaren, öfter aus Gärten verwildert und eingebürgert).

6 Krautiges Immergrün *Vinca herbacea* Waldst. & Kit.

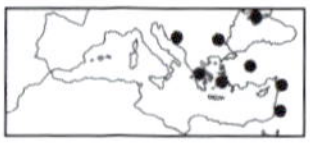

0,3–0,6 m Mai–Juni, September ♃

Merkmale Stängel niederliegend, nicht wurzelnd und kaum verzweigt, im Winter absterbend. Blätter sehr variabel, untere oft oval, die obersten lineal-lanzettlich, am Grund keilförmig, am Rand glatt, rau oder fein gewimpert. Blüten entlang der Stängel, ihr Stiel etwa so lang wie das zugehörige Blatt, Krone mit blauem, 2–3,5 cm breitem Saum und trichterförmiger Röhre wie bei den vorigen Arten.

Vorkommen Offene Wälder, Felshänge, Brachland, vor allem im Bergland.

1 2
3 4
5 6

Aristolochiaceae Osterluzeigewächse

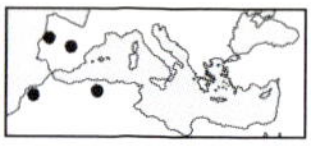

1 Südspanische Osterluzei *Aristolochia baetica* L.

Bis 5 m Dezember–Juni ♄

Merkmale Oft mehrere Meter kletternde, verholzte Osterluzei mit ausdauernden, meist graugrünen, 3-eckig-eiförmigen, am Grund tief herzförmigen Blättern. Blüten („Gleitfallenblumen") an kahlen Stielen, 2–7 cm lang, mit U-förmig gebogener Röhre, Zunge bräunlich purpurn bis rötlich, innen behaart.
Vorkommen Schattig feuchte Standorte, immergrüne Gebüsche und Wälder.
2 **Weitere Arten** Ähnlich die **Immergrüne Osterluzei** *A. sempervirens* L. mit gelben, purpurn gestreiften Blüten an behaarten Stielen, Blätter dunkelgrün (östl. Mittelmeergebiet).

3 Kretische Osterluzei *Aristolochia cretica* Lam.

0,3-0,6 m März–Mai ♃

Merkmale Aufrecht oder niederliegend, behaart, wie die folgenden Arten krautig. Blätter 3-eckig-eiförmig, am Grund tief herzförmig, etwa so lang wie breit. Blüten ungewöhnlich groß, 6–18 cm, mit U-förmig gebogener Röhre, dunkelpurpurn, Zunge innen mit langen weißen Haaren.
Vorkommen Schattige bis offene, felsige Standorte, Garigues, Olivenhaine, Wälder.
Weitere Arten Ähnlich mit 6–14 cm großen Blüten, die Blätter aber länger als breit, *A. hirta* L. (Griechenland, Ägäis, W-Türkei). *A. guichardii* Davis & Khan mit nur 2–3,5 cm großen Blüten (Rhodos, SW-Anatolien).

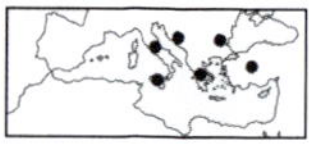

4 Gelbe Osterluzei *Aristolochia lutea* Desf.

0,2–0,6 m April–Mai ♃

Merkmale Fein behaart, mit eiförmig-rundlichen, am Grund herzförmigen, 1,5(–2,5) cm lang gestielten Blättern. Blüten über dem bauchig erweiterten Grund mit gerader, im mittleren Teil etwas breiterer Röhre, 2,5–7,5 cm lang, grünlich gelblich, violett überlaufen oder gestreift, Zunge kürzer und schmaler als die Röhre.
Vorkommen Sommergrüne Wälder.
Weitere Arten Ähnlich *A. pallida* Willd., aber Zunge breiter und länger als die Röhre oder gleich lang (Frankreich, Italien). *A. clematitis* L. mit mehreren gelben Blüten in den Blattachseln (S- bis Mitteleuropa).

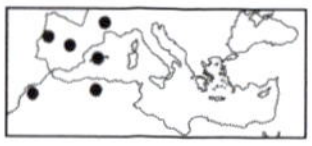

5 Wenignervige Osterluzei *Aristolochia paucinervis* Pom.

0,2–0,9 m Februar–Juni ♃

Merkmale Gewöhnlich verzweigt, mit eiförmig-dreieckigen, beiderseits behaarten Blättern, wie auch die Blüten bis 1,5 cm lang gestielt. Blüten bis 3 cm lang, die bräunlich purpurne Zunge kürzer als die gerade, zum Ende etwas erweiterte, bräunliche oder gelblich grüne, gestreifte Röhre.
Vorkommen Gebüsche, Ruderalflächen, Kulturland.

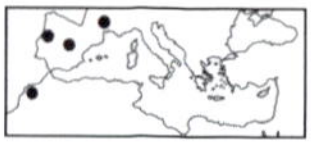

6 Pistolochia-Osterluzei *Aristolochia pistolochia* L.

0,2–0,8 m April –Juni ♃

Merkmale Behaarte Art mit nur 1–5 mm lang gestielten, eiförmig-3-eckigen, am Grund tief herzförmigen Blättern, die am Rand und auf der Unterseite charakteristische, feine knorpelige Zähne oder Warzen tragen. Blüten 2–5 cm lang, mit fast gerader, bräunlicher Röhre und auffällig gezeichneter Zunge.
Vorkommen Trockene Standorte, Garigues, auch im Kulturland.

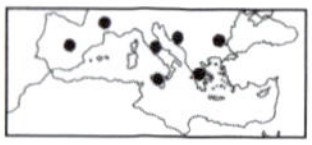

7 Rundknollige Osterluzei *Aristolochia rotunda* L.

0,15–1 m April–Juni ♃

Merkmale Verkahlende Pflanze, Blätter eiförmig-rundlich, praktisch sitzend und weit stängelumfassend. Blüten 3–5 cm, länger gestielt als die Blätter, mit gelbgrüner ± gerader Röhre und dunkelbraunroter Zunge.
Vorkommen Wälder, Waldränder, Hecken, auch im Kulturland.
Weitere Arten Der kleine, nur 0,1–0,3 m hohe Balearen-Endemit *A. bianorii* Sennen & Pau hat 1–3 cm große Blüten mit bräunlich gelber, dunkler gestreifter Röhre und rötlicher Zunge (Felsfluren).

1

2

3

4

5

6

7

1 Strauchige Seidenpflanze *Asclepias fruticosa* L.

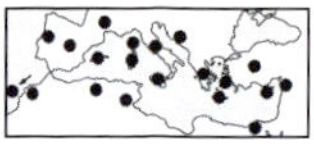

(*Gomphocarpus fruticosus* (L.) AIT. f.)

1–2 m Mai–September ♄

Merkmale Aufrechte, spärlich verzweigte, schwach verholzte Pflanze, wie die folgenden Arten mit giftigem Milchsaft. Blätter gegenständig oder zu 3 quirlständig, lineal-lanzettlich, am Rand eingerollt. Blüten in gestielten, überhängenden Trugdolden, die weiße, etwa 10 mm breite Krone mit 5 am Rand gewimperten, zurückgeschlagenen Zipfeln und 5-teiliger, fleischiger Nebenkrone. Aufgeblasene, spitz eiförmige, weich bestachelte Balgkapseln. Samen mit seidigem Haarschopf wie für die *Asclepiadaceae* typisch.
Vorkommen Eingebürgert an Feuchtstellen in Küstennähe, auch als Zierpflanze. Heimat S-Afrika.

2 Hundswürger *Cionura erecta* (L.) GRISEB.

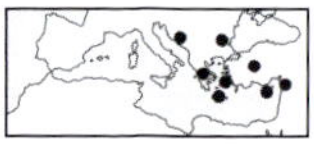

0,5–2(–8) m April–Juli ♄

Merkmale Aufrechter oder in Holzgewächsen hoch windender, ± kahler Halbstrauch oder Strauch mit gegenständigen, gestielten, herzförmigen, breit zugespitzten Blättern. Blüten in reichen gestielten Trugdolden mit meist weißer, abstehend stumpf 5-zipfeliger, 8–12 mm breiter Krone und kleiner 5-teiliger Nebenkrone. Balgkapseln einzeln, glatt.
Vorkommen Sandküsten, Felsen in Meeresnähe, Unkrautflächen, in Bachbetten.

3 Lianen-Schwalbenwurz *Cynanchum acutum* L.

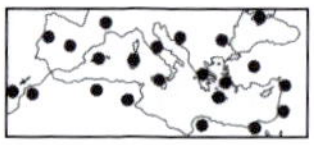

1–3 m Juni–September ♄

Merkmale Windende, verholzte Art. Blätter dünn und blaugrün, gegenständig, lang gestielt, herzeiförmig. Blüten in achselständigen, gestielten Trugdolden, Krone weiß oder rosa, bis 12 mm breit, mit 5 linealen, ± spitzen, spreizenden Zipfeln und 10-teiliger kleiner Nebenkrone. Balgkapseln meist einzeln, glatt.
Vorkommen Feuchte Ruderalstellen, Flussufer, Gebüsche in Meeresnähe.

4 Schmalblättrige Baumschlinge *Periploca angustifolia* LABILL.

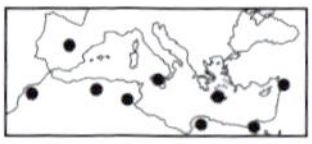

1,5–3 m Januar–Mai(–Dezember) ♄

Merkmale Strauch mit biegsamen, zum Teil windenden Trieben. Blätter sitzend, länglich-lanzettlich, ledrig, etwas fleischig und kahl, gegenständig oder in Wirteln. In den Achseln fast sitzende Trugdolden, Blüten 9–15 mm breit, ihre spreizenden ausgerandeten Zipfel rotpurpurn, an den Rändern grün, die 5-teilige Nebenkrone mit zurückgebogenen grannenartigen Fortsätzen. Die glatten Balgkapseln paarweise entwickelt.
Vorkommen Trockene Felshänge, Gebüsche in Meeresnähe, auch Zierpflanze.
5 **Weitere Arten** Bis 12 m hoch windend die **Griechische Baumschlinge** *P. graeca* L., Blätter sommergrün, etwa 1 cm lang gestielt, eilanzettlich, Blüten 20–25 mm breit, Zipfel an den Rändern umgebogen (östl. Mittelmeergebiet, weiter bisweilen verwildert und eingebürgert).

6 Schwarze Schwalbenwurz *Vincetoxicum nigrum* (L.) MOENCH

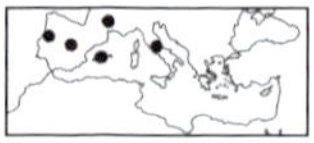

0,3–10 m April–Juli ♃

Merkmale Stängel meistens hoch windend, mit gegenständigen, gestielten, breit eiförmig-lanzettlichen, oft zugespitzten, ± behaarten Blättern. Blüten in kleinen Trugdolden, mit 6–8 mm breiter, dunkel purpurner, 5-lappiger Krone und kleiner 5-teiliger, fleischiger Nebenkrone, im Schlund mit steifen weißen Haaren. Glatte paarweise Balgkapseln.
Vorkommen Sommer- und immergrüne Gebüsche in Meeresnähe.
7 **Weitere Arten** Die bis N-Europa verbreitete **Gebräuchliche Schwalbenwurz** *V. hirundinaria* MED. mit aufrechtem, 0,2–1,2 m hohem, nicht windendem Stängel und schmaleren Blättern im Mittelmeergebiet überwiegend in gelbblütigen Unterarten, z. B. in der ssp. *intermedium* (LOR. & BAAR.) MARKG. (Foto), Krone 6–9 mm breit, die Lappen auf der Innenseite behaart (Grasfluren, Schuttfluren, Waldränder, S-Frankreich, NO-Spanien). Auf Kreta endemisch *V. creticum* BROWIEZ. mit gelblichen Blüten.

1

2

3

4

5

6

7

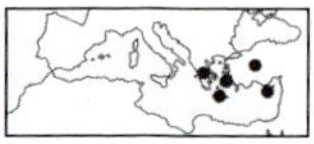

1 **Kreta-Schafgarbe** *Achillea cretica* L.

0,1–0,4 m April–Juli ♄

Merkmale Zwergstrauch mit weißfilzigen Ästen. Blätter sitzend, lineal, 2–4 mm breit, in zahlreiche, sich überlappende, eingerollte Abschnitte geteilt. Köpfchen zu 5–50 in 3–8 cm breiten ± dichten Trugdolden, mit weißen Scheiben- und 6–8 weißen, 3–4 mm langen Zungenblüten. Hautrandige stumpfe Hüllblätter.

Vorkommen Felsstandorte in Küstennähe.

2 **Weitere Arten** Graufilzig-drüsig die **Leberbalsamblättrige Schafgarbe** *A. ageratifolia* (SM.) BENTH. & HOOK. f., Grundblätter gestielt, lineal oder schmal spatelig, ganzrandig bis ± tief regelmäßig gekerbt-gesägt, Köpfchen zu 1(–3) lang gestielt, mit weißlichen Scheiben- und 11–20 weißen, 7–9 mm langen Zungenblüten, Hüllblätter hell- bis dunkelbraun häutig berandet. 3 Unterarten (Felsen oberhalb 500 m, Balkanhalbinsel).

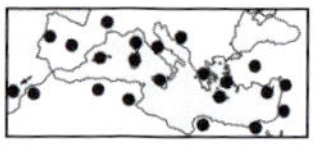

3 **Schneeweiße Strandfilzblume** *Achillea maritima* (L.) EHREND. & Y.-P. GUO (*Otanthus maritimus* (L.) HOFFMANNS. & LINK)

0,1–0,5 m Juni-September ♃

Merkmale Aromatische, dicht weißfilzige Strandpflanze mit aufsteigenden, etwas verholzten Stängeln. Blätter dicklich, länglich, mit breitem Grund sitzend, ganzrandig oder fein gekerbt-gesägt. Goldgelbe Röhrenblüten in kugeligen, 8–10 mm breiten Köpfchen mit weißfilzigen Hüllblättern zu 4–8 am Ende der Triebe, die Einzelblüte mit 2 schmalen Flügeln am Grund. Gebogene Achänen.

Vorkommen Sandstrände.

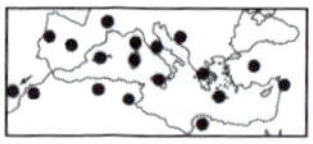

4 **Keulen-Bertram** *Anacyclus clavatus* (DESF.) PERS.

0,1–0,5 m Mai–Juli ♃

Merkmale Blätter angedrückt behaart, 2–3-fach gefiedert mit schmalen, fein bespitzten Abschnitten. Blütenköpfe zuletzt auf keulenförmig verdickten Stielen, mit meist 7–14 mm langen, weißen Zungenblüten. Weiß oder purpurn umrandete, seidig behaarte, spitze Hüllblätter. Achänen zusammengedrückt, die äußeren mit breiten, durchsichtigen Flügeln, die mit aufrechten runden Lappen über das Fruchtende hinausragen.

Vorkommen Wegränder, Brachland, oft in Küstennähe.

5 **Weitere Arten** Sehr kurze, die Hülle nicht überragende Zungenblüten beim **Valencia-Bertram** *A. valentinus* L., Flügel der äußeren Achänen an der Spitze mit spreizenden Lappen (Spanien, S-Frankreich, N-Afrika).

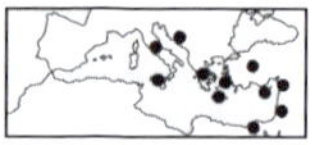

6 **Chios-Hundskamille** *Anthemis chia* L.

0,05–0,3 m März–April ⊙

Merkmale Blätter kahl oder spärlich behaart, 2–3-fach fiederschnittig. Blütenköpfe 3–4,5 cm breit, auf kaum verdickten Stielen, mit gelben Scheiben- und weißen Zungenblüten, nur die Achänen der Zungenblüten mit einem großen, einseitigen Krönchen. Hüllblätter 3-eckig-lanzettlich mit auffälligem, schwärzlichem Rand.

Vorkommen Brachland, Straßenränder, Ruderalflächen.

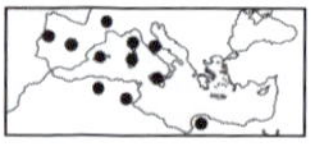

7 **Strand-Hundskamille** *Anthemis maritima* L.

0,1–0,7 m Mai–September ♃

Merkmale Am Grund verholzte, kahle oder spärlich behaarte, aromatische Art. Die fleischigen, unterseits drüsig punktierten Blätter 1–2-fach fiederschnittig, die obersten nur mit wenigen Zähnen. Köpfe auf nicht verdickten Stielen, 1,5–4 cm breit, mit weißen Zungen- und gelben Scheibenblüten. Äußere Hüllblätter 3-eckig, spitz, innere länglich, stumpf, mit breitem, häutigem Rand. Achänen mit einem häutigen Öhrchen.

Vorkommen Sandküsten.

8 **Weitere Arten** Ähnlich, aber insgesamt weißfilzig-wollig die **Filzige Hundskamille** *A. tomentosa* L., Haupttrieb kürzer als die seitlichen, Köpfe an später verdickten Stielen. Hüllblätter stark behaart, die inneren spitz mit häutigem Rand. Achänen mit schmalem, häutigem Rand, bisweilen geöhrt. Formenreiche Art mit mehreren Unterarten (Sandküsten, Brachland, auch Felsstandorte, Italien bis Türkei).

1

2

3

4

5

6

7

8

1 Steife Hundskamille *Anthemis rigida* Heldr.

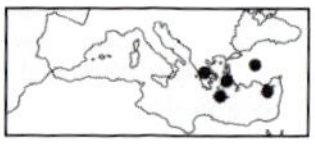

0,05–0,15 m Februar–Mai ☉

Merkmale Pflanze ± grau behaart, mit starren Stängeln, Blätter 1–2-fach fiederschnittig. Blütenköpfchen 3–9 mm breit, meist nur aus gelben Scheibenblüten, auf später verdickten, zurückgebogenen Stielen. Hüllblätter alle spitz, am Grund verdickt und verhärtet, die inneren höchstens schmal hautrandig.
Vorkommen Sand- und Felsküsten, Pionierstandorte, auch im Gebirge.

2 Dreifarbige Hundskamille *Anthemis tricolor* Boiss.

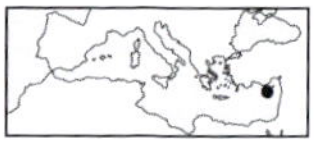

0,5–0,45 m Februar–Mai ♃

Merkmale Pflanze niederliegend, ± grau behaart, Stängelblätter nur einfach fiederschnittig. Köpfe etwa 2 cm breit, mit rosa oder purpurnen Scheibenblüten, die Zungenblüten weiß oder rosa, am Grund purpurn, an der Spitze stumpf gelappt. Hüllblätter wollig, breit hautrandig. Krönchen der Achänen undeutlich.
Vorkommen Offene felsige Standorte.

3 Ringelblumen-Arctotheca *Arctotheca calendula* (L.) Levyns

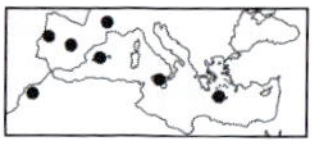

0,05–0,15 m März–Juni ☉

Merkmale Stängel häufig niederliegend, mit leierförmig fiederschnittigen, oberseits rauen, unterseits weißfilzigen Blättern. Blütenköpfe 3–6 cm breit, aus hellgelben Zungen- und dunkelpurpurnen Röhrenblüten, äußere Hüllblätter oft mit fiederschnittigem, häutigem Anhängsel. Pappus mit 7–8 kurzen Schuppen.
Vorkommen Küsten- und Flusssande, als Zierpflanze verwildert und eingebürgert. Heimat S-Afrika.

4 Kampfer-Beifuß *Artemisia alba* Turra

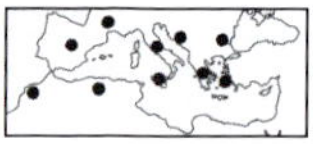

0,3–1 m August–Oktober ♃

Merkmale Kampferartig aromatisch duftender Halbstrauch, fast kahl und grün oder weißfilzig. Untere Blätter 2–3-fach, obere einfach fiederteilig, mit schmal linealen, kaum 1 mm breiten Zipfeln. Blütenköpfchen aus gelben Röhrenblüten, kugelig, 4–5 mm, kurz gestielt und nickend in gewöhnlich einfacher, schmaler, zusammengezogener Rispe. Hüllblätter mit hellem, breitem Hautrand.
Vorkommen Trockene, warme Felshänge, Weiden, Mauern, auf Kalk.

5 **Weitere Arten** Sparrig verzweigt und verkahlend **Barreliers Beifuß** *A. barrelieri* Bess., Blätter 2-fach fiederteilig, an blühenden Trieben meist büschelig, bis 10 mm lang, Köpfchen aufrecht, eiförmig, 2,5–3,5 mm breit, aus gelben Röhrenblüten und braunen, filzigen Hüllblättern (S-Spanien, blüht Dezember–Mai). Ähnlich *A. herba-alba* Asso, Blätter nur 2–5 mm lang, 1(–2)-fach fiederteilig (S-Frankreich, Spanien, NW-Afrika).

6 Strauch-Beifuß *Artemisia arborescens* L.

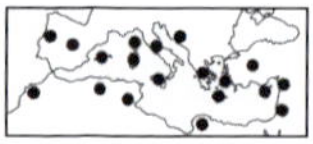

0,5-1,5 m Mai–August ♄

Merkmale Aromatischer, silbergrau behaarter Strauch. Blätter 1–2-fach fiederschnittig, die unteren gestielt, am Grund ohne Öhrchen, Abschnitte länglich, 1–2 mm breit, stumpf. Köpfchen kugelig, 5–8 mm, aus zahlreichen gelben Röhrenblüten und filzigen Hüllblättern. Achänen auffällig drüsig.
Vorkommen Felsen, alte Mauern. Gebietsweise nur eingebürgert.

7 Einjähriger Strandstern *Asteriscus aquaticus* (L.) Less.

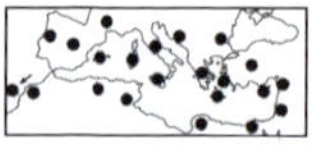

(*Nauplius aquaticus* (L.) Cass.)

0,1–0,4 m April–August ☉

Merkmale Stängel einfach oder oben aufrecht-abstehend verzweigt. Blätter behaart, länglich-spatelförmig, die oberen halbstängelumfassend sitzend. Köpfe 1,5–3 cm breit, mit ziemlich kurzen, an der Spitze 3-zähnigen, schwefelgelben Zungenblüten und walzlichen Röhrenblüten, 2–3-fach überragt von den äußeren Hüllblättern, die eine lange, stumpfe, blattähnliche Spitze tragen. Weitere Arten siehe bei *Pallenis* S. 118.
Vorkommen Sandige, feuchte Standorte in Küstennähe.

1

2

3

4

5

6

7

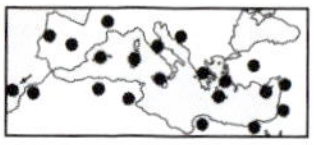

1 Gitter-Spindelkraut *Atractylis cancellata* L.

0,05–0,3 m April–Juli ⊙

Merkmale Stängel weißfilzig, verkahlend, mit länglichen, fein dornig gezähnten, weichen, unterseits spinnwebig behaarten Rosetten- und Stängelblättern. Blütenköpfe 0,5–2 cm breit, aus purpurroten Röhrenblüten, umgeben von locker stehenden, regelmäßig kammartig gezähnten, dornigen Hochblättern, innere Hüllblätter lanzettlich. Achänen seidig behaart, der Pappus aus fedrigen weißen, an der Basis bräunlichen Haaren.

Vorkommen Garigues, trockene Weiden.

2 **Weitere Arten** Ausdauernd das **Niedrige Spindelkraut** *A. humilis* L. mit 1,5–2,5 cm breiten Blütenköpfen, umgeben und oft überragt von laubblattähnlichen, am Grund 2-fach dornig fiederspaltigen Hochblättern, mittlere Hüllblätter ganzrandig mit einem schlanken Dorn (westl. Mittelmeergebiet, blüht Juli–September).

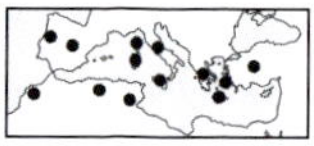

3 Gummi-Spindelkraut, Mastixdistel *Atractylis gummifera* L.

(*Chamaeleon gummifer* (L.) CASS.)

0,05–0,2 m August–November ♃

Merkmale Stängellose kräftige Pflanze, die Rosette aus länglich-lanzettlichen, dornig fiederschnittigen Blättern zur Blütezeit vertrocknet. Blütenköpfe 3–7 cm breit, mit purpurroten Röhrenblüten und spinnwebiger Hülle, charakteristisch die mittleren Hüllblätter mit drei 10–25 mm langen, abstehenden Enddornen und viel kürzeren, feineren seitlichen. Die Wurzel enthält ein aromatisches Harz. Giftpflanze.

Vorkommen Garigues, trockene Weiden.

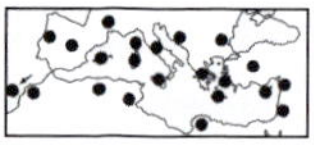

4 Einjähriges Gänseblümchen *Bellis annua* L.

0,03–0,12 m Februar–Juni ⊙

Merkmale Zierliche Pflanze mit feinen Wurzeln, behaart oder verkahlend, Stängel ± verzweigt und beblättert, ohne deutliche Rosette. Blätter eiförmig-spatelig, schwach gekerbt-gesägt oder ganzrandig, plötzlich in den Stiel verschmälert. Blütenköpfe auf dünnen Stielen, 0,5–1,5 cm breit, mit 2 Reihen von Hüllblättern und weißen, unterseits oft rot überlaufenen Zungenblüten. Achänen zusammengedrückt, behaart, ohne Pappus.

Vorkommen Grasige, zeitweilig feuchte Standorte, auch auf Sand.

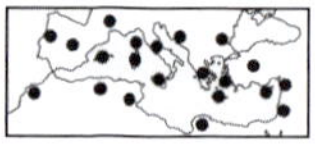

5 Großes Gänseblümchen *Bellis sylvestris* CYR.

0,1–0,3 m September–Mai ♃

Merkmale Blätter alle in grundständiger Rosette, die jungen angedrückt behaart, länglich-spatelig, entfernt gekerbt-gesägt oder ganzrandig, 3-nervig, allmählich in einen undeutlichen Stiel verschmälert. Auf langen, kräftigen Stielen 2–4 cm breite Köpfe mit 2 Reihen 7–12 mm langer, ± spitzer Hüllblätter und weißen, oft beiderseits purpurrot überlaufenen Zungenblüten. Früchte zusammengedrückt, behaart, manchmal mit kurzen Borsten.

Vorkommen Wälder, Gebüsche, Weiden, bis in die Bergstufe.

6 **Weitere Arten** Ähnlich das **Langblättrige Gänseblümchen** *B. longifolia* BOISS. & HELDR., Blätter aber 1-nervig, beiderseits mit 4–5 deutlichen Kerbzähnen, Blütenköpfe nur 12–18 mm breit, Hüllblätter 4–6 mm lang, stumpf (Kreta). Weit verbreitet ist auch *B. perennis* L. mit ziemlich plötzlich in den Stiel übergehenden, deutlich 1-nervigen Blättern, die 15–30 mm breiten Köpfe mit 3–5 mm langen, stumpfen Hüllblättern.

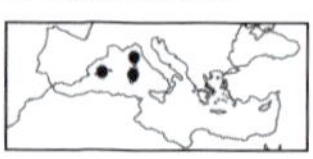

7 Echtes Zwerggänseblümchen *Bellium bellidioides* L.

0,05–0,15 m April–August ♃

Merkmale Zarte Rosettenpflanze, verkahlend, mit dünnen oberirdischen Ausläufern. Blätter spatelförmig, in einen langen Stiel verschmälert. Blütenköpfe 8–15 mm breit, mit behaarten Hüllblättern zu 10–14 in 1 Reihe und ebenso vielen kaum längeren, unterseits rot überlaufenen, weißen Zungenblüten. Früchte mit 5 rauen Borsten und einem Ring aus häutigen Schuppen.

Vorkommen Schattig-feuchte Felsen und Weiden.

1

2

3

4

5

6

7

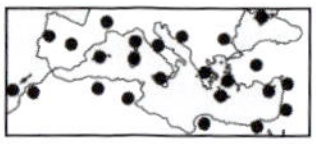

1 Acker-Ringelblume *Calendula arvensis* L.

0,1–0,3 m Februar–Juni ⊙

Merkmale Formenreiche Art, flaumig behaart, mit länglich-lanzettlichen, etwas gewellten, ganzrandigen bis entfernt gezähnten Blättern, die oberen halbstängelumfassend sitzend. 1–2(–3,5) cm breite Köpfe aus goldgelben Scheiben- und Zungenblüten, Letztere weniger als doppelt so lang wie die Hüllblätter. 3 Fruchtformen: außen lang geschnäbelte und gekrümmte, mit vielen Stacheln besetzte Hakenfrüchte, dazwischen kürzere mit seitlichen Flügeln und innen schmale, raupenförmige „Ringelfrüchte".

Vorkommen Kultur- und Brachland, Wegränder. Selten bis in die wärmsten Gebiete Mitteleuropas.

Weitere Arten Ähnlich *C. tripterocarpa* Rupr., aber Köpfe nur 0,5–1,2 cm breit, äußere Früchte ungeschnäbelt, mit 3 breiten, gezähnten Flügeln (westl. Mittelmeergebiet, Kanaren).

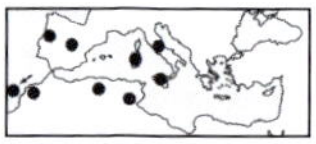

2 Halbstrauchige Ringelblume *Calendula suffruticosa* Vahl

0,2–0,5 m Dezember–Juni ♃ ⊙

Merkmale Sehr formenreiche, am Grund meist verholzte Art, mit drüsig behaarten oder bis ± dicht spinnwebig-filzigen, ganzrandigen oder geschweift gezähnten, bisweilen fleischigen Blättern. Blütenköpfe (2–)3–5(–7) cm breit, orange oder gelb, die Zungenblüten gewöhnlich mehr als doppelt so lang wie die Hülle. Äußere Früchte lang geschnäbelt, gerade oder schwach gekrümmt.

Vorkommen Sand- und Felsküsten, Felsfluren und Brachflächen in Meeresnähe.

Weitere Arten Auch die 1-jährige *C. stellata* Cav. hat etwa so große Blüten, aber die Scheibenblüten dunkelpurpurn gefärbt (Sizilien, Algerien, Marokko, Kanaren).

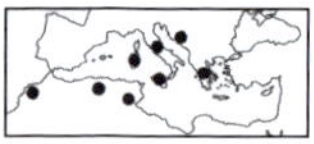

3 Großköpfige Distel *Carduus nutans* L. ssp. *scabrisquamus* Arènes

0,3–1,5 m Juni–August ⊙

Merkmale Grau spinnwebig behaarte Pflanze, auch als eigene Art *C. macrocephalus* Desf. betrachtet. Blätter bis zur Mittelrippe beiderseits mit 6–10 dornig gezähnten bis fiederteiligen Abschnitten und bis 12 mm langem Enddorn. Blütenköpfe kugelig, 5–8 cm breit, auf weißfilzigem, ± flügellosem Stiel. Hüllblätter abstehend bis zurückgeschlagen, über dem 3–5 mm breiten, eiförmigen Grund eingeschnürt und lang dornig verschmälert.

Vorkommen Wegränder, trockene Unkrautfluren.

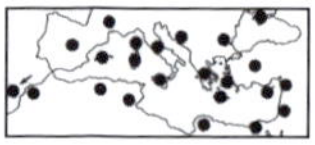

4 Knäuelköpfige Distel *Carduus pycnocephalus* L.

0,1–1,5 m April–August ⊙ ⊙

Merkmale Schlanke, aufrecht verzweigte, ± spinnwebig-flockige Distel, die schmalen dornigen Flügel oberwärts deutlich unterbrochen. Blätter dornig fiederspaltig gezähnt, unterseits weißfilzig. Blütenköpfe einzeln oder zu 2–4, sitzend oder flügellos gestielt, zylindrisch, mit purpurnen, seltener weißen Röhrenblüten. Hüllblätter eiförmig, in einen kurzen, krautigen Dorn verschmälert.

Vorkommen Ruderalflächen, Wegränder.

5 **Weitere Arten** Ähnlich die **Kopfblütige Distel** *C. cephalanthus* Viv., aber Stängel über die ganze Länge schmal und kräftig dornig geflügelt, Blütenköpfe zu 5–20 ± sitzend (zentrales Mittelmeergebiet).

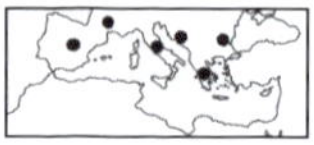

6 Akanthusblättrige Eberwurz *Carlina acanthifolia* All.

0,05–0,1 m Juli–September ♃

Merkmale Blätter der stängellosen Pflanze rosettig gehäuft, etwas über die Mitte fiederteilig mit stachelig gezähnten Abschnitten, unterseits spinnwebig filzig. Der einzige sitzende Blütenkopf sehr groß, 3–7 cm breit, mit gelblichen bis rötlichen Röhrenblüten und bei Trockenheit ausgebreiteten, Zungenblüten vortäuschenden, oberseits goldgelben oder strohgelben, bis 5,5 cm langen inneren Hüllblättern. 3 Unterarten im Mittelmeergebiet, abgebildet die ssp. *cynara* (DC.) Arcang.

Vorkommen Felsfluren und Trockenrasen überwiegend der Gebirge.

1

2

3

4

5

6

1 **Ebensträußige Eberwurz** *Carlina corymbosa* L.

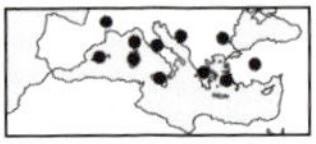

0,2–0,7 m Juni–September ♃

Merkmale Stängel reich verzweigt, schwach spinnwebig-filzig, mit gewellten, stachelig gezähnten bis fiederteiligen, dazwischen fein stacheligen Blättern, obere stängelumfassend, am Grund am breitesten. Blütenköpfe ± dicht ebensträußig angeordnet, 1–2 cm breit. Zungen der inneren Hüllblätter goldgelb, 10–16 mm lang, höchstens 1 cm von den äußeren überragt.

Vorkommen Weideflächen, Brachland, Wegränder, Gebüsche.

2 **Weitere Arten** Ähnlich die **Griechische Eberwurz** *C. graeca* HELDR. & SART., aber Pflanze ± kahl, äußere Hüllblätter die inneren um 1,5–2 cm überragend (südl. Balkanhalbinsel, Kreta, Ägäische Inseln, SW-Anato-
3 lien), und die **Kretische Eberwurz** *C. curetum* HALÁCSY, äußere Hüllblätter die inneren mit langem Enddorn weit überragend (Kreta, Syrien bis Ägypten). Bei *C. hispanica* LAM. äußere Hüllblätter gleichmäßig zurückgebogen, die inneren meist nicht überragend (westl. Mittelmeergebiet).

4 **Großköpfige Eberwurz** *Carlina macrocephala* MORIS

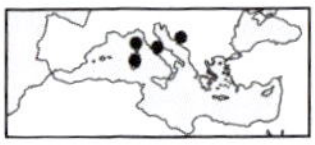

(*Chamaeleon macrocephalus* (MORIS) SCH. BIP.)

0,15–0,4 m Juli–August ⊙ ♃

Merkmale Blätter gewellt, stachelig gezähnt bis fiederteilig, unterseits behaart. Die steif aufrechten Blütentriebe wenig verzweigt, mit 1–3 cm breiten Köpfen, Strahlen der inneren Hüllblätter 13–17 mm lang, gewimpert, oberseits silbrig weiß, ± karminrot getönt, unterseits purpurn, von den äußeren weit überragt.

Vorkommen Lichte Wälder der Bergstufe.

Weitere Arten Östl. anschließend auf der Balkanhalbinsel, Syrien bis Jordanien *C. frigida* BOISS. & HELDR.

5 **Wenigköpfige Eberwurz** *Carlina oligocephala* BOISS. & KOTSCHY

0,15–0,5 m Juli–November ♃

Merkmale Ausdauernd graufilzig behaarte Eberwurz mit wenigen, 1–2 cm breiten Blütenköpfen. Innere Hüllblätter mit gewimperten, strohgelben, 14–18 mm langen Zungen, mittlere dicht wollig, von den äußeren überragt. 3 Unterarten. **Vorkommen** Offene Kiefern- und Eichenwälder, Steppen.

6 **Trauben-Eberwurz** *Carlina racemosa* L.

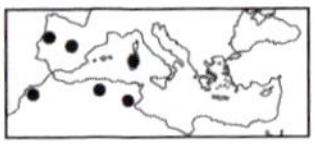

0,1–0,4 m August–Oktober ⊙

Merkmale Vom Grund an gabelig verzweigte, verkahlende Pflanze, Blätter starr, mit zahlreichen deutlichen Seitennerven. Blütenköpfe 5–15 mm breit, an den Zweigenden und in den Astgabeln ± sitzend. Zungen der inneren Hüllblätter schwefelgelb, 10–12 mm lang, von den äußeren Hüllblättern überragt.

Vorkommen Weideflächen, Kulturland, oft bestandsbildend.

Weitere Arten Ebenfalls 1-jährig *C. lanata* L. mit wenigen, endständigen Köpfen, Zungen der inneren Hüllblätter beiderseits rötlich purpurn, Blätter unterseits ausdauernd filzig (Mittelmeergebiet).

7 **Sitía-Eberwurz** *Carlina sitiensis* RECH. f.

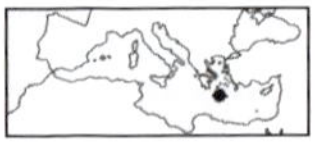

0,15–0,4(–0,9) m Juli–September ♃

Merkmale Pflanze lockerwüchsig, ohne Grundrosette, nur mit tief fiederteiligen Stängelblättern, der Enddorn 20–35(–40) mm lang. Äußere Hüllblätter abstehend, 4–6(–9) cm lang, den 8–13 mm breiten Blütenkopf mehrfach überragend. Zungen der inneren Hüllblätter hell karminrot bis silbrig weiß, unterseits purpurrot, später vergilbend oder bräunlich.

Vorkommen Fels- und Schotterfluren, Garigues, lichte Wälder.

Weitere Arten Ebenfalls purpurne Zungen bei *C. barnebyana* BURTT & DAVIS, aber Pflanze am Grund verholzt, sparrig verzweigt und dicht beblättert, niedrige dornige Polster bildend, kaum über 0,2 m hoch (O-Kreta, Karpathos), und den Rosettenstauden *C. sicula* TEN. (Zungen vor der Blüte karminrot, später nur auf der Unterseite, Oberseite silbrig weiß, Sizilien, Libyen, Ägypten) und *C. pygmaea* (POST) HOLMB. (Zypern).

1

2

3

4

5

6

7

1 **Blaue Färberdistel** *Carthamus caeruleus* L.
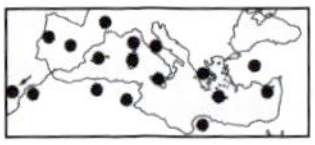
(*Carduncellus caeruleus* (L.) C. Presl)
0,1–0,6 m Mai–Juli ♃
Merkmale Stängel wollig-spinnwebig, verkahlend. Blätter gestielt und leierförmig fiederschnittig bis einfach, obere halbstängelumfassend sitzend, alle mit grannenartigen, stechenden, weißlichen Zähnen. Köpfe aus blauen Röhrenblüten, mit den äußeren, blattähnlichen Hüllblättern etwa 3 cm breit. Die weißlichen, gewimperten Pappusschuppen 1,5–2-mal so lang wie die Achänen.
Vorkommen Brachland, Garigues, Weiden.
Weitere Arten Stängellos oder höchstens 0,2 m hoch *C. carduncellus* L. (*Carduncellus monspelliensium* All.), alle Blätter gefiedert oder fiederschnittig, Pappusschuppen etwa 4-mal so lang (SW-Europa).

2 **Gezähnte Färberdistel** *Carthamus dentatus* (Forssk.) Vahl
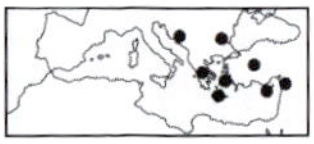
0,15–0,6(–1) m Juli–September ⊙
Merkmale Distelartige, ± drüsige, zottig-wollig bis spinnwebig behaarte Pflanze. Blätter häufig graugrün, fiederschnittig mit dornigem Rand. Köpfe länglich-eiförmig, mit purpurnen Röhrenblüten. Innere Hüllblätter mit deutlichen, eilanzettlichen, gezähnten Anhängseln, äußere blattartig, 1–2-mal länger als die inneren. Achänen 4-kantig, mit auffälligem Pappus aus braunen, linealen, gewimperten Schuppen.
Vorkommen Brachland, Weideland.

3 **Wollige Färberdistel** *Carthamus lanatus* L.
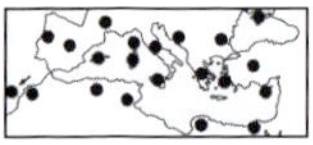
0,1–0,8 m Juni–September ⊙
Merkmale Drüsige, verkahlende, im oberen Teil meist verzweigte Pflanze mit strohfarbenen Stängeln. Die ledrigen Blätter mit verbreitertem Grund, die oberen halbstängelumfassend sitzend, fiederspaltig bis buchtig gezähnt, mit 3-eckigen, stechenden Abschnitten. Köpfe 2–3 cm breit, aus gelben Röhrenblüten, innere Hüllblätter mit häutigem, gezähntem oder ganzrandigem Anhängsel, von den obersten Laubblättern wenig überragt. Achänen 4-kantig, mit länglichen Schuppen.
Vorkommen Brachland, Wegränder, Weideland.
4 **Weitere Arten** Ähnlich die **Kreta-Färberdistel** *C. creticus* L., aber Blütenköpfe bleibend zottig-wollig, oberste Laubblätter ± aufrecht, bis zu 2-mal so lang wie die Hüllblätter (südl. Mittelmeergebiet). Am Grund verholzt und bis 2,5 m hoch *C. arborescens* L. (*Phonus arborescens* (L.) López), die gelben Blütenköpfe bis 4 cm breit (SO-Spanien, N-Marokko). Der **Saflor** *C. tinctorius* L. als Kulturpflanze siehe S. 416.

5 **Korsische Strohblume** *Castroviejoa frigida* (Labill.) Galbany & al.
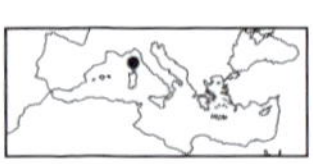
(*Helichrysum frigidum* (Labill.) Willd.)
0,05–0,15 m Juni–August ♃
Merkmale Mattenbildende Felspflanze mit aufsteigenden Ästen, Blätter weißfilzig, dicht dachziegelig stehend. Köpfe einzeln an den Zweigenden, 12–18 mm breit, aus winzigen gelblichen Röhrenblüten und vielfach so langen, spreizenden, häutigen, silberweißen, seltener rosa Hüllblättern.
Vorkommen Felsspalten in Silikatgestein, oberhalb 600 m.

6 **Benediktenkraut** *Centaurea benedicta* (L.) L. (*Cnicus benedictus* L.)
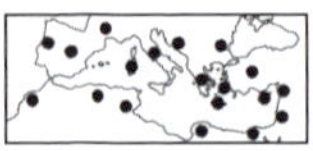
0,1–0,6 m April–Juli ⊙
Merkmale Distelartige Pflanze mit buchtig fiederschnittigen, dornig gezähnten, spinnwebig-zottig und drüsig-klebrig behaarten Blättern, auf der Unterseite mit weißen hervortretenden Adern. Köpfe aus gelben Röhrenblüten, 3–3,5 cm breit, einzeln an den Zweigenden, von den obersten Blättern umgeben. Hüllblätter braun, äußere mit kurzem einfachen, innere mit gefiedertem Dorn. Pappus aus 10 äußeren und 10 inneren kürzeren, gelben Borsten. Bitter-aromatische Heilpflanze gegen Verdauungsstörungen.
Vorkommen Kulturland, Brachland, gelegentlich aus Kulturen verwildert.

1

2

3

4

5

6

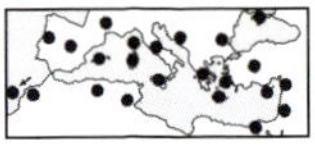

1 Stern-Flockenblume *Centaurea calcitrapa* L.

0,1–1 m Juli–September ⊙

Merkmale Stängel sparrig verzweigt, mit drüsigen, rau behaarten Blättern, die grundständigen fiederspaltig, Stängelblätter sitzend, nicht herablaufend. Köpfe end- und achselständig, von Blättern umgeben, mit roten, drüsig punktierten Röhrenblüten. Hülle eiförmig, 6–8 mm breit, ihre mittleren Blätter grünlich mit häutigem Rand und abstehendem, 10–18 mm langem Dorn, jeweils mit 1–3 Seitendornen.

Vorkommen Brachland, Wegränder, Schuttplätze, Weiden. Nach Mitteleuropa gelegentlich eingeschleppt.

Weitere Arten Gattung mit etwa 400 Arten im Mittelmeerraum.

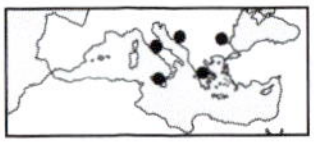

2 Verbrannte Flockenblume *Centaurea deusta* Ten.

0,3–0,6 m Mai–August ⊙

Merkmale Ästige Pflanze, die Grund- und Stängelblätter tief 1–2-fach fiederteilig mit schmalen Abschnitten, die obersten einfach lineal. Blütenköpfe einzeln an den Zweigenden, mit purpurroten Röhrenblüten und 10–15 mm breiter, eiförmiger Hülle. Deren Blätter mit deutlichen Längsnerven und häutigem, zugespitzt eiförmigem Anhängsel, das meist einen länglichen dunkleren Fleck auf dem Rücken trägt.

Vorkommen Trockenrasen, Wegränder.

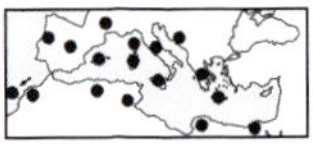

3 Malta-Flockenblume *Centaurea melitensis* L.

0,2–0,8 m April–August ⊙

Merkmale Pflanze grün, rau, zerstreut abstehend behaart. Untere Blätter leierförmig fiederspaltig, obere lineal, schmal herablaufend. Blütenköpfe einzeln oder zu 2–5, aus gelben, mit Drüsen besetzten Röhrenblüten. Hülle eiförmig, 8–12 mm breit, Enddorn der Hüllblattanhängsel 5–10 mm lang, oft rot überlaufen, bis zur Mitte beiderseits mit 1–4 kurzen Seitendornen.

Vorkommen Wegränder, Ödland.

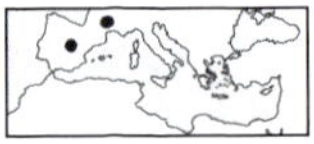

4 Kammartige Flockenblume *Centaurea pectinata* L.

0,1–0,5 m Juni–August ♃

Merkmale Sparrig verzweigte Art. Blätter fast ledrig, grün und kahl oder graugrün wollig, die unteren fiederschnittig, die oberen einfach, geschweift gezähnt und halbstängelumfassend. Blütenköpfe einzeln, mit fast kugeliger, 8–18 mm breiter Hülle, diese zuletzt von den 8–10 mm langen, bräunlichen, zurückgebogenen und lang kammförmig gewimperten Anhängseln locker umschlossen. Purpurrote oder rosa Röhrenblüten.

Vorkommen Felsfluren, Garigues, offene Wälder.

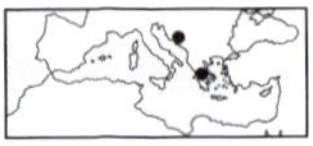

5 Pindus-Flockenblume *Centaurea pindicola* Griseb.

(*Cyanus pindicola* (Griseb.) Soják)

0,05–0,2 m Mai–September ♃

Merkmale Silbrig-filzige Pflanze, die grundständigen Blätter leierförmig fiederschnittig mit 1–3(–4) Lappen auf jeder Seite, obere ungeteilt, kurz herablaufend. Blütenköpfe aus weißlichen Röhrenblüten und 12–18 mm breiter Hülle, deren Blätter mit lang herablaufendem, schwärzlichem, hell gewimpertem Anhängsel.

Vorkommen Kiefernwälder, Felsbänder, oberhalb 600 m.

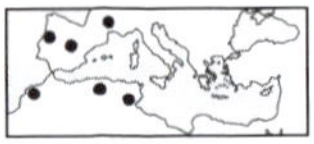

6 Bräunliche Flockenblume *Centaurea pullata* L.

0,05–0,6 m Februar–Juni ⊙ ♃

Merkmale Niederliegende oder ± stängellose Pflanze, Blätter behaart und meist rau, geschweift gelappt oder leierförmig fiederschnittig, die obersten ungeteilt, den 3–5 cm breiten Blütenkopf umgebend. Hüllblätter grün, schwarz berandet, die mittleren mit 3–7-fach kammförmig gefiedertem, gelbem Dorn. Meist purpurne Röhrenblüten, die randlichen lang strahlend.

Vorkommen Unkrautfluren auf Sand und Lehm.

1

2

3

4

5

6

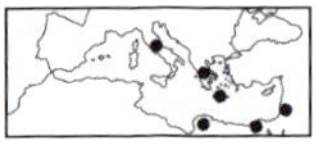

1 **Zwerg-Flockenblume** *Centaurea pumilio* L.
(*Crocodilium pumilio* (L.) N. Garcia & Susanna)
0,05–0,2 m März–August ♃
Merkmale Grau spinnwebig behaarte, ± stängellose Rosettenpflanze. Blätter unregelmäßig fiederspaltig mit mehr als 6 Seitenlappen. Blütenköpfe mit 13–18 mm breiter Hülle, Anhängsel mit deutlich gezähneltem, hellem Rand und 5–9 mm langem Enddorn. Röhrenblüten purpurrot, die randlichen strahlend.
Vorkommen Sandküsten, auf Kreta im Westen.
2 **Weitere Arten** Ähnlich die **Ägäis-Flockenblume** *C. aegialophila* (*Crocodilium creticum* (Boiss. & Heldr.) N. Garcia & Susanna), aber Blätter mit 0–4 Seitenlappen und großer, eiförmiger Endfieder, Hüllblätter mit durchsichtigem Rand, Enddorn nur 1–4 mm lang (östl. Mittelmeergebiet, O-Kreta).

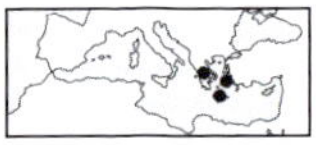

3 **Rettichartige Flockenblume** *Centaurea raphanina* Sm.
0,05(–0,2) m April–Juli ♃
Merkmale Formenreiche, ± stängellose Rosettenpflanze mit unterbrochen leierförmig fiederspaltigen Blättern: bei der ssp. *mixta* (DC.) Runem. (Foto) die größeren Blattabschnitte gezähnt, Blütenköpfe zu 2–4, Anhängsel der Hüllblätter mit 9–25 mm langem, am Grund gefiedertem Enddorn; bei der ssp. *raphanina* Blattabschnitte ganzrandig, Anhängsel der Hüllblätter mit einfachem, 2–9 mm langem Enddorn.
Vorkommen Sandküsten, Garigues, Felsspalten. Ssp. *mixta* S- und O-Griechenland, Kykladen, ssp. *raphanina* Kreta, Karpathos.

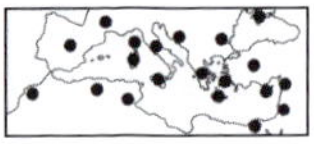

4 **Sonnenwend-Flockenblume** *Centaurea solstitialis* L.
0,2–1 m Juni–September ⨀ ⨀
Merkmale Sparrig verzweigte, graugrüne, wollig oder filzig behaarte, formenreiche Art, Stängel durch die herablaufenden Blätter geflügelt. Untere Blätter leierförmig fiederspaltig, obere lineal-lanzettlich, ganzrandig, kurz stachelspitzig. Köpfe einzeln, mit hellgelben, drüsenlosen Röhrenblüten und eiförmig-kugeliger, 7–17 mm breiter Hülle. Ihre Blätter mit gelbem, 15–25 mm langem Enddorn, beiderseits mit 1–3 Seitendornen.
Vorkommen Kulturland, Brachland, Wegränder. Bis Mitteleuropa gelegentlich verschleppt.
Weitere Arten Ähnlich *C. idaea* Boiss. & Heldr., aber Hauptachse kürzer als die Seitenäste, Blüten mit Drüsen, Enddorn der Hüllblätter mit kurzen, rötlichen Seitendornen (Kreta).

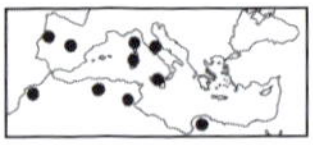

5 **Kugelkopf-Flockenblume** *Centaurea sphaerocephala* L.
0,05–0,7 m April–Juni ♃
Merkmale Stängel niederliegend bis aufrecht, die rauhaarigen bis spinnwebig-filzigen, klebrigen Blätter leierförmig fiederspaltig, dornig bespitzt, obere ganzrandig oder gezähnt, häufig geöhrt und halbstängelumfassend, aber nicht herablaufend. Köpfe einzeln, aus purpurnen, am Rand strahlenden Röhrenblüten und 12–35 mm breiter Hülle. Anhängsel der Hüllblätter rötlich braun, zurückgebogen, mit 5–13 gelblichen, handförmig angeordneten, 3–6 mm langen Dornen, von denen der mittlere gewöhnlich etwas länger ist.
Vorkommen Sandstrände, Weideland.
6 **Weitere Arten** Ähnlich die **Gänsedistelblättrige Flockenblume** *C. seridis* L. ssp. *sonchifolia* (L.) Greut., aber mit breit gezähnt geflügeltem Stängel, Anhängsel mit nur 5–7 Dornen (S-Europa).

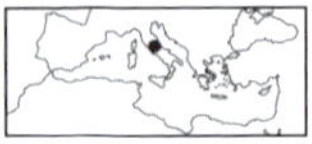

7 **Gargano-Flockenblume** *Centaurea subtilis* Bertol.
0,2–0,3 m Mai–Juni ♃
Merkmale Am Grund verholzte, mehrstängelige, dünn graufilzig behaarte Art. Blätter in meist 5 lineale Abschnitte zerteilt, die obersten ungeteilt lineal. Köpfe einzeln aus rosa Röhrenblüten, die Hülle birnenförmig, 8 mm breit. Hüllblätter auf dem Rücken deutlich parallel genervt, die mittleren mit kleinem bräunlichen Anhängsel mit 0,5–1 mm langem Enddorn und kürzeren seitlichen Wimpern.
Vorkommen Kalkfelsen (S-Italien).

1
2
3
4
5
6
7

1 Bräunliche Kamille *Chamaemelum fuscatum* (Brot.) Vasc.

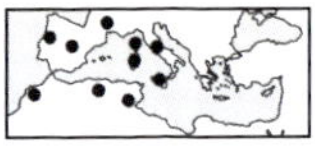

(*Anthemis fuscata* Brot.)
0,05–0,4 m Oktober–Juni ⊙
Merkmale Schwach aromatische, unten reich verzweigte und rotbraun überlaufene, verkahlende Pflanze. Blätter fein 1–3-fach fiederteilig. Blütenköpfe ± halbkugelig auf zuletzt etwas verdickten Stielen, die gelben Röhrenblüten am Grund mit 2 kleinen Aussackungen, Zungenblüten weiß, am Grund gelb, 4–14 mm lang. Hüllblätter kahl, wie die Spreublätter mit dunklem Rand, später zurückgeschlagen.
Vorkommen Feuchte Ruderalflächen und Weiden.

2 Gemischte Kamille *Chamaemelum mixtum* (L.) All.

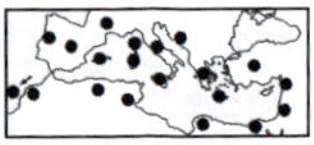

(*Cladanthus mixtus* (L.) Chevall., *Ormenis mixta* (L.) Dum.)
0,1–0,6 m März–September ⊙
Merkmale Ähnlich voriger Art, aber bleibend locker behaart, Blattabschnitte fein bespitzt. Blütenköpfe zylindrisch, die gelben Röhrenblüten am Grund mit 1 kleinen schiefen Aussackung, Zungenblüten weiß, am Grund gelb, etwa 10 mm lang. Hüllblätter grün, behaart, mit breitem Hautrand, zur Fruchtreife aufrecht.
Vorkommen Äcker, trockene Ruderalflächen, Sandküsten.

3 Armleuchter-Kratzdistel *Cirsium candelabrum* Griseb.

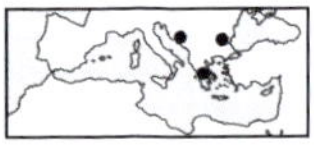

1,5–2 m Mai–August ⊙
Merkmale Durch ihren hohen, pyramidenförmigen Wuchs leicht kenntliche Kratzdistel. Blätter fiederspaltig, die Abschnitte mit 10–15 mm langen, steifen Dornen. Längliche, 7–13 mm breite Köpfe mit weißlichen Röhrenblüten zu 4–12 am Ende kurzer Zweige, umgeben von 2–8 etwa ebenso langen Blättern. Hüllblätter anliegend, die äußeren mit kräftigem, aufrecht-abstehendem, 1–3 mm langem Dorn, die inneren etwas verbreitert, an der Spitze dornig gewimpert. Achänen wie bei allen *Cirsium*-Arten mit fedrigem Pappus.
Vorkommen Felsschutt, Wegränder, in der Bergstufe.

4 Kretische Kratzdistel *Cirsium creticum* (Lam.) D'Urv.

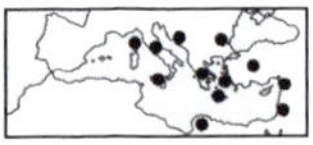

0,5–1(–1,5) m Juli–August ♃
Merkmale Stängel über der Mitte reich verzweigt und bis zur Spitze dornig geflügelt. Blätter tief fiederschnittig, mit kräftigen, 5–20 mm langen Dornen und umgerolltem Rand, unterseits ± spinnwebig wollig. Längliche, 12–17 mm breite Köpfe mit rötlichen Röhrenblüten, einzeln oder bis zu 12 an den Zweigenden, Hüllblätter anliegend, die äußeren stumpf mit feinem, aufgesetztem Dorn. 3 Unterarten.
Vorkommen Feuchte Weiden, Mulden.

5 Morinablättrige Kratzdistel *Cirsium morinifolium* Boiss. & Heldr.

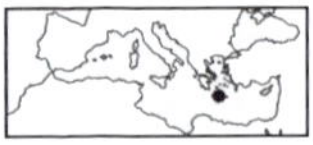

0,3–1 m Juli–August ⊙
Merkmale Reich verzweigte Pflanze mit kraus behaartem, ungeflügeltem Stängel. Blätter höchstens kurz herablaufend, dornig gezähnt, mit 7–11(–15) mm langen Enddornen, oberseits durch feine Stacheln rau. 8–12 sparrig-dornige Hochblätter überragen den 17–30(–35) mm breiten Blütenkopf aus purpurnen oder weißen Röhrenblüten um das 2–4-fache. Hülle spinnwebig, ihre mittleren Blätter mit 1–2 mm langem Dorn.
Vorkommen Beweidete Igelpolsterheiden, Bergwälder.

6 Gelbe Margerite *Coleostephus myconis* (L.) Rchb. f.

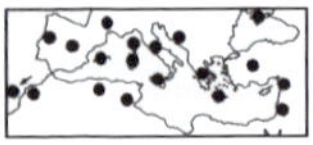

0,1–0,6 m April–August ⊙
Merkmale Blätter anders als bei *Glebionis (Chrysanthemum) segetum* (siehe S. 112) regelmäßig gekerbt-gesägt, meist behaart, die mittleren ± stängelumfassend. Blütenköpfe 2–3 cm breit, aus gelben Scheiben- und Zungenblüten, Hüllblätter stumpf, häutig berandet. Achänen gerippt, mit häutigem, schiefem Krönchen.
Vorkommen Kultur- und Brachland.

1

2

3

4

5

6

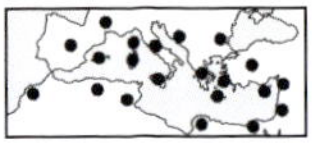

1 Echter Schlupfsame *Crupina crupinastrum* (Moris) Vis.

0,2–0,8 m März–Juli ⊙

Merkmale Stängel schlank, nur unterhalb der Mitte mit unbewehrten, gezähnten bis fiederschnittigen, oberseits wolligen Blättern. Köpfe aus 9–15 purpurnen Röhrenblüten und eiförmig-walzlicher, 5–10 mm breiter Hülle mit spitzen, lanzettlichen, ± dunkelpurpurn überlaufenen Blättern. Zusammengedrückte Achänen mit gold- bis dunkelbraunem Pappus aus Borsten und Schuppen.

Vorkommen Garigues, trockene Weiden.

Weitere Arten Ähnlich *C. vulgaris* Cass., aber Stängel auch höher beblättert, Köpfe nur 3–5-blütig, Achänen walzlich (Mittelmeergebiet).

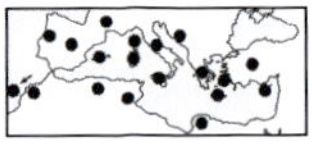

2 Wilde Artischocke, Kardone *Cynara cardunculus* L.

0,2–1,2(–1,8) m Mai–August ⊙

Merkmale Blätter starr, 1–2-fach fiederschnittig, am Grund jedes Abschnittes mit gebüschelten, 7–30 mm langen, gelben Dornen, oberseits grün, unterseits ± weißwollig und drüsig. Stängel mit 4–6 cm breiten Blütenköpfen aus blauen, lila oder weißen Röhrenblüten, die mittleren Hüllblätter mit aufrecht-abstehendem Dorn (6–9 mm lang bei der ssp. *cardunculus* im zentralen und nordöstl. Gebiet (Foto), 2–5 mm lang bei der ssp. *flavescens* Wikl. im westl. Mittelmeergebiet und Kanaren). Pappushaare wie bei allen *Cynara*-Arten schmutzig weiß, fedrig). Als Gemüse- und Heilpflanze siehe S. 416.

Vorkommen Wegränder, Weiden, nicht an Kalk gebunden.

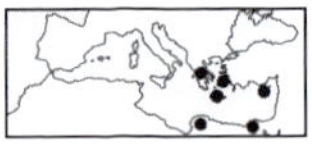

3 Horntragende Artischocke *Cynara cornigera* Lindl.

0,1–0,2(–0,5) m April–Juni ♃

Merkmale Oft stängellose Rosettenpflanze mit großen, weiß gescheckten, tief 1–2-fach fiederschnittigen Blättern, Dornen 2–7 mm lang, nicht gebüschelt. Blütenköpfe 3–7 cm breit, mit gelblichen, selten lila Röhrenblüten, mittlere Hüllblätter mit löffelförmigem, quer elliptischem, plötzlich in einen 2–5 cm langen Dorn zugespitzten Anhängsel.

Vorkommen Garigues, Brachland, auf Kalk.

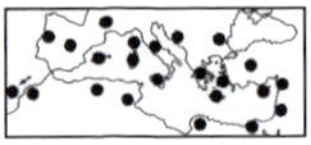

4 Klebriger Alant *Dittrichia viscosa* (L.) Greut. (*Inula viscosa* (L.) Ait.)

0,5–1,3 m August–November ♃

Merkmale Streng riechende, drüsig-klebrige, am Grunde verholzte Pflanze. Blätter länglich-lanzettlich, ganzrandig bis entfernt gezähnt, obere halbstängelumfassend. Blütenstand lang rispig pyramidal, mit zahlreichen, etwa 1,5 cm breiten Köpfen, Scheibenblüten gelborange, Zungenblüten gelb, 10–12 mm lang, deutlich länger als die Hüllblätter. Pappushaare nahe am Grund verwachsen. 4 Unterarten.

Vorkommen Straßenränder, im Brachland oft bestandsbildend.

5 **Weitere Arten** Mit Kampfergeruch der **Aromatische Alant** *D. graveolens* (L.) Greut., Blätter lineal, Zungenblüten 4–7 mm, die Hüllblätter kaum überragend, 1-jährig (Mittelmeergebiet, weiter eingebürgert).

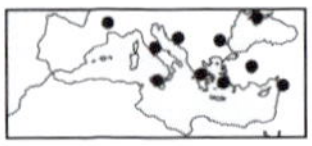

6 Östliche Gamswurz *Doronicum orientale* Hoffm.

0,2–0,6 m April–Juli ♃

Merkmale Auffällig die Büschel seidiger Haare an den unterirdischen Ausläufern. Grundblätter lang gestielt, herzeiförmig-rundlich, nur schwach gezähnt, die 1–2(–3) Stängelblätter umfassend sitzend. Köpfe einzeln an langen Stielen mit Woll- und Drüsenhaaren, insgesamt 2,5–6 cm breit, aus gelben Röhren- sowie schmalen gelben Zungenblüten. Hüllblätter krautig, lineal-lanzettlich, ½–¾ so lang wie die Zungenblüten.

Vorkommen Sommergrüne Wälder, beschattete Felsen in der Bergstufe, Zierpflanze.

Weitere Arten Ähnlich *D. columnae* Ten., aber ohne unterirdische Ausläufer, Stängelblätter 3–4 (SO-Europa). Verschmälerte Grundblätter haben *D. corsicum* (Loisel.) Poir. mit 3–8 Blütenköpfen (Korsika) und *D. plantagineum* L. mit einzelnen Köpfen (westl. Mittelmeergebiet).

1

2

3

4

5

6

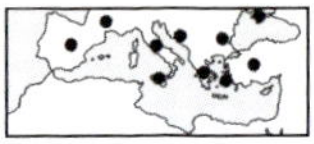

1 Ritro-Kugeldistel *Echinops ritro* L.

0,2–0,8 m Juli–September ♃

Merkmale Distelartige Pflanze mit ± weißfilzigem, oft drüsigem Stängel. Blätter 1–2-fach fiederteilig, Abschnitte mit 1–4 mm langen Dornen und umgerolltem Rand, oberseits dunkelgrün, ± kahl, unterseits weißfilzig. Kugelige, 3,5–4,5 cm breite, leuchtend blauviolette Blütenstände aus 1-blütigen Köpfchen. Deren Hülle mit kurzen Borsten und dachziegelig angeordneten, gewimperten, in einen Dorn auslaufenden Blättern.
Vorkommen Weiderasen, Felsfluren.

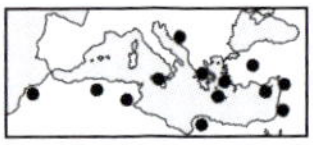

2 Drüsenhaarige Kugeldistel *Echinops spinosissimus* Turra

0,5–1,5 m Juni–September ♃

Merkmale Kräftiger als vorige Art, Blätter mit 1–3 cm langen Dornen, oberseits drüsenhaarig, unterseits weißfilzig und ± drüsig. Blütenstände 3,5–7 cm breit, grünlich blau oder mehr grau, aus 1-blütigen Köpfchen. Deren Hülle mit Borsten und lang zugespitzten Blättern, ohne oder mit 2–5 cm langen, die Köpfchen teilweise überragenden Dornen. Formenreich, abgebildet die ssp. *spinosissimus* (Sizilien bis Türkei).
Vorkommen Brachland, Felsfluren, Sandstrände.

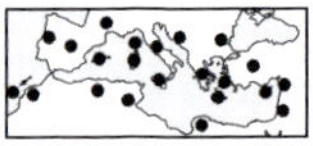

3 Französisches Filzkraut *Filago gallica* L

(*Logfia gallica* (L.) Coss. & Germ.)

0,05–0,25 m April–Juli ⊙

Merkmale Seidig graufilzige, gabelig verzweigte Art. Blätter lineal-pfriemlich, nahe dem Grund am breitesten, die in Knäueln zu 1–6 stehenden, etwa 2 mm breiten Köpfchen aus winzigen bräunlichen Röhrenblüten weit überragend. Hülle stumpf 5-kantig, mittlere Hüllblätter am Grund mit einer sich verhärtenden Aussackung, die bei der Fruchtreife eine Achäne umschließt.
Vorkommen Garigues, Brachland, Wegränder.

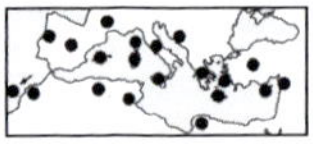

4 Zwergedelweiß *Filago pygmaea* L. (*Evax pygmaea* (L.) Brot.)

0,01–0,04 m April-Juni ⊙

Merkmale Winziger, graufilzig behaarter, am Grund verzweigter Korbblütler. Stängel am Ende mit einer Rosette aus spateligen, abstehenden Blättern, die ein 5–35 mm breites Büschel von sitzenden Blütenköpfchen aus unscheinbaren Röhrenblüten umgeben und 2–3-mal so lang sind wie dieses. Hüllblätter mehr als 30, bräunlich gelb, begrannt und kahl.
Vorkommen Garigues, Grasfluren, in Küstennähe.

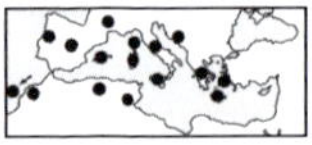

5 Milchfleckdistel *Galactites tomentosus* Moench

0,1–1 m März–August ⊙ ⚇

Merkmale Distelartige Pflanze, die oberseits verkahlenden, weiß gefleckten, unterseits weißfilzigen Blätter am Stängel kurz herablaufend, fiederteilig mit 1,5–6 mm langen Dornen. Im 1–1,5 cm breiten Blütenkopf meist rosa Röhrenblüten, die äußeren lebhafter gefärbt, strahlend. Hüllblätter mit grünlichem, bis 10 mm langem Dorn. Achänen mit weißem, fedrigem Pappus.
Vorkommen Wegränder, Brachflächen, Weiden.

6 Mauerpfefferblättrige Aster *Galatella sedifolia* (L.) Greut.

(*Aster sedifolia* L.)

0,25–1,5 m Juli–Oktober ⊙ ⚇ ♃

Merkmale Stängel aufrecht, oben verzweigt, mit schmal linealen bis breit lanzettlichen, rauen, ± behaarten Blättern, die unteren 1- oder 3-nervig, oft mit Drüsenpunkten. Im Blütenstand zahlreiche kleine Hochblätter und 2–3 cm breite Köpfe mit gelben Röhren- und blauvioletten Zungenblüten. Hüllblätter in 3–5 Reihen.
Vorkommen Felshänge, bis ins Bergland. Eine der wenigen heimischen Astern.

1

2

3

4

5

6

1 Kronen-Wucherblume *Glebionis coronaria* (L.) Spach

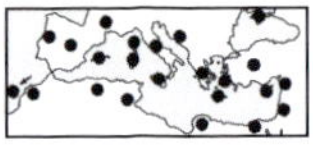

(*Chrysanthemum coronarium* L.)

0,3–0,8 m März–September ☉

Merkmale Stark riechendes, kräftiges, reich verzweigtes, ± kahles Kraut. Blätter zahlreich, sitzend, obere mit geöhrtem Grund stängelumfassend, doppelt fiederteilig mit lanzettlichen, zugespitzten Lappen. Köpfe 3–6 cm breit, mit gelben Röhren- und vollständig gelben (**1a**) oder am Ende blassgelben (var. *discolor* (d'Urv.) Turland. **1b**) Zungenblüten. Hüllblätter mit braunem, außen durchscheinendem häutigen Rand. Früchte der Zungenblüten 3-kantig geflügelt.

Vorkommen Kultur- und Brachland, oft großflächig, auch kultiviert und verwildert.

2 Saat-Wucherblume *Glebionis segetum* (L.) Fourr.

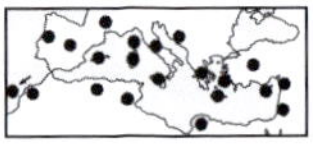

(*Chrysanthemum segetum* L.)

0,2–0,6 m Mai–August ☉

Merkmale Kahles, blaugrünes und etwas fleischiges, spärlich verzweigtes Kraut. Blätter nur eingeschnitten oder grob gezähnt, die oberen etwas stängelumfassend. Köpfe 2–5 cm breit, mit gelben Röhren- und Zungenblüten, Hüllblätter eiförmig, hellgrün mit blassbraunem, häutigem Rand. Früchte der Zungenblüten mit 2 seitlichen Flügeln.

Vorkommen Kultur- und Brachland. Im Westen wie auch in Mitteleuropa nur eingebürgert.

3 Italienische Strohblume *Helichrysum italicum* (Roth) G. Don

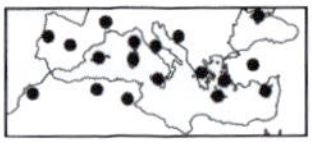

0,2–0,6 m Mai–August ♃

Merkmale Aromatischer Halbstrauch, Blätter 0,05–5 cm lang, sitzend, schmal lineal mit umgerolltem Rand, oberseits dünnfilzig, verkahlend. Blütenköpfchen in dichten Doldentrauben mit gelben Röhrenblüten und goldgelber schmal glockiger Hülle, die deutlich länger ist als breit. Hüllblätter dicht dachziegelig, die inneren schmal und mindestens 5-mal so lang wie die breiteren äußeren. Bei der ssp. *italicum* Hülle 2–3 mm breit, äußere Hüllblätter drüsenlos (Frankreich bis Griechenland, Zypern, NW-Afrika), ebenso bei der ssp. *serotinum* (DC.) Fourn., die Hülle aber 3–4 mm breit (Frankreich, Iberische Halbinsel, NW-Afrika); die ssp. *microphyllum* (Willd.) Nym. mit nur bis 1 cm langen, am Rand gewellten, anliegenden Blättern, Hülle 2 mm breit, äußere Hüllblätter mit Drüsen (Balearen, Korsika, Sardinien, Griechenland, Kreta). Weitere Unterarten.

Vorkommen Garigues, Felsfluren.

4 Östliche Strohblume *Helichrysum orientale* (L.) Gaertn.

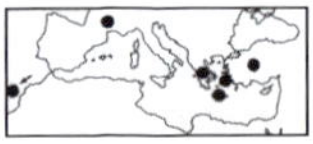

0,1–0,3(–0,6) m März–Juli ♃

Merkmale Felspflanze mit Rosetten aus flachen, dicklichen, weißwolligen, stumpf länglich-spateligen, in einen langen Stiel verschmälerten Blättern. Köpfchen mit gelben Röhrenblüten und 7–10 mm breiter, halbkugeliger Hülle aus locker dachziegelig stehenden, leuchtend gelben, häutigen, kahlen Hüllblättern.

Vorkommen Felsen im Küstenbereich, Macchien, Kiefernwälder. Gebietsweise kultiviert und verwildert.

5 Mittelmeer-Strohblume *Helichrysum stoechas* (L.) Moench

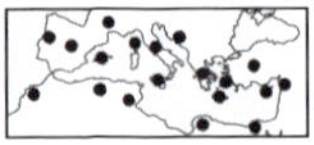

0,1–0,5 m April–Juli ♃

Merkmale Blätter wie bei *H. italicum*, aber Blütenköpfchen mit hellgelber, 4–7 mm breiter, vor der Blüte kugeliger bis breit eiförmiger Hülle, deren Blätter ± drüsenlos, locker dachziegelig angeordnet. Stark aromatisch die ssp. *stoechas* mit schmal linealen, mehr als 2 cm langen Blättern, innere Hüllblätter wenigstens 3-mal so lang wie die stumpfen äußeren (SW-Europa bis Italien, NW-Afrika), die ssp. *barrelieri* (Ten.) Nym. (*H. conglobatum* (Viv.) Steudel) nicht oder kaum aromatisch, Blätter breiter, meist kürzer als 2 cm, innere Hüllblätter selten mehr als 2-mal so lang wie die spitzen äußeren (von Italien ostwärts, N-Afrika).

Vorkommen Häufig an Sand- und Felsküsten, Garigues.

Weitere Arten Mehrere Inselendemiten wie *H. saxatile* Moris (Sardinien) oder *H. heldreichii* Boiss. (Kreta).

1a

1b

2

3

4

5

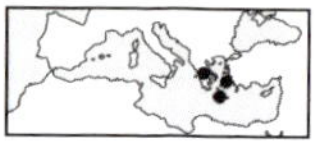

1 ## Echte Strauchscharte *Hirtellina fruticosa* (L.) Dittrich

(*Staehelina fruticosa* (L.) L.) **0,5–1,5 m September–November ♄**

Merkmale Blätter an den Astenden rosettig gehäuft, drüsig und etwas fleischig, beiderseits grün bis blaugrün, ± sitzend, länglich-spatelig und stumpf, an den blühenden Trieben stechend lanzettlich. Köpfe mit weißlichen Röhrenblüten und zylindrischer, 4–5 mm breiter Hülle, deren Blätter breit eiförmig, spitz. Achänen weiß zottig, mit verzweigten Pappushaaren.

Vorkommen Kalkfelsspalten.

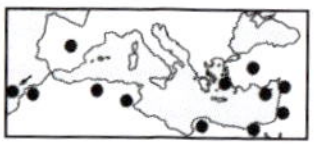

2 ## Ährige Ifloga *Ifloga spicata* (Forssk.) Sch. Bip.

0,03–0,12 m März–Mai ⊙

Merkmale Pflänzchen einfach oder am Grund verzweigt, mit abstehenden pfriemlichen Blättern, deren Oberseite weiß seidig-filzig, kahnförmig eingesenkt, Unterseite grün. In den Achseln 2–3 sitzende, 3–4 mm breite Köpfchen mit goldgelben häutigen Hüllblättern, einen ährenartigen Blütenstand bildend.

Vorkommen Sandige Standorte, auch an Küsten.

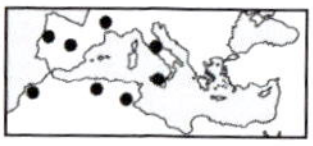

3 ## Berg-Alant *Inula montana* L. (*Pentanema montanum* (L.) D. Gut. Larr. et al.)

0,1–0,4 m Mai–Juli ♃

Merkmale Weißwollig behaarter Alant, meist unverzweigt und nur mit 1 endständigen, 3,5–4,5 cm breiten Blütenkopf. Blätter lanzettlich, am Grund verschmälert, die oberen sitzend, nicht stängelumfassend. Zungenblüten gelb, 18–25 mm lang, die lanzettlichen bis linealischen Hüllblätter weit überragend.

Vorkommen Trockene felsige Hänge, auf Kalk.

4 **Weitere Arten** Nur spärlich behaart ist der **Spierstrauchblättrige Alant** *I. spiraeifolia* L., (*Pentanema spiraeifolium* (L.) D. Gut. Larr. et al.) mit lanzettlichen bis eiförmigen, fein gesägten oder gezähnten, oberseits deutlich netznervigen Blättern, die oberen am Grund keilförmig bis abgerundet, nicht stängelumfassend. Blüten 2,5–3,5 cm breit, äußere Hüllblätter eiförmig-spatelig, mit zurückgekrümmter Spitze (Frankreich, Italien, nördl. Balkanhalbinsel).

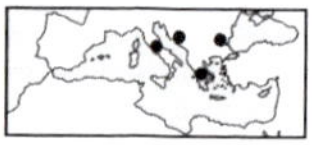

5 ## Schneeweißer Alant *Inula verbascifolia* (Willd.) Hausskn.

(*Pentanema verbascifolium* (Willd.) D. Gut. Larr. et al.) **0,1–0,5 m Juni–August ♃**

Merkmale Weißwollig-filzige Felspflanze. Untere Blätter lang gestielt, eiförmig-lanzettlich, am Grund kurz keilförmig, oft spitz, ganzrandig oder gekerbt, unterseits mit stark hervortretenden Nerven. Blütenköpfe mit gelben Röhren- und Zungenblüten, die kürzer oder länger sind (wie bei der abgebildeten ssp. *verbascifolia*) als die 7–12 mm breite Hülle. Diese am Grund meist mit ± eiförmigen Hochblättern. Mehrere Unterarten.

Vorkommen Felsspalten, besonders in Kalkgestein. In Italien nur am Monte Gargano.

Weitere Arten Ähnlich formenreich *I. candida* (L.) Cass., aber Blätter angedrückt seidenhaarig-filzig, allmählich in den Blattstiel verschmälert, stumpf, Nerven unterseits nicht hervortretend. Hülle immer länger

6 als die Zungenblüten (nur Griechenland und Kreta). Kreta-Endemit ist der **Kreta-Alant** *I. pseudolimonella* (Rech. f.) Rech. f., ein graugrüner Felsenstrauch mit nur mäßig dichter Behaarung und spitzen Blättern.

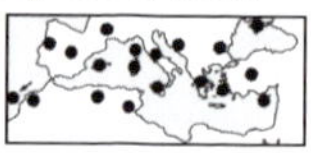

7 ## Weißfilziges Greiskraut *Jacobaea maritima* (L.) Pelser & Meijden

0,25–0,6 m Mai–August ♄

Merkmale Halbstrauch mit oberseits spinnwebig behaarten, verkahlenden, unterseits dicht weißfilzigen, gelappten bis tief fiederteiligen und nochmals geteilten Blättern, der Endlappen meist länger als breit und ± spitz. Blütenköpfe in Trugdolden, kurz gestielt, 12–15 mm breit, aus goldgelben Röhrenblüten, 10–13 hellgelben Zungenblüten und weißfilzigen Hüllblättern (ssp. *maritima*, früher als *Senecio bicolor* ssp. *cineraria* bezeichnet, Foto). Die ssp. *bicolor* (Willd.) Nord. & Greut. von Italien bis zur Türkei.

Vorkommen Küstenfelsen, auch auf Sand, als Zierpflanze in verschiedenen Formen.

Weitere Arten *J. candida* (Presl) Nord. & Greut. mit kahlen oder verkahlenden Hüllblättern (Sizilien).

1
2
3
4
5
6
7

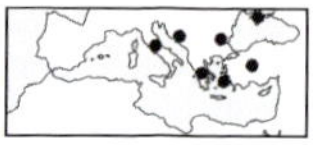

1 Spinnweben-Silberscharte *Jurinea mollis* (L.) RCHB.

0,3–0,7 m Mai–Juli ♃

Merkmale Stängel einfach, oberwärts wollig-flockig, weitgehend nackt. Der einzige Blütenkopf 3–5 cm breit, mit purpurnen Röhrenblüten und fast kugeliger Hülle aus spinnwebig-wolligen, lineal-lanzettlichen, an der Spitze fein dornigen und zurückgebogenen Blättern (**1a**). Achänen mit häutigem Krönchen und einfachen, rauen Pappushaaren. Blätter fast alle grundständig, tief fiederspaltig, am Rand leicht umgebogen, oberseits verkahlend, unterseits bleibend grau- bis weißfilzig (**1b**). Formenreiche Art.

Vorkommen Trockene Grasfluren, Felsfluren.

Weitere Arten Stängel sehr niedrig und dann beblättert oder ganz fehlend bei *J. humilis* (DESF.) DC., Blütenkopf verkehrt kegelförmig, 2–2,5 cm breit (westl. Mittelmeergebiet).

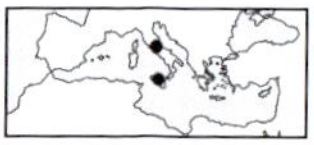

2 Zichorienartige Scharte *Klasea flavescens* (L.) HOLUB

ssp. *cichoracea* (L.) GREUT. & WAGENITZ (*Serratula cichoracea* (L.) DC.)

0,2–0,7 m Mai–Juli ♃

Merkmale Verholzte Art mit einer Rosette aus elliptisch-lanzettlichen, ganzrandigen oder fein gezähnelten Blättern und nur wenigen, schmaleren, ± herablaufenden Stängelblättern. Köpfe meist einzeln, 2–3 cm breit, mit purpurnen Röhrenblüten, die bauchige Hülle kahl und glänzend, äußere Hüllblätter mit 3–7 mm langem, feinem, zur Fruchtzeit zurückgebogenem Dorn. Gelbblütig ist die ssp. *flavescens* aus Spanien.

Vorkommen Felsfluren.

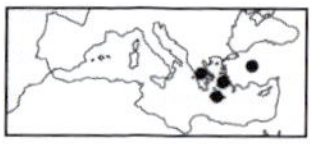

3 Artischocken-Kratzdistel *Lamyropsis cynaroides* (LAM.) DITTRICH

0,2–0,8 m April–Juli ♃

Merkmale Distelartige Pflanze mit weiß spinnwebig-filzigem Stängel, auch die länglich-lanzettlichen, fiederteiligen Blätter mit 3-eckigen, dornig gezähnten Abschnitten unterseits weißfilzig, oberseits nur auf den Nerven. Köpfe gestielt, mit rosapurpurnen Röhrenblüten und 2,5–3 cm breiter ± spinnwebiger Hülle, deren Blätter eiförmig-pfriemlich, abstehend oder zurückgebogen, mit langem, kräftigem, braunem Enddorn. Achänen etwas zusammengedrückt, am Ende gestutzt, mit erhabenem Rand und fedrigen Pappushaaren.

Vorkommen Garigues, Ruderalflächen, Brachland, offene Kiefernwälder.

Weitere Arten Ähnlich *L. microcephala* (MORIS) DITTRICH & GREUT., aber Köpfe nur 1–1,5 cm breit, mit weißlichen Röhrenblüten und aufrecht-abstehenden, kurz dornigen Hüllblättern (Sardinien).

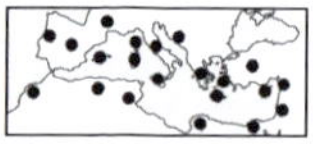

4 Salz-Alant *Limbarda crithmoides* (L.) DUMORT. (*Inula crithmoides* L.)

0,1–0,9 m Juli–Oktober ♃

Merkmale Am Grund verholzte Küstenpflanze mit aufrechten oder aufsteigenden, kaum verzweigten, reich beblätterten Trieben. Blätter fleischig, kahl, linealisch, ganzrandig oder an der Spitze 3-zähnig. Blütenköpfe aus orangegelben Scheibenblüten und gelben, 14–25 mm langen, die halbkugelige Hülle weit überragenden Zungenblüten. Achänen mit bräunlich weißen Pappusborsten.

Vorkommen Sandstrände, Küstenfelsen, Salzsümpfe, selten im Binnenland.

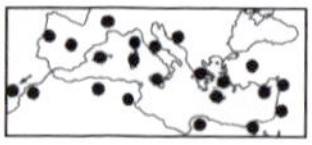

5 Syrische Kratzdistel *Notobasis syriaca* (L.) CASS.

0,3–1,5 m April–Juni ☉

Merkmale Distelartige, oben gewöhnlich blauviolett überlaufene Pflanze. Blätter oberseits fast kahl, weiß geadert, unterseits spärlich grau spinnwebig behaart, dornig fiederschnittig, am Stängel mit breiten Öhrchen sitzend, die obersten fast bis auf kräftige, steife Dornen zurückgebildet, die die Blütenköpfe umgeben und überragen. Letztere 15–25 mm breit, einzeln oder zu mehreren, mit purpurroten Röhrenblüten und spinnwebig behaarten, kurz bedornten Hüllblättern. Achänen außen mit langen fedrigen, innen mit kurzen einfachen, am Grund verbundenen Haaren.

Vorkommen Wegränder, Brachland, Kulturland.

1a

2

1b

3

4

5

1 **Illyrische Eselsdistel** *Onopordum illyricum* L.

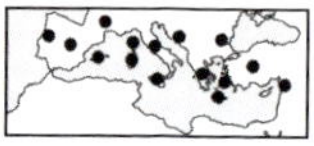

0,3–2 m Mai–August ⊙

Merkmale Graufilzig behaarte Eselsdistel. Stängel bis 10 mm breit dornig geflügelt, die Dornen immer einzeln stehend, bis 5 mm lang, die dornig fiederschnittigen Blätter mit 8 oder mehr Paaren von Seitenlappen. Im 4–6 cm breiten Blütenkopf 25–35 mm lange, mit Drüsen besetzte, purpurne Röhrenblüten, äußere Hüllblätter meist purpurn, das stechende obere Ende zurückgebogen oder aufrecht-abstehend. Pappus 10–12 mm lang, fedrig. 2 Unterarten.

Vorkommen Weiden, Wegränder.

2 **Weitere Arten** Als eigene Art betrachtet wird inzwischen die **Schreckliche Eselsdistel** *O. horridum* Viv. (*O. illyricum* L. ssp. *horridum* (Viv.) Franco), Stängel und Blätter verkahlend, Letztere unterseits mit hervortretenden Nerven (Korsika, Sardinien, Italien, Sizilien).

3 **Verzweigte Eselsdistel** *Onopordum bracteatum* Boiss. & Heldr.

0,5–1,8 m; Mai–August ⊙

Merkmale Von voriger Art durch handförmig gestellte Dornen am geflügelten Stängel und 5–7 cm breite Köpfe mit 30–40 mm langen Röhrenblüten unterschieden. Bei der weiter verbreiteten, weißwolligen ssp. *bracteatum* werden die Köpfe von den oberen Blättern umhüllt. Bei der gräulichgrünen, stärker verzweigten ssp. *creticum* (Foto; Kreta) umhüllen diese Blätter die Köpfe nicht.

Vorkommen Ruderalflächen, Weideland.

4 **Taurien-Eselsdistel** *Onopordum tauricum* Willd. (incl. *O. argolicum* Boiss.)

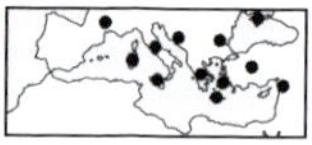

0,3–2 m Mai–Juni ⊙

Merkmale Pflanze grün, ± drüsig klebrig. Stängel dornig geflügelt, die fiederschnittigen Blätter dornig gezähnt, oberseits spärlich behaart, unterseits ± dicht spinnwebig. Blütenköpfe 5,5–8 cm breit, mit 25–30 mm langen, purpurnen, mit Drüsen besetzten Röhrenblüten und ± spinnwebig behaarter, oft violetter Hülle. Deren untere und mittlere Blätter stechend, abstehend oder zurückgebogen, drüsig. Achänen mit 8–10 mm langem, rauem Pappus.

Vorkommen Weideflächen, Brachland. In Frankreich nur eingebürgert.

5 **Ausdauernder Strandstern** *Pallenis maritima* (L.) Greut.

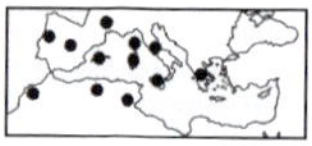

(*Asteriscus maritimus* (L.) Less.)

0,05–0,4 m März–Juli ♃

Merkmale Niedriger, rau behaarter, reich verzweigter Halbstrauch. Blätter ganzrandig, stumpf spatelförmig, zum Grund lang verschmälert. Köpfe einzeln endständig, 3–4 cm breit, mit gelben Röhren- und 3-zähnigen Zungenblüten in 1 Reihe, die etwa so lang sind wie die blattähnlichen äußeren Hüllblätter. Äußere Achänen ± 3kantig, ohne Flügel. Weitere Arten siehe bei *Asteriscus* S. 92.

Vorkommen Felsfluren, oft in Küstennähe.

6 **Stechendes Sternauge** *Pallenis spinosa* (L.) Cass.

0,1–1 m März–August ⊙ ♃

Merkmale Höchstens am Grund etwas verholzte, verzweigte Art, wobei die Seitenäste den Haupttrieb übergipfeln. Untere Blätter rosettig, länglich, ganzrandig, angedrückt behaart, die oberen bespitzt und halbstängelumfassend sitzend. Blütenköpfe 1–2 cm breit, die in 2 Reihen stehenden, blassgelben bis goldgelben Zungenblüten um das 3–4(–8)-fache von den äußeren, blattähnlichen, stachelspitzigen Hüllblättern überragt. Äußere Achänen flach und geflügelt. Neben der typischen 3 weitere Unterarten im äußersten Osten und Westen des Mittelmeergebietes.

Vorkommen Wegränder, Brachland.

1

2

3

4

5

6

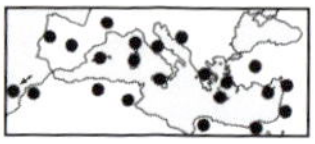

1 Gewöhnliche Steinimmortelle *Phagnalon rupestre* (L.) DC.

0,1–0,5 m März–Juli ♃

Merkmale Zwergstrauch mit schmal eiförmig-lanzettlichen Blättern, die oberen mit verbreitertem Grund sitzend, am Rand unregelmäßig geschweift gezähnt, ± umgerollt, oberseits etwas spinnwebig, dunkelgrün, unterseits dicht weißfilzig. Köpfe einzeln, etwa 1 cm groß, lang gestielt, mit gelblichen Röhrenblüten und dicht anliegenden, kahlen, häutig bräunlichen Hüllblättern, davon die äußeren stumpf eiförmig 3-eckig (**1a**). Ähnlich die **Griechische Steinimmortelle**, heute als Unterart ssp. *graecum* (Boiss. & Heldr.) Batt. (**1b**) angesehen, Hüllblätter ebenfalls anliegend, die äußeren schmal lanzettlich, spitz (östl. Mittelmeergebiet).
Vorkommen Felsfluren, Garigues.

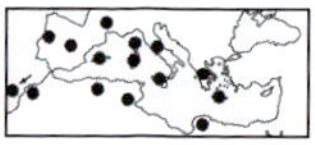

2 Felsen-Steinimmortelle *Phagnalon saxatile* (L.) Cass.

0,1–0,6 m Februar–Juli ♄

Merkmale Ähnlich voriger Art, aber Blätter lineal bis lineal-lanzettlich mit umgerolltem, nur bisweilen entfernt gezähntem Rand. Äußere Hüllblätter der einzeln stehenden Köpfe ausgebreitet bis zurückgeschlagen, spitz, die mittleren lineal-lanzettlich, mit gewellten Rändern.
Vorkommen Felsen, Mauern.

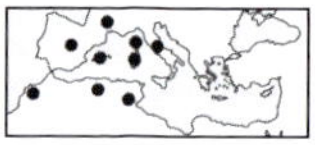

3 Mehrköpfige Steinimmortelle *Phagnalon sordidum* (L.) Rchb.

0,1–0,4 m Mai–Juli ♄

Merkmale Blätter lineal, beiderseits weißwollig behaart und am Rand umgerollt. Am Ende der Triebe die Köpfe zu 2–6, mit gelben Röhrenblüten und bräunlich häutigen, eiförmig-spitzen, anliegenden Hüllblättern.
Vorkommen Felsen, Mauern.

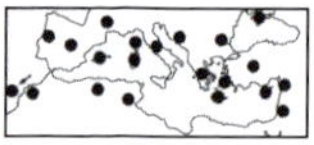

4 Akarna-Kratzdistel *Picnomon acarna* (L.) Cass.

0,2–0,7 m Juli–September ♃

Merkmale Grau spinnwebig-filzige, distelartige Pflanze. Blätter mit langen, gelben, kräftigen, dazwischen mit feineren kürzeren Dornen, am Stängel herablaufend. Köpfe endständig in dichten Büscheln oder einzeln, von den oberen Blättern umhüllt und überragt, mit purpurnen oder weißlichen Röhrenblüten. Hülle zylindrisch, 8–15 mm breit, ihre Blätter an der Spitze mit gefiedertem, zurückgebogenem Dorn. Achänen mit langem, fedrigem Pappus.
Vorkommen Wegränder, Schuttplätze, Kulturland.

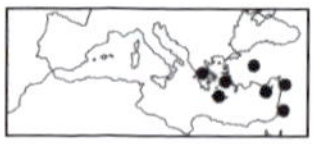

5 Scheinfichten-Kratzdistel *Ptilostemon chamaepeuce* (L.) Less.

0,3–1 m April–Juni ♃

Merkmale Kleiner Strauch, nicht distelartig. Blätter der blühenden Triebe etwa so lang wie die am Haupttrieb, schmal lineal mit umgerollten Rändern, unterseits weißfilzig. Blütenköpfe mit purpurnen Röhrenblüten, ihre Hülle 13–23 mm breit, mit angedrückten oder umgebogenen, kurz bedornten Blättern. Pappus fedrig.
Vorkommen Felsspalten, Mauern, offene Wälder, auf Kalk.
Weitere Arten Ähnlich *P. gnaphaloides* (Cyr.) Soják, aber Blätter der blühenden Triebe viel kürzer als die übrigen, am Grund etwas verbreitert und mit 2–4 kleinen Fransen (östl. Mittelmeergebiet).

6 Spanische Kratzdistel *Ptilostemon hispanicus* (Lam.) Greut.

0,6–1 m Juli–September ♃

Merkmale Pflanze mit distelartigem Habitus. Stängel weißfilzig, nicht geflügelt, Blätter gelappt oder buchtig gezähnt, mit 10–20 mm langen Dornen, die zu 2–4 etwas genähert stehen, unterseits weißfilzig. Köpfe mit purpurnen Röhrenblüten, Hülle 25–35 mm breit, ihre Blätter mit langer, stechender, abstehender Spitze.
Weitere Arten Ähnlich *P. afer* (Jacq.) Greut., aber Blätter fiederspaltig, die Abschnitte tief 2–3-teilig, mit 5–12 mm langen Dornen, Hülle 35–45 mm breit (Balkanhalbinsel, Türkei).

1a

1b

2

3

4

5

6

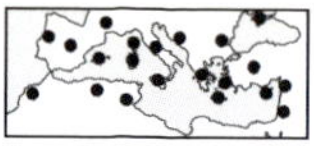

1 Großes Flohkraut *Pulicaria dysenterica* (L.) Bernh.

0,2–1 m Juli–Oktober ♃

Merkmale Pflanze aromatisch, Blätter länglich-lanzettlich, behaart und mit sitzenden Drüsen, etwas gewellt und entfernt gezähnt, die oberen mit herz- bis pfeilförmigem Grund stängelumfassend. Köpfe zahlreich, 1,5–3 cm breit, die goldgelben Zungenblüten etwa 5 mm länger als die Hülle aus lineal-lanzettlichen, behaarten Blättchen. Pappusborsten am Grund mit zerschlitztem Krönchen (Unterschied zu *Inula*).

Vorkommen Feuchte Standorte, Sümpfe. Selten auch bis Mitteleuropa.

Weitere Arten Ähnlich *P. odora* (L.) Rchb., aber Pflanze mit nur einem oder wenigen Blütenköpfen, Grundblätter zur Blütezeit grün (Mittelmeergebiet). Mehrere 1-jährige Arten mit kürzeren Zungenblüten.

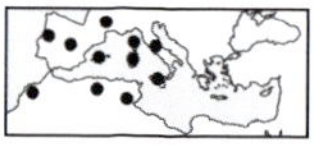

2 Zapfenkopf *Rhaponticum coniferum* (L.) Greut. (*Leuzea conifera* (L.) DC.)

0,05–0,3 m Mai–August ♃

Merkmale Stängel mit ungeteilten oder fiederspaltigen, unterseits weißfilzigen Blättern bis unter den einzigen, endständigen Blütenkopf. Meist purpurrote Röhrenblüten in eikugeliger, einem Kiefernzapfen ähnlicher, 4–5 cm breiter Hülle, deren mittlere Blätter mit bräunlich häutigem, rundlichem, am Rand unregelmäßig eingerissenem Anhängsel, das den unteren Teil des darüberstehenden Hüllblattes völlig verdeckt. Schwarze, warzige Achänen mit schneeweißen, fedrigen Haaren.

Vorkommen Garigues, Weiden, lichte Wälder.

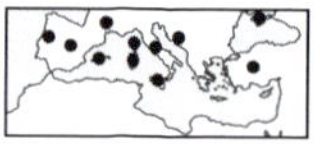

3 Scheinzypressen-Heiligenkraut *Santolina chamaecyparissus* agg.

0,1–0,5 m Mai–August ♄

Merkmale Aromatischer, locker behaarter bis graufilziger Halbstrauch mit schmalen, dicht kammförmig eingeschnittenen Blättern. Köpfe einzeln auf oben blattlosen Stielen, 6–15 mm breit, mit gelben Röhrenblüten und einer Hülle aus kahlen oder filzigen, gekielten, lanzettlichen bis eiförmigen, zum Teil häutigen und zerschlitzten Blättchen. Über 10 Arten, meist kleinräumig im westl. Mittelmeergebiet verbreitet, gehören zu dieser Gruppe, abgebildet ist *S. villosa* Mill. (*S. chamaecyparissus* ssp. *squarrosa* (DC.) Nym.), Blattabschnitte nur bis 2 mm lang, Hülle gewöhnlich kahl (Spanien, Frankreich). *S. magonica* (Bolós & al.) Romo heißt die Sippe der Balearen, *S. corsica* Jord. & Fourr. die von Korsika und Sardinien. Die namengebende Art ist im Gebiet nur als Zierpflanze verbreitet und verwildert.

Vorkommen Felsfluren, auf Kalk.

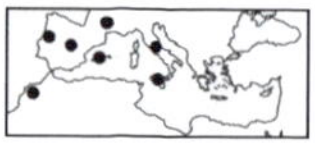

4 Französisches Greiskraut *Senecio gallicus* Vill.

0,1–0,4 m März–Juni ⊙

Merkmale Vom Grund an verzweigtes, kahles oder spärlich behaartes Greiskraut. Alle Blätter fiederschnittig, mit schmal länglichen, entfernt stehenden, gezähnten Abschnitten, Stängelblätter mit kleinen gezähnten oder zerteilten Öhrchen sitzend. Köpfe zahlreich, 15–22 mm breit, mit gelben Röhren- und Zungenblüten, Hüllblätter einfarbig, ohne Außenhülle oder mit 1–2(–6) Blättchen.

Vorkommen Kultur- und Brachland, Ruderalflächen.

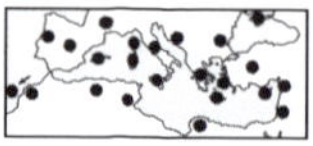

5 Margeritenblättriges Greiskraut *Senecio leucanthemifolius* Poir.

0,05–0,4 m November–April ⊙

Merkmale Pflanze bisweilen stark fleischig, verkahlend. Untere Blätter gezähnt, obere gelappt bis fiederschnittig, Stängelblätter mit ± ganzrandigen Öhrchen. Köpfe bis 1,5 cm breit, aus gelben Röhren- und Zungenblüten, neben den dunkel bespitzten Hüllblättern 4–20, bis 2 mm lange, schwärzliche Außenhüllblätter.

Vorkommen Sandstrände, Felsküsten, Ruderalflächen.

6 **Weitere Arten** Eine der wenigen rosablütigen Arten ist das **Balearen-Greiskraut** *S. varicosus* L. f. (*S. rodriguezii* Rodr.), die etwas fleischigen, eiförmig-lanzettlichen, nur schwach gezähnten Blätter graugrün, unterseits violett überlaufen (Balearen).

1

2

3

4

5

6

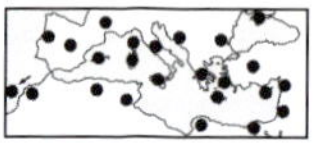

1 Mariendistel *Silybum marianum* (L.) GAERTN.

0,3–1,5 m April–August ⊙

Merkmale Auffällig die große Rosette aus dunkelgrünen, weiß geaderten und gefleckten, buchtig dornig gelappten Blättern, Stängelblätter geöhrt stängelumfassend. Köpfe 4–8 cm breit, lang gestielt, mit rotvioletten Röhrenblüten, Hüllblätter in einem kräftigen, gelben, 2–5 cm langen, zurückgebogenen Dorn endend. Die grau gefleckten Achänen mit gelbem Rand werden bei Leber- und Gallenerkrankungen geschätzt.
Vorkommen Schuttplätze, Wegränder, Viehweiden, weiter nördlich gelegentlich eingebürgert.

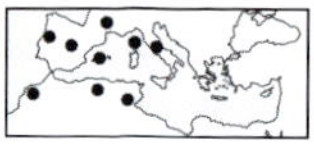

2 Zweifelhafte Strauchscharte *Staehelina dubia* L.

0,1–0,4 m Juni–Juli ♄

Merkmale Zwergstrauch mit weißfilzigen Zweigen und schmal lanzettlichen, am Rand etwas umgerollten, gewellt gezähnten, oberseits spinnwebig grünen, unterseits weißfilzigen Blättern. Köpfe schmal, einzeln oder bis zu 4, mit purpurnen Röhrenblüten und 3–5 mm breiter Hülle. Deren Blätter auf dem Rücken zerstreut filzig und rötlich umrandet, die inneren ganz rötlich überlaufen. Pappus aus verzweigten Borsten.
Vorkommen Garigues, Felsfluren.

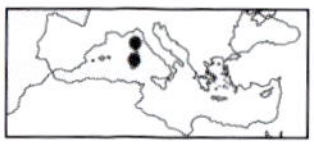

3 Audiberts Rainfarn *Tanacetum audibertii* (REQ.) DC.

0,2–0,5 m Juli–September ♃

Merkmale Dem mitteleuropäischen Rainfarn nahestehend, Blätter aber fein und eng doppelt gefiedert, locker behaart, die Abschnitte zugespitzt, Blattspindel kaum geflügelt. Blütenköpfe nur 4–10, aus gelben Röhrenblüten und häutig braun umrandeten Hüllblättern. Achänen mit 5-lappigem Krönchen.
Vorkommen Weiden, Felshänge.

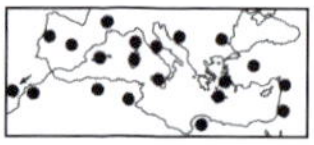

4 Großfrüchtige Spitzklette *Xanthium orientale* L. ssp. *italicum* (MORETTI) GREUT.

0,2–1 m Juli–September ⊙

Merkmale Pflanze aromatisch, rau behaart, Stängel oft violett gefleckt, die lang gestielten Blätter breit eiförmig-3-eckig, am Grund herz- oder keilförmig, ungeteilt oder 3–5-lappig, gesägt-gezähnt, beiderseits grün. Blüten unscheinbar in eingeschlechtigen Köpfchen, weibliche 2-blütig, in den eiförmigen Köpfchenboden eingesenkt, der mit hakenförmigen, höchstens 1 mm entfernt stehenden Dornen besetzt ist und in 2 kräftige ± gerade Schnäbel ausläuft. Reife Fruchtköpfe 1,5–3,5 cm lang.
Vorkommen Ruderalstellen besonders an Sandstränden, Flussufer. Weit verschleppt, Heimat N-Amerika.

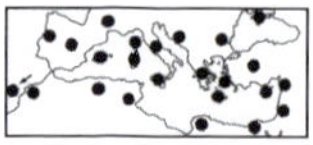

5 Dornige Spitzklette *Xanthium spinosum* L.

0,1–1 m August–Oktober ⊙

Merkmale Blätter der sparrigen Pflanze sitzend oder kurz gestielt, 3–(5)-fach fiederschnittig mit verlängertem Mittellappen, oberseits dunkelgrün mit grauen Hauptnerven, unterseits hell graufilzig, am Grund mit 1–2 kräftigen, 3-teiligen, strohfarbenen Dornen. Blüten wie bei voriger Art, reife Fruchtköpfe 10–12 mm lang, mit hakenförmigen Dornen besetzt, an der Spitze mit 2 geraden, ungleich langen Schnäbeln, zwischen den Dornen schwach spinnwebig. Die Art wird auch zur Gattung *Acanthoxanthium* gestellt.
Vorkommen Schuttplätze, Wegränder. Heimat S-Amerika.

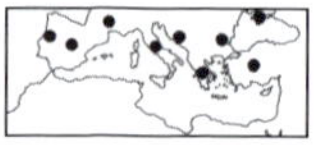

6 Einjährige Spreublume *Xeranthemum annuum* L.

0,05–0,6 m Juni–August ⊙

Merkmale Abstehend verzweigte Art mit lanzettlichen, fein zugespitzten, unterseits weißfilzigen, im oberen Bereich sitzenden Blättern. Köpfe einzeln, 3–5 cm breit, mit mehr als 70 rosaroten Röhrenblüten und ebenso gefärbten inneren Hüllblättern, die mehr als doppelt so lang sind wie die äußeren.
Vorkommen Wegränder, Steppenrasen, Zierpflanze, im Westen nur verwildert.

1

2

3

4

5

6

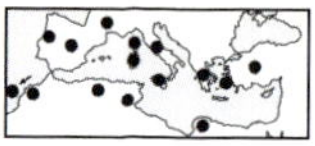

1 Ungeteiltblättrige Andryala *Andryala integrifolia* L.

0,1–1 m März–Dezember ⊙ ♃

Merkmale Pflanze besonders oberwärts verzweigt, mit Stern- und Drüsenhaaren. Blätter verkehrt lanzettlich, ungeteilt und wellig, gezähnt, auch fiederschnittig, die oberen sitzend. Blütenköpfe meist zahlreich, 1,5 cm breit, mit gelben Zungenblüten und flachen, lanzettlichen Hüllblättern mit gelblichen Drüsenhaaren.
Vorkommen Brachland, Grasfluren.
Weitere Arten Ähnlich *A. ragusina* L., aber Blütenköpfe einzeln, Hülle ohne Drüsen, 1-jährig (SW-Europa).

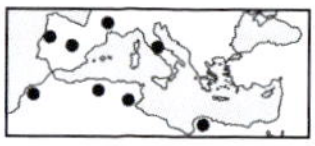

2 Blaue Rasselblume *Catananche caerulea* L.

0,3–0,9 m Mai–September ♃

Merkmale Blätter fast alle grundständig, lineal, 3-nervig, bisweilen mit 2–4 Zähnen. Köpfe einzeln, lang gestielt, die bis 2 cm langen, blauen Zungenblüten viel länger als die Hülle. Deren Blätter locker dachziegelig stehend, plötzlich zugespitzt, silberhäutig mit dunklem Mittelnerv. Pappus aus 5–7 begrannten Schuppen.
Vorkommen Garigues, lichte Wälder, besonders auf Kalk, auch Zierpflanze.
Weitere Arten Mit kurzen, gelben Zungenblüten *C. lutea* L. (NW-Italien bis Ägäis, N-Afrika).

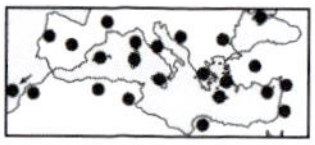

3 Binsen-Knorpellattich *Chondrilla juncea* L.

0,3–1,3 m Mai–November ♃

Merkmale Stängel aufrecht verzweigt, ± rund, grundständige Blätter schrotsägeförmig, unterseits am Mittelnerv borstig, Stängelblätter ungeteilt bis gezähnt und starr. Köpfe aus 9–12 gelben Zungenblüten an rutenförmigen Ästen zu 1–3 sitzend, Hülle schmal zylindrisch, hellgrün und flaumig-flockig. Achänen mit einem Krönchen aus 5 spitzen Schuppen, lang geschnäbelt und mit einfachen, weißen Pappushaaren.
Vorkommen Trockene Ruderalflächen, Brachland. Bis in warme Gebiete Mitteleuropas.
Weitere Arten Abstehend verzweigt und mit kantig gefurchtem Stängel *Ch. ramosissima* Sm. (Ägäis).

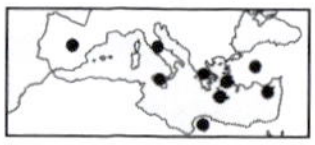

4 Dornige Wegwarte *Cichorium spinosum* L.

0,05–0,2 m Mai–Oktober ♄

Merkmale Sparrig verzweigter, niedriger Halbstrauch, obere Äste stechend, ohne Blüten. Blätter kahl und fleischig, ungeteilt gezähnt oder schrotsägeförmig. Köpfe zu 1–4 sitzend, die blauen, 10–16 mm langen Zungenblüten doppelt so lang wie die 2-reihige Hülle.
Vorkommen Felsküsten, auch Weiden der Bergstufe.

5 Vernachlässigter Pippau *Crepis neglecta* L.

0,1–0,4 m März–Juli ⊙

Merkmale Unscheinbare, ± behaarte Pflanze mit kleiner Rosette aus spateligen, gezähnten bis fiederschnittigen Blättern, Stängel oft vom Grund an verzweigt. Die kleinen Köpfe etwa 1 cm, mit gelben Zungenblüten und kahler, filziger, abstehend behaarter oder winzig drüsiger, zuletzt birnenförmiger Hülle aus meist 7–9 längeren inneren und 4–6 winzigen äußeren Blättern. Achänen 10-rippig, mit weißem, weichem Pappus.
Vorkommen Garigues, Brachland, Ruderalstellen.
Weitere Arten Die Sippe von Kreta und Karpathos wurde als *C. cretica* Boiss. abgetrennt.

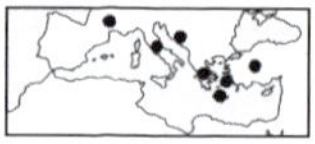

6 Roter Pippau *Crepis rubra* L.

0,05–0,4 m April–Juni ⊙

Merkmale Blätter fast alle grundständig, einfach und gezähnt bis tief fiederschnittig mit spitzen Lappen, drüsig behaart. Stängel mit wenigen hochblattähnlichen Blättern und 1 oder 2 Köpfen mit meist rosa Zungenblüten. Hülle 4–10 mm breit, ihre äußeren Blätter ± schwach wollig, etwa halb so lang wie die drüsenhaarigen inneren. Achänen 10-rippig mit kleinen Dornen, geschnäbelt und mit weichem, weißem Pappus.
Vorkommen Kulturland, Grasfluren. In Frankreich nur eingebürgert.

1

2

3

4

5

6

1 **Hybrid-Bocksbart** *Geropogon hybridus* (L.) SCH. BIP.

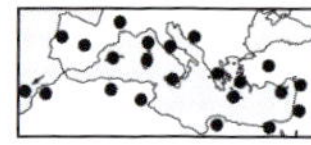

(*G. glaber* L., *Tragopogon hybridus* L.)

0,2–0,5(–0,8) m April–Juli ⊙

Merkmale Kahle Pflanze mit länglich-linealen, ± stängelumfassenden Blättern. Stiele unter den 3–5 cm breiten Köpfen keulig verdickt, die blassrosa Zungenblüten von den etwa 8 Hüllblättern 2–3-fach überragt. Achänen geschnäbelt, randständige mit 5 ungleich langen, rauen Borsten, die übrigen mit fedrigen Haaren (Unterschied zu *Tragopogon*-Arten siehe S. 134).

Vorkommen Brachland, Weideland.

2 **Kreta-Röhrenkraut** *Hedypnois rhagadioloides* (L.) F. W. SCHMIDT

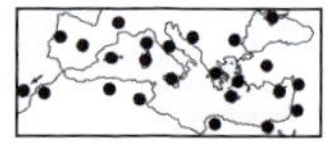

(*H. cretica* (L.) DUM.-COURS.)

0,05–0,4 m Februar–Juli ⊙

Merkmale Blätter ± behaart mit länglichen, ungeteilten bis buchtig gezähnten Blättern. Köpfe einzeln auf oben verdickten Stängeln mit gelben Zungenblüten und 3–11 mm breiter Hülle, deren Blätter 2-reihig, die inneren viel länger als die äußeren, lineal, zur Fruchtzeit verhärtet und krallenartig nach innen gekrümmt, die randlichen Achänen umschließend. Diese mit einem Krönchen, die inneren mit 4–6 zugespitzten Schuppen.

Vorkommen Kultur- und Brachland, Trittfluren.

3 **Natternkopf-Bitterkraut** *Helminthotheca echioides* (L.) HOLUB

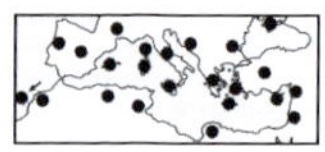

(*Picris echioides* L.)

0,3–0,9 m April–Juli ⊙ ⊙

Merkmale Rosettenblätter spatelförmig, buchtig gezähnt bis fiederspaltig, mit auf weißen Höckern sitzenden, einfachen oder widerhakigen, gabeligen Borstenhaaren, Stängelblätter herzförmig sitzend. Blütenköpfe mit gelben, außen auch purpurnen Zungenblüten, die fast doppelt so lang sind wie die auffällige Hülle aus 3–5 breit herzförmigen, borstig gewimperten äußeren Blättern und etwas längeren, lanzettlichen inneren. Lang geschnäbelte gerade und gebogene Achänen mit schneeweißem, fedrigem Pappus.

Vorkommen Wegränder, Ruderalflächen, Brachland.

4 **Strahliger Schweinssalat** *Hyoseris radiata* L.

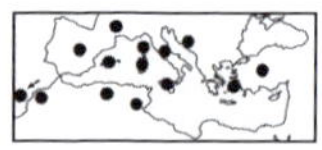

0,1–0,35 m Februar–Juli ♃

Merkmale Rosettenpflanze mit gleichmäßig schrotsägeförmig gezähnten Blättern, an Löwenzahn erinnernd, überragt von den blattlosen, ± kahlen Stielen der Blütenköpfe. Hüllblätter in 2 Reihen, die äußeren viel kürzer als die zur Fruchtzeit sternförmig abstehenden inneren, die gelben Zungenblüten etwa doppelt so lang. Achänen 3-gestaltig, alle mit einem gelblichen Pappus aus über 5 mm langen, steifen Haaren und linealen Schuppen.

Vorkommen Ruderalflächen, Brachland, schattige Felsen.

5 **Weitere Arten** An Sandküsten der **Glänzende Schweinssalat** *H. lucida* L., Blätter etwas fleischig, mit ± rautenförmigen Lappen, Pappus der äußeren Achänen etwa 1 mm (Griechenland, Kreta, N-Afrika). Ähnlich auch *H. scabra* L., Stiele der Blütenköpfe oben deutlich verdickt (Brachland, Garigues, Mittelmeergebiet).

6 **Spreutragendes Ferkelkraut** *Hypochaeris achyrophorus* L.

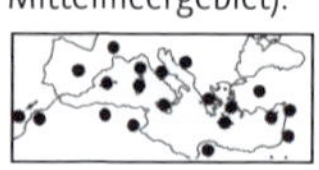

0,1–0,4 m Februar–September ⊙

Merkmale Fast alle Blätter grundständig, spatelförmig, behaart und ± gezähnt. Stängel oft mit entfernt stehenden, linealen Schuppenblättern und oben abstehend behaart wie auch die in 1 Reihe stehenden Hüllblätter der 20–25 mm breiten Blütenköpfe. Zungenblüten goldgelb, mit linealen, zur Fruchtreife hinfälligen Spreublättern. Achänen geschnäbelt, Pappushaare in 2 Reihen, die äußeren sehr kurz und einfach, die inneren länger, fedrig und am Grund etwas verbreitert.

Vorkommen Ruderalflächen, Kultur- und Brachland, Garigues.

1

2

3

4

5

6

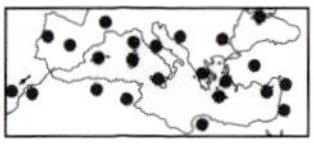

1 **Ruten-Lattich** *Lactuca viminea* (L.) J. & C. Presl
0,3–1,3 m Juli–September ⊙ ♃
Merkmale Blätter kahl, dunkel graugrün, die unteren fiederschnittig mit linealem Endzipfel, die oberen einfach, am Grund mit 2 charakteristischen linealen Öhrchen, die an den weißlichen, rutenförmigen Ästen herablaufen und mit ihnen verwachsen sind. Ährenartig angeordnet die Köpfe aus nur 5 hellgelben Zungenblüten. Achänen schwärzlich, gerippt und geschnäbelt, mit einfachem, weißem Pappus. Mehrere Unterarten, abgebildet ist die ssp. *chondrilliflora* (Bor.) Bonnier (westl. und zentrales Mittelmeergebiet).
Vorkommen Felsfluren, Trockenrasen, Wegränder, selten auch bis Mitteleuropa.

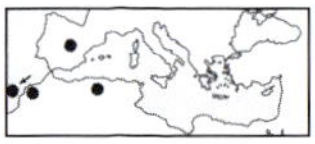

2 **Strauch-Dornlattich** *Launaea arborescens* (Batt.) Murb.
0,3–1 m Dezember–Juni ♄
Merkmale Dornig-sparriger, zickzackförmig verzweigter, ± kahler Strauch. Blätter nur an jungen Pflanzen oder älteren im Frühjahr, fleischig, unregelmäßig gezähnt oder fiederschnittig mit linealen Lappen. Köpfe mit gelben Zungenblüten und 8 mm breiter, schmal eizylindrischer Hülle aus wenigen, breit hautrandigen Blättern. Behaarte schwärzliche Achänen mit einfachen Pappushaaren, am Grund stärker verschmälert als an der Spitze.
Vorkommen Trockene sandige und steinige Böden.
3 **Weitere Arten** Ähnlich der **Wollige Dornlattich** *L. lanifera* Pau, höchstens 0,4 m hoher Dornstrauch mit Haaren am Wurzelansatz und in den Blattachseln. Achänen weißlich, an der Spitze stärker verschmälert als am Grund, ± kahl (Spanien, N-Afrika).

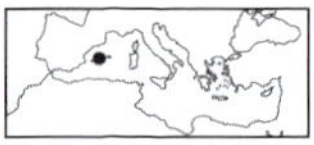

4 **Geweih-Dornlattich** *Launaea cervicornis* (Boiss.) Font Quer & Rothm.
0,05–0,2 m April–Juni ♄
Merkmale Niedriger, dicht sparrig verzweigter, kahler Strauch mit geweihartig verzweigten Dornen. Blätter ± grundständig, unregelmäßig gezähnt bis fiederspaltig mit 3-eckigen, bespitzten Abschnitten. Köpfe aus gelben Zungenblüten und breit häutigen Hüllblättern, die äußeren mit einem schwärzlichen Anhängsel.
Vorkommen Felsen in Küstennähe. Auf Mallorca und Menorca.

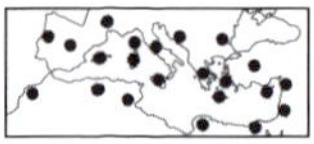

5 **Knolliger Löwenzahn** *Leontodon tuberosus* L.
0,05–0,35 m November–April ♃
Merkmale Rosettenpflanze mit behaarten, schrotsägeförmigen, an den Gewöhnlichen Löwenzahn erinnernden Blättern und spindelförmig verdickten Wurzeln. Köpfe einzeln, lang gestielt, mit gelben Zungenblüten, davon die äußeren unterseits mit grünlichem Streifen. Hülle 6–10 mm breit, mit dachziegelig angeordneten, länglichen, stumpfen Blättern. Innere Achänen gerade, geschnäbelt, mit fedrigem Pappus, äußere gebogen, kaum geschnäbelt, nur mit einem Krönchen.
Vorkommen Macchien, Garigues, Olivenhaine, Brachland, Feuchtstellen.

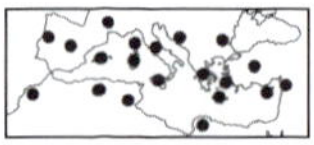

6 **Bittere Reichardie** *Reichardia picroides* (L.) Roth
0,1–0,45 m Februar–August ♃
Merkmale Kahle Pflanze mit glatten oder spärlich papillösen, stark variablen Blättern, ungeteilt bis fiederspaltig, am Stängel umfassend sitzend und mit kleinen Hochblättern unterhalb der Köpfe. Zungenblüten (auch am Grund) gelb, die randlichen außen mit grünem Streifen. Äußere Hüllblätter eiförmig zugespitzt, 0,3–0,5 mm breit häutig berandet. Innere Achänen glatt, 2,5–4 mm lang, der Pappus wie bei den folgenden Arten aus einfachen, weichen, schneeweißen Haaren.
Vorkommen Sand- und Felsküsten, Brachland, Ruderalstellen.
Weitere Arten Ähnlich *R. intermedia* (Sch. Bip.) Samp., ebenfalls mit rein gelben Zungenblüten, aber äußere Hüllblätter nur bis 1,2 mm hautrandig, Randblüten außen oft mit rotem Streifen, innere Achänen 4–6,5 mm lang (westl. und östl. Mittelmeergebiet).

1

2

3

4

5

6

1 Tanger-Reichardie *Reichardia tingitana* (L.) ROTH

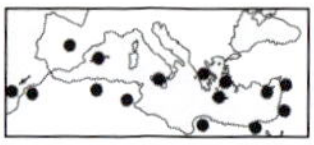

0,05–0,4 m März–Juni ⊙ ⚇ ♃

Merkmale Blätter kahl, glatt bis dicht weiß papillös, die der Grundrosette gezähnt oder fiederspaltig, an der Basis verschmälert, die Stängelblätter umfassend sitzend. Köpfe 2–2,5 cm breit, am Ende von leicht verdickten, teilweise mit kleinen Hochblättern besetzten Stielen. Zungenblüten gelb, am Grund purpurn, die randlichen außen mit rotem Streifen. Äußere Hüllblätter herzförmig oder geöhrt, breit hautrandig und mit einem kleinen Zahn unterhalb der Spitze. Alle Achänen quer runzelig.

Vorkommen Auf Sand und Fels in Küstennähe.

2 Sternlattich *Rhagadiolus stellatus* (L.) GAERTN.

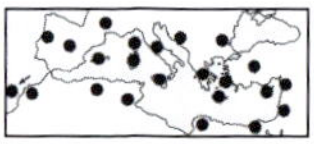

0,2–0,5 m März–Juni ⊙

Merkmale Blätter fast ganzrandig, gezähnt, gelappt oder fiederspaltig, immer mit spitzen Abschnitten. Die kleinen, lang gestielten Köpfe mit 8 mm langen Zungenblüten, die Hülle aus einer äußeren Reihe schuppenförmiger und einer inneren von gewöhnlich 7–8 filzigen, 8–9 mm langen Blättchen, die zuerst aufrecht, zur Fruchtzeit aber auf 15–18 mm vergrößert und gekrümmt, sternförmig abstehen und die äußeren Achänen umschließen. Kein Pappus.

Vorkommen Kulturland, Brachland.

Weitere Arten Ähnlich *R. edulis* GAERTN., innere Hüllblätter meist 5(–6), außen kahl, mit den eingeschlossenen Achänen zuletzt ± gerade, 9–12(–16) mm lang. Blätter tief fiederspaltig, mit großem, stumpfem Endlappen (Mittelmeergebiet).

3 Spanische Golddistel *Scolymus hispanicus* L.

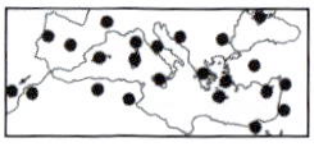

0,2–0,8 m Juni–September ⚇ ♃

Merkmale Distelartige Pflanze, oft ausladend verzweigt, mit starren, buchtig dornig gezähnten Blättern, die am Stängel nur so weit herablaufen, dass dieser unterbrochen geflügelt erscheint. Blütenköpfe 1–2 cm breit, mit goldgelben Zungenblüten, überragt von 3 dornig gezähnten, bogig abstehenden Hochblättern. Hüllblätter allmählich zugespitzt, kaum behaart. Äußere Achänen von den Spreublättern eingeschlossen und dadurch scheinbar geflügelt, als Pappus 2–4 kurze Borsten.

Vorkommen Wegränder, Schuttplätze, Brachland.

Weitere Arten Bei *S. grandiflorus* DESF. Stängel durchgehend geflügelt, die den Blütenkopf umgebenden Blätter aufrecht oder abstehend, Hüllblätter behaart, die äußeren plötzlich in eine dornige Spitze zusammengezogen (zentrales Mittelmeergebiet, Kanaren).

4 Gefleckte Golddistel *Scolymus maculatus* L.

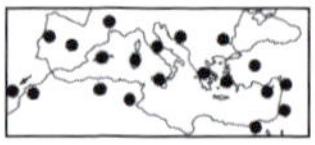

0,2–0,9 m April–Juli ⊙

Merkmale Ähnlich voriger Art, aber Blätter und der durchgehend geflügelte Stängel mit dickem, knorpeligem, weißlichem Rand, oberste Blätter gleichmäßig kammförmig dornig. Zungenblüten gelb, mit schwarzen Haaren, Achänen ohne Pappus.

Vorkommen Kultur- und Brachland, Wegränder.

5 Kreta-Schwarzwurzel *Scorzonera cretica* WILLD.

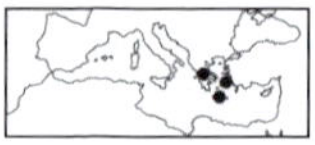

(*Gelasia cretica* (WILLD.) ZAIKA & AL.) **0,05–0,4(–0,6) m April–Mai ♃**

Merkmale Dicht filzig behaarte oder fast kahle, formenreiche Art mit linealen, lang zugespitzten, ganzrandigen, grundständigen Blättern und wenigen Stängelblättern. Köpfe mit gelben Zungenblüten, die randständigen außen oft rot, bis fast 2-mal so lang wie die Hülle aus dachziegelig angeordneten, am Rand schmal trockenhäutigen Blättern. Achänen dicht behaart, ungeschnäbelt, mit fedrigem oder nur rauem, blass rötlichem oder bräunlichem Pappus.

Vorkommen Felsspalten, Garigues, Fels- und Sandküsten.

1

2

3

4

5

1 Knollen-Gänsedistel *Sonchus bulbosus* (L.) KILIAN & GREUT.

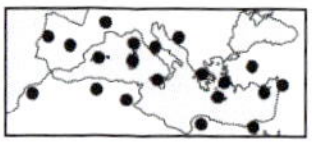

(*Aetheorhiza bulbosa* (L.) CASS.)

0,1–0,5 m Februar–Juni ♃

Merkmale Rhizom mit weißlichen, kugeligen, 5–15 mm großen Knollen. Blätter grundständig, höchstens 1–2 an der Basis der 1–3 Stängel, gewöhnlich kahl, graugrün, schwach buchtig gezähnt bis gelappt. Köpfe mit gelben Zungenblüten, die dachziegelig angeordneten, lanzettlichen Blätter der 3–12 mm breiten Hülle mit schwärzlichen, auf den Stängel übergehenden Drüsenhaaren. Einfache, weiße Pappushaare.

Vorkommen Sandstrände, Äcker, auf sandigen Böden auch in Garigues.

2 Zarte Gänsedistel *Sonchus tenerrimus* L.

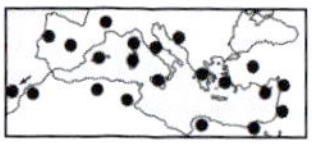

0,1–1 m Ganzjährig ⊙ ⊙ ♃

Merkmale Pflanze meist reich verzweigt, mit gestielten, fiederschnittigen Blättern, die oberen am Grund erweitert und mit Öhrchen stängelumfassend, Abschnitte eiförmig bis lineal-lanzettlich, ganzrandig oder gezähnt, an der Basis zusammengezogen, der Endlappen 3-eckig, nicht vergrößert. Köpfe mit gelben Zungenblüten, Hülle am Grund wie auch der oft drüsige obere Stängelteil weißflockig.

Vorkommen Felsen, Mauern, Ruderalflächen, Kulturland.

3 Echter Bartpippau, Christusauge *Tolpis barbata* (L.) GAERTN.

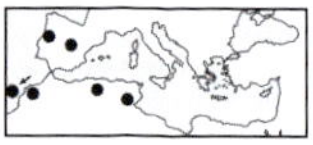

0,1–0,9 m März–August ⊙

Merkmale Stängel ästig, mit länglich-spateligen, ungeteilten bis fiederschnittigen, zerstreut behaarten Blättern. Köpfe 17–30 mm breit, innen mit bräunlich purpurnen, außen mit blassgelben Zungenblüten, die doppelt so lang sind wie die Hülle. Deren äußere Blätter grannenartig, gebogen und locker stehend, die inneren weit überragend, sich am Stängel als Hochblätter fortsetzend. Innere Achänen meist mit 2 langen Borsten.

Vorkommen Felder, Wegränder, sandige Flächen.

4 **Weitere Arten** Zierlicher ist der **Doldige Bartpippau** *T. umbellata* BERTOL., Köpfe 11–16 mm breit, mit hellgelben Zungenblüten, äußere Hüllblätter aufrecht-abstehend, etwa so lang wie die inneren. Innere Achänen mit 4(–5) Borsten (Mittelmeergebiet, Kanaren).

5 Roter Bocksbart *Tragopogon porrifolius* L. ssp. *eriospermus* (TEN.) GREUT.

0,2–1,2 m April–Juli ⊙

Merkmale Pflanze ± kahl, mit oft gewellten, linealen, am Grund halbstängelumfassenden Blättern. Köpfe auf oben verdickten Stielen, Zungenblüten rötlich purpurn, die äußeren deutlich strahlend und mindestens ⅔ so lang wie die 8 Hüllblätter. Achänen geschnäbelt, alle mit einem Pappus aus fedrigen Haaren (siehe auch *Geropogon* S. 128). Bei der ssp. *porrifolius* Zungenblüten von innen nach außen ± gleichmäßig länger, aber höchstens ⅔ so lang wie die Hüllblätter (westl. und zentrales Mittelmeergebiet, Kanaren).

Vorkommen Grasfluren, Kulturland. Die ssp. *eriospermus* im Westen wohl nur eingebürgert.

6 Weichhaariges Schwefelkörbchen

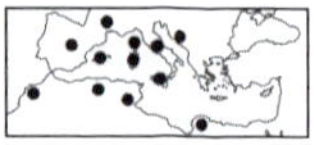

Urospermum dalechampii (L.) F. W. SCHMIDT

0,2–0,4 m April–August ♃

Merkmale Rosettenblätter schrotsägeförmig mit geflügeltem Stiel, Stängelblätter ± ganzrandig, stängelumfassend, die obersten gegenständig. Köpfe bis 5 cm breit, auf oben verdickten Stielen, die schwefelgelben Zungenblüten an der Spitze, die randlichen auch außen häufig rotbraun. In 1 Reihe 7–8 am Grund verwachsene, weichhaarige Hüllblätter. Achänen lang geschnäbelt, mit hellem, rostbraunem, fedrigem Pappus.

Vorkommen Wegränder, Kulturland, Brachland.

7 **Weitere Arten** Das **Bitterkraut-Schwefelkörbchen** *U. picroides* (L.) F. W. SCHMIDT. ist 1-jährig: Köpfe kleiner, mit rein gelben Zungenblüten und lang zugespitzten, abstehend borstig behaarten Hüllblättern, Pappus weiß, Blätter fein dornig gezähnt, ± tief zerteilt (Mittelmeergebiet, Kanaren).

1

2

3

4

5

6

7

1 **Kretische Berberitze** *Berberis cretica* L. *Berberidaceae*

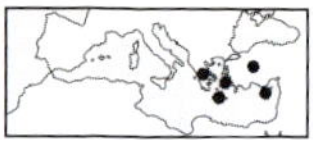

0,3–1,5 m April–Juni ♄

Merkmale Wurzelschösslinge bildender, kahler Strauch mit starren, oft 3-teiligen Dornen, davon der mittlere mit 15–20 mm gewöhnlich etwas länger als die meist ganzrandigen Blätter. Diese verkehrt lanzettlich, büschelig an Kurztrieben sitzend. Gelbe, bis 6 mm lange Blüten in kleinen Trauben, mit 6, die Endblüte mit 5 Kronblättern (**1a**). Beeren länglich, 7–9 mm, zuletzt bläulich schwarz, von den Griffelresten gekrönt (**1b**).

Vorkommen Bergwälder, Igelpolsterheiden, Wegränder.

Weitere Arten Als eigene Art betrachtet man heute wieder u. a. *B. hispanica* Boiss. & Reut. (Spanien, NW-Afrika) und *B. aetnensis* Presl (S-Italien, Sizilien, Sardinien, Korsika), beide in der Regel mit gesägten oder gezähnten Blättern.

2 **Herzblättrige Erle** *Alnus cordata* (Lois.) Lois. *Betulaceae*

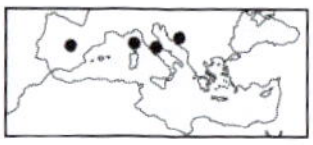

4–8(–15) m Februar–April ♄

Merkmale Laubwerfender kleiner Baum oder Strauch. Blätter glänzend, ± herzförmig, spitz oder stumpf, am Rand schwach gekerbt-gezähnt, kahl oder auf der Unterseite mit gelblichen Haarbüscheln in den Nervenwinkeln. Fruchtkätzchen verholzend, zu 1–3.

Vorkommen Am Rand von Bachläufen. In Spanien nur eingebürgert.

3 **Weitere Arten** Ähnlich die **Östliche Erle** *A. orientalis* Dec., bis 20(–50) m hoch, mit eiförmigen oder länglichen, schwach buchtig gezähnten, am Grund breit keilförmigen bis schwach herzförmigen Blättern (Zypern, Türkei, Syrien, Libanon).

4 **Griechische Alkanna** *Alkanna graeca* Boiss. & Sprun. *Boraginaceae*

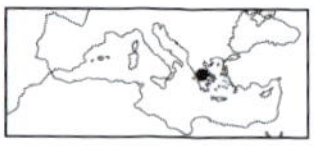

0,15–0,5(–0,8) m April–August ♃

Merkmale Aufsteigende, dicht steifhaarige Pflanze mit drüsenlosen oder drüsig-klebrigen Stängeln und Kelchen. Blätter glattrandig und flach, lineal-länglich, die oberen breit sitzend und lineal, die grundständigen ziemlich lang. Tragblätter 2-mal so lang wie der zur Fruchtzeit bis 12 mm verlängerte Kelch. Die außen kahle Krone mit 5 rundlichen Lappen, orangegelb, am Saum 8–10 mm breit.

Vorkommen Felsfluren, lichte Wälder, bis in die Gebirge.

5 **Weitere Arten** Ähnlich die **Östliche Alkanna** *A. orientalis* (L.) Boiss., aber Blätter dicht drüsig und weniger steifhaarig, am Rand ausgebissen gewellt. Krone am Saum bis 12 mm breit, der Fruchtkelch 10–15 mm lang (Felsfluren, Steppen, östl. Mittelmeergebiet und Algerien). Ebenfalls drüsig behaart ist die 1-jährige
6 **Gelbe Alkanna** *A. lutea* Moris mit leuchtend gelben, am Saum nur 5–7 mm breiten Blüten (SW-Europa).

7 **Färber-Alkanna** *Alkanna tinctoria* Tausch (*A. tuberculata* Greut.)

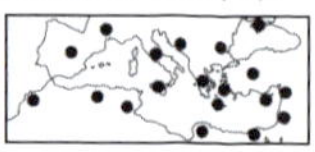

0,1–0,3 m April–Juni ♃

Merkmale Borstig grau behaarte, meist drüsenlose Pflanze. Untere Blätter lineal-lanzettlich, am Stängel mit herzförmigem Grund sitzend, Tragblätter ± so lang wie der Kelch. Blüten mit leuchtend blauer, außen kahler, am Saum 4–10 mm breiter Krone. Die getrocknete Wurzel („Falsche Alkanna") enthält rote Farbstoffe. Echte Alkanna stammt aber vom Henna-Strauch *Lawsonia inermis* L., einem Schmetterlingsblütler.

Vorkommen Sandstrände, Felsfluren, Brachland.

8 **Ägyptische Ochsenzunge** *Anchusa aegyptiaca* (L.) A. DC.

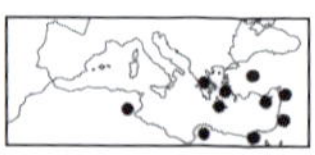

0,05–0,4 m Februar–Mai ⊙

Merkmale Stängel niederliegend-aufsteigend mit länglich-lanzettlichen, borstig gezähnten Blättern, auf der Fläche mit großen weißen Höckern am Grund der Borsten. Die blassgelbe, schwach ungleich 5-lappige Krone am Saum 3–5 mm breit, ihre Röhre nahezu gerade, etwas kürzer als der fast bis zum Grund in stumpfe Abschnitte zerteilte Kelch.

Vorkommen Garigues, Ruderalflächen, Sandstrände.

1a
1b
2
3
4
5
6
7
8

1 Italienische Ochsenzunge *Anchusa azurea* Mill. (*A. italica* Retz.)

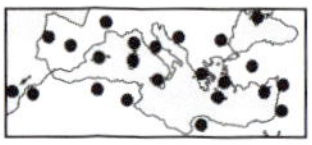

0,2–1,5 m April–August ♃

Merkmale Oberwärts reich verzweigte Pflanze, die Borstenhaare oft auf kleinen Höckern stehend. Blätter lanzettlich, untere in einen Stiel verschmälert, obere sitzend. Leuchtend blaue bis violette Blüten zunächst in dichten Wickeln, später locker stehend, Kronröhre mit 6–10 mm etwa so lang wie der fast bis zum Grund in spitze Abschnitte geteilte Kelch, Kronsaum gleichmäßig stumpf 5-zipfelig, flach, 10–15 mm breit.

Vorkommen Kultur- und Brachland, Wegränder. Weiter nördlich bisweilen aus Kulturen verschleppt.

2 **Weitere Arten** Ähnlich die **Hybrid-Ochsenzunge** *A. hybrida* Ten., aber mit anliegenden und borstig abstehenden, meist nicht auf Höckern sitzenden Haaren. Untere Blätter oft buchtig gezähnt und gewellt. Kronröhre 1,5- bis 2-mal so lang wie der nur bis zur Hälfte in stumpfe Zipfel geteilte Kelch, der Saum 3–5 mm breit (Mittelmeergebiet, ohne Iberische Halbinsel und Balearen). Dagegen mit 6–8 mm breitem Saum heute als eigene Art *A. undulata* L. (westl. Mittelmeergebiet).

3 Bunte Ochsenzunge *Anchusella variegata* (L.) Bigazzi & al.

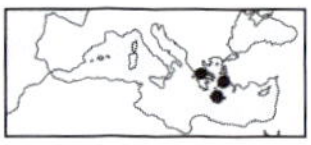

0,1–0,2 m Februar–Mai ⊙

Merkmale Stängel und Blätter ähnlich *Anchusa aegyptiaca* (siehe S. 136), aber Krone weiß oder blasspurpurn, später mit dunklerem Fleck in den etwas ungleichen Lappen, die ungefähr so lang sind wie der fast bis zum Grund in stumpfliche Zipfel zerteilte Kelch, Kronröhre gekniet (!).

Vorkommen Kalkfelsen, Kalkschutt, trockene Grasfluren, Wegränder.

4 **Weitere Arten** Die **Kretische Ochsenzunge** *A. cretica* (Mill.) Bigazzi & al. ebenfalls mit geknieter Kronröhre, ihr Saum leuchtend blau (Apennin- und Balkanhalbinsel).

5 Boretsch, Gurkenkraut *Borago officinalis* L.

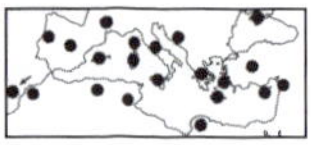

0,2–0,7 m April–September ⊙

Merkmale Borstig behaarte Pflanze, untere Blätter rosettig genähert, groß, eiförmig bis lanzettlich, obere stängelumfassend sitzend. Blüten 2–3 cm breit, nickend, mit sehr kurzer Kronröhre und flach ausgebreiteten, spitzen Zipfeln, leuchtend blau, selten weiß, in lockeren Blütenständen. Staubbeutel schwarzviolett, kegelförmig zusammenneigend.

Vorkommen Kultur- und Brachland, Wegränder. Wohl nur im Westen ursprünglich, weiter als Gewürz- und Heilpflanze kultiviert und verwildert.

6 Große Wachsblume *Cerinthe major* L.

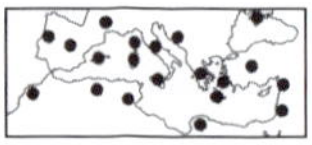

0,15–0,6 m März–Juni ⊙

Merkmale Blaugrüne, fast kahle Pflanze. Untere Blätter spatelig, häufig weiß gefleckt, am Rand gewimpert, die oberen sitzend, den Stängel herzförmig umfassend. Tragblätter meist rotviolett überlaufen, so lang wie der Kelch oder länger. Die röhrige, gerade Blütenkrone mit scharf zurückgebogenen Zipfeln, gelb, am Grund oft violett oder ganz violett, bis 3 cm lang und 5–8 mm breit, mehr als doppelt so lang wie der Kelch.

Vorkommen Kultur- und Brachland, Wegränder.

7 **Weitere Arten** Ähnlich die **Violette Wachsblume** *C. retorta* Sm., aber Krone nur 1–1,5 cm lang und 3–5 mm breit, nach oben gekrümmt, blassgelb mit violetter, verengter Spitze (Balkanhalbinsel bis in die Türkei).

8 Goldlackblättrige Hundszunge *Cynoglossum cheirifolium* L.

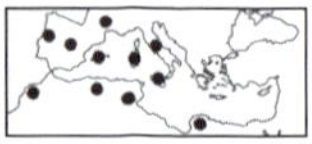

0,1–0,4 m April–Juni ⊙

Merkmale Weißfilzig behaarte Pflanze mit länglich-lanzettlichen bis schmal spatelförmigen Blättern ohne sichtbare Seitennerven, die oberen sitzend, aber nicht stängelumfassend. Blüten mit Tragblättern und cremefarbener oder blassroter, später blaupurpurner, etwa 8 mm langer Krone, der 5-lappige Saum kürzer als die Röhre und kahl. Nüsschen 5–8 mm, mit verdicktem Rand und widerhakigen Stacheln oder fast glatt.

Vorkommen Offene, felsige Standorte.

1
2
3
4
5
6
7
8

1 **Kretische Hundszunge** *Cynoglossum creticum* Mill.

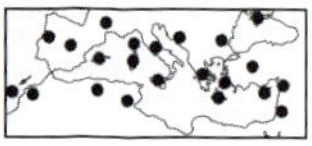

0,2–0,8 m April–Juli ⊙

Merkmale Gleichmäßig dicht und weich behaarte Pflanze. Untere Blätter rosettig gehäuft, lanzettlich, die oberen ± halbstängelumfassend sitzend, oft ohne deutliche Seitennerven. Blüten kurz gestielt, in tragblattlosen Wickeln, Krone 7–9 mm lang, rosa, später blassblau und auffällig dunkler genervt, der stumpf 5-lappige Saum etwa so lang wie die Röhre und kahl. Nüsschen 5–7 mm, gewölbt, ohne verdickten Rand, dicht mit widerhakigen Stacheln besetzt.

Vorkommen Brachland, Wegränder, offene grasige Flächen, Kiefernwälder.

2 **Schmalblättriger Natternkopf** *Echium angustifolium* Mill.

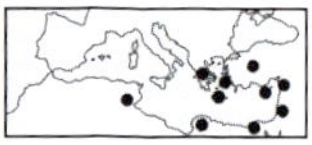

0,3–0,8 m März–August ♃

Merkmale Pflanze mit schmal lanzettlichen, 3–10 mm breiten, dicht und stechend weiß bis grau borstig behaarten Blättern ohne hervortretende Seitennerven. Blütenkrone rotpurpurn, später blauviolett, 13–22 mm lang, außen gleichmäßig behaart, mit 4–5 herausragenden Staubblättern.

Vorkommen Sandige Standorte in Küstennähe, trockene Ruderalstellen.

Weitere Arten Ebenfalls rotblütig ist *E. creticum* L., aber Krone 15–40 mm lang, mit 2 herausragenden Staubblättern, Blätter lanzettlich, 1–2,5 cm breit (westl. Mittelmeergebiet).

3 **Italienischer Natternkopf** *Echium italicum* L.

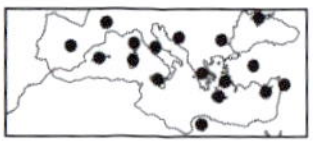

0,3–1 m April–August ⊙ ⊙

Merkmale Natternkopf mit charakteristischem, pyramidenförmig verzweigtem Blütenstand, dicht mit abstehenden weißlichen bis gelblichen Borsten besetzt. Grundblätter angedrückt borstig, lanzettlich, an der Basis verschmälert, Stängelblätter sitzend. Blütenkrone weißlich, fleischfarben oder blassblau, 10–12 mm lang, außen fein behaart, die 4–5 Staubblätter mit blassen Staubfäden weit herausragend.

Vorkommen Brachland, Wegränder, Ruderalstellen.

Weitere Arten Ähnlich *E. asperrimum* Lam., aber Blütenkrone 13–18 mm lang, fleischfarben, Staubblätter mit roten Staubfäden (westl. Mittelmeergebiet).

4 **Kleinblütiger Natternkopf** *Echium parviflorum* Moench

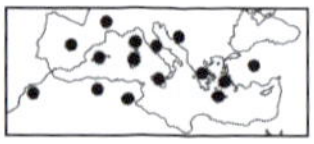

0,1–0,4 m März–Mai ⊙ ⊙

Merkmale Niederliegende bis aufsteigende, borstige Pflanze. Untere Blätter eiförmig-länglich, lang gestielt, die oberen sitzend. Blütenkrone hell- oder dunkelblau, 10–14 mm lang, alle Staubfäden in der Röhre eingeschlossen. Kelch anliegend borstig, 6–8 mm lang, zur Fruchtzeit auf 15 mm vergrößert und die Zipfel am Grund 3–6 mm breit.

Vorkommen Garigues, Grasfluren, Sandküsten.

Weitere Arten Ähnlich *E. arenarium* Guss., Krone 6–11 mm lang, der abstehend borstige Kelch sich von 5–7 mm auf 10 mm vergrößernd, die Zipfel am Grund 2–3 mm breit (Fels- und Sandküsten, Mittelmeergebiet).

5 **Wegerichblättriger Natternkopf** *Echium plantagineum* L.

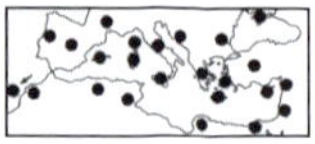

0,2–0,6 m April–Juli ⊙ ⊙

Merkmale Angedrückt weich borstig behaarte Pflanze, Rosettenblätter wegerichähnlich, breit eiförmig, mit deutlichen Seitennerven, obere Stängelblätter mit ± herzförmigem Grund sitzend. Blütenkrone blau, später purpurrot, 18–30 mm lang, weit trichterförmig mit schiefem Saum, außen nur am Rand und auf den Nerven behaart. 2 herausragende Staubblätter.

Vorkommen Wegränder, Brachland, sandige Ruderalflächen.

6 **Weitere Arten** Ähnlich der **Sand-Natternkopf** *E. sabulicola* Pomel, aber Grundblätter lanzettlich, ohne deutliche Seitennerven, obere Stängelblätter am Grund verschmälert oder gestielt, Krone 12–22 mm lang, außen ± gleichmäßig behaart (Sandstrände oder sandige Böden in Küstennähe, westl. Mittelmeergebiet).

1

2

3

4

5

6

1 Curaçao-Sonnenwende *Heliotropium curassavicum* L.

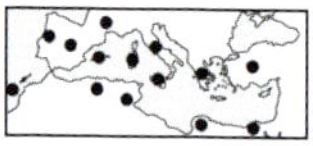

0,2–0,7 m Juli–September ♃

Merkmale Kahle und fleischige, graugrüne Art, durch diese Eigenschaften von den übrigen *Heliotropium*-Arten im Gebiet deutlich verschieden. Stängel niederliegend, mit schmal spatelförmig-länglichen Blättern ohne deutliche Seitennerven. Die weiße Blütenkrone am Saum etwa 2 mm breit. 4 kahle Nüsschen.
Vorkommen Sandige, salzige Flächen in Küstennähe. Eingebürgerte Art, Heimat N- und S-Amerika.

2 Europäische Sonnenwende *Heliotropium europaeum* L.

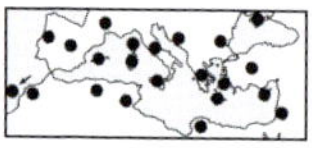

0,05–0,4 m Februar–November ⊙

Merkmale Grüne bis graue Pflanze, ± weich und angedrückt behaart, mit gestielten, eiförmig-elliptischen, ganzrandigen Blättern. Blüten geruchlos, in hochblattlosen einfachen oder gegabelten Wickeln sitzend, Krone weiß, ohne Schlundschuppen, am 5-lappigen Saum 2–5 mm breit. Kelch ausdauernd, bis zum Grund in spreizende Zipfel geteilt. 4 runzelige, kahle oder behaarte Nüsschen.
Vorkommen Kultur- und Brachland, Schuttplätze, Wegränder. Selten bis Mitteleuropa eingebürgert.
Weitere Arten Ähnlich *H. hirsutissimum* Grauer, aber Stängel dicht abstehend behaart, Krone mit 5 Falten im Schlund, am Saum 4–8 mm breit, Nüsschen kahl (östl. Mittelmeergebiet). *H. supinum* L., Blütenkrone nur 1 mm breit, Kelch zur Fruchtzeit das einzige Nüsschen einhüllend und mit diesem abfallend (Mittelmeergebiet, Kanaren).

3 Strauchiger Steinsame *Lithodora fruticosa* (L.) Griseb.

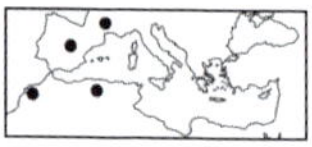

0,2–1 m März–Juni ♄

Merkmale Niedriger, locker verzweigter Strauch, die sitzenden Blätter lineal länglich, stumpf, jüngere angedrückt weißborstig, ältere besonders am umgerollten Rand und unterseits mit abstehenden, auf Höckerchen sitzenden Borstenhaaren. Blütenkrone purpurviolett oder blau, trichterförmig, mit kahlem Schlund, 12–18 mm lang, außen nur am lappigen Saum bisweilen spärlich borstig, Staubblätter alle auf derselben Höhe eingefügt. 1–2 weißliche, gestreift-warzige Nüsschen.
Vorkommen Garigues, lichte Wälder.
4 **Weitere Arten** Ähnlich der **Niederliegende Steinsame** *L. prostrata* (Loisel.) Griseb., (*Glandora prostrata* (Loisel.) Thomas), nur bis 0,3 m hoch, stark verzweigt, Blätter dicklich, am Rand stark zurückgebogen, Blütenkrone außen borstig, im Schlund ± behaart, Staubblätter auf verschiedener Höhe eingefügt, blüht Januar–April (westl. Mittelmeergebiet).

5 Borstiger Steinsame *Lithodora hispidula* (Sm.) Griseb.

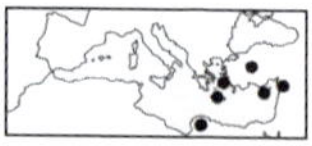

0,1–0,4 m Februar–Mai ♄

Merkmale Mit kurzen und starren, angedrückt weißborstigen Zweigen große Polster bildend. Die dunkelgrünen, ledrigen Blätter schmal eiförmig-länglich, oberseits mit abstehenden, auf kleinen Höckern stehenden Borsten, unterseits angedrückt borstig. Blütenkrone etwa 12 mm lang, weiß, später rosa bis blau, außen kahl, Nüsschen gewöhnlich 1, fein warzig, weiß. **Vorkommen** Garigues, Kiefernwälder.
Weitere Arten Ähnlich *L. rosmarinifolia* (Ten.) Johnst. (*Glandora rosmarinifolia* (Ten.) Thomas) mit rosmarinähnlichen Blättern, Blütenkrone außen borstig (S-Italien, Sizilien, Algerien).

6 Gelber Steinsame *Neatostema apulum* (L.) Johnst.

0,03–0,3 m März–Juni ⊙

Merkmale Steif aufrechte, oft sehr kleine Pflanze, Blätter schmal spatelförmig bis lineal, an den Rändern abstehend borstig, die unteren in einen Stiel verschmälert, die zahlreichen Stängelblätter sitzend. Blüten fast sitzend in dichten, bis zur Spitze beblätterten, zurückgebogenen Wickeln. Krone gelb, etwa 6 mm lang, mit 5-lappigem, behaartem Saum. Nüsschen geschnäbelt, warzig, hellbraun.
Vorkommen Steinige Grasfluren, Garigues.

1 

2 

3 

4 

5 

6 

1 **Aufgeblasenes Mönchskraut** *Nonea vesicaria* (L.) RCHB.

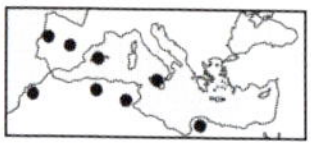

0,1–0,5 m Februar–Mai ⊙ ⚇

Merkmale Borstig rau und kurz drüsig behaarte Pflanze mit lanzettlichen, sitzenden, oben ± stängelumfassenden Blättern. Blütenkrone mit zylindrischer Röhre und kurzem, bräunlich purpurnem, 3–5 mm breitem, stumpf 5-zipfeligem Saum. Fruchtkelch auf 10–15 mm vergrößert, offen, mit etwas spreizenden Zähnen.

Vorkommen Offene sandige und steinige Standorte.

Weitere Arten Ähnlich *N. echioides* (L.) ROEM. (*N. ventricosa* (SM.) GRISEB.), aber Blüten blassgelb oder weiß, der aufgeblasene Fruchtkelch mit zusammenneigenden Zähnen (S-Europa, östl. bis Israel).
2 Überraschend mit etwa 5 mm breiten, hellblauen Blüten das **Stumpfblättrige Mönchskraut** *N. obtusifolia* (WILLD.) DC. (*Melanortocarya obtusifolia* (WILLD.) SELVI & al.), Blätter eiförmig-länglich mit ziemlich großen weißen Flecken, die eine einzelne lange Borste tragen (von Italien östl. bis Israel).

3 **Natternkopf-Lotwurz** *Onosma echioides* (L.) L.

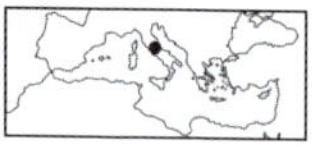

0,15–0,4 m Mai–Juli ♃ ♄

Merkmale Am Grund verholzte, graugrüne Pflanze. Blätter lineal-lanzettlich, mit einzelnen, auf kleinen Höckern sitzenden Borsten, umgeben von 10–20 weiteren etwa ⅕ so langen. Blütenstand kaum verzweigt, untere Tragblätter so lang wie der Kelch oder kürzer. Blüten ± sitzend, die blassgelbe, röhrige, kurz 5-zipfelige, behaarte Krone 18–25 mm, doppelt so lang wie der Kelch.

Vorkommen Felsfluren, Grasfluren.

4 **Weitere Arten** Ähnlich die **Aufrechte Lotwurz** *O. erecta* SM., aber untere Tragblätter länger als der Kelch, Krone kräftig gelb, außen kahl (Kreta) oder behaart (Griechenland, Ägäis).

5 **Griechische Lotwurz** *Onosma graeca* BOISS.

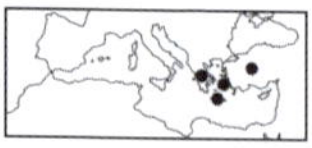

0,1–0,4 m März–Juli ⚇

Merkmale Pflanze ähnlich voriger Art, aber mit einfachen weißen Borsten und gleichzeitig feinen Haaren. Blütenstand reich verzweigt, mit 2–5 mm lang gestielten Blüten, Krone behaart, mit 12–15 mm 1,5-mal so lang wie der Kelch, blassgelb, später rotbraun überlaufen.

Vorkommen Felsfluren, Grasfluren.

Weitere Arten Ähnlich *O. frutescens* LAM., aber Krone kahl, 16–21 mm lang (Griechenland bis Israel).
6 Steife, fast stechende Zweige hat die **Strauchige Lotwurz** *O. fruticosa* LABILL., Blüten mit goldgelber, später orangefarbener bis bräunlicher, 10–14 mm langer, papillöser Krone, aus der die Staubbeutel herausragen (Zypern). Im östlichen Mittelmeergebiet viele weitere, kleinräumig verbreitete *Onosma*-Arten.

7 **Kleinblütiger Beinwell** *Symphytum bulbosum* SCHIMPER

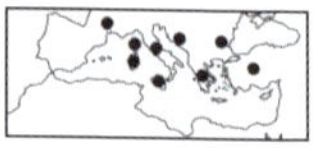

0,2–0,5 m März–Mai ♃

Merkmale Pflanze mit dünnem, stellenweise knolligem Wurzelstock. Blätter lang gestielt, eiförmig-elliptisch, mit einzelnen längeren Borsten und dicht stehenden kleinen Hakenhaaren, die oberen sitzend, am Stängel etwas herablaufend. Blütenstand nur am Grund beblättert, die blassgelben, 7–14 mm langen Blütenkronen mit aufrechten Lappen, Schlundschuppen mit randlichen Papillen, weit herausragend.

Vorkommen Gebüsche, Hecken, Kultur- und Brachland.

8 **Kreta-Beinwell** *Symphytum creticum* (WILLD.) GREUT. & RECH. f.
(*Procopiania cretica* (WILLD.) GUŞULEAC)

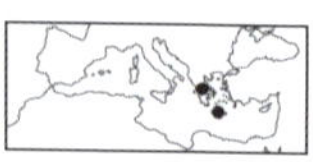

0,1–0,5 m März–Mai ♃

Merkmale Blätter kurz gestielt, eiförmig, die oberen sitzend und herablaufend, borstig, mit kurzen und langen, hakigen und geraden Haaren. Die blauvioletten oder weißen Blüten mit kurzer, an beiden Enden zusammengezogener Röhre und 5 langen, linealen, spreizenden und vorne zurückgebogenen Kronzipfeln.

Vorkommen Felsspalten, Schluchten.

1
2
3
4
5
6
7
8

1 Felsen-Steintäschel *Aethionema saxatile* (L.) R. Br.

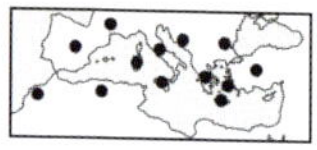

0,05–0,35 m März–Juni ♃

Merkmale Kahle Art, untere Blätter ± fleischig, eiförmig-rundlich oder länglich, stumpf, obere schmaler, oft spitz. Blüten mit 2–6,5(–8,5) mm langen, weißen oder rosa Kronblättern und 1–3(–3,8) mm langen Kelchblättern. Eiförmige bis rundliche Schötchen mit breitem, oben ausgerandetem Flügel. Mehrere Unterarten vom Mittelmeergebiet bis ins Alpenvorland, auf der Balkanhalbinsel z. B. die ssp. *graecum* (Boiss. & Sprun.) Hayek mit spitzen, schmalen Stängelblättern oder die am Grund stark verholzte ssp. *creticum* (Boiss. & Heldr.) Anderss. & al. (Foto) mit mehr rundlichen Stängelblättern (Griechenland, Kreta, Ägäis).

Vorkommen Felsen, Geröllfluren, meist in den Gebirgen, seltener an der Küste.

2 Frühlings-Gänsekresse *Arabis verna* (L.) R. Br.

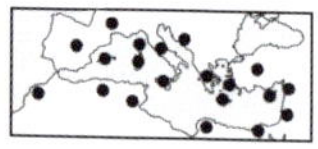

0,05–0,5 m März–Mai ⊙

Merkmale Grundrosette der zierlichen Art mit ovalen, grob gesägten, in einen kurzen Stiel verschmälerten Blättern und gewöhnlich nur 1–2 am Grund herzförmig sitzenden Stängelblättern. Wenige sehr kurz gestielte Blüten mit violetten, am Grund gelblichen, 5–8 mm langen Kronblättern. Schoten aufrecht-abstehend, 4,5–6 cm lang, bis 2 mm breit.

Vorkommen Schattige Felsfluren, Brachland, Grasfluren, bis in die Bergstufe.

3 Griechisches Blaukissen *Aubrieta deltoidea* (L.) DC.

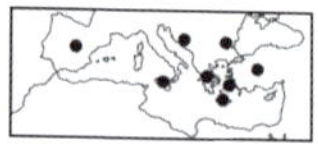

0,05–0,2 m April–Juni ♃

Merkmale Polster bildende, dünnstängelige Pflanze. Blätter von Sternhaaren graufilzig, ± spatelig, ganzrandig oder mit 1–3 Zähnchen auf jeder Seite, von den Blütentrauben weit überragt. Kronblätter rotviolett, 11–29 mm lang. Schote mit langem, ausdauerndem Griffel, elliptisch, leicht zusammengedrückt, mit Sternhaaren und einzelnen langen, unverzweigten Haaren, 7–18(–28) mm. Formenreiche Art.

Vorkommen Felsspalten, Mauern, auch Zierpflanze, im Westen nur eingebürgert.

Weitere Arten Ähnlich *A. columnae* Guss., aber Blätter von den Blütentrauben nur wenig überragt, Früchte allein mit Sternhaaren (Italien, nördl. Balkanhalbinsel). Gartenformen mit Merkmalen beider Arten.

4 Einjähriges Brillenschötchen *Biscutella didyma* L.

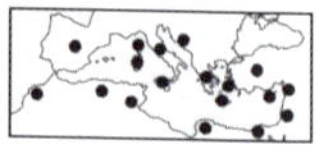

0,1–0,6 m Februar–Mai ⊙

Merkmale Stängel abstehend behaart, beblättert, am Grund mit einer Rosette aus verkehrt eiförmig keilförmigen, gezähnten Blättern. Blüten an aufrecht-abstehenden Stielen, mit 4 mm langen, zum Grund verschmälerten, nicht geöhrten Kronblättern und 2 mm langen Kelchblättern. Schötchen brillenförmig, bei der Reife in 2 einsamige, fast kreisrunde, am Rand behaarte Hälften zerfallend.

Vorkommen Felsfluren, offene Grasfluren, Garigues.

5 **Weitere Arten** Ausdauernd ist das **Immergrüne Brillenschötchen** *B. sempervirens* L., Rhizom verholzt, meist mit mehreren Rosetten aus dicht und fein weißlich behaarten, ± ganzrandigen bis geschweift gezähnten Blättern, Kronblätter 3–5(–9) mm lang, am Grund geöhrt, Schötchen mit häutigem, glattem Rand (Spanien). Eine Vielzahl weiterer ausdauernder Arten im westl. Mittelmeergebiet.

6 Balearen-Kohl *Brassica balearica* Pers.

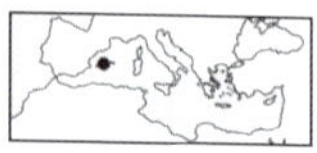

0,2–0,5 m April–Juni ♃

Merkmale Kahle Pflanze, Blätter fast alle am Ende von verholzten Trieben angeordnet, ± fleischig, gestielt, mit eiförmiger, schwach buchtig gelappter Spreite, einem Eichenblatt ähnlich. Blüten in dichten Trauben, 7–16 mm lang gestielt, die gelben Kronblätter 12–14 mm. Schoten 2–6 cm lang, walzlich, unregelmäßig eingeschnürt, mit 1,5–5 mm langem Schnabel.

Vorkommen Felsspalten im Kalkgestein.

Weitere Arten Ähnlich *B. repanda* (Willd.) DC. mit vielen kleinräumig verbreiteten Unterarten in Spanien.

1

2

3

4

5

6

1 Senfblättriges Zackenschötchen *Bunias erucago* L.

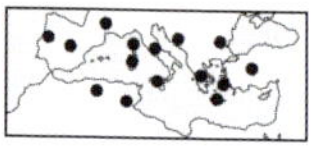

0,3–0,7 m April–Juli ⊙ ⚇

Merkmale Untere Blätter fiederspaltig, obere lineal-lanzettlich, ganzrandig oder gezähnt. Blüten in lockeren, armblütigen Trauben, auf drüsigem Stiel, mit gelben, 8–13 mm langen Kronblättern. Die kennzeichnenden Früchte 10–12 mm, drüsig, geschnäbelt und mit je 2 dreieckig gezackten Flügeln an den 4 Kanten.
Vorkommen Brachäcker, Kulturland, Wegränder. In Mitteleuropa selten eingeschleppt.

2 Europäischer Meersenf *Cakile maritima* Scop.

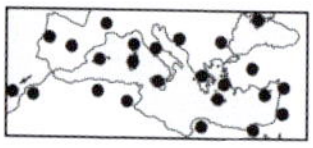

0,1–0,6 m März–Oktober ⊙

Merkmale Stängel niederliegend oder aufsteigend, die fleischigen, kahlen und oft graugrünen Blätter ungeteilt oder 1–2-fach fiederschnittig. Duftende Blüten mit 4–14 mm langen, weißlichen bis hellvioletten Kronblättern. Früchte fast waagerecht abstehend, 1–2,5 cm lang, an kurzen dicken Stielen, 2-gliedrig, der untere Abschnitt spießförmig mit 2 deutlichen seitlichen Vorsprüngen. Im Mittelmeergebiet überwiegend in der ssp. *maritima*, weitere Unterarten bis N-Europa und bis zum Schwarzen Meer.
Vorkommen Spülsäume der Meere.

3 Einjährige Carrichtera *Carrichtera annua* (L.) DC.

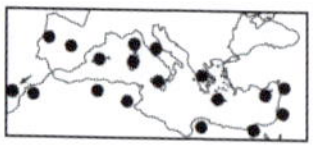

0,1–0,4 m Januar–April ⊙

Merkmale Unscheinbare, borstig behaarte Pflanze, Blätter 2–3-fach fiederteilig mit linealen, stumpfen Abschnitten. Kronblätter 6–8 mm lang, gelblich mit violetten Nerven. Schötchen abstehend oder zurückgebogen, 2-gliedrig, der untere Teil borstig elliptisch, der obere löffelförmig, samenlos.
Vorkommen Trockene Brachflächen. Gebietsweise nur eingebürgert.

4 Echtes Schildkraut *Clypeola jonthlaspi* L.

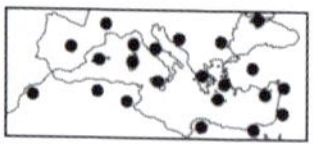

0,05–0,3 m März–Mai ⊙

Merkmale Pflanze von angedrückten Sternhaaren grauweiß, gelegentlich rot überlaufen, Blätter lang spatelförmig, ganzrandig. Blüten mit winzigen, gelben Kronblättern, auffällig die Früchte an zuletzt herabgebogenen kurzen Stielen, flach und nahezu kreisrund, bis 5 mm breit, mit bleibendem Griffel.
Vorkommen Felsfluren, Dünen.

5 Zweiknotiger Krähenfuß *Coronopus didymus* (L.) Sm.

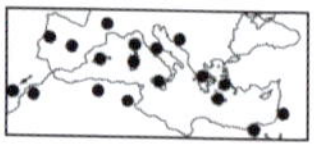

(*Lepidium didymum* L.) **0,05–0,4 m April–Mai** ⊙ ⚇

Merkmale Pflanze mit widerlichem Geruch, Stängel meist ausgebreitet niederliegend, kahl oder behaart, mit 1–2-fach fiederschnittigen Blättern. Kronblätter winzig, gelblich, kürzer als die 0,5 mm langen Kelchblätter oder fehlend. Schötchen bis 1,5 mm lang, eingeschnürt, 2-knotig, netzig-runzelig, ohne Griffel.
Vorkommen Pflasterfugen, Wegränder, Kulturland. Fast im ganzen Mittelmeergebiet eingebürgert, selten auch in Mitteleuropa, Heimat wohl südl. S-Amerika.
Weitere Arten Ähnlich *C. squamatus* (Forssk.) Asch., (*Lepidium coronopus* (L.) Al-Shehbaz), aber Kronblätter weiß, etwas länger als der Kelch, Schötchen am Rand mit scharfen Zacken (Mittelmeergebiet, heute weiter verschleppt).

6 Raukenähnlicher Doppelsame *Diplotaxis erucoides* (L.) DC.

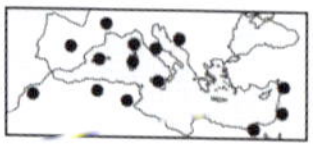

0,1–0,5 m Ganzjährig ⊙ ⚇

Merkmale Ästige, rau behaarte Art, meist mit grundständiger Rosette aus leierförmig fiederspaltigen Blättern, Stängelblätter einfacher, am Grund verschmälert bis fast spießförmig. Blüten mit 5–13 mm langen, weißen, violett genervten, sich beim Abblühen insgesamt violett verfärbenden Kronblättern. Frucht fast aufrecht an kantigem Stiel, lineal, 1–5 cm lang, durch die Samen 2-reihig höckerig, 2–6 mm lang geschnäbelt.
Vorkommen Kulturland, besonders Weinberge, Brachland.

1

2

3

4

5

6

1 **Hängender Doppelsame** *Diplotaxis harra* (Forssk.) Boiss.

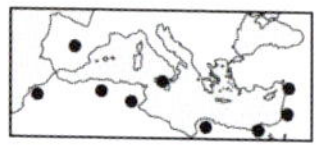

0,3–1,2 m März–Juli ♃

Merkmale Kahler oder rau behaarter Kreuzblütler mit etwas fleischigen, fast graugrünen, länglichen, gezähnten, gelappten oder fiederschnittigen Blättern. Blüten 1–2 cm lang gestielt, mit 5–8 mm langen, gelben Kronblättern. Die zur Fruchtzeit abstehend hängenden, 2–6 cm langen, linealen, flachen Schoten mit 2-lappiger Narbe auf einem deutlichen, mindestens 2 mm langen Fruchtträger, Samen 2-reihig je Fach. Mehrere Unterarten, abgebildet ist die ssp. *lagascana* (DC.) Bolòs & Vigo von SO-Spanien.
Vorkommen Felsspalten, trockene Ruderalflächen.

2 **Echte Schildkresse** *Fibigia clypeata* (L.) Med.

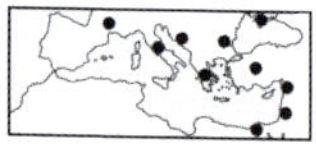

0,25–0,5 m April–Mai ♃

Merkmale Pflanze am Grund verholzt, ohne oder mit wenigen nicht blühenden Rosetten, von Sternhaaren graugrün. Blätter lanzettlich, ganzrandig bis geschweift gezähnt, zahlreiche sitzende Stängelblätter. Die Blütentraube mit Tragblättern, sich schnell streckend, 10–20 cm lang, die gelben Kronblätter 8–13 mm. Schötchen elliptisch, flach, an beiden Enden spitz, 15–25 mm lang, mit bleibendem Griffel.
Vorkommen Felsspalten, Schuttfluren, Wegränder, sommergrüne Wälder. In Frankreich nur eingebürgert.
3 **Weitere Arten** Ähnlich die **Silberblatt-Schildkresse** *F. lunarioides* (Willd.) Sm. (*Acuston perenne* (Mill.) Mabb. & Al-Shehbaz), aber mit zahlreichen nicht blühenden Rosetten am Grund. Kronblätter 12–16 mm lang, Traube zur Fruchtzeit nicht länger als 5 cm (Küstenfelsen, Ägäis, Kleininseln vor Kreta).

4 **Zerschlitzte Nachtviole** *Hesperis laciniata* All.

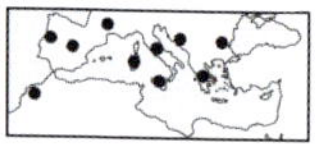

0,1–0,8 m März–Juni ⊙ ♃

Merkmale Blätter fiederschnittig bis geschweift gezähnt, Stängelblätter sitzend, eiförmig-lanzettlich und spitz, in der unteren Hälfte stärker zerteilt als in der oberen. Blütenstiele kurz drüsig und mit längeren drüsenlosen Haaren, zunächst deutlich kürzer als der Kelch. Kronblätter 15–30(–40) mm lang, purpurn oder gelb und purpurn überlaufen. 5–15 cm lange kahle oder behaarte, ± abstehende Schoten.
Vorkommen Meist beschattete, felsige Standorte.

5 **Grauer Bastardsenf** *Hirschfeldia incana* (L.) Lagr.-Foss.

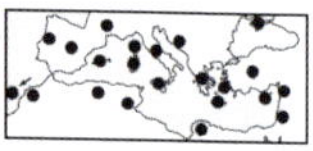

0,2–1 m April–Juni ☉ ⊙

Merkmale Stängel aufrecht-ästig, Blätter grau behaart, die unteren leierförmig fiederschnittig, obere lanzettlich bis lineal. Blüten die Knospen überragend, mit fast aufrechten, 3–4 mm langen Kelchblättern und etwa doppelt so langen, blassgelben Kronblättern (**5a**). Schoten auf keulig verdickten Stielen, dem Stängel anliegend, walzlich, mit dem bauchigen, leicht abfallenden Fruchtschnabel 8–15 mm lang (**5b**).
Vorkommen Kultur- und Brachland, Ruderalflächen.

6 **Immergrüne Schleifenblume** *Iberis sempervirens* L.

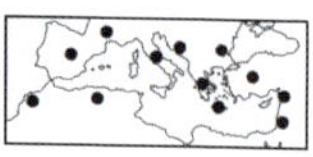

0,05–0,25 m Mai–Juli ♄

Merkmale Immergrüner Halbstrauch mit kahlen Stängeln. Blätter nichtblühender Triebe flach, verkehrt eiförmig, stumpf, ± ledrig, an blühenden Trieben schmaler. Blütenstiele auf der inneren Seite rau, Kelchblätter weißrandig, Kronblätter weiß, seltener violett überlaufen, die äußeren mit 7–11 mm viel länger als die inneren. Schötchen breit eiförmig, 6–8 mm, der nach oben zu verbreiterte Flügel tief ausgerandet, die Lappen 3-eckig vorgestreckt, dazwischen der Griffel weit hervorragend.
Vorkommen Felsspalten, Schutthalden, vor allem in den Gebirgen, aus Gärten bisweilen verwildert.
7 **Weitere Arten** Ebenfalls kahl die **Leinblättrige Schleifenblume** *I. linifolia* L., 2-jährig oder ausdauernd, mit lineal-lanzettlichen bis linealen, spitzen, ganzrandigen oder gezähnelten Blättern. Kronblätter rosa bis purpurn, seltener weiß. Schötchen eiförmig, mit spreizenden Flügellappen, Griffel kaum herausragend (NO-Spanien, Frankreich, selten in Italien).

1

2

3

4

5a

5b

6

7

1 **Strandkresse**, Weißes Schildkraut *Lobularia maritima* (L.) Desv.

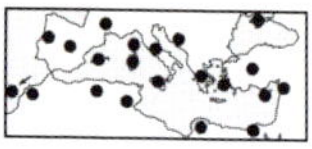

0,1–0,4 m ganzjährig ♃

Merkmale Aufsteigend oder aufrecht, am Grund bisweilen verholzt, die schmal lanzettlichen Blätter durch angedrückte Gabelhaare ± graugrün. Kronblätter meist weiß, vorne abgerundet, 2,5–4,5 mm lang. Schötchen 2–3,5 mm, spitz eiförmig mit bleibendem Griffel, 2 Fächer mit je einem scharf schmeckenden Samen. **Vorkommen** Fels- und Sandküsten, Wegränder, Felder, Mauern, beliebte Zierpflanze.

2 **Weitere Arten** Einjährig dagegen das **Libysche Schildkraut** *L. libyca* (Viv.) W. & B. mit 1–2 mm langen Kronblättern und 3–5 mm langen Schötchen, jedes Fach mit 2–6 Samen (südl. Mittelmeergebiet, Kanaren).

3 **Gebogene Malcolmie** *Malcolmia flexuosa* (Sm.) Sm.

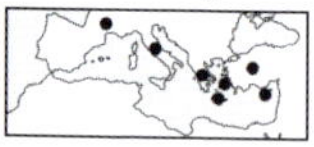

0,1–0,35 m Februar–April ⊙

Merkmale Zerstreut anliegend behaarte Pflanze, untere Blätter gestielt, eiförmig-keilförmig, ganzrandig oder schwach gezähnt, grün und etwas fleischig. Kronblätter rosa bis violett, am Grund gelblich, 12–26 mm lang. Blütenstiel zur Fruchtzeit mit 1–3 mm etwa so dick wie die linealische, 3,5–8 cm lange, zuletzt abwärts gebogene Schote mit konischem Schnabel, gebildet von der ausdauernden, 2-geteilten Narbe. Abgebildet ist die meist niederliegende, reich verzweigte und großblütige ssp. *naxensis* (Rech. f.) Stork. (Griechenland, Kreta, Ägäis, Türkei). **Vorkommen** Sand- und Felsküsten, Schuttfluren, auch Zierpflanze. In Frankreich eingebürgrt. **Weitere Arten** Ähnlich *M. maritima* (L.) R. Br., Fruchtstiel deutlich schmaler als die Schote (Albanien, Griechenland, aus Gärten weiter verwildert).

4 **Strand-Malcolmie** *Malcolmia littorea* (L.) R. Br.

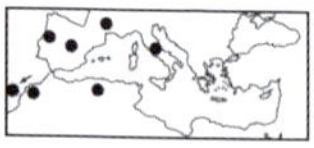

(*Marcus-kochia littorea* (L.) Al-Shehbaz) **0,1–0,4 m Mai–Juni** ♃

Merkmale Von Sternhaaren dicht weißfilzig und am Grund verholzt, mit ± sitzenden, schmal länglichen, ganzrandigen oder geschweift gezähnten, stumpfen Blättern. Kronblätter violett, 14–22 mm lang. Schote 3–6,5 cm, linealisch, zur Spitze hin verschmälert, leicht gebogen. Narbe dünn, bald abfallend. **Vorkommen** Sandküsten.

5 **Zwerg-Malcolmie** *Malcolmia nana* (DC.) Boiss. (*Maresia nana* (DC.) Batt.)

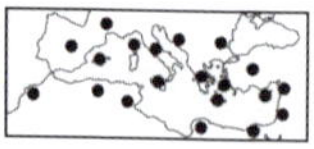

0,05–0,2 m Februar–Juni ⊙

Merkmale Unscheinbare, dicht sternhaarige Art, durch eine kopfige Narbe auf deutlichem Griffel unterschieden. Stängelblätter länglich, stumpf, ganzrandig oder geschweift gezähnt. Kronblätter etwa 5 mm lang, anfangs weiß, später rosa, innere Kelchblätter am Grund gesackt. Früchte an 3–5 mm langen Stielen. **Vorkommen** Sandküsten, Dünentäler.

Weitere Arten Ähnlich und gerne verwechselt *M. ramosissima* (Desf.) Thell. (*Marcus-kochia ramosissima* (Desf.) Al-Shehbaz), Narbe spitz, Kelchblätter nicht gesackt, Fruchtstiele bis 8 mm lang (Sandküsten, westl. und zentrales Mittelmeergebiet) und *M. africana* (L.) R. Br. (*Strigosella africana* (L.) Botsch.), abstehend behaart, mit ± sitzenden Früchten (Kultur- und Brachland, Mitttelmeergebiet).

6 **Trübe Levkoje** *Matthiola fruticulosa* (L.) Maire

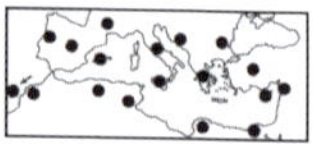

0,05–0,6 m April–Juli ♃

Merkmale Spärlich bis graufilzig oder drüsig behaarte, am Grund verholzte, vielgestaltige Art mit nichtblühenden Rosetten aus schmalen, ungeteilten oder geschweift gelappten Blättern. Blüten ± sitzend, Kronblätter länglich, gewellt, 12–28 mm, violett, rostfarben oder gelblich. 2,5–12 cm lange und 1–3 mm breite, zylindrische, drüsenlose oder drüsig behaarte Schoten, am Ende mit 2 undeutlichen Hörnern. **Vorkommen** Garigues, Felsfluren, auch auf Sandböden.

7 **Weitere Arten** Ähnlich, aber ohne nichtblühende Rosetten und meist 1-jährig die **Großblütige Levkoje** *M. longipetala* (Vent.) DC., am Schotenende mit 2 auffälligen, 2–5(–10) mm langen Hörnern (östl. Mittelmeergebiet, im Süden bis NW-Afrika).

1

2

3

4

5

6

7

1 Strand-Levkoje *Matthiola sinuata* (L.) R. Br.

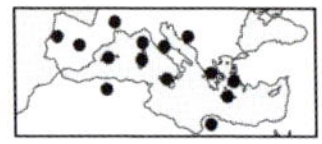

0,1–0,6 m Mai–September ⊙ ♃

Merkmale Dicht weißfilzig-wollige Art, Grundblätter buchtig gezähnt bis fiederspaltig, mit länglichen, abgerundeten Lappen, obere Stängelblätter ungeteilt. Kronblätter 18–28 mm lang, blassviolett, seitliche Kelchblätter am Grund gesackt. Schote aufrecht-abstehend, zusammengedrückt, 5–15 cm lang, schon jung mit auffälligen, gestielten, gelben oder schwarzen Drüsen, am Ende ohne deutliche Hörner.

Vorkommen Sand- und Felsküsten.

Weitere Arten Ähnlich die früher im Jahr blühende *M. incana* (L.) R. Br. mit weißfilzigen bis fast kahlen, meist ganzrandigen, schmal lanzettlichen Blättern. Die drüsenlosen, sternhaarigen Schoten ebenfalls ohne deutliche Hörner (Frankreich bis westl. Balkanhalbinsel, weiter aus Kulturen eingebürgert).

2 Dreihörnige Levkoje *Matthiola tricuspidata* (L.) R. Br.

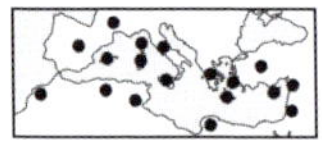

0,1–0,4 m März–Juli ⊙

Merkmale Graufilzige Art, ähnlich *M. sinuata*, aber Schoten zylindrisch, 2,5–10 cm lang, am Ende mit 3 gleichen, 2–6 mm langen, spreizenden, spitzen und kräftigen Hörnern, Kronblätter meist 20–22 mm.

Vorkommen Sandküsten.

3 **Weitere Arten** Bei der **Kleinblütigen Levkoje** *M. parviflora* (Schousboe) R. Br. Schote mit 2 nur 1,5 mm langen, geraden, spitzen Hörnern, Kronblätter 6–12 mm lang (westl. und südl. Mittelmeergebiet, Kanaren).

4 Acker-Moricandie *Moricandia arvensis* (L.) DC.

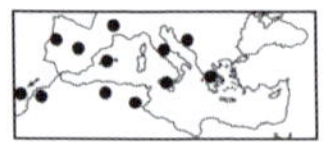

0,2–0,6 m März–Juni ⊙ ⊙ ♃

Merkmale Vielgestaltige kahle Pflanze mit blaugrünen, etwas fleischigen, verkehrt eiförmigen, ganzrandigen bis geschweift gekerbten Blättern, die oberen mit breitem, herzförmigem Grund stängelumfassend. Kronblätter 18–25 mm lang, violett. Schoten lineal, 3–8 cm, zusammengedrückt 4-kantig, Fruchtklappen mit einem deutlichen Nerv, Samen 2-reihig angeordnet.

Vorkommen Brachland, Wegränder, Felsen, überwiegend auf Kalk.

5 Erdschötchen *Morisia monanthos* (Viv.) Asch.

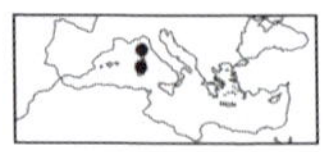

0,02–0,06 m März–Mai ♃

Merkmale Behaarte, stängellose Rosettenpflanze, Blätter länglich-lanzettlich, fiederteilig, mit gleichmäßig spitz 3-eckigen Abschnitten. Blüten mit goldgelben, 9–12 mm langen Kronblättern, einzeln aufrecht an 5–25 mm langen, später verlängerten und zum Boden geneigten Stielen. Die 4 mm langen Schötchen aus 2 ungleich großen, behaarten, kugeligen Gliedern, das obere mit kurzem, gekrümmtem Schnabel.

Vorkommen Zeitweilig feuchte, sandige oder felsige Standorte.

6 Runzeliger Rapsdotter *Rapistrum rugosum* (L.) All.

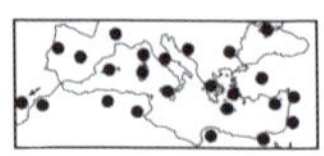

0,2–0,6(–1,2) m März–Juni ⊙ ⊙

Merkmale Ästige, meist borstig behaarte Art mit leierförmig fiederschnittigen, gezähnten, rauen Blättern. Kronblätter blassgelb, 5–9 mm lang. Früchte der Achse anliegend, kahl oder behaart, 3–10 mm lang, das obere Glied kugelig, fast glatt bis stark höckerig gerippt, mit 1–3 mm langem Schnabel.

Vorkommen Kultur- und Brachland, Unkrautflächen, Wegränder.

7 Kretische Ricotia *Ricotia cretica* Boiss. & Heldr.

0,1–0,25 m März–Juni ⊙

Merkmale Kahle, zierliche, grüne Pflanze, Blätter 2fach fiederteilig mit eiförmigen Abschnitten. Kronblätter deutlich ausgerandet, rosa, am Grund blassgelb, 10–12 mm lang. Die verhältnismäßig großen, flachen, bräunlichen Schoten an zurückgebogenen Stielen, 3–5 × 0,9 cm.

Vorkommen Felsen, Schuttfluren, Brachland, auf Kalk.

1

2

3

4

5

6

7

1 Weißer Senf *Sinapis alba* L. *Brassicaceae*

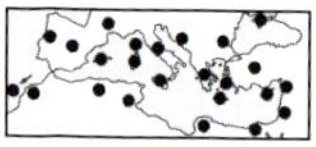

0,2–0,8 m März–Juni ⊙

Merkmale Stängel kantig gefurcht, mit rückwärts gerichteten Borsten, die rau behaarten Blätter alle gestielt, leierförmig fiederspaltig. Blüten mit hellgelben, 8–15 mm langen Kronblättern, die etwa doppelt so lang wie die waagerecht stehenden, nicht gesackten Kelchblätter sind. Schoten an abstehenden Stielen, 20–45 mm lang, steif borstig, 2–8-samig, der flache, schwertförmige Schnabel ohne oder mit 1(–2) Samen. Mehrere Unterarten, als Kulturpflanze für die Senfherstellung aus den Samen.

Vorkommen Kulturland, Brachland, Unkrautfluren.

2 Balearen-Suckowie *Succowia balearica* (L.) Med.

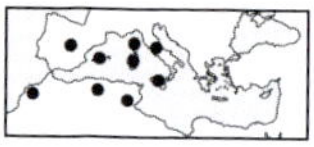

0,2–0,7 m Februar–Mai ⊙

Merkmale Kahle oder rau behaarte Pflanze, Blätter 1–2-fach fiederteilig, mit ± gewimperten Abschnitten. Kronblätter 7–10 mm, zunächst gelb, später weißlich, etwa doppelt so lang wie die aufrechten Kelchblätter. Schötchen aufrecht-abstehend, kugelig, 3–6 mm, dicht mit 1–3 mm langen, konischen Stacheln besetzt, der ebenfalls konische Schnabel 4–8 mm lang.

Vorkommen Feuchte, schattige Unkrautflächen.

3 Immergrüner Buchsbaum *Buxus sempervirens* L. *Buxaceae*

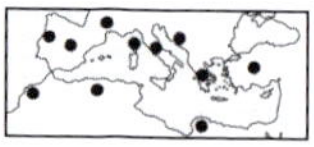

2–5(–8) m März–April ♄

Merkmale Immergrüner Strauch oder kleiner Baum, die eiförmig-elliptischen, 1,5–3 cm langen Blätter gegenständig, kurz gestielt, ledrig, am Rand etwas umgebogen, oberseits glänzend dunkelgrün, unterseits heller. Blüten in blattachselständigen, etwa 5–7 mm breiten Knäueln mit einer endständigen, 5- oder 6-zähligen, weißlichen weiblichen Blüte und mehreren sitzenden, 4-zähligen, grünlich gelben männlichen. Griffel weniger als ¼ so lang wie die zuletzt schwarzbraune, ledrige Kapsel. Die Pflanze enthält giftige Alkaloide.

Vorkommen Immer- und sommergrüne Laubwälder, selten auch bis Mitteleuropa, seit alters in vielen Gartenformen kultiviert.

4 **Weitere Arten** Ähnlich der **Balearen-Buchsbaum** *B. balearica* Lam., aber Zweige kräftiger, Blätter 2,5–5 cm lang, heller grün und weniger glänzend, Blütenknäuel 7–10 mm breit, die männlichen Blüten gestielt, Griffel mehr als ¼ so lang wie die Kapsel (Sardinien, Balearen, vereinzelt in S- und O-Spanien, NW-Afrika).

5 Echter Feigenkaktus *Opuntia ficus-indica* (L.) Mill.

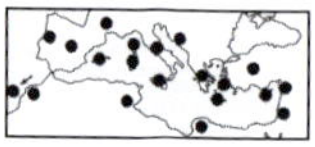

(O. ficus-barbarica Berg.) *Cactaceae*

2–6 m April–Juli ♄

Merkmale Häufigster und bekanntester, wenn auch nicht heimischer Vertreter der Kakteen im Mittelmeergebiet. Strauch mit fleischigen, grünen bis graugrünen, flachen, verkehrt eiförmig-länglichen, 20–50 cm langen Stängelgliedern. In den Achseln von bald abfallenden, 5 mm langen pfriemlichen Blättchen kleine Polster von gelblichen, widerhakigen, spröden Borsten, außerdem meist 0–2 kräftige, bleiche, unter 1 cm lange Dornen. Blüten 6–10 cm breit aus zahlreichen gelben oder orangeroten Blüten- und Staubblättern, gehäuft an den Rändern der Stängelglieder stehend (**5a**). Früchte in der Form feigenähnlich („Kaktusfeigen"), 5–9 cm groß, gelb bis rot, ebenfalls mit Borstenpolstern besetzt, mit eingesenktem Nabel (**5b**). Das saftige Fruchtfleisch ist essbar, Vorsicht beim Schälen, die leicht brechenden Borsten verhaken sich in der Haut und rufen Entzündungen hervor. Die Benennung dieser Art hat immer wieder gewechselt.

Vorkommen Wegen der Früchte und als undurchdringliche Heckenpflanze kultiviert, verbreitet verwildert und gebietsweise eingebürgert, dabei die natürliche Vegetation verdrängend (Heimat Trockengebiete N- und Mittelamerikas). Im 19. Jahrhundert auf den Kanaren und in Algerien in großem Maße auch zur Zucht der Cochenille-Laus *Dactylopius coccus* Costa angebaut. Ihr karminroter Farbstoff wird als Lebensmittelfarbe (u. a. für Spirituosen) und in Kosmetika weiterhin verwendet.

Weitere Arten Besonders im westl. Mittelmeergebiet werden weitere Arten kultiviert, die lokal verwildern.

1

2

3

4

5a

5b

1 Johannisbrotbaum *Ceratonia siliqua* L. *Caesalpiniaceae*

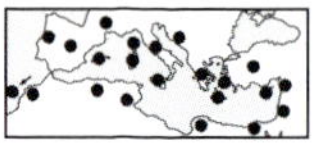

2–10 m August–Januar ♄

Merkmale Meist 1-häusiger immergrüner Strauch, in Kultur baumförmig, dicht belaubt, mit ausladenden Ästen. Blätter paarig gefiedert mit 4–10 kurz gestielten, verkehrt eiförmigen, stumpfen oder ausgerandeten, dunkelgrünen, ledrigen und leicht gewellten Blättchen. Die unscheinbaren, grünlichen, kronblattlosen Blüten direkt an Stamm und Ästen (**1a**). 10–30 cm lange, flache Hülsen, zur Reifezeit dunkel braunviolett (**1b**, Karoben, heute überwiegend Viehfutter, aber auch zur Gewinnung von Alkohol oder Kaffee-Ersatz, die Samen zur Herstellung diätetischer Produkte und in der Lebensmitteltechnologie, früher wegen ihres konstanten Gewichtes als Juwelen- und Goldgewicht, 1 Same = 1 Karat = 0,18 g).

Vorkommen Felsen und Macchien in Küstennähe, besonders im südl. Mittelmeergebiet.

2 Judasbaum *Cercis siliquastrum* L

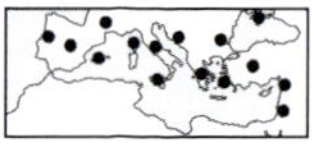

1–10 m März–April ♄

Merkmale Sommergrüner Baum oder Strauch, die kahlen, nierenförmigen Blätter meist erst nach den Blüten treibend. Schmückende rosarote, 1–2 cm große Blüten, die in kurzen Trauben direkt älteren Zweigen entspringen, schmetterlingsblütenähnlich, die 3 oberen Kronblätter jedoch kleiner als die 2 unteren. Hülsen 6–15 cm lang, flach, rotbraun und kahl. Judas soll sich an einem Baum dieser Art erhängt haben.

Vorkommen Auwälder, Macchien, felsige Hänge. In SW-Europa nur verwilderte Vorkommen.

3 Felsenblumenblättrige Glockenblume

Campanula drabifolia Sm. *Campanulaceae*

0,05–0,2 m März–Juni ⊙

Merkmale Zierliche, vom Grund an gabelig verzweigte, abstehend behaarte Glockenblume. Grundständige Blätter kurz gestielt, obere sitzend, lanzettlich, tief gezähnt oder 3-lappig, Tragblätter mit einem Zahn auf jeder Seite. Blüten aufrecht bis abstehend mit blauvioletter, glockenförmiger, 11–16 mm langer Krone. Kelchzipfel zur Fruchtzeit vergrößert und meist abstehend.

Vorkommen Felsige Standorte in der Garigue, S-Griechenland.

Weitere Arten 6 nahe verwandte Sippen, die kleinräumig in der Ägäis bis zur SW-Türkei und Zypern verbreitet sind, z. B. auf Kreta *C. creutzburgii* Greut., auf Rhodos *C. rhodensis* A. DC.

4 Gargano-Glockenblume *Campanula garganica* Ten.

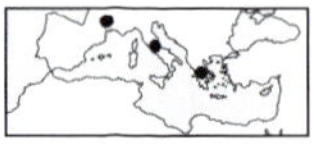

0,1–0,2 m April–September ♃

Merkmale Vielgestaltig und reichblütig, niederliegend oder hängend, auch mit aufrechten Trieben, kahl bis filzig behaart, mit nicht blühenden Rosetten. Blätter gestielt, eiförmig bis rundlich-nierenförmig, gekerbt oder gesägt. Die gestielten Blüten mit blauvioletter bis weißer, 10–15 mm langer, zu ⅓ verwachsener Krone mit abstehenden Zipfeln und zurückgekrümmten Kelchzipfeln.

Vorkommen Kalkfelsen, alte Mauern. Häufig aus Gärten verwildert, in Frankreich eingebürgert.

Weitere Arten Ähnlich *C. portenschlagiana* Schultes, Blütenkrone nur bis zu ¼ verwachsen (Kroatien).

5 Gekrümmte Glockenblume *Campanula incurva* Auch.

0,2–0,4 **m Mai–August ⊙**

Merkmale Grundblätter mit deutlichem, nicht gelapptem Stiel, fein behaart, eiförmig-länglich, am Grund herzförmig, gekerbt, oberste Blätter sitzend. Blüten außergewöhnlich groß, mit bis zu 4 cm langer, aufrechter, breit glockenförmiger, blassblauer bis blasslila Krone. Kelch zwischen den Zipfeln mit eiförmigen Anhängseln, die so lang wie der Fruchtknoten sind. 3 Narben.

Vorkommen Felsen, Gebüsche. Überwiegend in den Gebirgen von O-Griechenland, Ägäis.

Weitere Arten Noch größere Blüten (5–6 cm) hat *C. formanekiana* Degen & Dörfler, Blätter aber mit geflügeltem, gezähntem Blattstiel (Mazedonien, N-Griechenland).

1a

1b

2

3

4

5

1 **Marien-Glockenblume** *Campanula medium* L.

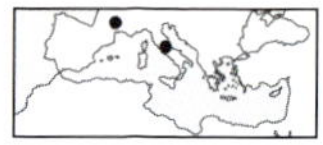

0,2–0,6 m Mai–September ⊙

Merkmale Rosettenblätter der rau behaarten, aufrechten, verzweigten Pflanze gestielt, eiförmig-länglich, gekerbt-gesägt, die oberen sitzend, lanzettlich. Blüten mit 3–4 cm langer, meist hellvioletter, glockigbauchiger Krone, ihre Zipfel breit und kurz, nach außen gebogen. In den Buchten der breit eiförmigen, zugespitzten Kelchzipfel borstig bewimperte, rundliche, zurückgeschlagene Anhängsel. Meist 5 Narben.
Vorkommen Gebüsche, lichte sommergrüne Wälder, weiter kultiviert und gebietsweise verwildert.
2 **Weitere Arten** Ähnlich die **Schüsselförmige Glockenblume** *C. pelviformis* LAM., aber Pflanze aufsteigend, locker verzweigt, Krone bis 3 cm lang (Kalkfelsen, Schuttfluren, Straßenböschungen, O-Kreta).

3 **Pyramiden-Glockenblume** *Campanula pyramidalis* L.

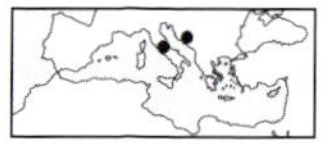

0,3–1,5 m Juli–Oktober ⊙ ♃

Merkmale Durch ihren steif aufrechten, hohen Wuchs gut kenntlich. Grundblätter breit eiförmig-herzförmig, mit drüsig gekerbt-gezähntem Rand. Blüten zu 1–3 in den Achseln der oberen, lanzettlichen, tragblattartigen Blätter, Krone bis 3 cm breit, fast bis zur Mitte in 5(–6) weit spreizende, 3-eckig spitze Zipfel zerteilt, meist hell blauviolett. Kelchzipfel schmal, zuletzt zurückgebogen, viel kürzer als die Krone. 3 Narben.
Vorkommen Felsen, Mauern, Straßenränder.
Weitere Arten Ähnlich *C. versicolor* ANDR., aber Blätter drüsenlos gekerbt oder gezähnt, Blütenstand kurz und dicht, Krone blassblau, innen am Grund dunkelviolett (0,2–0,4 m hoch, SO-Italien, Balkanhalbinsel).

4 **Verzweigte Glockenblume** *Campanula ramosissima* SM.

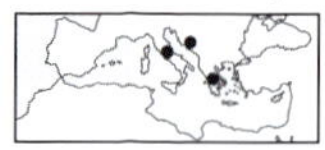

0,15–0,4 m April–Juni ⊙

Merkmale Kahle, oft aber auch abstehend behaarte aufrechte Art, einfach oder verzweigt, mit eiförmiglanzettlichen bis spateligen, schwach gekerbten Blättern, die oberen sitzend und schmaler. Blüten lang gestielt, einzeln und aufrecht, endständig, mit schmalen, 3-nervigen, zugespitzten Kelchzähnen, die fast so lang sind wie die weit trichterförmige, 10–30 mm lange, bis auf ⅓ eingeschnittene blauviolette Krone. 3 Narben. Frucht wie schon der Fruchtknoten sichtbar borstig.
Vorkommen Grasige Flächen, felsige Hänge.

5 **Topalis Glockenblume** *Campanula topaliana* BEAUV.

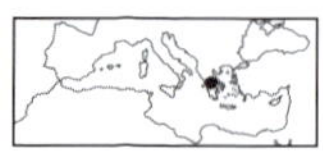

0,2–0,4 m April–Mai ⊙

Merkmale Blätter der meist einzigen Grundrosette vielgestaltig, seidig oder filzig bis rau behaart, Spreite (der Endlappen!) am Grund meist herzförmig, in einen gelappten Blattstiel übergehend. Mehrere ährenartige, dem Fels anliegende Blütentriebe. Kelchzähne eiförmig, zugespitzt, in ihren Buchten lange, 3-eckige Anhängsel. Krone außen behaart, 8–19 mm lang, röhrig, mit abstehenden Lappen. 5 Narben.
Vorkommen Felsspalten, besonders im Kalkgestein, alte Mauern, trotz des kleinen Areals formenreich, nur in S-Griechenland.
Weitere Arten Ähnlich *C. anchusifolia* SM., aber gleichzeitig mit mehreren Rosetten und jeweils nur 1 Haupttrieb, Endlappen der Blätter eiförmig. Beispiele aus der Artengruppe *C. rupestris*, die mit 14 weiteren, nicht immer leicht zu unterscheidenden Arten in Griechenland vertreten ist.

6 **Grasblättrige Krugglocke** *Edraianthus graminifolius* (L.) A. DC.

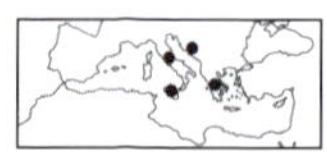

0,05–0,25 m Juni–August ♃

Merkmale Blätter lineal bis schmal lanzettlich, flach, nur am Grund gewimpert, oberseits etwas kraushaarig. Blüten meist köpfchenartig zu (1–)3–6(–8), dicht umgeben von lang zugespitzten, eiförmigen Hochblättern. Krone blauviolett, 12–20(–35) mm lang, schmal trichterfömig, zu ⅓ eingeschnitten.
Vorkommen Kalkfelsen, Geröll, meist in den Gebirgen. Zahlreiche weitere Arten, vor allem auf der westl. Balkanhalbinsel.

1
2
3
4
5
6

1 Fünfkantiger Frauenspiegel *Legousia pentagonia* (L.) THELL.

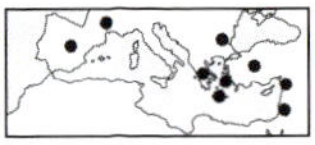

Campanulaceae

0,1–0,3 m März–Juli ⊙

Merkmale Meist etwas rau behaart, mit eiförmigen, ganzrandigen oder gewellt-gekerbten Blättern. Blüten doldentraubig, die Krone weit glockenförmig, 5-zipfelig, 15–20 mm lang, Kelchzipfel abstehend oder zurückgebogen, zur Fruchtzeit ¼–½ so lang wie die Kapsel. Diese zylindrisch, 5-kantig, 20–30 mm lang.

Vorkommen Getreideäcker, trockene offene Standorte. Im Westen nur eingebürgert.

Weitere Arten Blüten dagegen in lockerer Ähre bei *L. scabra* (LOWE) GAMISANS, Krone mit 5–8 mm etwa so lang wie die Kelchzipfel (westl. Mittelmeergebiet, Kanaren) und *L. falcata* (TEN.) JANCH., Krone nur ⅓ so lang wie die oft sichelförmigen Kelchzipfel (Mittelmeergebiet, Kanaren).

2 Kretische Rutenglockenblume *Petromarula pinnata* (L.) A. DC.

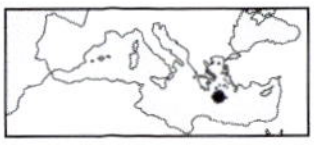

0,6–1,2 m April–Juni ♃

Merkmale Blätter der Grundrosette lang gestielt, kahl, gefiedert oder fiederschnittig, mit grob gezähnten Abschnitten. Blüten in langer schlanker Traube, Krone etwa 10 mm lang, dunkelblau, blassblau oder weiß, bis fast zum Grund in lineale, zuletzt zurückgebogene Zipfel zerteilt. Kugelige Kapseln.

Vorkommen Schattig-feuchte Felsspalten und Mauern.

3 Kleine Laurentie *Solenopsis minuta* (L.) PRESL (*Laurentia minuta* (L.) A. DC.)

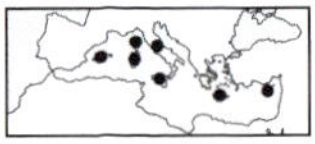

0,02–0,25 m April–August ⊙♃

Merkmale Blätter der kleinen Pflanze alle grundständig, eiförmig-spatelig, ± ganzrandig, behaart. Auffällig die großen, 5–8,5 mm langen, 2-lippigen, blauen, lila oder weißen Blüten auf zarten Stielen mit 1–4 Hochblättern. Besonders auf den großen Inseln verschiedene Unterarten (zum Teil auch als Art bewertet), auf Kreta neben der ssp. *minuta* endemisch die abgebildete 1-jährige, häufigere ssp. *annua* GREUT. & al.

Vorkommen Schattig-feuchte Felsen, Quellen, Pionierstandorte.

4 Blaues Halskraut *Trachelium caeruleum* L.

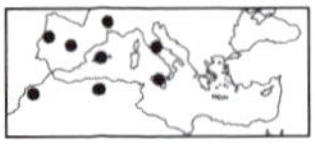

0,3–1 m Mai–September ♃♄

Merkmale Am Grund verholzte, nahezu kahle Pflanze. Blätter bis auf die obersten gestielt, eiförmig bis breit lanzettlich, doppelt gesägt und fein gewimpert. Blüten mit blauvioletter, seltener weißer, schmaler, 6–8 mm langer, kurz 5-zipfeliger Kronröhre in lockerer, endständiger, 5–10 cm breiter Trugdolde, Griffel weit herausragend. Auf Sizilien die *T. lanceolatum* GUSS. mit schmalen Blättern und geflügelten Blattstielen.

Vorkommen Schattig-feuchte Felsen und Mauern, auch als Zierpflanze kultiviert und verwildert.

5 Östlicher Kapernstrauch *Capparis orientalis* VEILL. *Capparaceae*

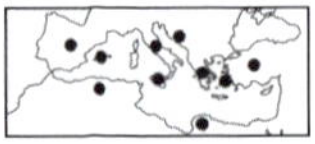

(*C. spinosa* L. ssp. *rupestris* (SM.) NYM.)

0,3–1,0 m, bis 3 m kriechend Mai–Oktober ♄

Merkmale Niederliegender oder hängender Strauch, Blätter etwas fleischig, eiförmig bis fast rundlich, stumpf bis ausgerandet, mit oder ohne Stachelspitze (0,2– 0,5 mm), die 2 Nebenblätter borstenförmig, hinfällig. Einzelne attraktive Blüten gestielt in den Blattachseln, 3–8 cm breit, mit 4 etwas ungleich großen, weißen Kronblättern, zahlreichen purpurnen Staubfäden und einem lang gestielten Fruchtknoten, die hinfälligen Kelchblätter rot berandet.

Vorkommen Felsen, Mauern, auch häufig kultiviert. In Essig oder Kochsalzlösung eingelegte Blütenknospen werden als Kapern gehandelt, junge Früchte und Stängel werden ebenfalls gegessen.

Weitere Arten Früher als einzige (Sammel-)Art im Mittelmeergebiet angesehen *C. spinosa* L., heute im engeren Sinn mit ± behaarten, nicht fleischigen, bespitzten Blättern und gekrümmten, schwachen, 3–6 mm langen Nebenblattdornen. Weiter verbreitet auch *C. sicula* VEILL. ssp. *sicula* mit kräftigen zurückgekrümmten Dornen (beide S-Europa, Türkei). 4 weitere Arten vor allem in N-Afrika und am Ostrand des Mittelmeers.

1

2

3

4

5

1 Etruskisches Geißblatt *Lonicera etrusca* Santi *Caprifoliaceae*

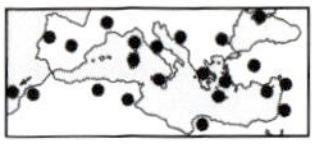

1–4 m Mai–Juli ♄

Merkmale (Schwach) windender, laubwerfender Strauch mit gegenständigen, vielgestaltigen, stumpfen oder spitzen, verkehrt eiförmigen oder elliptischen, oberseits dunkelgrünen, unterseits etwas blaugrünen, kurz gestielten Blättern, das oberste Paar sitzend und am Grund breit verwachsen. Darin bis 4 cm lang deutlich gestielt 1–3 Scheinquirle aus 8–12 gelblich weißen, außen oft rötlich überlaufenen Blüten. Krone 3,5–5 cm lang, mit enger Röhre und 2-lippigem Saum aus einer 4-lappigen Ober- und einfacher Unterlippe. Staubblätter etwa gleich lang oder etwas länger. Rote Beeren.

Vorkommen Immer- und sommergrüne Gebüsche, auch als Zierstrauch.

Weitere Arten Gebietsweise wie in Mitteleuropa die auch kultivierten und verwilderten laubwerfenden Arten *L. caprifolium* L. (Blütenstand in einem verwachsenen Blattpaar sitzend oder kurz gestielt) und *L. periclymenum* L. (Blätter unterhalb des Blütenstandes sitzend, aber nie verwachsen).

2 Windendes Geißblatt *Lonicera implexa* Ait.

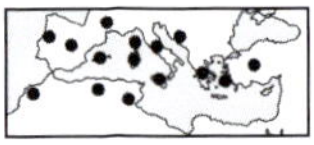

1–2 m April–Juni ♄

Merkmale Ähnlich voriger Art, aber stärker windend, mit rötlichen Trieben. Blätter immergrün, kahl, ledrig, eiförmig oder länglich, bespitzt, am Grund meist geöhrt, am glatten Rand schmal durchscheinend. In den Achseln der oberen verwachsenen Blätter weißliche, außen oft rötlich überlaufene, 2,5–4,5 cm lange Blüten zu 2–6(–9) sitzend, Staubblätter kürzer als die Krone.

Vorkommen Immergrüne Gebüsche.

3 Immergrüner Schneeball, Steinlorbeer *Viburnum tinus* L.

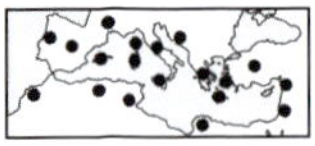

1–3(–7) m Januar–Juni ♄

Merkmale Immergrüner, reich verzweigter Strauch, die gestielten, ganzrandigen, spitz eilanzettlichen Blätter ledrig, oberseits dunkelgrün glänzend, unterseits heller und spärlich behaart. Blüten in 4–9 cm breiten, dichten schirmförmigen Trugdolden, Krone 5–9 mm im Durchmesser mit 5 gleichmäßigen rundlichen Lappen, außen rosa und innen weiß (**3a**). Früchte eiförmig, bis 8 mm, zuletzt metallisch schwarzblau (**3b**).

Vorkommen Schattige, oft feuchte Standorte in Macchien und immergrünen Wäldern (im Osten seltener), auch als Zierstrauch in verschiedenen Sorten kultiviert.

4 Balearen-Sandkraut *Arenaria balearica* L. *Caryophyllaceae*

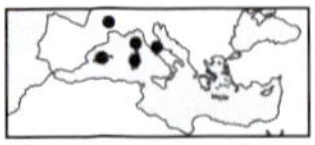

0,02–0,1 m April–Juli ♃

Merkmale Mit ± wurzelnden zarten Stängeln dichte Rasen bildende, behaarte Pflanze. Blätter etwas fleischig, mit winziger eiförmiger Spreite. Blüten an fädlichen Stielen, mit 2–3 mm langen, deutlich 1-nervigen Kelch- und bis doppelt so langen, weißen Kronblättern.

Vorkommen Schattige Felshänge, Schuttfluren, meist oberhalb von 500 m. In Frankreich nur eingebürgert, in Mitteleuropa als Steingartenpflanze.

5 Berg-Sandkraut *Arenaria montana* L.

0,1–0,35 m Februar–Mai(–August) ♃

Merkmale Vielgestaltige Art, Stängel rasenbildend oder sparrig verzweigt, wie die länglich-lanzettlichen, flachen oder linealen, am Rand umgerollten Blätter mit einfachen Haaren, im Blütenstand bei der ssp. *intricata* (Ser.) Pau. auch mit Drüsenhaaren. Die 5 weißen Kronblätter mit 6–14 mm länger als die eiförmigen oder lanzettlichen, spitzen Kelchblätter. Kapsel 5–10 mm, kugelig-eiförmig, mit schwarzen oder grauen, rundlich-nierenförmigen Samen.

Vorkommen Meist beschattete, felsige Flächen, Gebüsche, offene Wälder.

Weitere Arten *Arenaria*-Arten sind besonders in Spanien und in der Türkei mit einer großen Zahl von kleinräumig verbreiteten Endemiten vertreten.

1

2

3a

3b

4

5

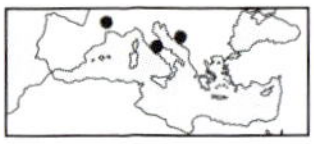

1 **Balbis Nelke** *Dianthus balbisii* SER. (*D. ferrugineus* MILL)

0,2–0,5 m Juni–November ♃

Merkmale Eine der zahlreichen Nelken mit gebüschelten Blüten, hier zu 2–6. Blätter lineal, 2–5 mm breit, vom kahlen Stängel abstehend. Die rosavioletten Kronblätter mit der vorne gezähnten Platte 5–6 mm aus dem 14–18 mm langen Kelch herausragend. Dieser von 4 zugespitzten, unten hautrandigen, etwa ebenso langen Schuppen umgeben. Abgebildet ist die ssp. *liburnicus* (BARTL.) PIGN. (Italien, nördl. Balkanhalbinsel).

Vorkommen Weiderasen, Gebüsche, Brachland.

2 **Weitere Arten** Einzeln stehen die Blüten bei der **Stein-Nelke** *D. sylvestris* WULF., Kronplatte 7–9 mm lang, der Kelch 12–30 mm, am Grund mit 2–8 häutigen Schuppen, die höchstens 1/4 bis 1/3 seiner Länge erreichen. 8 Unterarten, abgebildet ist die ssp. *longicaulis* (TEN.) GREUT. & BURD. (westl. Mittelmeergebiet).

Vorkommen Felshänge, bis in die Gebirge aufsteigend, eine ssp. mit wenigen Fundorten im Allgäu.

3 **Gewimperte Nelke** *Dianthus ciliatus* GUSS.

0,2–0,6 m Juni–Oktober ♃

Merkmale Polsterbildende Art mit 1–2 mm breiten, am Rand gewimperten Blättern. Kronblätter rosa, mit ganzer oder gezähnter, 5–10 mm langer Platte. Der kahle Kelch unterhalb der Mitte am breitesten, am Grund mit gewöhnlich 8 halb so langen, eiförmigen, zugespitzten Außenkelchblättern. 2 Unterarten.

Vorkommen Felsfluren, Grasfluren.

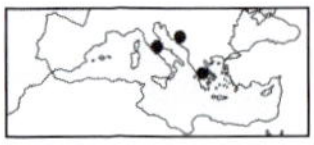

4 **Dornnelke** *Drypis spinosa* L.

0,08–0,3 m Juni–September ♃

Merkmale Blassgrüne, reich verzweigte Pflanze mit 4-kantigen, spröden Stängeln. Blätter lanzettlich-pfriemlich, starr und stechend, oberseits rinnig. Blütenstände in der Aufsicht doldenförmig, flach 4-eckig, umgeben von dornig gezähnten Hochblättern, deren Enddorn die Blüten mit ± tief 2-lappigen Kronblättern und bläulichen Staubbeuteln weit (ssp. *spinosa*) oder kaum (ssp. *jacquiniana* WETTST. & MURB.) überragt.

Vorkommen Ssp. *spinosa*: Gebirge Mittelitaliens und der Balkanhalbinsel, ssp. *jacquiniana*: Sand- und Felsküsten der nördlichen Adria.

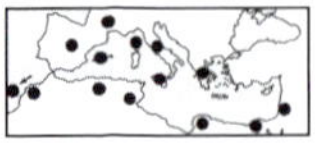

5 **Kopfförmige Mauermiere** *Paronychia capitata* (L.) LAM.

0,05–0,15 m lang März–Juli ♃

Merkmale Stängel ausgebreitet verzweigt, mit graugrünen, beiderseits angedrückt behaarten, elliptisch-lanzettlichen, 3–12 mm langen Blättern und 4 gewöhnlich kürzeren, häutigen Nebenblättern an jedem Knoten. Blüten in 10–15 mm breiten Knäueln mit 5–10 mm langen, silbrigen Tragblättern, die viel länger als die ungleichen, komplett krautigen Kelchlappen sind und diese völlig verdecken. Keine Kronblätter.

Vorkommen Trockene, steinige Standorte, Olivenhaine.

6 **Weitere Arten** Ähnlich die **Silber-Mauermiere** *P. argentea* LAM., Blätter deutlich bespitzt, ± kahl, am Rand fein gewimpert, Kelchlappen etwa gleich lang, häutig berandet, kapuzenförmig, auf dem Rücken mit kurzer Spitze, von den 4–6 mm langen Hochblättern verdeckt (meist auf Sand, Mittelmeergebiet).

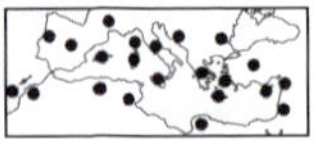

7 **Samt-Felsennelke** *Petrorhagia dubia* (RAF.) LÓPEZ & ROMO

(*P. velutina* (GUSS.) BALL & HEYW.)

0,1–0,5 m März-April ⊙

Merkmale Stängel in der Mitte drüsig behaart, Blätter lineal-lanzettlich, grund- und stängelständig, ihre Scheiden wenigstens 2-mal so lang wie breit. Kelche des Blütenstandes von häutigen, hellbraunen, eiförmigen, bespitzten Hochblättern umgeben, Kronblätter mit 2–3 mm breiter, 2-lappiger Platte.

Standort Gras- und Felsfluren.

Weitere Arten Ähnlich *P. nanteuilii* (BURN.) BALL & HEYW., aber Mittelteil des Stängels oft filzig, drüsenlos, Blattscheiden bis 2-mal so lang wie breit (westl. Mittelmeergebiet bis Italien, Kanaren).

1

2

3

4

5

6

7

1 Peloponnes-Felsennelke

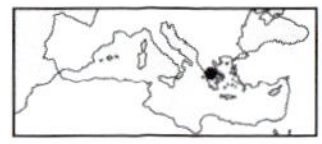

Petrorhagia glumacea (Bory & Chaub.) Ball & Heyw.

0,2–0,8 m April–Juni ⊙

Merkmale Stängel meist kahl, mit wenigen spatelförmigen bis lanzettlichen Rosetten- und linealen Stängelblättern, die Blattscheiden so lang wie breit. Blüten in endständigen Köpfchen oder einzeln, die Kelche komplett von 4–6 stumpfen, hellbraunen, häutigen Hochblättern eingehüllt, das größte davon 18–25 mm lang. Die herausragende Platte der rosa, unterseits gelblich grünen Kronblätter (4–)6–10 mm breit, vorne wie bei Nelken-Arten unregelmäßig gekerbt bis eingeschnitten.

Vorkommen Ölbaumhaine, aufgelassenes Kulturland, Garigues, in Küstennähe.

2 Vierblättriges Nagelkraut *Polycarpon tetraphyllum* (L.) L.

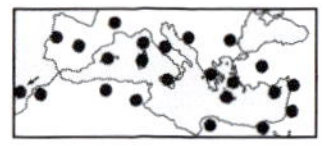

0,05–0,2 m März–September ⊙

Merkmale Zierliche, reich verzweigte Art. Mittlere Blätter in 4-zähligen Scheinquirlen, verkehrt eiförmig, bespitzt, am Rand rau. Blüten etwa 2 mm breit, die 5-blättrige, häutige, weiße Krone kürzer als die 5 weißrandigen Kelchblätter. Bei der ssp. *diphyllum* (Cav.) Bolòs & Font Quer Blätter meist zu 2 gegenständig.

Vorkommen Trittfluren, Wegränder, sandige Äcker.

3 Gekniete Rotmiere *Rhodalsine geniculata* (Poir.) Williams

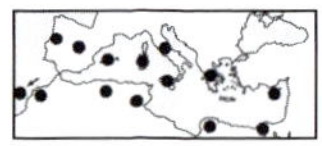

(*Minuartia geniculata* (Poir.) Thell.)

0,1–0,5 m Februar–Juni ♃

Merkmale Drüsig behaarte, am Grund verholzte, ± gekniet aufsteigende Pflanze. Blätter elliptisch bis lineal, unterseits mit 1 hervortretenden Nerv. Lang gestielte Blüten mit 3–4 mm langen, eiförmigen rosa Kronblättern und etwa gleich großen, häutig berandeten Kelchblättern ohne sichtbare Nerven. 10 Staubblätter.

Vorkommen Trockene sandige Standorte, meist in Küstennähe.

4 Kalabrisches Seifenkraut *Saponaria calabrica* Guss.

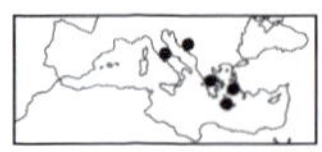

0,15–0,3 m April–Juni ⊙

Merkmale Abstehend verzweigte, ± dicht drüsig behaarte Pflanze. Obere Blätter spatelig bis länglich-eiförmig, sitzend. Blüten in lockeren Dichasien, mit verwachsenem kurz und stumpf 5-zähnigem, zylindrischem, 6–10 mm langem Kelch und 3–5 mm lang löffelfömig herausragenden, ganzrandigen, leuchtend rosa Kronblättern, diese am Schlundeingang jeweils mit kurzer 2-teiliger Schuppe.

Vorkommen Felsen, Schuttfluren.

5 Ägyptisches Leimkraut *Silene aegyptiaca* (L.) L. f.

0,1–0,4 m Februar–Juni ⊙

Merkmale Stängel unten behaart, oben drüsig-klebrig. Blätter gewöhnlich nur rau und am Rand etwas gewellt, eiförmig-länglich, sitzend, die unteren gestielt, spatelförmig. Kelch 13–18 mm lang, purpurn, drüsig-klebrig, undeutlich genervt, Kronblätter etwa 15 mm, die Platte 2-teilig, am Grund auf jeder Seite mit 1 Zahn. Kapsel auf 7–11 mm langem Fruchtträger. Samen runzelig-warzig.

Vorkommen Schuttfluren, Brachland, Wegränder.

6 Farbiges Leimkraut *Silene colorata* Poir.

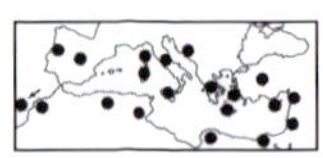

0,1–0,6 m April–Juni ⊙

Merkmale Fein behaarte Pflanze mit spatelförmigen bis linealen Blättern, Hochblätter eines Paares oft ungleich groß. Kelch 12–16 mm lang, mit 10 deutlichen, nicht miteinander verbundenen, behaarten Nerven und stumpfen Zähnen, zur Fruchtzeit breit keulenförmig. Platte der Kronblätter vorne tief geteilt, 12–15 mm lang. Kapsel durch einen 4–8 mm langen Fruchtträger gestielt. Samen mit 2 gewellten Flügeln.

Vorkommen Sandstrände, Kulturland.

1

2

3

4

5

6

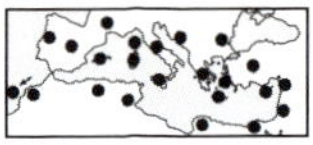

1 Französisches Leimkraut *Silene gallica* L. *Caryophyllaceae*

0,1–0,8 m Februar–Juni ⊙

Merkmale Behaartes, drüsig-klebriges Leimkraut mit länglich-spateligen, bespitzten, grund- und stängelständigen Blättern. Blüten einseitswendig, mit rosa oder weißen, seicht ausgerandeten oder ganzen Kronblättern, Platte bis 7 mm lang (**1a**). Der lang rauhaarige Kelch zylindrisch-eiförmig, mit 10 dunkelgrünen Nerven, bis auf ¼ der Länge spitz gezähnt. Die Kapsel auf höchstens 1 mm langem Fruchtträger, Samen nierenförmig, scharf gerieft, warzig. Auffällig ist die Varietät *quinquevulnera* (L.) MERT. & KOCH (**1b**) mit leuchtend roten Flecken auf den Kronblättern.

Vorkommen Kulturland, Brachen, Weiden.

Weitere Arten Die Gattung *Silene* enthält zahlreiche, oft kleinräumig verbreitete Arten, an die 200 wurden für die Flora Europas beschrieben, von denen nur wenige nicht im Mittelmeergebiet vorkommen.

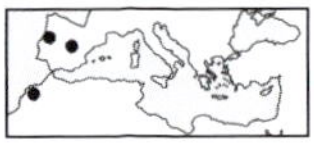

2 Strand-Leimkraut *Silene littorea* BROT.

0,05–0,2 m März–Mai ⊙

Merkmale Drüsig behaarte Strandpflanze. Blätter ± fleischig, länglich, die oberen schmaler. Blüten meist mehrere, mit 10–19 mm langem, zylindrischem, 10-nervigem, stumpf gezähntem Kelch. Platte der Kronblätter rosa, 5–11 mm lang, verkehrt herzförmig. Kapsel 7–10 mm, auf 4–9 mm langem, kahlem Fruchtträger, Samen nierenförmig, fein netznervig.

Vorkommen Sandstrände.

3 **Weitere Arten** Ebenfalls an Sandstränden und drüsig-klebrig das **Fleischige Leimkraut** *S. succulenta* FORSSK., Platte der Kronblätter tief geteilt, weiß oder rosa, 6–8 mm lang, Kelch grün- oder rotnervig. Kapsel 10 mm, etwa so lang wie der behaarte Fruchtträger (südl. Mittelmeergebiet, auf Korsika und Sardinien in der ssp. *corsica* (DC.) NYM., in Frankreich eingebürgert).

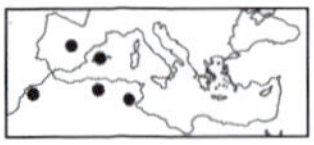

4 Einseitswendiges Leimkraut *Silene secundiflora* OTTH

0,25–0,4 m März–Juli ⊙

Merkmale Pflanze ähnlich *S. colorata* (siehe S. 168), aber Blätter eiförmig-lanzettlich und oft fast kahl, Hochblätter etwa gleich groß. Kelch 14–17 mm, mit deutlich verbundenen, grünen, manchmal roten Nerven und spitzen, bewimperten Zähnen. Blüten mit rosa bis weißlicher, 7–8 mm langer, tief eingeschnittener Platte. Kapsel 8–13 mm, auf 4,5–7 mm langem, behaartem Fruchtträger. Samen flach, netznervig.

Vorkommen Felsfluren, Weideland.

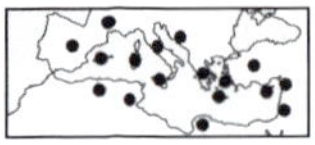

5 Mauerpfeffer-Leimkraut *Silene sedoides* POIR.

0,05–0,2 m März–Juni ⊙

Merkmale Dicht abstehend behaarte, wenigstens an den Blütenstielen auch drüsige, häufig rotbraun überlaufene kleine Pflanze. Blätter fleischig, länglich-lanzettlich, stumpf. Kelch 5–8 mm, mit stumpfen Zähnen, viel kürzer als die Blütenstiele, Platte der Kronblätter 1–3 mm lang, rosa, ganzrandig oder ausgerandet. Kapsel 3–6 mm, auf 1,5–2 mm langem Fruchtträger. Samen schwarz, nierenförmig, netznervig, bisweilen warzig.

Vorkommen Küstenfelsen, seltener auch an Sandküsten.

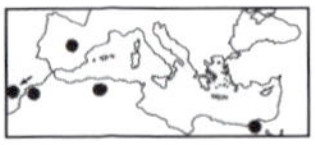

6 Senegal-Maytenus *Gymnosporia senegalensis* (LAM.) LOES. (*Maytenus senegalensis* (LAM.) EXELL) *Celastraceae* **0,5–2(–4) m September–Februar ♄**

Merkmale Immergrüner, sparriger Strauch, die Seitenzweige in Dornen endend. Blätter etwas graugrün, oft zu mehreren büschelig, sehr kurz gestielt, mit eiförmiger bis lang spatelförmiger, schwach gekerbter Spreite. Weißliche 5-zählige Blüten in kurzen Rispen. Die rötlichen, später schwärzlichen, kugeligen Kapseln mit 1–2 leuchtend roten Samen in einem becherförmigen, fleischigen Arillus.

Vorkommen Gebüsche auf trockenen, steinigen Böden in Küstennähe.

1a

1b

2

3

4

5

6

1 **Graue Gliedermelde** *Arthrocnemum macrostachyum* (MORIC.) MORIS

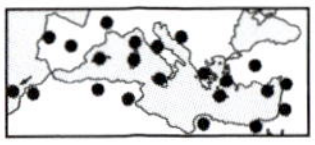

(*A. glaucum* UNG.-ST., *Arthrocaulon macrostachyum* (MORIC.) PIIRAINEN & G. KADEREIT)

0,3–1,5 m April–September ♄

Merkmale Kahler, graugrüner, später gelblich grüner oder rötlicher Strauch aus fleischigen Gliedern, die von schuppenförmigen, kreuzweise gegenständigen, stängelumfassenden Blättchen gebildet werden. In einem fruchtbaren Glied jeweils 2-mal 3 nebeneinanderstehende, etwa gleich große, unscheinbare Blüten, die nach dem Herausfallen eine einfache, ungeteilte Höhlung hinterlassen. Samen schwarz, warzig.

Vorkommen Salzsümpfe, vorwiegend an den Küsten, auch auf Salzböden im Binnenland.

2 **Strauch-Melde** *Atriplex halimus* L.

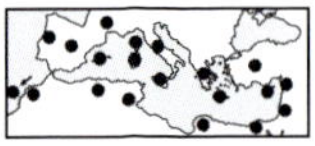

1–2,5(–3) m Juni–Dezember ♄

Merkmale Silbrig-schilfriger, kräftiger aufrechter Strauch mit kurz gestielten, meist eiförmig-rhombischen, ganzrandigen oder leicht gezähnten Blättern. Blüten eingeschlechtig in kleinen etwas entfernt stehenden Knäueln, in langen, endständigen, am Grund beblätterten Scheinrispen, männliche mit unauffälliger, 5-blättriger, häutiger Blütenhülle, weibliche nur mit 2 zur Fruchtzeit vergrößerten, fast rundlichen, ganzrandigen bis gezähnelten Vorblättern ohne Anhängsel.

Vorkommen Sand- und Felsküsten, Binnensalzstellen, häufig als Hecke gepflanzt.

3 **Weitere Arten** Dagegen niederliegend, nur bis 0,5 m hoch die **Graugrüne Melde** *A. glauca* L., mit meist eiförmig-länglichen Blättern, Vorblätter mit zahlreichen großen Anhängseln auf dem Rücken (südl. Mittelmeergebiet, Kanaren).

4 **Portulak-Salzmelde** *Atriplex portulacoides* L.

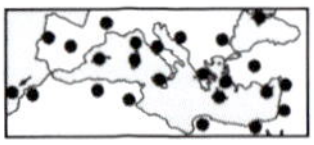

(*Halimione portulacoides* (L.) AELLEN)

0,2–0,8 m Juli–Oktober ♃

Merkmale Silbrig graugrüner Halbstrauch, Äste an den Knoten oft wurzelnd. Blätter ± fleischig, untere gegenständig, oft büschelig, schmal länglich, am Grund lang keilförmig. Blüten eingeschlechtig in blattlosen, ährigen oder rispigen, gelblichen Blütenständen, weibliche nur mit 2 sich vergrößernden, bis fast zur Spitze verwachsenen, 3-lappigen und die Frucht einschließenden Vorblättern.

Vorkommen Küsten und Binnensalzstellen, auch von der Atlantik- bis zur Nordseeküste.

5 **Montpellier-Kampferkraut** *Camphorosma monspeliaca* L.

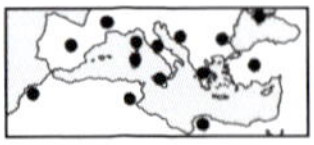

0,1–0,8 m Juni–November ♃

Merkmale Nach Kampfer duftender, grauer, behaarter Halbstrauch. Blätter gehäuft an seitlichen Kurztrieben sitzend, pfriemlich, am Grund verbreitert. Blüten einzeln blattachselständig, von den 4 Blütenhüllblättern 2 gegenüberstehende zur Fruchtzeit vergrößert und gekielt.

Vorkommen Felsküsten, auch im Binnenland auf salzhaltigen Böden.

6 **Kali-Salzkraut** *Salsola kali* L. (*Salsola squarrosa* STEVEN EX MOQ.)

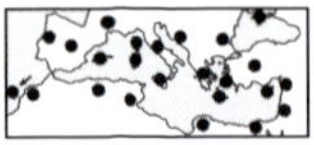

0,1–1 m Juli–Oktober ⊙

Merkmale Formenreiche, graugrüne bis gelbliche oder rötliche, kahle oder borstig behaarte, abstehend verzweigte, fleischige Pflanze. Nur die unteren Blätter gegenständig, lineal-pfriemlich, stachelspitzig, am Grund verbreitert und hautrandig. Blüten zu 1–3 blattachselständig, die Hüllblätter ungleich breit, am Rücken mit einem Höcker oder Flügel mit starker Mittelrippe, überragt von 2 starren, eiförmig-3-eckigen Vorblättern mit langem, hellem Dorn. Früher zur Sodagewinnung genutzt, die jungen Triebe als Gemüse.

Vorkommen Sandküsten, Schuttplätze, Wegränder, auch gelegentlich im Binnenland.

7 **Weitere Arten** Ebenfalls 1-jährig, oft rötlich überlaufen, kahl, das **Soda-Salzkraut** *S. soda* L. (*Soda inermis* FOURR.), Blätter bis weit hinauf gegenständig, halbstielrund, fast stängelumfassend, mit kurzer, weicher Spitze. Vorblätter etwa so lang wie die Blütenhülle (S-Europa, im Süden fehlend, Asien).

1

2

3

4

5

6

7

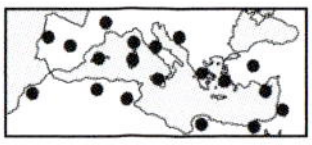

1 **Strauchige Gliedermelde** *Sarcocornia fruticosa* (L.) SCOTT (*Salicornia fruticosa* (L.) L., *Arthrocnemum fruticosum* (L.) MOQ.) *Chenopodiaceae*

0,3–1,5 m Juni–September ♄

Merkmale Pflanze ähnlich *Arthrocnemum* (siehe S. 172), die 3 beieinander stehenden Blüten nach dem Herausfallen aber 3 abgegrenzte Höhlen hinterlassend. Samen grau oder stumpf braun, mit kurzen, kegelförmigen Haaren. Triebe aufrecht, nicht wurzelnd wie bei folgender Art.

2 **Weitere Arten** Ähnlich die **Ausdauernde Gliedermelde** *S. perennis* (MILL.) SCOTT (*Salicornia perennis* MILL.), aber mit niederliegenden bis aufsteigenden, wurzelnden Ästen, bis 0,3 m hohe, dichte Matten bildend, Samen mit gebogenen oder hakenförmigen Haaren (Mittelmeergebiet).

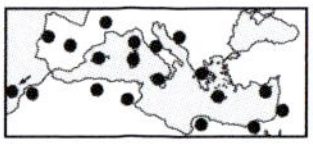

3 **Strauchige Sode** *Suaeda vera* GMEL. (*S. fruticosa* auct.)

0,3–0,6(–1,2) m Juni–Juli ♄

Merkmale Kleiner kahler Strauch mit sitzenden, spiralig gestellten, graugrünen, auch etwas rötlichen, halbstielrunden, in einer kurzen Spitze endenden Blättern, die längsten gewöhnlich höchstens 18 mm. Blüten mit einer unscheinbaren, krautigen, 5-lappigen, zusammenneigenden Hülle zu 1–3 in den Blattachseln, einen ährenförmigen Blütenstand bildend. Samen glatt.

Vorkommen Salzsümpfe, Felsküsten.

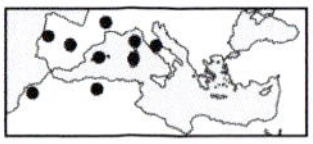

4 **Weißliche Zistrose** *Cistus albidus* L. *Cistaceae*

0,4–1,5 m April–Juni ♄

Merkmale Strauch mit gegenständigen, weißfilzigen, flachen, nicht gewellten, halbstängelumfassend sitzenden Blättern, unterseits mit 3 parallelen, deutlich hervortretenden Nerven. Blüten 5–20 mm lang gestielt, 4–6 cm breit, Kronblätter rosarot, wie bei allen Zistrosen 5, in der Knospe unregelmäßig gefaltet, auch aufgeblüht noch zerknittert aussehend, nach wenigen Stunden abfallend. 5 breit eiförmige, filzige Kelchblätter.

Vorkommen Garigues, niedere Macchien, offene Wälder, überwiegend auf Kalk.

Weitere Arten Ähnlich *C. crispus* L. mit purpurroten, nur 1–5 mm lang gestielten, 3–4 cm breiten Blüten und gewellten Blättern, 0,3–0,6 m hoch (westl. Mittelmeergebiet).

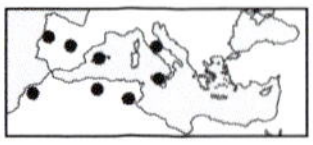

5 **Clusius-Zistrose** *Cistus clusii* DUN.

0,3–1 m April–Mai ♄

Merkmale Kleiner Strauch, die sitzenden, nur 1–2 mm breiten, schmal linealen, am Rand umgerollten Blätter 1-nervig, oberseits dunkelgrün, unterseits weißfilzig. Weiße, 2–3 cm breite Blüten, nur 3 Kelchblätter, wie die Blütenstiele mit weißen Haaren.

Vorkommen Macchien, Garigues.

Weitere Arten Ähnlich *C. libanotis* L., aber Blätter bis 3 mm breit, die 3 Kelchblätter wie die Blütenstiele kahl und klebrig (Spanien, Portugal).

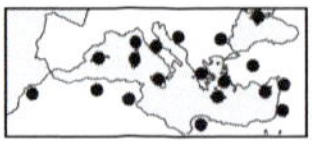

6 **Graubehaarte Zistrose** *Cistus creticus* L.

0,3–1,5 m April–Juni ♄

Merkmale Strauch mit eiförmig-lanzettlichen, beiderseits grünen bis graugrünen Blättern, oberseits mit eingesenkten Fiedernerven, Stiele 3–15 mm lang, am Grund ± verbreitert. Blüten rosarot, 4–6 cm breit, die 5 Kelchblätter eiförmig-lanzettlich, lang zugespitzt. Formenreiche Art: Blätter der ssp. *creticus* am Rand deutlich gewellt, Blütenstiele und junge Zweige oft drüsenhaarig (östl. Mittelmeergebiet, westl. bis Sardinien, NW-Afrika). Blätter der ssp. *eriocephalus* (VIV.) GREUT. & BURD. größer und am Rand glatt, Stängel, Blütenstiele und Kelchblätter mit langen weißen Haaren über Sternhaaren (östl. Mittelmeergebiet, westl. bis Korsika, N-Afrika). Nur wenige einfache Haare neben zahlreichen Sternhaaren an Stängeln, Blütenstielen und Kelchen dagegen bei der ssp. *corsicus* (LOIS.) GREUT. & BURD. (Korsika, Sardinien, Marokko).

Vorkommen Macchien, Garigues.

1
2
3
4
5
6

1 **Lack-Zistrose** *Cistus ladanifer* L.

1–2,5 m April–Juni ♄

Merkmale Stark drüsig-klebriger, aromatischer Strauch. Blätter fast sitzend, lineal-lanzettlich, 1(–3)-nervig, oberseits glänzend dunkelgrün, kahl, unterseits dicht weißfilzig. Blüten einzeln, sehr groß, 5–8 cm breit, die weißen Kronblätter am Grund oft mit dunkelrotem Fleck, 3 Kelchblätter. Die ssp. *sulcatus* (Demoly) Monts. (*C. palhinhae* Ingram) mit breiteren, stumpflichen Blättern, Nerven auf der Oberseite deutlich (Algarve).
Vorkommen Wälder, Macchien. Auf Zypern und Gran Canaria eingebürgert.
Weitere Arten Ähnlich *C. laurifolius* L., Blüten zu 3–9, die endständigen in Trugdolden, Kronblätter immer ungefleckt, Kapsel 5-fächerig (lückenhaft von SW-Europa bis Anatolien).

2 **Montpellier-Zistrose** *Cistus monspeliensis* L.

0,3–1 m April–Juni ♄

Merkmale Aromatischer, drüsig-klebriger Strauch. Die sitzenden, schmal lanzettlichen, 3-nervigen Blätter oberseits dunkelgrün, nur schwach behaart, unterseits dicht sternhaarig-filzig, mit umgerolltem Rand. Blüten weiß, 2–3 cm breit. Kelchblätter 5, die äußeren am Grund breit keilförmig.
Vorkommen Macchien und Garigues auf saurem Gestein, oft auf großen Flächen vorherrschend und im Hochsommer dunkelbraun, wie andere Zistrosen durch Brand begünstigt.

3 **Kleinblütige Zistrose** *Cistus parviflorus* Lam.

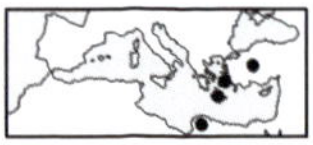

0,3–1 m März–Mai ♄

Merkmale Niedriger Strauch, Blätter breit gestielt, eiförmig-elliptisch, undeutlich 3-nervig, beiderseits dicht sternhaarig graufilzig. Blüten 5–10 mm lang gestielt, 2–3 cm breit, die blassrosa Kronblätter am Ende ± ausgerandet. Von anderen rotblütigen Arten auch durch die sitzende Narbe unterschieden.
Vorkommen Garigues in Küstennähe, vorwiegend auf Kalk.

4 **Salbeiblättrige Zistrose** *Cistus salviifolius* L.

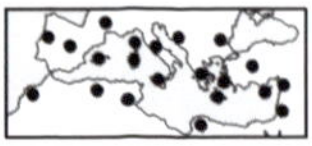

0,3–1 m April–Juni ♄

Merkmale Aromatischer, aber nicht klebriger, graugrüner Strauch. Blätter gestielt, eiförmig oder elliptisch, am Grund abgerundet, stark runzelig und beiderseits sternhaarig. Die weißen, 1–10 cm lang gestielten, 3–5 cm breiten Blüten zu 1–2(–3). Kelchblätter 5, die äußeren am Grund herzförmig.
Vorkommen Garigues, Macchien, gebietsweise besonders auf saurem Untergrund.
Weitere Arten *C. populifolius* L. mit viel größeren, kahlen, zugespitzten, am Grund herzförmigen, oberseits glatten, grünen, am Rand oft gewellten Blättern, Blüten 4–6 cm breit (westl. Mittelmeergebiet).

5 **Arabisches Nadelröschen** *Fumana arabica* (L.) Spach

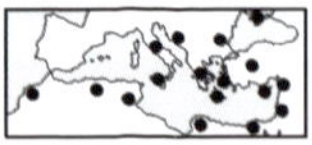

0,1–0,3 m März–Juni ♄

Merkmale Blätter des niederliegenden oder aufsteigenden Zwergstrauches alle gleich groß, wechselständig, länglich-elliptisch und meist flach, drüsig behaart bis verkahlend, mit deutlichen Nebenblättern. Blüten mit 10–15 mm langen Kronblättern, traubig an den Zweigenden, äußere Staubbeutel wie bei allen *Fumana*-Arten steril. Die beiden äußeren Kelchblätter viel kleiner und schmaler als die 3 häutigen und grün genervten inneren. Kapsel 3-klappig, mit (6–)8–12 Samen.
Vorkommen Felsfluren, Garigues, besonders auf Kalk.
6 **Weitere Arten** Ähnlich das **Erika-Nadelröschen** *F. ericoides* (Cav.) Gand., Pflanze aufrecht oder aufsteigend, Blätter lineal und etwas fleischig, ohne Nebenblätter. Blüten einzeln zwischen den Blättern an den Zweigenden, Fruchtstiele lang, mit zurückgebogener Spitze. 2 Unterarten, abgebildet ist die ssp. *montana* (Pom.) Güemes & Muñoz Garm. (*F. ericifolia* Wallr.) mit gewimperten Blättern (S-Europa, NW-Afrika). Ohne Nebenblätter auch *F. procumbens* (Dunal) Gren. & Godron, Fruchtstiele sehr kurz, vom Grund an zurückgebogen, Pflanze niederliegend (S-Europa, Vorderasien, selten bis Mitteleuropa).

1

2

3

4

5

6

1 Thymianblättriges Nadelröschen *Fumana thymifolia* (L.) Webb

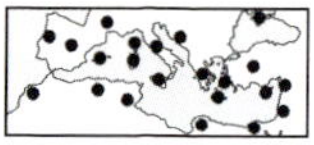

0,1–0,3 m April–Juni ♄

Merkmale Zwergstrauch mit aufsteigenden oder aufrechten Stängeln, die nadelartigen Blätter wenigstens bis zur Mitte gegenständig, 0,5–1 mm breit, am Rand oft umgerollt, mit Nebenblättern und kleinen beblätterten Sprossen in den Achseln, kahl, behaart oder drüsenhaarig, Blätter im Blütenstandsbereich deutlich kleiner. Kronblätter 5–8 mm lang, die 3-klappige Kapsel mit 6 Samen. Formenreiche Art.
Vorkommen Garigues, Felsfluren.
Weitere Arten Bei *F. laevipes* (L.) Spach alle Blätter wechselständig, 0,3–0,4 mm breit (Mittelmeergebiet).

2 Kelch-Zistrose *Halimium calycinum* (L.) Koch (*Cistus calycinus* L.)

0,2–0,6 m Januar–Juli ♄

Merkmale Halbstrauch, an nicht blühenden Trieben mit rosmarinähnlichen, 1-nervigen, oberseits ± kahlen oder drüsenhaarigen, unterseits weißfilzigen Blättern mit umgerolltem Rand. Blüten 2–3 cm breit, mit blassgelben, ungefleckten Kronblättern. 3 Kelchblätter, Kapseln wie bei allen *Halimium*-Arten 3-klappig.
Vorkommen Gefestigte Dünen, Macchien, Kiefernwälder.

3 Gelbe Zistrose *Halimium halimifolium* (L.) Willk. (*Cistus halimifolius* L.)

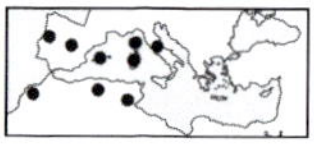

0,5–1,5 m März–August ♄

Merkmale Durch gelbliche Schildhaare gemischt mit farblosen Sternhaaren gelbgrauer Strauch mit länglich-elliptischen, gegenständigen Blättern ohne Nebenblätter. Blüten 2–3 cm breit, die gelben Kronblätter am Grund mit oder ohne dunklen Fleck. 5 Kelchblätter, davon die beiden äußeren sehr klein.
Vorkommen Sandige Böden in Küstennähe, zum Teil bestandsbildend, Macchien, Wälder.
Weitere Arten Vor allem auf der Iberischen Halbinsel und in Marokko mit 3 Kelchblättern, z. B. *H. atriplicifolium* (Lam.) Spach (*Cistus atriplicifolius* Lam.), auffällig durch abstehende, purpurne Drüsenhaare an den Blütenstielen.

4 Katzengamander-Sonnenröschen

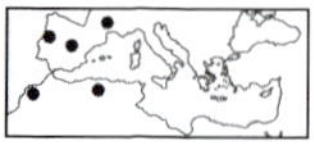

Helianthemum marifolium (L.) Mill. **0,05–0,35(–0,45) m Februar–Juli ♄**

Merkmale Vielgestaltiger, ± grau behaarter Zwergstrauch. Wie alle *Helianthemum*-Arten mit gegenständigen Blättern, nur fertilen Staubblättern, 3-klappigen Kapseln und 5 Kelchblättern, die 2 äußeren kleiner als die inneren. Bei der ssp. *marifolium* Blätter breit eiförmig, spitz, am Grund ± abgerundet, oberseits oft kahl, unterseits immer dicht grau- oder weißfilzig. Blüten mit gelben, 4–10 mm langen Kronblättern.
Vorkommen Garigues, Felsfluren, überwiegend auf Kalk.

5 Weidenblatt-Sonnenröschen *Helianthemum salicifolium* (L.) Mill.

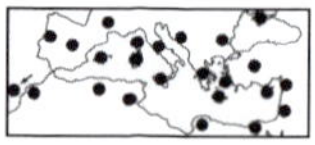

0,05–0,3 m März–Juni ⊙

Merkmale Kaum verholzte Art mit kurz gestielten, eilanzettlichen, weichhaarigen, grünen Blättern und deutlichen Nebenblättern. Blüten an waagerecht abstehenden, an der Spitze aufwärts gerichteten, dünnen Stielen, mit 5–12 mm langen, gelben Kronblättern (können auch fehlen). Kelchblätter etwa ebenso lang.
Vorkommen Grasfluren, Garigues, bis in die Halbwüste.
Weitere Arten *H. ledifolium* (L.) Mill. mit aufrechten, verdickten Blütenstielen (Mittelmeergebiet, Kanaren).

6 Strand-Sonnenröschen *Helianthemum stipulatum* (Forssk.) C. Chr.

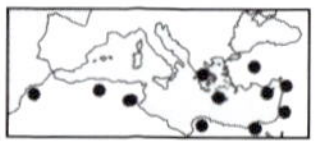

0,2–0,6 m Februar–April ♄

Merkmale Kleiner graugrüner Strauch, Blätter gestielt, länglich-elliptisch mit stark umgerolltem Rand, besonders unterseits sternhaarig filzig, mit deutlichen, lineal-lanzettlichen Nebenblättern. Blüten ± sitzend, die blassgelben Kronblätter bis 10 mm lang, Kelchblätter zur Fruchtzeit 5–8 mm, mit langen weißen Haaren.
Vorkommen Sandküsten.

1

2

3

4

5

6

1 **Lavendelblättriges Sonnenröschen** *Helianthemum syriacum* (JACQ.) DUM.-COURS. (*H. lavandulifolium* MILL.) *Cistaceae*

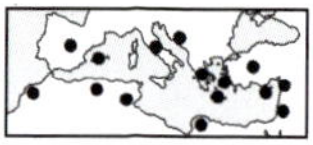

0,1–0,5(–0,85) m März–Juni ♄

Merkmale Kleiner grau behaarter Strauch mit kurz gestielten, lineal-lanzettlichen, am Rand umgerollten, oben grau- und unten weißfilzigen Blättern und ± hinfälligen Nebenblättern. Charakteristische 3–5-fach gabelig verzweigte Blütenstände mit in der Jugend schneckenförmig eingerollten, später gestreckten Ästen. 5–10 mm lange, gelbe Kronblätter.

Vorkommen Garigues, Felsfluren, auch lichte Wälder, vorwiegend auf Kalk.

2 **Weitere Arten** Leicht kenntlich das nur bis 0,4 m hohe **Katzenkopf-Sonnenröschen** *H. caput-felis* BOISS. mit dicken, breiteren, auf beiden Seiten sternhaarig filzigen Blättern. Blütenstand einfach, kennzeichnend die lang abstehend behaarten Kelchblätter: die äußeren breit eiförmig, spitz und zurückgebogen, der Knospe das Aussehen eines Katzenköpfchens gebend (Küstenfelsen, Spanien, Balearen, Sardinien, NW-Afrika).

3 **Weichhaariges Sonnenröschen**

Helianthemum violaceum (CAV.) PERS. (*H. pilosum* auct.)

01–0,4 m Januar–Juli ♄

Merkmale Kleiner grau behaarter bis sternhaarig filziger Strauch mit linealen bis lineal-lanzettlichen, meist deutlich umgerollten Blättern und bis 3 mm langen Nebenblättern. Blütentriebe aufrecht oder aufrecht-abstehend, Kronblätter weiß, manchmal rosa, 6–8(–10) mm lang, am Grund gelb gefleckt. Kelchblätter zwischen den behaarten violetten Rippen ± kahl.

Vorkommen Garigues, Felsfluren, gewöhnlich auf Kalk.

Weitere Arten Weiß- oder rosablütig auch *H. almeriense* PAU, Blätter mehr länglich-lanzettlich, ± flach, kahl oder spärlich behaart, Blütentriebe abstehend (nur SO-Spanien), ebenso das formenreiche *H. apenninum* (L.) MILL., Blätter oft breiter, oberseits locker grau behaart, unterseits weiß- oder graufilzig, Kelchblätter über die ganze Fläche fein behaart (S-Europa, selten bis Mitteleuropa, NW-Afrika).

4 **Geflecktes Sandröschen** *Tuberaria guttata* (L.) FOURR.

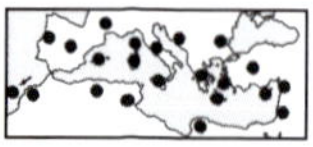

0,05–0,4 m März–August ⊙

Merkmale Zierliche, aufrechte und behaarte, sehr vielgestaltige Pflanze, die zahlreichen Unterarten werden auch als Arten behandelt. Blätter der Grundrosette (zur Blütezeit häufig schon vertrocknet) und untere Stängelblätter länglich-elliptisch, 3(–5)-nervig, obere mehr lineal-lanzettlich, meist gegenständig, mit oder ohne Nebenblätter. Blüten dünn und lang gestielt, Kronblätter 3–9 mm, am Grund in der Regel dunkelbraun gefleckt. Die 2 äußeren Kelchblätter viel kleiner und schmaler als die 3 inneren. Fruchtstiele abstehend oder abwärts geneigt. Kapseln 3-klappig. Abgebildet ist die ssp. *plantaginea* (WILLD.) P. SILVA & SOBR. (*T. plantaginea* (WILLD.) GALLEGO) mit bleibender Grundrosette.

Vorkommen Grasfluren auf Sand, Garigues, auch in W-Europa, selten bis Mitteleuropa.

Weitere Arten Ungefleckte 4–6 mm lange Kronblätter, die kaum die Kelchblätter überragen, hat *T. praecox* (BOISS. & REUT.) GROSSER, Pflanze 1-jährig (zentrales Mittelmeergebiet, im Küstenbereich), ungefleckte 10–15 mm lange Kronblätter *T. lignosa* (SWEET) SAMP., Pflanze ausdauernd, am Grund verholzt (westl. Mittelmeergebiet, Kanaren, östl. bis Italien, Sizilien).

5 **Dreibeeriger Zeiland**, Zwergölbaum *Cneorum tricoccon* L. *Cneoraceae*

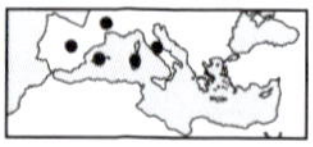

0,3–1,3 m März–Juni ♄

Merkmale Kahler, immergrüner Strauch mit derben, länglichen, am Ende abgerundeten, am Grund verschmälerten, 1-nervigen, sitzenden Blättern. Blüten kurz gestielt, zu 1–3 in den oberen Blattachseln, mit 3(–4) gelben, 5 mm langen Kronblättern. Kennzeichnend die in 3(–4) etwa 5 mm große kugelige Teile zerfallende, rote, später schwarze Spaltfrucht.

Vorkommen Garigues, Macchien, immergrüne Wälder, oft auf Kalk und küstennah.

1

2

3

4

5

1 **Wald-Winde** *Calystegia silvatica* (Kit.) Griseb.

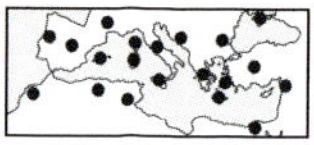

0,5–3 m April–Oktober ♃

Merkmale Kahle Kletterpflanze, Blätter lang gestielt, breit eiförmig-pfeilförmig mit abgerundeten Lappen und ausgezogener Spitze. Blüten mit 5–9 cm langer, weißer, trichterförmiger Krone. Zwei 14–30 mm breite, aufgeblasene, ± stark ausgesackte, überlappende Vorblätter, die stumpfen Kelchblätter einhüllend.
Vorkommen Gebüsche, Hecken.
Weitere Arten Weit verbreitet bis N-Europa an feuchten Standorten *C. sepium* (L.) R. Br., Blütenkrone bis 5 cm lang, Vorblätter flach, selten über 15 mm breit, die spitzen Kelchblätter nicht vollständig deckend.

2 **Strand-Winde** *Calystegia soldanella* (L.) R. Br.

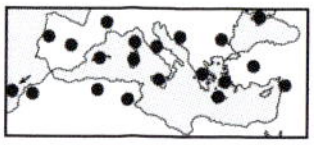

Bis 1 m kriechend April–Juni(–Oktober) ♃

Merkmale Weit kriechende, kahle Strandpflanze. Blätter lang gestielt, nierenförmig, dunkelgrün und etwas fleischig, an die der Alpen-Troddelblume *Soldanella alpina* L. erinnernd. Blütenkrone trichterförmig, 3–5 cm lang, rosa mit 5 weißen Streifen. 2 breite, eiförmige Vorblätter umschließen den Kelch.
Vorkommen Sandküsten, Dünen, selten bis an die Nordseeküste.

3 **Eibischblättrige Winde** *Convolvulus althaeoides* L.

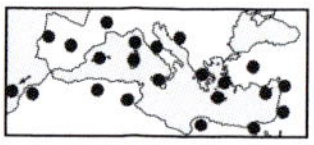

0,3–1 m März–Juni ♃

Merkmale Abstehend behaarte Pflanze, niederliegend oder mit windenden Stängeln. Blätter gestielt, 3-eckig, am Grund herz- bis pfeilförmig, gekerbt-gelappt, obere oft tiefer geteilt, aber selten bis zur Mittelrippe, der Mittellappen lanzettlich, am Rand unregelmäßig gezähnt. Rosa Blüten mit 2,5–4 cm langer Krone, länger gestielt als die zugehörigen Blätter. Wie bei allen *Convolvulus*-Arten 2 vom Kelch abgesetzte Vorblätter.
Vorkommen Wegränder, Kulturland, Brachfelder.
4 **Weitere Arten** Ähnlich die **Zierliche Winde** *C. elegantissimus* Mill. mit anliegender Behaarung, oberste Blätter bis zur Mittelrippe schmal gelappt, der mittlere Abschnitt lineal und ganzrandig (zentrales und östl. Mittelmeergebiet).

5 **Kantabrische Winde** *Convolvulus cantabrica* L.

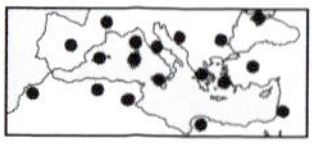

0,1–0,5 m Mai–August ♃

Merkmale Pflanze am Grund verholzt, mit abstehenden und angedrückten Haaren. Blätter länglich-spatelig bis lineal, untere in einen Stiel verschmälert, obere sitzend. Blüten zu 1–3(–7) auf langem, gemeinsamem Stiel, der das zugehörige Blatt überragt. Krone rosa, 15–25 mm lang. Kelch und Kapsel abstehend behaart.
Vorkommen Garigues, Kulturland, Wegränder.

6 **Backenklee-Winde** *Convolvulus dorycnium* L.

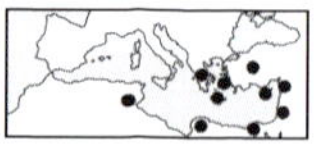

0,5–1 m April–Juli ♄

Merkmale Steif aufrechter, sparrig verzeigter, angedrückt behaarter Halbstrauch, im Sommer blattlos. Blätter ± sitzend, lineal-lanzettlich, die unteren breiter, hinfällig. Blüten mit 10–17 mm langer rosa Krone, end- und achselständig, meist einzeln, selten zu 2–3, an langem, die zugehörigen Blätter weit überragendem Stiel. Kelch angedrückt behaart, Kapsel kahl.
Vorkommen Felsfluren, Steppen.

7 **Wollige Winde** *Convolvulus lanuginosus* Desr.

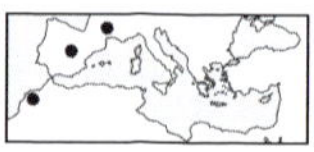

0,1–0,3 m April–Juni ♃

Merkmale Am Grund verholzte, aufrechte bis aufsteigende, abstehend behaarte Winde. Blätter sitzend, lineal-lanzettlich bis schmal lineal, die unteren an der Basis verbreitert. Alle Blüten mit rosa, 22–25 mm langer Krone in einem endständigen dichten Köpfchen. Kelch abstehend behaart, Kapsel verkahlend.
Vorkommen Felsspalten, Garigues, auf Kalk.

1

2

3

4

5

6

7

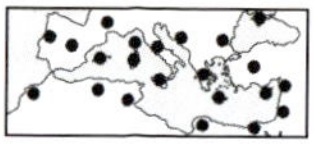

1 **Gestrichelte Winde** *Convolvulus lineatus* L. *Convolvulaceae*
0,03–0,25(–0,4) m März–Juni ♃
Merkmal Angedrückt seidig behaarte, niederliegend-aufsteigende Winde. Blätter lanzettlich bis lineal-lanzettlich, lang verschmälert, die untersten deutlich mit verbreiterter, häutiger Basis. Blüten mit 12–25 mm langer blassrosa Krone, einzeln oder locker zu 2–7, ihr Stiel kürzer als das zugehörige Blatt. Kelch seidig.
Vorkommen Felsfluren, Garigues.
2 **Weitere Arten** Ähnlich die silbrig weiß behaarte **Ölbaumblättrige Winde** *C. oleifolius* Desr., Blätter am verholzten Grund nicht verbreitert und häutig. Blüten mit 17–20 mm langer rosa Krone, einzeln oder bis zu 12 in Köpfchen, Kelch abstehend behaart (östl. Mittelmeergebiet).

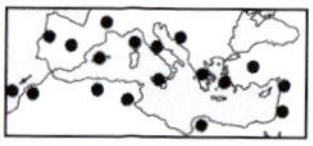

3 **Dreifarbige Winde** *Convolvulus tricolor* L.
0,2–0,6 m März–Juni ⊙ ♃
Merkmale Behaarte Pflanze mit sitzenden, verkehrt eiförmig-länglichen Blättern, die unteren am Grund verschmälert. Blüten einzeln, ihr Stiel so lang wie das zugehörige Blatt oder länger, Krone 1,5–4 cm lang, 3-farbig, am Rand blau, in der Mitte weiß und am Grund gelb, Kelchblätter deutlich in einen oberen grünen und einen unteren farblosen Abschnitt geteilt. Kapsel behaart. 3 Unterarten.
Vorkommen Kulturland, Wegränder. Als Zierpflanze weiter kultiviert und im Osten nur eingebürgert.
Weitere Arten Ähnlich *C. pentapetaloides* L., Blätter sitzend, am Grund verschmälert, die 5-lappige blau und gelb gefärbte Blütenkrone nur 7–10 mm lang, Kapsel kahl (Mittelmeergebiet). Zierlicher die 1-jährige
4 **Sizilianische Winde** *C. siculus* L. mit gestielten, spitz eiförmigen, am Grund herz- bis keilförmigen Blättern, Blüten zu 1–2, ihr dünner Stiel meist kürzer als das zugehörige Blatt, Krone blau, deutlich 5-lappig, 7–12 mm lang, Kapsel kahl (Brachland, offene, steinige Flächen, Mittelmeergebiet, Kanaren).

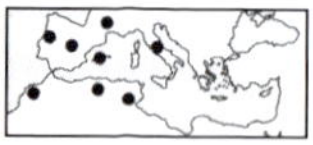

5 **Gerberstrauch** *Coriaria myrtifolia* L. *Coriariaceae*
1–3 m April–Juli ♄
Merkmale Kahler Strauch mit aufsteigenden, 4-kantigen Zweigen. Blätter gegenständig, auch zu 3–4, fast sitzend, ledrig, eilanzettlich, zugespitzt, mit 3 Hauptnerven (bei *Myrtus communis* nur 1 Hauptnerv und helle Drüsenpunkte, siehe S. 278). Blüten in kurzen Trauben, 5-zählig, Kronblätter grünlich, kürzer als die Kelchblätter, beide zur Fruchtzeit vergrößert, dunkel rotbraun und fleischig, zwischen die radiär angeordneten Fruchtblätter gedrängt. Frucht beerenartig, gerippt, zuletzt schwarz, sehr giftig.
Vorkommen Lichte Wälder, Gebüsche, Hecken.

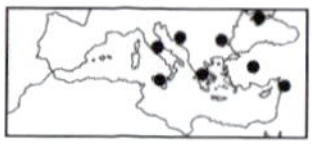

6 **Orientalische Hainbuche** *Carpinus orientalis* Mill. *Corylaceae*
3–5(–15) m März–Mai ♄
Merkmale Sommergrüner Baum oder Strauch mit glatter, grauer Borke. Blätter scharf doppelt gesägt, eiförmig-elliptisch, am Grund keilförmig oder abgerundet, unterseits auf den Nerven spärlich behaart, 2,5–6 cm lang. Fruchtkätzchen hängend, zapfenähnlich, 3–5 cm lang, Fruchthüllen offen, dreieckig-eiförmig, unregelmäßig gesägt, nicht 3-lappig wie bei der heimischen Hainbuche *C. betulus* L., die von Frankreich an ostwärts ebenfalls vorkommt.
Vorkommen Sommergrüne Laubmischwälder der Flaumeichenstufe.

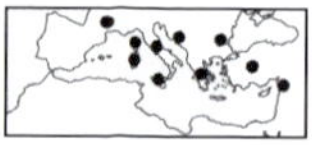

7 **Hopfenbuche** *Ostrya carpinifolia* Scop.
4–10(–20) m April–Mai ♄
Merkmale Sommergrüner Baum oder Strauch, Borke zuletzt längsrissig. Blätter eiförmig, zugespitzt, am Grund fast herzförmig, doppelt scharf gesägt, jung oberseits behaart, später verkahlend, 5–10 cm lang. Weibliche Kätzchen anfangs aufrecht, zur Fruchtzeit hängend, 3–4,5 cm lang, an einen Hopfenzapfen erinnernd, jedes Nüsschen von einer später aufgeblasenen, eiförmigen, ganzrandigen Hülle eingeschlossen.
Vorkommen Sommergrüne Laubmischwälder der Flaumeichenstufe.

1

2

3

4

5

6

7

1 **Spanischer Mauerpfeffer** *Sedum hispanicum* L. *Crassulaceae*

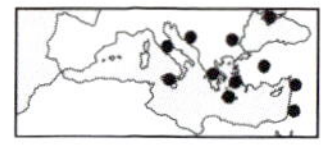

0,05–0,2 m März–August ⊙ ⊙ ♃

Merkmale Pflanze niederliegend oder aufsteigend, gewöhnlich dicht drüsig behaart im oberen Bereich. Blätter wechselständig, fleischig, elliptisch bis lineal, walzlich oder halbstielrund, graugrün bereift, am Grund kurz gespornt. Blüten ± sitzend, meist mit 6–7(–9) Kronblättern, diese 5–7 mm lang, lanzettlich mit grannenartiger Spitze, weiß oder rosa mit dunklerem Kiel, Staubblätter 12–14. Früchte sternförmig abstehend.

Vorkommen Kalkfelsen, Schutthänge, Mauern.

2 **Weitere Arten** Blüten des **Rötlichen Mauerpfeffers** *Sedum rubens* L. dagegen mit 5 etwa 5 mm langen Kronblättern und 5(–10) Staubblättern, Früchte ± aufrecht, Pflanze meist aufrecht und unverzweigt, 1-jährig (Mittelmeergebiet, selten bis SW-Deutschland, Kanaren).

3 **Strand-Mauerpfeffer** *Sedum litoreum* Guss.

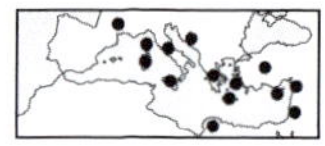

0,02–0,1 m März–Juni ⊙

Merkmale Kahle Pflanze mit leuchtend grünen, wechselständigen, fleischigen, halbstielrunden, verkehrt eiförmig-länglichen, stumpfen, ± ungespornten Blättern. Kronblätter gelb, mit 2,5–3,5(–4) mm nur wenig länger als der Kelch, an der Spitze plötzlich zusammengezogen, höchstens kurz zugespitzt, 5–10 Staubblätter. Auf Kreta außerdem die var. *creticum* T' Hart (*S. praesidis* Run. & Greut.) mit 4 mm langen, deutlich grannenartig zugespitzten Kronblättern.

Vorkommen Kalkfelsen, Schuttfluren, Mauern, vor allem an den Küsten.

4 **Nizza-Fetthenne** *Sedum sediforme* (Jacq.) Pau

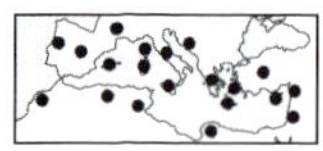

(*Petrosedum sediforme* (Jacq.) Grulich) **0,15–0,6 m Mai–August ♃**

Merkmale Am Grund verholzte Art, die blaugrünen, fleischigen Blätter länglich, kurz gespornt, auf der Oberseite abgeflacht, mit feiner Spitze, an nicht blühenden Sprossen dicht dachziegelig, an Blütentrieben entfernt stehend. Blütenstand aufrecht, zuerst fast kugelig, später mit zurückgebogenen Ästen, Blüten mit 5–8 spreizenden, grünlich weißen, 4–7 mm langen Kronblättern, Kelchblätter kahl, 2,5 mm.

Vorkommen Felsfluren, Garigues. **Weitere Arten** Ähnlich *S. ochroleucum* Chaix (*Petrosedum ochroleucum* (Chaix) Niederle), aber Kelchblätter drüsig, 5–7 mm (S-Europa, Kleinasien).

5 **Waagerechtes Nabelkraut** *Umbilicus horizontalis* (Guss.) DC.

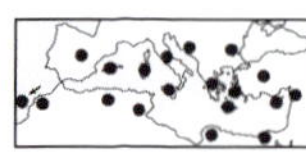

0,1–0,5 m Mai–Juni ♃

Merkmale Kahle fleischige Felspflanze mit 2–5 cm breiten, schildförmigen, am Stielansatz nabelförmig eingesenkten, gekerbten Grundblättern und nach oben zu kleineren Stängelblättern. Stängel höchstens bis zur Hälfte mit ± sitzenden, waagerecht abstehenden Blüten besetzt, Krone krugförmig, 4–7 mm lang, die Lappen deutlich kürzer als die Röhre, grünlich weiß, rot gefleckt oder ganz rot.

Vorkommen Schattige Felsspalten, Mauern.

6 **Weitere Arten** Auf der Iberischen Halbinsel und Mallorca ersetzt durch *U. gaditanus* Boiss. Beim **Hängenden Nabelkraut** *U. rupestris* (Salisb.) Dandy Stängel mehr als zur Hälfte der Länge dicht mit 3–5 mm lang gestielten, hängenden Blüten besetzt, Krone zylindrisch, 6–10 mm lang (Mittelmeergebiet).

7 **Kleinblütiges Nabelkraut** *Umbilicus parviflorus* (Desf.) DC.

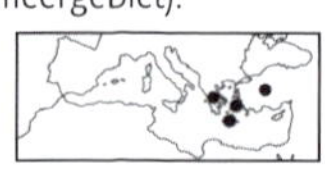

0,05–0,25(–0,4) m April–Juni ♃

Merkmale Blätter wie bei voriger Art, Blütenstand 1/3–2/3 der Länge des aufrechten Stängels einnehmend, oft mit kleinen Seitenästen. Blüten ± abstehend an kurzen kräftigen Stielen, Krone gelblich, 3–5 mm lang, die spitzen, spreizenden Kronlappen viel länger als die Röhre.

Vorkommen Schattige Felsspalten, Mauern.

Weitere Arten Ähnlich *U. luteus* (Huds.) W. & B. (*U. erectus* DC.) mit ± aufrechten Blüten, Krone 9–14 mm lang, gelblich, getrocknet rotbraun, Kronlappen so lang wie die Röhre (Balkanhalbinsel bis Syrien).

1
2
3
4
5
6
7

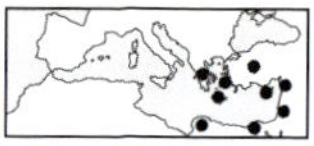

1 Kretische Zaunrübe *Bryonia cretica* L. *Cucurbitaceae*

1–3 m Februar–April ♃

Merkmale Zweihäusige, mit einfachen Ranken kletternde Pflanze. Blätter gestielt, ± tief 5–7-lappig, buchtig gezähnt, der mittlere Abschnitt am längsten, insgesamt rau von spitzen Knötchen und Borsten. Blütenstände nahezu drüsenlos, Krone tief 5-teilig, 3–6 mm lang, gelblich mit grünen Nerven. Unreife Früchte unregelmäßig weiß gefleckt, zur Reifezeit rot, 6–10 mm groß, giftig.

Vorkommen Wälder, Gebüsche, Hecken, Flussufer.

Weitere Arten Ähnlich die auch aus Mitteleuropa bekannte *B. dioica* JACQ. mit zahlreichen Drüsen im Blütenstand und gleichmäßig grünen, unreifen Früchten. Endemisch auf Korsika und Sardinien *B. marmorata* PETIT, Blätter kaum gelappt, nur schwach geschweift gezähnt, entlang der Nerven weiß gefleckt, Blütenstände nahezu drüsenlos. Beide Arten werden auch als Unterarten zu *B. cretica* gestellt.

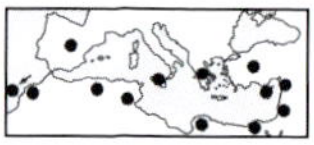

2 Koloquinte, Bitterapfel *Citrullus colocynthis* (L.) SCHRAD.

0,3–0,5 m (März-)Juni–August ♃

Merkmale Niederliegende oder kletternde, rau behaarte Pflanze mit einfachen, kurzen Ranken. Blätter gestielt, eiförmig-länglich, 3–5-lappig, auch die Abschnitte buchtig gelappt. Blüten gestielt, eingeschlechtig, einzeln in den Blattachseln, mit fast bis zum Grund 5-teiliger, grünlich gelber, 5–8 mm langer Krone. Kugelige, 4–12 cm große, gelbe oder grün marmorierte Früchte mit schwammigem, stark bitter schmeckendem Fruchtfleisch. Giftpflanze, früher als stark wirksames Abführmittel verwendet.

Vorkommen Sandige Ruderalstellen besonders in Küstennähe und in Wüsten.

Weitere Arten Zur selben Gattung gehört die **Wassermelone** *C. lanatus* (THUNB.) MANSF. siehe S. 422.

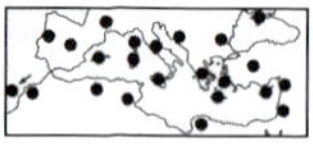

3 Spritzgurke *Ecballium elaterium* (L.) A. RICH.

0,2–1 m März–September ♃

Merkmale Steifhaarige, etwas fleischige, 1-häusige Pflanze mit niederliegenden Stängeln, ohne Ranken. Blätter lang gestielt, herzförmig bis 3-eckig, meist gezähnt und gewellt. Blüten etwa 15 mm lang, gelblich, tief 5-teilig, männliche in Trauben, weibliche einzeln gestielt in den Blattachseln. Die grünen, bis 5 cm langen, gurkenförmigen, rau behaarten, äußerst bitteren Früchte lösen sich zur Reifezeit schon bei leichter Berührung von ihren Stielen und schleudern dabei ihren Inhalt, eine stark hautreizende Flüssigkeit mit den Samen fort (Vorsicht!).

Vorkommen Wegränder, Schuttplätze, Brachland.

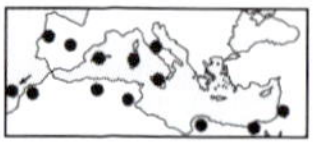

4 Malteserschwamm *Cynomorium coccineum* L. *Cynomoriaceae*

0,1–0,3 m Dezember–Mai ♃

Merkmale Eigenartige, rotbraune, blattgrünlose Pflanze, die auf den Wurzeln anderer, salzertragender Arten schmarotzt. Die geraden oder gekrümmten, kolbenartigen fleischigen Triebe unten mit 3-eckig-lanzettlichen Schuppenblättern, der obere Teil 10–20 cm lang, mit dicht gedrängt stehenden, männlichen, weiblichen und 2-geschlechtigen Blüten, aus denen die einzelnen Staubblätter herausragen. Zur Zeit der Kreuzritter als blutstillendes Mittel verwendet (Name!). Die Art wurde bisher meist zu den in den Tropen verbreiteten *Balanophoraceae* gestellt.

Vorkommen Sandküsten, Salzsümpfe.

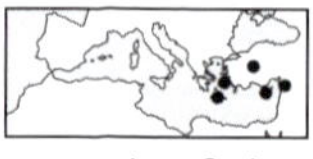

5 Scheinhanf, Gelbhanf *Datisca cannabina* L. *Datiscaceae*

1–2 m Juni–September ♃

Merkmale Kräftige, 2-häusige, an Hanf (*Cannabis*) erinnernde, kahle Staude. Blätter unpaarig gefiedert, Blättchen lanzettlich, zugespitzt und grob gesägt. Blüten mit 3–9 Kelchlappen, ohne Kronblätter, in langen end- oder achselständigen, von ungeteilten Hochblättern durchsetzten Trauben. Hängende Kapseln.

Vorkommen Schattige Flussufer, feuchte Wälder.

1

2

3

4

5

1 **Weißer Schuppenkopf** *Cephalaria leucantha* (L.) ROEM. & SCHULT.

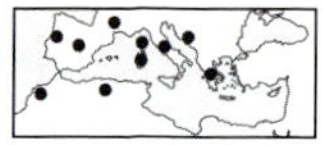

0,2–1 m Juli–September ♃

Merkmale Ästige Pflanze mit gegenständigen, ± kahlen, fiederspaltigen Blättern, die untersten mit großem gesägtem Endabschnitt und lang gestielt, die oberen sitzend, mit regelmäßigen schmalen Abschnitten. 2–3 cm breite Blütenköpfe, gestützt von zahlreichen, dachziegelig angeordneten, anliegend behaarten Hüllblättern. Krone gelblich weiß, 4-zipfelig, 10–15 mm lang, der kleine Kelch, wie für Kardengewächse charakteristisch, in einen Außenkelch eingesenkt, dieser 4-kantig und mit häutigem, zerfranstem Krönchen.
Vorkommen Felsfluren, Grasfluren, Straßenränder.

2 **Stachel-Karde** *Dipsacus ferox* LOIS.

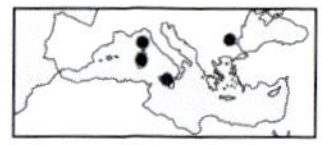

0,2–0,8 m Juni–August ⊙

Merkmale Distelartige Pflanze mit gelblichen Dornen an Stängeln und Blättern. Letztere länglich-lanzettlich, obere am Grund verwachsen. Blütenköpfe kugelig-eiförmig, 3–4 cm breit, Krone weiß oder rosa, 4-zipfelig. Die linealen Hüllblätter ± abstehend, ähnlich die schopfig herausragenden, oberen Spreublätter.
Vorkommen Feuchte, steinige Standorte. In Bulgarien nur eingebürgert.

3 **Östliche Knautie** *Knautia orientalis* L.

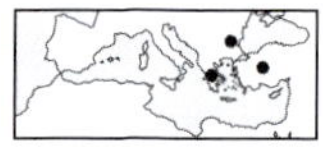

0,2–0,6 m Mai–Juni ⊙

Merkmale Zarte behaarte Pflanze mit schmal lanzettlichen Blättern. Blütenköpfe auf langen, drüsig behaarten Stielen, die zylindrische Hülle aus 5–9 Blättern. Nur 5–10 Blüten mit ungleich 4-zipfeliger rosa Krone, die randlichen strahlend. Kelch mit 12–16 Borsten, Außenkelch 4-kantig, mit 15–20 Zähnen.
Vorkommen Schattige Felsspalten.

4 **Palaestina-Skabiose** *Lomelosia brachiata* (SM.) GREUT. & BURD.
(*Tremastelma palaestinum* (L.) JANCH.)

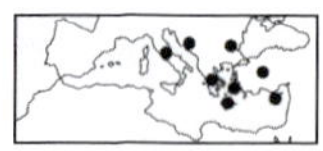

0,1–0,5 m April–Juli ⊙

Merkmale Blätter weich behaart, länglich-spatelig, ungeteilt bis gelappt mit großem Endabschnitt, die oberen oft fiederschnittig. Nur 1 Reihe lanzettlicher Hüllblätter umgeben die 1–3 cm breiten Blütenköpfe, Krone rosa-purpurn, 5-zipfelig, die randständigen strahlend. Kelch gestielt, mit 10 kammförmig gewimperten Borsten, Außenkelch mit häutigem Krönchen und 8 auffälligen Gruben oberhalb von 8 Furchen.
Vorkommen Trockenes Brachland.

5 **Brutbildende Skabiose** *Lomelosia prolifera* (L.) GREUT. & BURD.

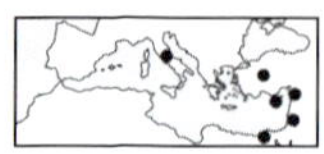

0,15–0,6 m März–Mai ⊙

Merkmale Blätter eiförmig-spatelig, ganzrandig oder entfernt gesägt-gekerbt, behaart. Blütenköpfe 2–4 cm breit, sehr kurz gestielt, von den sitzenden Stängelblättern umgeben. Hüllblätter in 2–3 Reihen, lanzettlich, Blüten mit weißlicher, 5-zipfeliger Krone, die randlichen strahlend. Kelch mit 5 rauen Borsten, kaum länger als das häutige Krönchen des mit 8 länglichen Gruben versehenen, gefurchten Außenkelches.
Vorkommen Wegränder, Brachland. In Italien (Ligurien) nur verwildert.

6 **Persische Morinie** *Morina persica* L.

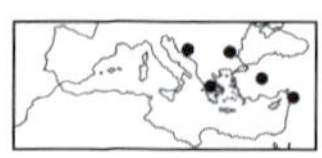

0,3–1,5 m Mai–September ♃

Merkmale Distelartige Pflanze mit lanzettlichen, dornig gezähnten bis fiederteiligen Blättern, am Stängel meist zu dritt sitzend und drüsig behaart. Blütenstand ährenförmig aus entfernt stehenden, von dornigen Hochblättern umgebenen Scheinquirlen. Krone fein behaart, zunächst weiß, später rötlich, 3,5–5,5 cm, mit langer, schlanker, gekrümmter Röhre und weitem 2-lippigem, 5-lappigem Saum, Kelch tief 2-lappig. Die Gattung wird auch zur selbstständigen Familie der *Morinaceae* gestellt.
Vorkommen Felshänge, Straßenböschungen.

1

2

3

4

6

5

1 **Ausdauernder Federkopf** *Pterocephalus perennis* Coult. *Dipsacaceae*

Bis 0,15 m Mai–August ♄

Merkmale Am Grund verholzte, niedrige Polster bildende Pflanze. Blätter länglich-spatelförmig, ungeteilt bis tief gelappt mit großem, eiförmigem Endabschnitt, fein gekerbt, ± dicht grau behaart bis graufilzig und auch drüsig. Etwa 3 cm breite Blütenköpfe mit 1 Reihe lanzettlicher Hüllblätter, Krone rosa, 5-zipfelig, die randständigen strahlend. Kelch mit 13–16 langen fedrigen Borsten, der Außenkelch dicht behaart, mit einem Krönchen aus kurzen fedrigen Borsten und Furchen über die ganze Länge.

Vorkommen Felsfluren.

2 **Weitere Arten** Ähnlich **Pinards Federkopf** *P. pinardii* Boiss., aber Blätter schmaler, spitz, eingeschnitten gesägt bis fiederteilig, Kelch mit 14–21 fedrigen Borsten (Ägäis, Anatolien).

3 **Schwarzrote Skabiose** *Scabiosa atropurpurea* L. ssp. *maritima* (L.) Arc. (*Sixalix atropurpurea* ssp. *maritima* (L.) Greut. & Burd.)

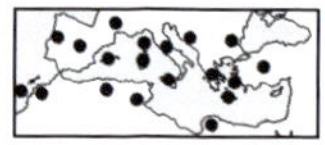

0,2–1 m Februar–Dezember ⊙ ⊙

Merkmale Blätter ± locker behaart, eiförmig-lanzettlich, meist fiederteilig mit großem Endlappen, die oberen mit linealischen Abschnitten. Blütenköpfe 1,5–3 cm breit, mit mehr als 1 Reihe von Hüllblättern, gesägt-gezähnt. Krone rosa bis purpurn, 5-zipfelig, die randständigen strahlend, der Kelch mit 5 langen, einfachen Borsten, die den Außenkelch mit knorpeligem Saum und 8 Längsfurchen (ohne Gruben) überragen. Die ssp. *atropurpurea* mit dunklen, größeren Blüten wird meist als eingebürgerte Zierpflanze angesehen.

Vorkommen Trockene Ruderalflächen, Wegränder, Strände.

4 **Östlicher Erdbeerbaum** *Arbutus andrachne* L. *Ericaceae*

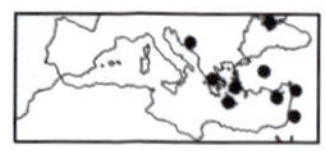

3–5 m Februar–April ♄

Merkmale Immergrüner Strauch oder niedriger Baum mit glatten, rotbraunen Ästen nach Ablösen der Borke, junge Triebe kahl. Blätter 1,5–3 cm lang gestielt, elliptisch, fast ganzrandig, weniger als 2-mal so lang wie breit, unterseits graugrün, nur die Blätter junger Triebe gesägt und behaart. Blütenrispen im Frühjahr, ± aufrecht, Krone etwa 7 mm, weiß. Früchte 8–12 mm, orangefarben, netzig-grubig.

Vorkommen Macchien, Immergrüne Wälder, Felshänge.

5 **Westlicher Erdbeerbaum** *Arbutus unedo* L.

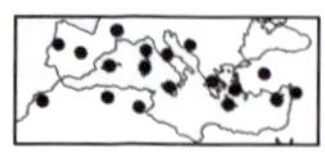

1,5–3(–12) m Oktober–März ♄

Merkmale Ähnlich voriger Art, aber mit mattbrauner, feinrissiger Borke, junge Triebe drüsig behaart. Blätter höchstens 1 cm lang gestielt, derb und glänzend, lanzettlich, scharf gesägt, 2–3-mal so lang wie breit. Blüten bereits ab Herbst in überhängenden Rispen, Krone etwa 9 mm, weiß bis rosa oder grünlich überlaufen, krugförmig mit 5 zurückgekrümmten Zipfeln. Orangefarbene bis zuletzt dunkelrote, etwa 2 cm große, an Erdbeeren erinnernde Früchte mit warziger Oberfläche, wenig schmackhaft (unedo, lat.: eine esse ich!). In manchen Gegenden zu Marmelade, Likör oder Schnaps verarbeitet.

Vorkommen Macchien, immergrüne Wälder, Felshänge.

Weitere Arten Nicht selten *A.* × *andrachnoides* Link, die Hybride der Arten bei gemeinsamem Vorkommen.

6 **Baum-Heide** *Erica arborea* L.

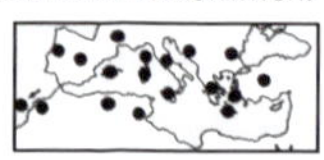

1–4(–15) m Dezember–Juli ♄

Merkmale Immergrüner Strauch oder kleiner Baum, junge Triebe dicht abstehend weiß behaart. Blätter nadelartig, 3–5 mm lang, in Quirlen meist zu 4, kahl, die Unterseite vom umgerollten Blattrand vollständig bedeckt. Blütenstände sehr reich, end- und seitenständig, Blütenstiele kahl, Krone weiß, 2,5–4 mm, breit glockig, mit 4(5) kurzen Zipfeln. Staubbeutel dunkelbraun, am Grund mit 2 Anhängseln, in der Blüte eingeschlossen. Die Zweige heute noch zu Besen verarbeitet, das Wurzelholz zu Pfeifenköpfen (Bruyèrepfeifen).

Vorkommen Immergrüne Wälder, Macchien, auf sauren Böden.

1
2
3
4
5
6

1 **Quirlblättrige Heide** *Erica manipuliflora* SALISB. *Ericaceae*

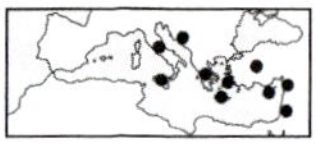

Bis 0,5(–0,75) m August–September ♄

Merkmale Oft niedrig bleibender, aufsteigender, spärlich behaarter Strauch. Blätter nadelartig, 4–8 mm lang, in Quirlen zu 3–4, die Unterseite vom umgerollten Blattrand vollständig bedeckt. Blüten meist achselständig, Krone rosa, breit glockig, mit aufrechten Lappen, 3–3,5 mm lang, Staubbeutel ohne Anhängsel, mit getrennten, spreizenden Hälften, aus der Blüte herausragend.

Vorkommen Garigues, Macchien.

2 **Vielblütige Heide** *Erica multiflora* L.

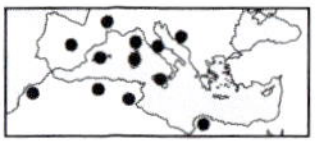

0,3–0,8(–2,5) m August–Januar ♄

Merkmale Aufrechter Strauch mit meist kahlen Ästen, die nadelartigen Blätter 6–11 mm lang, in Quirlen zu 4 oder 5, die Unterseite vom umgerollten Rand vollständig bedeckt. Zahlreiche Blüten fast kopfig überwiegend an den Zweigenden auf langen, dünnen, kahlen, rötlichen Stielen, Krone 4–5 mm, rosarot, schmal glockig mit 4 kurzen, aufrechten oder abstehenden Zipfeln. Staubbeutel ohne Anhängsel, meist mit parallelen, sich berührenden Hälften, dunkelrot, weit herausragend.

Vorkommen Macchien, lichte immergrüne Wälder, vorwiegend auf Kalk.

3 **Besen-Heide** *Erica scoparia* L.

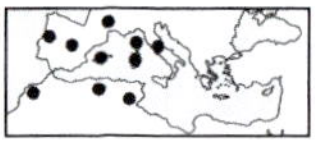

1–6 m April–Juli ♄

Merkmale Hoher schlanker Strauch, junge Zweige fein behaart oder kahl, dadurch von der Baum-Heide sofort zu unterscheiden! Die nadelartigen Blätter 4–7 mm lang, in regelmäßigen Quirlen zu 3–4, ihre Unterseite vom umgerollten Rand nur zu ⅔ bedeckt. Blüten in den Blattachseln, Krone glockenförmig, gelblich grünlich, ± rot überlaufen, 2–3,5 mm lang, Staubbeutel ohne Anhängsel, mit parallelen Hälften, meist eingeschlossen, die rote Narbe etwas herausragend. Als eigene Art *E. platycodon* (W. & B.) RIVAS-MART. auf den Kanaren. Nutzung wie bei *E. arborea*.

Vorkommen Macchien, lichte Wälder, eher feuchte Standorte auf sauren Böden.

4 **Sumpfquendel-Wolfsmilch** *Chamaesyce peplis* (L.) PROKH.
(*Euphorbia peplis* L.) *Euphorbiaceae*

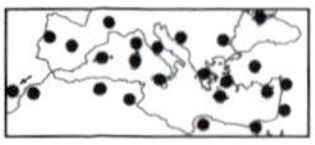

0,05–0,4 m ausgebreitet Mai–Oktober ⊙

Merkmale Kahle Pflanze mit gewöhnlich 4 niederliegenden Ästen. Die kurz gestielten, gegenständigen Blätter mit unscheinbaren, pfriemlichen Nebenblättern, blaugrün, etwas fleischig, eigenartig asymmetrisch, eiförmig bis länglich-sichelförmig, schwach gezähnt, am Ende stumpf oder ausgerandet. Scheinblüten (siehe *Euphorbia*-Arten) einzeln in den Blattachseln. Nektardrüsen halbrund, rötlich braun, mit kleinen, blasseren Anhängseln. Kapsel kahl, mit glatten Samen.

Vorkommen Sandküsten, selten im Binnenland.

Weitere Arten Zahlreiche weitere *Chamaesyce*-Arten, niederliegend und mit gegenständigen Blättern, kommen eingeschleppt im Mittelmeergebiet vor, Herkunft überwiegend aus N-Amerika.

5 **Lackmuskraut** *Chrozophora tinctoria* (L.) A. JUSS.

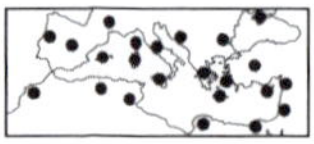

0,1–0,5 m Mai–Oktober ⊙

Merkmale Ästige, graugrüne Pflanze mit Sternhaaren, aber nicht filzig, ohne Milchsaft. Blätter gestielt, eiförmig bis rhombisch, am Grund keilförmig, ganzrandig oder geschweift gezähnt. Blüten 1-häusig und unscheinbar in kleinen Trauben, oben die männlichen mit meist 10 Staubblättern, am Grund die weiblichen zu 1–4, lang gestielt. Hängende, warzige Kapseln. Früher zur Gewinnung eines Farbstoffes verwendet.

Vorkommen Kulturland, Brachland, oft in Küstennähe.

Weitere Arten Ähnlich *C. obliqua* (VAHL) SPRENG., aber Pflanze weißlich, dicht sternhaarig-filzig, Blätter am Grund gestutzt oder fast herzförmig, Staubblätter 4–5(–7) (Spanien, N-Afrika, östl. Mittelmeergebiet).

1

2

3

4

5

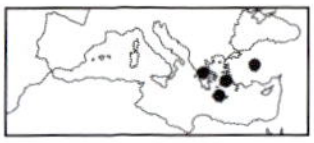

1 Dornbusch-Wolfsmilch *Euphorbia acanthothamnos* Boiss.

0,10–0,35 m März–Mai ♄

Merkmale Halbkugelige Polster bildender, sparrig verzweigter, kahler Strauch, stark dornig durch vorjährige, abgestorbene, stechende Doldenstrahlen. Blätter frisch grün, elliptisch, wie auch die am Grund der 3–5-strahligen Scheindolden. Diese mit verkehrt eiförmig gelblichen Hochblättern und wie bei allen Wolfsmilch-Arten mit Scheinblüten (Cyathien), die von 5 zu einer becherförmigen Hülle verwachsenen Blättchen gebildet werden. An deren Rand 4 oder 5 hier elliptische oder, bei anderen Arten, halbmondförmige, für die Bestimmung wichtige Nektardrüsen, in ihrer Mitte eine lang gestielte weibliche Blüte, umgeben von 5 Gruppen männlicher Blüten, jeweils aus einem Staubblatt gebildet. Fruchtkapseln 3-fächerig, bei dieser Art mit kurzen zylindrischen Warzen und glatten Samen.

Vorkommen Garigues, häufig in großen Beständen über Kalkgestein.

Weitere Arten An das Verbreitungsgebiet im Westen anschließend *E. spinosa* L., abgestorbene Doldenstrahlen bleibend, aber nicht stechend, Blätter blaugrün, lanzettlich, am Grund der Scheindolde viel brei-
2 ter. Auf Malta ersetzt durch die sehr ähnliche **Malta-Wolfsmilch** *E. melitensis* Parl.

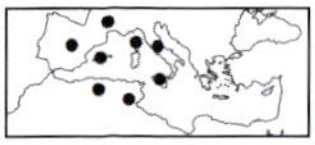

3 Doppeldolden-Wolfsmilch *Euphorbia biumbellata* Poir.

0,3–0,8 m April–Juni ♃

Merkmale Aufrechte kahle Wolfsmilchart, leicht kenntlich durch 2(–3) übereinanderstehende, 8–21-strahlige Scheindolden, die durch blattlose Stängelabschnitte getrennt sind. Blätter lineal-lanzettlich, bespitzt, die am Grund des Blütenstandes lanzettlich bis eiförmig-3-eckig. Hochblätter nierenförmig, Nektardrüsen mit langen, am Ende keulenförmig verbreiterten Hörnern. Kapsel fein warzig, Samen fein runzelig.

Vorkommen Fels- und Sandstandorte in Küstennähe, auch lichte Wälder und Gebüsche.

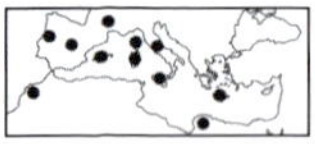

4 Palisaden-Wolfsmilch *Euphorbia characias* L.

0,3–0,8 m Februar–Juli ♃

Merkmale Am Grund verholzte, meist behaarte, aufrechte Art, Blätter lineal bis lanzettlich, im oberen Teil der kräftigen Stängel gehäuft und teilweise abwärts geneigt. Der lange Blütenstand mit 10–20(–40)-strahliger, endständiger Scheindolde und daneben 13–40 blattachselständigen Strahlen. Hochblätter rundlich-3-eckig, zu ⅓ bis ⅔ schüsselförmig verwachsen, Nektardrüsen dunkel rotbraun, mit kurzen Hörnern. Kapsel dicht zottig behaart, Samen glatt.

Vorkommen Macchien, lichte Wälder, Weiderasen, Wegränder.

5 **Weitere Arten** Als eigene Art angesehen wird **Wulfens Wolfsmilch** *E. veneta* Willd. (*E. characias* ssp.
wulfenii (Koch) A. R. Sm.), Pflanze kräftiger, bis 1,8 m hoch, mit gelblichen, meist lang gehörnten Nektar-
6 drüsen (Frankreich, Italien bis zur Türkei). Zu dieser Verwandtschaft gehört auch die **Terracina-Wolfsmilch** *E. terracina* L., eine niederliegende bis aufrechte Art mit lanzettlichen bis eilänglichen, in der oberen Hälfte gezähnelten Blättern. Scheindolde 2–5-strahlig, Hochblätter nicht verwachsen, 3-eckig-rhombisch, bisweilen grob gesägt, Nektardrüsen gelblich oder rötlich mit 2 ziemlich langen, borstigen, parallelen Anhängseln (Sandküsten, gefestigte Dünen, Ruderalstellen, Mittelmeergebiet).

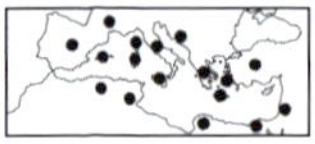

7 Baumartige Wolfsmilch *Euphorbia dendroides* L.

0,5–2(–3) m November–April ♄

Merkmale Hoher, kahler, regelmäßig gabelig verzweigter Kugelbusch mit oft armdickem Stamm. Blätter an den Stängelenden gehäuft, länglich-lanzettlich, stumpf mit aufgesetzter Spitze, die am Grund der 5–8(–10)-strahligen Scheindolde etwas breiter und kürzer, bei Eintritt der Trockenzeit rötlich gefärbt und hinfällig. Nektardrüsen rundlich, unregelmäßig gelappt. Kapseln und Samen glatt.

Vorkommen Lokal auf Kalkfelsen in Küstennähe bestandsbildend.

Weitere Arten Ähnlich *E. sultan-hassei* Strid & al., aber Kapseln mit kegelförmigen Warzen und warzigen Samen, Pflanze weniger kräftig (Kreta).

1
2
3
4
5
6
7

1 Behaarte Wolfsmilch *Euphorbia hirsuta* L. (*E. pubescens* Vahl)

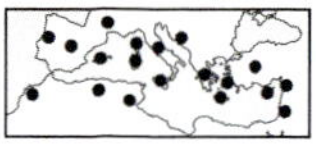

0,4–1 m März–Oktober ♃

Merkmale Behaarte aufrechte Pflanze mit mehreren kräftigen Stängeln. Blätter zahlreich, halbstängelumfassend sitzend, verkehrt eiförmig-länglich, in der oberen Hälfte gezähnelt und ± gewellt. Scheindolde 5(–6)-strahlig, mit freien, eiförmigen, sehr fein gesägten Hochblättern. Nektardrüsen elliptisch, gelblich. Kapsel tief gefurcht, behaart oder kahl, mit länglichen Warzen, Samen körnig.
Vorkommen Feuchte Unkrautfluren, Bachränder, Sümpfe.

2 Myrten-Wolfsmilch *Euphorbia myrsinites* L.

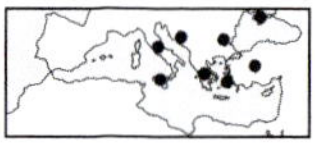

0,2–0,4 m März–August ♃

Merkmale Am Grund verholzte, kahle fleischige Wolfsmilch mit einfachen, niederliegenden oder aufsteigenden Stängeln. Blätter blaugrün, dicht dachziegelig stehend, verkehrt eiförmig, plötzlich zugespitzt, die am Grund der 5–12-strahligen Scheindolde breit eiförmig bis rundlich mit aufgesetzter Spitze. Nektardrüsen mit kurzen, gelben oder roten Hörnern. Kapsel kugelig, kahl, glatt oder fein warzig, Samen meist runzelig.
Vorkommen Felstriften, Garigues, Wegränder, lichte Wälder, auch Zierpflanze.
3 **Weitere Arten** Ähnlich die **Steife Wolfsmilch** *E. rigida* Bieb., mit starren, heller graugrünen, lanzettlichen, lang zugespitzten Blättern, Kapseln 3-kantig, mit glatten Samen (zentrales und östl. Mittelmeergebiet).

4 Nizza-Wolfsmilch *Euphorbia nicaeensis* All.

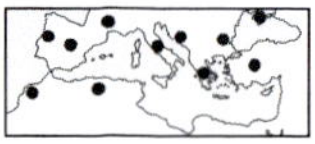

0,2–0,8 m April–Juli ♃

Merkmale Graugrüne, ± fein papillöse, oft rötlich überlaufene Art, auffällig durch zahlreiche sterile Triebe, die am Ende rosettig gehäufte, länglich-eiförmige, stumpfe, bespitzte Blätter tragen. Blühende Triebe unten kahl, teilweise mit zurückgeschlagenen Blättern. Scheindolde 5–18-strahlig, Hochblätter frei, nierenförmig, Nektardrüsen gestutzt oder ausgerandet, manchmal mit 2 kurzen, spitzen Hörnern und unregelmäßig gezähnelt. Kapsel schwach runzelig, bisweilen behaart, Samen fast glatt.
Vorkommen Offene steinige Flächen, Weiden, Wegränder, auf Kalk.

5 Strand-Wolfsmilch *Euphorbia paralias* L.

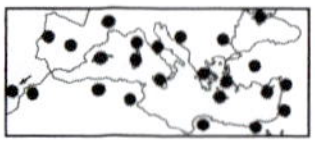

0,2–0,7 m Mai–November ♃

Merkmale Am Grund verzweigte, aufrechte, graugrüne und kahle, etwas fleischige Strandpflanze. Die sehr zahlreichen, dachziegelartig angeordneten Blätter immer aufwärts gerichtet, länglich-elliptisch, weiter oben eiförmig. Scheindolde 3–6-strahlig, darunter blattachselständig noch bis zu 9 Seitenäste. Hochblätter nierenförmig, Nektardrüsen ausgerandet, mit kurzen Hörnern. Kapseln kahl, fein warzig, mit glatten Samen.
Vorkommen Sand- und Kiesstrände.
6 **Weitere Arten** Ähnlich die **Pithyusen-Wolfsmilch** *E. pithyusa* L., aber am Grund oft verholzt und insgesamt fein warzig (Lupe!), die lineal-lanzettlichen, zugespitzten Blätter im unteren Teil der Stängel zurückgebogen, die am Grund der Scheindolde eiförmig mit aufgesetzter Spitze, ganzrandig oder unregelmäßig gesägt (Kiesstrände, Felsküsten, auch im Binnenland, zentrales Mittelmeergebiet).

7 Gesägte Wolfsmilch *Euphorbia serrata* L.

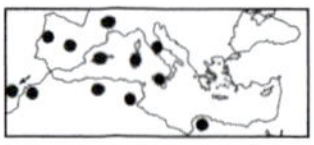

0,2–0,6 m Februar–Juli ♃

Merkmale Am Grund verholzte, kahle, aufrechte Wolfsmilch. Unverwechselbar die eiförmig-lanzettlichen, nach oben zu breiteren Blätter, am ganzen Rand deutlich ungleich lang gezähnt wie auch meist die zugespitzt breit eiförmigen bis rundlich-nierenförmigen gelben Hochblätter. Scheindolde 3–5-strahlig, Nektardrüsen mit 2 kurzen stumpfen Hörnern. Kapseln glatt oder fein papillös, mit glatten Samen.
Vorkommen Unkrautfluren, Wegränder, Weiden, auf Kalk.
Weitere Arten Fein gezähnte (Lupe), schmal längliche Blätter bei der 1-jährigen *E. medicaginea* Boiss., Nektardrüsen mit deutlichen Hörnern (westl. Mittelmeergebiet).

1
2
3
4
5
6
7

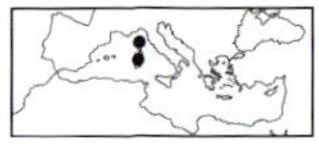

1 **Korsisches Bingelkraut** *Mercurialis corsica* Coss. *Euphorbiaceae*

0,3–0,6 m März–September ♃

Merkmale Kahles, am Grund verholztes Bingelkraut mit kurz gestielten, schmal eiförmig-elliptischen, entfernt stumpf gesägten Blättern. Blüten 2-häusig, männliche knäuelig an lang gestielten Achsen, weibliche büschelig in den Blattachseln. Kapseln kahl oder kurz borstig.

Vorkommen Schattig-feuchte Standorte, Felsen, alte Mauern.

Weitere Arten Kahl oder spärlich behaart auch die 1-jährige *M. annua* L. mit eiförmig-lanzettlichen, stumpf gesägten Blättern (Mittelmeergebiet, verbreitet auch in Mitteleuropa). Dicht silbrig-filzig behaart dagegen
2 das **Filzige Bingelkraut** *M. tomentosa* L., am Grund ± verholzt, Blätter fast sitzend, elliptisch-lanzettlich, spitz oder stumpflich, ganzrandig oder schwach gesägt (Wegränder, Felsfluren, westl. Mittelmeergebiet).

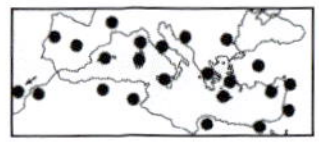

3 **Rizinus**, Wunderbaum *Ricinus communis* L.

0,5–4 m Februar–Oktober ⊙ bis ♄

Merkmale Schnellwüchsige, bis baumhohe, kahle Pflanze mit großen, 5–9-fach handförmig gelappten Blättern. Blüten 1-häusig in aufrechten Rispen, unten männliche mit verzweigten gelben Staubblättern, darüber weibliche mit auffälligen roten Narben. Bis 2 cm große, weichstachelige Kapseln mit je 3 bohnenförmigen, glänzenden, marmorierten, sehr giftigen Samen, von denen 5–20 eingenommen für den Menschen tödlich sein können. Das aus ihnen gewonnene fette Öl hat Bedeutung als Schmiermittel, von den giftigen Eiweißstoffen befreit als Abführmittel und in Kosmetika.

Vorkommen Eingebürgert an Straßenrändern und Schuttplätzen, bisweilen als Zierpflanze (Heimat tropisches Afrika, dort auch Nutzpflanze).

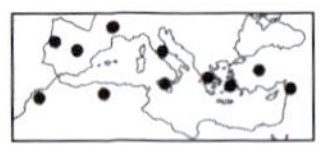

4 **Zusammengefaltete Drüsenfrucht**

Adenocarpus complicatus (L.) Gay *Fabaceae*

1–2(–3) m April–August(–Oktober) ♄

Merkmale Aufrechter Strauch, Blätter gestielt, 3-zählig, manchmal nur spärlich an den Zweigen, die Blättchen eilanzettlich, gefaltet, oberseits ± kahl, unterseits seidig behaart. Gelbe Blüten mit 10–19 mm langer, seidig behaarter Fahne, der 2-lippige, 5-zähnige Kelch bisweilen drüsig-warzig, kahl oder behaart, Mittellappen der Unterlippe meist länger als die beiden seitlichen. Hülse dicht drüsig-warzig. Formenreiche Art.

Vorkommen Gebüsche, lichte Wälder über saurem Gestein, auch Zierstrauch.

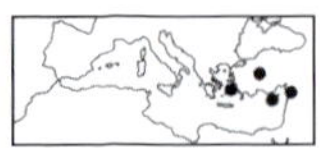

5 **Falscher Kameldorn** *Alhagi maurorum* Med.

0,3–1 m Juni–August ♄

Merkmale Überwiegend kahler Dornstrauch mit einfachen, länglichen Blättern. Die karmesinroten, 7–10 mm langen Blüten zu 3–8 an sparrig abstehenden, dornigen, nur Schuppenblättchen tragenden Seitentrieben. Kelchbuchten zwischen den Zähnen stumpf. Hülse zwischen den 1–5 Samen eingeschnürt.

Vorkommen Unkrautfluren, Grabenränder, oft auch an salzhaltigen Standorten.

Weitere Arten Ähnlich *A. graecorum* Boiss., aber Pflanze behaart, Kelchbuchten zwischen den Zähnen spitz (SO-Griechenland bis Algerien).

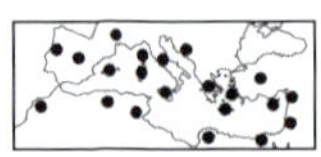

6 **Stinkstrauch** *Anagyris foetida* L.

1–4 m Dezember–Mai ♄

Merkmale Übelriechender, dornenloser, laubwerfender Strauch. Blätter an Goldregen erinnernd, gestielt, 3-zählig mit eilanzettlichen, unterseits seidig behaarten Blättchen. Gelbe, 18–25 mm lange Blüten traubig zu 3–11, die dunkel gefleckte Fahne nur etwa halb so lang wie das Schiffchen. Kelch seidig behaart, glockig, 5-zähnig. Kahle, flache, gegliederte Hülsen, 6–20 cm lang, an beiden Enden zugespitzt.

Vorkommen Felshänge, Macchien, Straßenränder, meist in Meeresnähe. Zum Teil wohl aus Kulturen verwildert. Früher nutzte man das Holz zur Herstellung von Lanzen und Pfeilspitzen, später auch als Heilmittel.

1

2

3

4

5

6

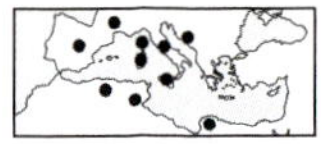

1 Jupiterbart *Anthyllis barba-jovis* L.

0,5–1,5(–2) m April–Juni ♄

Merkmale Bemerkenswert schöner, silbrig behaarter Strauch. Blätter mit 13–19 schmal elliptischen, fast gleichen Blättchen unpaarig gefiedert. 15–20 blassgelbe, 9–10 mm lange Blüten in endständigen Köpfchen, gestützt von einem in fingerförmige Abschnitte geteilten Hochblatt. Kelch behaart, 4–6 mm, mit 5 etwa gleich langen, kurzen Zähnen. Hülse 1-samig.

Vorkommen Küstenfelsen, auch Zierpflanze.

Weitere Arten Ähnlich *A. splendens* Willd. (*A. aegaea* Turrill), aber Blättchen schmaler, fast lineal. Köpfchen mit nur 5–9 Blüten, Kelch 6–9 mm (Kreta, Kykladen).

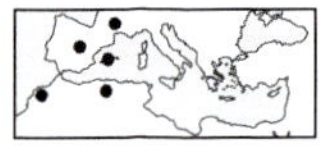

2 Ruten-Wundklee *Anthyllis cytisoides* L.

0,3–0,8(–1,2) m März–Juli ♄

Merkmale Halbstrauch mit aufrechten, fast rutenförmigen, grauweiß bis gelblich filzigen Ästen. Untere Blätter einfach, mittlere meist 3-zählig, das Endblättchen schmal elliptisch, viel größer als die seitlichen. Blüten zu 1–3 in den Achseln von breit eiförmigen, zugespitzten Tragblättern sitzend, einen ährenförmigen Blütenstand bildend. Krone gelb, 9–12(–14) mm lang, der zottig behaarte Kelch 5–8 mm, kurz 5-zähnig.

Vorkommen Garigues, besonders in Küstennähe, meist auf Kalk.

Weitere Arten Ähnlich *A. terniflora* (Lag.) Pau, Blätter meist alle ungeteilt, Blüte nur 6–8 mm, der anliegend behaarte Kelch 4–5 mm lang. Pflanze insgesamt weniger kräftig, fein seidig behaart (Spanien, Marokko).

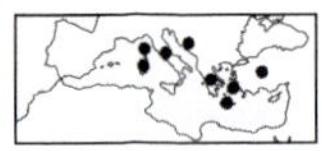

3 Dorniger Wundklee *Anthyllis hermanniae* L.

0,1–0,6 m April–Juli ♄

Merkmale Niedriger, sparrig verzweigter Dornstrauch mit verkahlenden, gedrehten, holzigen Ästen, die älteren in einem Dorn endend. Blätter ungeteilt oder 3-zählig mit schmal länglichen, häufig gefalteten, besonders unterseits seidenhaarigen Blättchen. Blüten zu 1–5 in den Blattachseln, mit 6–9 mm langer, gelber, gekrümmter Krone. Kelch seidig, 3–5 mm, kurz 5-zähnig. Abgebildet die östl. ssp. *hermanniae*.

Vorkommen Garigues.

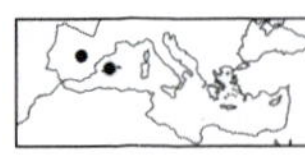

4 Roter Wundklee *Anthyllis vulneraria* L. ssp. *gandogeri* (Sag.) Becker

0,1–0,4 m März–Juni ⊙ ⚇ ♃

Merkmale Krautige, aufsteigende bis aufrechte, im oberen Teil angedrückt seidenhaarige Art. Unterste Blätter mit bis zu 5(–9) Blättchen, das endständige sehr groß, breit eiförmig, die oberen bis zu 11-blättrig, oberseits ± kahl, unterseits bis über den Rand behaart. Blüten purpurn, rosa oder weißlich, 13–15 mm lang, in endständigen Köpfchen, am Grund mit 2 bis zur Hälfte zerteilten Hochblättern. Kelch ungleich 5-zähnig mit schiefer Mündung, die Spitzen purpurn, anliegend oder abstehend behaart. Hülse 1-samig. Vielgestaltige Art mit 30 und mehr bisher beschriebenen rot-, gelb- oder weißblütigen Unterarten und weiteren Hybriden in den Mittelmeerländern, die abgebildete Sippe ist eine von 11 in Spanien beheimateten. Die ssp. *rubriflora* (DC) Arc., deren untere Stängelblätter nur 1–3 Blättchen tragen, ist außerhalb Spaniens weiter verbreitet.

Vorkommen Grasfluren, Felsfluren, Garigues, gewöhnlich auf Kalk.

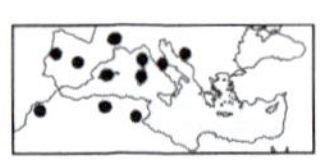

5 Silberhülse, Silberklee *Argyrolobium zanonii* (Turra) Ball

0,05–0,4 m März–Juli ♄

Merkmale Kleiner Halbstrauch mit aufsteigenden Stängeln, insgesamt seidig behaart, mit Ausnahme der dunkelgrünen Oberseite der gestielten, 3-zähligen Blätter. Goldgelbe, manchmal auch purpurn überlaufene, 7–18 mm lange Blüten traubig zu (1–)2–6 an den Zweigenden, Fahne länger als das Schiffchen. Kelch länger als die halbe Krone, 2-lippig, Oberlippe fast bis zum Grund geteilt, Unterlippe etwas länger, 3-zähnig. Hülse 1,5–4 cm lang, flach, schwach wulstig.

Vorkommen Felsfluren, Grasfluren, Kiefernwälder, besonders auf Kalk.

1

2

3

4

5

1 Haken-Tragant *Astragalus hamosus* L.

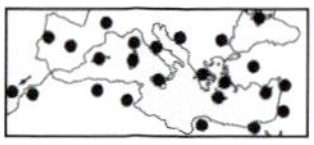

0,05–0,3(–0,8) m März–Mai ⊙

Merkmale Krautige, meist niederliegende Art mit anliegenden Haaren. Blätter mit 15–27 länglich-eiförmigen, abgerundeten bis ausgerandeten Blättchen. Blüten traubig zu 4–18 auf langem Stiel, Krone gelblich, mit 7–11 mm langer Fahne. Namengebend die hakenförmigen, zuletzt gelblich braunen Hülsen.
Vorkommen Brachland, Wegränder, Weideland, Steppen.

2 Portugiesischer Tragant *Astragalus lusitanicus* Lam.

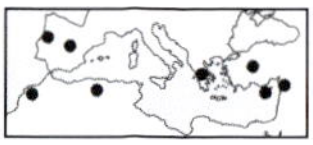

(*Erophaca baetica* (L.) Boiss.)
0,3–1 m (Dezember–)Februar–April ♃

Merkmale Kräftige krautige Pflanze mit unpaarig gefiederten Blättern, die 15–25 Blättchen länglich-lanzettlich bis elliptisch, spitz, am Grund jeweils mit 2 schuppenförmigen Drüsen, unterseits behaart. Blüten ± hängend zu 1–20(–25) in einseitswendigen Trauben, mit weißer bis cremefarbener Krone, die Fahne 25–31 mm lang, Kelch rötlich braun, glockig mit kurzen Zähnen (Foto). Die ssp. *orientalis* Chat. & Meikle mit auch oberseits behaarten Blättchen und grünlichen Kelchen (Griechenland, Türkei, Zypern, Libanon).
Vorkommen Gebüsche, Ruderalflächen.

3 Montpellier-Tragant *Astragalus monspessulanus* L.

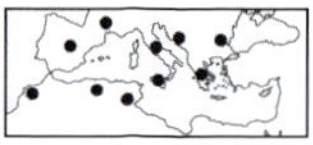

0,1–0,2 m März–Juli ♃

Merkmale Krautige stängellose Art mit niederliegenden Blättern. Die 15–43 stumpfen, rundlichen bis länglichen Blättchen oberseits kahl, unterseits angedrückt behaart. Blüten zu 10–30 oder mehr in eiförmigen Trauben an 6–13 cm langem Stiel, dieser am oberen Ende wie auch die Kelche mit weißen und/oder schwarzen Haaren. Krone 20–26 mm lang, purpurn oder violett (u. a. bei der ssp. *monspessulanus* **3a**) oder blassgelb, bisweilen rosa oder blaugrün überlaufen (ssp. *gypsophilus* Rouy, Spanien, NW-Afrika **3b**).
Vorkommen Weidefluren, Wegränder, meist auf Kalk oder Gips.

4 Ausdauernder Tragant *Astragalus sempervirens* Lam.

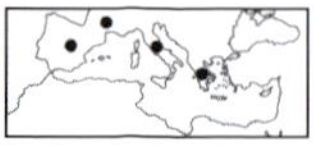

0,05–0,4 m Mai–August ♄

Merkmale Flache Dornpolster bildender Tragant. Blätter paarig gefiedert mit 8–20 schmal ellliptischen, stachelspitzigen, beidseitig ± behaarten Blättchen und dorniger Spindel, die über die obersten Blättchen hinausragt und ausdauert. Nebenblätter bis zur Hälfte mit dem Blattstiel verwachsen. Blüten zu 3–8 dicht traubig und fast sitzend in den oberen Blattachseln mit weißer oder purpurner, selten gelber Krone. Hülse im Kelch eingeschlossen. Abgebildet die ssp. *cephalonicus* (Presl) Asch. & Graebn. mit 10–12 mm langer Fahne, die 1,5-mal so lang ist wie der dicht abstehend behaarte Kelch mit borstlichen Zähnen (Griechenland).
Vorkommen Felshänge, beweidete Phrygana, offene Flächen in *Abies cephalonica*-Wäldern.

5 Thrakischer Tragant *Astragalus thracicus* Griseb.

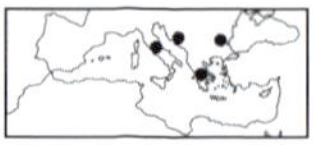

(*Astracantha thracica* (Griseb.) Podl.)
0,3–0,4 m Mai–August ♄

Merkmale Kleiner Dornstrauch, Blätter paarig gefiedert, mit 12–14(–16) schmalen, stachelspitzigen, fast kahlen oder anliegend behaarten Blättchen und kräftiger Spindel, deren Enddorn deutlich kürzer ist als das oberste Blättchenpaar, am Grund dicke, ± verholzte, dem Blattstiel angeheftete Nebenblätter. Blüten zu 2–5 in mehreren Blattachseln übereinander im mittleren Teil des Stängels einen eiförmigen Blütenstand bildend, Kronblätter rosa, violett, seltener gelblich, mit 13–20 mm langer Fahne. Hülse meist 1-samig, 3–5 mm, im dicht behaarten Kelch eingeschlossen bleibend. Abgebildet ist die ssp. *thracicus*.
Vorkommen Von der Küste bis zu felsigen Hängen der Gebirge.
Weitere Arten Acht weitere, kleinräumig verbreitete Arten bilden Dornpolsterfluren in den Gebirgen S-Europas, zum Beispiel *A. creticus* Lam. auf Kreta, *A. granatensis* Lam. in Spanien und Marokko.

1

2

3a

3b

4

5

1 **Marseille-Tragant** *Astragalus tragacantha* L. (*A. massiliensis* (Mill.) Lam.)

0,1–0,4 m April–Juni ♄

Merkmale Flache dornige Polster bildender Strauch. Blätter paarig gefiedert mit 12–24 schmalen, unterseits dicht mit Kompasshaaren (in der Mitte angeheftet, Lupe!) besetzten, hinfälligen Blättchen und dornig endender Spindel. Blüten traubig zu 3–8, Krone weiß, mit blassviolettem Schiffchen, Fahne 13–17 mm lang. Kelchzähne 1/5–1/4 so lang wie die Röhre. Hülse 9–10 mm, dicht angedrückt behaart.

Vorkommen Garigues in Küstennähe.

2 **Weitere Arten** Ähnlich der **Balearen-Tragant** *A. balearicus* Chat., in allen Teilen kleiner, Blätter mit 6–10 spärlich behaarten Blättchen, Blüten mit 11–12 mm langer, rosa bis weißer Fahne (Balearen). Bei *A. sirinicus* Ten. Blütenkrone gelblich, violett überlaufen, 14–19 mm lang, Haare an Kelch und Hülse abstehend (Italien, Balkanhalbinsel). Ähnlich auch *A. angustifolius* Lam., Krone weiß, mit breiterer, 13–23 mm langer Fahne, Haare an Kelch und Hülse angedrückt (Gebirgspflanze, Kreta, Balkanhalbinsel bis Libanon).

3 **Sägehülse** *Biserrula pelecinus* L. (*Astragalus pelecinus* (L.) Barn.)

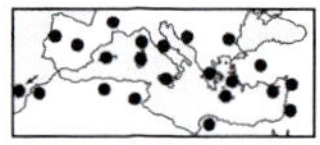

0,05–0,4 m März–Juni ⊙

Merkmale Niederliegende oder aufrechte, locker behaarte Pflanze, Blätter unpaarig gefiedert mit 15–31 länglichen, vorne ausgerandeten Blättchen. Blüten traubig zu 3–11, Krone blassgelb oder bläulich, mit 4–5 mm langer Fahne, Kelch überwiegend schwarzhaarig, mit 5 gleichen Zähnen. Die eigenartige, flache, 1–4 cm lange Hülse, an beiden Rändern buchtig gezähnt, erinnert an eine Doppelsäge.

Vorkommen Weiden, Brachland, Wegränder.

4 **Harzklee**, Pechklee *Bituminaria bituminosa* (L.) Stirt. (*Psoralea bituminosa* L.)

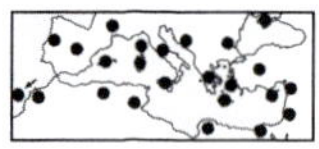

0,2–1,5 m April–August ♃

Merkmale Pflanze krautig oder am Grund verholzt, ± seidig behaart und mit Teergeruch beim Zerreiben. Blätter lang gestielt, mit 3 lineal-lanzettlichen bis breit eiförmigen, ganzrandigen, drüsig punktierten Blättchen. Blütenstand kopfig, 10–30 cm lang gestielt, aus 7–30 schmutzig violetten, 15–20 mm langen Blüten, umgeben von 2–3-zähnigen Hochblättern. Frucht mit 11–20 mm langem, schwertförmigem Schnabel.

Vorkommen Wegränder, Unkrautfluren, Brachland.

5 **Behaarter Dornginster** *Calicotome villosa* (Poir.) Link

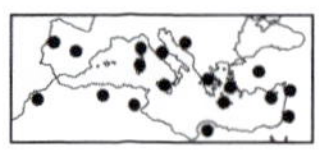

(*Cytisus laniger* (Desf.) DC.) **0,5–3 m Januar–Juni ♄**

Merkmale Sparrig verzweigter Dornstrauch mit zottig oder seidig behaarten Ästen, Blattunterseiten, Kelchen und Hülsen. Blätter gestielt, 3-zählig, mit verkehrt eiförmigen Blättchen. Blüten goldgelb, 12–18 mm, gewöhnlich büschelig zu 2–15 oder in blattlosen Trauben. Der obere Teil des Kelches beim Aufblühen emporgehoben und zeitweilig als Hütchen bleibend (der lateinische Gattungsname bedeutet „Kelchzerteiler“). Hülse 2–4 cm lang, mit deutlich verdickter Naht.

Vorkommen Macchien, nach Kahlschlag von Wäldern gebietsweise vorherrschend.

6 **Weitere Arten** Ähnlich der **Stachelige Dornginster** *C. spinosa* (L.) Link (*Cytisus spinosus* (L.) Lam.), aber Dornen kräftiger, Behaarung insgesamt spärlich, Blüten meist einzeln, Hülse mit kaum verdickter Naht (SW-Europa, östl. bis Italien).

7 **Reichhaariger Zwergginster** *Chamaecytisus polytrichus* (Bieb.) Rothm.

(*Cytisus hirsutus* L. ssp. *polytrichus* (Bieb.) Hay.) **0,1–0,25 m Mai–Juli ♄**

Merkmale Zwergstrauch mit niederliegenden Ästen, insgesamt lang und abstehend behaart. Blätter 3-zählig, mit verkehrt eiförmig-elliptischen Blättchen. Blüten einzeln oder zu wenigen in beblätterten Trauben, Krone mit 22–28 mm langer Fahne, gelb, im Alter orange oder mit braunen Flecken, Kelch, wie für die Gattung charakteristisch, 2-lippig, mit langer Röhre und 5 kurzen Zähnen. Hülse 2–3,5 cm lang, behaart.

Vorkommen Felsstandorte, meist in Kiefernwäldern.

1
2
3
4
5
6
7

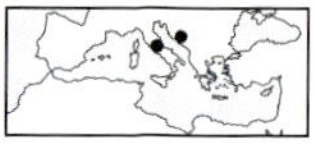

1 Stechender Zwergginster *Chamaecytisus spinescens* (C. Presl) Rothm.

(*Cytisus spinescens* C. Presl) **0,2–0,4 m April–Mai ♄**

Merkmale Niedriger, anliegend behaarter Strauch mit verdornenden, an den Enden weißgrauen Zweigen. Blätter kurz gestielt, 3-zählig, mit verkehrt eiförmig-keilförmigen, oberseits flaumig, unterseits seidig behaarten Blättchen. Blüten zu 1–2 in den oberen Blattachseln, Krone gelb, mit 20–33 mm langer Fahne, Kelch 2-lippig, mit langer Röhre und 5 kurzen Zähnen. Hülse 3–4 cm, nur entlang der Kanten behaart.

Vorkommen Weidefluren, auf Kalk.

2 **Weitere Arten** Ebenfalls mit verdornenden, aber ± kahlen Ästen der **Kretische Zwergginster** *Ch. creticus* (Boiss. & Heldr.) Rothm. (*Cytisus creticus* Boiss. & Heldr.), aufrecht, bis 1,5 m hoch, die verkehrt eiförmigen Blättchen nur unterseits fein angedrückt behaart, Blüten einzeln, gelb, mit 10–12(–23) mm langer Fahne. Hülse insgesamt dicht behaart (Macchien und Wälder, Kreta-Endemit).

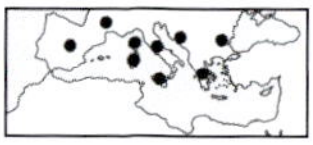

3 Gewöhnlicher Blasenstrauch *Colutea arborescens* L.

0,5–2(–6 m) Mai–September ♄

Merkmale Sommergrüner, ± anliegend behaarter Strauch, Blätter mit 7–13 kurz gestielten, eiförmig-elliptischen Fiedern. Blüten zu 2–8 nickend in achselständigen, gestielten aufrechten Trauben, die kürzer sind als das zugehörige Blatt, Fahne 14–21 mm, rundlich, ausgerandet, oft rotbraun gezeichnet. Hülse stark aufgeblasen, am Ende aufwärts gebogen, reif mit hellbraunen, pergamentartigen Wänden, 5–7 cm lang.

Vorkommen Submediterrane Laubwälder, Gebüsche, Straßenränder, auf Kalk, nördlich selten bis zum Oberrhein, weiter als Zierstrauch kultiviert und verwildert.

Weitere Arten Ähnlich *C. cilicica* Boiss. & Bal., aber Flügel der Blütenkrone am Grund gespornt (Griechenland bis SW-Asien).

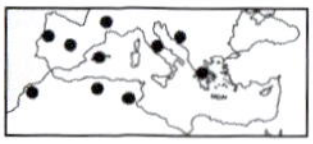

4 Binsen-Kronwicke *Coronilla juncea* L.

0,2–1 m April–Juni ♄

Merkmale Halbstrauch mit binsenartigen, gefurchten, grünen Zweigen. Stängelglieder verlängert, die Blätter hinfällig, mit 3–7 etwa gleichen, schmalen, fleischigen Fiedern. Blüten gelb, 6–12 mm lang, zu 5–12 kronenartig auf langem Stiel. Hülsen wie für die Gattung typisch, hängend, ± gerade, mit stumpf 4-kantigen, geraden Gliedern, 1–5 cm lang.

Vorkommen Küstengarigues, Küstenfelsen.

5 **Weitere Arten** Höchstens 0,5 m hoch und strauchig die **Kleine Kronwicke** *C. minima* L., Stängelglieder kurz, mit sitzenden immergrünen Blättern, die 7–9 Fiedern mit durchscheinendem Rand, Blüten bis zu 10(–15), etwa 8 mm lang, Hülsen 4-kantig (westl. Mittelmeergebiet, östl. bis Italien). Bis 1,5 m hoch dage-
6 gen die kräftige **Valencia-Kronwicke** *C. valentina* L., Blätter mit 5–7(–15) kahlen und oft blaugrünen, elliptischen bis verkehrt eiförmigen, vorne ausgerandeten oder gestutzten Fiedern mit kleiner Spitze. Blüten 7–13 mm lang, zu 2–12, ihr gemeinsamer Stiel wie bei den vorigen Arten die Blätter deutlich überragend, Hülsen stumpf 2-kantig, stark gegliedert. Abgebildet ist die am weitesten verbreitete ssp. *glauca* (L.) Batt., die auch als Art angesehen wird (Garigues, Kalkfelsen, auch Zierstrauch, Mittelmeergebiet, Kanaren).

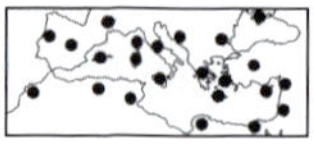

7 Skorpionskraut, Skorpions-Kronwicke *Coronilla scorpioides* (L.) Koch

0,1–0,4 m März–Juni ⊙

Merkmale Kahle, bläulich grüne, krautige Kronwicke. Blätter sitzend, etwas fleischig, nur die unteren einfach, die übrigen 3-zählig mit 1–4 cm langem, elliptischem bis rundlichem Endblättchen, das viel größer als die beiden seitlichen ist. Die gelben Blüten 4–8 mm lang, zu 2–5 auf etwa blattlangem Stiel. Hülsen 2–6 cm, dünn, stark gekrümmt, die einzelnen Glieder aber gerade, mit 4–6 stumpfen Kanten.

Vorkommen Kulturland, Brachland, Garigues.

Weitere Arten Ähnlich *C. repanda* (Poir.) Guss., obere Blätter jedoch mit 5–7 fast gleich großen Fiedern, Glieder der Hülse deutlich gebogen (südl. Mittelmeergebiet).

1

2

3

4

5

6

7

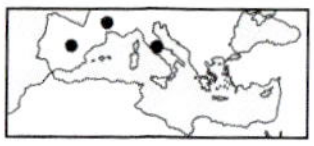

1 ## Italienischer Geißklee *Cytisophyllum sessilifolium* (L.) LANG

0,5–2 m April–Juli ♄

Merkmale Dornenloser, weitgehend kahler Strauch. Die 3-zähligen, lebhaft grünen Blätter an blütentragenden Trieben ± sitzend, sonst auch gestielt, Blättchen breit eiförmig, kurz bespitzt, das mittlere größer. Blüten zu 3–12 in laubblattlosen, kurzen, endständigen Trauben, Krone goldgelb, mit 13–15 mm langer, rundlicher Fahne und stark aufwärts gekrümmtem, geschnäbeltem Schiffchen. Der 2-lippige glockige Kelch mit 5 kurzen Zähnen. Hülse 3–4 cm lang, über dem stark verschmälerten Grund gebogen.

Vorkommen Sommergrüne Wälder und Gebüsche, auf Kalk, gelegentlich kultiviert.

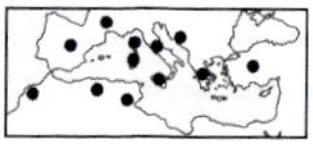

2 ## Dreiblütiger Geißklee *Cytisus villosus* POURR. (*C. triflorus* L'HÉR.)

1–2 m März–Mai(–Juli) ♄

Merkmale Dornenloser Strauch, junge Zweige 5-kantig, am Ende behaart. Blätter gestielt, 3-zählig, mit länglich-elliptischen, unterseits anliegend behaarten Blättchen, das mittlere länger als die beiden seitlichen. Blüten zu 1–4 auf behaarten Stielen in den oberen Blattachseln, Kronblätter gelb, Fahne 15–18 mm lang, am Grund rotbraun gestreift. Kelch kurz glockig, behaart, 2-lippig, mit 5 kurzen Zähnen. Hülse lang behaart, später verkahlend, 2–4,5 cm.

Vorkommen Macchien, Wälder, besonders über kalkarmem Gestein.

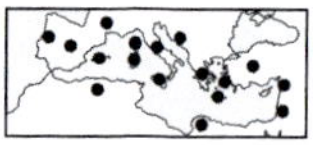

3 ## Behaarter Backenklee *Dorycnium hirsutum* (L.) SER. (*Lotus hirsutus* L.)

0,2–0,5 m April–Juli ♃ ♄

Merkmale Lang abstehend behaarter Strauch oder Halbstrauch. Blätter sitzend, fast ohne Blattspindel 5-zählig gefiedert, mit länglichen Blättchen. Blüten zu 4–11 in gestielten Köpfen, Krone mit 11–18 mm langer Fahne, wie die Flügel weiß bis rosa, Schiffchen mit dunkelroter, stumpfer Spitze, Flügel innen mit einer taschenförmigen Längsfalte (Name). Kelchzähne ungleich lang. Hülse länglich-eiförmig, 6–12 mm.

Vorkommen Sandküsten, Garigues, Macchien, lichte Wälder.

4 **Weitere Arten** Kurz behaart ist der **Griechische Backenklee** *D. graecum* (L.) SER. (*Lotus graecus* L.), Blätter ebenfalls ± ohne Spindel, Blüten kopfig zu 10–24, mit weißer, 6–7 mm langer Krone, Kelchzähne gleich
5 lang, Hülse länglich, 5–7 mm (Balkanhalbinsel, Anatolien). Ähnlich auch der **Aufrechte Backenklee** *D. rectum* (L.) SER. (*Lotus rectus* L.), aber Stängelblätter mit deutlicher, 5–10 mm langer Spindel, Blüten zu 18–35, mit weißer oder rosa 5–6 mm langer Krone, Kelchzähne gleich lang, Hülse lineal, die Klappen zur Reifezeit gedreht, 10–20 mm lang (Pflanze 0,3–2 m hoch, nur am Grund verholzt, Mittelmeergebiet).

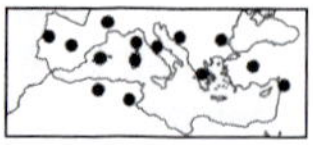

6 ## Fünffinger-Backenklee *Dorycnium pentaphyllum* SCOP.

(*Lotus dorycnium* L.) **0,1–1 m April–Juli ♃ ♄**

Merkmale Angedrückt seidig behaarter Strauch oder Halbstrauch. Blätter 5-zählig, ohne Blattspindel, mit schmalen, lanzettlichen bis spatelförmigen Blättchen. Blüten kopfig zu 6–13, Krone rein weiß, nur 4–6 mm lang, untere Kelchzähne deutlich länger als die beiden oberen. Hülse eiförmig-kugelig, 3–5 mm. Abgebildet ist die ssp. *pentaphyllum* (westl. Mittelmeergebiet).

Vorkommen Garigues, Grasfluren, Gebüsche, selten bis Mitteleuropa.

Weitere Arten Kugelbüsche mit zickzackförmig verzweigten, in Dornen endenden Ästen bildet *D. fulgurans* (PORTA) LASS., ein Balearen-Endemit.

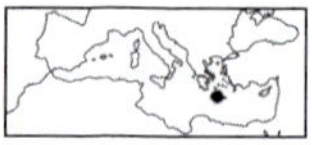

7 ## Kretischer Ebenholzstrauch *Ebenus cretica* L.

0,3–0,7 m (Dezember–)April–Juni ♄

Merkmale Im Frühjahr besonders im Küstenbereich durch seine reichen rosaroten Blütentrauben auffälliger, seidig behaarter kleiner Strauch. Blätter mit kurzer Blattspindel 3–5-zählig, mit länglich-elliptischen Fiedern. Blütenkrone 10–15 mm lang, Kelch mit 5 langen, schmalen, abstehend behaarten Zähnen.

Vorkommen Garigues, Felswände, Böschungen, häufig in großen Beständen.

1

2

3

4

5

6

7

1 **Strauchige Kronwicke** *Emerus major* MILL. (*Coronilla emerus* L., *Hippocrepis emerus* (L.) LASS.)

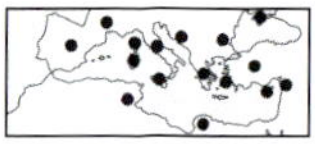

1–2 m April–Juni(–September) ♄

Merkmale Sommergrüner Strauch, ± kahl, mit kantigen Zweigen, Blätter mit 5–9 etwa gleich großen, verkehrt eiförmigen, nicht fleischigen Fiedern. Blüten meist zu mehreren, nickend, mit 14–22 mm langer Fahne. Hülsen hängend, walzlich, nur wenig eingeschnürt, 4–11 cm lang. Bei der ssp. *major* Fiedern kurz gestielt, Köpfchen 1–5-blütig, sein Stiel ungefähr so lang wie die Blätter, Nagel der Kronblätter weit aus dem Kelch herausragend (Foto, Spanien bis Jugoslawien, vereinzelt weiter nördlich); bei der ssp. *emeroides* (BOISS. & SPRUN.) SOLDANO & F. CONTI Fiedern sitzend, Köpfchen 4–8-blütig, Stiel viel länger als die Blätter, Nagel der Kronblätter kurz, im Kelch eingeschlossen (S-Italien, Sizilien, Balkanhalbinsel, SW-Asien).
Vorkommen Gebüsche, Waldränder, lichte Wälder, auch kultiviert.

2 **Igelginster** *Erinacea anthyllis* LINK

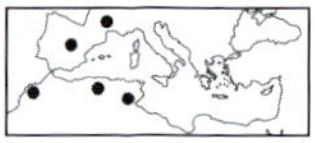

0,1–0,6 m April–Juni ♄

Merkmale Dornige Polster bildender, reich verzweigter Strauch, unten mit gegenständigen, oben mit wechselständigen, (meist) einfachen oder 3-zähligen, schmal verkehrt lanzettlichen bis spatelförmigen, beiderseits seidig behaarten Blättchen. Blüten zu 2–4 achselständig in kleinen Trauben, Krone blauviolett, mit 14–19 mm langer Fahne. Kelch nur schwach 2-lippig, etwas aufgeblasen. Hülse 12–23 mm, länglich.
Vorkommen Polsterfluren, meist über Kalkgestein oberhalb 500 m, in Frankreich nur in den östl. Pyrenäen.

3 **Dorniger Ginster** *Genista acanthoclada* DC.

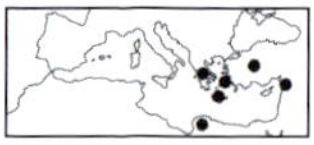

0,3–1 m März–Juni ♄

Merkmale Niedriger Strauch mit dichten, oft gegenständigen, in Dornen endenden Zweigen, die älteren mit verdickten Blattbasen. Blätter 3-zählig mit angedrückt behaarten, schmal lanzettlichen Blättchen. Gelbe Blüten einzeln in den Achseln von Tragblättern, Fahne seidig behaart, 6–14 mm lang, wie bei *Genista*-Arten überwiegend, kürzer als das Schiffchen, der Kelch mit 3-zähniger Unter- und tief 2-teiliger Oberlippe.
Vorkommen Garigues, Macchien, Kiefernwälder. Nachweise von Mallorca und Sardinien wurden als eigene Arten *G. valdez-bermejoi* TALAV. & SÁEZ und *G. sardoa* VALS. abgetrennt.
4 **Weitere Arten** Ähnlich **Salzmanns Ginster** *G. salzmannii* DC., aber Blätter alle einfach, locker behaart, Blüten gewöhnlich paarweise, 1–3 mm lang gestielt, Fahne 10–12 mm lang (Korsika, Sardinien). Auch als Unterart hierzu *G. lobelii* DC., Blüten meist einzeln, 4–9 mm lang gestielt (Korsika, westl. Mittelmeergebiet).

5 **Korsischer Ginster** *Genista corsica* (LOTS.) DC.

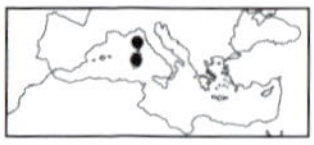

0,2–0,8 m März–Juni ♄

Merkmale Polster bildender oder aufrechter Dornstrauch. Untere Blätter 3-zählig, obere einfach, schmal verkehrt eiförmig, spärlich behaart, hinfällig. Kräftige, etwas rückwärts gekrümmte und manchmal verzweigte (!) achselständige Dornen. Blüten gestielt, zu 1–6, Kronblätter gelb, kahl, alle 7–12 mm lang.
Vorkommen Garigues, Macchien.
6 **Weitere Arten** Ähnlich der **Glänzende Ginster** *G. tricuspidata* DESF. (*G. lucida* CAMB.) mit leuchtend grünen Zweigen, Blätter alle einfach, Fahne kürzer als das Schiffchen (Mallorca, Alicante, NW-Afrika).

7 **Spanischer Ginster** *Genista hispanica* L.

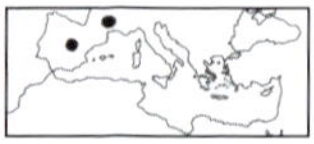

0,1–1,2 m April–Juli ♄

Merkmale Meist niedriger Halbstrauch oder Strauch, Äste wechselständig, die unteren dornig, aber nur wenig stechend, blattlos. Blätter der diesjährigen Triebe einfach, schmal lanzettlich, unterseits mit angedrückten oder abstehenden Haaren. Blüten in endständigen, fast köpfchenartigen Trauben, Krone gelb, mit 6–11 mm langer, kahler Fahne, die ungefähr so lang ist wie die Flügel und das Schiffchen, Kelch behaart.
Vorkommen Offene Stellen in immer- und sommergrünen Wäldern, überwiegend auf Kalk.

1 2
3 4
5 6
7

1 Ästiger Ginster *Genista ramosissima* (DESF.) POIR.

0,5–1,5 m Februar–April(–Mai) ♄

Merkmale Rutenstrauch mit kräftigen, aufrechten, dornenlosen, 8–10-rippigen Ästen. Blätter einfach, eiförmig bis spatelig, nur unterseits behaart. Blüten an sehr kurzen, lang abstehend behaarten Stielen, einzeln oder bis zu 3 meist aus den Achseln der Nebenblätter vorjähriger Triebe entspringend, mit zwei 1,5–2 mm langen Tragblättern. Krone gelb, Schiffchen wie auch die Fahne 12–15 mm lang, gleichmäßig behaart, ebenso der Kelch.

Vorkommen Gebüsche am Rand ausgetrockneter Bachbetten, Halbwüsten, auf Kalk, Mergel oder Gips.

Weitere Arten Zahlreiche verwandte Arten in Spanien. Im westl. Mittelmeergebiet weiter verbreitet ist *G. cinerea* (VILL.) DC., unterschieden u. a. durch eine kahle oder nur auf einem Streifen in der Mitte behaarte Fahne, für Mallorca wurde eine ähnliche Sippe als *G. majorica* CANTÓ & SÁNCHEZ neu beschrieben.

2 Dolden-Ginster *Genista umbellata* (L'HÉR.) POIR.

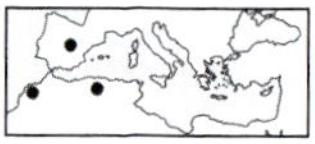

0,2–0,7(–1,5) m April–Juni ♄

Merkmale Dornenloser Strauch oder Halbstrauch mit verkahlenden, rutenförmigen, teilweise gegenständig verzweigten Ästen. Die zerstreuten Blätter meist einfach, beiderseits seidig behaart, lineal bis verkehrt lanzettlich. Blüten zu 5–30 in Köpfen an den Zweigenden, mit 9–14 mm langer, behaarter, an der Spitze zurückgekrümmter Fahne.

Vorkommen Feuchtstellen, Gebüsche.

3 Kahles Süßholz *Glycyrrhiza glabra* L.

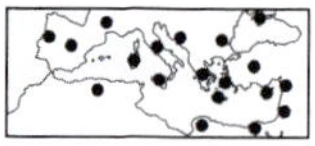

0,5–1 m Mai–November ♃

Merkmale Staude mit holzigem, innen gelbem, süß schmeckendem Wurzelstock („Süßholzwurzel", daraus Lakritzprodukte als Genuss-, Husten- und Magenmittel). Blätter mit 9–17 elliptischen oder eilänglichen, unterseits oft drüsig-klebrigen Fiedern. Blüten in achselständigen, aufrechten, relativ lockeren, 8–15 cm langen Trauben, Krone rosaviolett, 8–12 mm. Hülse kahl oder drüsig-borstig.

Vorkommen Heimat im östlichen Mittelmeergebiet, weiter kultiviert und eingebürgert.

Weitere Arten Ähnlich *G. echinata* L., aber Trauben auch zur Fruchtzeit noch kopfig, höchstens 2 cm lang, Krone nur 4–6 mm (Balkanhalbinsel, SW-Asien, weiter kultiviert).

4 Kronen-Süßklee *Hedysarum coronarium* L. (*Sulla coronaria* (L.) MEDIK.)

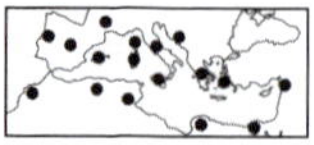

0,3–1 m April–Juni ⊙ ♃

Merkmale Kräftige krautige Pflanze. Blätter mit 5–11 breit eiförmigen, oberseits nahezu kahlen, unterseits angedrückt behaarten Fiedern. Blüten mit 12–15 mm langer, leuchtend karminroter Krone, zu 10–35 einen lang gestielten, dichten, länglichen Blütenstand bildend. Hülse, wie für Süßklee-Arten typisch, aus 2–4 flachen, rundlichen Gliedern, mit kleinen Dornen besetzt oder kahl, bei dieser Art selten entwickelt.

Vorkommen Kulturland, Brachland, Wegränder, als Futter- und Zierpflanze auch angebaut und verwildert.

5 Dorniger Süßklee *Hedysarum spinosissimum* L.

(*Sulla spinosissima* (L.) CHOI & OHASHI)

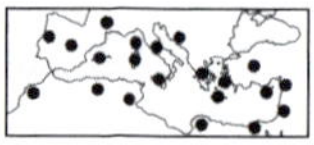

0,1–0,4 m April–Mai ⊙

Merkmale Niederliegende Pflanze, Blätter mit (5–)9–17 schmalen, fast kahlen oder behaarten Fiedern. Blüten zu 2–10 in lang gestielten, köpfchenförmigen Trauben, Krone weißlich bis rosapurpurn, 8–11 mm lang, wie bei der abgebildeten ssp. *spinosissima* 1,5–2-mal so lang wie der Kelch. Die 2–4 flachen, rundlichen Glieder der Hülse fein wollig und mit gelblichen oder rotbraunen, hakig gekrümmten Stacheln besetzt. Bei der ssp. *capitatum* (ROUY) ASCH. & GRAEB. (*H. glomeratum* DIETR.) Fiederblättchen zahlreicher und breiter, Krone 14–22 mm, 2,5 bis 3,5-mal so lang wie der Kelch (fehlt im östl. Mittelmeergebiet).

Vorkommen Garigues, Weiden, Steppen.

1

2

3

4

5

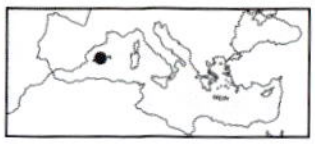

1 Balearen-Hufeisenklee *Hippocrepis balearica* JACQ.

0,2–0,4 m Dezember–April ♄

Merkmale Kleiner Strauch, Blätter mit 12–20, nur bis 3 mm breiten, schmal länglichen Fiedern. Blüten zu 3–12 in achselständigen, lang gestielten Köpfchen, Krone gelb, mit 11–16 mm langer, genagelter Fahne. Hülse seitlich zusammengedrückt, gerade bis ringförmig, zwischen den Samen wie für die Gattung charakteristisch mit hufeisenförmigen Einschnürungen.

Vorkommen Kalkfelsen, nur auf Mallorca, Menorca und Cabrera, auf Ibiza *H. grosii* (PAU) BOIRA & al.

Weitere Arten Auf dem spanischen Festland 2 weitere strauchige Arten mit weniger, aber breiteren Fie-
2 dern wie der **Valencia-Hufeisenklee** *H. valentina* BOISS. (Alicante, Valencia).

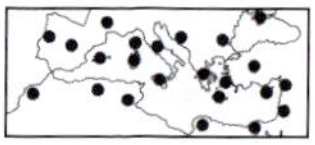

3 Zweiblütiger Hufeisenklee *Hippocrepis biflora* SPRENG.

0,05–0,4 m März–Juni ☉

Merkmale Wie weitere 1-jährige *Hippocrepis*-Arten unscheinbar und niederliegend. Blätter mit 7–15 linealen bis verkehrt eiförmigen Fiedern. Die 4–7 mm langen, gelben Blüten sehr kurz gestielt (selten bis 10 mm) zu 1–2(–3) in den Blattachseln, Kelchzähne stumpf, bewimpert. Frucht seitlich zusammengedrückt, nur wenig gekrümmt, die hufeisenförmigen Einschnürungen kahl oder spärlich warzig.

Vorkommen Kulturland, Weiden, Garigues.

Weitere Arten Ähnlich *H. unisiliquosa* L., aber mit spitzen, kahlen Kelchzähnen und bewimperten
4 Einschnürungen der Hülsen (östl. Mittelmeergebiet). Der **Rundfrüchtige Hufeisenklee** *H. cyclocarpa* MURB. dagegen mit Blüten in gestielten Köpfchen zu 2–6, Hülse ringförmig eingerollt, Kelchzähne bewimpert (Kreta, NO-Afrika). Bei *H. multisiliquosa* L. Hülse weniger gekrümmt und Kelchzähne kahl, *H. ciliata* WILLD. mit lang bewimperten Warzen an den Einschnürungen (beide Arten Mittelmeergebiet).

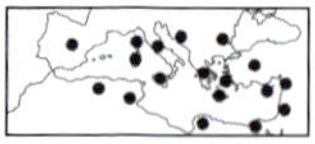

5 Pfennigklee *Hymenocarpos circinnatus* (L.) SAVI

(*Anthyllis circinnata* (L.) D. D. SOKOLOFF) **0,1–0,5 m März–Mai ☉**

Merkmale Stängel abstehend weich behaart, mit verschieden gestalteten Blättern, untere ungeteilt, verkehrt eiförmig-länglich, obere mit 2–4 Fiederpaaren und größerer Endfieder. Blüten zu 2–8 in gestielten Köpfchen, Krone gelborange, 5–7 mm lang, am Grund mit einem Hochblatt. Kennzeichnend die flache, nierenförmige, im Durchmesser 1–2 cm große Hülse mit geflügeltem, oft gezähntem Rand.

Vorkommen Brachland, Grasfluren.

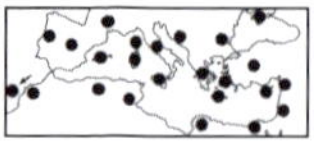

6 Ranken-Platterbse *Lathyrus aphaca* L.

0,1–0,8 m April–Juli ☉

Merkmale Blaugrüne, kahle Pflanze mit aufsteigendem oder kletterndem, 4-kantigem, flügellosem Stängel. Zumindest die oberen Blätter nur als einfache oder verzweigte Ranke ausgebildet, laubblattartig aber die beiden gegenüberstehenden, großen, spitz eiförmigen, am Grund spießförmigen Nebenblätter. Blüten meist einzeln, mit hellgelber, 6–18 mm langer Krone, Staubfadenröhre, wie für Platterbsen-Arten charakteristisch, vorne gerade endend. Kelchzähne etwa gleich, 2–3-mal so lang wie die Röhre. Hülse leicht gebogen.

Vorkommen Kulturland, besonders Getreidefelder, Brachland, weiter nördlich selten eingeschleppt.

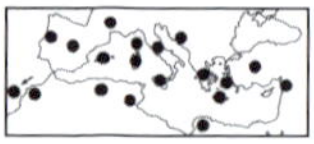

7 Purpur-Platterbse *Lathyrus clymenum* L. (*L. articulatus* L.)

0,3–1 m März–Juni ☉ ⊙

Merkmale Kahle kletternde Pflanze mit geflügeltem Stängel. Untere Blätter bis auf den verbreiterten Blattstiel zurückgebildet (!), obere mit 2–5 Paaren von lanzettlichen bis elliptischen Fiedern an einer geflügelten Spindel und mit verzweigter Ranke. Blüten zu 1–5 lang gestielt, die Krone mit 12–22(–25) mm langer, purpurroter oder rosa Fahne, violetten oder blassrosa Flügeln und weißlichem Schiffchen. Kelchzähne gleich lang, kürzer als die Röhre. Hülse mit ± gefurchter Rückennaht. Formenreiche Art.

Vorkommen Kultur- und Brachland, Wegränder, früher als Futterpflanze angebaut.

1

2

3

4

5

6

7

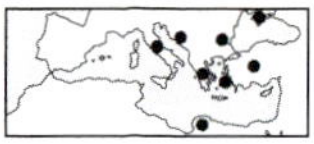

1 **Gefingerte Platterbse** *Lathyrus digitatus* Bieb.

0,1–0,4 m April–Juni ♃

Merkmale Kahle Pflanze, Stängel kantig, ohne Flügel. Unverwechselbar die fast fingerförmigen, rankenlosen Blätter aus (1–)2 Paaren genäherter, linealer Fiedern. Blüten zu 4–10 in Trauben, Krone mit 15–30 mm langer, rötlich purpurner Fahne, Kelchzähne etwas ungleich, kürzer als die Röhre. Hülse kahl oder behaart.
Vorkommen Garigues, Wälder, bis ins Grasland der Gebirge ansteigend.

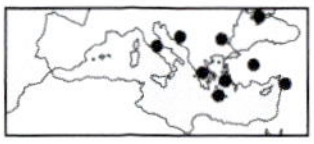

2 **Lockerblütige Platterbse** *Lathyrus laxiflorus* (Desf.) O. Kuntze

0,2–0,5 m April–Juli ♃

Merkmale Flaumig behaarte oder kahle Pflanze, Stängel nicht geflügelt. Blätter ohne Ranken, mit 2 lanzettlichen bis fast rundlichen zugespitzten Fiedern und nur wenig kleineren Nebenblättern. Trauben 2–6-blütig, Krone 15–20 mm lang, die Fahne blauviolett, Flügel und Schiffchen blassblau. Kelchzähne schmal lanzettlich, lang zugespitzt, abstehend behaart, 2–3-mal so lang wie die Röhre. Hülse behaart.
Vorkommen Offene Eichen- und Kiefernwälder, Gebüsche, Felsfluren, bis in die Bergstufe.

3 **Weitere Arten** In sommergrünen Wäldern die **Venezianische Platterbse** *L. venetus* (Mill.) Wohlf., Blätter mit 4–6 spitz eiförmigen Fiedern, ohne Ranke, am Ende nur mit 2–4 mm langer Spitze. Blüten zu 6–30 in lang gestielten Trauben, Krone purpurn, später blau, mit 10–15 mm langer Fahne. Hülse mit zahlreichen dunklen Drüsen (von Korsika bis zur Türkei). Nah verwandt zu der bis Mitteleuropa reichenden Art *L. vernus* (L.) Bernh.

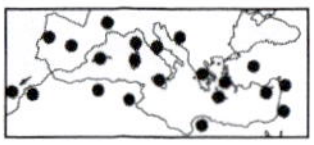

4 **Flügel-Platterbse** *Lathyrus ochrus* (L.) DC.

0,2–1 m März–Juni ⊙

Merkmale Kahle, kletternde, blaugrüne Platterbse mit breit geflügeltem Stängel. Blätter, gebildet aus dem blattartig verbreiterten, eiförmig-länglichen Blattstiel, nur mit Ranken oder die oberen auch mit 1–2 Paaren eiförmiger Fiedern. Blüten zu 1–2, mit 16–18 mm langer blassgelber Krone. Kelchzähne ungleich, etwa so lang wie die Röhre. Hülse mit 2 Flügeln auf der Rückennaht, kahl.
Vorkommen Getreidefelder, Baumkulturen, Gräben. Früher gebietsweise Futterpflanze.

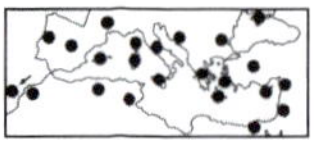

5 **Kugelsamige Platterbse** *Lathyrus sphaericus* Retz.

0,1–0,5 m April–Juli ⊙

Merkmale Pflanze kletternd, kahl oder flaumig behaart, mit kantigem, ungeflügeltem Stängel, aber 2 Kanten meist kräftiger ausgebildet. Blätter mit einem grasartigen, schmal lanzettlichen Fiederpaar, die oberen mit einfacher Ranke. Blüten einzeln, ihr Stiel durch eine kleine Granne sichtbar gegliedert, Krone orangerot, 6–13 mm lang, Kelchzähne etwa gleich, 1–2-mal so lang wie die Röhre. Hülse kahl.
Vorkommen Äcker, Baumkulturen, Brachland.

6 **Weitere Arten** Ähnlich, aber ohne Granne am Blütenstiel, die **Rote Platterbse** *L. cicera* L., Stängel schmal geflügelt, Kelchzähne breiter, mindestens 2-mal so lang wie die Röhre, Hülse kahl, mit 2 Kielen auf der Rückennaht (Mittelmeergebiet).

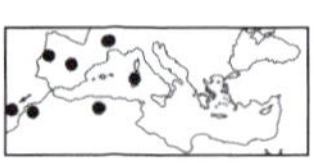

7 **Tanger-Platterbse** *Lathyrus tingitanus* L.

0,6–1,8 m März–Juni ⊙

Merkmale Kräftige, meist kahle, kletternde Pflanze mit breit geflügelten Stängeln. Blätter mit 2 meist etwas versetzt stehenden, eiförmigen bis lanzettlichen Fiedern und verzweigter Ranke. Blüten zu 1–3 lang gestielt, 25–35 mm, Kelchzähne etwa gleich, kürzer als die Röhre. Hülse kahl.
Vorkommen Mauern, Gebüsche.

8 **Weitere Arten** Groß- und reichblütig die mehrjährige **Breitblättrige Platterbse** *L. latifolius* L., Kelchzähne sehr ungleich, der unterste Zahn wenigstens 2-mal so lang wie die beiden oberen (blüht Juni–August, auch Zierpflanze, Mittelmeergebiet).

1

2

3

4

5

6

7

8

1 Schmaler Hornklee *Lotus angustissimus* L.

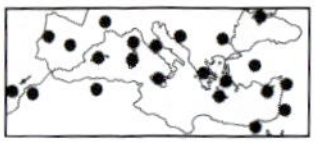

0,1–0,5 m März–Juli ⊙

Merkmale Wie alle Hornklee-Arten mit 5-zählig gefiederten Blättern, die untersten beiden Blättchen nebenblattartig an den Stängel herangerückt, alle ganzrandig. Diese Sippe zottig behaart, Blüten zu 1–3, ihr Stiel bis zu 3-mal so lang wie das zugehörige Blatt. Krone mit gelber, meist kahler, 4,5–7,5 mm langer Fahne, Schnabel des Schiffchens über der Mitte ± senkrecht aufwärts gebogen. Hülse auffällig schmal und gerade.
Vorkommen Feuchte, offene Standorte.

2 Kretischer Hornklee *Lotus creticus* L.

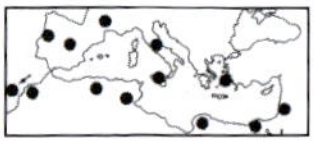

0,2–1,5 m ganzjährig ♃

Merkmale Niederliegende bis aufsteigende, reich verzweigte, dicht silbrig behaarte Pflanze. Blätter mit 5 lanzettlichen bis eiförmigen Fiedern, die beiden unteren viel länger als die Blattspindel. Blüten zu 2–7 an langem Stiel, Krone gelb, 12–18 mm lang, Schiffchen mit ± geradem, purpurnem Schnabel. Kelch 2-lippig, die beiden seitlichen Zähne spitz, nur wenig kürzer als die übrigen. Hülse zylindrisch, gerade, 2–4 cm lang.
Vorkommen Überwiegend an Sandstränden.

3 **Weitere Arten** Meist an Felsküsten der **Geißkleeartige Hornklee** *L. cytisoides* L., weniger behaart, die beiden unteren Fiedern jeweils so lang wie die Blattspindel, Schiffchen mit kurzem gebogenem, oft purpurnem Schnabel, die 2 seitlichen Kelchzähne stumpf, viel kürzer als die beiden oberen (Mittelmeergebiet).

4 Essbarer Hornklee *Lotus edulis* L.

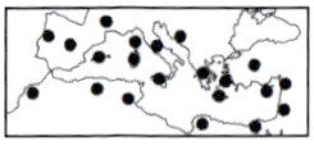

0,1–0,4 m Februar–Juni ⊙

Merkmale Niederliegender bis aufsteigender, spärlich behaarter Hornklee. Die 2 unteren der 5-zähligen Blätter deutlich von den 3 übrigen entfernt, kleiner und spitz. Blüten zu 1–3, mit einem 3-zähligen sitzenden Hochblatt, ihr gemeinsamer Stiel 2–4-mal länger als das zugehörige Laubblatt. Die gelbe Krone 10–16 mm lang, Kelchzähne alle gleich, länger als die Röhre. Hülse auffällig dick, in der Jugend fleischig, etwas aufwärts gebogen und am Rücken gefurcht, essbar.
Vorkommen Kultur- und Brachland, Grasfluren.

5 Vogelfußähnlicher Hornklee *Lotus ornithopodioides* L.

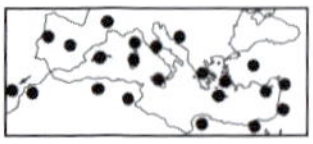

0,1–0,5 m April–Juni ⊙

Merkmale Aufrechte oder aufsteigende, behaarte Pflanze. Unterstes Fiederpaar der 5-zähligen Blätter kleiner, eiförmig-rhombisch. Köpfchen 2–5-blütig, zur Fruchtzeit meist länger gestielt als das zugehörige Blatt. Krone gelb, 7–10 mm lang, Kelch 2-lippig, die seitlichen Zähne sehr kurz und stumpf. Charakteristische, hängende, am Ende leicht nach oben gekrümmte, lineale Hülsen, 2–5 cm lang, flach und etwas wulstig.
Vorkommen Gras- und Felsfluren, Ruderalflächen, Wegränder.
Weitere Arten Ähnlich *L. peregrinus* L., aber Stiel des Blütenstandes dick und höchstens so lang wie das zugehörige Blatt, Hülse zylindrisch und gerade (östl. Mittelmeergebiet).

6 Rote Spargelbohne *Lotus tetragonolobus* L.

(*Tetragonolobus purpureus* Moench)

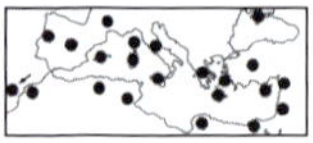

0,1–0,4 m März–Juni ⊙

Merkmale Weich abstehend behaarte Art. Obere Fiedern der 5-zähligen Blätter breit verkehrt-eiförmig bis rhombisch, die 2 unteren kleiner, zugespitzt eiförmig. Blüten zu 1–2, ihr Stiel kürzer bis etwa so lang wie das zugehörige Blatt, Krone scharlachrot, 15–22 mm. Hülse kahl, mit 4 mindestens 2 mm breiten Flügeln.
Vorkommen Kulturland, Wegränder, Grasfluren, früher als Zier- und Gemüsepflanze auch angebaut.
Weitere Arten Ähnlich *L. maritimus* L. mit blassgelber, 25–30 mm langer Krone, Stiel der Blüte wenigstens 2-mal so lang wie das zugehörige Blatt (Feuchtstellen, Mittelmeergebiet, auch weiter nördlich). Bei *L. conjugatus* L. Krone 13–15 mm lang, rot, gelb oder zweifarbig, Hülse mit nur 2 Flügeln (südl. Mittelmeergebiet).

1

2

3

4

5

6

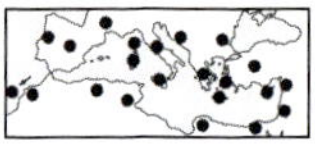

1 Schmalblättrige Lupine *Lupinus angustifolius* L.

0,2–0,8 m März–Juli ⊙

Merkmale Blätter wie für Lupinen-Arten typisch gefingert, die 5–9 linealischen Blättchen 2–8 mm breit, an der Spitze abgerundet, nur unterseits etwas behaart. Blüten wechselständig in 10–20 cm langen Trauben, mit blauer, auch rosa oder weißer, 12–16 mm langer Krone.

Vorkommen Kulturland, Brachland, Garigues, auf sauren, oft sandigen Böden.

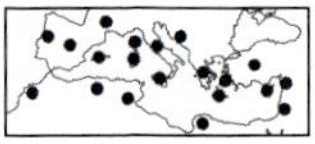

2 Kleinblättrige Lupine *Lupinus gussoneanus* J. AGARDH (*L. micranthus* GUSS.)

0,1–0,5 m März–Mai ⊙

Merkmale Lang und weich behaarte Pflanze. Blättchen zu 5–9, verkehrt eiförmig-länglich, 5–15 mm breit, beiderseits behaart. Blüten in 5–10 cm langen Trauben, obere unregelmäßig quirlständig, untere wechselständig, oft von den Blättern überragt, Krone 10–14 mm lang, die Fahne mit einem weißen Mal.

Vorkommen Brachland, auf sauren Böden.

Weitere Arten Ähnlich, aber mit 15–17 mm langer Blütenkrone, die seidig behaarte *L. cosentinii* GUSS. im westl., die rauhaarig-zottige *L. pilosus* L. im östl. Mittelmeergebiet.

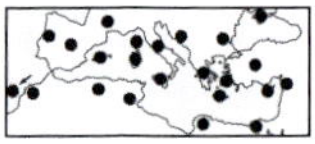

3 Gefleckblättriger Schneckenklee *Medicago arabica* (L.) HUDS.

0,15–0,6 m April–Juni ⊙

Merkmale Unter den mehr als 70 gelbblütigen Schneckenklee-Arten eine leicht kenntliche Sippe, wie die meisten von ihnen niederliegend und mit 3-zähligen, im vorderen Teil gezähnten Blättchen, hier speziell fast immer mit einem charakteristischen dunklen Fleck. Blüten zu 1–4(–6), mit 5–7 mm langer Krone. Die kugelige bis zylindrische Hülse 4–6 mm breit, aus 4–7 lockeren Windungen mit dünnen, meist gekrümmten, zweireihigen Stacheln. Pflanze kahl oder spärlich rau behaart.

Vorkommen Kultur- und Brachland, Ruderalflächen, feuchter stehend als die Mehrzahl der Arten.

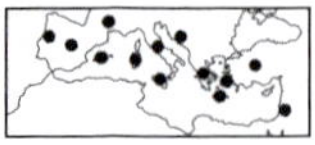

4 Strauch-Schneckenklee *Medicago arborea* L.

1–4 m März–August ♄

Merkmale Dicht belaubter, an jungen Zweigen und Blattunterseiten seidig behaarter Strauch. Blüten zu 8–20 köpfchenartig, Krone 12–25 mm lang, goldgelb. Hülsen flach und stachellos, netznervig, 1–1,5-mal spiralig gedreht, in der Mitte ein 2–3 mm großes Loch freilassend, 9–16 mm breit.

Merkmale Felsküsten, auch häufige Zierpflanze, wohl nur von Italien bis zur Türkei ursprünglich.

Weitere Arten Ähnlich *M. strasseri* GREUT. & al. mit 6–12 goldgelben Blüten und nur 5–7 mm breiten Hülsen fast ohne Loch in der Mitte (Kreta). *M. citrina* (FONT QUER) GREUT. mit 4–10 zitronengelben Blüten, Hülsen 17–19 mm breit, das Loch in der Mitte 1–1,5 mm (Balearen: Ibiza, Cabrera).

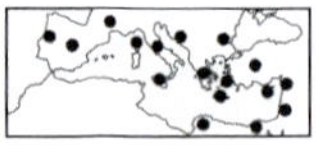

5 Gekrönter Schneckenklee *Medicago coronata* (L.) BARTAL.

0,08–0,3 m März–Juni ⊙

Merkmale Pflanze mit einfachen und wenigen Drüsenhaaren. Blüten zu 5–13, mit 2–3 mm langer Krone. Hülse behaart, nur 1,5–3 mm groß, mit 2 Windungen, Rückennaht breit und flach, mit einer aufwärts und einer abwärts gerichteten Stachelreihe, in Seitenansicht wie eine Krone.

Vorkommen Grasfluren auf Sand oder Kalk.

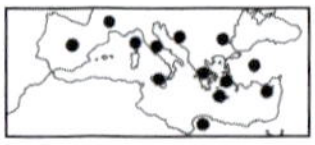

6 Diskusförmiger Schneckenklee *Medicago disciformis* DC.

0,1–0,3 m März–Juni ⊙

Merkmale Pflanze mit einfachen Haaren, höchstens an den Blatträndern mit einigen Drüsenhaaren. Blüten zu 1(–2) mit 5–8 mm langer Krone. Hülse scheibenförmig, 4–8 mm breit, mit 5–7 Windungen, die oberste kleiner und ohne, die unteren mit bis zu 4 mm langen, gebogenen Stacheln.

Vorkommen Äcker, Brachland, Garigues.

1

2

3

4

5

6

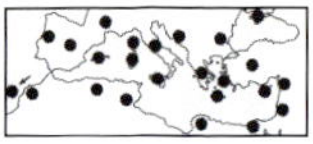

1 Strand-Schneckenklee *Medicago marina* L.

0,1–0,5 m Februar–Juni ♃

Merkmale Am Grund verholzte, an allen Teilen dicht silbrig weiß behaarte, drüsenlose Art mit fleischigen Blättchen. Blüten zu 5–15 in dichten Köpfchen, mit 7–9 mm langer zitronengelber Krone. Hülse 4–6 mm breit, mit 2–4 Windungen, die in der Mitte ein kleines Loch freilassen, meist mit 2 Reihen kurzer Stacheln, die noch aus der dichten Behaarung herausragen.

Vorkommen Sand- und Kiesstrände.

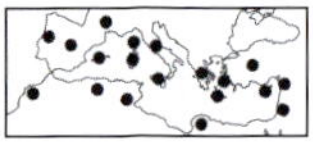

2 Stachel-Schneckenklee *Medicago murex* Willd.

0,1–0,8 m März–Juni ⊙

Merkmale Fast kahle Pflanze, nur die Unterseite der Blättchen spärlich behaart. Blüten zu 1–4, mit gelber, 3–6 mm langer Krone. Hülse tonnenförmig, mit 5–9 linksdrehenden, sehr dichten, am Rand flachen, kurz und kräftig bestachelten Windungen, an beiden Enden gewölbt, 5–11 mm lang.

Vorkommen Sandige Äcker, Brachland, Ruderalstellen.

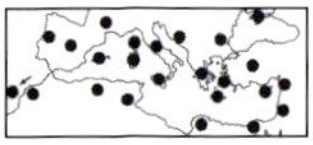

3 Scheiben-Schneckenklee *Medicago orbicularis* (L.) Bartal.

0,1–0,6 m März–Juni ⊙

Merkmale Kahle oder zerstreut behaarte Pflanze. Blüten zu (1–)2–5, mit 2–5 mm langer gelber Krone. Hülse 10–17 mm breit, leicht gewölbt scheibenförmig, hellgrün, später hellbraun bis purpurn überlaufen, stachellos und kahl oder selten etwas drüsig, mit 4–7 lockeren Windungen, Nerven auf der Fläche radial.

Vorkommen Brachland, Ruderalstellen, Weiden.

4 **Weitere Arten** Ebenso leicht kenntlich der **Schüsselförmige Schneckenklee** *M. scutellata* (L.) Mill., ± dicht drüsig behaart, Blüten zu 1–2(–3), mit 5–7 mm langer gelber oder goldgelber Krone. Hülse aus 4–8 schüsselförmig angelegten, sich teilweise deckenden Windungen, 7–18 mm breit. Radiale Nerven stark gebogen (Mittelmeergebiet).

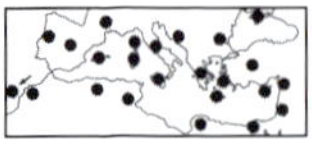

5 Rauer Schneckenklee *Medicago polymorpha* L.

0,1–0,6 m März–Juni ⊙

Merkmale Kahle oder spärlich behaarte Pflanze ohne Drüsenhaare. Blüten zu (2–)7–10, mit 3,5–6 mm langer gelber Krone. Hülse meist kahl, zuletzt dunkelbraun, 4–10 mm breit, mit 2–7,5 ± offenen Windungen, davon die oberste nur halb so breit wie die übrigen. Neben der Rückennaht je ein paralleler Nerv, von dem die oft hakig gekrümmten Stacheln ausgehen oder auch fehlen.

Vorkommen Kulturland, Brachland, Ruderalstellen, Grasfluren.

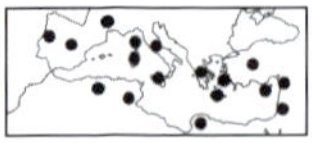

6 Rippen-Schneckenklee *Medicago rugosa* Desr.

0,1–0,5 m März–Juni ⊙

Merkmale Pflanze mit einfachen und Drüsenhaaren. Blüten zu 1–5 mit 2–4 mm langer, gelber Krone. Hülse stachellos und verkahlend, 6–7 mm breit, die 3–5 dicht stehenden Windungen mit 15–30 zum Rand hin stark verdickten, fast geraden, radialen Nerven, zuletzt blassbraun.

Vorkommen Kultur- und Brachland. Im westl. Mittelmeergebiet wohl nur eingebürgert.

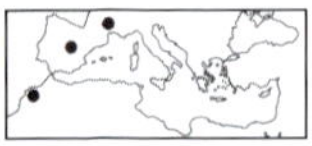

7 Glattfrüchtiger Schneckenklee *Medicago suffruticosa* DC.

(*M. leiocarpa* Benth.)

0,1–0,3 m März–Juli ♃

Merkmale Am Grund verholzter, ausdauernder, angedrückt behaarter Schneckenklee. Blüten zu 4–8, mit 5–8 mm langer, gelber Krone, diese beim Verwelken manchmal purpurviolett. Hülse 5 mm breit, scheibenförmig mit 2,5–4 Windungen, ohne Dornen, kahl oder ± drüsig behaart.

Vorkommen Felsen, Weiden, Feuchtstellen, auf Kalk.

1

2

3

4

5

6

7

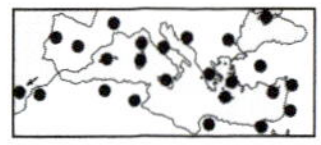

1 **Orientalischer Steinklee** *Melilotus indicus* (L.) ALL.
(*Trigonella smallii* COULOT & RABAUTE) **0,1–0,7 m Februar–Juli** ⊙
Merkmale Kleiner, angedrückt seidig behaarter Steinklee mit lang gestielten, 3-zähligen Blättern, Blättchen länglich-lanzettlich, gezähnt, Nebenblätter ganzrandig oder mit 1 Zahn. Blüten gelb, verblassend und zuletzt hängend, 2–2,5 mm lang, zu 15–50 gestielt in achselständigen, sich zur Fruchtzeit über die Tragblätter stark verlängernden Trauben. Die fast kugeligen Hülsen 2–3 mm, deutlich netznervig.
Vorkommen Äcker, Brachland, Ruderalflächen.

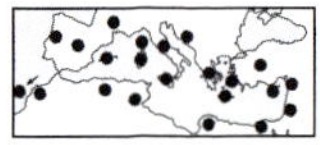

2 **Gefurchter Steinklee** *Melilotus sulcatus* DESF.
(*Trigonella sulcata* (DESF.) COULOT & RABAUTE) **0,1–0,5 m Februar–Juni** ⊙
Merkmale Ähnlich voriger Art, aber Nebenblätter kräftig gezähnt. Blüten gelb, 3–4,5 mm lang, zu 8–28 in Trauben, die zur Fruchtzeit so lang wie das Tragblatt sind oder länger. Die fast kugeligen Hülsen 3–4,5 mm, konzentrisch gerippt. **Vorkommen** Äcker, Brachland, Ruderalflächen.
Weitere Arten Konzentrisch gerippte, aber zugespitzte, 5–8 mm große Hülsen hat *M. siculus* (TURRA) STEUD. (*M. messanensis* (L.) ALL.), Blüten 4–5 mm lang, zu 3–10 in Trauben, die viel kürzer als die Tragblätter bleiben (Mittelmeergebiet).

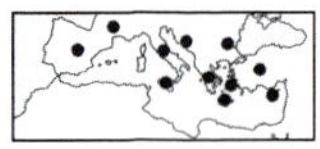

3 **Zacken-Esparsette** *Onobrychis aequidentata* (SM.) D'URV.
0,1–0,4 m März–Mai ⊙
Merkmale Pflanze niederliegend, behaart, Blätter mit 9–17 elliptischen bis lineal-lanzettlichen Fiedern. Blüten rötlich purpurn, 10–14 mm lang, in kleinen Trauben zu 2–8, deren Stiel zuletzt länger als das zugehörige Blatt. Die flache, 1-samige, 6–12 mm große Hülse am Rand mit 4–7 breit 3-eckigen, dornspitzigen Zähnen, die viel größer als die auf den Seitenflächen sind.
Vorkommen Äcker, Brachland, Ruderalflächen, Garigues.
4 **Weitere Arten** Ähnlich die **Hahnenkamm-Esparsette** *O. caput-galli* (L.) LAM., Blüten 5–8 mm lang, in Trauben zu 2–5, deren Stiel ungefähr so lang wie das zugehörige Blatt, Hülse 6–10 mm, am Rand und auf den Flächen mit zahlreichen widerhakig gebogenen, borstigen Dornen (Mittelmeergebiet, fehlt auf den Balearen, Korsika und Sardinien).

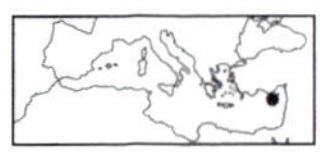

5 **Geaderte Esparsette** *Onobrychis venosa* (DESF.) DESV.
0,05–0,15 m Februar–Mai ♃
Merkmale Pflanze niederliegend, Blätter mit 5–9(–11) eiförmig-länglichen bis fast rundlichen, oberseits kahlen, winzig drüsigen, unterseits angedrückt seidig behaarten Fiedern, die durch hellgrüne Felder und rotbraune Nerven auffallen. Blütenstand dicht traubig, Krone gelblich, purpurn genervt, mit rundlicher, etwa 10 mm großer Fahne. Hülse 1–1,5 cm, flach und filzig, mit radialen Nerven, am Rand glatt oder winzig dornig.
Vorkommen Garigues auf Kalk oder sandige Böden in Meeresnähe. Zypern-Endemit.

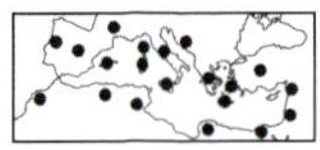

6 **Gelbe Hauhechel** *Ononis natrix* L. S. L.
0,2–1 m April–Juli ♃
Merkmale Reich verzweigte, in allen Teilen drüsenhaarige und dadurch klebrige Pflanze, im unteren Teil ± verholzt. Untere Blätter bisweilen 5-zählig, die obersten einfach, die übrigen 3-zählig, Teilblättchen sehr unterschiedlich, eiförmig bis lanzettlich oder schmal lineal, meist gezähnt. Blüten einzeln, ihre Stiele durch eine Granne gegliedert, in lockeren, beblätterten, traubigen Blütenständen. Krone gelb mit roten oder braunvioletten Adern, 6–20 mm lang. Zylindrische, 10–25 mm lange, behaarte, hängende Hülsen. Variabler Artenkomplex mit mehreren Kleinarten, abgebildet ist *Ononis talaverae* DEVESA & G. LÓPEZ (*O. hispanica* L. f.), Kelchzähne (5–)7–14 mm, 3–5-mal so lang wie die Röhre, bei der ebenfalls weiter verbreiteten *O. ramosissima* DESF. Kelchzähne 2–6 mm, 1,5–2,5-mal so lang wie die Röhre.
Vorkommen Brachland, Unkrautfluren, Garigues, Sandküsten.

1

2

3

4

5

6

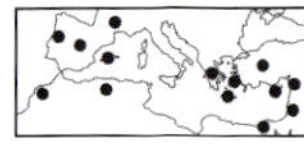

1 Behaarte Hauhechel *Ononis pubescens* L.

0,1–0,7 m März–Juli ⊙

Merkmale Krautige, meist aufrechte Hauhechel, insgesamt mit Drüsen- und langen einfachen Haaren. Stängelblätter überwiegend 3-zählig, mit länglich-elliptischen, schwach gesägten Blättchen. Blüten einzeln auf 5–15 mm langem, unbegranntem Rispenast. Krone 12–22 mm, gelb oder gelblich rosa, oft violett geadert, mit kahler Fahne, länger als der Kelch, dieser mit 5-nervigen spitzen Zähnen.

Vorkommen Garigues, Wegränder, auf Kalk.

2 **Weitere Arten** An Sandküsten ausgebreitet niederliegend die **Bunte Hauhechel** *O. variegata* L., drüsig-klebrig und mit einfachen Haaren, Blätter 1-blättrig, gefaltet verkehrt eiförmig, scharf gezähnt und mit stark hervortretenden Nerven, Blüten einzeln, kurz gestielt, mit 10–15 mm langer, gelber Krone, die den glockenförmigen Kelch weit überragt, Fahne außen behaart (Mittelmeergebiet, Kanaren).

3 Zweidornige Hauhechel *Ononis spinosa* L. ssp. *diacantha* (Rchb.) Greut.

0,1–0,8 m April–Oktober ♄

Merkmale Halbstrauch mit ringsum fein behaarten, zickzackförmig gebogenen Ästen. In den Achseln von kräftigen, paarweisen Dornen Kurztriebe mit 3-zähligen Blättern. Blüten mit rosa bis weißer, kahler, 6–10 mm langer Krone. Von den 10 im Gebiet vorkommenden Unterarten leicht kenntliche Sippe, die deutlich von den mitteleuropäischen abweicht. Ähnlich die ssp. *antiquorum* (L.) Arcang. im übrigen Mittelmeergebiet.

Vorkommen Garigues, offene Wälder, Brachland, Weideland.

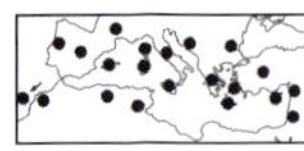

4 Flachhülsige Serradella *Ornithopus compressus* L.

0,1–0,5 m Februar–Juni ⊙

Merkmale Niederliegend-aufsteigende, behaarte Pflanze. Blätter mit 15–37 länglich-lanzettlichen, fein bespitzten Fiedern. Blüten zu 2–5 köpfchenförmig auf langem Stiel in den Blattachseln, von einem gefiederten, 7–9-blättrigen Hochblatt umgeben, Krone gelb, 5–8 mm lang. Hülse 2–5 cm, ± flach, zwischen den 5–8 Abschnitten kaum eingeschnürt, mit mindestens 7 mm langem, hakig gekrümmtem Schnabel.

Vorkommen Kulturland, Weiden, Ruderalflächen.

5 **Weitere Arten** Ähnlich die **Hochblattlose Serradella** *O. pinnatus* (Mill.) Druce, Pflanze ± kahl, Fiedern nur 7–15, Hülse walzlich, mit 8–12 Abschnitten, Schnabel bis 5 mm lang (Mittelmeergebiet, Kanaren).

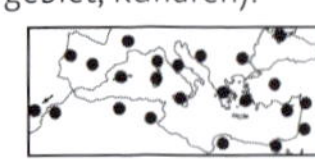

6 Wilde Erbse *Pisum sativum* L. ssp. *elatius* (Bieb.) Asch. & Gr.

(*Lathyrus oleraceus* Lam. ssp. *biflorus* (Raf.) H. Schaef. & al.) **0,2–2 m April–Juli** ⊙

Merkmale Mit kantigem, ungeflügeltem Stängel kletternde, kahle Art. Blätter mit endständiger, verzweigter Ranke und 2–6 eiförmig-elliptischen, ganzrandigen oder vorne gezähnelten Fiedern, die großen Nebenblätter, halb herzförmig, bis 65 mm lang. Blüten mit meist rosa, 19–32 mm langer Fahne und dunkelpurpurnen Flügeln. Hülse 9–13 mm breit. Aus Anbau verwildert und stellenweise eingebürgert die Kulturerbse ssp. *sativum* mit über 65 mm langen Nebenblättern und 12–18 mm breiter Hülse. Im östl. Mittelmeergebiet daneben die ssp. *humile* (Holmb.) Greut. & al., Blüten mit nur 20 mm langer, bläulicher Fahne.

Vorkommen Lichtungen, Unkrautfluren.

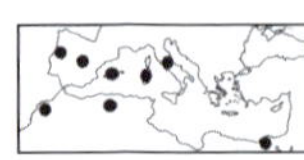

7 Einsamige Retama *Retama monosperma* (L.) Boiss.

(*Genista monosperma* (L.) Lam.) **1–3,5 m Januar–April** ♄

Merkmale Silbrig seidig behaarter, später verkahlender, hoher Rutenstrauch mit hinfälligen, lanzettlichen Blättern. Blüten in kleinen Trauben, Krone weiß, die 10 mm lange, seidig behaarte Fahne länger als das spitze Schiffchen. Kelch rötlich, ± 2-lippig. Hülse meist 1-samig, fast kugelig mit kurzer gekrümmter Spitze.

Vorkommen Dünen, Kiefernwälder auf Sand, auch Zierstrauch. Eingebürgert von den Balearen bis Italien.

Weitere Arten Ähnlich *R. raetam* (Forssk.) W. & B. (*Genista raetam* Forssk.), aber Schiffchen stumpf, meist so lang wie die Fahne, Hülse in einen Schnabel verschmälert (südl. Mittelmeergebiet, Kanaren).

1
2
3
4
5
6
7

1 **Gewöhnliche Retama** *Retama sphaerocarpa* (L.) Boiss.

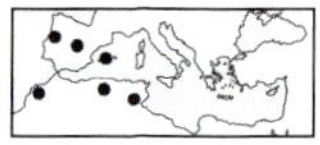

(*Lygos sphaerocarpa* (L.) Heyw.), *Genista sphaerocarpa* (L.) Lam.)
2–3 m April–Juli ♄
Merkmale Rutenstrauch ähnlich *R. monosperma* (siehe S. 228) mit überhängenden Ästen. Blätter lineal bis lanzettlich, seidig behaart, hinfällig. Blütenkrone gelb, mit 4–5 mm langer Fahne, die etwa so lang ist wie die Flügel und das Schiffchen, Kelch weißlich, 2-lippig. Hülse eiförmig, meist 1-samig, mit sehr kleiner Spitze.
Vorkommen Gebüsche, Weideflächen, häufiger im Binnenland.

2 **Stacheliger Skorpionsschwanz** *Scorpiurus muricatus* L. s. l.

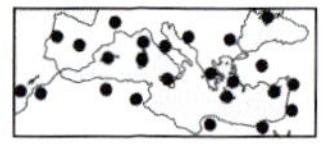

0,05–0,6 m März–Juni ⊙
Merkmale Stängel niederliegend bis aufsteigend, ± anliegend behaart. Blätter spatelig, in den Grund lang verschmälert, mit 3–5 parallelen Nerven. Blüten meist zu 2–5 lang gestielt, Krone gelb, 5–10(–12) mm. Charakteristische, unregelmäßig spiralig gedrehte Hülsen, häufig mit Höckern oder Stacheln auf den äußeren Rippen, erklären den Gattungsnamen. Samen halbmondförmig. Formenreiche Art.
Vorkommen Kulturland, Brachland, Ruderalflächen.
3 **Weitere Arten** Ähnlich der **Wurmförmige Skorpionsschwanz** *S. vermiculatus* L., aber Stängel, Blätter und Kelche abstehend behaart. Blüten meist einzeln, mit 10–20 mm langer Krone. Äußere Rippen der Hülsen mit kräftigen köpfchenförmigen Höckern. Samen elliptisch (westl. Mittelmeergebiet bis Italien, Kanaren).

4 **Echte Beilwicke** *Securigera securidaca* (L.) Degen & Dörfler

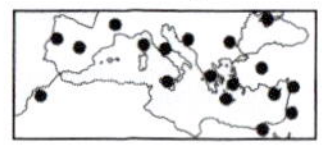

0,1–0,5 m April–Juni ⊙
Merkmale Aufrechte, spärlich behaarte Art, Blätter mit 7–17 länglich-eiförmigen, gestutzten oder ausgerandeten Fiedern. Blüten zu 5–8 lang gestielt, mit goldgelber, 8–12 mm langer Krone, die Fahne viel länger als das am Ende nach oben gebogene Schiffchen. Hülse aufrecht, schmal, 3-kantig flach und ungegliedert, 5–10 cm, dazu ein 1,5–3 cm langer, an der Spitze gekrümmter Schnabel.
Vorkommen Kulturland, Weideflächen, Wegränder.
Weitere Arten Im östl. Mittelmeergebiet z. B. die gelb- oder auch rosa- und weißblütige *S. parviflora* (Desv.) Lass. (*Coronilla rostrata* Boiss. & Sprun.) mit halbkreisförmig gebogenen Hülsen oder *S. cretica* (L.) Lass., weiß- und rosablütig, mit ± geraden, aufrechten Hülsen.

5 **Pfriemenginster**, Spanischer Ginster *Spartium junceum* L.

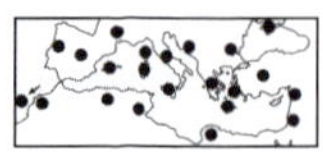

1–3(–5) m April–Juli ♄
Merkmale Hoher Rutenstrauch mit graugrünen, kahlen, aufrechten Ästen und nur einzelnen hinfälligen, lanzettlichen, seidig behaarten, später verkahlenden Blättchen. Blüten in aufrechten, endständigen Trauben, Krone leuchtend gelb und duftend, mit 2–2,5 cm großer, ± kahler Fahne. Kelch häutig, oben tief zerteilt, mit 5 kurzen Zähnen. Hülse flach, 6–12 cm lang, zuletzt kahl und schwarzbraun.
Vorkommen Garigues, Macchien, Straßenränder, bevorzugt auf Kalk, häufiger Zierstrauch.

6 **Montpellier-Teline**, Montpellier-Geißklee *Teline monspessulana* (L.) Koch

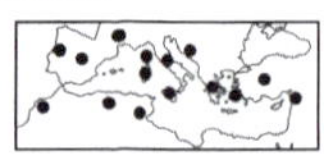

(*Genista monspessulana* (L.) Johnson) **1–3 m Januar–Mai(–August)** ♄
Merkmale Dornenloser hoher Strauch mit wechselständigen, kurz gestielten, 3-zähligen Blättern, die verkehrt eiförmigen Blättchen beiderseits spärlich bis dicht behaart oder oberseits kahl. Blüten zu 3–9 büschelig in den Blattachseln, Krone gelb, mit 13–16 mm langer, völlig kahler Fahne, die kaum länger ist als das Schiffchen. Kelch 2-lippig, 5-zähnig. Früchte 15–27 mm lang, stark behaart.
Vorkommen Immer- und sommergrüne Wälder, Macchien.
Weitere Arten Fast sitzende 3-zählige Blätter mit schmal länglichen, am Rand umgerollten, unterseits
7 seidenhaarigen Blättchen hat die **Leinblättrige Teline** *T. linifolia* L. (*Genista linifolia* L.), Blüten in endständigen Trauben, Fahne ± seidig (westl. Mittelmeergebiet).

1

2

3

4

5

6

7

1 Schmalblättriger Klee *Trifolium angustifolium* L.

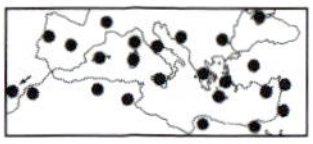

0,1–0,6(–0,9) m April–Juli ⊙

Merkmale Stängel meist aufrecht, anliegend behaart. Blätter wie bei allen Klee-Arten gestielt und 3-zählig, Blättchen meist gezähnt, bei dieser Art aber ganzrandig, schmal lineal. Blütenköpfe lang gestielt, 2–8 cm, schmal eiförmig bis zylindrisch. Blüten rosa, 7–15 mm lang, den 10-nervigen, behaarten Kelch kaum überragend. Kelchzähne 3-eckig oder pfriemlich, der untere etwas länger, bewimpert, zuletzt abstehend.
Vorkommen Kulturland, Brachland, Wegränder, Garigues.

2 Cherlers Klee *Trifolium cherleri* L.

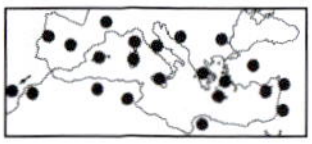

0,05–0,25 m April–Juni ⊙

Merkmale Stängel niederliegend oder aufsteigend, ziemlich dick und behaart. Blütenköpfe sitzend, halbkugelig, 12–24 mm breit, umhüllt von 4 rundlichen und 2 kleineren eiförmigen Nebenblättern. Krone weiß oder rosa, mit 6–8 mm höchstens so lang wie der behaarte Kelch, dieser mit borstlichen, gleich langen, zur Fruchtzeit aufrechten Zähnen. Fruchtköpfchen im Ganzen abfallend.
Vorkommen Grasfluren, gefestigte Dünen, Felsfluren.
Weitere Arten Ähnlich *T. hirtum* All., Köpfe eiförmig bis kugelig, von 4 etwa gleichen Nebenblättern umhüllt, Krone rot, länger als der Kelch (Mittelmeergebiet, Kanaren).

3 Schildartiger Klee *Trifolium clypeatum* L.

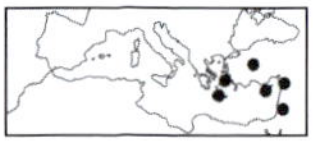

0,1–0,5 m Januar–Mai ⊙

Merkmale Stängel aufsteigend oder aufrecht mit rückwärts gerichteten Haaren, oberste Blätter gegenständig. Blüten in eiförmigen, 2–3 cm langen, gestielten Köpfen, Krone bis 2 cm und länger, blassrosa, weit aus dem Kelch herausragend. Dieser zur Fruchtzeit mit schildartig ausgebreiteten, eiförmig-3-eckigen Zähnen, von denen der unterste 2–4-mal so lang ist wie die übrigen.
Vorkommen Wegränder, feuchtes Brachland.

4 Inkarnat-Klee *Trifolium incarnatum* L.

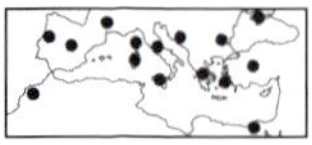

0,1–0,6 m April–August ⊙

Merkmale Unten abstehend, oben angedrückt behaarter Klee mit 2–7 cm langen, eiförmigen bis zylindrischen Blütenköpfen. Krone blutrot, rosa oder weiß, 9–16 mm, so lang wie der 10-nervige Kelch oder länger, Kelchzähne weniger als 2-mal so lang wie die Röhre, zur Fruchtzeit abstehend.
Vorkommen Weideland, häufig auch als Futterpflanze angebaut und verbreitet eingebürgert, an Küstenfelsen in einer gelbblütigen Unterart.

5 Ligurischer Klee *Trifolium ligusticum* Lois.

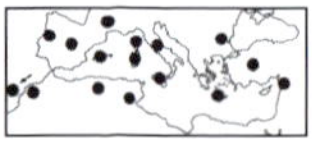

0,1–0,6 m April–Juni ⊙

Merkmale Zumindest oben abstehend behaarte Art. Blütenköpfe einzeln oder zu zweit, eiförmig bis zylindrisch, 7–25 mm lang, von den obersten Blättern umgeben. Krone nur 3–4,5 mm, rosa, kürzer als der Kelch. Dieser mit borstlichen, gewimperten, ± aufrechten Zähnen, die 1,5–2,5-mal so lang wie die Röhre sind.
Vorkommen Feuchteres Brachland über saurem Gestein.

6 Schaumiger Klee *Trifolium spumosum* L.

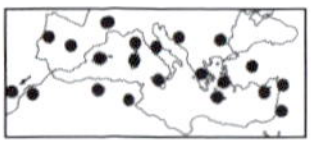

0,1–0,7 m März–Juni ⊙

Merkmale Stängel niederliegend oder aufsteigend, kahl, die 2 obersten Blätter gegenständig. Köpfe kugelig bis eiförmig, 20–35 mm breit, scheinbar endständig, mit spelzenartig hervortretenden Tragblättern. Krone purpurn, mit 12–16 mm wenig länger als der Kelch. Dieser 20-nervig, zur Fruchtzeit deutlich netznervig, gleichmäßig birnenförmig aufgeblasen, mit gleichen, borstlichen, zurückgekrümmten Zähnen.
Vorkommen Weiden, feuchte Ruderalflächen.

1

2

3

4

5

6

1 ## Stern-Klee *Trifolium stellatum* L.

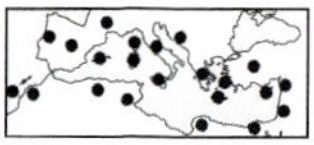

0,05–0,4 m März–Juni ⊙

Merkmale Stängel aufrecht oder aufsteigend, weich abstehend behaart. Blüten in kugeligen bis eiförmigen, lang gestielten, 15–25 mm großen Köpfen, Krone 8–12 mm, meist rosa, kaum länger als der seidig behaarte, 10-nervige Kelch. Namengebend die lang zugespitzten, etwa gleichen Kelchzähne, die, doppelt so lang wie die Röhre, zur Fruchtzeit weit sternförmig abstehen und innen auffällig rotbraun gefärbt sind.

Vorkommen Kulturland, Brachland, Wegränder, Garigues.

2 ## Erd-Klee *Trifolium subterraneum* L.

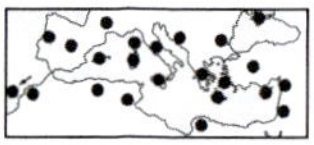

0,1–0,3 m März–Juni ⊙

Merkmale Stängel niederliegend, mit abstehenden Haaren. Blütenköpfe ohne Hülle, nur aus 2–6 randlich stehenden fruchtbaren Blüten, deren Krone 8–14 mm lang, weißlich, rosa gestreift, und innen mit mehreren auf den Kelch reduzierten, sterilen Blüten. Fruchtköpfe 5–18 mm breit, zur Erde hin gebogen und durch die auswachsenden, gekrümmten Kelchzähne der sterilen Blüten verankert.

Vorkommen Weideland, Brachland.

3 ## Filziger Klee *Trifolium tomentosum* L.

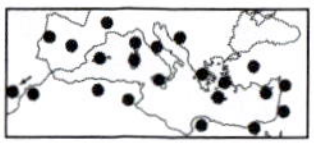

0,05–0,35 m März–Juli ⊙

Merkmale Stängel niederliegend bis aufrecht, kahl. Die kurz gestielten, kugeligen Köpfe sich zur Fruchtzeit auf 7–14 mm vergrößernd, mit 3,5–4 mm langen, rosa, gedrehten Blüten, sodass die Fahne nach unten und das Schiffchen nach oben gerichtet ist. Kelch weißfilzig, die Oberlippe bald kugelig aufgeblasen, ihre 2 kurzen Zähne von den Haaren meist verdeckt.

Vorkommen Brachland, Grasfluren, Garigues, Wegränder.

4 ## Einblütiger Klee *Trifolium uniflorum* L.

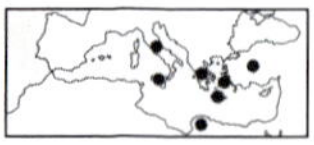

0,02–0,06 m März–Juni ♃

Merkmale Kleine flache Polster bildender Klee. Blüten 12–25 mm lang, nur zu 1–3(–5), weiß, purpurn oder zweifarbig, an 1–7 mm langem, zur Fruchtzeit zurückgebogenem und ± verdicktem Stiel.

Vorkommen Trockene Weiden, Ruderalflächen.

5 ## Balansas Bockshornklee *Trigonella balansae* Boiss. & Reut.

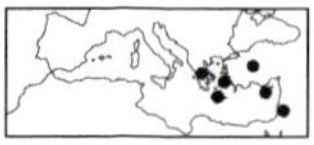

0,1–0,5 m März–Juni ⊙

Merkmale Pflanze mit aufdringlichem Geruch (für Bockshornklee-Arten typisch), ± kahl, Blätter 3-zählig, wie die Nebenblätter gezähnt. Blüten zu 6–20 köpfchenartig auf 2–7 cm langem Stiel, Krone leuchtend gelb, 5–8 mm, die Flügel so lang wie das Schiffchen, in kurz glockenförmigem Kelch mit ungleich langen Zähnen. Längliche, zusammengedrückte Hülsen, sichelförmig nach oben gebogen, 1,3–2,3 cm lang, kahl.

Vorkommen Kulturland, Ruderalflächen, Garigues.

6 **Weitere Arten** Behaart der **Schwertförmige Bockshornklee** *T. gladiata* Bieb., Nebenblätter ganzrandig, Blüten gewöhnlich einzeln, mit 8–10 mm langer, blassgelber, gelegentlich violett überlaufener Krone und gleichzähnigem Kelch. Zusammengedrückte, schwertförmige Hülsen 2–3 cm (Mittelmeergebiet).

7 ## Blasen-Wundklee *Tripodion tetraphyllum* (L.) Fourr.

(*Anthyllis tetraphylla* L.)

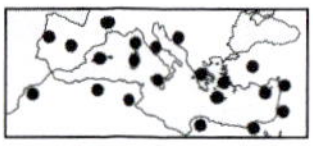

0,1–05 m Februar–Juni ⊙ ⊙ ♃

Merkmale Niederliegende, behaarte Pflanze. Blätter mit höchstens 5 Fiedern, das endständige am größten. Blüten zu 4–8 büschelig, Krone hellgelb, das Schiffchen an der Spitze häufig rot gefärbt. Der 12–15 mm lange Kelch zur Fruchtzeit aufgeblasen, gleichmäßig 5-zähnig, nur wenig kürzer als die Blüte.

Vorkommen Wegränder, Kulturland, Brachland, Garigues, überwiegend auf Kalk.

1
2
3
4
5
6
7

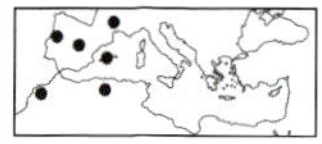

1 Kleinblütiger Stechginster *Ulex parviflorus* Pourr.

0,4–2 m Dezember–Juni ♄

Merkmale Alle Blätter des Strauches sowie die Kurz- und Langsprosse in Dornen umgewandelt und unterschiedlich behaart, ± kraus oder lang und abstehend oder verkahlend. Die gelben Blüten achselständig an den Zweigenden, mit 8,5–11 mm kaum länger als der für Stechginster-Arten charakteristische, 2-klappige, gelbliche, hier ± anliegend behaarte Kelch, Schiffchen etwas länger als die Flügel.

Vorkommen Garigues, lichte Wälder.

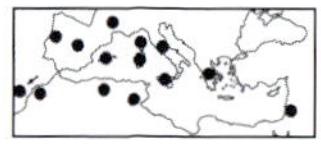

2 Bengalen-Wicke *Vicia benghalensis* L.

0,2–0,8 m März–Juli ⊙ ⊙

Merkmale Wie viele Wicken niederliegend bis aufsteigend und kletternd. Stängel behaart, Blätter mit 6–11 Paaren länglich-elliptischer, bespitzter Fiedern und verzweigter Ranke. Blüten zu 4–15, ihr gemeinsamer Stiel nur so lang wie das zugehörige Blatt. Krone purpurn oder violett, zur Spitze hin dunkler, die Fahne mit 15–18 mm länger als die Flügel und das Schiffchen. Kelch am Grund stark ausgesackt, mit ungleich langen Zipfeln, Staubfadenröhre (für *Vicia* charakteristisch) vorne schief. Hülse dicht behaart.

Vorkommen Brachland, Wegränder.

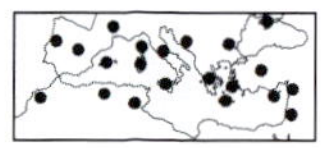

3 Bithynische Wicke *Vicia bithynica* (L.) L.

0,2–0,6 m April–Juni ⊙

Merkmale Kurz behaarte Wicke, durch die meist nur 2 elliptischen bis linealen, spitzen Blattpaare mit einfacher oder verzweigter Ranke an Platterbsen erinnernd. Blüten zu 1–2 bis 7 cm lang gestielt, Krone mit 14–20 mm langer, purpurner Fahne und etwas kürzeren weißlichen oder gelblichen Flügeln. Kelchzähne etwa gleich lang. Hülse behaart.

Vorkommen Brachland, Weiden, Waldränder, feuchtere Standorte.

4 **Weitere Arten** Ähnlich die **Narbonne-Wicke** *V. narbonensis* L., aber Blättchen breit eiförmig, stumpf, ganzrandig oder gezähnt, Blüten zu 1–6 nur kurz gestielt, mit 10–30 mm langer, dunkelpurpurner Krone, Kelchzähne ungleich lang, Hülse an den Rändern stachelig behaart (Mittelmeergebiet, selten bis Mitteleuropa).

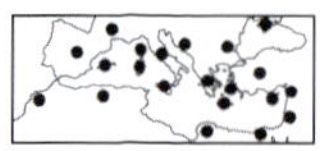

5 Hybrid-Wicke *Vicia hybrida* L.

0,2–0,6 m April–Juni ⊙

Merkmale Weich behaarte oder fast kahle Wicke. Blätter mit 3–8 Fiederpaaren und verzweigter Ranke. Blüten einzeln an kurzem Stiel, mit 18–30 mm langer, blassgelber, manchmal purpurn geaderter Krone, Fahne auf dem Rücken dicht seidig behaart, Kelchzähne ungleich lang. Hülse abstehend behaart.

Vorkommen Kulturland, Wegränder, Grasfluren. In Mitteleuropa vereinzelt eingeschleppt.

Weitere Arten Locker abstehend behaart oder kahl ist *V. lutea* L., Blüten zu 1–3, Krone blassgelb, auch
rötlich oder bläulich, Fahne kahl, Kelchzähne ungleich lang, Haare der Hülse oft auf kleinen Knötchen ste-
6 hend (Mittelmeergebiet, selten bis Mitteleuropa, Kanaren). Die **Großblütige Wicke** *V. grandiflora* Scop.
mit auffallend großen Blüten zu 1–2(–4), Krone hellgelb, mit 23–35 mm langer, manchmal purpurn über-
laufener, kahler Fahne, Kelch am Grund ausgesackt, die Zähne (fast) gleich lang, Hülse nur jung kurz
behaart, später kahl (Italien bis Türkei, selten in Mitteleuropa).

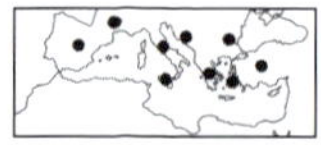

7 Schwarzflügelige Wicke *Vicia melanops* Sm.

0,2–0,8 m Mai–Juni ⊙

Merkmale Spärlich behaarte Art, Blätter mit 4–8 Fiederpaaren und verzweigter Ranke, Nebenblätter mit purpurner Nektardrüse auf der Außenfläche. Blüten zu 1–4 an kurzem Stiel, die auffällige Krone mit 17–21 mm langer grünlich gelber Fahne, die Flügel mit schwärzlichen Spitzen, das Schiffchen purpurn. Kelch am Grund ausgesackt, mit schiefem Saum und ungleich langen Zähnen. Hülse am Rand gewimpert-gezähnt.

Vorkommen Feuchte Ruderalflächen. Vereinzelt bis Mitteleuropa verschleppt.

1

2

3

4

5

6

7

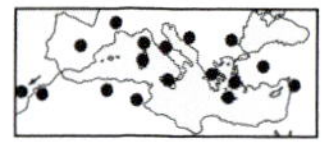

1 Echte Kastanie, Esskastanie *Castanea sativa* MILL. (*C. vesca* GAERTN.)

10–30 m Juni ♄

Merkmale Sommergrüner Baum, bis in den April hinein auch in S-Europa noch unbelaubt. Blätter länglich-lanzettlich, stachelig gezähnt, mit kräftigen Nerven. Männliche Blüten mit unscheinbarer 6-lappiger Hülle in weißlichen, aufrechten bis hängenden, kätzchenartigen Blütenständen (**1a**), weibliche am Grund derselben zu 1–3 mit gemeinsamem, schuppigem Fruchtbecher. Dieser zur Reifezeit lang stachelig, 4-klappig aufspringend, mit 1–3 dunkelbraunen Früchten (**1b**, geröstet als Maronen im Handel, das Mehl zum Backen).
Vorkommen In sommergrünen Laubmischwäldern der Flaumeichenstufe, meist auf kalkfreien Böden, gebietsweise nur kultiviert. In Mitteleuropa selten gepflanzt und bisweilen eingebürgert.

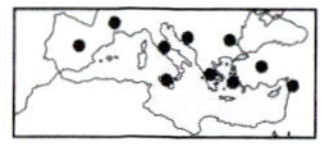

2 Zerr-Eiche *Quercus cerris* L.

Bis 35 m Mai–Juni ♄

Merkmale Blätter sommergrün, länglich-elliptisch, fiederlappig mit 4–9 Paaren stumpfer oder spitzer, unregelmäßiger Abschnitte, oberseits dunkelgrün, zerstreut sternhaarig, unterseits blassgrün, ± dicht sternhaarig-filzig, am Grund abgerundet oder keilförmig, 10–15 mm lang gestielt. Die langen schmalen Nebenblätter auch nach Abfallen der Blätter noch ausdauernd (!). Die filzigen, lineal-pfriemlichen Schuppen des Fruchtbechers aufrecht abstehend oder zurückgebogen.
Vorkommen Wälder der Flaumeichenstufe. In Spanien nur eingebürgert.

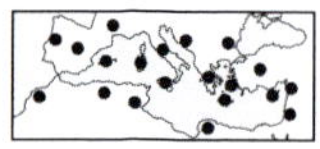

3 Kermes-Eiche, Stech-Eiche *Quercus coccifera* L.

Bis 3(–20) m März–Mai ♄

Merkmale Immergrüner Strauch, im östl. Mittelmeergebiet auch stattlicher Baum (als *Q. calliprinos* WEBB bezeichnet). Ältere Blätter ledrig, kahl und starr, eiförmig bis länglich-lanzettlich mit abgerundetem oder ± herzförmigem Grund, am Rand buchtig wellig, meist mit stechenden Zähnen, oberwärts dunkelgrün glänzend, unterseits heller, Blattstiele 2–8 mm lang. Männliche Blüten kätzchenartig (**3a**). Fruchtbecher mit kurzen, steifen, angedrückten bis zurückgekrümmten, behaarten Schuppen (**3b**). Früher wichtig als Wirtspflanze der Kermes-Schildlaus *Coccus ilicis* FABR., deren getrocknete Weibchen einen roten Farbstoff liefern.
Vorkommen Garigues, Macchien, im Unterwuchs lichter Wälder, im Osten waldbildend, auf Kalk.
4 **Weitere Arten** Ähnlich **Auchers Eiche** *Q. aucheri* JAUB. & SPACH, Blätter unterseits graugrün bereift, angedrückt sternhaarig-filzig, obere schwach stachelig gezähnt, untere fast ganzrandig, Fruchtbecher mit anliegenden Schuppen (SO-Ägäis und SW-Anatolien).

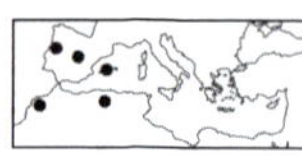

5 Portugiesische Eiche *Quercus faginea* LAM. (*Q. lusitanica* auct.)

Bis 20 m März–April ♄

Merkmale Halbimmergrüner Baum oder Strauch, Blätter buchenähnlich, eiförmig-elliptisch, schwach buchtig gezähnt, mit 5–12 Nervenpaaren, oberseits glänzend und verkahlend, unterseits bleibend filzig, Blattstiel 8–20 mm lang. Fruchtbecher mit breit lanzettlichen oder eiförmigen Schuppen.
Vorkommen Hügel- und Bergland, gebietsweise waldbildend.
Weitere Arten Ähnlich *Q. canariensis* WILLD., Blätter mit 9–14 Paaren Seitennerven, in der Jugend mit flockig-filziger, hinfälliger Behaarung (selten auf der Iberischen Halbinsel, NW-Afrika).

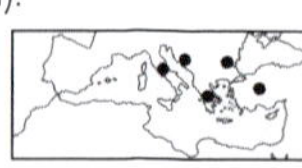

6 Ungarische Eiche *Quercus frainetto* TEN.

Bis 15(–30) m Mai–Juni ♄

Merkmale Hoher sommergrüner Baum, Blätter verkehrt eiförmig, tief fiederschnittig mit 4–11 Paaren von länglichen, oft weiter gelappten, stumpfen Fiedern, im Übergang zum 2–6 mm langen Blattstiel geöhrt, oberseits dunkelgrün, unterseits gelblich, dicht sternhaarig-filzig. Schuppen des Fruchtbechers behaart, länglich, stumpf, sich locker überdeckend.
Vorkommen Laubmischwälder, Gebüsche.

1a
1b
2
3a
3b
4
5
6

1 Stein-Eiche *Quercus ilex* L.

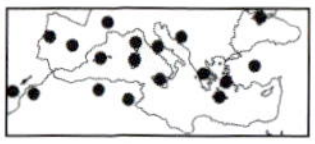

Bis 15–30 m April–Juni ♄

Merkmale Immergrüner Baum, Blätter ledrig, länglich-eiförmig bis lanzettlich, am Grund abgerundet oder keilförmig, ganzrandig bis ± stachelig gezähnt (besonders an Langtrieben), oberseits dunkelgrün, verkahlend, unterseits dicht graufilzig, die gerade Mittelrippe mit 7–14 Paaren von Seitennerven, Blattstiel 3–10 mm (**1a**). Nebenblätter schmal, dicht behaart. Fruchtbecher mit anliegenden, stumpfen, weich behaarten Schuppen. Eicheln bitter. Die ssp. *ballota* (Desf.) Samp. (**1b**), die auch als eigene Art **Rundblättrige Eiche** *Qu. rotundifolia* Lam. angesehen wird, ist auf der Iberischen Halbinsel außer im NO verbreitet: Blätter breit eiförmig oder fast rundlich, oberseits bläulich graugrün, mit nur 5–8 Paaren Seitennerven, Blattstiel bis 6(–8) mm lang, Nebenblätter breiter, verkahlend. Eicheln nicht bitter.

Vorkommen Bildet strauchreiche immergrüne Wälder, die ohne die Einwirkung des Menschen im Mittelmeerraum weite Flächen bedecken würden (siehe auch S. 16 f.).

2 Wallonen-Eiche, Arkadische Eiche *Quercus ithaburensis* Dec. ssp. *macrolepis* (Kotschy) Hedge & Yalt.

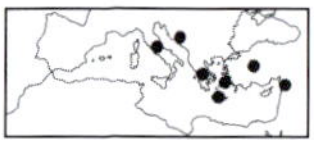

Bis 15 m April–Mai ♄

Merkmale Die halbimmergrünen Blätter aus herzförmigem oder abgerundetem Grund eiförmig-länglich, mit 4–8(–9) Paaren von Zähnen, die in eine Stachelspitze auslaufen, oberseits verkahlend, matt, unterseits graugrün sternhaarig filzig, Blattstiel 5–20 mm. Fruchtbecher mit holzigen, aufrecht abstehenden bis zurückgebogenen, langen filzigen Schuppen. Früher wichtiges Schwarzfärbe- und Gerbmittel.

Vorkommen Waldbildend, häufig mit weiteren Eichen-Arten oder Kiefern.

Weitere Arten Ähnliche Fruchtbecher hat Q. *trojana* Webb, aber Blätter länglich-lanzettlich, mit kleinen bespitzten Zähnen, oberseits dunkelgrün glänzend, Blattstiel nur 2,5 mm lang (SO-Italien, Balkanhalbinsel,
3 Anatolien). Die **Erlenblättrige Eiche** *Q. alnifolia* Poech ist leicht kenntlich an den immergrünen, eiförmig-länglichen bis fast rundlichen, gesägten bis ± ganzrandigen, unterseits gold- oder braunfilzigen Blättern und den Fruchtbechern mit graufilzigen, linealen, stark zurückgekrümmten Schuppen (Zypern-Endemit).

4 Flaum-Eiche *Quercus pubescens* Willd.

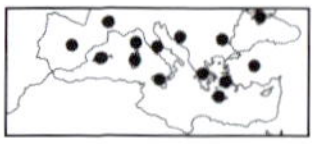

Bis 15(–25) m April–Mai ♄

Merkmale Den beiden mitteleuropäischen Eichen ähnliche, sommergrüne, sehr formenreiche Art, unterschieden durch dicht graufilzig behaarte Knospen, junge Zweige, Blätter und Fruchtbecher. Blätter länglich-eiförmig aus ± herzförmigem oder abgerundetem Grund, beiderseits 3–7-fach buchtig gelappt, die Abschnitte mit weiteren Lappen, stumpf oder spitz, oberseits zerstreut, unterseits ± dicht weißlich oder grau sternhaarig bis verkahlend, Blattstiel 4–25 mm lang. Die lanzettlichen Schuppen dem Fruchtbecher dicht angedrückt.

Vorkommen Charakterbaum der submediterranen, sommergrünen Laubwaldstufe („Flaumeichenstufe", siehe auch S. 19), bildet lichte, unterwuchsreiche und hohe Wälder, selten bis Mitteleuropa.

Weitere Arten Sehr ähnlich *Q. virgiliana* (Ten.) Ten., aber Blattstiel 15–25 mm lang (S-Europa von Korsika und Sardinien bis zum Schwarzen Meer).

5 Kork-Eiche *Quercus suber* L.

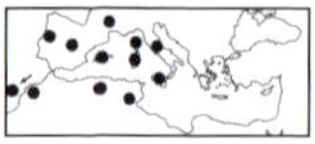

Bis 20 m April–Mai ♄

Merkmale Immergrüner Baum mit auffällig dicker, korkiger Borke, frisch entrindete Stämme hellbraun, später dunkel rotbraun (**5a**). Derbe, lederartige Blätter, eiförmig-länglich, am Grund kurz keilförmig, oberseits glänzend dunkelgrün und kahl, unterseits bleibend schwach graufilzig mit hervortretenden Nerven und meist hin- und hergebogener Mittelrippe, fast ganzrandig oder mit beiderseits 4–5 kurzen Zähnen. Blattstiel 8–15 mm lang. Fruchtbecher mit graufilzigen, locker zusammenschließenden Schuppen (**5b**). Die erste Korkernte ist nach etwa 25 Jahren möglich, danach im Abstand von 10–12 Jahren.

Vorkommen Lichte immergrüne Wälder auf Urgestein. Auf den Kanaren nur eingebürgert.

1a

1b

2

3

4

5a

5b

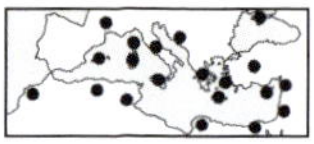

1 Behaarte Frankenie *Frankenia hirsuta* L. *Frankeniaceae*

0,1–0,4 m März–Oktober ♄

Merkmale Pflanze verholzt, ausgebreitet niederliegend, mit 0,1–1 mm langen Haaren. Blätter gegenständig, oft gedrängt stehend, am Rand deutlich umgerollt, daher scheinbar lineal, oberseits ± kahl, unterseits fein behaart, der Blattstiel gewimpert. Blüten in dichten, endständigen Knäueln, mit 5 freien weißen oder violetten, 4–6 mm langen Kronblättern. Kelch besonders auf den Rippen lang behaart.

Vorkommen Felsküsten, Salzsümpfe.

Weitere Arten Ähnlich *F. laevis* L., aber kahl oder weniger als 0,1(–0,2) mm lang behaart, Blätter unterseits bisweilen weiß verkrustet, Blüten über die oberen Teile der Triebe verteilt, einzeln oder in wenigblütigen Knäueln (westl. Mittelmeergebiet). In Spanien und NW-Afrika *F. thymifolia* DESF. mit dicht und fein behaarten, ± aufrechten Zweigen, Blätter ganz mit einer weißen Kruste bedeckt.

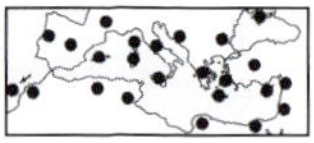

2 Staubige Frankenie *Frankenia pulverulenta* L.

0,05–0,3 m März–November ⊙

Merkmale Als einzige Frankenie im Gebiet immer 1-jährig, in der Regel ausgebreitet niederliegend. Die gegenständigen, in einen Stiel verschmälerten Blätter flach, nicht umgerollt (!), länglich-spatelförmig, oberseits ± kahl, manchmal mit weißlicher Kruste, unterseits wie bestäubt, fein behaart. Blüten meist einzeln end- und achselständig, mit 5 freien hell- oder dunkelvioletten, 3–5 mm langen Kronblättern.

Vorkommen Feuchte Sandböden am Meer und im Binnenland.

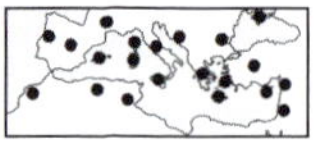

3 Durchwachsenblättriger Bitterling

Blackstonia perfoliata (L.) HUDS. *Gentianaceae* **0,1–0,6 m Mai–September ⊙**

Merkmale Blaugrüne, kahle, aufrechte Pflanze mit stumpf eiförmigen Grund- und gegenständigen, spitz eiförmig-3-eckigen, ± miteinander verwachsenen Stängelblättern, die oberen an der Basis kaum verschmälert. Blüten gelb, mit kurzer Röhre und 6–8 ausgebreiteten Zipfeln, 10–15 mm im Durchmesser.

Vorkommen Feuchtstellen in Wäldern, Macchien, an Wegrändern, oft auf Sand. Selten bis Mitteleuropa.

Weitere Arten Als Arten angesehen werden manchmal auch *B. acuminata* (KOCH & ZIZ) DOMIN mit deutlich verschmälerten, oberen Blättern (Mittelmeergebiet), bei *B. imperfoliata* (L. f.) SAMP. dagegen diese ± frei (westl. Mittelmeergebiet, Kanaren), und *B. grandiflora* (VIV.) PAU, auffällig durch besonders große, 20–35 mm breite, 8–12-zipfelige Blüten (südwestl. Mittelmeergebiet).

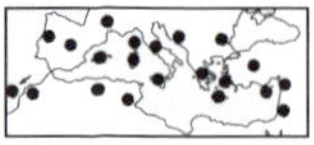

4 Gelbes Tausendgüldenkraut *Centaurium maritimum* (L.) FRITSCH

0,05–0,3 m April–August ⊙ ⊙

Merkmale Grüne, kahle, aufrechte Art. Stängel und Äste fast geflügelt 4-kantig. Grundrosette zur Blütezeit meist vertrocknet, Stängelblätter länglich-elliptisch, nach oben zu länger. Gestielte Blüten mit gelber, selten rosa überlaufener Krone, die 5 Zipfel meist 4–7 mm lang. Im Gebiet einzige gelbblütige *Centaurium*-Art.

Vorkommen Sandige oder grasige Standorte, Garigues, trockene Weiden.

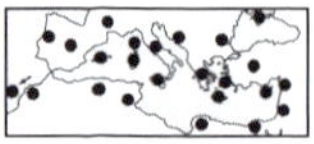

5 Ähriges Tausendgüldenkraut *Centaurium spicatum* (L.) FRITSCH

(*Schenkia spicata* (L.) G. MANS.) **0,1–0,5 m Juni–Oktober ⊙**

Merkmale Grün, kahl und aufrecht, mit ± hinfälligen, breit eiförmigen Grund- und zahlreichen gegenständig sitzenden, elliptisch-länglichen bis lanzettlichen Stängelblättern. Blüten nur bei dieser Art einseitswendig in aufstrebenden, ährenartigen Blütenständen sitzend, Krone rosa, mit 4–5 mm langen Zipfeln.

Vorkommen Salzwiesen, feuchte Dünentäler, Kulturland.

Weitere Arten Breiter verzweigte Blütenstände mit kurz gestielten Blüten und eine undeutliche Grundrosette hat *C. tenuiflorum* (HOFFM. & LINK) FRITSCH (Mittelmeergebiet, Kanaren), daneben kommen die auch aus Mitteleuropa bekannten Arten *C. erythraea* RAFN. und *C. pulchellum* (SW.) DRUCE vor.

1

2

3

4

5

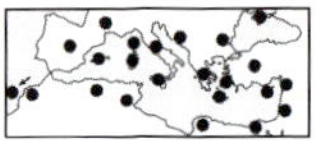

1 Storchartiger Reiherschnabel *Erodium ciconium* (L.) L'Hér.

0,1–0,7 m März–Juli ⊙ ⊙

Merkmale Abstehend drüsig behaarter Reiherschnabel. Blätter eiförmig-länglich, zwischen fiederschnittigen Blättchen einzelne, kleinere Lappen. Blüten mit 5 blauvioletten, dunkler geaderten Kronblättern, mit 8 mm etwa so lang wie die begrannten Kelchblätter. Teilfrüchte steif weiß behaart, jeweils mit deutlicher, dicht drüsiger Grube an der Ansatzstelle des 6–11 cm langen Schnabels.

Vorkommen Wegränder, Brachland.

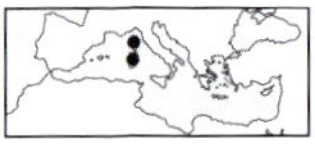

2 Korsischer Reiherschnabel *Erodium corsicum* Léman

0,1–0,2 m April–Oktober ♄

Merkmale Polsterbildender, weich grau behaarter Halbstrauch. Blätter länglich-eiförmig, gekerbt, die oberen bisweilen eingeschnitten gelappt. Blüten zu 1–3 an abstehend drüsig behaarten Stielen, Kronblätter 5–10 mm lang, meist rosa mit violetten Nerven, Teilfrüchte weiß behaart, Schnabel 1–1,5 cm lang.

Vorkommen Küstenfelsen.

3 **Weitere Arten** In schattigen Felsspalten von der Küste bis in die Gebirge der **Balearen-Reiherschnabel** *E. reichardii* (Murr.) DC. mit grünen, spärlich behaarten Blättern, Blüten mit weißen, violett genervten Kronblättern, einzeln auf angedrückt behaarten Stielen (Mallorca, Menorca).

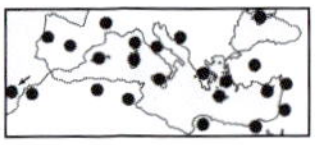

4 Malvenblättriger Reiherschnabel *Erodium malacoides* (L.) L'Hér.

0,1–0,6 m Februar–November ⊙ ⊙

Merkmale Stängel niederliegend bis aufrecht, mit zurückgebogenen, oft auch drüsigen Haaren. Blätter eiförmig-länglich mit herzförmigem Grund, gekerbt-gesägt oder schwach eingeschnitten gelappt. Blüten doldenförmig zu 3–10 an drüsig behaarten Stielen, an ihrem Grund mit mehreren eiförmig-rundlichen, weißlichen Hochblättern, Kronblätter rosa, 5–9 mm, wenig länger als der drüsenhaarige Kelch. Teilfrüchte weiß oder bräunlich behaart, an der Ansatzstelle des 2–3 cm langen Schnabels eine Grube und darunter eine tiefe, ringförmige Einschnürung, beide mit winzigen Drüsen besetzt.

Vorkommen Brachland, Wegränder, Grasfluren.

Weitere Arten Ähnlich und oft verwechselt *E. chium* (L.) Willd., aber Hochblätter braun, eiförmig-spitz, Teilfrüchte ohne ringförmige Einschnürung unter der drüsenlosen Grube, Schnabel 3–4,5 cm lang (Mittelmeergebiet, Kanaren).

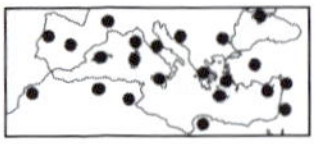

5 Glänzender Storchschnabel *Geranium lucidum* L.

0,1–0,4 m März–September ⊙

Merkmale Kahler oder verkahlender, unterwärts oft rot überlaufener Storchschnabel. Blätter mit glänzender, etwas fleischiger, rundlicher, höchstens zu 3/5 handförmig in 5(–7) Lappen geteilter Spreite, ihre breiten Abschnitte gekerbt und bespitzt. Blüten mit rosa, 8–10 mm langen, ganzrandigen Kronblättern, die Kelchblätter mit zugespitzten, zusammenneigenden Zähnen.

Vorkommen Schattig-feuchte Standorte, Felsen, Mauern.

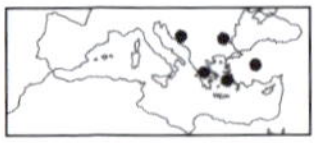

6 Großgriffeliger Storchschnabel *Geranium macrostylum* Boiss.

0,2–0,6 m April–Juni ♃

Merkmale Aufrechte Pflanze mit kurzem, dickem Rhizom. Grundblätter tief handförmig in 5–9 Lappen geteilt, diese mit 3–6 linealen Abschnitten auf jeder Seite, außerdem 2 Stängelblätter. Blüten in drüsig behaarten Trugdolden, mit blassvioletten, dunkel geaderten, sich zum Teil überlappenden, tief ausgerandeten, 12–17 mm langen Kronblättern. Griffel zur Fruchtzeit 16–18 mm lang, die obersten 2 mm kahl.

Vorkommen Felsfluren, Bergwälder.

Weitere Arten Ähnlich *G. tuberosum* L., aber Pflanze ohne Stängelblätter und ohne Drüsen, Kronblätter sich nicht berührend, Griffel über die ganze Länge behaart (zentrales und östl. Mittelmeergebiet).

1

2

3

4

5

6

1 Heldreichs Jankaea *Jancaea heldreichii* (BOISS.) BOISS. *Gesneriaceae*

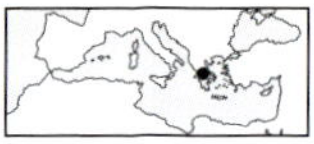

(*Ramonda heldreichii* (Boiss.) C. B. CLARKE) **0,05–0,15 m Mai–Juli** ♃

Merkmale Alle Blätter grundständig, stumpf verkehrt eiförmig, in einen kurzen Stiel verschmälert, oberseits lang seidig, unterseits rau hellbraun behaart. Blüten zu 1–2(–3) auf dünnem Stiel, mit blauvioletter, 10–15 mm langer, breit glockenförmiger, 4(5)-lappiger Krone, die Röhre fast so lang wie die Lappen.

Vorkommen Schattige Kalkfelsspalten, endemisch am griechischen Olymp, meist über 700 m Höhe.

Weitere Arten 4 weitere seltene Vertreter der überwiegend tropischen Familie in Europa, die als Tertiärrelikte angesehen werden, 3 davon auf der Balkanhalbinsel, in den Pyrenäen und ihrem südöstl. Vorland *Ramonda myconi* (L.) REICH. mit 5-zähligen Blüten.

2 Strauchige Kugelblume *Globularia alypum* L. *Globulariaceae*

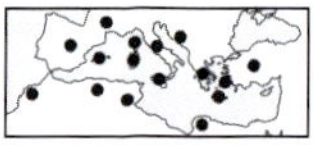

0,2–1,5 m Oktober–April ♄

Merkmale Immergrüner Strauch mit ledrigen, länglich ovalen, zugespitzten, zum Teil 3-spitzigen Blättern, an alten Zweigen büschelig stehend. Kleine blaue 2-lippige Blüten in kugelförmigen, 1–2,5 cm breiten Köpfchen, umgeben von dachziegelig angeordneten, breit eiförmigen, bewimperten Hüllblättern.

Vorkommen Garigues, Felsfluren, bisweilen bestandsbildend.

Weitere Arten Krautig u. a. der Mallorca-Endemit *G. majoricensis* GAND. (*G. cambessedesii* WILLK.).

3 Östlicher Amberbaum *Liquidambar orientalis* MILL. *Hamamelidaceae*

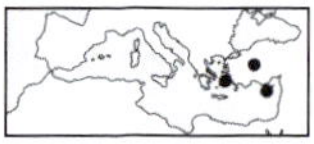

10–20 m März–April ♄

Merkmale Sommergrüner Baum, an eine Platane erinnernd, mit handförmig 5-lappigen Blättern, Abschnitte ungeteilt, am Rand drüsig gesägt. Blüten unscheinbar in einzeln hängenden, kugeligen Köpfchen, diese zur Fruchtzeit 2,5–3 cm breit, verholzt, aus geschnäbelten Kapseln zusammengesetzt (**3a**). Der Stamm sondert nach Verwundung einen aromatischen Balsam (Styrax) ab (**3b**).

Vorkommen Auwälder, Flussufer. Auf Zypern nur eingebürgert.

4 Balearen-Johanniskraut *Hypericum balearicum* L. *Hypericaceae*

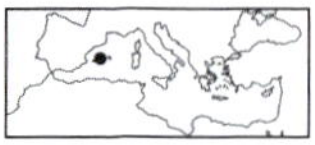

0,5–1(–2) m März–September ♄

Merkmale Strauch mit 4-kantigen Zweigen, wie die ledrigen, gegenständig sitzenden, eiförmig-länglichen, am Rand gewellten Blätter mit großen Drüsen besetzt. Blüten mit 5 gelben, 13–22 mm langen Kronblättern, diese 3-mal so lang wie die rundlichen, zuletzt abstehenden Kelchblätter. Staubblätter in 5 Bündeln.

Vorkommen Lichte Wälder, Felshänge, an frischen Standorten. In Italien (Ligurien) verwildert.

5 Krähenbeeren-Johanniskraut *Hypericum empetrifolium* WILLD.

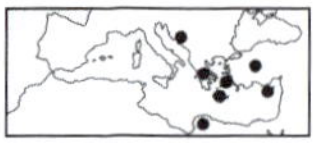

0,1–0,6 m April–August ♄

Merkmale Kleiner Strauch mit kahlen, am Rand umgerollten, dadurch nadelförmig schmalen, durchscheinend drüsigen, zu 3 quirlständigen Blättern. Kronblätter 5–10 mm, 3–4-mal so lang wie die am Rand schwarzdrüsigen Kelchblätter. Staubblätter in 3 Bündeln. Niederliegende Varietäten in den Gebirgen Kretas.

Vorkommen Felsstandorte, Macchien, Kiefernwälder.

Weitere Arten Ähnlich, aber Blätter in Quirlen zu 4 bei *H. coris* L. (Frankreich, Italien), ebenso bei den Kreta-Endemiten *H. amblycalyx* COUST. & GAND. und *H. jovis* GREUT., die Kelchblätter jedoch ohne Drüsen.

6 Bocks-Johanniskraut *Hypericum hircinum* L.

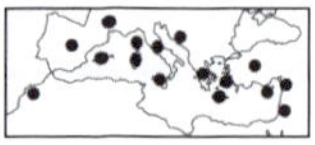

0,3–1,5(–3) m Mai–September ♄

Merkmale Immergrüner kahler Strauch, Blätter eilanzettlich, ± sitzend gegenständig, durchscheinend drüsig, beim Zerreiben mit Bocksgeruch. Kronblätter 10–18 mm lang, die zu 5 Bündeln vereinigten Staubblätter aus den Blüten herausragend. Kelchblätter nur 4–7 mm, bald abfallend.

Vorkommen Feuchte, schattige Standorte, oft an Gewässern. Im Westen nur eingebürgert.

1

2

3a

3b

4

5

6

1 **Olymp-Johanniskraut** *Hypericum olympicum* L. *Hypericaceae*

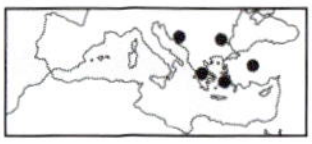

0,1–0,7 m Mai–August ♃ ♄

Merkmale Kahler, niederliegender bis aufrechter Halbstrauch. Blätter sitzend, eilanzettlich, graugrün, mit durchscheinenden und schwarzen Drüsen. Kronblätter 15–30 mm lang, unterseits häufig rötlich überlaufen, die zugespitzten Kelchblätter breit überlappend, oft schwarzdrüsig. Staubblätter in 3 Bündeln.
Vorkommen Felsfluren, bis in die Gebirge.

2 **Durchwachsenblättriges Johanniskraut**

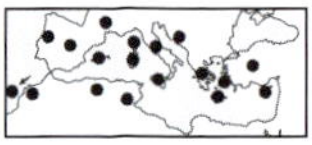

Hypericum perfoliatum L.

0,2–0,8 m März–Juni ♃

Merkmale Kahle, meist aufrechte Pflanze. Blätter eiförmig bis 3-eckig-lanzettlich, herzförmig stängelumfassend (!), mit durchscheinenden und schwarzen Drüsen. Kronblätter 8–12 mm lang, ohne schwarze Drüsen oder nur am Rand und zur Spitze hin, nicht flächig. Die zur Fruchtzeit aufrechten Kelchblätter am Rand dicht schwarzdrüsig gezähnt-gewimpert und mit schwarzen Streifen auf der Fläche. Staubblätter in 3(5) Bündeln.
Vorkommen Brachland, feuchte, schattige Ruderalstellen.
Weitere Arten Bei *H. spruneri* Boiss. Kronblätter flächig schwarzdrüsig (SO-Italien, Balkanhalbinsel).

3 **Krausblättriges Johanniskraut** *Hypericum triquetrifolium* Turra

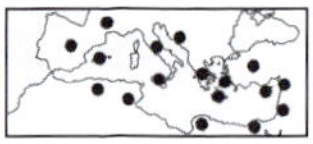

0,15–0,7 m Mai–Oktober ♃

Merkmale Pflanze kahl, oft pyramidenförmig, mit schwarzdrüsigen, kreuzweise gegenständigen, nach oben zu kürzeren Seitentrieben. Blätter gewellt 3-eckig-lanzettlich, am Grund herzförmig halbstängelumfassend, manchmal mit durchscheinenden Drüsen. Blüten mit 6–9 mm langen, selten randlich schwarzdrüsigen Kronblättern und meist drüsenlosen Kelchblättern. Staubblätter in 3 Bündeln.
Vorkommen Kultur- und Brachland, Garigues, im Westen nur eingebürgert.

4 **Gelber Günsel** *Ajuga chamaepitys* (L.) Schreb. *Lamiaceae*

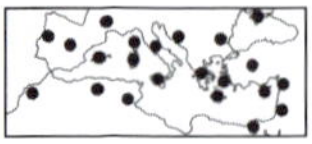

0,05–0,3 m März–Oktober ⊙ ⊙ ♃

Merkmale Pflanze kahl bis dicht behaart, aromatisch. Blätter zahlreich, meist 3-geteilt mit linealen Abschnitten. Blüten zu 1–2 in den Blattachseln mit gelber, 7–15 mm langer Krone (ssp. *chamaepitys*), Oberlippe, wie für Günsel-Arten typisch, sehr klein, Unterlippe viel länger, 3-lappig mit größerem ausgerandetem Mittellappen, Kronröhre innen mit Haarring. Staubblätter herausragend. Formenreich, abgebildet die östlich verbreitete ssp. *chia* (Schreb.) Arc. mit 18–25 mm langer, purpurn gezeichneter Unterlippe.
Vorkommen Brachland, Ruderalflächen, Trockenrasen. Selten bis Mitteleuropa.

5 **Moschus-Günsel** *Ajuga iva* (L.) Schreb.

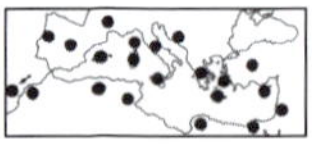

0,05–0,2 m April–Oktober ♃

Merkmale Am Grund verholzte, wollig bis zottig behaarte, aromatische Art. Die zahlreichen Blätter lineal-länglich, oft mit 2–4 Zähnen im vorderen Teil oder schwach gelappt. Blüten zu 2–4, Krone purpurn mit hellem, geflecktem Grund, rosa oder selten gelb, 12–20 mm lang, ähnlich voriger Art.
Vorkommen Felsfluren, Garigues, Ruderalstellen.

6 **Orientalischer Günsel** *Ajuga orientalis* L.

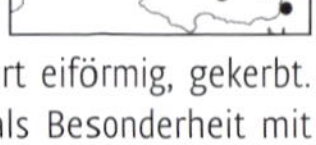

0,1–0,6 m März–Juli ♃

Merkmale Grau wollig-zottig behaarter Günsel. Blätter länglich bis breit verkehrt eiförmig, gekerbt. Scheinquirle 4–6(–12)-blütig, die 10–13 mm lange Krone innen ohne Haarring, als Besonderheit mit gedrehter Röhre, d. h. die blauviolette, mit ± ausgedehntem weißlichen Mal versehene 3-lappige Unterlippe nach oben gerichtet, die 2-lappige Oberlippe nach unten. Staubblätter in der Röhre eingeschlossen.
Vorkommen Macchien, Schotterfluren, schattige Ruderalstellen.

1

2

3

4

5

6

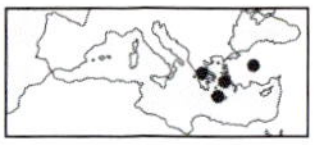

1 Napf-Schwarznessel *Ballota acetabulosa* (L.) Benth.

0,03–0,6(–0,8) m April–Juli ♃

Merkmale Am Grund verholzt, grau filzig-wollig und drüsig, mit breit herzförmig-rundlichen, gekerbt-gesägten Blättern. Blüten in Scheinquirlen zu 6–12, mit 15–18 mm langer, weißlicher, purpurn gezeichneter Krone. Der radförmig ausgebreitete Kelch bis 20 mm breit, Saum gestutzt oder viellappig, fein stachelspitzig.

Vorkommen Kalkfelsen, Ruderalflächen.

Weitere Arten *B. pseudodictamnus* (L.) Benth. mit nur 7–8 mm breitem, trichterförmigem Kelchsaum, Krone 15 mm lang, Blätter fast ganzrandig (östl. Mittelmeergebiet).

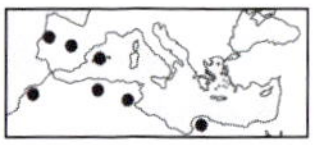

2 Behaarte Schwarznessel *Ballota hirsuta* Benth.

0,5–0,8(–1,5) m Mai–August ♃

Merkmale Ähnlich voriger Art, aber Stängel lang abstehend behaart und drüsig, Blätter breit herzeiförmig-rundlich, gekerbt, grauwollig. Scheinquirle mehr als 12-blütig, Krone purpurn mit weißer Zeichnung, 14–16 mm lang. Kelchsaum 8–10 mm breit, mit 10 oder mehr unregelmäßigen, stachelspitzigen Lappen.

Vorkommen Ruderalflächen, Wegränder.

3 Lanzenähre *Dorystaechas hastata* Benth. (*Salvia dorystaechas* B. T. Drew)

0,4–1 m März–Juli ♄

Merkmale Wie Salbei duftender kleiner Strauch, behaart und mit zahlreichen sitzenden Drüsen. Blätter spießförmig, am Rand gekerbt. Blütenstand lang ährenförmig, 6–17 cm, die 10–25-blütigen Scheinquirle dicht gedrängt stehend. Blüten mit weißer, 4–6 mm langer Krone, deren Oberlippe viel kürzer als die 3-teilige Unterlippe. Fruchtstand bis zur nächsten Blühperiode ausdauernd.

Vorkommen Felsstandorte, Schluchten, in Wäldern und Macchien.

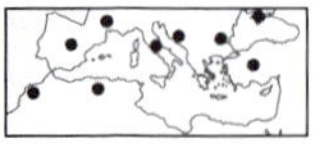

4 Ysop *Hyssopus officinalis* L.

0,2–0,6 m Juli–Oktober ♃

Merkmale Aromatischer, kahler bis grau behaarter Halbstrauch mit sitzenden, schmal lanzettlichen, beiderseits dicht mit Öldrüsen besetzten Blättern. Scheinquirle in einseitswendigen, ährenartigen Blütenständen, die fast sitzenden Blüten mit blauer, violetter oder weißer, 7–12 mm langer Krone und 15-nervigem, gleichmäßig 5-zähnigem Kelch. Formenreiche Art. Heil- und Gewürzpflanze.

Vorkommen Garigues, Weidefluren, meistens auf Kalk. In Mitteleuropa selten eingebürgert

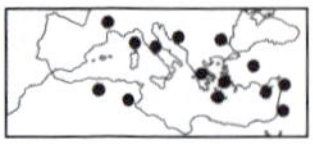

5 Gargano-Taubnessel *Lamium garganicum* L.

0,05–0,6 m März–August ♃

Merkmale Kahle oder behaarte Art mit herzeiförmigen, grob gekerbten oder gekerbt-gesägten Blättern. Blütenkrone 25–40 mm lang, rosa mit purpurner Zeichnung oder selten weiß, Oberlippe tief 2-spaltig oder mehrfach gelappt, die schlanke gerade Kronröhre 3–4-mal so lang wie der bei Taubnessel-Arten immer gleichmäßig 5-zipfelige und 5-nervige Kelch. Mehrere Unterarten.

Vorkommen Felsfluren auf Kalkgestein, bis in die Gebirge.

6 **Weitere Arten** Meist weißblütig die 1-jährige **Zweispaltige Taubnessel** *L. bifidum* Cyr., Krone 12–25 mm lang, Oberlippe tief 2-teilig, Blätter mit weißer Zeichnung um den Hauptnerv (S-Europa, NW-Afrika).

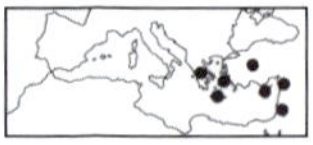

7 Moschus-Taubnessel *Lamium moschatum* Mill.

0,1–0,6 m Februar–Mai ⊙

Merkmale An die Weiße Taubnessel *L. album* L. erinnernde Art, die eiförmigen bis herzförmigen Tragblätter aber oft weiß berandet oder vom Grund her weiß gefleckt. Die weiße Krone 12–25 mm lang, mit helmförmiger, ± ganzrandiger Oberlippe und am Grund gebogener Röhre, die kürzer als der Kelch ist.

Vorkommen Brachland, Ruderalstellen, Gebüsche, Kalkschutt.

1

2

3

4

5

6

7

1 Großblütige Taubnessel *Lamium orvala* L.

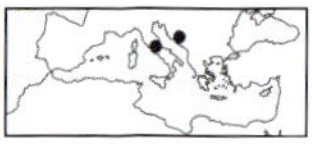

0,3–0,6(–1) m April–Juni ♃

Merkmale Balsamisch duftende, weich behaarte oder kahle Pflanze mit breit herzeiförmigen, zugespitzten, unregelmäßig grob gekerbt-gesägten Blättern. Blütenkrone 25–40 mm lang, purpurn mit weißlich gezeichneter Unterlippe und stark bauchig erweiterter, gerader Röhre.

Vorkommen Im Saum sommergrüner Wälder.

2 Echter Lavendel *Lavandula angustifolia* Mill.

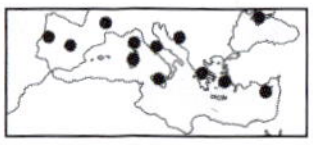

0,2–1 m Juni–August ♄

Merkmale Stark duftender Halbstrauch mit lineal-lanzettlichen, am Rand glatten, ± umgerollten, weißfilzigen, verkahlenden grünen Blättern (**1a**). Lang gestielte ährenartige Blütenstände mit häutigen, breit eiförmigen, zugespitzten, 7-nervigen Tragblättern. Blüten zu 6–10 in Scheinquirlen, 10–12 mm lang, blauviolett, 2-lippig, Kelch grauviolett, 13-nervig, mit undeutlichem Anhängsel an der Spitze des oberen Zahnes (**1b**).

Vorkommen Garigues, Felsfluren, bis ins Bergland, feldmäßig zur Gewinnung des ätherischen Öles vor allem für Arzneizwecke angebaut (heimisch nur in Spanien, Frankreich und Italien). Die Kosmetikindustrie nutzt häufiger das ätherische Öl aus Hybriden mit der folgenden Art (*L.* × *intermedia* Loisel., als Lavandin bezeichnet). Verbreitete Zierpflanzen.

3 **Weitere Arten** Ähnlich der **Spik-Lavendel** *L. latifolia* Med. (*L. spica* auct. non L.), Blätter aber breiter, jung sehr dicht weißfilzig, später verkahlend, graugrün, Tragblätter lineal-lanzettlich, ohne deutliche Seitennerven, Blüten 8–10 mm. Geruch kampferartig (S-Europa, östl. bis Jugoslawien). In den Gebirgen S-Spaniens endemisch *L. lanata* Boiss. mit borstlichen Tragblättern und 8-nervigen Kelchen (blüht Juli–September).

4 Gezähnter Lavendel *Lavandula dentata* L.

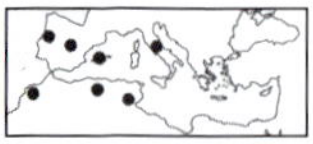

0,3–1 m April–Juli ♄

Merkmale Aromatischer Halbstrauch mit linealen bis lanzettlichen, am Rand umgerollten und regelmäßig ± tief gekerbten, oberseits grünen, unterseits graufilzigen Blättern. Die ährenartigen Blütenstände lang gestielt, untere Tragblätter eiförmig-rhombisch, zugespitzt, obere auffällig purpurn gefärbt und viel länger, einen Schopf bildend, ohne Blüten in den Achseln. Scheinquirle 6–10-blütig, die blauvioletten Blüten etwa 8 mm, Kelch 13-nervig, der obere Zahn mit großem Anhängsel.

Vorkommen Garigues, vor allem auf Kalk. Häufige Zierpflanze, in Italien bisweilen verwildert.

5 Fiederblättriger Lavendel *Lavandula multifida* L.

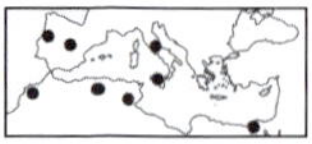

0,2–1,5 m März–Juni ♄

Merkmale Halbstrauch, nicht so aromatisch wie andere Lavendel-Arten. Blätter doppelt fiederschnittig, eher spärlich behaart und grün, Abschnitte flach lineal. Die ährenartigen, lang gestielten Blütenstände manchmal am Grund verzweigt, aus nur 2-blütigen Scheinquirlen, Tragblätter breit eiförmig, bespitzt. Krone blauviolett, bis 12 mm lang, der 15-nervige Kelch ohne Anhängsel am oberen Zahn.

Vorkommen Garigues, Felsfluren, Brachland.

6 Schopf-Lavendel *Lavandula stoechas* L.

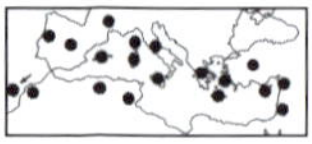

0,3–1,5 m März–Juni ♄

Merkmale Kleiner Strauch mit beiderseits graufilzigen, länglich-lanzettlichen Blättern mit glattem Rand. Der sitzende oder gestielte, dichte, 4-zeilige Blütenstand mit rhombisch-herzförmigen, filzigen Tragblättern, die oberen auf 1–5 cm vergrößert, hellviolett, schopfartig, blütenlos. Krone schwarzviolett, 6–8 mm, Kelch 13-nervig, der obere Zahn mit großem Anhängsel. Zahlreiche Unterarten.

Vorkommen Garigues, lichte Macchien und Kiefernwälder auf Silikatgestein.

Weitere Arten Ähnlich, aber mit viel länger gestieltem Blütenstand *L. pedunculata* (Mill.) Cav. Außerdem mit weißlichen Blüten und einem Schopf aus hellgrünen Tragblättern *L. viridis* L'Hér. (Spanien, Portugal).

1

2a

2b

3

4

5

6

1 Adriatischer Andorn *Marrubium incanum* Desr.

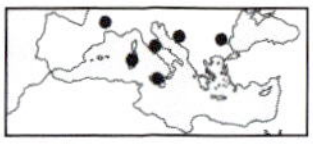

0,2–0,6 m Juni–August ♃

Merkmale Stängel am Grund verholzt, die dicht filzig behaarten Blätter länglich-eiförmig, an der Basis keilförmig, gekerbt-gesägt, oberseits graugrün, unterseits weißlich. Blüten in dicht- und reichblütigen, entfernt stehenden Scheinquirlen, mit zahlreichen, pfriemlichen Tragblättern. Die 2-lippige Krone weiß, 13–14 mm lang. Kelch steifhaarig-filzig, kräftig 10-rippig, mit 5 etwa gleichen, abstehenden Zähnen.

Vorkommen Felstriften, Garigues, Weide- und Brachland.

Weitere Arten Ähnlich *M. vulgare* L., aber Blätter am Grund abgerundet oder herzförmig, Blütenkrone nur 5–7 mm lang, unverwechselbar der Kelch mit 10 abstehenden, gekrümmten Zähnen (Mittelmeerge-
2 biet, nicht selten auch in Mitteleuropa, Kanaren). Südmediterran dagegen der **Rotblütige Andorn** *M. alysson* L., Blätter lang keilförmig, fast sitzend, der 5-zähnige Kelch die Blütenkrone überragend.

3 Amethystfarbene Katzenminze

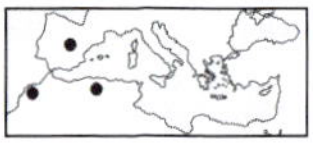

Nepeta amethystina Poir. (*N. nepetella* L. ssp. *aragonensis* (Lam.) Nym.)

0,2–0,9 m April–Juni ♃

Merkmale Am Grund verholzte, ± stark filzig behaarte Art. Blätter eiförmig-lanzettlich, tief gekerbt, am Grund herzförmig oder gestutzt. Scheinquirle lang gestielt und locker, mit schmalen Tragblättern, die Blütenkrone 9–13 mm lang, blauviolett, der 5–8 mm lange, 15-nervige Kelch behaart.

Vorkommen Garigues, Felsfluren.

4 **Weitere Arten** Auch im östl. Mittelmeergebiet zahlreiche kleinräumig verbreitete Arten wie die **Scordotis-Katzenminze** *N. scordotis* L., Pflanze wollig-filzig, Blätter breit herzeiförmig, Scheinquirle dicht, mit breiten Tragblättern, Blütenkrone 13–16 mm lang, weißlich-bläulich (Kreta, S-Ägäis).

5 Kretischer Diptam, Diptamdost *Origanum dictamnus* L.

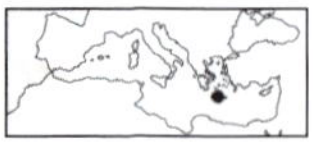

0,1–0,4 m Juni–September ♄

Merkmale Dicht weißwolliger, extrem aromatischer kleiner Strauch, Blätter breit eiförmig bis rundlich. Die überhängenden, lang gestielten, ährenförmigen Blütenstände mit ± kahlen, 7–10 mm großen, rundlichen, sich deckenden, purpurn gefärbten Tragblättern, Krone rosa, 8–15 mm lang, weit aus dem 1-lippigen Kelch herausragend.

Vorkommen Felswände, Fels- und Schotterfluren. Als Tee- und Gewürzpflanze feldmäßig angebaut.

6 Griechischer Dost *Origanum onites* L.

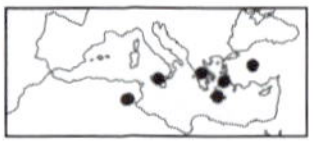

0,3–1 m April–August ♄

Merkmale Aromatischer Halbstrauch mit einfachen und Drüsenhaaren sowie reichlich sitzenden Drüsen. Blätter herz- oder eiförmig, bisweilen fein entfernt gesägt. In Schirmtrauben angeordnete Ährchen mit behaarten, hellgrünen, sich deckenden, eiförmigen, etwa 3 mm langen Tragblättern und weißen, 3–7 mm langen Blüten, Kelch 2–3 mm, 1-lippig. Arznei- und Gewürzpflanze, als „Oregano" gehandelt.

Vorkommen Felsen, Garigues, Böschungen.

7 Borstiger Dost *Origanum vulgare* L. ssp. *hirtum* (Link) Ietsw.

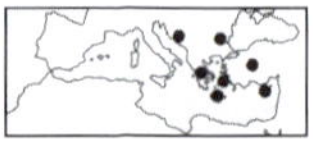

(*O. heracleoticum* auct., non L.)

0,2–1 m Mai–Oktober ♃

Merkmale Am Grund verholzter Dost mit borstig behaarten Stängeln. Blätter eiförmig, ganzrandig oder entfernt gezähnelt, behaart und stark drüsig punktiert. Blüten mit weißer, selten rosa, etwa 6 mm langer Krone in Ährchen, diese mit spärlich drüsig punktierten, ± behaarten, grünen, bisweilen purpurn überlaufenen, eiförmigen Tragblättern, die mit 3 mm etwa so lang sind wie die regelmäßig 5-zähnigen, stark drüsigen Kelche. Mediterrane Unterart des formenreichen Echten Dost, ebenfalls als „Oregano" verwendet.

Vorkommen Garigues, Kiefernwälder, Brachland, Mauern.

1

2

3

4

5

6

7

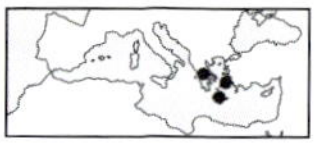

1 Kreta-Brandkraut *Phlomis cretica* Presl

0,3–0,5 m März–Mai ♄

Merkmale Niedriger Strauch, die Stängel sternhaarig-wollig, mit Drüsenhaaren. Blätter lanzettlich, auch im Blütenstand gestielt, ± gekerbt, oberseits locker, unterseits dicht sternhaarig-filzig. Im Scheinquirl 14–30 Blüten mit 25–27 mm langer Krone, wie für Brandkraut-Arten typisch mit behaarter helmförmiger Oberlippe und ausgebreitet 3-lappiger Unterlippe, die Röhre kürzer als der 5-nervige radiäre Kelch, der bei dieser Art drüsig behaart ist und 5 pfriemliche, 1–5 mm lange, starre, stechende Zähne trägt. Abstehend behaarte, schmal lanzettliche, ± stechende Tragblättchen.

Vorkommen Garigues, lichte Wälder, meist auf Kalk. Auf Kreta überwiegend im Westen.

2 **Weitere Arten** Ähnlich das **Wollige Brandkraut** *Ph. lanata* Willd., Stängel aber drüsenlos, die breit elliptischen bis rundlichen Blätter im Blütenstand praktisch sitzend. Im Scheinquirl 2–10 Blüten mit 20–23 mm langer Krone, Kelchzähne nur 0,5–1 mm, Tragblättchen eiförmig-lanzettlich (Kreta-Endemit, überwiegend im Osten der Insel). Hybriden zwischen diesen beiden und auch der folgenden Art erschweren die Bestimmung.

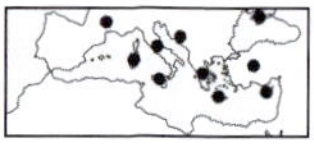

3 Strauchiges Brandkraut *Phlomis fruticosa* L.

0,5–1,3 m April–Juli ♄

Merkmale Stängel des kräftigen Strauches drüsenlos. Blätter lanzettlich-eiförmig, am Grund gestutzt oder keilförmig, im Blütenstand sitzend oder gestielt. Scheinquirle aus 14–36 gelben Blüten mit 23–35 mm langer Krone, der drüsenlose Kelch mit 1–4 mm langen, wenig starren, filzigen Zähnen. Eiförmig-lanzettliche, nicht stechende Tragblättchen.

Vorkommen Garigues, Felsen, auch Zierstrauch.

4 **Weitere Arten** Ähnlich das **Halbmondblättrige Brandkraut** *Ph. lunariifolia* Sm., aber Kelch oben filzig, unten kahl, die pfriemlichen Zähne 2–3 mm, Tragblättchen lanzettlich, dornig zugespitzt, nur an den Rändern mit langen rauen Haaren (SW-Anatolien, Zypern). Zahlreiche weitere gelbblütige Arten in Anatolien.

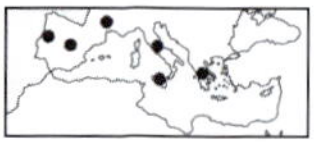

5 Wind-Brandkraut *Phlomis herba-venti* L.

0,2–0,7 m Mai–August ♃

Merkmale Pflanze ausdauernd krautig, ohne Drüsenhaare. Untere Blätter gestielt, obere sitzend, eiförmig-lanzettlich, entfernt gesägt-gezähnt, oberseits ± kahl, unterseits sternhaarig-filzig. Scheinquirle aus 2–14 Blüten mit rosavioletter, 15–25 mm langer Krone, Kelchzähne 5–7 mm, wie die Tragblättchen pfriemlich.

Vorkommen Weiderasen.

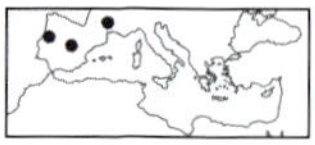

6 Filziges Brandkraut *Phlomis lychnitis* L.

0,2–0,7 m Mai–Juli ♄

Merkmale Niedriger sternhaarig-filziger Halbstrauch ohne Drüsenhaare. Blätter lineal-lanzettlich, in einen undeutlichen Blattstiel verschmälert, unterseits grau, im Blütenstand aus breit eiförmigem Grund zugespitzt. Scheinquirle aus 4–10 Blüten mit 2–3 cm langer gelber Krone, Kelchzähne 2–4 mm, lineal-lanzettlich. Tragblättchen lineal.

Vorkommen Garigues, Grasfluren.

Weitere Arten *Ph. crinita* Cav. mit deutlich gestielten, beidseitig wolligen Blättern (Spanien, NW-Afrika).

7 Purpurrotes Brandkraut *Phlomis purpurea* L.

0,5–2 m März–Juni ♄

Merkmale Blätter des drüsenlosen Strauches gestielt, herzeiförmig bis lanzettlich, stumpf, oberseits fein sternhaarig, unterseits sternhaarig-filzig. Im Scheinquirl 6–12 Blüten mit 23–28 mm langer rosa oder weißlicher Krone, Kelchzähne (1–)3–5 mm lang, pfriemlich. Tragblättchen zugespitzt lanzettlich, 2–5 mm breit.

Vorkommen Macchien, Garigues, Felsfluren.

Weitere Arten Ähnlich *Ph. italica* L., Krone etwa 20 mm, Kelchzähne 1–2 mm, breit 3-eckig (Balearen).

1

2

3

4

5

6

7

1 **Großer Klippenziest**, Strauchnessel *Prasium majus* L.

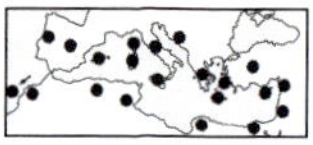

0,5–1 m Februar–Juni ♄

Merkmale Kahler oder spärlich behaarter Strauch, häufig kletternd. Die gestielten, zugespitzt eiförmigen, am Grund herzförmigen oder gestutzten Blätter dunkelgrün glänzend, mit gesägtem bis gekerbtem Rand. Blütenquirle nur mit 1–2 weißen oder blasslila, 17–23 mm großen Lippenblüten, Kelch 10-nervig, zur Fruchtzeit bis auf 25 mm vergrößert, schwach 2-lippig, die 5 breiten Zipfel kurz begrannt. Früchtchen fleischig.
Vorkommen Garigues, Macchien, immergrüne Wälder, besonders in Küstennähe.

2 **Echter Rosmarin** *Rosmarinus officinalis* L. (*Salvia rosmarinus* Spenn.)

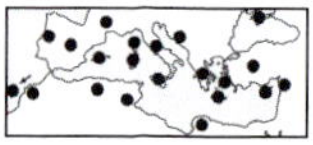

0,3–1,5(–2) m ganzjährig ♄

Merkmale Aromatisch duftender, immergrüner Strauch mit braunen, meist aufrechten Ästen. Die linealen, 1,5–4 cm langen Blätter mit nach unten umgerollten Rändern, oberseits kräftig grün, unterseits weißfilzig. Kleine sternhaarig-filzige Scheinquirle aus wenigen Blüten mit blassblauer bis blauer, seltener weißer oder rosa, 10–12 mm langer Krone, 2 Staubblätter lang herausragend. Pflanzen mit ± niederliegenden Ästen und intensiv blauen Blüten wurden als var. *palaui* Bolòs & Molin. beschrieben (Mallorca, Menorca, Cabrera).
Vorkommen Garigues, Macchien, lichte Wälder, oft als Zier-, Heil- und Gewürzpflanze kultiviert.
3 **Weitere Arten** Der **Wollige Rosmarin** *R. eriocalyx* Jord. & Fourr. (*Salvia jordanii* J. B. Walker), meist niederliegend und mit grauen Ästen, Blätter nur 5–15 mm lang, im Blütenstand wollig-drüsig behaart (Spanien, NW-Afrika).

4 **Silberblatt-Salbei** *Salvia argentea* L.

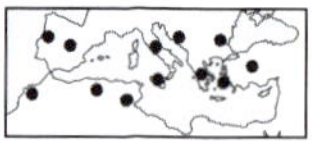

0,3–1 m Juni–Juli ♃

Merkmale Unangenehm riechender, seidig-zottig behaarter Salbei, Stängel oberwärts drüsig. Blätter länglich-eiförmig, unregelmäßig gekerbt bis gelappt, wollig behaart. Tragblätter grün, ⅓ so lang wie der drüsig-klebrige Kelch mit stechenden Zähnen oder länger. Blüten zu 4–8 im Scheinquirl, Krone 15–35 mm lang, weiß, rosa oder gelb überlaufen, mit sichelförmiger Oberlippe.
Vorkommen Trockenes Brachland, Weideland.
5 **Weitere Arten** Ähnlich der **Weiße Salbei** *S. candidissima* Vahl, aber Blätter eiförmig, gekerbt, dicht filzig, Tragblätter weniger als ⅓ so lang wie der Kelch, Blüten zu 2–6, Krone weiß, rosa überlaufen (Felspflanze, Balkanhalbinsel, Anatolien).

6 **Griechischer Salbei** *Salvia fruticosa* Mill. (*S. triloba* L. f.)

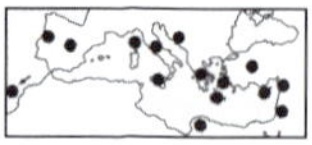

0,3–1,2 m März–Juni ♄

Merkmale Aromatischer Strauch mit angedrückt weißfilzigen Stängeln. Blätter schmal eiförmig, einfach oder am Grund mit 2, seltener 4 kleinen seitlichen Lappen, oberseits grün, runzelig, unterseits graufilzig, am Rand fein gekerbt. Scheinquirle 2–6-blütig, Krone 16–25 mm lang, blauviolett, rosa oder selten weiß, mit ziemlich gerader Oberlippe, Kelch glockig, 5–8 mm, oft purpurn überlaufen, drüsig oder einfach behaart, mit nur 1–2 mm langen Zähnen. Heil- und Gewürzpflanze, häufig anstelle des Echten Salbei genutzt.
Vorkommen Garigues, Felstriften, Macchien. Im Westen wohl nicht ursprünglich.

7 **Echter Salbei** *Salvia officinalis* L.

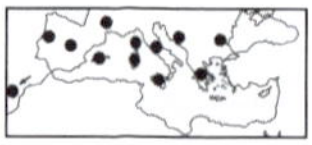

0,2–0,6 m Mai–Juli ♄

Merkmale Aromatischer Halbstrauch mit abstehend behaarten Stängeln. Blätter wie bei voriger Art, aber immer einfach. Scheinquirle 5–10-blütig, Krone 20–35 mm lang, Kelch 2-lippig, 10–14 mm, davon die Zähne 4–6 mm lang. Heil- und Gewürzpflanze. **Vorkommen** Garigues, Felstriften, urspünglich wohl nur in Italien und auf der Balkanhalbinsel, in ganz S-Europa kultiviert, gebietsweise verwildert und eingebürgert. **Weitere Arten** Nur im westl. Mittelmeergebiet *S. lavandulifolia* Vahl, die schlanken Blütenstände mit ± entfernt stehenden Scheinquirlen, Kelch regelmäßig. Auch als ssp. zu *S. officinalis* gestellt.

1
2
3
4
5
6
7

1 Apfeltragender Salbei *Salvia pomifera* L.

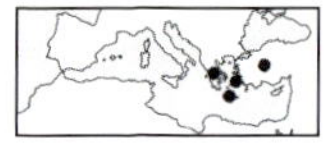

0,5–1,5 m Mai–Juni ♄

Merkmale Reich verzweigter Strauch mit graugrünen Blättern und hinfälligen Tragblättern. Scheinquirle 2–4-blütig, Krone etwa 35 mm lang, mit ± gerader, blauvioletter Ober- und blasserer Unterlippe, der zunächst 10–12 mm lange Kelch mit abgerundeten Lappen, oft rötlich purpurn überlaufen, zur Fruchtzeit beträchtlich vergrößert. Abgebildet ist ssp. *calycina* (SM.) HAYEK mit breit elliptischen Blättern.

Vorkommen Garigues, lichte Wälder, Straßenränder.

2 Muskateller-Salbei *Salvia sclarea* L.

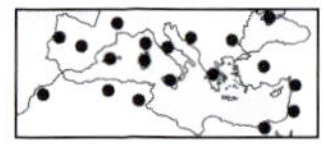

0,3–1,2 m Mai–August ⊙

Merkmale Harzig balsamisch duftend, grau behaart und mit oberwärts drüsigem Stängel. Blätter breit eiförmig-herzförmig, unregelmäßig gezähnt. Scheinquirle 4–6-blütig, in den Achseln von auffälligen, häutigen, rotviolett überlaufenen, lang zugespitzten Tragblättern, die den 2-lippigen, begrannt gezähnten Kelch deutlich überragen. Krone 20–30 mm, lila oder blassblau, mit sichelförmiger Oberlippe.

Vorkommen Wegränder, Felshänge, lichte Wälder, gebietsweise auch Anbau als Heil- und Gewürzpflanze.

3 Eisenkraut-Salbei *Salvia verbenaca* L.

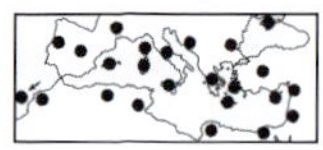

0,1–0,8 m fast ganzjährig ♃

Merkmale Im oberen Bereich ± drüsig behaarte Art. Die lang gestielten Blätter der Grundrosette länglich bis eiförmig, grob gekerbt und ± gelappt. Scheinquirle 6–10-blütig, Krone mit ± gerader Oberlippe, 6–10(–15) mm lang, manchmal geschlossen bleibend, hellblau bis violett. Kelch 2-lippig, mit hervortretenden Nerven und langen weißen Haaren, länger als die grünen Tragblätter, zur Fruchtzeit auf 8–10 mm anwachsend.

Vorkommen Brachland, Kulturland, Wegränder.

4 Grüner Salbei *Salvia viridis* L.

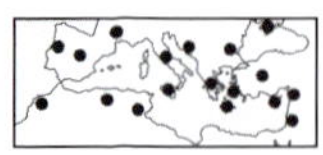

0,1–0,5 m März–Juni ⊙

Merkmale Blätter eiförmig bis länglich, regelmäßig gekerbt, fein behaart. Scheinquirl 4–8-blütig, Krone mit ± gerader Oberlippe, 11–15 mm lang, rosa oder violett. Kelch oben deutlich abgeflacht, zur Fruchtzeit mit zurückgebogenen Zähnen. Tragblätter so lang wie die Blüten oder länger, oft einen Schopf aus violetten, grünen oder weißen Blättern am Ende des Blütenstandes bildend.

Vorkommen Garigues, Brachland.

5 Griechische Bergminze

Satureja graeca L. (*Micromeria graeca* (L.) BENTH.)

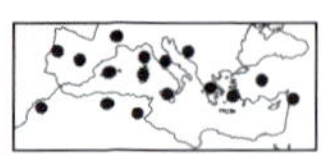

0,1–0,5 m Mai–Juni ♄

Merkmale Aromatischer, ± anliegend behaarter Zwergstrauch. Blätter spitz eiförmig-länglich mit keilförmigem Grund, nach oben hin schmaler und mit umgerollten Rändern. Relativ lockere, aufrecht-abstehende, kurz gestielte, (2–)6–18-blütige Scheinquirle. Krone 6–8(–13) mm lang, hell purpurn, der 13-nervige Kelch im Schlund behaart, 2–5 mm, mit ungleich langen Zähnen. Früh- und spätblühende Unterarten.

Vorkommen Felsen, Mauern.

6 Julianische Bergminze *Satureja juliana* L. (*Micromeria juliana* (L.) RCHB.)

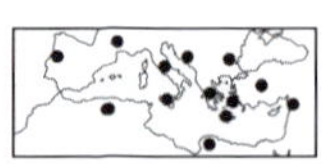

0,1–0,4 m Mai–Juli ♄

Merkmale Zwergstrauch, wie vorige Art mit mehreren aufrechten, meist unverzweigten, ± abstehend rau behaarten Ästen. Blätter linealisch, stumpf, mit umgerollten Rändern. Scheinquirle fast sitzend, deutlich abgesetzt, sehr dicht aus 4–20 ebenfalls sitzenden Blüten mit etwa 5 mm langer Krone. Der 13-nervige Kelch im Schlund kahl, 2,5–3,5 mm, mit nur wenig ungleich langen, starren Zähnen.

Vorkommen Garigues, Felshänge.

1

2

3

4

5

6

1 **Karst-Bergminze**, Winter-Bohnenkraut *Satureja montana* L.

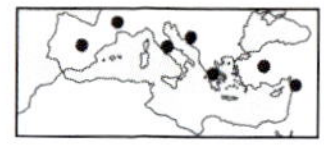

0,1–0,4(–0,7) m Juli–September ♄

Merkmale Zwergstrauch mit Bohnenkrautduft. Die ledrigen, lanzettlichen Blätter über der Mitte am breitesten, scharf zugespitzt, dunkel drüsig punktiert und am Rand kurz borstig. Blüten in gestielten, einseitswendigen, 3–7-blütigen Scheinquirlen, 6–14 mm lang, weiß, rosa oder violett, der 10–11-nervige Kelch im Schlund behaart, untere Kelchzähne meist etwas länger als die oberen. Formenreich. Gewürzkraut.

Vorkommen Felsfluren, Grasfluren.

2 **Weitere Arten** Niedrige Polster aus ± verdornten Ästen bildet die **Dornige Bergminze** *S. spinosa* L., Blätter spitz verkehrt eiförmig, rau behaart, der Scheinquirl aus nur 2 Blüten mit 5–8 mm langer, weißer oder blasslila Krone (Kreta, Ägäis, Anatolien, meist in den Gebirgen).

3 **Nervige Bergminze**

Satureja nervosa DESF. (*Micromeria nervosa* (DESF.) BENTH.)

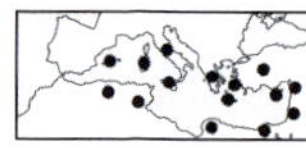

0,1–0,5 m März–Juni ♄

Merkmale Äste des Zwergstrauches anliegend rückwärts behaart, Blätter spitz eiförmig, auf der Unterseite mit hervortretenden Nerven, ohne Drüsenpunkte. Scheinquirle kurz gestielt, dicht, mit 4–20 Blüten, Krone purpurn, 4–6 mm lang, charakteristisch der 3–4 mm lange, innen wollige, außen lang und dicht abstehend behaarte, 13-nervige Kelch mit ungleich langen Zähnen.

Vorkommen Garigues, Felsfluren.

4 **Thymbra-Bergminze** *Satureja thymbra* L.

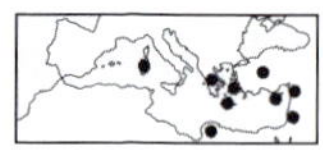

0,1–0,4 m April–Mai ♄

Merkmale Aromatischer Zwergstrauch, die Äste mit rückwärts gerichteten Haaren. Blätter spitz länglich-eiförmig, gefaltet, kurz borstig behaart und drüsig punktiert. Blüten mit roter, 8–12 mm langer Krone in entfernt stehenden, kompakten kugeligen Scheinquirlen. Kelch 10-nervig, mit langen, weißen, abstehenden Haaren, die 5 nahezu gleichen Kelchzähne zugespitzt, etwas kürzer als die innen kahle Röhre.

Vorkommen Garigues, offene Wälder, vorwiegend auf Kalk.

5 **Colonna-Helmkraut** *Scutellaria columnae* ALL.

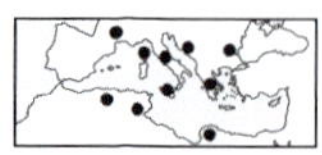

0,2–1 m Mai–Juli ♃

Merkmale Weich behaarte Pflanze, im oberen Bereich mit Stieldrüsen. Blätter gestielt, spitz herzeiförmig, gekerbt-gesägt, Tragblätter dagegen sitzend und ganzrandig, kürzer als die in Scheinähren einseitswendig angeordneten Blüten. Krone 18–28 mm, purpurn mit weißlicher Unterlippe, die lange behaarte Röhre aufwärts gebogen. Für die Gattung kennzeichnend der Kelch mit ganzrandigen Lippen, davon die obere auf dem Rücken mit helmförmiger Schuppe.

Vorkommen Schattig-feuchte Felsspalten. In Frankreich eingebürgert.

Weitere Arten Auf Mallorca endemisch *S. balearica* BARC. mit purpurnen, etwa 6 mm langen Blüten, auf
6 Kreta **Siebers Helmkraut** *S. sieberi* BENTH. mit gelblich weißen, 10–14 mm langen Blüten.

7 **Italienisches Gliedkraut** *Sideritis italica* (MILL.) GREUT. & BURD.

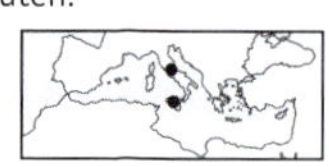

0,2–0,6 m Mai–August ♃

Merkmale Grauweiß filzig-wolliger Halbstrauch mit lanzettlichen, ganzrandigen oder gekerbten Blättern. Die unteren der 6–12-blütigen Scheinquirle entfernt stehend, mit rundlichen, bespitzten Tragblättern. Krone gelb, 9–12 mm, der Kelch mit 5 gleich langen Zähnen, wollig behaart.

Vorkommen Garigues, Weiderasen.

Weitere Arten Sehr ähnlich *S. syriaca* L., in der typischen Unterart mit insgesamt weißfilzigem Blütenstand, ein Endemit der Gebirge Kretas, eine weitere Unterart heimisch von S-Anatolien bis Syrien. Diese und weitere *Sideritis*-Arten sind als Teepflanzen („Bergtee") gebräuchlich.

1

2

3

4

5

6

7

1 Römisches Gliedkraut *Sideritis romana* L.

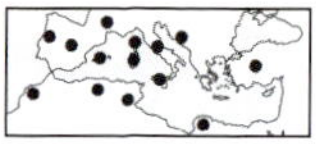

0,1–0,3 m Mai–Juli ⊙

Merkmale Weich behaarte Art, Blätter länglich-eiförmig, grob gekerbt-gesägt, grün, untere gestielt, obere sitzend. Scheinquirle meist 6-blütig, Krone weiß, rosa überlaufen oder gelb, mit ungeteilter Oberlippe und 2–3 mm langer, 3-lappiger Unterlippe. Der 10-nervige, 2-lippige Kelch mit einem charakteristischen oberen, breit eiförmigen Zahn, der viel größer als die 4 unteren ist, alle Zähne stechend, zuletzt abstehend.

Vorkommen Grasfluren, Garigues, Macchien.

2 **Weitere Arten** Sehr ähnlich auf der Balkanhalbinsel das **Purpurrote Gliedkraut** *S. purpurea* BENTH., Blütenkrone purpurrot, selten weiß, mit 4–5 mm langer Unterlippe (auch als ssp. zu *S. romana* gestellt).

3 Messenischer Ziest *Stachys canescens* BORY & CHAUB.

0,1–0,5 m April–Mai ♃

Merkmale Am Grund verholzter Ziest mit abstehenden einfachen Haaren und sitzenden oder gestielten Drüsen. Untere Blätter gestielt, eiförmig, am Grund gestutzt bis herzförmig, der Rand gekerbt, auf der Fläche grün. 6-blütige Scheinquirle in den Achseln sitzender Blätter, Krone 20–25 mm lang, weiß oder gelblich, mit purpurner Zeichnung auf Unter- und Oberlippe, Kelch 11–13 mm, innen kahl, mit ± gleich langen Zähnen.

Vorkommen Felsspalten in Kalkgestein, nur im Süden der Peloponnes.

4 **Weitere Arten** Mit ähnlicher Verbreitung der **Weiße Ziest** *S. candida* BORY & CHAUB. mit weiß filzig-wolliger und drüsiger Behaarung, Blätter ± rundlich. Beispiele für die zahlreichen, sehr unterschiedlichen, kleinräumig verbreiteten Felsarten der Gattung *Stachys* in Griechenland.

5 Kretischer Ziest *Stachys cretica* L.

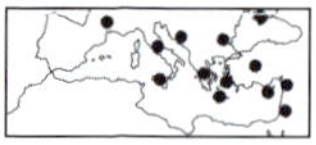

0,2–0,8 m Mai–Juli ♃

Merkmale Stängel meist einfach, weißfilzig, ohne Drüsen. Blätter länglich-eiförmig, am Grund ± keilförmig oder gestutzt bis schwach herzförmig, fein gekerbt, dicht grau- oder weißfilzig auf der Unterseite, die Oberseite graugrün, sichtbar unter einem dünnen Haarfilz. Die zahlreichen Blüten im Scheinquirl praktisch sitzend, mit rosa oder purpurner, 15–20 mm langer Krone, die ungleich langen Kelchzähne stechend begrannt. 12 Unterarten, abgebildet ist die ssp. *cretica* (Griechenland, Kreta, Krim).

Vorkommen Garigues, Grasfluren, Brachland.

Weitere Arten Weit verbreitet und formenreich der aus Mitteleuropa bekannte *S. germanica* L. mit oberseits grünen, am Grund herzförmigen Blättern. *S. byzantina* C. KOCH mit weißfilzigen, völlig von der Behaarung verdeckten Blattoberseiten und verschmälertem Grund (Heimat SW-Asien, eingebürgerte Zierpflanze).

6 Klebriger Ziest *Stachys glutinosa* L.

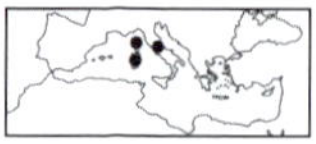

0,3–0,6 m Mai–Juli ♄

Merkmale Durch reichlich sitzende Drüsen klebriger Kugelbusch, mit ausdauernden Zweigen des Vorjahres weich dornig. Blätter länglich-lanzettlich, meist ganzrandig. Blüten nur zu 1–2 im Scheinquirl, mit 10–15 mm langer, weißer oder rosa Krone, der Kelch mit zugespitzten, zuletzt abstehenden Zähnen.

Vorkommen Garigues, Felsfluren.

7 **Weitere Arten** Ähnlich der **Dornige Ziest** *S. spinosa* L., nur bis 0,3 m hoher, dorniger, angedrückt seidig-wolliger, oft drüsiger Kugelbusch, Blüten rosa zu 4–6 (südl. Ägäis, Kreta).

8 Basilikum-Ziest *Stachys ocymastrum* (L.) BRIQ.

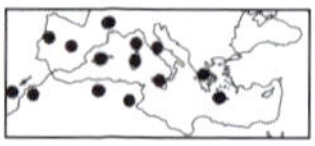

0,2–0,5 m März–Juni ⊙

Merkmale Abstehend behaarte Art mit stumpfen, eiherzförmigen, gekerbt-gesägten, im Blütenstand auffällig herabgebogen Blättern. Scheinquirle 4–6-blütig, Krone 12–20 mm lang, gelb oder weiß mit gelber Unterlippe, Oberlippe 2-spaltig, die stachelspitzigen Kelchzähne gleich lang.

Vorkommen Grasfluren, Brachland.

1
2
3
4
5
6
7
8

1 Kopfiger Gamander *Teucrium capitatum* L.

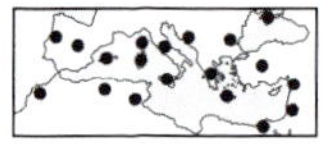

(*T. polium* L. ssp. *capitatum* (L.) ARC.)
0,05–0,45 m April–August ♄
Merkmale Kleiner graufilziger Halbstrauch mit ± sitzenden, länglichen oder schmal verkehrt eiförmigen Blättern mit umgerolltem, gekerbtem Rand. Köpfchen des zusammengesetzten Blütenstandes nicht über 1 cm breit, Krone wie bei allen *Teucrium*-Arten ohne Oberlippe, die Unterlippe stattdessen 5-lappig, bei dieser Art etwa 5 mm lang, meist weiß (**1a**). Eine rotblütige Unterart auf den Balearen wird als ssp. *majoricum* (ROUY) NAV. & ROS. bezeichnet (**1b**).
Vorkommen Felstriften, Garigues, offene Wälder.
Weitere Arten Vor allem im westl. Mittelmeergebiet eine formenreiche Artengruppe. Gelbblütig ist z. B.
2 der **Goldgelbe Gamander** *T. luteum* (MILL.) DEGEN (höher gelegene Standorte).

3 Gelber Gamander *Teucrium flavum* L.

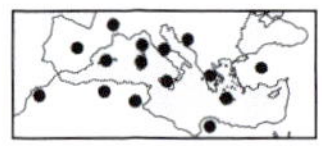

0,2–0,5 m Mai–August ♄
Merkmale Behaarter oder fast kahler Halbstrauch mit eiförmigen, grob gekerbten, oberseits glänzenden Blättern. Blüten zu 2–8 in einseitswendigem Blütenstand, die gelblich weiße Krone 12–15 mm, bei dieser Art mit großem, löffelförmigem Mittellappen, die Röhre ohne Haarring, Staubfäden weit herausragend. Formenreich, abgebildet ist die ssp. *flavum*.
Vorkommen Garigues, Felsspalten.
Weitere Arten Ähnlich mit rosa oder purpurnen Blüten *T. divaricatum* HELDR. (östl. Mittelmeergebiet).

4 Strauchiger Gamander *Teucrium fruticans* L.

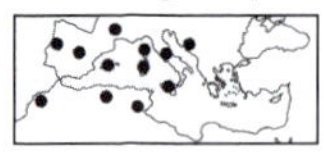

3–1,5 m Februar–Juni ♄
Merkmale Immergrüner Strauch mit weißfilzigen Zweigen. Blätter lanzettlich bis eiförmig, flach, unterseits weißfilzig, oberseits verkahlend, dunkelgrün. Blüten gestielt, zu 2 in den oberen Blattachseln. Krone 15–25 mm, blassblau bis lila, mit lang ausgezogenem Mittellappen.
Vorkommen Küstennahe immergrüne Gebüsche, auch als Zierstrauch gepflanzt und oft verwildert.
5 **Weitere Arten** Ähnlich, aber nur bis 0,6 m hoch, der **Kurzblättrige Gamander** *T. brevifolium* SCHREB., Blätter beiderseits graufilzig, lineal-länglich mit umgebogenen Rändern, Blüten einzeln in den Blattachseln, etwa 10 mm lang (östl. Mittelmeergebiet).

6 Katzen-Gamander *Teucrium marum* L.

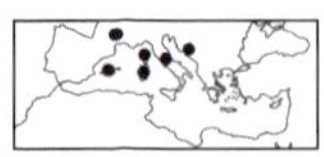

0,2–0,5 m April–Oktober ♄
Merkmale Kleiner Strauch mit weißfilzigen, bisweilen ± stechenden Zweigen. Blätter sitzend, lineal-lanzettlich bis rhombisch, mit umgebogenen Rändern, unterseits graufilzig. Blüten zu 1–2 in den Blattachseln, mit purpurner 10–12 mm langer Krone, einen schlanken, ährenartigen Blütenstand bildend. Der starke Geruch der früher als Heilpflanze kultivierten Art lockt Katzen an.
Vorkommen Garigues.

7 Schmalblättriger Gamander *Teucrium pseudochamaepitys* L.

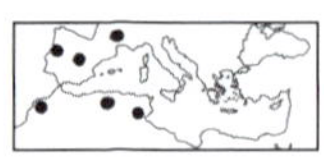

0,2–0,5 m April–Juli ♃ ♄
Merkmale Kleiner, meist drüsig behaarter Gamander mit einfachem, schwach verholztem Stängel. Blätter zahlreich, tief in 3–5 lineale, bespitzte, ganzrandige Lappen zerteilt. Blüten gestielt zu 2 in lockerer, nahezu einseitswendiger Traube, Krone 10–15 mm lang, weiß, rosa oder hellblau, Staubblätter weit herausragend. Kelch glockenförmig, drüsig behaart.
Vorkommen Felstriften, Garigues, Grasfluren.
Weitere Arten Niederliegend und wurzelnd *T. campanulatum* L., die 3 Blattabschnitte gefiedert, Krone etwa 5 mm, kaum länger als der fast kahle Kelch, Staubblätter nur kurz herausragend (westl. Mitttelmeergebiet).

1a
1b
2
3
4
5
6
7

1 **Kopfiger Thymian** *Thymbra capitata* (L.) CAV.

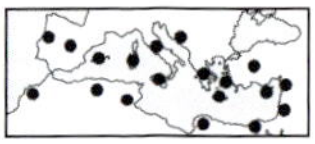

(*Coridothymus capitatus* (L.) RCHB. f., *Thymus capitatus* (L.) HOFFMANNS. & LINK)
0,2–0,5 m Mai–Oktober ♄
Merkmale Stark aromatisch duftender, häufig kugelbuschartig wachsender Zwergstrauch mit weißfilzigen Ästen. Blätter graugrün, schmal, fast 3-kantig, drüsig punktiert, am Rand nicht umgerollt, am Grund gewimpert, während der trockenen Jahreszeit häufig abgefallen, in ihren Achseln aber Büschel von kleineren ausdauernden Blättern. Blüten mit grünlichen, dachziegelförmig angeordneten, gewimperten Tragblättern in eiförmigen dichten Köpfchen. Krone rosaviolett, bis 10 mm lang, der 2-lippige Kelch im Gegensatz zu *Thymus*-Arten auf dem Rücken flach und mit 20–22 Nerven.
Vorkommen Garigues, Felsfluren, vor allem auf Kalk, gebietsweise bestandsbildend.

2 **Ganzrandiger Thymian** *Thymus integer* GRISEB.

0,05–0,1 m März–Juni ♄
Merkmale Kriechender Halbstrauch, Blätter klein, lineal-lanzettlich, am Rand umgerollt, drüsig punktiert, mit kurzen feinen Haaren und langen weißen Borsten. Blütenstand kopfig, mit weiß borstig gewimperten, purpurnen Tragblättern. Krone weißlich bis dunkel rosapurpurn, mit schlanker, 10–15 mm langer, behaarter Röhre und nur kurzem, 2-lippigem Saum. Kelch purpurn, etwa 6 mm, wie für Thymian-Arten charakteristisch 10–13-nervig, die Oberlippe am Rücken rund, mit 3 kurzen Zähnen, die Unterlippe tief 2-spaltig.
Vorkommen Felsfluren. Zypern-Endemit.

3 **Langblütiger Thymian** *Thymus longiflorus* BOISS.

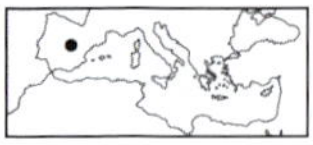

0,1–0,3 m April–Mai ♄
Merkmale Blätter des Zwergstrauches lineal mit umgerollten Rändern, graufilzig, höchstens am Grund lang gewimpert. Blütenstand kopfig an den Zweigenden, charakteristisch die ledrigen, sich deckenden, bis 13 × 9 mm großen, purpurnen, breit eiförmigen, zugespitzten, am Rand gewimperten Tragblätter. Blütenkrone hellpurpurn, etwa 15 mm lang, weit aus dem 5–7 mm langen Kelch herausragend.
Vorkommen Felsfluren, Garigues.

4 **Gestreifter Thymian** *Thymus striatus* VAHL

0,08–0,15 m Mai–Juli ♃
Merkmale Am Grund verholzter, kriechender Thymian, Blütentriebe aufrecht, ringsum behaart. Blätter lineal bis lineal-spatelig, am Rand nicht umgerollt, auf beiden Seiten kurz abstehend borstig, auffällig drüsig punktiert wie der ganze Blütenstand. Dieser ± kugelig, etwa 1 cm groß, mit kleinen, am Grund verbreiterten Tragblättern, Krone weißlich oder rosa, etwa 3 mm, Kelch 2-lippig, 3 obere Zähne breit und kurz.
Vorkommen Felsfluren.

5 **Echter Thymian** *Thymus vulgaris* L.

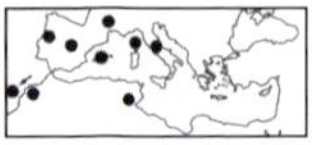

0,1–0,3 m April–Juli ♄
Merkmale Zwergstrauch, wie alle Thymian-Arten stark aromatisch, die graugrünen, unterseits filzigen Blätter lineal bis elliptisch mit eingerolltem Blattrand, nicht gewimpert. Blütenstand kopfig oder unterbrochen ährenförmig mit blattähnlichen Tragblättern, Krone weißlich bis blasspurpurn, 4–6 mm lang. Kelch steifhaarig, 2-lippig, die oberen Zähne so lang wie breit, nicht gewimpert.
Vorkommen Garigues auf Kalk, in den spanischen „Tomillares" namengebende, oft große Bestände bildende Art. Gebietsweise nur aus Kulturen verwildert. Heil- und Gewürzpflanze.
6 **Weitere Arten** Ähnlich der **Winter-Thymian** *Th. hyemalis* LANGE, aber Blätter am Grund gewimpert, Blütenkrone wie der Kelch intensiver rosapurpurn gefärbt, dessen obere Zähne gewimpert (häufiger Endemit in SO-Spanien, blüht Oktober bis Mai!). *Th. zygis* L., Blätter ebenfalls am Grund gewimpert, Kelchzähne aber kahl, Krone weißlich (weit verbreitet, auch Heil- und Gewürzpflanze, Iberische Halbinsel, NW-Afrika).

1

2

3

4

5

6

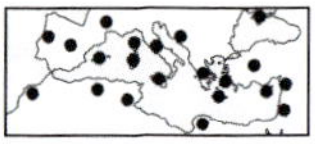

1 **Gewürz-Lorbeer**, Lorbeerbaum *Laurus nobilis* L. *Lauraceae*
2–20 m März-April ♄
Merkmale Immergrüner Baum oder Strauch, die dunkelgrünen, ledrigen und kahlen Blätter länglich-lanzettlich, an beiden Enden zugespitzt und am Rand schwach gewellt, beim Zerreiben mit würzigem Geruch. Blüten 2-häusig, mit kleiner, gelblicher, 4-zähliger Hülle zu 4–6 büschelig in den Blattachseln (**1a**). Bis 2 cm große, fleischige, zur Reifezeit schwarzblaue Steinfrüchte (Lorbeeren, **1b**).
Vorkommen Schattig-feuchte Wälder in Küstennähe. Im Westen nur verwildert, Zier- und Gewürzbaum.

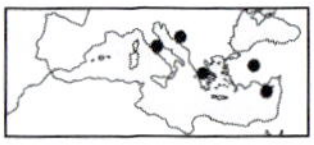

2 **Kristall-Fettkraut** *Pinguicula crystallina* SM. *Lentibulariaceae*
0,05–0,2 m April–September ♃
Merkmale Blätter stumpf oder ausgerandet eiförmig in überwinternder Rosette, die Oberseite drüsig („fleischfressend“). Blüten einzeln auf blattlosen Stielen, Krone mit dem schlanken Sporn 14–26 mm lang, mit rosa oder blasslila 2-lappiger Ober- und 3-lappiger Unterlippe, deren Lappen ± tief ausgerandet, innen gelblich und bärtig. Abgebildet ist die ssp. *hirtiflora* (TEN.) STRID (außer Zypern und Anatolien).
Vorkommen Schattige, überrieselte Felsen, überwiegend in den Gebirgen.

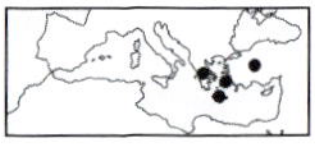

3 **Bäumchen-Lein** *Linum arboreum* L. *Linaceae*
0,2–0,5(–1) m Januar–April(–Juli) ♄
Merkmale Kahler kleiner Strauch, blühende Triebe mit immergrünen, etwas fleischigen, verkehrt eiförmig-keilförmigen, 3-nervigen, am Rand glatten Rosetten- und kleineren Stängelblättern. Krone (15–)20–27 mm breit, Kelchblätter leicht drüsig und gewimpert, 7–10 mm, etwa so lang wie die Kapsel.
Vorkommen Felswände, vor allem in Schluchten.
Weitere Arten Oberhalb von 1000 m häufiger das ähnliche *L. caespitosum* SM., niedrigwüchsig, Kelchblätter 4–5 mm lang, ganzrandig, kürzer als die Kapsel (Kreta).

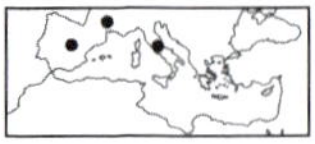

4 **Glocken-Lein** *Linum campanulatum* L.
0,05–0,25 m April–Juli ♃
Merkmale Kahle, am Grund verholzte Pflanze, oft mit nicht blühenden Rosetten. Blätter spatelförmig bis lanzettlich, am Grund mit 2 Drüsen, nur die unteren gestielt. Die kräftig gelben Blüten glockenförmig, mit 25–35 mm langen Kronblättern, Kapsel mit 2 mm langer Spitze.
Vorkommen Felsen, im Kiesbett ausgetrockneter Bäche.
Weitere Arten Bei *L. thracicum* DEGEN Kronblätter nur 15–20 mm, Kapselspitze 1 mm (Balkanhalbinsel).

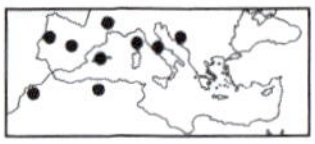

5 **Narbonne-Lein** *Linum narbonense* L.
0,3–0,5 m Juni–Juli ♃
Merkmale Wie vorige Art kahl und am Grund verholzt, Blätter schmaler, lineal bis lanzettlich, lang zugespitzt, Hochblätter und Kelchblätter mit breitem, häutigem Rand, Kelchblätter auch fein gewimpert. Die auffälligen leuchtend blauen Blüten mit 25–40 mm langen Kronblättern.
Vorkommen Grasfluren, Felsfluren.
6 **Weitere Arten** Der **Zweijährige Lein** *L. bienne* MILL., eine zarte 1-jährige Pflanze mit nur 10–15 mm langen, blassblauen Kronblättern (Mittelmeergebiet, Kanaren).

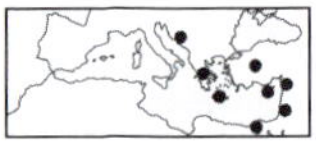

7 **Weichhaariger Lein** *Linum pubescens* BANKS & SOL.
0,07–0,3 m April–Juni ⊙
Merkmale Weich abstehend behaarter Lein, jeweils 1–3 armblütige Stängel mit breit lanzettlichen Blättern. Kronblätter rosarot, dunkler geadert, am Grund blau, 16–20 mm lang. Kelchblätter außer mit einfachen Haaren am Rand auch mit einzelnen Drüsenhaaren.
Vorkommen Garigues, Brachflächen.

1a
1b
2
3
4
5
6
7

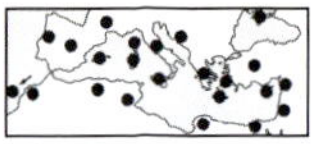

1 Steifer Lein *Linum strictum* L. *Linaceae*

0,1–0,6 m April–Mai ⊙

Merkmale Unscheinbare kahle Art mit lineal-lanzettlichen, am Rand fein gesägten und dadurch rauen, gelegentlich etwas umgerollten Blättern. Blütenstand unterschiedlich, locker aufrecht verzweigt oder ährenartig dicht mit kurzen Verzweigungen, Kronblätter 6–12 mm lang, Narbe kopfig. Kelchblätter die Kapsel weit überragend.

Vorkommen Macchien, Garigues, Grasfluren.

Weitere Arten Ähnlich *L. trigynum* L., aber meist niedriger als 0,3 m, Blätter am Rand glatt, Blütenstand locker, Kronblätter 4–6 mm lang, Narbe lineal, Kelchblätter etwas länger als die Kapsel (S-Europa, Marokko). Küstennah in Salzsümpfen *L. maritimum* L., ausdauernd und kräftiger, untere Blätter gegenständig, 3-nervig, die mittleren und oberen wechselständig, 1-nervig. Kronblätter 8–15 mm lang, Kelchblätter etwa so lang wie die Kapsel (blüht Mai–September, Mittelmeergebiet).

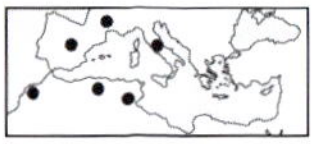

2 Halbstrauchiger Lein *Linum suffruticosum* L.

0,05–0,4 m Juni–Juli ♃

Merkmale Am Grund ± verholzter, stark verzweigter Lein mit kurzen, nichtblühenden und längeren, blühenden Trieben. Blätter lineal oder borstlich, mit rauem, winzig borstigem Rand. Kronblätter weiß, am Grund blassviolett oder rosa, 15–25 mm lang, die Kelchblätter 3-nervig.

Vorkommen Garigues, Felsfluren.

Weitere Arten Ähnlich *L. tenuifolium* L. mit kleineren Kronblättern und 1-nervigen Kelchblättern (S-Europa, bis in wärmere Gebiete Mitteleuropas).

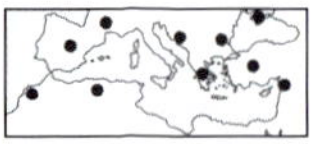

3 Wacholdermistel *Arceuthobium oxycedri* (DC.) Bieb. *Loranthaceae*

Bis 0,2 m Juli–Oktober ♄

Merkmale Strauchiger, gelbgrüner Halbschmarotzer. Zweige gegliedert, mit schuppenförmigen, paarweise verbundenen Blättchen, die eine Scheide um den Stängel bilden. Eingeschlechtige, gelbliche, unscheinbare Blüten. Die eiförmig-länglichen, ± ledrigen, etwa 2 mm großen Früchte öffnen sich zur Reifezeit explosionsartig und schleudern den einzigen, klebrigen Samen fort.

Vorkommen Wächst auf verschiedenen Wacholder-Arten (besonders *Juniperus oxycedrus*, siehe S. 58).

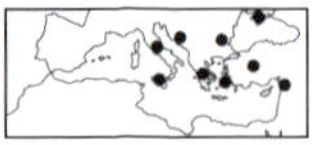

4 Europäische Eichenmistel, Riemenblume *Loranthus europaeus* Jacq.

Bis 0,5 m Mai–Juni ♄

Merkmale Strauchiger Halbschmarotzer mit gegabelten, leicht brechenden Zweigen, die gegenständigen Blätter sommergrün, eiförmig-länglich und stumpf. Blüten eingeschlechtig, mit 4–6-blättriger, gelblich grüner, 3–4 mm langer Hülle in lockeren Blütenständen. Beerenartige, birnenförmig-kugelige, gelbe, etwa 10 mm lange Früchte.

Vorkommen Wächst überwiegend in den Kronen von Eichen-Arten (besonders *Quercus cerris* und *Qu. pubescens*, siehe S. 238, 240).

5 Kreuzblättrige Mistel *Viscum cruciatum* Boiss.

Bis 0,5 m Januar–April ♄

Merkmale Strauchiger gelbgrüner Halbschmarotzer mit kreuzweise gegenständigen oder in Wirteln zu dritt angeordneten, eiförmig-länglichen, stumpfen Blättern. Blütenstand kurz gestielt, dicht knäuelig, männliche Blüten mit 4–6-zipfeliger, 4–8 mm langer Hülle, weibliche unscheinbar. Die roten, kugeligen, 5–8 mm großen, beerenartigen Früchte 3–4 mm lang gestielt.

Vorkommen Wächst auf verschiedenen Laubgehölzen, hier auf einer *Crataegus*-Art.

6 **Weitere Arten** Die **Kreta-Mistel** *V. album* L. ssp. *creticum* Böhling & al. auf *Pinus brutia* schmarotzend (nur Kreta), ähnlich der in S- und Mitteleuropa heimischen Tannen-Mistel ssp. *abietis* (Wiesb.) Janch.

1

2

3

4

5

6

1 Binsenartiger Weiderich *Lythrum junceum* Banks & Sol. *Lythraceae*

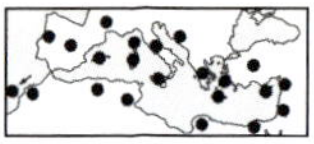

0,2–0,7 m April–September ⊙ ♃

Merkmale Kahle Pflanze mit niederliegenden oder aufsteigenden, kantigen Stängeln. Blätter sitzend, eiförmig-länglich, nach oben zunehmend schmaler. Blüten einzeln in den Blattachseln, mit 5–6 mm langer, 6-blättriger, violetter Krone und etwa gleich langem, am Grund oft rot geflecktem, 12-zähnigem Achsenbecher. 12 verschieden lange Staubblätter, wenigstens einige davon herausragend.

Vorkommen Sumpfige Stellen, Flussufer.

Weitere Arten Ähnlich *L. acutangulum* Lag., aber Achsenbecher einfarbig (westl. Mittelmeergebiet).

2 Zweijährige Rosenpappel *Alcea biennis* Winterl. *Malvaceae*

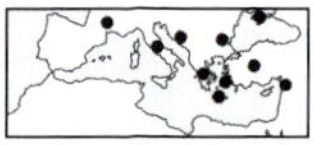

0,5–2 m Mai–Juli ⊙ ♃

Merkmale Stängel dicht sternhaarig filzig, die graugrünen Blätter herzförmig-rundlich, gekerbt, bis zu ⅓ in stumpfe Lappen zerteilt. Blüten ± sitzend, in ährenartigem Blütenstand, mit 6(–7)-zipfeligem Außenkelch (kennzeichnend für *Alcea*-Arten), der mindestens ¾ so lang ist wie der 5-zipfelige Kelch, und 5 ausgerandeten, blassrosa, am Grund gelben, 30–45 mm langen Kronblättern. Teilfrüchte schwärzlich.

Vorkommen Ruderalstellen, Äcker. In Frankreich und Italien nur eingebürgert.

Weitere Arten Die Vorkommen auf Kreta und im Süden und Westen der Balkanhalbinsel mit dunkleren, leuchtend rosa oder purpurnen Kronblättern ohne gelben Grund und mit blassbraunen Teilfrüchten werden als ssp. oder als *A. cretica* (Weinm.) Greut. bezeichnet. In der Türkei etwa 20 *Alcea*-Arten!

3 Hanf-Stockmalve *Althaea cannabina* L.

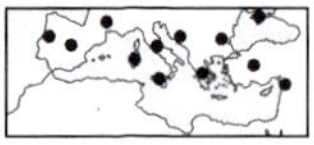

0,5–1,2 m Juni–September ♃

Merkmale Pflanze locker sternhaarig, die hanfähnlichen, oft bis zum Grund handförmig geteilten Blätter mit 3–5 lineal-lanzettlichen, stumpf gesägten Abschnitten. Blüten lang gestielt, mit 15–30 mm langen, rosa Kronblättern und rosaroten Staubbeuteln. Neben den eiförmigen, zugespitzten Kelchblättern 6–9 (wie für *Althaea*-Arten typisch) kleinere, lanzettliche, am Grund verbundene Außenkelchblätter.

Vorkommen Feuchte Standorte, Gräben.

Weitere Arten Ähnlich *A. hirsuta* L. (*Malva setigera* K. F. Schimp. & Spenn.) mit steifen einfachen und wenigen Sternhaaren, Kronblätter 15 mm lang, Staubbeutel gelb (1-jährig, Kulturland, Ruderalstellen, Mittelmeergebiet, selten bis Mitteleuropa).

4 Stundenblume *Hibiscus trionum* L.

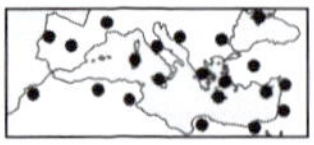

0,1–0,6 m Juni–September ⊙

Merkmale Meist aufsteigende, ± borstig behaarte Pflanze. Blätter bis auf die untersten 3–5-fach bis fast zum Grund fingerförmig in ± tief gelappte Abschnitte zerteilt. Lang gestielte, nur vormittags geöffnete Blüten mit einem Außenkelch aus 10–13 schmal linealen, borstig bewimperten Blättchen und einem etwa doppelt so langen, 5-zipfeligen, häutigen, zur Fruchtzeit vergrößerten und blasig aufgetriebenen Kelch mit hervortretenden, dunklen, steif behaarten Nerven. Die 5 Kronblätter blassgelb, am Grund dunkelviolett, etwa 20 mm lang. Kapselfrüchte.

Vorkommen Kulturland, Brachland, auf feuchten Böden. Im Westen wohl nur eingebürgert.

5 Baumförmige Strauchpappel *Lavatera arborea* L.

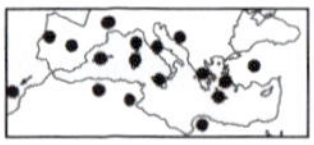

(*Malva arborea* (L.) Webb & Berthel.) **1–3 m April–Juni** ⊙

Merkmale Verholzte, oft strauch- oder baumartig wachsende, sternhaarig-filzige Pflanze mit rundlichen, kurz 5–7-lappigen Blättern. Blüten zu 2–7 in den Blattachseln, die Kronblätter 15–20 mm lang, rotviolett mit dunklen Adern und dunklem Grund. Kelchblätter von einem 3-blättrigen, am Grund verwachsenen und sich stark vergrößernden Außenkelch umgeben, der bei dieser Art etwa doppelt so lang ist wie der Kelch.

Vorkommen Strandfelsen, Schuttplätze, auch Zierpflanze, gelegentlich verwildert.

1

2

3

4

5

1 Zaunrübenblättrige Strauchpappel *Lavatera bryoniifolia* MILL.

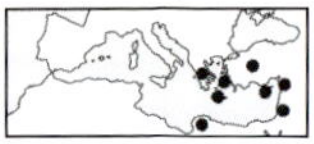

(*Malva unguiculata* (DESF.) ALEF.) **1–3 m April–Juni** ♄

Merkmale Hohe, strauchartige, jung dicht sternhaarig-filzige, verkahlende Strauchpappel. Blätter breit herzförmig mit 5 meist unregelmäßig gekerbt-gesägten Lappen, obere 3-teilig spießförmig, mit verlängertem Mittellappen. Blüten einzeln an kurzen Stielen, die in den 3-lappigen, am Rand unregelmäßig welligen Außenkelch eingesenkt sind, dieser etwas kürzer als der Kelch. Kronblätter leuchtend rosa, 15–30 mm lang.

Vorkommen Ruderalflächen, Brachland, Flussufer.

Weitere Arten Ähnlich *L. olbia* L., aber Außenkelch etwa so lang wie der Kelch, der Blütenstiel nicht eingesenkt (westl. Mittelmeergebiet, östl. bis Italien).

2 Kretische Strauchpappel *Lavatera cretica* L.

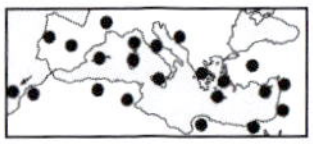

(*Malva multiflora* (CAV.) SOLDANO & AL. **0,2–1,5 m März–Juni** ⊙ ⊙

Merkmale Pflanze ausschließlich sternhaarig. Untere Blätter rundlich-herzförmig, mit 5–7 kurzen, stumpfen, gesägt-gekerbten Lappen. Blüten zu 2–8, unterschiedlich lang gestielt, Kronblätter 10–20 mm lang, lila, tief ausgerandet. 3 am Grund verbundene, breit eiförmige, spitze Außenkelchblätter kürzer als der Kelch.

Vorkommen Wegränder, Schuttplätze, Brachland.

3 **Weitere Arten** Weit verbreitet auch die 1-jährige **Punktierte Strauchpappel** *L. punctata* ALL. (*Malva punctata* (ALL.) ALEF.) mit rot überlaufenen, spärlich sternhaarigen Stängeln, obere Blätter spießförmig mit längerem Mittellappen, Blüten einzeln, lang gestielt, mit rosa, 15–30 mm langen Kronblättern, Abschnitte der 3 am Grund verbundenen Außenkelchblätter zugespitzt eiförmig, bisweilen 3-lappig (Kultur- und Brachland, Mittelmeergebiet).

4 Strand-Strauchpappel *Lavatera maritima* GOUAN

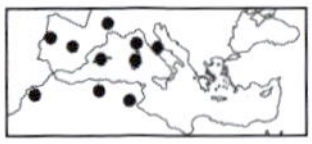

(*Malva subovata* (DC.) MOLERO & J. M. MONTS.) **0,3–1,2 m Februar–Mai** ♄

Merkmale Alle jüngeren Teile des Strauches dicht weißfilzig-sternhaarig. Blätter fast rundlich, am Grund gestutzt, gewöhnlich kurz 5-lappig. Blüten einzeln oder paarweise, mit blassrosa oder bläulich rosa, 15–30 mm langen, an der Basis oft purpurnen Kronblättern. Die 3 Außenkelchblätter fast frei, kürzer als der Kelch.

Vorkommen Felsen, besonders in Küstennähe.

Weitere Arten *L. oblongifolia* BOISS., Pflanze gelblich flockig-filzig, Blätter eilanzettlich, nicht gelappt, Kronblätter 15–25 mm, rosa mit purpurnem Grund (Garigues, Felsfluren, Sommerblüher, S-Spanien).

5 Langblättrige Trichtermalve *Malope malacoides* L.

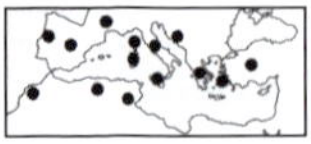

0,2–0,5 m Mai–Juni ⊙ ⊙ ♃

Merkmale Rau behaarte aufsteigende Pflanze, untere Blätter eilänglich bis lanzettlich, gekerbt, die oberen auch 3-lappig. Blüten einzeln, mit 20–40 mm langen, dunkelrosa oder purpurnen Kronblättern, 5-zähligem Kelch und 3 freien, etwas kürzeren, aber breiteren, herzförmigen, zugespitzten Außenkelchblättern. Teilfrüchte einen kopfartigen Fruchtstand bildend.

Vorkommen Unkrautfluren, Brachflächen, auf tonigen Böden.

6 Kretische Malve *Malva cretica* CAV.

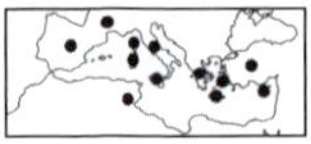

0,1–0,4 m April–Juni ⊙

Merkmale Zierliche, abstehend rau behaarte Malve. Untere Blätter ± rundlich, gekerbt, obere meist handförmig geteilt, mit 3–5 gekerbt-gesägten Abschnitten. Blüten einzeln, lang gestielt, Kronblätter rosa oder blasslila, mit 11–13 mm 1–2-mal so lang wie die Kelchblätter. 3 freie, schmale Außenkelchblätter.

Vorkommen Garigues, Felsfluren, Brachland. **Weitere Arten** Aus Mitteleuropa bekannt ist die 2-jährige oder ausdauernde *M. sylvestris* L., oft mit *Lavatera cretica* (siehe oben) verwechselt, von dieser durch einfache und Sternhaare, 12–30 mm lange Kronblätter und die am Grund ganz freien länglich-lanzettlichen Aussenkelchblätter unterschieden (Mittelmeergebiet).

1
2
3
4
5
6

1 **Echter Feigenbaum** *Ficus carica* L. *Moraceae*

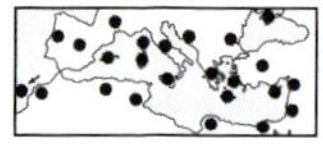

2–5 m Juni–September ♄

Merkmale Sommergrüner, Milchsaft führender Baum oder Strauch. Blätter erst spät im Frühjahr entwickelt, meist handförmig 3–5(–7)-lappig, oberseits rau, unterseits ± weich behaart. Unscheinbare Blüten an den Innenwänden krugförmiger Gebilde, die sich zu den essbaren Feigen entwickeln (siehe S. 430).
Vorkommen Ursprünglich an Felsen. Gebietsweise nur eingebürgert, verbreitet als Kulturbaum.

2 **Myrte** *Myrtus communis* L. *Myrtaceae*

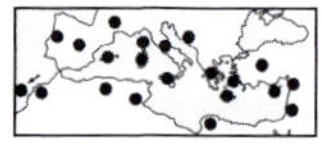

1–5 m Juni–August ♄

Merkmale Immergrüner, kahler, aromatisch duftender Strauch. Blätter gegenständig, bisweilen zu dritt, kurz gestielt, zugespitzt eilanzettlich, durchscheinend drüsig punktiert. Blüten bis 3 cm breit, einzeln in den Blattachseln, mit 5 weißen Kronblättern und zahlreichen Staubblättern. Etwa 1 cm große, zur Reifezeit blauschwarze Beeren mit bleibenden Kelchzipfeln. Als Gewürzkraut und bei Atemwegsinfekten verwendet.
Vorkommen Macchien, Wälder, als Zierpflanze in vielen Formen kultiviert und verwildert.

3 **Manna-Esche**, Blumen-Esche *Fraxinus ornus* L. *Oleaceae*

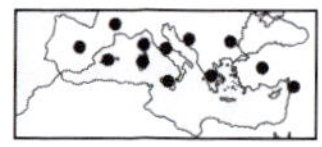

6–15 m April–Juni ♄

Merkmale Baum mit sommergrünen, kreuzgegenständigen, 5–9-zähligen Blättern, Fiedern gestielt, zugespitzt eilanzettlich, unregelmäßig gesägt. Duftende Blüten in reichen Rispen, die 4 weißen Kronblätter am Grund paarweise verwachsen, linealisch, 6(–10) mm lang. Zungenförmige, hängende, 2–4 cm lange Früchte. Manna ist der durch Einschnitte in die Rinde gewonnene, eingetrocknete süße Saft.
Vorkommen Warme Laubmischwälder, bis in die Bergstufe. Gebietsweise verwildert, auch Zierbaum.
4 **Weitere Arten** Unserer heimischen Esche *F. excelsior* L. ähnlich die **Schmalblättrige Esche** *F. angustifolia* VAHL mit unscheinbaren Blüten, aber Blattknospen dunkelbraun, Fiedern ± sitzend, am Grund keilförmig, Seitennerven und Zähne meist in gleicher Anzahl (Flussufer, feuchte Laubwälder, Mittelmeergebiet).

5 **Strauchiger Jasmin** *Jasminum fruticans* L.

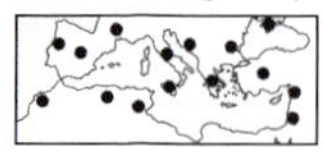

0,5–3 m April–Juni ♄

Merkmale Kahler Strauch mit grünen, 4-kantigen Zweigen. Blätter immergrün, wechselständig (Ausnahme bei den *Oleaceae*), mit 3 länglichen, stumpfen Blättchen, seltener einfach. Blüten zu 1–5, Krone gelb, mit langer Röhre und 5(–6) flach ausgebreiteten, stumpfen Zipfeln, 7–17 mm breit. Glänzend schwarze Beeren.
Vorkommen Garigues, Gebüsche, lichte Wälder, auf Kalk. In Italien und auf Sizilien nur verwildert.

6 **Ölbaum** *Olea europaea* L.

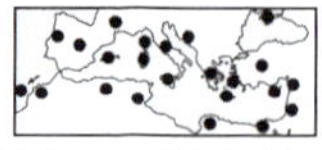

Bis 15 m April–Juni ♄

Merkmale Immergrüner, im Alter kräftig-knorriger Baum. Blätter kurz gestielt, länglich-lanzettlich, ledrig, oberseits dunkelgrün, unterseits silbergrau, mit schildförmigen Haaren. Duftende, gelblich weiße, 4-zählige Blüten in rispigen Blütenständen. In Wäldern und Macchien Wildpflanzen (var. *sylvestris* (MILL.) LEHR), die sich durch bedornte Zweige und kleinere Blätter und Früchte auszeichnen (siehe auch S. 436).
Vorkommen Macchien, im Mittelmeergebiet häufigster Kulturbaum.

7 **Schmalblättrige Steinlinde** *Phillyrea angustifolia* L.

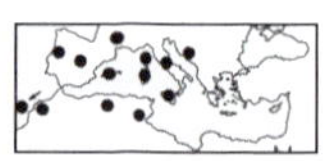

Bis 2,5 m März–Mai ♄

Merkmale Immergrüner Strauch, junge Zweige ± fein behaart. Blätter gegenständig, alle gleich, lineal bis lanzettlich, ganzrandig oder selten entfernt gesägt, mit 4–6 Paaren undeutlicher Seitennerven. Duftende Blüten in kleinen Trauben, mit grünlich weißer, 2 mm langer, 4-zipfeliger Krone, Kelch bis auf ¼ der Länge in 4 rundliche Zipfel zerteilt. Blauschwarze, fleischige Steinfrüchte mit ± bleibendem Griffel.
Vorkommen Macchien, lichte Wälder.

1

2

3

4

5

6

7

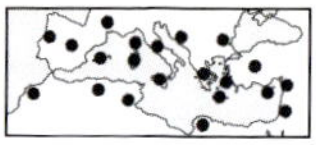

1 Breitblättrige Steinlinde *Phillyrea latifolia* L. *Oleaceae*

Bis 5(–15) m März–Mai ♄

Merkmale Ähnlich *Ph. angustifolia* (siehe S. 276), aber junge Zweige flaumig-filzig behaart. Blätter 2-gestaltig: Jugendblätter herzeiförmig bis eilanzettlich, ± gesägt-gezähnt, Altersblätter schmaler, oft ganzrandig, mit 7–11 Paaren deutlicher Seitennerven. Kelch bis auf ¾ der Länge in 4 dreieckige Zipfel zerteilt.
Vorkommen Macchien, lichte Wälder, bevorzugt auf Kalk.
Weitere Arten *Ph. media* L., nur mit Altersblättern, wird meist nicht mehr als eigene Art betrachtet.

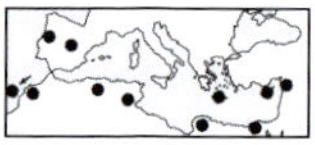

2 Gelbe Cistanche *Cistanche phelypaea* (L.) Coutinho *Orobanchaceae*

0,2–1 m März–Mai ♃

Merkmale Kahle, blattgrünlose Art mit kräftigem, gelblichem Stängel, vorwiegend auf den Wurzeln von strauchigen Gänsefußgewächsen schmarotzend. Blätter eilanzettlich, stumpf, bräunlich mit häutigem, ± gezähntem Rand. Blüten in dichter, 10–20 cm langer Ähre, je mit einem 2 cm langen Tragblatt und 2 Vorblättern, die dem breit 5-lappigen Kelch anliegen. Krone gelb, bisweilen hellviolett überlaufen, 3–6 cm lang, mit gebogener, plötzlich erweiterter Röhre und 5 abstehenden, rundlichen, fast gleichen Lappen.
Vorkommen Sandige, salzhaltige Böden an der Küste und im Binnenland.

3 Breitschuppige Sommerwurz

Orobanche latisquama (F. W. Schultz) Batt. **0,2–0,5 m März–Juni** ♃

Merkmale Sehr kurz und fein drüsig behaart, meist auf Rosmarin wachsend. Blütenstand dicht, 15–25 cm lang, Tragblätter wie die schuppenförmigen Stängelblätter am Grund weißlich, 7–12 mm (!) breit, keine Vorblätter. Kelch mit kurzer Röhre und 2 spitz 3-eckigen Abschnitten. Krone 25–40 mm, unten weißlich oder ganz dunkelpurpurn gefärbt, etwa in der Mitte eingeengt, Oberlippe ungeteilt, Unterlippe 3-lappig.
Vorkommen Kiefernwälder, auf Kalk.
4 **Weitere Arten** Ähnlich die **Gezähnelte Sommerwurz** *O. crenata* Forssk., Blütenstand eher locker, Tragblätter schmal, lang zugespitzt, Krone weißlich, hellviolett überlaufen, 25–30 mm lang, Ober- und Unterlippe mit gezähneltem Saum (Mittelmeergebiet, Kanaren). Beispiele für die etwa 75 Arten im Mittelmeergebiet.

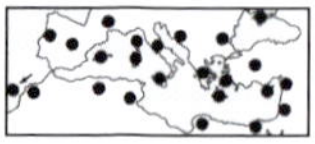

5 Mutels Sommerwurz *Orobanche mutelii* F. W. Schultz

(*Phelipanche mutelii* (F. W. Schultz) Pomel)

0,05–0,3 m Februar–September ⊙ ♃

Merkmale Drüsig behaarte, auf den Wurzeln besonders von *Oxalis pes-caprae* oder *Asteraceae* schmarotzende Sommerwurz. Stängel meist verzweigt, mit entfernt stehenden Schuppenblättern. Blütenstand 2–25 cm lang, ± dicht, jede Blüte mit 1 Tragblatt und 2 dem 4-zähnigen Kelch anliegenden Vorblättern. Krone 17–22 mm, über dem Fruchtknoten verengt, hell- bis dunkelblau oder violett, selten weißlich. Oberlippe mit 2, Unterlippe mit 3 rundlichen Zipfeln. Staubbeutel kahl.
Vorkommen Kulturland, Wegränder, Ruderalflächen.
Weitere Arten Ähnlich *O. lavandulacea* Rchb. (*Phelipanche lavandulacea* (Rchb.) Pomel), aber Staubbeutel behaart (Mittelmeergebiet, Kanaren, häufig auf *Bituminaria bituminosa*, siehe S. 206).

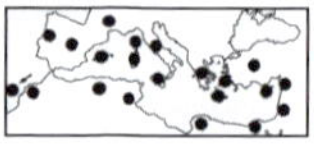

6 Nickender Sauerklee *Oxalis pes-caprae* L. *Oxalidaceae*

0,1–0,5 m Dezember–Mai ♃

Merkmale Lang gestielte kleeblattartige Blätter in einer Grundrosette, meist überragt vom Blütenstand aus 6–12 doldenförmig angeordneten, in der Knospe nickenden, trichterförmigen Blüten, die 5 Kronblätter zitronengelb, 20–25 mm lang. Fruchtkapseln werden nicht ausgebildet, die Vermehrung der Art erfolgt im Gebiet ausschließlich über Brutknöllchen, die an unterirdischen Sprossen sitzen.
Vorkommen Im Kulturland, vor allem in Baumkulturen, gelegentlich mit gefüllten Blüten. Heimat S-Afrika, im Mittelmeergebiet seit Beginn des 19. Jahrhunderts aus Gärten verwildert und eingebürgert.

1

2

3

4

5

6

1 **Balearen-Pfingstrose** *Paeonia cambessedesii* (WILLK.) WILLK. *Paeoniaceae*

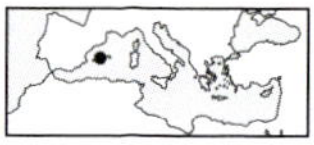

0,2–0,6 m März–Mai ♃

Merkmale Untere Blätter wie bei allen Pfingstrosen sehr groß, doppelt 3-teilig gefiedert, bei dieser Art mit 3–9 ledrigen, ganzrandigen, eiförmigen, spitzen, kahlen, unterseits purpurn überlaufenen Blättchen. Blüten einzeln endständig, 6–12 cm breit, mit 5–8(–10) eigenartig rosapurpurn gefärbten Kronblättern. 5–8(–10) meist kahle, purpurne Balgfrüchte.

Vorkommen Schattige Felsstandorte, Schluchten, auf Kalk.

2 **Weitere Arten** Mit weißen bis rosa Blüten die **Weiße Pfingstrose** *P. clusii* STERN, Balgfrüchte filzig behaart zu 2–5, untere Blätter mit 30 oder mehr länglich-lanzettlichen, spitzen Fiedern (auf Kreta und Karpathos ssp. *clusii*, auf Rhodos ssp. *rhodia* (STEARN) TZAN. (Foto), in lichten Nadelwäldern der Bergstufe).

3 **Großblättrige Pfingstrose** *Paeonia mascula* (L.) MILL.

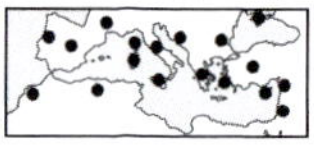

0,2–0,9 m März–Juni ♃

Merkmale Untere Blätter mit 9–16(–21) Fiedern, wenige manchmal noch weiter geteilt, länglich-lanzettlich bis breit elliptisch, unterseits heller grün, kahl oder behaart. Blüten 8–14 cm breit, mit 5–8 roten, seltener weißen Kronblättern (ssp. *hellenica* TZAN. in Griechenland). Gewöhnlich 3–5 zottig behaarte Balgfrüchte.

Vorkommen Laubwälder, Gebüsche der Bergstufe.

Weitere Arten Bei *P. officinalis* L. untere Blätter mit 17–30 schmal elliptischen bis lanzettlichen, unterseits behaarten Fiedern, die 2–3 Balgfrüchte kahl oder (meist) weißfilzig (S-Europa). Ähnlich *P. peregrina* MILL., Blätter oberseits entlang der Hauptnerven mit winzigen Borsten (östl. Mittelmeergebiet, westl. bis Italien).

4 **Rankender Erdrauch** *Fumaria capreolata* L. *Papaveraceae*

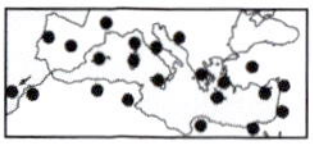

0,2–1 m April–September ⊙

Merkmale Kahle, blaugrüne Pflanze mit schlaffem, zum Teil kletterndem Stängel. Blätter doppelt gefiedert, mit eiförmigen, unregelmäßig gekerbten Endabschnitten. Blüten zu 15–25 in lockeren Trauben, die kürzer sind als ihr Stiel, die 4 Kronblätter 10–15 mm lang, weißlich oder rosa, vorne dunkelpurpurrot, das obere gespornt. Kelchblätter 2, hinfällig, ± gezähnt, etwas breiter als die Krone. Kugelige, auch getrocknet glatte, 2 mm große Früchte an bogig herabgekrümmten Stielen. Die Gattung *Fumaria* wird auch, zusammen mit *Platycapnos*, *Rupicapnos* und *Sarcocapnos* (siehe S. 284), zu einer eigenen Familie *Fumariaceae* (Erdrauchgewächse) gestellt.

Vorkommen Kulturland, Schuttplätze, Mauern. Selten und unbeständig in Mitteleuropa.

Weitere Arten Ähnlich *F. flabellata* GASPAR., Trauben 10–30-blütig, so lang wie ihr Stiel oder länger, die trockenen Früchte dicht warzig, an der Spitze ausgerandet (Balearen bis Anatolien, NW-Afrika).

5 **Roter Hornmohn** *Glaucium corniculatum* (L.) RUD.

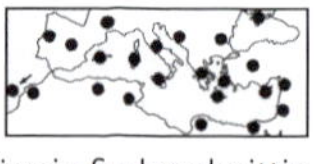

0,2–0,4 m April–Juni ⊙

Merkmale Abstehend behaarte grüne Pflanze mit gelbem Milchsaft. Blätter leierförmig fiederschnittig mit unregelmäßig gezähnten Abschnitten, die oberen sitzend. 4 scharlachrote oder orangegelbe, 3(–4) cm lange Kronblätter, am Grund meist mit dunklem, hell umrandetem Fleck. Schote zylindrisch, bis 20 cm lang, borstig behaart und fast gerade.

Vorkommen Kulturland, Brachland, Ruderalflächen.

6 **Gelber Hornmohn** *Glaucium flavum* CRANTZ

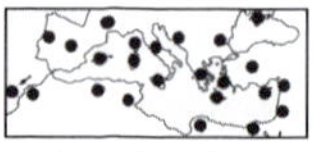

0,2–0,9 m April–September ⊙ ♃

Merkmale Spärlich behaarte graugrüne Pflanze mit gelbem Milchsaft. Blätter leierförmig fiederschnittig mit gezähnten oder gelappten Abschnitten, die oberen stängelumfassend. Blüten mit 4 gelben, 3–4 cm langen Kronblättern. Die zylindrische Schote 15–30 cm lang, oft hornförmig gebogen, glatt oder knotig rau.

Vorkommen Sandige und steinige Küsten, Schuttplätze, auch im Binnenland, selten bis Mitteleuropa.

1

2

3

4

5

6

1 Niederliegende Lappenblume *Hypecoum procumbens* L.

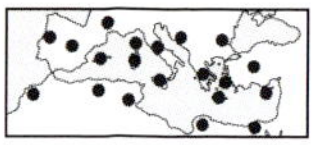

0,05–0,4 m März–Juli ☉

Merkmale Grüne oder graugrüne kahle Pflanze mit aufrechten oder ausgebreitet liegenden Stängeln mit wässrigem Saft. Blätter fein 2–3-fach gefiedert, mit schmalen Abschnitten. Blüten mit 4 hell- bis goldgelben, 3-lappigen Kronblättern, die seitlichen Lappen der zwei äußeren, 4–12 mm langen Kronblätter kürzer als der mittlere. Aufrechte, gebogene und gegliederte, 4–6 cm lange Schoten.

Vorkommen Kulturland, Brachland, auf Sand, meist in Küstennähe.

Weitere Arten Ähnlich *H. imberbe* Sm., Kronblätter gelborange, Seitenlappen der beiden äußeren so lang wie der mittlere oder länger, die inneren Kronblätter mit schwarzem Fleck (S-Europa).

2 Bastard-Mohn *Papaver hybridum* L.

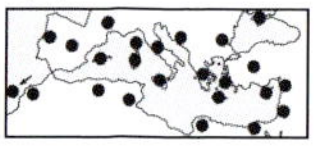

0,15–0,4 m März–Juli ☉

Merkmale Oberwärts borstig behaarte Pflanze mit weißem Milchsaft. Blätter 1–3-fach fiederschnittig mit lineal-lanzettlichen, begrannten Abschnitten. Blüten aus 4 eigenartig rötlich purpurn gefärbten, 9–15(–25) mm langen Kronblättern mit dunklem Fleck am Grund. Kapsel eiförmig-kugelig, 8–11 mm lang, mit gelblichen, bogig aufsteigenden Borsten und 6–9(–12) Narbenstrahlen.

Vorkommen Kulturland, Ruderalflächen, Weidefluren.

3 **Weitere Arten** Dem Schlaf-Mohn nahestehend der **Borstige Mohn** *P. setigerum* DC., Blätter länglich-eiförmig, tief eingeschnitten, oft mit kleinen Borstenspitzen, Kronblätter weiß bis purpurn, am Grund dunkel gefleckt, Kapsel ± kugelig, Narbenstrahlen 5–8 (blüht Juni–August, Mittelmeergebiet, Kanaren).

4 Feinlappiger Breitrauch *Platycapnos tenuilobus* Pom.

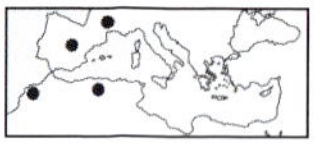

0,1–0,4 m Februar–Juni ☉

Merkmale Zarte Pflanze, Blätter stängelständig, 2-fach fiederschnittig mit linealen Abschnitten. Blüten in dichten länglichen Trauben, an *Fumaria*-Arten erinnernd. 4 Kronblätter, 7–8 mm lang, rosa, vorne dunkel gefleckt, das obere zusätzlich mit gelbem Mal, am Grund gesackt, Narbe 3-lappig. Glatte, flache Nüsschen.

Vorkommen Kulturland, Brachland.

5 Bastard-Roemerie *Roemeria hybrida* (L.) DC.

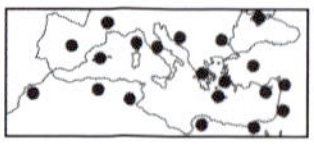

(*Papaver dodecandrum* (Forssk.) Medik.) **0,1–0,5 m März–Juni ☉**

Merkmale Grüne oder graugrüne, meist spinnwebig behaarte Pflanze mit gelbem Milchsaft. Untere Blätter rosettig stehend, 1–3-fach fiederschnittig mit linealen, begrannten Abschnitten, die oberen sitzend. Kronblätter 15–30 mm lang, blauviolett, am Grund mit dunklem Fleck. Kapsel zylindrisch, 5–10 cm lang, ± borstig.

Vorkommen Ruderalflächen, Schuttplätze. In Italien nur verwildert.

6 Afrikanischer Felsrauch *Rupicapnos africana* (Lam.) Pom.

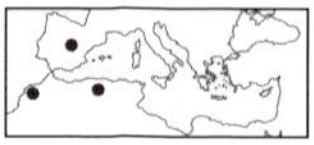

0,05–0,1 m März–Juni ♃ ☉

Merkmale Graugrüne Pflanze, Stängel sehr kurz, mit fleischigen, 2-fach fiederschnittigen Blättern, die Abschnitte keilförmig, ± gelappt. Blüten 13–26 mm lang, weiß bis rosa, das obere der 4 Kronblätter kurz gespornt, die beiden seitlichen zu einer purpurroten Spitze verbunden. Kugelige Früchte mit kurzer Spitze.

Vorkommen Felsspalten, gewöhnlich im Kalkgestein.

7 Neunblättriger Fleischrauch *Sarcocapnos enneaphylla* (L.) DC.

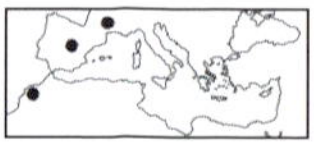

0,05–0,15 m Februar–Juli ♃

Merkmale Am Grund verholzte, an den Knoten behaarte oder auch kahle, fleischige Pflanze mit 2–3-fach gefiederten Blättern, die 7–18 Blättchen eiförmig, bespitzt. 4 Kronblätter, 12–17 mm lang, weiß bis rosa, das obere kurz gespornt, die 2 inneren mit gelber, später roter Spitze. Frucht flach, längs gerippt.

Vorkommen Schattige Felsspalten, Mauern.

1
2
3
4
5
6
7

1 **Flohsamen-Wegerich** *Plantago afra* L. (*P. psyllium* L. 1762, non L. 1753)

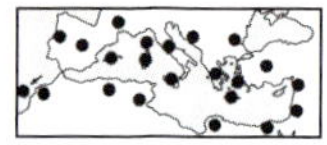

0,1–0,4 m März–Juli ⊙

Merkmale Stängel mit gegenständigen Ästchen verzweigt, oberwärts meist stark drüsig-flaumig. Blätter gegenständig sitzend, behaart, lineal-lanzettlich, selten entfernt gezähnt. Blüten wie bei allen Wegerich-Arten mit unscheinbarer, häutiger, 4-zipfeliger Krone und 4-teiligem Kelch, in den Achseln von schuppenförmigen Tragblättern (bei dieser Art oval-lanzettlich, zugespitzt, alle gleich groß, unten mit breitem, häutigem Rand und ohne Seitennerven) in lang gestielten, hier ± eiförmigen köpfchenartigen Ähren in den oberen Blattachseln. Samen 2,5–5 mm, kahnförmig, dunkelbraunrot („Flohsamen"), als Abführmittel genutzt.
Vorkommen Äcker, Ruderalstellen, Wegränder, Garigues.
2 **Weitere Arten** Dagegen am Grund verholzt und reich verzweigt der **Strauch-Wegerich** *P. sempervirens* Crantz, untere Tragblätter breit eiförmig mit langer pfriemlicher Spitze, die fast so lang wie das Köpfchen ist, obere nur kurz zugespitzt (SW-Europa).

3 **Silbrigweißer Wegerich** *Plantago albicans* L.

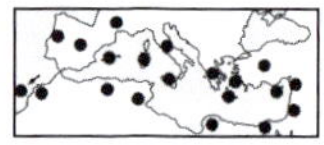

0,1–0,6 m März–Juli ♃

Merkmale Rosettenblätter lineal-lanzettlich, flach bis etwas gewellt, 3–5-nervig, seidig-wollig behaart, die Ährenschäfte wollig, etwa doppelt so lang wie die Blätter. Ähren oft gebogen, schmal, (1–)3–10 cm, am Grund ± locker, die rundlichen Tragblätter wie die breit häutigen Kelchblätter an der Spitze lang behaart.
Vorkommen Trockenes, sandiges Brachland.
Weitere Arten Ähnlich *P. ovata* Forssk., Ähren aber kürzer, eiförmig, ihr Schaft kaum länger als die Blätter (die Samen „Indische Flohsamen" ebenfalls als Abführmittel, südl. Mittelmeergebiet, Kanaren).

4 **Bellardi-Wegerich** *Plantago bellardii* All.

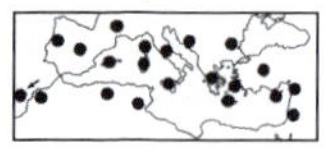

0,03–0,15 m März–Juli ⊙

Merkmale Rosettenblätter schmal lanzettlich, 3-nervig, meist ganzrandig. Ährenschäfte kürzer oder länger als die Blätter, zur Fruchtzeit nicht verdickt, dicht und lang abstehend behaart wie auch ± die Blätter und die eiförmigen bis zylindrischen, 1–2(–4) cm langen Ähren.
Vorkommen Sandflächen, Garigues, offene Wälder.
5 **Weitere Arten** Der **Kreta-Wegerich** *P. cretica* L. mit zur Fruchtzeit verdickten Ährenschäften, die meist viel kürzer sind als die Blätter, die Ähre selbst eiförmig-kugelig, etwa 1 cm, dicht wollig (östl. Mittelmeergebiet).

6 **Dickblättriger Wegerich** *Plantago crassifolia* Forssk.

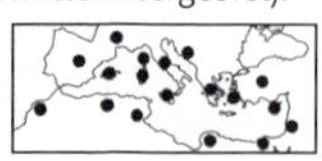

0,08–0,15 m Mai–Juni ♃

Merkmale Wegerich mit mehreren Rosetten aus fleischigen, linealen, rinnigen, kahlen oder spärlich behaarten, nicht steifen Blättern, überragt von kräftigen, anliegend behaarten Ährenschäften. Die Ähren selbst 2–5 cm lang, Tragblätter breit eiförmig, spitz, viel kürzer als die freien, ungleichen Kelchblätter.
Vorkommen An Küsten und anderen salzhaltigen Standorten.

7 **Kiel-Wegerich** *Plantago holosteum* Scop.

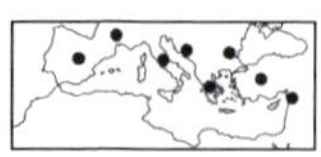

0,1–0,3 m Mai–Juni ♃

Merkmale Pflanze mit verholzter, verzweigter Wurzel, die kleinen Stämmchen, von den Scheiden abgestorbener Blätter verdeckt, am Ende jeweils mit einer Rosette aus 5–15 cm langen, sehr schmalen, ledrigen, halbstielrunden, am Rand ± gewimperten Blättern. Ähren 3–8 cm lang, ihr angedrückt behaarter Schaft die Blätter überragend. Tragblätter der Blüten lanzettlich, gewimpert, länger als der Kelch, Krone behaart.
Vorkommen Felsen in Küstennähe.
8 **Weitere Arten** Ähnlich der **Pfriemenblättrige Wegerich** *P. subulata* L., Blätter steif, 3-kantig, meist nur 2,5–4 cm lang, Ähren 2–5 cm, ihr Schaft die Blätter gewöhnlich nicht überragend. Mehrere Unterarten kleinräumig in den Gebirgen wie die ssp. *insularis* Nym. (Foto) auf Korsika und Sardinien (S-Europa, NW-Afrika).

1
2
3
4
5
6
7
8

1 Hasenfuß-Wegerich *Plantago lagopus* L. *Plantaginaceae*

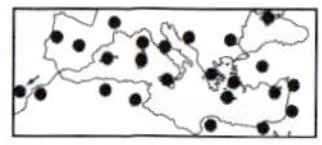

0,05–0,4 m Februar–August ⊙

Merkmale Dem heimischen Spitz-Wegerich ähnlich, Rosettenblätter lanzettlich, 3–7-nervig, ganzrandig bis undeutlich gezähnt, ± behaart, Ährenschäfte 2–4-mal so lang. Blütenähren bis 3 cm, eiförmig-länglich, Kronblätter bis auf die Zipfel kahl, Kelch- und die eiförmig-lanzettlichen Tragblätter lang seidig.

Vorkommen Weiderasen, Brachäcker, Wegränder.

2 **Weitere Arten** Beim **Stängelumfassenden Wegerich** *P. amplexicaulis* CAV. Blätter wechselständig locker rosettig stehend, am Grund stängelumfassend, abstehend behaart. Ähren eiförmig, 1–3 cm, mit rundlichen, breit häutigen, kahlen Tragblättern und großen, 7 mm langen Blüten (südl. Mittelmeergebiet, Kanaren).

3 Sägeblatt-Wegerich *Plantago serraria* L.

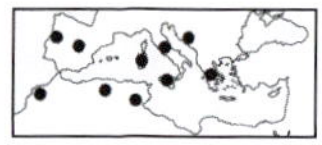

0,1–0,3 m März–Juni ♃

Merkmale Rosettenblätter dem Boden anliegend, lanzettlich, 5-nervig, regelmäßig ± eingeschnitten gesägt, mit 7–12 Zähnen auf jeder Seite, kahl oder behaart. Ährenschäfte behaart, bogenförmig aufsteigend, so lang wie die Blätter oder länger. Blüten in 6–12 cm langen Ähren, mit breit eiförmigen, häutig berandeten Tragblättern, die kürzer als die Kelchblätter sind. Krone behaart, Fruchtkapsel mit 2–3 Samen.

Vorkommen Weiderasen, Brachäcker, vor allem in Küstennähe.

4 **Weitere Arten** Ähnlich der **Krähenfuß-Wegerich** *P. coronopus* L., Rosettenblätter 1(–2)-fach tief unregelmäßig fiederspaltig, meist abstehend behaart, Ährenschäfte die Blätter weit überragend, 4–5 Samen je Kapsel (Sand- und Felsküsten, Ruderalstellen, Mittelmeergebiet, auch an mitteleuropäischen Küsten, Kanaren).

5 Morgenländische Platane *Platanus orientalis* L. *Platanaceae*

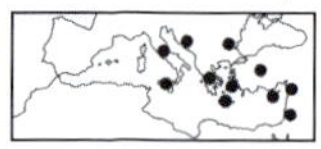

Bis 30 m April–Mai ♄

Merkmale Sommergrüner, einhäusiger Baum, die Borke plattig abspringend. Blätter am Grund meist keilförmig, bis über die Mitte 5–7-fach handförmig gelappt, der Mittelabschnitt viel länger als an der Basis breit, insgesamt meist buchtig gezähnt. Blüten 4-zählig, die weiblichen purpurrot, in dichten kugeligen Köpfchen, jeweils 3–6 an einer hängenden Achse.

Vorkommen Auwälder, Flussufer, als Zier- und Schattenbaum gepflanzt. Zu *P.* × *hispanica* siehe S. 438.

6 Mannsschildartiges Igelpolster

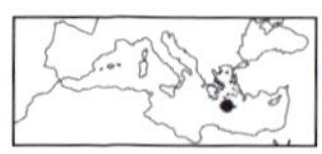

A. androsaceum (JAUB. & SPACH) BOISS. *Plumbaginaceae*

0,04–0,1 m Juni–Juli ♄

Merkmale Niedrige Kugelpolster bildender Strauch mit stechenden, lineal-pfriemlichen, am Grund halb stängelumfassenden, kahlen oder behaarten Blättern. Blütenstand (1–)3–7-blütig, bis 4 cm lang gestielt, der Kelch trichterförmig, 14–16 mm lang, mit kurz 5-zähnigem, häutigem, gefälteltem Saum, weiß mit purpurnen Nerven, Krone kürzer oder länger als der Kelch, blasspurpurn.

Vorkommen Igelpolsterfluren in den Gebirgen Kretas.

Weitere Arten In Anatolien ist die Gattung mit 25 Arten vertreten.

7 Stechende Grasnelke *Armeria pungens* (LINK) HOFFM. & LINK

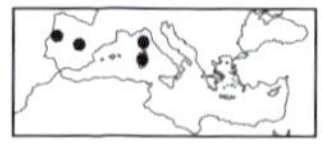

0,3–0,75 m März–Mai ♃

Merkmale Rasenbildende, am Grund verholzte Grasnelke. Blätter alle grundständig, lineal-lanzettlich, mit 1–5 Nerven, starr und stechend, flach oder eingerollt, aufrecht oder auch bogig, kahl. Scheide unterhalb der kopfigen Blütenstände 2–3,5 cm lang. Äußere Hüllblätter am kürzesten, braun, häutig berandet. Die 5-blättrige Krone rosa oder weiß.

Vorkommen Sandstrände. Zahlreiche weitere kleinräumig verbreitete, endemische Arten an den Küsten und in den Gebirgen wie *A. canescens* (HOST) BOISS. (Apennin- und Balkanhalbinsel).

1

2

3

4

5

6

7

1 ## Strauchstrandflieder *Limoniastrum monopetalum* (L.) Boiss.

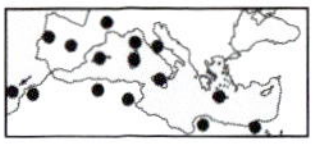

0,3–1,2 m Juni–August ♄

Merkmale Kleiner Strauch mit Salzdrüsen, Blätter fleischig, blaugrün, spatelförmig mit scheidigem Grund. Blüten zu 1–2 in verzweigten, getrocknet zerbrechlichen, ährenartigen Blütenständen. Die rosa bis violette Krone am 5-zipfeligen Saum 1–2 cm breit, zur Hälfte verwachsen. Kelch 5-zähnig, von 3 sich dachziegelig deckenden Hochblättern umschlossen.

Vorkommen Sandstrände, Salzmarschen, auch Zierpflanze, gebietsweise verwildert.

2 ## Circeo-Strandflieder *Limonium circaei* Pign.

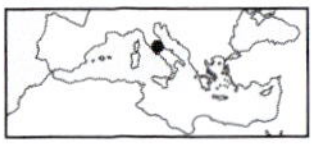

0,15–0,4 m Juni–Juli ♃

Merkmale Rosettenblätter zahlreich, verkehrt lanzettlich bis spatelförmig, meist 2–3 cm lang, am Rand deutlich umgerollt, oberseits fein warzig, mit eingesenkter Mittelrippe. Der aus Ähren und Ährchen zusammengesetzte Blütenstand flügellos, stark verzweigt, mit einigen sterilen Ästen. Die bleibenden trichterförmigen Kelche mit papierartigem blauvioletten Saum, bei dieser Art 4,5 mm lang, Blütenkrone rosa.

Vorkommen Felsküsten, auf Kalk. Endemit in Latium vom Mte. Circeo bis Terracina. Eine von 12 (!) Arten der Artengruppe *L. sommierianum*, die entlang der tyrrhenischen Küste vorkommen. Auch an anderen Küstenabschnitten im Mittelmeergebiet sind *Limonium*-Arten in so reicher Zahl vorhanden, dass ihre Unterscheidung nur Spezialisten möglich ist.

3 ## Geknäuelter Strandflieder *Limonium glomeratum* (Tausch) Erben

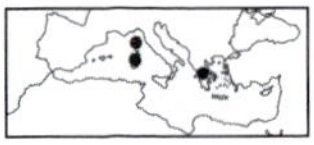

0,1–0,4 m Juli–September ♃

Merkmale Rosettenblätter graugrün, länglich-lanzettlich mit kleiner Knorpelspitze, am Grund 3–5-nervig, bis 6 cm lang. Stängel ohne Flügel, steif, oft mit sterilen Ästen, im oberen Teil verzweigt. Kelch 6 mm, mit 5 breit 3-eckigen Zähnen, weißlich, Krone groß, hellviolett.

Vorkommen Salzmarschen.

4 ## Schmalblättriger Strandflieder *Limonium narbonense* Mill.

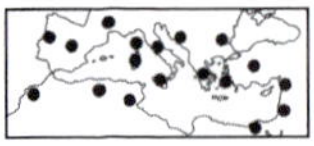

0,3–0,7 m Juli–Oktober ♃

Merkmale Rosettenblätter lanzettlich-spatelförmig, lang in den am Grund scheidig verbreiterten Stiel verschmälert, mit kräftigem Hauptnerv und schwachen Fiedernerven, 12–30 cm lang. Blütenstand groß, ungeflügelt, mit locker stehenden, oft bogig zurückgekrümmten Ästen, sterile Äste wenige oder fehlend. Der trichterförmige Kelch 5–7 mm lang, zwischen den 5 dreieckigen Zähnen mit sehr kleinen weiteren Zähnchen, Kronblätter 12–14 mm lang, blauviolett.

Vorkommen Salzsümpfe der flachen Meeresküsten. Eine der wenigen im ganzen Mittelmeergebiet verbreiteten *Limonium*-Arten, häufig für Trockensträuße gesammelt.

5 ## Geflügelter Strandflieder *Limonium sinuatum* (L.) Mill.

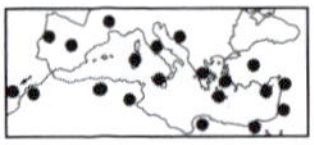

0,15–0,4 m April–September ♃

Merkmale Blätter der Grundrosette rauhaarig, buchtig fiederschnittig. Stängel mit 4 Flügelleisten, die an den Knoten in je 3 lineal-lanzettliche, spitze Anhängsel auslaufen. Äste im Blütenstand mit 3 nach oben zu verbreiterten Flügelleisten, deren Anhängsel die Ähren umgeben. Diese dicht, mit 2–3-blütigen, nach oben gerichteten Ährchen und Hochblättern besetzt. Kelch 12–14 mm lang, der blauviolette Saum nahezu ganzrandig, Kronblätter klein, gelblich weiß.

Vorkommen Sand- und Felsküsten, auch an Salzstellen im Binnenland.

6 **Weitere Arten** Einjährig der **Gelappte Strandflieder** *L. lobatum* (L. f.) Chaz., Stängel oft nur in der oberen Hälfte 2-flügelig, an jedem Knoten mit 1 spitzen Anhängsel, Kelch 11–12 mm, weißlich oder blassblau, bis zur Hälfte in 5 spitze Lappen geteilt, die sich mit 5 Grannen abwechseln, Kronblätter blassgelb (blüht März–April, südl. Mittelmeergebiet, Kanaren).

1

2

3

4

5

6

1 **Europäische Bleiwurz** *Plumbago europaea* L. *Plumbaginaceae*

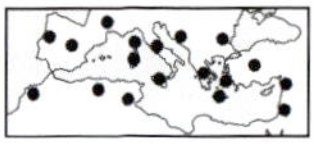

0,3–1 m Juli–Oktober ♃

Merkmale Sparrig verzweigte Pflanze, die wechselständigen Blätter gewellt, drüsig gezähnt, unterseits mehlig, die mittleren lanzettlich, sitzend, geöhrt stängelumfassend. Ährenartige Blütenstände mit violetten oder rosa Blüten, Kronröhre schmal, 1,5-mal so lang wie der Kelch, der 5-lappige Saum radförmig ausgebreitet. Kelch 5-zähnig, auf den Rippen mit großen, auffälligen Stieldrüsen.

Vorkommen Wegränder, Schuttplätze, Brachland.

2 **Gelbliche Kreuzblume** *Polygala flavescens* DC. *Polygalaceae*

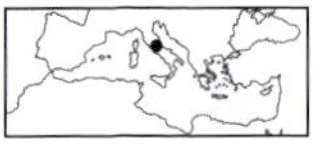

0,15–0,4 m April–Juni ♃

Merkmale Pflanze aufsteigend bis aufrecht, untere Blätter verkehrt eiförmig, obere schmaler und länger. 12–25 gelbe Blüten mit meist hinfälligen Tragblättern in endständigen Trauben. Wie für Kreuzblumen kennzeichnend 2 der 5 Kelchblätter größer, blumenblattartig (Flügel), bei dieser Art 7–9 mm lang, lanzettlich bis elliptisch, spitz, gelb, später vergrünend, die gelbe Krone mit 6 mm langer Röhre, von den 3 freien Enden das untere schiffchenartig, mit gefranstem Anhängsel und viel kürzer als die oberen. Kapsel hängend, flach, auf einem weniger als 1 mm langen Fruchtträger.

Vorkommen Macchien, Grasfluren, Wegränder.

3 **Große Kreuzblume** *Polygala major* Jacq.

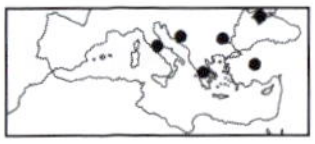

0,15–0,5 m April–Juli ♃

Merkmale Stängel am Grund verholzt, obere Blätter schmaler und länger, spärlich behaart. Blüten zu (10–)30–60 in endständigen Trauben, Flügel rosa, 9–15 mm lang, Krone rosa bis violett, mit 9–14 mm langer Röhre, der freie Teil die Flügel deutlich überragend. Kapsel auf 3–4 mm langem Fruchtträger.

Vorkommen Trockenrasen, Felsfluren, meist auf Kalk.

4 **Weitere Arten** Ähnlich die **Nizza-Kreuzblume** *P. nicaeensis* Koch, Flügel 7–11 mm, Kronblattröhre nur etwa halb so lang, der freie Teil kaum herausragend. Fruchtträger bis 1,5 mm lang (S-Europa, NW-Afrika).

5 **Geaderte Kreuzblume** *Polygala venulosa* Sm.

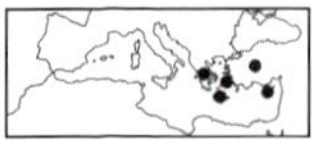

0,05–0,3 m Februar–Mai ♃

Merkmale Blätter fein flaumig, die oberen wie bei den vorigen Arten schmaler und länger. Flügel der hellblauen oder rosa Blüten dunkler geadert, 7–9 mm lang, deutlich kürzer als die Krone. Kapsel sitzend.

Vorkommen Kiefernwälder, Garigues, Sanddünen.

6 **Stechampfer** *Emex spinosa* (L.) Campd. (*Rumex spinosus* L.) *Polygonaceae*

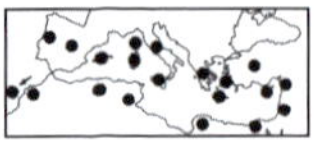

0,05–0,6 m Dezember–Juni ⨀

Merkmale Kahle, bisweilen rötlich überlaufene Pflanze. Blätter etwas fleischig, gestielt, stumpf herz- bis spießförmig, mit zerschlitzter Nebenblattscheide. Im oberen Teil des Blütenstandes Knäuel von männlichen Blüten, im unteren weibliche mit 6 verwachsenen Blütenhüllblättern, davon die 3 äußeren zur Fruchtzeit bis auf 8 mm vergrößert und dornig abstehend.

Vorkommen Ruderalstandorte, auf sandigen Böden, in Küstennähe.

7 **Schachtelhalm-Knöterich** *Polygonum equisetiforme* Sm.

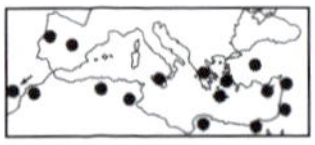

0,2–1 m April–Dezember ♃

Merkmale Kahle, am Grund ± verholzte Pflanze mit an Schachtelhalm erinnernden Sprossen. Blätter bald abfallend, schmal elliptisch bis lineal, am Rand leicht umgebogen, mit 2–4 cm viel kürzer als die verlängerten Stängelglieder mit häutiger, zerschlitzter, unten bräunlicher Nebenblattscheide. Blüten rosa oder weiß, büschelig zu 1–4 in lockeren Ähren, die 5 Hüllblätter bis 4 mm lang.

Vorkommen Feuchte Unkrautfluren, Wegränder.

1

2

3

4

5

6

7

1 **Strand-Knöterich** *Polygonum maritimum* L. *Polygonaceae*

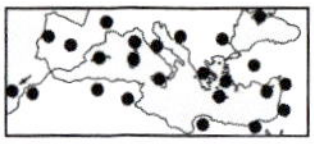

0,1–0,8 m März–Dezember ♃

Merkmale Stängel am Grund ± verholzt, niederliegend bis aufrecht, ästig, mit graugrünen, ovalen bis lanzettlichen, am Rand meist umgerollten Blättern. Nebenblattscheiden unten rotbraun, oben durchscheinend silbrig, tief zerschlitzt, mit 8–12 deutlichen, verzweigten Nerven, im Blütenstand länger als die Stängelglieder. Blüten rosa oder weißlich, mit 5-teiliger, 3–4 mm langer, einfacher Hülle, zu 1–4.

Vorkommen Dünen, Kiesstrände, auch im Spülsaum.

2 **Stierkopf-Ampfer** *Rumex bucephalophorus* L.

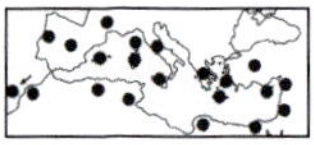

0,1–0,4 m März–September ⊙

Merkmale Stängel einzeln, aufrecht und kräftig oder mehrere, dünn und aufsteigend, häufig rot überlaufen. Blätter spatelig oder eiförmig-lanzettlich. Blüten gewöhnlich zu 2–3 ährenartig in den Achseln der Nebenblattscheiden. Fruchtstiele herabgebogen, einige schlank, rund und sehr kurz, andere länger und keulig verbreitert. Die inneren der 6 Blütenhüllblätter zur Fruchtzeit stark vergrößert, beiderseits mit 3–4 deutlichen Zähnen und einer kleinen Schwiele. Formenreiche Art mit mehreren Unterarten.

Vorkommen Kulturland, Brachland, auf sandigen Böden, oft in großen Beständen.

3 **Leinblättriger Gauchheil** *Anagallis monelli* L. *Primulaceae*

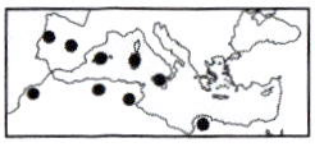

(*A. linifolia* L., *Lysimachia monelli* (L.) U. Manns & Anderb.) **0,1–0,5 m März–Juli** ♃

Merkmale Aufsteigende oder aufrechte Pflanze mit 4-kantigen, am Grund verholzten Stängeln. Blätter gegenständig sitzend, die oberen auch zu 3, lineal-lanzettlich oder elliptisch. Blüten 2–5 cm lang gestielt, die 5-zipfelige, radförmig ausgebreitete Krone 15–25 mm breit, leuchtend blau, am Grund zum Teil rot (**3a**) oder Krone gänzlich zinnoberrot (**3b**). Staubfäden unten mit roten, gelben oder weißen Haaren.

Vorkommen Brachland, Kulturland, Wegränder, Dünen, hier auch besonders die rote Form.

4 **Weitere Arten** Einjährig und blaublütig der **Blaue Gauchheil** *A. foemina* Mill. (*A. caerulea* Schreb. non L., *Lysimachia foemina* (Mill.) U. Manns & Anderb.), Blätter eilanzettlich, unterseits drüsig punktiert, Krone nur 5–8 mm breit, die Zipfel ohne oder mit nur wenigen Drüsenhaaren (Lupe!), Kelch so lang wie die Knospe und diese voll deckend (Mittelmeergebiet, Kanaren, selten bis Mitteleuropa). Gerne verwechselt mit der im Mittelmeergebiet dominierenden blaublütigen Varietät des heimischen rotblütigen Gauchheils *A. arvensis* L. (*Lysimachia arvensis* (L.) U. Manns & Anderb.), aber Krone 8–12 mm breit, Zipfel mit sehr zahlreichen Drüsenhaaren, Kelchzipfel kürzer als die Knospe.

5 **Sternlein** *Asterolinon linum-stellatum* (L.) Duby (*Lysimachia linum-stellatum* L.)

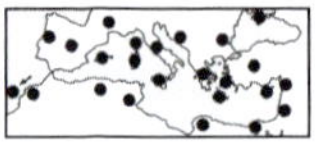

0,02–0,2 m Februar–Juni ⊙

Merkmale Leicht zu übersehendes, aufrechtes, einfaches oder verzweigtes Pflänzchen mit gegenständig sitzenden, eilanzettlichen, spitzen, rauen Blättern. Blüten einzeln an dünnen Stielen in den Blattachseln, 5-zählig, die weißliche oder grünliche Krone mit 1 mm viel kürzer als der Kelch. Kugelige Kapseln, etwa 2 mm.

Vorkommen Trockene offene Standorte, Kultur- und Brachland, Garigues.

6 **Stachelträubchen** *Coris monspeliensis* L.

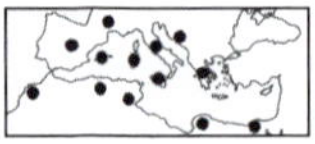

0,1–0,3 m März–Juli ⊙ ♃

Merkmale Stängel am Grund verholzt, mit kahlen oder behaarten, wechselständigen, linealen, am Rand umgerollten, auch dornig gezähnten und drüsig schwarz punktierten Blättern. Blütenstand dicht ährenartig, Krone rosa oder blauviolett, 9–16 mm lang, abweichend von anderen Primelgewächsen mit 5 ungleich langen, 2-lappigen Zipfeln. Kelch mit doppeltem Saum aus 5 inneren, breit 3-eckigen Zähnen mit schwärzlich purpurnem Fleck und 6–10(–14) lang bestachelten, zurückgekrümmt äußeren. Mehrere Unterarten. Die Gattung wird auch zu der eigenen Familie *Coridaceae* gestellt.

Vorkommen Garigues, Macchien, gewöhnlich auf Kalk.

1

2a

2b

3a

3b

4

5

6

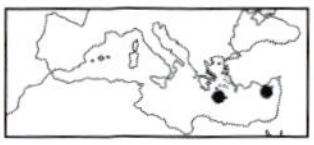

1 Kretisches Alpenveilchen *Cyclamen creticum* HILDEBR.

0,1–0,2 m März–Juni ♃

Merkmale Blätter alle grundständig, einer großen bewurzelten Knolle entspringend, bei dieser Art im Frühjahr ausgebildet, breit eiförmig, spitz, mit gezähntem Rand, die älteren oberseits grauweiß gescheckt. Blüten lang gestielt, mit rein weißer bis zartrosa überlaufener Krone, die 5 zurückgeschlagenen, 16–25 mm langen Lappen ohne Öhrchen am Grund. Fruchtstiel von der Spitze her aufgerollt.

Vorkommen Schattige Standorte, Wälder, Gebüsche, Felsen, auf Kalk. Auf Zypern aus Kultur verwildert.

Weitere Arten Ähnlich *C. balearicum* WILLK., aber Blätter vorne abgerundet, schwach stumpf gezähnt oder fast ganzrandig, Kronlappen 9–16 mm lang (Balearen, S-Frankreich).

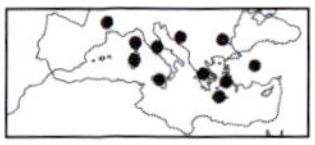

2 Neapolitanisches Alpenveilchen *Cyclamen hederifolium* AIT.

0,1–0,15 m August–November ♃

Merkmale Blätter sich erst nach der Blüte im Spätsommer oder Herbst entwickelnd, länglich-herzförmig, 5–9-eckig, bisweilen gelappt, mit unregelmäßig gezähntem, schwach knorpeligem Rand. Blüten blassrosa oder weiß, die zurückgeschlagenen Kronlappen etwa 2 cm lang, am Grund geöhrt und mit dunkelpurpurnem zweigeteiltem Fleck. Fruchtstiel von der Spitze her aufgerollt.

Vorkommen Sommergrüne Wälder, Gebüsche, bis in die Bergstufe.

Weitere Arten Herbstblüher ist auch *C. graecum* LINK, Blätter mit verdicktem, stumpf gezähntem Rand, selten kantig oder gelappt, Kronlappen ebenfalls am Grund geöhrt, Fruchtstiel von der Mitte oder vom Grund her aufgerollt (Griechenland, Ägäis, Zypern, Anatolien).

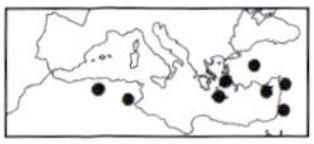

3 Persisches Alpenveilchen *Cyclamen persicum* MILL.

0,1–0,3 m Februar–April ♃

Merkmale Blätter herzförmig, spitz oder stumpf, der Rand etwas verdickt, dicht und fein gezähnelt, selten kantig oder gelappt. Krone weiß oder rosa mit intensiver gefärbter, dunkler Zone um den Schlund, Lappen 25–45 mm lang, ohne Öhrchen. Fruchtstiel gebogen, nicht aufgerollt (nur bei dieser Art).

Vorkommen Immergrüne Eichen- und Kiefernwälder, Macchien, Felsen, gewöhnlich auf Kalk. Die Alpenveilchen unserer Fensterbretter stammen von dieser Art.

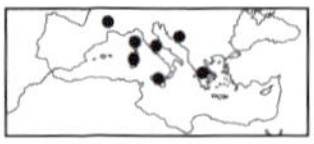

4 Geschweiftblättriges Alpenveilchen *Cyclamen repandum* SM.

0,1–0,2 m März–Mai ♃

Merkmale Blätter breit herzförmig, zugespitzt, am Rand grob und unregelmäßig gezähnt bis buchtig geschweift, oberseits dunkelgrün mit helleren Flecken. Blüten meist rosarot, die Kronlappen 15–30 mm lang, ohne Öhrchen. Fruchtstiel von der Spitze her aufgerollt.

Vorkommen Im Unterwuchs schattiger, meist immergrüner Wälder und Macchien.

5 **Weitere Arten** Von Rhodos und Kos wurde außerdem das **Rhodos-Alpenveilchen** *C. rhodium* O. SCHWARZ & LEPPER mit blassrosa, am Schlund dunkleren Blüten beschrieben. und die Populationen vom Peloponnes mit dunkler rosa gefärbten Blüten als ssp. *peloponnesiacum* (GREY-WILSON) J. COMPTON & CULHAM dazugestellt. Beide Sippen werden auch als ssp. zu *C. repandum* gestellt.

6 Flügelrad-Alpenveilchen *Cyclamen alpinum* SPRENGER

(*C. trochopteranthum* O. SCHWARZ) **0,1–0,2 m Februar–April ♃**

Merkmale Blätter rundlich-nierenförmig, nur schwach gezähnelt. Blüten außergewöhnlich, die breit eiförmigen, 13 mm langen Kronlappen abstehend und propellerartig um 90° gedreht, blass oder leuchtend rosa mit deutlichem, einheitlich dunklem Fleck am Grund. Fruchtstiel von der Spitze her aufgerollt.

Vorkommen Gebüsche, Kiefernwälder, auf Kalk oder Serpentinit.

Weitere Arten Verwandt ist *C. coum* MILL., aber Kronlappen zurückgeschlagen, der dunkle Fleck am Grund mit hellem „Auge“ (SO-Europa, Anatolien bis Jordanien).

1
2
3
4
5
6

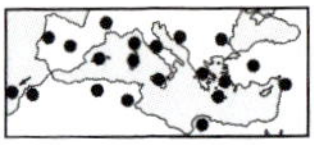

1 **Granatapfelbaum** *Punica granatum* L. *Punicaceae*
2–7 m Mai–September ♄
Merkmale Kahler, oft dorniger Strauch oder kleiner Baum mit gegenständigen, derben und glänzenden, aber sommergrünen, ovalen oder lanzettlichen, ganzrandigen Blättern. Blüten zu 1–3 an den Zweigenden, die 5–7 zerknitterten, 2–3 cm langen Kronblätter wie der fleischige Kelch und Achsenbecher leuchtend rot, als Zierbaum teilweise mit gefüllten Blüten. Zu den Früchten siehe S. 440.
Vorkommen Gebietsweise eingebürgert in Hecken und Gebüschen, heimisch in SW-Asien.

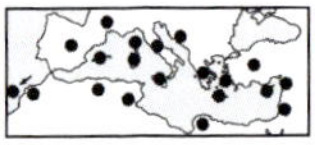

2 **Gelber Zistrosenwürger** *Cytinus hypocistis* (L.) L. *Rafflesiaceae*
0,03–0,15 m März–Juni ♃
Merkmale Schmarotzer mit kurzen fleischigen Trieben, die nestartig aus der Erde hervorbrechen. Jeder Stängel mit gelblichen, orangefarbenen oder roten schuppenförmigen Blättern und 4–14(–20) Blüten, randliche weiblich, zentrale männlich, mit leuchtend gelber, einfacher, 4-lappiger Blütenhülle. Mehrere Unterarten, die vor allem auf den Wurzeln weißblütiger Zistrosen wachsen, aber auch auf *Halimium*- und *Helianthemum*-Arten, im östl. Mittelmeergebiet auch auf dem rosablütigen *Cistus parviflorus*.
Vorkommen Garigues, Macchien.
3 **Weitere Arten** Nur auf rosablütigen Zistrosen schmarotzt der **Rote Zistrosenwürger** *C. ruber* Fritsch (*C. hypocistis* ssp. *clusii* Nym.), Schuppenblätter karmesinrot, Blütenhülle weißlich bis blassrosa (Mittelmeergebiet, Kanaren, insgesamt weniger häufig).

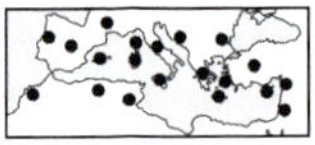

4 **Herbst-Adonisröschen** *Adonis annua* L. (*A. autumnalis* L.)
Ranunculaceae **0,15–0,6 m März–Mai ⊙**
Merkmale Blätter 3–4-fach fiederteilig mit schmal linealen, spitzen Abschnitten. Blüten 1,5–3 cm breit, die 6–10 roten, ovalen Kronblätter am Grund meist dunkel gefleckt. 5 rötliche, hinfällige Kelchblätter. Früchtchen in eiförmig-länglichen Fruchtständen, runzelig, schief eiförmig, ohne Höcker am oberen Rand, 3,5–5 mm lang. Abgebildet ist die ssp. *cupaniana* (Guss.) Steinb.
Vorkommen Kulturland, Brachland.
Weitere Arten Bis nach Mitteleuropa verbreitet sind *A. flammea* Jacq. und *A. aestivalis* L.

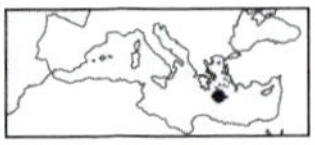

5 **Kreta-Adonisröschen** *Adonis cretica* (Huth) Imam, Chrtek & A. Slavíková
0,2–0,6 m Februar–Mai ⊙
Merkmale Ähnlich voriger Art, aber Kronblätter gelb, 12–17 mm lang, ohne schwarzen Fleck am Grund. Nüsschen 3,5–4,5 mm lang, mit einem Höcker am oberen Rand, der schmale Schnabel grün oder bleich.
Vorkommen Brachland, offene Standorte. Möglicherweise auch im Libanon, in Syrien und Israel.
Weitere Arten Ähnlich *A. microcarpa* DC. mit nur 4–10 mm langen, gelben oder hellroten, am Grund meist schwarz gefleckten Kronblättern. Nüsschen 2,3–3,5 mm lang, Schnabel in eine grünlich schwarze Spitze auslaufend (Mittelmeergebiet, Kanaren).

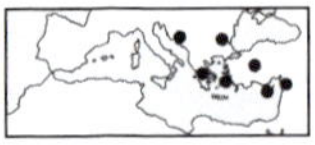

6 **Strahlen-Anemone** *Anemone blanda* Sch. & Kot.
(*Anemonoides blanda* (Sch. & Kot.) Holub) **0,07–0,25 m März–Juni ♃**
Merkmale Grundblätter 3-teilig mit ± sitzenden, stumpf gelappten Abschnitten, oben angedrückt behaart, unten verkahlend, häufig purpurn überlaufen. Stängel mit einem Wirtel aus gestielten, den Grundblättern ähnlichen Hochblättern. 9–18(–24) dunkelblaue oder weiße, kahle Blütenhüllblätter, 12–22 mm lang.
Vorkommen Sommergrüne Wälder, Tannenwälder, Bergweiden.
7 **Weitere Arten** Nahe verwandt die **Apennin-Anemone** *A. apennina* L. (*Anemonoides apennina* (L.) Holub) aber Blattabschnitte zugespitzt gelappt, beiderseits angedrückt behaart, Blütenhüllblätter hellblau oder weiß, unterseits am Grund flaumig behaart (Korsika bis zur westl. Balkanhalbinsel, in Frankreich eingebürgert).

1

2

3

4

5

6

7

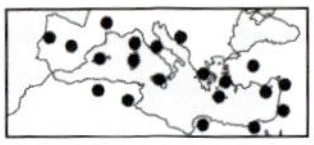

1 Kronen-Anemone *Anemone coronaria* L.

0.1–0,45 m Februar–April ♃

Merkmale Grundblätter 3-teilig, mit gestielten, tief gelappten Abschnitten. Stängel mit 3 wirtelig sitzenden, fein zerteilten Hochblättern. Blütenhüllblätter meist 6, auf der Unterseite seidig behaart, 18–45 mm lang, sehr variabel in der Farbe, leuchtend rot (**1a**), blau (**1b**), violett oder weiß (**1c**).

Vorkommen Brachfelder, Felsfluren, Garigues. Mit gefüllten Blüten auch als Schnittblume angeboten.

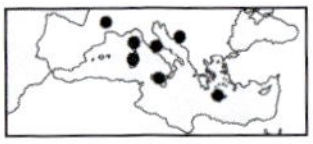

2 Stern-Anemone *Anemone hortensis* L. (*A. stellata* LAM.)

0,2–0,4 m Februar–April ♃

Merkmale Grundblätter handförmig 3–5-teilig mit keilförmigen, vorne zerschlitzten Abschnitten. Stängel mit einem Wirtel aus sitzenden, gewöhnlich ungeteilten, lineal-lanzettlichen Hochblättern. Blütenhüllblätter 15–30 mm lang, oft mehr als 14, purpurn, unterseits silbrig behaart. Als Unterart ssp. *heldreichii* (BOISS.) RECH. f. werden die Vorkommen auf Kreta und Karpathos angesehen: Blütenhüllblätter kürzer, bis zu 14, weiß, unterseits bläulich oder rosa.

Vorkommen Kulturland, Garigues.

3 **Weitere Arten** Ähnlich die **Pfauen-Anemone** *A. pavonina* LAM. mit 7–12 breiteren, scharlachroten oder rosavioletten, am Grund oft helleren oder gelben Blütenhüllblättern (lokal, SW-Frankreich bis zur Türkei).

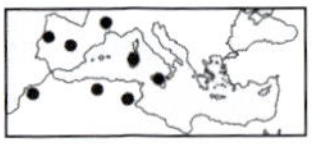

4 Handförmige Anemone *Anemone palmata* L.

0,1–0,6 m Dezember–Mai ♃

Merkmale Grundblätter rundlich-nierenförmig, mit 3–5 stumpfen, unregelmäßig gekerbt-gesägten Lappen. Hochblätter keilförmig, tief geteilt, am Grund verwachsen. 8–15 gelbe oder seltener weiße, unterseits seidig behaarte, 13–22 mm lange Blütenhüllblätter.

Vorkommen Frische Standorte in Garigues und offenen immergrünen Wäldern.

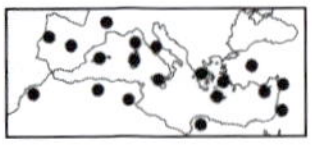

5 Ranken-Waldrebe *Clematis cirrhosa* L.

2–5 m August–April ♄

Merkmale Immergrüne verholzte Kletterpflanze mit gegenständigen, ungeteilten, grob gezähnten, gelappten oder 1–2-fach 3-teiligen Blättern. Blüten einzeln, nickend, 4–7 cm breit, die 4 cremefarbenen, manchmal rot gefleckten Hüllblätter glockenförmig, außen dicht behaart. Unterhalb der Blüte 2 becherartig verwachsene Hochblätter. Früchtchen mit 3–6 cm langem, fedrigem Griffel.

Vorkommen Mauern, Gebüsche, Wälder.

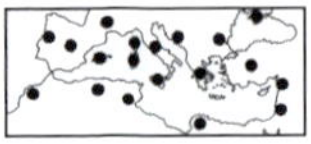

6 Brennende Waldrebe *Clematis flammula* L.

3–5 m Mai–September ♄

Merkmale Wie vorige Art, aber Blätter sommergrün, meist 2-fach gefiedert mit lang gestielten, variablen Abschnitten. Blüten in aufrechten Rispen, etwa 2 cm breit, die 4 weißen, schmalen und stumpfen Hüllblätter nur außen, besonders am Rand dicht filzig. Früchtchen mit 2–3 cm langem, fedrigem Griffel.

Vorkommen Macchien, Hecken.

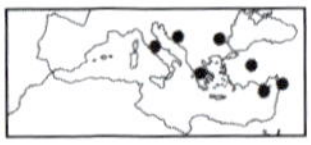

7 Italienische Waldrebe *Clematis viticella* L.

3–4 m Mai–August ♄

Merkmale Sommergrüne ± verholzte Kletterpflanze. Blätter mit ungeteilten oder bis 3-blättrigen Fiedern. Blüten meist einzeln, nickend, die 4 Hüllblätter purpurviolett, abstehend und vorne verbreitert, außen behaart. Früchtchen nur mit kurzem, gebogenem, kahlem Griffelrest.

Vorkommen Sommergrüne feuchte Laubwälder, Gebüsche. Zierpflanze in verschiedenen Varietäten.

Weitere Arten In S-Spanien und Portugal die ähnliche Art *C. campaniflora* BROT. mit blassvioletten, breit glockenförmigen Blüten und verlängertem, behaartem Fruchtgriffel.

1a
1b
1c
2
3
4
5
6
7

1 Garten-Rittersporn *Consolida ajacis* (L.) SCHUR (*Delphinium ajacis* L.)

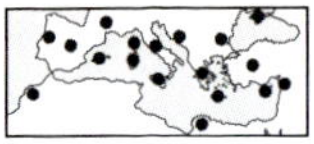

0,3–1 m April–Juli ⊙

Merkmale Blätter handförmig bis 3-fach gefiedert, mit linealen zugespitzten Zipfeln. Blüten in verlängerten aufrechten Trauben, Hüllblätter dunkel blauviolett, 10–14(–20) mm lang, das obere mit einem dünnen, 13–18 mm langen Sporn, die 2 gegenständigen Vorblätter meist ungeteilt, kürzer als der Blütenstiel. Balgfrüchte wie bei allen *Consolida*-Arten immer einzeln, bei dieser Art behaart, allmählich in einen kurzen Griffel verschmälert, mit zahlreichen Samen.

Vorkommen Kultur- und Brachland, im Westen gebietsweise nur verwildert, auch Zierpflanze.

Weitere Arten Etwa 40 derzeit beschriebene Arten überwiegend im östl. Mittelmeergebiet.

2 Scharfer Rittersporn, Stephanskraut *Delphinium staphisagria* L

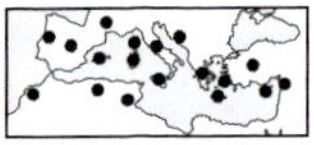

(*Staphisagria macrosperma* SPACH) **0,3–1 m April–Juli ⊙**

Merkmale Kräftige, weich behaarte Pflanze mit lang gestielten, handförmig 5–9-lappig zerteilten Blättern. Blüten in langen, lockeren Trauben, Hüllblätter blau, 13–20 mm lang, das obere mit kurzem, sackartigem Sporn. Früchte wie bei allen *Delphinium*-Arten aus 3 Bälgen, hier mit jeweils 3–6 großen Samen. Heil- und Giftpflanze (schon nach längerem Hautkontakt !), Samen früher als „Läusekörner" gegen Ungeziefer.

Vorkommen Zeitweilig feuchte Standorte in Flussbetten, Olivenhainen, Unkrautfluren, auch in Wäldern.

3 Korsische Nieswurz *Helleborus lividus* AIT.

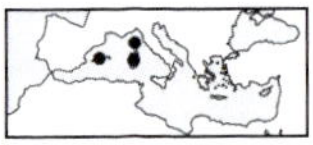

0,2–0,7(–1,5) m November–April ♃

Merkmale Kahle kräftige Staude, alle Blätter stängelständig, überwinternd, ledrig und kahl, mit 3 eiförmig-lanzettlichen Abschnitten. Blattränder bei der ssp. *corsicus* (BRIQ.) FOURN. (Foto) dornig gezähnt (Korsika, Sardinien), bei der ssp. *lividus* entfernt gezähnt oder ganzrandig (Balearen). Blüten zahlreich, die 5-blättrige Hülle ± abstehend, grünlich weiß bis rosapurpurn, 2–5(–8) cm breit. Balgfrüchte lang geschnäbelt.

Vorkommen Frische, schattige Standorte in Wäldern und Gebüschen der Bergstufe.

4 Wohlriechende Nieswurz *Helleborus odorus* WALDST. & KIT.

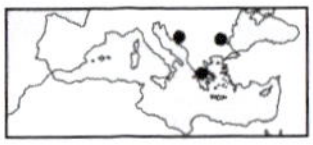

0,15–0,5 m März–Juni ♃

Merkmale Blätter bei der abgebildeten ssp. *cyclophyllus* (BRAUN) STRID derb, aber nicht überwinternd, mit oder kurz nach der Blüte entwickelt, grundständig, mit 5–9 fast kreisförmig angeordneten, geteilten oder ungeteilten, grob gesägten, verkahlenden Abschnitten. Blüten zu 2–5(–7), breit glockig und nickend, 4–7 cm im Durchmesser, mit 5 blass gelblich grünen Hüllblättern. 3–6 meist ganz freie, geschnäbelte Balgfrüchte. Die ssp. *odorus* dagegen mit überwinternden Blättern und am Grund verbundenen Balgfrüchten.

Vorkommen Offene Wälder, Gebüsche, Weiden, in der Bergstufe.

5 Acker-Schwarzkümmel *Nigella arvensis* L.

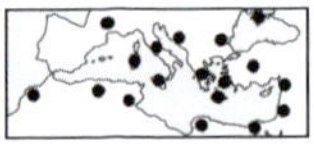

0,1–0,5 m Mai–September ⊙

Merkmale Blätter 2–3-fach fiederspaltig mit linealen Abschnitten. Blüten 16–34 mm breit, ohne oder mit einer Hochblatthülle aus fein zerteilten Blättern. Blütenhüllblätter 5, blassblau bis weißlich, breit eiförmig, kurz zugespitzt, 12–17 mm lang, Nektarblätter meist mit verschieden gefärbten Querbändern, zwischen den Staubbeuteln ein spitzer Fortsatz. Fruchtblätter geschnäbelt, zu 1/3 bis 2/3 miteinander verwachsen. Die überwiegend auf dem griechischen Festland verbreitete ssp. *aristata* (SM.) NYM. mit einer Hochblatthülle und auffällig bräunlich bis violett quer gebänderten Honigblättern (Foto). Zahlreiche weitere Unterarten.

Vorkommen Kultur- und Brachland, Garigues. Die Art sehr selten auch in Mitteleuropa.

6 **Weitere Arten** Beim **Echten Schwarzkümmel** *N. sativa* L. Blüten immer ohne Hochblatthülle, zwischen den Staubbeuteln ohne Fortsatz, Fruchtblätter völlig miteinander verwachsen. Die schwarzen Samen (Schwarzkümmel) als Gewürz für Backwaren und als Heilmittel (vielfach angebaut und besonders im Osten eingebürgert, Heimat SW-Asien).

1

2

3

4

5

6

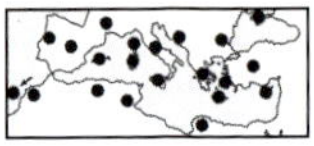

1 **Jungfer im Grünen** *Nigella damascena* L.

0,1–0,5 m Mai-Juli ⊙

Merkmale Blätter wie bei den vorigen Arten 2–3-fach fiederspaltig mit linealen Abschnitten. Blüten immer von einem Kranz aus fein zerteilten Hochblättern umgeben und überragt, mit blauen bis weißen, spitz eiförmigen, 12–20 mm langen Hüllblättern, zwischen den Staubbeuteln ohne Fortsatz. Fruchtblätter völlig miteinander verwachsen und eine kugelige aufgeblasene Kapsel bildend.

Vorkommen Kulturland, Brachland, auch als Zierpflanze, gelegentlich verwildert.

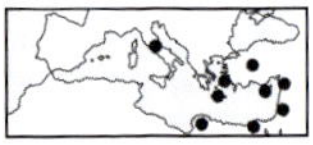

2 **Asiatischer Hahnenfuß** *Ranunculus asiaticus* L.

0,1–0,3 m Februar–Mai ♃

Merkmale Behaarter Hahnenfuß mit gekerbt-gesägten Grundblättern, äußere ungeteilt oder 3-lappig, innere 3-teilig mit keilförmigen Abschnitten. Blüten 3–6 cm breit, mit 5 abstehenden oder zurückgeschlagenen Kelchblättern (Unterschied zu *Anemone coronaria* L.) und 5 karminroten (**2a**), auch weißen (**2b**), gelben oder purpurnen Kronblättern. Früchtchen 3 mm, stark zusammengedrückt, mit sichelförmigem Schnabel.

Vorkommen Felsfluren, Macchien, lichte Wälder, Brachland, auch Zierpflanze.

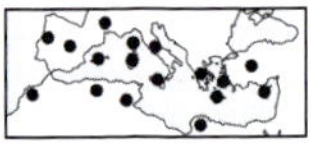

3 **Blasiger Hahnenfuß** *Ranunculus bullatus* L.

0,05–0,2 m September–Februar ♃

Merkmale Herbst- und Winterblüher, Blätter alle grundständig, waagerecht abstehend, breit eiförmig, gekerbt, ± nach oben gewölbt, unterseits behaart. Blüten zu 1–2, mit 5–6(–10) gelben, 7–14 mm langen Kronblättern und 5 grünlichen, behaarten Kelchblättern. Früchtchen 1 mm, aufgeblasen eiförmig, glatt und kahl.

Vorkommen Felsfluren, Garigues, Baumkulturen.

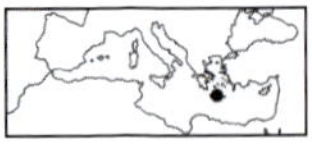

4 **Kupfer-Hahnenfuß** *Ranunculus cupreus* Boiss. & Heldr.

0,04–0,15 m März–Mai ♃

Merkmale Blätter eiförmig-rundlich, bis zum Grund 3-teilig, der Mittellappen gestielt, wie die seitlichen mit 3 oder mehr stumpfen Abschnitten. Kronblätter unterseits kupferfarben, 7–9 mm lang. Früchtchen 2,5 mm, glatt und kahl, mit verdicktem Mittelteil und dünnem Flügel, Schnabel sichelförmig.

Vorkommen Schattige Felsen, Schutthänge, Garigues, auf Kalk. Kreta-Endemit.

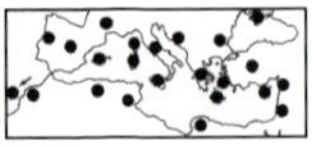

5 **Großblütiges Scharbockskraut** *Ranunculus ficaria* L.

(*Ficaria verna* Huds.) **0,05–0,4 m Februar–Mai** ♃

Merkmale Neben dem heimischen Scharbockskraut (ssp. *ficaria*) im Mittelmeergebiet auch mehrere großblütige Unterarten wie die ssp. *chrysocephalus* Sell (Foto, S-Griechenland, Ägäis) ohne Brutknospen: Blätter breit eiförmig-herzförmig, schwach gekerbt, Blüten mit 8–12 breit eiförmigen, sich überlappenden, 18–21 mm langen Kronblättern und 3 gelblich weißen Kelchblättern. Die ssp. *ficariiformis* (Schultz) Rouy & Fouc. mit Brutknospen in den Blattachseln (fast im ganzen Mittelmeergebiet).

Vorkommen Zeitweilig feuchte Weiden, Gebüsche, Baumkulturen.

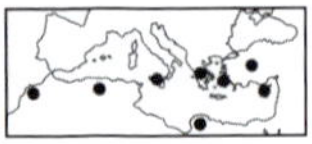

6 **Isthmus-Hahnenfuß** *Ranunculus isthmicus* Boiss.

0,05–0,15 m Februar–April ♃

Merkmale Hahnenfuß mit einem Bündel von fleischigen, lang spindelförmigen Wurzelknollen. Blätter fast alle grundständig, 3-fach gefiedert mit schmalen, stumpfen Abschnitten. Blütenstiele kaum verzweigt, mit 1–3 Blüten. 5–7 gelbe, 7–10 mm lange Kronblätter und 5 streng zurückgeschlagene, außen purpurn überlaufene Kelchblätter, wie die ganze Pflanze ± behaart.

Vorkommen Gras- und Felsfluren.

Weitere Arten Stark zerteilte Blätter auch bei *R. millefoliatus* Vahl (*R. garganicus* Ten.), aber Kelchblätter abstehend oder den 9–14 mm langen Kronblättern anliegend (bis 0,6 m, von Frankreich an ostwärts).

1
2a
2b
3
4
5
6

1 Stachelfrucht-Hahnenfuß *Ranunculus muricatus* L. *Ranunculaceae*

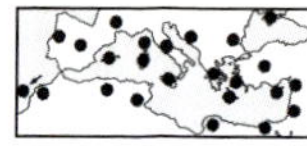

0,1–0,5 m April–Mai ⊙

Merkmale Verzweigte, fast kahle Hahnenfuß-Art. Untere Blätter lang gestielt, rundlich-nierenförmig, tief grob gekerbt, oft 3-teilig gelappt, obere kurz gestielt, länglich. Blüten 1–1,5 cm breit, die 5 gelben Kronblätter nur wenig länger als die 5 zurückgebogenen Kelchblätter. Fruchtköpfchen kugelig, im Ganzen abfallend, Früchtchen 7–8 mm, mit 2–3 mm langem, hakenförmigem Schnabel, auf den Flächen stachelig-warzig.
Vorkommen Feuchte Standorte, Gräben, Kulturland, Wegränder.
Weitere Arten Ähnlich *R. parviflorus* L., aber Blüten der behaarten Pflanze nur 3–6 mm breit, Früchtchen 3 mm, mit kurzem, gekrümmtem Schnabel (S-Europa, NW-Afrika).

2 Östliche Wiesenraute *Thalictrum orientale* Boiss.

0,1–0,3 m März–Mai ♃

Merkmale Kahle zarte Pflanze mit stängelständigen, 2–3-fach gefiederten Blättern, Abschnitte breit eiförmig-keilförmig, vorne schwach gezähnt oder gelappt. Wenige Blüten in lockeren aufrechten Rispen, die 4–5 Hüllblätter schneeweiß, mit 7–10 mm doppelt so lang wie die Staubblätter. 2–4 sitzende Früchtchen mit 6–8 deutlichen Längsrippen.
Vorkommen Schattige Felsspalten im Kalkgestein.
Weitere Arten Ähnlich *Th. tuberosum* L., aber Blätter am Grund des Stängels gehäuft, Hüllblätter gelblich weiß, 8–15 mm lang (Spanien, Frankreich).

3 Weiße Resede *Reseda alba* L. *Resedaceae*

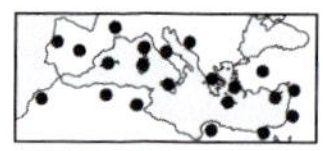

0,3–0,9 m April–September ⊙ ⊙ ♃

Merkmale Stängel bis unter den Blütenstand beblättert, Blätter etwas graugrün, kammartig fiederschnittig, mit 5–15 am Rand rauen Lappen auf jeder Seite. Blüten in dichten Trauben, 5(6)-zählig, Kronblätter weiß, bis 6 mm, länger als die lanzettlichen Kelchblätter, am Ende ± tief in 3 schmale Zipfel zerteilt. Aufrechte, 4-kantige, länglich-elliptische Kapseln.
Vorkommen Wegränder, Unkrautflächen, besonders auf Sand. In Spanien mehrere nah verwandte Arten.

4 Östliche Resede *Reseda orientalis* (Müller Arg.) Boiss.

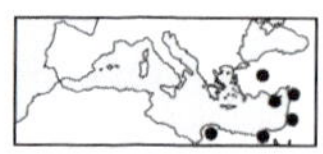

0,2–0,5 m Februar–Mai ⊙ ⊙

Merkmale Pflanze mit rauem Stängel und lang spatelförmigen Blättern, untere oft ganzrandig, obere mit 1–2 Paaren von Seitenlappen. Blüten in lockeren armblütigen Trauben, mit 6 weißen, 3–4 mm langen Kronblättern, die oberen in 3 Lappen zerteilt, davon die seitlichen nochmals handförmig 4–6 lappig. Kelchblätter zur Fruchtzeit vergrößert, am Rand papillös wie die Nerven der hängenden, 3-kantigen Kapseln.
Vorkommen Kulturland, Unkrautflächen, oft auf Sand.
5 **Weitere Arten** Ähnlich die **Rapunzel-Resede** *R. phyteuma* L., aber Seitenlappen der oberen Kronblätter nicht handförmig geteilt, sondern einseitig fiederschnittig, Kelchblätter und Kapselnerven kahl (Mittelmeergebiet). Weit verbreitet sind die aus Mitteleuropa bekannten gelbblütigen Arten *R. lutea* L. und *R. luteola* L.

6 Christusdorn *Paliurus spina-christi* Mill. *Rhamnaceae*

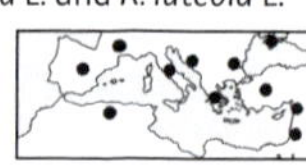

2–3 m Mai–September ♄

Merkmale Sommergrüner Strauch mit teilweise überhängenden, zickzackförmig gebogenen, in der Jugend behaarten Zweigen. Wechselständige, fast 2-zeilig angeordnete, kurz gestielte Blätter mit schief eiförmiger, undeutlich gekerbt-gesägter, 3-nerviger, hellgrüner Spreite, statt der 2 Nebenblätter ein längerer gerader und ein kürzerer gekrümmter Dorn. Blüten in kleinen blattachselständigen Trauben, 5-zählig, etwa 2 mm breit, mit goldgelben Kronblättern (**6a**). Charakteristische, trockene, halbkugelige Früchte, rundherum mit einem 1,5–3 cm breiten, gewellten Flügel (**6b**).
Vorkommen Trockene Hänge, Gebüsche.

1
2
3
4
5
6a
6b

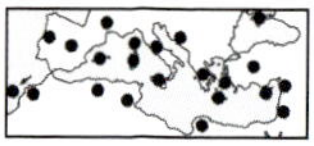

1 Immergrüner Kreuzdorn *Rhamnus alaternus* L. *Rhamnaceae*

1–3(–5) m März–April ♄

Merkmale Immergrüner, dornenloser, 2-häusiger Strauch. Blätter immer wechselständig (bei der ähnlichen *Phillyrea latifolia* L. gegenständig, siehe S. 280), gestielt, sehr variabel, lanzettlich bis eiförmig, spitz oder abgerundet, entfernt gesägt oder ganzrandig, auf der Oberseite dunkelgrün mit deutlichen Nerven. Blüten ohne Kronblätter, mit gelblichem, 5(4)-zähligem Kelch, 4–6 mm breit. Früchte ca. 5 mm, rot, zuletzt schwarz.
Vorkommen Garigues, Macchien, Wälder, vorwiegend auf Kalk, auch Zierstrauch.

2 **Weitere Arten** Ähnlich der **Erzherzog-Ludwig-Salvator-Kreuzdorn** *R. ludovici-salvatoris* Chod. mit dicht und fein dornig gezähnten, rundlichen bis elliptischen, mattgrünen Blättern (Balearen).

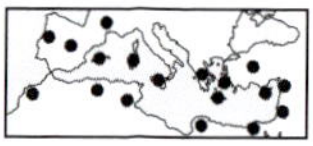

3 Bocksdornartiger Kreuzdorn *Rhamnus lycioides* L.

0,6–2 m März–Mai ♄

Merkmale Sparriger, meist kahler Strauch, die Zweige in Dornen endend. Blätter wechselständig oder gebüschelt. Bei der ssp. *lycioides* (**3a**) immergrün, fast lineal, glattrandig, oberseits ohne sichtbare Seitennerven, reife Früchte schwarz (Spanien, Balearen). Bei der ssp. *oleoides* (L.) Jah. & Maire (**3b, Ölbaum-Kreuzdorn**) Blätter ebenfalls immergrün, aber verkehrt eiförmig-länglich, ganzrandig oder mit 1–2 Zähnen, oberseits mit deutlich sichtbaren Seitennerven, reife Früchte gelblich oder schwärzlich (fast im ganzen Gebiet). Ähnlich die ssp. *graeca* (Boiss. & Reut.) Tut. mit sommergrünen, nicht ledrigen Blättern ohne deutliche Seitennerven (von Griechenland ostwärts). Kronblätter winzig, Kelch mit 4 spitzen, gelblichen Zipfeln.
Vorkommen Garigues, Felshänge.

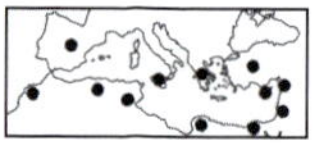

4 Zickzackdorn *Ziziphus lotus* (L.) Lam.

0,5–2,5 m April–August ♄

Merkmale Sommergrüner Strauch mit zickzackförmig gebogenen, kahlen, hellgrauen Zweigen. Blätter wechselständig, eiförmig-länglich bis breit elliptisch, 3–5-nervig, am Rande schwach drüsig gekerbt, wie bei *Paliurus* statt der 2 Nebenblätter ein längerer gerader und ein kurzer gebogener Dorn. Die 5-zähligen Blüten gelbgrün, 3–4 mm, einzeln oder zu wenigen achselständig. Frucht fast kugelig, 0,8–1 cm, fleischig, reif gelborange, essbar, aber fade im Geschmack.
Vorkommen Trockene steinige Standorte, Weiden, Steppen.

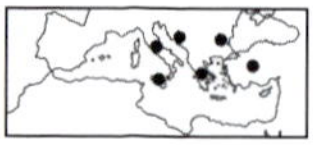

5 Aremonie *Aremonia agrimonoides* (L.) DC. *Rosaceae*

0,05–0,4 m April–Juni ♃

Merkmale Grundblätter unterbrochen gefiedert mit 5–13 ovalen, stumpf grob gesägten Blättchen, an Odermennig (*Agrimonia*) erinnernd. Blüten zu 2–5 auf weich abstehend behaartem Stängel, mit jeweils 5 gelben, 3–6 mm langen Kronblättern, umgeben von einem 5-zipfeligen Innen- und 5–10-zipfeligen Außenkelch.
Vorkommen Im Unterwuchs sommergrüner Wälder der Bergstufe, sehr selten in Mitteleuropa.

6 Zerschlitztblättriger Weißdorn

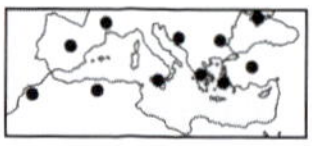

Crataegus laciniata Ucria (incl. *C. orientalis* Pall. ex Biep.)

3–5(–10) m April–Juni ♄

Merkmale Strauch oder kleiner Baum, wenig dornig. Blätter rhombisch-eiförmig, am Grund lang keilförmig, tief eingeschnitten, die 3–7 Lappen mit 1–3 Zähnen an der Spitze, beiderseits grau behaart, ebenso die doldenartigen Blütenstände mit 4–10 weißen, 1,5–2 cm breiten, 5-zähligen Blüten. Kelchblätter lang zugespitzt, zur Fruchtzeit zurückgeschlagen, Griffel 3–5. Hellrote oder orange, bis 2 cm große, ± behaarte Früchte.
Vorkommen Felshänge, Gebüsche der Bergstufe.
Weitere Arten Ähnlich *C. azarolus* L., Blätter aber kahl, mit 3(–5) stumpflichen, ganzrandigen Lappen, Früchte größer, bräunlich gelblich, essbar (von Kreta und Zypern an östl., darüber hinaus kultiviert und eingebürgert). Mit mehreren Unterarten weit verbreitet der aus Mitteleuropa bekannte *C. monogyna* Jacq.

1 2 3a 3b 4 5 6

1 Kleinblütiges Fingerkraut *Potentilla micrantha* DC.

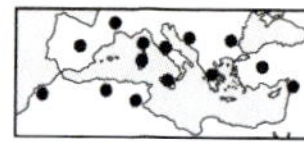

0,05–0,15 m Januar–Mai ♃

Merkmale Abstehend behaarte Pflanze, drüsenlos und ohne Ausläufer. Blätter den Blütenstand meist überragend, erdbeerähnlich, 3-zählig gefingert, die Blättchen beiderseits mit 7–11 eingeschnittenen Zähnen. Kronblätter 3–5 mm, weiß oder rosa, so lang wie die innen zum Grund hin dunkelroten Kelchblätter oder kürzer, daneben 5 Außenkelchblätter.

Vorkommen Sommergrüne Wälder, Gebüsche, bis in die Bergstufe, selten bis Mitteleuropa.

2 Niederliegende Kirsche *Prunus prostrata* LAB.

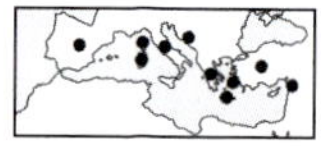

0,1–0,5(–1) m April–Mai ♄

Merkmale Häufig niederliegend-kriechender, dornenloser Strauch. Die kleinen Blätter ± ledrig, elliptisch oder eiförmig, besonders in der vorderen Hälfte gesägt, unterseits graufilzig oder beiderseits kahl. Blüten sitzend, in der Regel einzeln, mit rosa, 7 mm langen Kronblättern, oft schon vor den Blättern ausgebildet. Die roten, eiförmigen Früchte etwa 8 mm lang.

Vorkommen Felsstandorte der Bergstufe, auf Kalk.

3 Webbs Mandel *Prunus webbii* (SPACH) FRITSCH

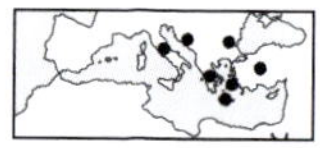

1–3 m Februar–April ♄

Merkmale Sparrig verzweigter, stark dorniger Strauch, ähnlich verwilderten Mandelbäumen. Blätter viel kleiner als beim **Mandelbaum** *P. dulcis* (siehe S. 440), höchstens 4,5 × 1 cm, bis 1 cm lang gestielt. Blüten meist schon vor den Blättern entwickelt, Kronblätter rosa, 1 cm lang. Früchte bis 2,5 cm, nur wenig filzig und kaum zusammengedrückt.

Merkmale Macchien, Garigues.

4 Feuerdorn *Pyracantha coccinea* M. J. ROEM.

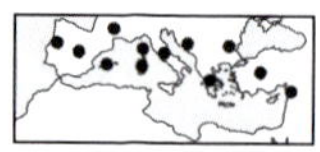

1–2(–6) m April–Juni ♄

Merkmale Immergrüner, sparrig verzweigter Dornstrauch mit locker behaarten jungen Trieben, Blattstielen und Blättern. Letztere ledrig, oberseits dunkelgrün glänzend, spitz eiförmig-elliptisch und fein gekerbt-gesägt. Blüten in aufrechten Trugdolden, mit weißen oder gelblich weißen Kronblättern. Früchte erbsengroß, feuerrot, seltener orange oder gelb, häufig den Winter über am Strauch bleibend.

Vorkommen Hecken, Gebüsche, auch Zierstrauch, gebietsweise verwildert.

5 Mandelblättrige Birne *Pyrus spinosa* FORSSK. (*P. amygdaliformis* VILL.)

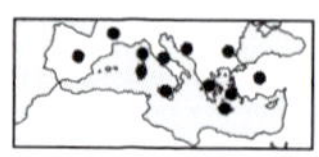

1-6 m April-Mai ♄

Merkmale Sommergrüner Strauch oder kleiner Baum, sparrig verzweigt und häufig dornig, junge Triebe grau und behaart. Blätter gestielt, eiförmig-lanzettlich, ganzrandig oder zur Spitze hin undeutlich gezähnt, verkahlend und fein warzig. Blüten doldig zu 8–12 an filzig behaarten Stielen, mit elliptischen, vorne meist ausgerandeten, 7–8 mm langen Kronblättern. Früchte mit bleibendem Kelch, kugelig, 1,5–3 cm, gelbbraun.

Vorkommen Offene Wälder, Gebüsche, Felsfluren.

6 Immergrüne Rose *Rosa sempervirens* L.

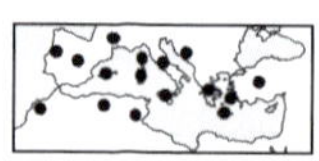

3–5 m Mai–Juni ♄

Merkmale Kletternde, immergrüne Rose, Stacheln nur zerstreut, leicht gebogen und am Grund herablaufend. Blätter meist 5-zählig gefiedert, die Blättchen kahl, ledrig und glänzend, fein gesägt, eiförmig-lanzettlich, besonders das Endblättchen lang zugespitzt. 3–7 Blüten mit 1–2 cm langen, weißen, gewöhnlich ausgerandeten Kronblättern, Kelchblätter eiförmig mit langer, aufgesetzter Spitze, in der Regel ganzrandig, wie die Blütenstiele mit Stieldrüsen besetzt. Hagebutte oval oder kugelig, rot, etwa 1 cm groß.

Vorkommen Macchien, lichte Wälder, Hecken. Einzige weit verbreitete Rose im Gebiet.

1

2

3

4

5

6

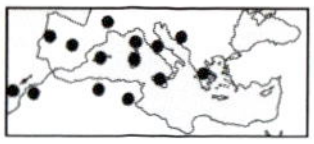

1 Mittelmeer-Brombeere *Rubus ulmifolius* Schott

Bis 3 m April–September ♄

Merkmale Hoher wintergrüner Strauch, die kräftigen überhängenden Äste purpurn, bereift, mit einfachen und Sternhaaren sowie geraden bis sichelförmig abstehenden Stacheln. Blätter fußförmig 5-zählig, mit gesägten, oberseits ± kahlen, unterseits weißfilzigen Blättchen ohne längere einfache Haare, das endständige verkehrt eiförmig, gestutzt bis zugespitzt. Blüten mit 5 blassrosa bis fast purpurnen, selten weißen Kronblättern und zurückgeschlagenen, weißfilzigen Kelchblättern, Staubblätter ± kahl. Früchte schmackhaft, wenn nicht zu reif.

Vorkommen Hecken, Waldränder. Selten bis Mitteleuropa.

Weitere Arten An das Verbreitungsgebiet im Osten anschließend (Übergangsformen auf der Balkan-
2 halbinsel) die **Heilige Brombeere** *R. sanctus* Schreb., Äste filzig und mit dichter, kurzer, abstehender Behaarung, nicht bereift. Blätter oberseits dicht behaart, unterseits filzig und mit längeren, weichen Haaren, das Endblättchen fast rundlich, plötzlich zugespitzt. Staubblätter dicht behaart.

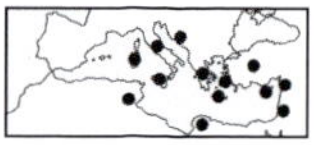

3 Dornige Bibernelle *Sarcopoterium spinosum* (L.) Spach

(*Poterium spinosum* L.) **0,3–0,6 m Februar–Mai ♄**

Merkmale Niedriger, stark verzweigter Kugelbusch, die Seitentriebe blattlos, winkelig verzweigt, in Dornen endend. Blätter mit 9–15 schmalen, oft fein gesägten, unterseits dicht behaarten, hinfälligen Fiedern. Blüten ohne Kronblätter in bis 3 cm großen Köpfen, die oberen meist weiblich mit auffallenden, roten, fedrigen Narben. Rötliche beerenartige Früchte.

Vorkommen Garigues, oft große Bestände bildend.

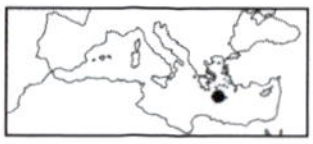

4 Behaarter Meier *Asperula pubescens* (Willd.) Ehrend. & Schönb.-Tem.

(*A. incana* Sm.) *Rubiaceae* **0,1–0,4 m April–Juli ♄**

Merkmale Kurz behaarter Halbstrauch mit linealen, spitzen, am Rand deutlich umgeschlagenen Blättern in Quirlen zu 6. Blüten dicht köpfchenähnlich gestellt, die rosarote Krone 8–10 mm, mit langer schlanker Röhre und ausgebreitetem, 4-zipfeligem Saum. Frucht eiförmig.

Vorkommen Felsspalten, Garigues, bis in die Gebirge. Kreta-Endemit.

Weitere Arten Ähnlich *A. taygetea* Boiss. & Heldr., aber Pflanze dichter behaart, Krone nur 4–6 mm lang, cremefarben bis rosa (NW-Kreta, S-Griechenland). Weitere zahlreiche, kleinräumig endemische Arten, vor
5 allem im mittleren und östl. Mittelmeergebiet, zum Beispiel der **Gelbe Meier** *A. lutea* Sm., Pflanze aufrecht, ± kahl, Blätter in Quirlen zu 4, mit winziger häutiger Granne, Blütenstände verlängert, mit locker büschelig angeordneten Blüten, Krone 3,5–5,5(–8) mm lang, meist gelb, ihre Röhre oft mehr als 2-mal so lang wie die nach innen umgebogenen Zipfel (Staude, bis 0,5 m hoch, Griechenland).

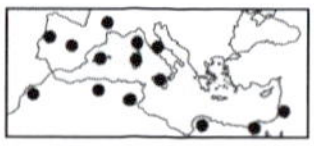

6 Strand-Kreuzblatt *Crucianella maritima* L.

0,1–0,4 m Mai–September ♃

Merkmale Kahle, niederliegende oder aufsteigende, am Grund verholzte Pflanze mit weißlichen Stängeln. Blätter ledrig, blaugrün, weiß berandet, an jungen Trieben dicht dachziegelig gestellt, eiförmig-lanzettlich und stachelspitzig, in Quirlen zu 4. Blütenstand ährenartig, 1–4 cm lang, die Blüten mit 10–13 mm langer, schmal trichterförmiger, 5-zipfeliger Krone, die freien Tragblätter deutlich überragend.

Vorkommen Gefestigte Dünen und Felsen.

Weitere Arten Mehrere unscheinbare 1-jährige Sippen. Fast im ganzen Mittelmeergebiet verbreitet sind
7 das **Breitblättrige Kreuzblatt** *C. latifolia* L., Blütenstand sehr schmal, etwa 15 cm lang, die 4-zipfeligen Blüten mit 5–8 mm etwas länger als die am Grund meist häutig verbundenen Tragblätter (blüht April–Juni) und *C. angustifolia* L., Blütenstand 2–8 cm lang, die 4-zipfeligen, 3–5 mm langen Blüten überragen die freien Tragblätter nicht (blüht Mai–Juli).

1
2
3
4
5
6
7

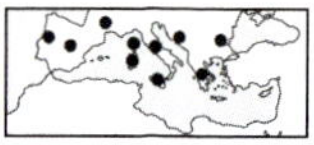

1 Kahles Kreuzlabkraut *Cruciata glabra* (L.) Opiz

0,1–0,3 m April–Juli ♃

Merkmale Stängel kahl oder schwach behaart. Blätter in Quirlen zu 4, länglich, 3-nervig, am Rand kurz borstig gewimpert, sonst kahl. Blütenstände kahl, ohne Tragblätter an den Verzweigungen, die gelben Blüten 4-zipfelig, 2 mm breit. Frucht 2,5 mm, meist einzeln, birnenförmig, kahl und glatt, an herabgebogenem Stiel.

Vorkommen Gebüsche, Säume, sehr selten bis Mitteleuropa.

Weitere Arten Ähnlich und weit verbreitet das auch aus Mitteleuropa bekannte *C. laevipes* Opiz, leicht zu unterscheiden durch stark behaarte Stängel und Blütenstiele sowie Tragblätter im Blütenstand.

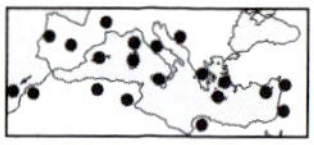

2 Anis-Labkraut *Galium verrucosum* Huds.

0,05–0,5 m Februar–Juni ⊙

Merkmale Stängel rückwärts rau. Blätter in Quirlen zu 5–6(–7), lanzettlich mit Grannenspitze, unterseits am Mittelnerv und an den Rändern mit zur Spitze hin gerichteten Stachelzähnchen. Blüten zu 1–3, Krone 4-zipfelig, 1–2,5 mm breit, grünlich weiß. 2 kugelige, 4–6 mm große, dicht weiß blasig-höckerige Teilfrüchte.

Vorkommen Kulturland, Brachland.

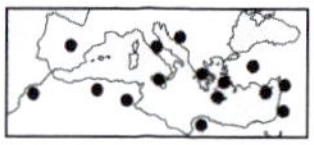

3 Kalabrische Putorie *Plocama calabrica* (L. f.) M. Backlund & Thulin

(*Putoria calabrica* (L. f.) DC.) **0,3–0,8 m April–September ♄**

Merkmale Reich verzweigter, Matten bildender Zwergstrauch mit starkem Geruch. Die gegenständigen Blätter mit winzigen Nebenblättern, kahl bis dicht behaart, lanzettlich, am Rand umgerollt, ledrig, beim Trocknen schwarz werdend. Blüten in endständigen Büscheln, die rosa, 1–1,5 cm lange, schmal trichterförmige Krone mit 4 ausgebreiteten Zipfeln. Frucht etwa 5 mm, rot bis schwarz, mit Kelchresten.

Vorkommen Felsspalten, besonders im Kalkgestein.

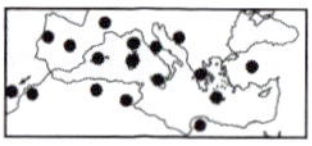

4 Kletten-Krapp *Rubia peregrina* L.

0,3–2,5 m April–August ♄

Merkmale Stängel am Grund verholzt und ausdauernd, 4-kantig, kletternd und oft überhängend, wie die Blattränder und Mittelnerven von kleinen, rückwärts gerichteten Stacheln häufig rau. Die dunkelgrünen, steifen Blätter in Quirlen zu 4–8, lanzettlich bis eiförmig mit undeutlichen Seitennerven, 3–20 mm breit, kürzer als die reichen achsel- und endständigen Blütenstände. Krone 4–6 mm breit, grünlich gelb, mit gewöhnlich 5 begrannten Zipfeln. Früchte beerenartig, schwarz, 4–6 mm.

Vorkommen Macchien, Wälder, Hecken.

5 **Weitere Arten** Ähnlich der **Zartblättrige Krapp** *R. tenuifolia* D'Urv., aber Blätter mit vorwärtsgerichteten kleinen Zähnen, mindestens so lang wie die weniger reichen Blütenstände, Krone 7–8 mm breit (östl. Mittel-
6 meergebiet). Balearen-Endemit ist der **Balearen-Krapp** *R. balearica* (Willk.) Porta, Blätter lineal, nicht über 2 mm breit, meist in Quirlen zu 4, Krone 3,5–4,5 mm.

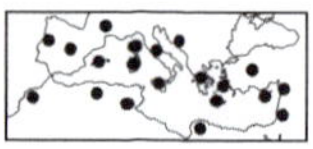

7 Mauer-Vaillantie *Valantia muralis* L.

0,05–0,15 m März–Juni ⊙

Merkmale Unscheinbare zarte Pflanze. Stängel vom Grund an verzweigt, nur oben ± weich behaart, an den Enden mit ährenartigen Gesamtblütenständen. Blätter in Quirlen zu 4, schmal verkehrt eiförmig bis lanzettlich, stumpflich. Blüten zu dritt achselständig, die mittlere zwittrig, mit gelblicher, rosa überlaufener, 4-zipfeliger Krone, die beiden seitlichen männlich, 3-zipfelig, ihre Stiele zur Fruchtzeit herabgebogen, teilweise verwachsen und verdickt, mit einem deutlichen Horn auf dem Rücken. Die Frucht mit wenigen, auf Höckern sitzenden Borsten.

Vorkommen Flachgründige, steinige Standorte, Felsspalten, auch an Mauern.

8 **Weitere Arten** Bei der **Behaarten Vaillantie** *V. hispida* L. Stängel oberwärts abstehend rauborstig, Blätter meist größer, ± bespitzt, Frucht auf dem Rücken mit 15–25 geraden Borsten (Mittelmeergebiet, Kanaren).

1
2
3
4
5
6
7
8

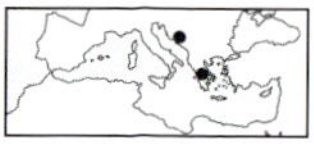

1 Kronen-Einfachblatt *Haplophyllum coronatum* Griseb.

(*Ruta coronata* (Griseb.) Nyman) *Rutaceae* **0,1–0,4 m Mai–Juli ♃**

Merkmale Abstehend behaarte Staude mit strengem Geruch. Mittlere und obere Stängelblätter gewöhnlich tief 3-lappig mit linealen Abschnitten, untere wie bisweilen auch die oberen einfach. Blütenstand fast kopfartig dicht, mit langen weißen Haaren, die 5-zähligen Blüten mit gelben, ganzrandigen Kronblättern. Namengebend ist das große, ± gezähnte Anhängsel auf der Spitze jedes Fruchtblattes.

Vorkommen Brachland, Unkrautfluren.

2 **Weitere Arten** Das **Leinblättrige Einfachblatt** *H. linifolium* (L.) G. Don f. (*Ruta linifolia* L.) nur mit einfachen, schmalen, nach oben zu kleiner werdenden Blättern (Spanien, Frankreich, NW-Afrika).

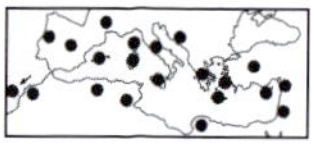

3 Aleppo-Raute, Gefranste Raute *Ruta chalepensis* L.

0,2–0,8 m März–Juli ♃

Merkmale Am Grund verholzte, kahle Pflanze mit strengem Geruch. Blätter 2-fach gefiedert, mit länglichen oder verkehrt eiförmigen, stumpfen Abschnitten, untere Hochblätter viel breiter als der zugehörige Stängel. Blütenstand drüsenlos, trugdoldig, wie für Rauten-Arten typisch meist mit einer zentralen 5-zähligen Blüte umgeben von 4-zähligen, 0,8–2,5 cm breit. Kronblätter grünlich gelb, am Rand gefranst. Kapseln kahl, mit 4(5) Zipfeln. Pflanzen von Kreta mit auffällig kleinen Blattabschnitten und kurzen Blütenständen werden als ssp. *fumariifolia* (Boiss. & Heldr.) Nym. abgetrennt.

Vorkommen Garigues, Felsen, Wegränder.

Weitere Arten Ähnlich *R. angustifolia* Pers., aber Blütenstand drüsig, Hochblätter kaum breiter als der zugehörige Stängel (Mittelmeergebiet, östl. bis NW-Jugoslawien). *R. montana* (L.) L. dagegen mit linealen Blattabschnitten, die Kronblätter im ± drüsigen Blütenstand ganzrandig, gewellt, nicht gefranst oder gezähnelt (Mittelmeergebiet, lokal, Blütezeit Sommer). Die als Gewürzkraut und Heilmittel bekannte, nicht unproblematische Wein-Raute *R. graveolens* L. im Blütenstand drüsenlos, Kronblätter gewellt und gezähnelt, aber ohne Fransen (die Kulturform ssp. *hortensis* (Mill.) Gams verbreitet aus Gärten verwildert, die Wildform ssp. *divaricata* (Ten.) Gams wohl nur auf der Apennin- und der Balkanhalbinsel).

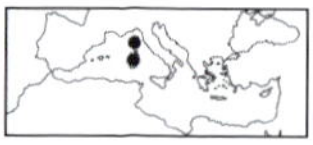

4 Korsische Raute *Ruta corsica* DC.

0,1–0,6 m Juni–August ♄

Merkmale Kleiner, reich verzweigter, kahler Strauch. Blätter doppelt gefiedert, mit verkehrt eiförmigen bis fast rundlichen Abschnitten. Kronblätter blassgelb, gezähnelt und gewellt. Fruchtstiele verlängert, zickzackförmig, ausdauernd und stechend.

Vorkommen Felsen der Bergstufe.

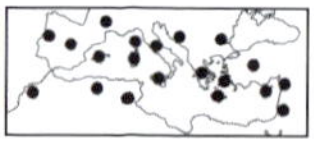

5 Honigduftender Rutenstrauch *Osyris alba* L. *Santalaceae*

0,4–1,5 m März–Juni ♄

Merkmale Zweihäusiger, kahler, niedriger Halbschmarotzer. Äste rutenförmig, mit immergrünen, ledrigen, lineal-lanzettlichen, 2–3 mm breiten Blättern, nur der Mittelnerv ist deutlich. Blüten unscheinbar, duftend, mit gelblicher, einfacher, 3(4)-teiliger Blütenhülle, die männlichen zu mehreren (**5a**), die weiblichen meist einzeln, Tragblätter blattartig, ausdauernd. Reife Steinfrüchte rot oder orange, fleischig, 6–7 mm (**5b**).

Vorkommen Felsküsten, lichte Macchien und Wälder.

6 Lanzettblättriger Rutenstrauch

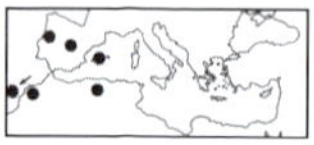

Osyris lanceolata Hochst. & Steud. (*O. quadripartita* Salzm. ex Decne.)

1–4 m März–Juni ♄

Merkmale Im Gegensatz zu voriger Art hoher, verzweigter Strauch, Äste nicht rutenförmig. Blätter meist 4–8 mm breit, undeutlich fiedernervig, Tragblätter klein, hinfällig. Reife Früchte 5–10 mm.

Vorkommen Trockene immergrüne Gebüsche.

1

2

3

4

5a

5b

6

1 Milzkrautblättriger Steinbrech *Saxifraga rotundifolia* L. ssp. *chrysospleniifolia* (Boiss.) D.A. Webb *Saxifragaceae*

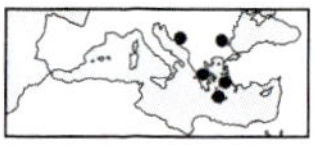

0,15–0,4 m März–Juni ⊙

Merkmale Zerbrechliche, fein drüsig behaarte Pflanze ohne Brutzwiebeln. Blätter locker rosettig, lang gestielt, rundlich-nierenförmig, am Rand mit 11–17 groben, gleichmäßigen Kerbungen. Blütenstand locker, die 5 Kronblätter elliptisch, 6–11 mm lang, reinweiß, auch mattgelb oder purpurn gefleckt.

Vorkommen Feuchte Felsstandorte.

2 **Weitere Arten** Zierlich und 1-jährig der ± drüsig behaarte **Efeu-Steinbrech** *S. hederacea* L., Blätter ganzrandig oder mit 3–7 kurzen, breiten, bespitzten Kerbungen. Blüten meist einzeln auf dünnem Stiel, mit 2–3 mm langen, weißen bis cremefarbenen Kronblättern (östl. Mittelmeergebiet).

3 Korsischer Steinbrech *Saxifraga corsica* (Ser.) Gren. & Godr.

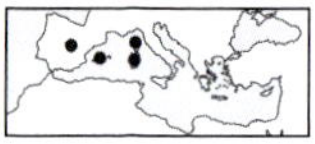

0,15–0,4 m April–Juni ♃

Merkmale Pflanze insgesamt drüsig behaart, in den Achseln der lang gestielten Rosettenblätter häufig Brutzwiebeln. Spreite rundlich, ± tief 3-teilig, die einzelnen Abschnitte weiter gekerbt bis gelappt. Blütenstand locker, Kronblätter spatelförmig, 7–16 mm lang, oberseits kahl. Abgebildet ist die ssp. *cossoniana* (Boiss. & Reut.) Webb mit bis zu ⅔ dreiteiligen Blättern (Spanien).

Vorkommen Schattige Felsstandorte.

4 Großes Löwenmaul *Antirrhinum majus* L. *Scrophulariaceae*

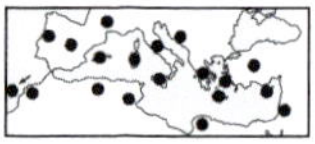

1,5–2 m Mai–November ⊙ ♃

Merkmale Kräftige Pflanze, der Stängel wenigstens unten kahl, mit gegenständigen, 2–12-mal so langen wie breiten, am Grund deutlich keilförmigen, ganzrandigen Blättern, die oberen wechselständig. Blüten der endständigen Traube mit 25–45 mm langer, purpurroter Krone, die Röhre am Grund leicht ausgesackt, mit 2-lappiger Ober- und 3-lappiger Unterlippe, die den Schlund durch 2 wulstige Erhebungen verschließt. Kelch tief in 5 gleich lange Zipfel zerteilt. Kapsel 10–14 mm lang, drüsig behaart bis kahl.

Vorkommen Felshänge, Mauern. Nur im Westen heimisch, darüber hinaus häufig verwilderte Zierpflanze.

5 Sizilianisches Löwenmaul *Antirrhinum siculum* Mill.

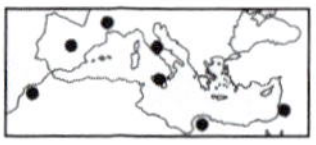

0,2–0,6 m Dezember–Juni ♃

Merkmale Kahle sterile und blühende Triebe dicht mit linealen bis schmal elliptischen Blättern besetzt, untere gegenständig, obere wechselständig. Blütenstand drüsig behaart, Krone 17–25 mm, blassgelb mit dunkelgelbem Schlund, Oberlippe manchmal violett gezeichnet, Kelchlappen spitz, 5 mm. Kapsel 10–12 mm lang, drüsig behaart.

Vorkommen Felsen, Mauern. Endemisch in Italien, auf Sizilien und Malta, weiter aus Kultur verwildert.

Weitere Arten Ebenfalls gelbblütig, aber kräftiger *A. latifolium* Mill., Stängel auch am Grund meist drüsig, Blätter stumpf eiförmig, an der Basis ± gestutzt, Krone 33–48 mm lang, Kelchlappen stumpf, 7–9 mm, Kapsel 13–17 mm lang (Balearen, Frankreich, Italien).

6 Nierenblättriges Löwenmaul *Asarina procumbens* Mill.

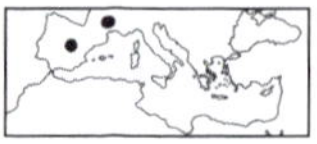

0,1–0,6 m Mai–September ♃

Merkmale Niederliegende, am Grund verholzte, drüsig behaarte Art mit rundlich-nierenförmigen, gekerbt-gezähnten bis gelappten, handnervigen Blättern. Blüten gestielt einzeln in den Blattachseln, Krone ähnlich wie bei *Antirrhinum*-Arten und daher auch manchmal zu dieser Gattung gestellt, 30–35 mm lang, blassgelb, schwach purpurn gezeichnet, Unterlippe mit dunkelgelben Wülsten. Kelch tief in 5 etwas ungleiche Lappen zerteilt. Kapsel kahl.

Vorkommen Schattige Felsstandorte, kalkmeidend.

1

2

3

4

5

6

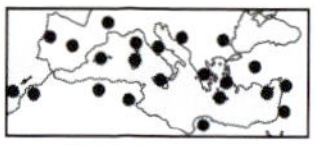

1 Bunte Bellardie *Bartsia trixago* L. (*Bellardia trixago* (L.) All.)

0,1–0,8 m April–Juli ☉

Merkmale Drüsig-klebriger Halbschmarotzer. Blätter gegenständig sitzend, länglich-lanzettlich, entfernt stumpf gesägt. Blüten in dichtem, 4-seitigem, ährenförmigem Blütenstand mit Tragblättern, Krone 20–25 mm lang, weiß, meist purpurn und gelb überlaufen oder rein gelb (dann leicht zu verwechseln mit *Parentucellia viscosa*, siehe S. 326). Kelch 8–10 mm, deutlich aufgeblasen glockenförmig, die 4 dreieckigen Zähne weniger als 1/4 so lang wie die Röhre. Kapsel kugelig, bespitzt und behaart.

Vorkommen Garigues, Weiden, Brachland.

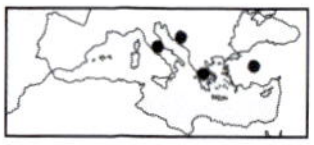

2 Strand-Zwerglöwenmaul *Chaenorhinum litorale* (Willd.) Rouy

(*Microrrhinum litorale* (Willd.) Speta) **0,1–0,5 m Juli–August ☉**

Merkmale Drüsig behaarte, meist ästige Pflanze mit länglich-lanzettlichen Blättern. Krone purpurn, 7–11 mm lang, mit kurzem, stumpfem Sporn, die Unterlippe ausgestülpt, den Schlund aber nicht verschließend. Kelch tief in 5 regelmäßige schmale Zipfel zerteilt, länger als die 3–9 mm lang gestielte, ± kugelige Kapsel.

Vorkommen Felsküsten.

Weitere Arten Das weit verbreitete, auch aus Mitteleuropa bekannte *Ch. minus* (L.) Lange (*Microrrhinum minus* (L.) Fourr.) mit nur 6–9 mm großen Blüten, aber 8–20 mm lang gestielten, länglich-eiförmigen Kapseln.

3 Majoranblättriges Zwerglöwenmaul

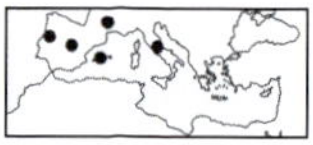

Chaenorhinum origanifolium (L.) Kosteletzky

0,05–0,25 m April–Mai ♃

Merkmale Niederliegende bis aufsteigende, meist kahle Pflanze. Untere Blätter gegenständig und kurz gestielt, obere wechselständig und sitzend, lanzettlich bis fast herzförmig, stumpf oder spitz. Blütenkrone 9–20 mm lang, wie bei *Antirrhinum*-Arten 2-lippig, weiß, violett überlaufen und geadert und mit gelblichen Schlundwülsten, die Röhre am Grund gespornt. Fruchtstiele meist aufrecht-abstehend. Formenreiche Art.

Vorkommen Felsen, Mauern, auf Kalk.

4 **Weitere Arten** Drüsig behaart und dadurch klebrig das **Wollhaarige Zwerglöwenmaul** *Ch. villosum* (L.) Lange, Blütenkrone 10–18 mm lang, Fruchtstiele zurückgebogen (Spanien, Frankreich, NW-Afrika).

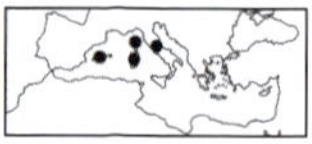

5 Dreilappiges Zimbelkraut *Cymbalaria aequitriloba* (Viv.) Cheval.

0,1–0,3 m April–Juli ♃

Merkmale Kriechende, behaarte Pflanze, Blätter lang gestielt, rundlich-nierenförmig, ± ganzrandig oder mit 3(–5) gleichmäßigen, rundlichen Lappen. Blütenkrone violett oder blassblau, 8–13 mm lang, mit 2-lappiger, dunkler genervter Ober- und 3-lappiger Unterlippe mit 2 Höckern im Schlund, der Sporn etwa 2 mm, so lang wie der Kelch. Kapsel 2–4 mm, kahl.

Vorkommen Fels- und Mauerspalten.

Weitere Arten Auf Korsika auch *C. hepaticifolia* (Poir.) Wettst. mit 15–18 mm langen Blüten.

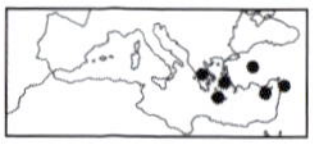

6 Langstängel-Zimbelkraut *Cymbalaria longipes* (Boiss. & Heldr.) Cheval.

0,1–0,6 m März–Mai ♃

Merkmale Wie vorige Art, aber Stängel lang kriechend und wie die Blätter völlig kahl, Letztere etwas fleischig, ± ganzrandig oder mit 5–9 rundlichen bis 3-eckigen Lappen. Blütenkrone hellviolett mit gelben Schlundhöckern, die Oberlippe mit dunklen Nerven, 9–13 mm, der Sporn mit 3,5–4,5 mm viel länger als der Kelch. Kapsel 6–8 mm, drüsig-flaumig, ihr Stiel mit 7–9 cm auffällig lang.

Vorkommen Felsen, Mauern, in Küstennähe.

Weitere Arten Ähnlich auch *C. microcalyx* (Boiss.) Wettst., aber ganze Pflanze bleibend behaart, Blätter ganzrandig oder mit 3(–5) rundlichen Lappen, Sporn 1–3 mm lang, Kapsel 2–4 mm, behaart, formenreich (SO-Europa, Anatolien). Weit verbreitet, auch bis Mitteleuropa, ist *C. muralis* G. M. Sch.

1

2

3

4

5

6

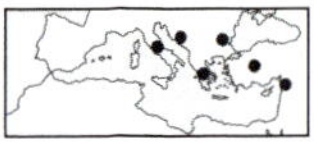

1 Rotbrauner Fingerhut *Digitalis ferruginea* L.

0,3–1,2 m Mai–September ⊙ ♃

Merkmale Wie viele Fingerhut-Arten hoch und aufrecht, am Grund verholzt. Blätter länglich-lanzettlich, oft schwach behaart. Blütentraube dicht und reichblütig, mit kahler Achse. Krone 15–35 mm, kurz behaart, gelblich oder rötlich braun, dunkel geadert, Mittellappen der Unterlippe stumpf, auf Ober- und Unterseite lang behaart. Kelchzipfel stumpf, mit breitem, häutigem Rand. Wie alle *Digitalis*-Arten giftig.

Vorkommen Wälder und Gebüsche der Bergstufe.

2 **Weitere Arten** Beim **Kahlen Fingerhut** *D. laevigata* Waldst. & Kit. Blüten dagegen ziemlich locker an kahler Achse mit lang herausragenden Tragblättern, Krone ± kahl, gelb bis orange, dunkler geadert, mit verlängerter, hellerer, spitzer, auf der Oberseite lang behaarter Lippe. Kelchzipfel eiförmig spitz oder zugespitzt, ganz ohne oder mit schmalem, häutigem Rand (westl. Balkanhalbinsel).

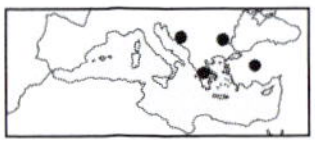

3 Wolliger Fingerhut *Digitalis lanata* Ehrh.

0,3–1 m Juni–August ⊙ ♃

Merkmale Ähnlich den vorigen Fingerhut-Arten. Blätter länglich-lanzettlich, meist völlig kahl, manchmal gewimpert. Blütenstandsachse und Blüten drüsig wollig behaart, Krone 20–30 mm lang, gelbbraun mit dunklem Adernetz und weißer, verlängerter Unterlippe. Kelchzipfel spitz, ohne häutigen Rand.

Vorkommen Wälder und Gebüsche der Bergstufe, Kulturen zur Gewinnung der herzwirksamen Glykoside.

Weitere Arten Auch aus Mitteleuropa bekannt *D. lutea* L., mit hellgelben, schlanken, zylindrischen Blüten, Kronröhre 9–25 mm lang, ohne dunkles Adernetz, Unterlippe kaum verlängert (westl. Mittelmeergebiet).

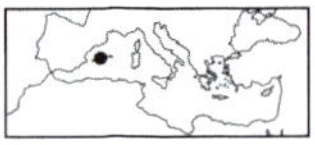

4 Balearen-Fingerhut *Digitalis minor* L. (*D. dubia* Rodr.)

0,1–0,5 m April–Juli ♃

Merkmale Dem heimischen Roten Fingerhut nahestehende Art. Untere Blätter ganzrandig oder schwach gezähnt, mit langen einfachen und kurzen Drüsenhaaren. Krone 35–40 mm, außen lang behaart, rosa bis weißlich, innen mit dunklen Flecken. Kelchzipfel spitz.

Vorkommen Frische Felsstandorte, Schluchten. Balearen-Endemit.

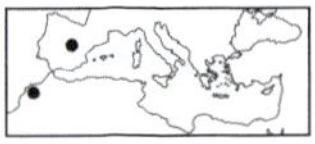

5 Dunkler Fingerhut *Digitalis obscura* L.

0,3–1,2 m April–Juli ♄

Merkmale Einzige strauchige Art im Gebiet. Pflanze kahl, Stängel unten blattlos, im oberen Teil fast rosettig stehende, ledrige, lineal-lanzettliche, ganzrandige (ssp. *obscura*, Foto) oder tief gesägte (ssp. *laciniata* (Lindley) Maire) Blätter. Blütenkrone 20–30 mm, rotbraun oder gelborange, innen dunkler gezeichnet.

Vorkommen Felsfluren der Bergstufe.

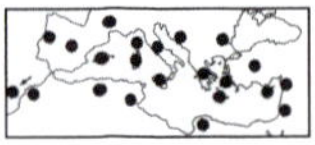

6 Verändertes Tännelkraut *Kickxia commutata* (Rchb.) Fritsch

0,2–0,7 m April–Juli ⊙ ♃

Merkmale Reich verzweigte und drüsig behaarte niederliegende Pflanze, obere Blätter mit spieß- oder pfeilförmigem Grund. Blüten lang gestielt, Krone 7–17 mm, gelblich weiß mit blauvioletter Oberlippe und purpurn gefleckten Schlundhöckern. Sporn stark gebogen, länger als der übrige Teil der Krone.

Vorkommen Brachland, Unkrautfluren, Garigues.

7 Rundblättrige Lafuentie *Lafuentea rotundifolia* Lag.

0,2–0,4 m Februar–Juni ♃

Merkmale Aromatische, drüsige, dicht grau behaarte Art mit gegenständigen, eiförmigen bis rundlichen, unregelmäßig gekerbt-gesägten Blättern. Blütenstand 5–25 cm lang, sehr dicht und schmal ährenartig, die zahlreichen Blüten mit 7–8 mm langer, weißer, purpurn geaderter, deutlich 2-lippiger, 5-lappiger Krone.

Vorkommen Felsspalten, endemisch in den Trockengebieten SO-Spaniens.

1

2

3

4

5

6

7

1 **Kupfer-Leinkraut** *Linaria aeruginea* (Gouan) Cav.

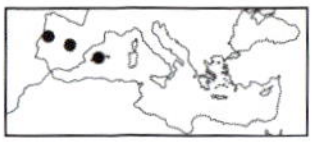

0,03–0,4 m April–Juni ⊙ ♃

Merkmale Stängel niederliegend oder aufsteigend, die kahlen, linealen Blätter am Rand umgerollt, untere quirlständig, obere wechselständig. Bis zu 35 Blüten in dichten, drüsig behaarten Trauben, Krone 15–27 mm lang, gelb bis orange, ± stark blau bis bräunlich purpurn überlaufen, davon der Sporn 5–12 mm, dünn und gerade. Abgebildet die ssp. *pruinosa* (Sennen & Pau) Chat. & Vald. mit nur 1–6-blütigen Trauben (Mallorca).

Vorkommen Felsschutt, Schutthänge, im Bergland.

2 **Aleppo-Leinkraut** *Linaria chalepensis* (L.) Mill.

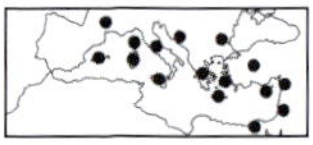

0,2–0,4 m April–Juni ⊙

Merkmale Blätter der sterilen Triebe quirlständig, schmal eiförmig, viel breiter als die wechselständigen, linealen, spitzen Stängelblätter. Blüten in lockerer Traube, Krone außer den gelben Schlundhöckern weiß, (11–)15–20 mm lang, der Sporn 8–13 mm. Kelchlappen schmal lanzettlich. Samen ohne Flügel.

Vorkommen Kulturland.

3 **Pellicier-Leinkraut** *Linaria pelisseriana* (L.) Mill.

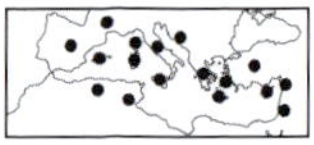

0,1–0,7 m März–Juni ⊙

Merkmale Kahle graugrüne Art, an sterilen niederliegenden Trieben mit ovalen, an den aufrechten, blühenden mit linealen Blättern. Blütenstand dicht, die purpurvioletten Blüten mit helleren Schlundhöckern, 15–20 mm lang, davon der gerade Sporn 7–9 mm. Samen mit gefranstem Flügel.

Vorkommen Garigues, Weiderasen, Kulturland.

4 **Purpurrotes Leinkraut** *Linaria purpurea* (L.) Mill.

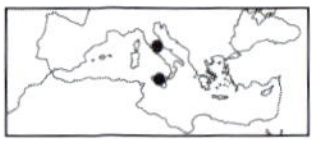

0,2–0,9(–1,4) m April–September ♃

Merkmale Kahle Pflanze, sterile Triebe mit wirtelig stehenden, lanzettlichen Blättern, Blütentriebe weniger dicht mit wechselständigen, schmal lanzettlichen Blättern besetzt. Blütenstand lang, verzweigt und ziemlich dicht, Krone 9–13 mm, purpurviolett, davon der Sporn 5–6 mm lang, gebogen. Samen ohne Flügel.

Vorkommen Felsen, Garigues, Olivenhaine, auch als Zierpflanze kultiviert und gebietsweise eingebürgert.

5 **Kelch-Ackerlöwenmaul** *Misopates calycinum* (Vent.) Rothm.

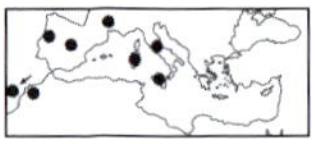

0,2–0,8 m März–September ⊙

Merkmale Stängel kahl, unten mit gegenständigen, oben meist wechselständigen, lineal-lanzettlichen Blättern. Blüten in zunächst dichter, später verlängerter Traube in den Achseln von langen Tragblättern, Krone 18–27 mm, weiß, 2-lippig, die Oberlippe rotviolett genervt, länger als der Kelch mit ungleichen Zipfeln. Kapsel höckerig, in der Regel kahl.

Vorkommen Kulturland, Brachland.

Weitere Arten Ähnlich *M. orontium* (L.) Raf., aber Blütenstandsachse drüsig, Krone rosa, mit 5–15 mm so lang wie der Kelch oder kürzer. Kapsel drüsig behaart (Mittelmeergebiet, auch bis Mitteleuropa, Kanaren).

6 **Breitblättrige Parentucellie** *Parentucellia latifolia* (L.) Caruel

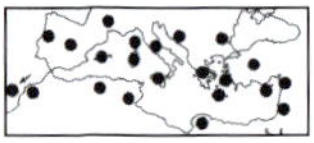

0,05–0,2 m März–Juni ⊙

Merkmale Kleiner, drüsig-klebriger, rötlich überlaufener Halbschmarotzer. Blätter gegenständig sitzend, die oberen fast so lang wie breit, eingeschnitten gesägt. Blütenstand anfangs sehr kurz und dicht, beblättert, 4-seitig ährig. Krone etwa 1 cm lang, 2-lippig, rötlich purpurn mit weißer Röhre oder ganz weiß. Der schmale Kelch mit 4 kurzen Zähnen. Kapsel kahl.

Vorkommen Grasfluren, Brachland.

Weitere Arten Ähnlich die ostmediterrane *P. flaviflora* (Boiss.) Nevski mit gelben Blüten, auch als ssp. zu *P. latifolia* gestellt.

1

2

3

4

5

6

1 Klebrige Parentucellie *Parentucellia viscosa* (L.) CARUEL

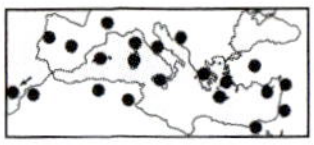

(*Bellardia viscosa* (L.) FISCH. & C.A. MEY.) **0,1–0,7 m April–September** ⊙

Merkmale Drüsig-klebriger, hellgrüner Halbschmarotzer. Blätter gegenständig sitzend, länglich, ± zugespitzt, gekerbt-gesägt. Der ährenartige Blütenstand beblättert, Krone 16–24 mm lang, 2-lippig, gelb, seltener auch weiß. Kelch im Gegensatz zu *Bartsia trixago* (siehe S. 320) schmal, seine 4 Zähne fast so lang wie die Röhre. Kapsel behaart.

Vorkommen Feuchte Grasfluren, Brachland.

2 Hunds-Braunwurz *Scrophularia canina* L. ssp. *bicolor* (SM.) GREUT.

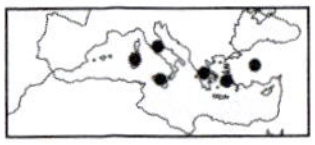

0,2–0,9 m April–September ♃

Merkmale Pflanze am Grund oft verholzt, kahl, untere Blätter gegenständig, 1–2-fach fiederschnittig, obere wechselständig, einfacher. Blüten in lockerer zylindrischer Rispe an mit Drüsen besetzten Stielen, Tragblätter klein, nicht laubblattähnlich. Krone etwa 5 mm lang, wie bei Braunwurz-Arten häufig, mit bauchiger, rotbrauner Röhre und 2-lappigem Saum, bei dieser Sippe auffällig breit weiß berandet. Oberlippe 2-teilig, 1/3 so lang wie der Rest der Krone. 4 fruchtbare Staubblätter, das 5. in eine kleine Honigschuppe umgewandelt. Der kurze Kelch mit 5 eiförmig-rundlichen, weißrandigen Zipfeln. Kapsel kugelig, zugespitzt.

Vorkommen Felshänge, Wegränder, Brachland, die ssp. *canina* selten bis Mitteleuropa.

3 Strauchige Braunwurz *Scrophularia frutescens* L.

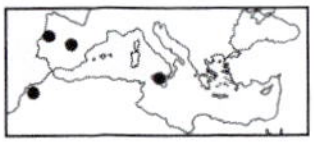

0,3–0,6 m Februar–Mai ♃

Merkmale Ähnlich voriger Art, aber Blätter etwas ledrig, eilanzettlich, ganzrandig oder unregelmäßig gesägt, selten die unteren fiederschnittig. Im Blütenstand der sonst kahlen Pflanze sitzende Drüsen, die unteren Tragblätter häufig laubblattähnlich. Krone 4–5 mm, purpurn, die stumpfen, eiförmigen Kelchlappen mit breit häutigem, gezähntem Rand. Kapsel kugelig. Auch als ssp. zu *S. canina* gestellt.

Vorkommen Sandküsten.

4 Verschiedenblättrige Braunwurz *Scrophularia heterophylla* WILLD.

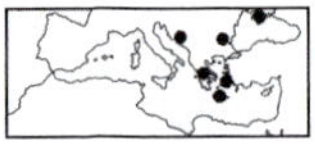

0,1–0,7 m Dezember–Mai ♃

Merkmale Kahle oder drüsig behaarte Art, Blätter eingeschnitten gezähnt bis 2-fach fiederschnittig. Blütenstand locker, mit nur kleinen Tragblättern. Krone (4–)6–9 mm lang, rotpurpurn bis grünlich, Blütenstiel drüsig, etwa so lang wie der Kelch mit 5 breit häutig berandeten Lappen. Kapsel kugelig.

Vorkommen Felsspalten, Mauern.

5 Fremde Braunwurz *Scrophularia peregrina* L.

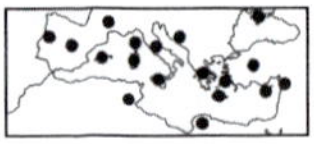

0,15–0,9 m April–Juni ⊙

Merkmale Pflanze ± kahl, die unteren, gegenständigen Blätter ei- bis herzförmig, unregelmäßig gesägt, sich im lockeren Blütenstand wechselständig fortsetzend. Krone 6–9 mm, dunkelrot bis bräunlich purpurn. Blütenstiel drüsig, 2–3-mal so lang wie der Kelch mit 5 Lappen ohne häutigen Rand. Kapsel ± kugelig.

Vorkommen Kulturland, Brachland, Wegränder.

Weitere Arten Ähnlich *S. arguta* AIT., Blütenstiel 1–2-mal so lang wie der Kelch mit stumpfen, schmal hautrandigen Lappen, Krone 3,5–5 mm lang, Kapsel kegelförmig (SO-Spanien, N-Afrika, Kanaren).

6 Dreiblättrige Braunwurz *Scrophularia trifoliata* L.

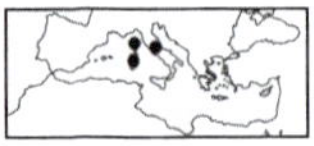

0,8–2 m Mai–Juli ♃

Merkmale Kahle Pflanze, Blätter 3-teilig mit großem Endlappen, einfach bis doppelt gesägt. Blüten mit 12–20 mm langer, purpurner Krone. Kelch mit rundlichen, breit hautrandigen Lappen. Kapsel zugespitzt.

Vorkommen Feuchte, schattige Standorte, Flussufer.

Weitere Arten Ähnlich *S. sambucifolia* L. mit gewellten Kelchlappen (Iberische Halbinsel).

1

2

3

4

5

6

1 Balearen-Sibthorpie *Sibthorpia africana* L.

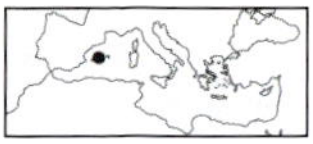

0,05–0,2 m April–Juli ♃

Merkmale Behaarte Pflanze mit feinen, niederliegenden, wurzelnden Stängeln. Blätter wechselständig, ± rundlich, regelmäßig gekerbt. Blüten an später spiralig aufgerollten Stielen, die gelbe Krone mit kurzer Röhre und 5 gleichen, ausgebreiteten Lappen, 4–7 mm im Durchmesser.

Vorkommen Schattige Felsspalten und Mauern. Balearen-Endemit.

Weitere Arten Bei *S. europaea* L. Blütenkrone weißlich, ± rosa überlaufen, nur 1,5–2,5 mm breit, mit etwas ungleichen Lappen (SW-Europa, Gebirge in Griechenland und auf Kreta).

2 Griechische Königskerze *Verbascum graecum* Boiss.

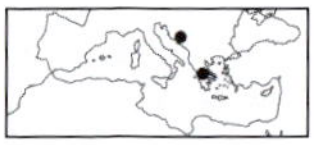

0,4–1,5 m April–Juni ⊙

Merkmale Eine der zahlreichen hohen, im Blütenstand reich und locker verzweigten Königskerzen-Arten im östl. Mittelmeergebiet. Stängel unten ± flockig weißfilzig, oben oft verkahlend. Blätter der Grundrosette eiförmig-lanzettlich, ganzrandig oder fein gekerbt, Stängelblätter breit lanzettlich, sitzend, Tragblätter der Blüten lineal, 2–4(–10) mm lang. Krone gelb, 15–30 mm breit, alle Staubfäden mit quer gestellten Staubbeuteln und weiß behaart. Kelch 2–5 mm.

Vorkommen Wegränder, montane Stufe bis in die Tannenwälder.

Weitere Arten Der Verbreitungsschwerpunkt der Gattung liegt mit etwa 200 Arten in Kleinasien.

3 Langschwänzige Königskerze *Verbascum macrurum* Ten.

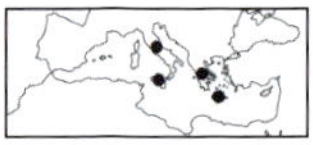

0,5–1,5 m Juni–August ⊙

Merkmale Dicht grau oder gelblich rau behaarte Pflanze. Grundblätter länglich-lanzettlich, alle Stängelblätter herablaufend. Blütenstand oft einfach, sehr dicht kolbenförmig, drüsenlos, mit 10–14 mm langen, auch zur Fruchtzeit noch filzigen, nicht häutigen Tragblättern. Blüten gelb, 25–50 mm breit, Staubbeutel der unteren Staubblätter herablaufend. Kelch 7–12 mm.

Vorkommen Ruderalflächen.

4 Dornige Königskerze *Verbascum spinosum* L.

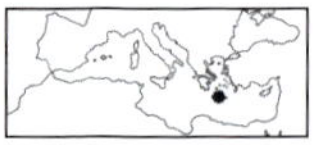

0,2–0,6 m April–September ♃

Merkmale Kugelbüsche bildender, grauweißfilziger Strauch mit dornig endenden Zweigen. Blätter länglich-lanzettlich, unregelmäßig gezähnt oder gelappt. Blüten einzeln, gestielt, mit 10–18 mm breiter, gelber Krone. Staubfäden gelblich weißwollig, mit quer gestellten Staubbeuteln.

Vorkommen Garigues, Dornpolsterfluren.

5 **Weitere Arten** Ebenfalls Kreta-Endemit ist die **Bärenschwanz-Königskerze** *V. arcturus* L., eine Felspflanze mit drüsig behaartem, lockerem Blütenstand, Blüten gelb, am Grund violett gezeichnet, mit 4 violett behaarten Staubfäden.

6 Gewelltblättrige Königskerze *Verbascum undulatum* Lam.

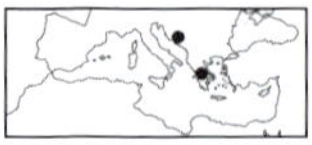

0,3–1,2 m Mai–August ⊙ ♃

Merkmale Dicht und kurz grau- oder gelbfilzige Pflanze. Blätter der Gundrosette so stark gewellt, dass sich die Abschnitte fast überlappen. Stängel meist mehrere, mit drüsenlosem, lockerem, oft einfachem Blütenstand, Tragblätter 6–12 mm, eiförmig-3-eckig. Krone gelb, 25–50 mm breit, alle Staubbeutel quer gestellt, die Staubfäden weiß behaart. Kelch 6–12 mm.

Vorkommen Garigues, Brachland, Unkrautflächen.

7 **Weitere Arten** Ähnlich die **Buchtige Königskerze** *V. sinuatum* L., aber Grundblätter nur buchtig gelappt, am Rand grob gezähnt, ± gewellt, Stängel meist einzeln mit einem ästigen, drüsigen Blütenstand, Tragblätter 3–8 mm, herzförmig-3-eckig, kurz zugespitzt, Krone 15–30 mm breit, alle Staubbeutel quer, die Staubfäden violettwollig behaart, 2 davon oben kahl. Kelch 2–4 mm (Mittelmeergebiet, Kanaren).

1

2

3

4

5

6

7

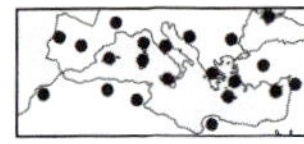

1 **Zimbel-Ehrenpreis** *Veronica cymbalaria* BOD. *Scrophulariaceae*
0,1–0,6 m Februar–April ⊙
Merkmale Niederliegende, behaarte Art, Blätter gestielt, rundlich, 5–9-lappig mit etwas breiterem Endlappen, an *Cymbalaria* (siehe S. 320) erinnernd. Die 4-blättrige weiße Krone am Grund zu einer kurzen Röhre verwachsen, der 4-spaltige Kelch mit zur Fruchtzeit abstehenden Zähnen. Fruchtstiele zurückgebogen.
Vorkommen Mauern, Kulturland.

2 **Syrischer Ehrenpreis** *Veronica syriaca* ROEM. & SCHULT.
0,04–0,1 m Februar–Mai ⊙
Merkmale Zierliche Pflanze mit ganzrandigen oder unregelmäßig gekerbt-gesägten, breit eiförmigen bis rundlichen Blättern. Blütenstand und Fruchtkapsel drüsig, die 4-blättrige, am Grund kurz verwachsene Krone über die Hälfte leuchtend blau, der unterste Kronzipfel auffällig klein und weißlich.
Vorkommen Brachland, offene Stellen in Macchien und Kiefernwäldern.

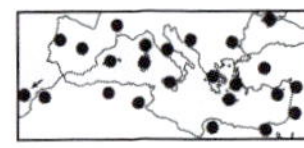

3 **Weißes Bilsenkraut** *Hyoscyamus albus* L. *Solanaceae*
0,2–0,8 m März–September ⊙ ⊙ ♃
Merkmale Klebrige, abstehend drüsig-wollig behaarte, aufrechte Pflanze. Alle Blätter gestielt, eiförmig, stumpf buchtig gezähnt. Blüten in dichten, ährenartigen, durchblätterten, einseitswendigen Blütenständen sitzend, nur die untersten gestielt. Krone 3 cm lang, röhrig-glockig, fast radiär, mit 5-lappigem Saum, außen drüsig-zottig, gelblich weiß, der Rachen grün oder purpurn. Staubbeutel kaum herausragend. Giftpflanze.
Vorkommen Schuttplätze, an Mauern, Felsen, im Siedlungsbereich.
Weitere Arten In fast ganz Europa *H. niger* L. mit sitzenden, stängelumfassenden Blättern und schmutzig gelben, violett geaderten Blüten. Nur im östl. Mittelmeergebiet *H. reticulatus* L. mit sitzenden, nicht stängelumfassenden Blättern und purpurnen, dunkel geaderten Blüten.

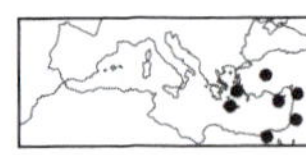

4 **Goldgelbes Bilsenkraut** *Hyoscyamus aureus* L.
0,2–0,6 m März–Juni ⊙ ♃
Merkmale Wie vorige Art, aber Stängel auch niederliegend oder hängend. Blätter eiförmig bis rundlich, unregelmäßig gelappt und spitz gezähnt. Alle Blüten kurz gestielt, Krone bis 4,5 cm lang, trichterförmig mit unregelmäßigem, ausgebreitetem, 5-lappigem Saum, goldgelb mit purpurnem Rachen, Staubbeutel weit herausragend. Giftpflanze wie viele Nachtschattengewächse.
Vorkommen Häufig an (antiken) Mauern, Felsen, meist im Siedlungsbereich.

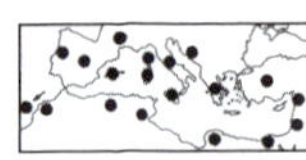

5 **Europäischer Bocksdorn** *Lycium europaeum* L.
1–4 m Dezember–Juni ♄
Merkmale Sparrig verzweigter, laubwerfender Dornstrauch, Blätter oft gebüschelt, dünn, schmal spatelförmig und kahl. In den Achseln meist 2 kurz gestielte Blüten, die blassviolette oder weiße, trichterförmige, 11–13 mm lange Krone mit 5 abgerundeten, 3–4 mm langen Zipfeln. Kugelige, leuchtend rote Beeren.
Vorkommen Gebüsche, Wegränder, wohl nicht überall einheimisch.
6 **Weitere Arten** Ähnlich **Schweinfurths Bocksdorn** *L. schweinfurthii* DAM., Blätter etwas fleischig und schmaler, Krone 10–17 mm lang, Beeren schwarz (in Küstennähe, Kreta, Ägäis, Israel, N-Afrika).

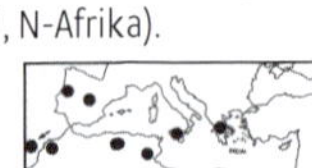

7 **Sparriger Bocksdorn** *Lycium intricatum* BOISS.
0,3–2 m Dezember–Juni ♄
Merkmale Ähnlich voriger Art, aber stärker verzweigt und noch dorniger, Blätter deutlich fleischig, schmal eiförmig bis fast kugelig. Blüten mit 13–18 mm langer, schmal trichterförmiger, aus dem Kelch weit herausragender, meist intensiv violett gefärbter Krone, ihre Zipfel nur 2–3 mm lang. Orangerote, elliptische Beeren.
Vorkommen Sandküsten, Felshänge. Gebietsweise nur eingebürgert.

1

2

3

4

5

6

7

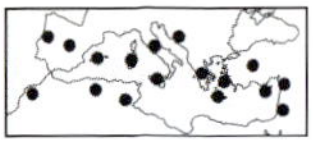

1 **Herbst-Alraune** *Mandragora autumnalis* BERTOL.

0,1–0,2 m September–April ♃

Merkmale Blätter in einer großen, dem Boden anliegenden Rosette, elliptisch bis verkehrt eiförmig, stark runzelig. Die unterschiedlich lang gestielten, aufrecht stehenden Blüten blattachselständig mit glockenförmiger, 12–65 mm langer, tief 5-zipfeliger, grünlich weißer bis blauer oder violetter Krone (**1a**). Zur Reifezeit gelbe oder orangefarbene, elliptische oder kugelige, 5–40 mm große Beeren (**1b**). Die oft abgetrennte *M. officinarum* L. wird in die formenreiche obige Art, die einzige im Mittelmeergebiet, eingeschlossen. Die giftige, alkaloidhaltige, 2-geteilte Wurzel spielte seit dem Altertum als Schmerz- und Schlafmittel, später auch als Zaubermittel wegen ihrer menschenähnlichen Gestalt eine bedeutende Rolle.

Vorkommen Olivenhaine, Brachland, Ruinen, Wegränder.

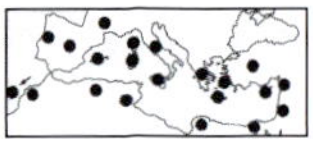

2 **Blaugrüner Tabak** *Nicotiana glauca* GRAH.

2–6 m April–Oktober ♄

Merkmale Hoher, spärlich verzweigter, fast völlig kahler, blaugrüner Strauch mit lang gestielten, ganzrandigen, eiförmigen bis lanzettlichen Blättern. Blüten in lockeren endständigen Rispen, Krone außen behaart, gelb, 25–45 mm lang, röhrenförmig, mit sehr kurzem, stumpf 5-zipfeligen Saum, die Staubbeutel eingeschlossen. Kelch 10–15 mm, mit 5 spitzen Zähnen. Elliptische, 7–10 mm große Kapseln.

Vorkommen Wegränder, Schuttplätze, Ruinen, eingebürgert. Heimat S-Amerika.

Weitere Arten Die verwandten, im Mittelmeergebiet in vielen Kulturformen angebauten Tabak-Arten sind krautig und haben drüsig behaarte, grüne Blätter: *N. rustica* L. mit ungeflügelten Blattstielen und grünlich gelben Blüten, *N. tabacum* L. mit sitzenden oder herablaufenden Blättern oder kurzen geflügelten Blattstielen und cremefarbenen oder rosa Blüten (Heimat trop. Amerika, heute nur noch in Kultur bekannt).

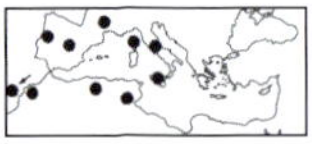

3 **Oreganoblättrige Salpichroa** *Salpichroa origanifolia* (LAM.) BAILL.

0,3–0,8 m Juli–September ♃

Merkmale Bisweilen kletternde, behaarte Art mit ganzrandigen, breit eiförmig-rhombischen Blättern. Blüten hängend, die 6–10 mm lange, weißliche, krugförmige Krone mit 5 kurzen umgeschlagenen Zipfeln. Außergewöhnlich die cremefarbenen, eiförmig-länglichen, 10–15 mm großen, angeblich essbaren Beeren.

Vorkommen Mauern, Zäune, Unkrautflächen. Heimat S-Amerika.

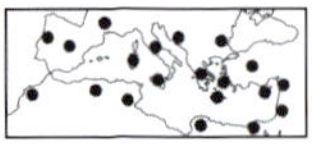

4 **Ölweidenblättriger Nachtschatten** *Solanum elaeagnifolium* CAV.

0,3–0,6 m Mai–August ♃ ♄

Merkmale Halbstrauch, von Sternhaaren grau, mit einzelnen rötlichen Stacheln an Stängeln und Blattnerven. Blätter länglich-lanzettlich, ungeteilt bis schwach buchtig. Blüten mit ausgebreiteter, 5-zipfeliger, blauer Krone, 25–35(–40) mm breit, Staubbeutel gelb, 7–9 mm lang. Gelbe, kugelige Früchte, 10–13 mm.

Vorkommen Sandküsten, Unkrautflächen in Meeresnähe, gebietsweise eingebürgert. Heimat S-Amerika.

5 **Weitere Arten** Ähnlich, bis 2 m hoch, der **Buenos Aires-Nachtschatten** *S. bonariense* L., Blätter oberseits nur spärlich sternhaarig. Blüten weiß bis blau, Beeren gelb oder orange, 7–10 mm (oft feuchte Unkrautfluren, vor allem im westl. Mittelmeergebiet und auf den Kanaren eingebürgert (Heimat S-Amerika).

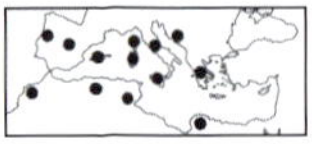

6 **Sodomsapfel** *Solanum linnaeanum* HEPPER & JAEGER (*S. sodomeum* auct.)

0,5–3 m Mai–September ♄

Merkmale Stacheliger, sparrig verzweigter, spärlich sternhaariger Strauch, an Ästen und Blattnerven mit geraden, kräftigen, gelblichen, bis 1,5 cm langen Stacheln. Blätter gestielt, bis fast zur Mittelrippe fiederteilig, mit abgerundeten, gewellten Lappen. Blüten mit blauvioletter, sternförmig ausgebreiteter, 5-zipfeliger Krone, 25–30 mm im Durchmesser, die Staubbeutel 5–6 mm lang. Beeren anfangs weißlich und grün marmoriert, später glänzend gelb bis braun, 20–30 mm groß. Giftpflanze.

Vorkommen Wegränder, Schuttplätze, Sandstrände, eingebürgert. Heimat S-Afrika.

1a

1b

2

3

4

5

6

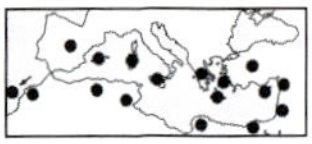

1 Schlafbringende Withanie *Withania somnifera* (L.) DUNAL *Solanaceae*

0,6–1,2 m März–Juni ♃♄

Merkmale Halbstrauch mit sternhaarig-filzigen Ästen, die länglich-eiförmigen, am Grund verschmälerten Blätter unterseits dicht behaart, oberseits fast kahl. Blüten mit gelblich grüner, meist 5-zipfeliger, glockenförmiger, 5 mm langer Krone. Kelch zur Fruchtzeit vergrößert, krugförmig, 10-rippig, die kugelige, 5–8 mm große rote Beere praktisch komplett einhüllend.

Vorkommen Wegränder, Gebüsche, Unkrautfluren.

2 **Weitere Arten** Die **Strauch-Withanie** *W. frutescens* (L.) PAUQ. dagegen mit beiderseits grünen, ± kahlen, fast rundlichen Blättern, Blüten meist nickend, mit 8–16 mm langer, röhrig-glockiger, 5-zipfeliger, gelber Krone, Kelch 5-rippig, glockig, die zuletzt rote oder schwärzliche Beere einhüllend, ihren oberen Teil aber nicht berührend (2–3 m hoch, Spanien, Balearen, NW-Afrika, Kanaren).

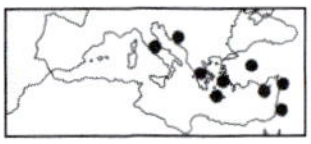

3 Echter Styraxbaum *Styrax officinalis* L. *Styracaceae*

2–7 m April–Mai ♄

Merkmale Sommergrüner Strauch oder kleiner Baum mit breit eiförmigen, unterseits durch Sternhaare graugrün filzigen Blättern. Gestielte duftende Blüten zu 3–6, etwa 2 cm lang, weiß, mit kurzer Kronröhre und 5–7 sich etwas überlappenden, lanzettlichen Zipfeln (**3a**). Frucht ledrig, weißwollig, mit bleibendem, fast ganzrandigem Kelch (**3b**). Der Stamm liefert ein wohlriechendes Harz (Fester Styrax, Storax).

Vorkommen Lichte Wälder, Gebüsche, Flussufer. In Frankreich nur eingebürgert.

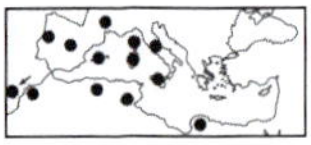

4 Afrikanische Tamariske *Tamarix africana* POIR. *Tamaricaceae*

2–6 m April–Juni(–September) ♄

Merkmale Strauch oder kleiner Baum, Blätter wie bei allen *Tamarix*-Arten schuppenförmig, den Zweigen anliegend, hier 1,5–3 mm lang, spitz, durchscheinend berandet. Überwiegend weiße, fast sitzende, 5-zählige Blüten in 3–7 cm langen, 5–8 mm dicken, dichten kätzchenartigen Trauben, in der Regel an vorjährigen Zweigen. Kronblätter 2–3 mm, Tragblätter meist länger als der Kelch mit 1–2 mm. Samen mit Haarschopf.

Vorkommen Flussläufe, Flachküsten, auch Zierpflanze.

Weitere Arten Ähnlich *T. boveana* BUNGE, auffällig durch kräftigere, längere, 7–12 mm dicke Blütentrauben, Kronblätter meist 4, rosa, 3–4 mm lang, Tragblätter viel länger als die Blüten (Spanien, Balearen, N-Afrika).

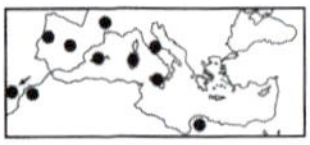

5 Kanarische Tamariske *Tamarix canariensis* WILLD.

2–6 m April–September ♄

Merkmale Wie vorige Art, aber Blätter mit zahlreichen Salzdrüsen besetzt, bis 2,5 mm lang. Blütentrauben an diesjährigen Zweigen, 1,5–5 cm × 3–5 mm, Blüten auf kurzen Stielchen, mit 5 rosa, bis 1,5 mm langen Kronblättern. Tragblätter so lang wie der Kelch oder länger.

Vorkommen An zeitweilig feuchten, auch salzhaltigen Standorten, Flussläufe.

Weitere Arten Keine oder wenige Salzdrüsen auf den Blättern bei *T. gallica* L., Blütentrauben ebenfalls an diesjährigen Zweigen, Blüten mit 5 rosa, 1,5–2 mm langen Kronblättern, Tragblätter kürzer als der Kelch (westl. Mittelmeergebiet, häufig gepflanzt).

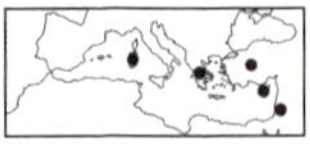

6 Hampes Tamariske *Tamarix hampeana* BOISS. & HELDR.

3–5 m April–Mai ♄

Merkmale Wie vorige Art, aber Blätter am Grund herzförmig, 2–4 mm lang. Blütentrauben an vorjährigen Zweigen, 2–6(–13) cm lang und mit 10–12 mm ziemlich dick. Kronblätter 4 oder 5, rosa, 2,5–4 mm lang, Tragblätter kürzer oder etwas länger als die Blütenstiele, den Kelch kaum erreichend.

Vorkommen Flussläufe, Sandstrände.

Weitere Arten Bei *T. parviflora* DC. Trauben 1,5–4 cm × 4–6 mm, Blüten immer 4-zählig, Kronblätter bis 2 mm, Tragblätter fast völlig häutig, kürzer als der Kelch (östl. Mittelmeergebiet, weiter kultiviert).

1
2
3a
3b
4
5
6

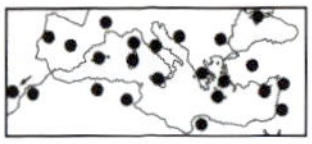

1 **Hundskohl** *Theligonum cynocrambe* L. *Theligonaceae*

0,05–0,4 m Januar–Juni ⊙

Merkmale Gelbgrüne bis rötlich überlaufene, kahle, zerbrechliche Pflanze, Stängel an den Knoten verdickt. Blätter eiförmig-rhombisch, ganzrandig, untere gegenständig, obere wechselständig, Nebenblätter häutig. Blüten unscheinbar, getrenntgeschlechtig in den Blattachseln sitzend, männliche mit einer zuletzt 2-teiligen, weibliche mit einer röhrigen Hülle. Die Art wird heute zu den *Rubiaceae* gestellt.

Vorkommen Schattig-feuchte Felsstandorte, Mauern.

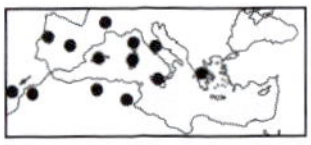

2 **Herbst-Seidelbast** *Daphne gnidium* L. *Thymelaeaceae*

0,5–2 m Juni–Oktober ♄

Merkmale Äste aufrecht, im oberen Bereich dicht mit kahlen, unterseits fein drüsigen, linealen bis lanzettlichen, spitzen, blaugrünen Blättern besetzt. Blüten endständig und in den oberen Blattachseln in kleinen Rispen, mit einem 4-zipfeligen, gelblich weißen Kelch, der in einen gleichfarbigen, behaarten Achsenbecher übergeht, insgesamt 4–8 mm lang, wie bei allen Seidelbastgewächsen keine Kronblätter. Früchte eiförmig, fleischig, leuchtend rot, später schwärzlich. Giftig wie alle *Daphne*-Arten.

Vorkommen Gebüsche und Wälder, sich nach Brand ausbreitend.

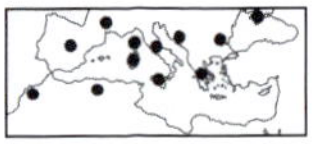

3 **Lorbeer-Seidelbast** *Daphne laureola* L.

0,4–1,2 m Februar–Mai ♄

Merkmale Immergrüner Strauch mit ledrigen, dunkelgrünen, verkehrt eiförmig-lanzettlichen, an den Astenden gehäuft stehenden Blättern. Blüten in kleinen achselständigen Trauben, grünlich gelb und kahl, 7–12 mm lang. Früchte spitz eiförmig, schwarz.

Vorkommen Laubwälder, Gebüsche.

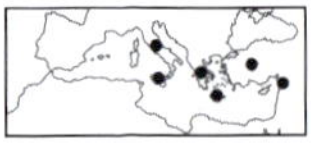

4 **Seidenhaariger Seidelbast** *Daphne sericea* Vahl (*D. oleifolia* Lam.)

0,5–1,5 m Februar–April ♄

Merkmale Immergrüner Strauch mit ledrigen, dunkelgrünen, verkehrt eiförmig-länglichen, am Rand umgerollten, oberseits kahlen, unterseits anliegend behaarten Blättern. Die rosavioletten, duftenden Blüten mit weißfilziger Röhre, 11–14 mm lang, zu 5–15 köpfchenförmig an den Zweigenden, umgeben von kleinen eiförmigen, seidig behaarten Hochblättern. Früchte rot.

Vorkommen Felsfluren, Macchien, Wälder, überwiegend auf Kalk.

5 **Weitere Arten** Der **Ölbaumähnliche Seidelbast** *D. oleoides* Schreb. mit verkahlenden Blättern und gelblich weißen Blüten zu 2–6, ohne Hochblätter (niedriger Strauch der Gebirgsstufe, Mittelmeergebiet).

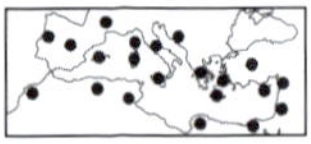

6 **Behaarte Spatzenzunge** *Thymelaea hirsuta* (L.) Endl.

0,4–1,5 m Oktober–Mai ♄

Merkmale Kleiner Strauch, oft mit überhängenden Zweigen, die dachziegelartig angeordneten, schuppenförmigen, etwas fleischigen Blättchen oberseits glänzend dunkelgrün und kahl, unterseits wie die jungen Zweige weißfilzig. Blüten büschelig entlang der Zweigenden stehend, 3–6 mm lang, ihr stumpf 4-zipfeliger Kelch außen weiß seidenhaarig, innen gelblich und kahl.

Vorkommen Garigues, bis in Halbwüsten vordringend.

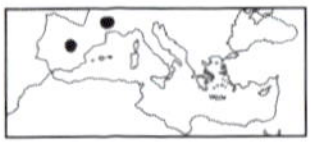

7 **Heilewelt-Spatzenzunge** *Thymelaea sanamunda* All.

0,1–0,4 m Mai–September ♄

Merkmale Stängel des Halbstrauches über die ganze Länge mit weitgehend kahlen, blaugrünen, lanzettlichen, spitzen Blättern besetzt. Blüten achselständig, 5–11 mm lang, kurz gestielt zu 3–5, ohne Tragblätter, der Kelch mit 4 schlanken zugespitzten Zipfeln, grünlich gelb, außen fein behaart.

Vorkommen Gebüsche, Weiden, auf Kalk.

1

2

3

4

5

6

7

1 **Silberweiße Spatzenzunge** *Thymelaea tartonraira* (L.) ALL.
Thymelaeaceae

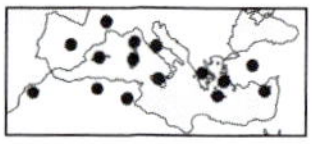

0,2–0,5 m März–Mai ♄
Merkmale Strauch mit abstehenden, ledrigen, verkehrt eiförmigen bis schmal länglichen Blättern an den oberen Zweigabschnitten, gewöhnlich beidseitig seidenhaarig. Eher unscheinbare, 4-zipfelige, 7–8 mm lange, außen weißhaarige, innen gelbliche Blüten büschelig in den Blattachseln, umgeben von zahlreichen kleinen Hochblättern. Mehrere Unterarten, z. B. die abgebildete, weiter verbreitete ssp. *tartonraira* (**1a**) mit ± dicht silbrig-seidig behaarten, spateligen, 2,5–7 mm breiten Blättern oder die ssp. *valentina* (PAU) BOLÓS & VIGO (**1b**) mit schmaleren, längeren Blättern (SO-Spanien, Mallorca). Ähnlich die östl. Sippe ssp. *argentea* (SM.) HOLMBOE (Kreta, Zypern, Ägäis, SW-Anatolien).
Vorkommen Garigues, sandige und felsige Standorte, oft in Küstennähe.
2 **Weitere Arten** Auf den Balearen endemisch die **Samt-Spatzenzunge** *Th. velutina* (CAMB.) MEISSN. (*Th. myrtifolia* (POIR.) D. A. WEBB) mit wollig filzigen, schmal spatelförmigen Blättern.

3 **Südlicher Zürgelbaum** *Celtis australis* L. *Ulmaceae*

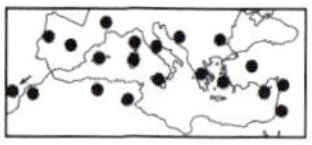

Bis 25 m April–Mai ♄
Merkmale Sommergrüner Baum oder Strauch, Blätter schief eiförmig, lang zugespitzt und scharf gesägt, oberseits rau, unterseits weichhaarig. Blütenhülle rotbraun, 5–7-blättrig, hinfällig. An langen Stielen wohlschmeckende, fleischige, violettbraune, 9–12 mm große Steinfrüchte.
Vorkommen Lichte Wälder und Gebüsche, besonders in der Flaumeichenstufe, häufig gepflanzt.
Weitere Arten *C. tournefortii* LAM., Blätter spitz eiförmig, gekerb-gesägt mit breiten stumpflichen Zähnen, reife Früchte bräunlich gelb (Sizilien, Balkanhalbinsel, SW-Asien).

4 **Kretische Zelkova** *Zelkova abelicea* (LAM.) BOISS.

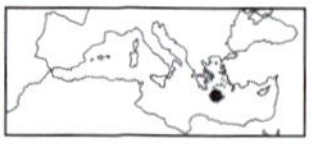

3–5(–10) m April–Mai ♄
Merkmale Sommergrüner Strauch oder kleiner Baum mit schuppiger Borke. Blätter dunkelgrün, eiförmig bis elliptisch, mit 6–12 groben Kerbzähnen. Blüten einzeln, sich mit den Blättern entwickelnd, mit (4–)5, ± verbundenen Hüllblättern. Schiefe, etwa 4 mm große, flaumig behaarte, trockene Steinfrüchte.
Vorkommen Gebüsche, Bergwälder. Kreta-Endemit.

5 **Ästiges Glaskraut** *Parietaria judaica* L. (*P. diffusa* MERT. & KOCH) *Urticaceae*

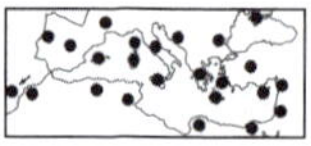

0,1–0,6 m April–September ♃
Merkmale Aufsteigende oder aufrechte, weich behaarte Pflanze ohne Brennhaare, mit wechselständigen, eiförmig-rundlichen, zugespitzten, am Rand gewimperten, 2–7 cm langen Blättern, ohne Nebenblätter. In den Achseln mehrere unscheinbare Blüten, Tragblätter krautig, am Grund etwas verwachsen, kürzer als die 4-zählige Blütenhülle zur Fruchtzeit.
Vorkommen In schattig-feuchten Mauerfugen.
Weitere Arten Ähnlich *P. officinalis* L., bis 1 m hoch, mit eiförmig-lanzettlichen, lang zugespitzten, am Grund verschmälerten Blättern, Tragblätter meist frei (nördl. Mittelmeergebiet, in Mitteleuropa eingebürgert).

6 **Kreta-Glaskraut** *Parietaria cretica* L.

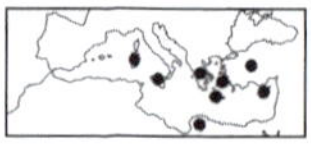

0,05–0,25 m März–Mai ⊙ ♃
Merkmale Pflanze zierlicher als vorige Art, niederliegend bis aufsteigend, angelehnt an Gestein. Blätter breit eiförmig-elliptisch, gewöhnlich nur bis 1,5 cm groß. Blüten nur zu dritt, Tragblätter sich zur Fruchtzeit vergrößernd, braun und verhärtet, eine ungleich 5-lappige Hülle um den Fruchtstand bildend.
Vorkommen Felsspalten, Mauerfugen.
Weitere Arten Zierlich und 1-jährig auch *P. lusitanica* L., Tragblätter auch zur Fruchtzeit noch krautig, sich nicht vergrößernd, so lang wie die Blütenhülle oder länger, Blüten zu 3–7 (Mittelmeergebiet).

1a

1b

2

3

4

5

6

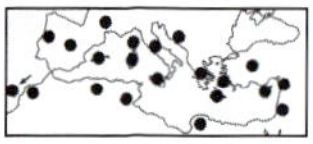

1 Geschwänzte Brennnessel *Urtica membranacea* Poir.

(*U. caudata* Vahl, non Burm. f.) *Urticaceae*

0,2–1,2 m ganzjährig ☉

Merkmale Wie alle Brennnessel-Arten mit Brennhaaren, gegenständigen, grob gesägten Blättern und Nebenblättern (hier jeweils 2 paarweise verwachsen) an den Knoten. In den Blattachseln ährenartige, 1-geschlechtige, aufrecht-abstehende, lange Blütenstände, die oberen männlich mit verbreiterter Achse, an der die Blüten einseitswendig sitzen. Pflanze 1- oder 2-häusig.

Vorkommen Stickstoffreiche, feuchte Unkrautfluren, besonders im Siedlungsbereich.

Weitere Arten Ausdauernd dagegen *U. atrovirens* Lost. mit 4 Nebenblättern an jedem Knoten, männliche und weibliche Blüten im selben Blütenstand ohne aufgeblasene Achse (Korsika, Sardinien, Toskana).
2 Die Vorkommen auf Mallorca wurden als **Mallorca-Brennnessel** *U. bianorii* (Knoche) Paiva abgetrennt. Kennzeichnend sind die rundlich-herzförmigen, tief grob gesägten Blätter mit zerstreuten, langen Brennhaaren auf großen Höckern und die nur 0,5–2 cm langen Blütenstände.

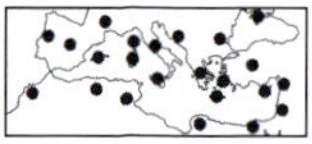

3 Pillen-Brennnessel, Römische Nessel *Urtica pilulifera* L.

0,3–1 m April–August ☉ ⊙

Merkmale Wie bei voriger Art Blütenstände 1-geschlechtig, aber auf gleicher Höhe in den Blattachseln (mit 4 Nebenblättern an jedem Knoten), männliche rispig, weibliche in charakteristischen, lang gestielten, kugeligen Köpfchen. Ihre Blütenhüllen aufgeblasen und dicht mit Borstenhaaren besetzt.

Vorkommen Stickstoffreiche, feuchte Unkrautfluren, Wegränder.

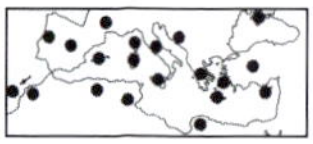

4 Fußangel-Spornblume *Centranthus calcitrapae* (L.) Dufr.

Valerianaceae

0,1–0,7 m Dezember–Juli ☉

Merkmale Zierliche Pflanze, obere Blätter gegenständig sitzend, leierförmig bis gleichmäßig tief fiederteilig. Blüten in kopfigen Blütenständen, blassrosa, mit 1–3 mm langer, 5-lappiger Röhre, der Sporn sackartig, unter 0,5 mm lang, wie bei allen Spornblumen nur mit 1 Staubblatt und fedrigem Fruchtkelch.

Vorkommen Felsfluren, Brachland.

Weitere Arten *C. macrosiphon* Boiss. mit weniger geteilten Blättern, Kronröhre 5–8 mm (SW-Europa).

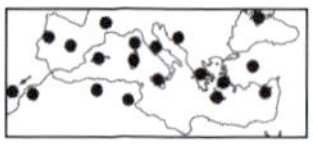

5 Rote Spornblume *Centranthus ruber* (L.) DC.

0,3–0,8 m April–Oktober ♃

Merkmale Kahle, blaugrüne Pflanze. Blätter gegenständig, eiförmig-lanzettlich, die oberen mit herzförmigem Grund sitzend, manchmal schwach unregelmäßig gezähnt. Blüten rosarot in Trugdolden, Krone mit 7–10 mm langer Röhre und ungleich 5-lappigem Saum, der dünne Sporn 5–10 mm lang.

Vorkommen Felsspalten, Felsschutt und in Mauern. Auch weiter als Zierpflanze kultiviert und verwildert.
6 **Weitere Arten** Ähnlich die **Schmalblättrige Spornblume** *C. angustifolius* (Mill.) DC., Blätter schmal lanzettlich, ganzrandig, Kronröhre mit 2–4 mm langem Sporn (Frankreich, Italien, NW-Afrika).

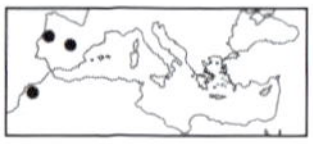

7 Füllhorn-Fedie *Fedia cornucopiae* (L.) Gaertn.

0,05–0,3 m Februar–Juni ☉

Merkmale Pflanze kahl, schwach fleischig, gabelig verzweigt, die gegenständigen, ± gestielten Blätter spatelförmig, ganzrandig, die oberen sitzend, gezähnt. Blüten meist paarweise kopfig vereint, ihre Stiele zur Fruchtzeit aufgeblasen, die Krone 8–16 mm lang, 2-lippig, 2 Staubblätter. Frucht auf deutlich verdickten Stielen, Kelch nicht vergrößert, ohne fedrige Zähne.

Vorkommen Weiden, Brachland.

Weitere Arten Die sehr ähnlichen Vorkommen im zentralen und östl. Mittelmeergebiet sowie in N-Afrika wurden als *F. graciliflora* Fisch. & Mey. (mit mehreren Unterarten) von *F. cornucopiae* abgetrennt.

1

2

3

4

5

6

7

1 **Haselwurzblatt-Baldrian** *Valeriana asarifolia* Dufr. *Valerianaceae*

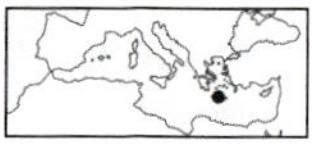

0,25–0,5 m März–Mai ♃

Merkmale An den rundlichen oder nierenförmigen, am Grund herzförmigen, gekerbten, gestielten Grundblättern (ähnlich denen der Haselwurz) leicht kenntliche Art, Stängelblätter gegenständig sitzend, fiederspaltig. Blütenstand kopfig, die weißen oder rosa 5-zipfeligen Blüten mit 5–6,5 mm langer, am Grund ausgesackter Röhre. Wie für Baldrian-Arten kennzeichnend 3 Staubblätter. Fruchtkelch fedrig.

Vorkommen Schattige Felsfluren, Felsspalten, im Kalk.

Weitere Arten Bei *V. italica* Lam. (*V. dioscoridis* Sm.) Blätter elliptisch, ganzrandig oder fiederschnittig, am Grund nie herzförmig (östl. Mittelmeergebiet).

2 **Scheibenartiger Feldsalat** *Valerianella discoidea* (L.) Loisel.

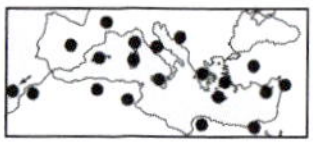

0,1–0,35 m Februar–April ⊙

Merkmale Mehrfach gabelig verzweigte, behaarte Pflanze mit einigen rosettig gehäuften, schmal spatelförmigen, ± entfernt stumpf gezähnten Blättern am Grund sowie einigen an der Basis bisweilen fiederschnittigen Stängelblattpaaren. Mehrere Blüten köpfchenartig vereint, Krone winzig, bläulich oder weiß, trichterförmig, 5-lappig mit kurzer Röhre. Eine Gattung, die nur zur Fruchtzeit sicher zu bestimmen ist, bei dieser Art charakteristisch der sternförmig ausgebreitete Kelch, etwa so lang wie die Frucht mit 8–15 ungleich großen Zähnen, die nach außen gerichtet in einer langen, hakig gekrümmten Granne enden.

Vorkommen Äcker, Brachland, Garigues.

3 **Weitere Arten** Ähnlich der **Stumpflappige Feldsalat** *V. obtusiloba* Boiss., aber Kelch etwa 2-mal so lang wie die Frucht, die gerundeten Zipfel am Rand und an der Spitze mit jeweils 3–5 kurzen, widerhakigen Grannen (zentrales und östl. Mittelmeergebiet).

4 **Blasenfrüchtiger Feldsalat** *Valerianella vesicaria* (L.) Moench.

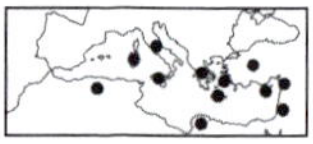

0,05–0,3 m Februar–April ⊙

Merkmale Wie vorige Arten gabelig verzweigt, die typischen Fruchtkelche aufgeblasen, abgeflacht eiförmig und netznervig, mit kurzen, einwärts gekrümmten Zähnen.

Vorkommen Äcker, Ruderalstellen.

5 **Knotenblütige Lippie** *Lippia nodiflora* (L.) Michx.

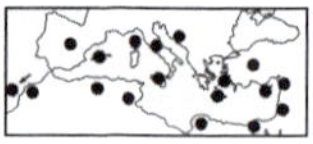

(*Phyla nodiflora* (L.) Greene) *Verbenaceae* **0,1–0,3 m April–September ♃**

Merkmale Niederliegend, an den Knoten wurzelnd, mit aufsteigenden Blütentrieben. Blätter gegenständig, keilförmig spatelig, in der oberen Hälfte mit groben Zähnen. Blüten in gestielten, köpfchenartigen, später zylindrischen, 5–7 mm breiten Ähren, die weiße bis violette Krone 2-lippig, bis 2,5 mm breit.

Vorkommen Meist küstennahe, feuchte Standorte.

Weitere Arten Als Bodendecker kultiviert und gebietsweise eingebürgert *L. canescens* Kunth (*P. n. var. minor* (Gillies & Hook.) N. O'Leary & Múlgura), Ähre 9–12 mm breit, Krone 3,5–4 mm lang (Heimat Zentral- und S-Amerika).

6 **Keuschbaum**, Mönchspfeffer *Vitex agnus-castus* L.

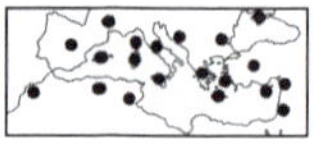

1–6 m Juni–November ♄

Merkmale Sommergrüner Strauch, Blätter lang gestielt, fingerförmig 5–7-fach gefiedert, die gestielten Blättchen lanzettlich, fast ganzrandig, unterseits weißfilzig, oberseits kahl. Kleine blaue, seltener rosa Blüten mit 6–10 mm breiter, 2-lippiger behaarter Krone in endständigen, verzweigten, ährenartigen Blütenständen (**6a**). Kleine, rötlich schwarze, scharf schmeckende Früchte (**6b**), die früher als Gewürz wie Pfeffer und auch als Antaphrodisiakum verwendet wurden, um Mönchen und Nonnen die Einhaltung des Keuschheitsgelübdes zu erleichtern. In Arzneimitteln gegen Hormonstörungen gebräuchlich.

Vorkommen Flussufer, feuchte Standorte, auch als Zierstrauch gepflanzt.

1

2

3

4

5

6a

6b

1 **Skorpions-Veilchen** *Viola scorpiuroides* Coss. *Violaceae*

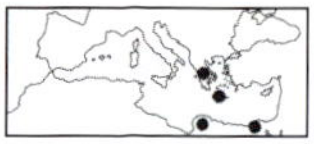

0,1–0,2 m Dezember–April ♄

Merkmale Zwergstrauch mit ± behaarten, verkehrt eiförmigen, am Grund keilförmigen, ganzrandigen Blättern und pfriemlichen Nebenblättern. Duftende gelbe Blüten, 10–15 mm lang, mit kurzem, stumpfem Sporn und 2 schwarzen Flecken auf dem unteren Kronblatt. Aufrechte kahle Kapseln.

Vorkommen Garigues, trockene Felsspalten.

Weitere Arten Ebenfalls verholzt *V. arborescens* L., aber Blätter lineal-lanzettlich, ganzrandig oder gezähnelt, Nebenblätter leierförmig fiederschnittig, Blüten weißlich oder blassviolett (westl. Mittelmeergbiet).

2 **Kretische Fagonie** *Fagonia cretica* L. *Zygophyllaceae*

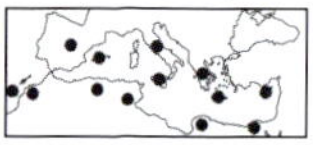

0,1–0,4 m Januar–Juni ♃

Merkmale Ausgebreitet verzweigte, steife Pflanze mit gegenständigen, 3-teiligen Blättern, die Blättchen ledrig, asymmetrisch lanzettlich, dornig bespitzt, Nebenblätter dornig, kürzer als die Blattstiele. Blüten mit 5 genagelten, rotvioletten, 6–8 mm langen Kronblättern und 5 hinfälligen Kelchblättern. Früchte mit dem ausdauernden Griffel etwa 1 cm lang, aus 5 scharfwinkligen Fächern mit gewimperten Kanten.

Vorkommen Garigues, Felsfluren.

3 **Steppenraute** *Peganum harmala* L.

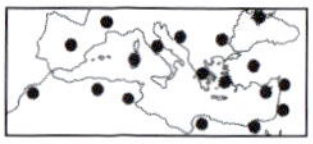

0,3–0,6(–1) m März–August ♃ ♄

Merkmale Am Grund verholzte, kahle Art mit etwas fleischigen, wechselständigen, unregelmäßig in spitze, lineale Lappen zerteilten Blättern, jeweils mit 2 borstlichen Nebenblättern. Blüten 5-zählig, Kronblätter weißlich bis grünlich, 8–10 mm lang, Kelchblätter lineal. 10–15 mm große, gestielte, kugelige Kapseln mit schwarzen, in der Volksheilkunde der Heimatländer vielfältig medizinisch genutzten Samen.

Vorkommen Ruderalfluren der Trockengebiete, Wegränder.

4 **Erd-Burzeldorn** *Tribulus terrestris* L.

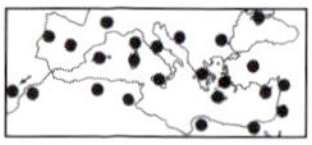

0,1–0,6 m Mai–September ⊙

Merkmale Niederliegende, ± grau behaarte Pflanze, die gegenständigen Blätter oft ungleich groß, mit 5–8 Fiederpaaren, ihre Blättchen schief eiförmig-länglich. Blüten mit 5 gelben, 4–6 mm langen Kronblättern. Früchte eindrucksvoll für Barfüßler: die 5 sternförmig angeordneten, 3-seitigen Teilfrüchtchen auf dem Rücken mit borstigen Warzen und auf den Seiten mit meist je 2 kräftigen dornigen Auswüchsen.

Vorkommen Kulturland, Brachland, Wegränder, oft auf sandigen Böden.

5 **Weißes Jochblatt** *Zygophyllum album* L.

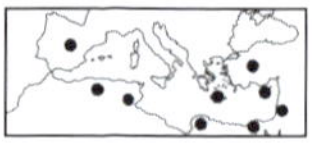

(*Tetraena alba* (L. f.) Beier & Thulin) **0,1–0,5 m (Dezember–)April–Juli ♃**

Merkmale Grau spinnwebig filziger niedriger Strauch mit knotig gegliederten Ästen. Blätter fleischig, sowohl die beiden eiförmigen Fiedern als auch der Blattstiel. Blüten einzeln, achselständig, mit 5 weißen bis rosa, 3–4 mm langen Kronblättern. Frucht 5–10 mm, scharf 5-kantig.

Vorkommen Sand- und Kiesstrände. In Spanien nur im Ebrodelta.

6 **Bohnen-Jochblatt** *Zygophyllum fabago* L.

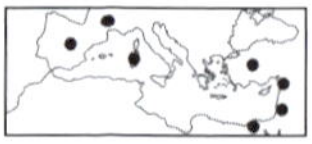

0,3–1 m Mai–August ♃

Merkmale Aufrechte kahle Pflanze. Blätter gegenständig mit je einem Paar verkehrt eiförmiger bis elliptischer, asymmetrischer, fleischiger Blättchen, zwischen diesen oft ein kleiner Fortsatz der Blattspindel. Blüten einzeln in den Blattachseln, mit 5 weiß berandeten Kelch- und 5 länglich-eiförmigen, oben weißlichen, unten rotorangefarbenen Kronblättern. 10 weit herausragende, orangefarbene Staubbeutel. Hängende, kantige, zylindrische Früchte. Die in Essig eingelegten Blütenknospen wurden früher wie Kapern verwendet.

Vorkommen Schuttplätze, Wegränder. Im Westen nur eingebürgert.

1

2

3

4

5

6

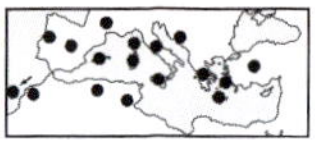

1 Amerikanische Agave *Agave americana* L. *Agavaceae*

3–8 m Juni–August ♃

Merkmale Blätter der Grundrosette dickfleischig und graugrün, 1–2 m lang, lineal-lanzettlich, entfernt dornig gezähnt und an der Spitze mit einem 2–3 cm langen bräunlichen Dorn, in der Knospe dicht anliegend und dadurch Abdrücke hinterlassend. Der bis 8 m hohe Blütenschaft (nach etwa 10 Jahren) mit 3-eckigen stängelumfassenden Hochblättern und waagerechten Rispenästen, daran büschelig die 6-zähligen, gelblichen, 7–9 cm langen Blüten. Nach der Fruchtreife stirbt die Pflanze ab, vermehrt sich aber leicht vegetativ.
Vorkommen Seit dem 16. Jahrhundert im Mittelmeergebiet kultiviert, häufig verwildert. Heimat Mexiko.

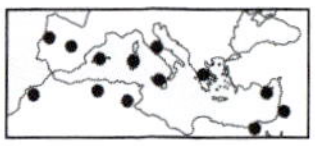

2 Bourgeau-Damasonie *Damasonium bourgaei* Coss. *Alismataceae*

0,02–0,4 m April–September ⊙ ⊙

Merkmale Kahle Wasserpflanze, an bald austrocknenden Standorten oft winzig. Blätter alle grundständig, zunächst als bandförmige Schwimm-, später als Luftblätter mit länglicher, am Grund gestutzter oder herzförmiger Spreite ausgebildet. Blüten in zusammengesetzten Quirlen, die 3 inneren weißen oder rosa, am Grund gelb gefleckten Hüllblätter doppelt so lang wie die 3 grünen, kelchblattähnlichen äußeren. Gewöhnlich 6 am Grund verbundene, sternförmig angeordnete Früchtchen. Vom nördlicher verbreiteten, selteneren *Damasonium alisma* Mill. durch die kleineren Staubbeutel (–0,5 mm statt –1 mm) und Samen (–1,5 mm statt 2–2,5 mm) unterschieden.
Vorkommen Zeitweilig überschwemmte Senken, Gräben.

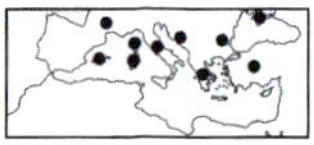

3 Sommer-Knotenblume *Leucojum aestivum* L. *Amaryllidaceae*

0,2–0,6 m April–Mai ♃

Merkmale Mit dem mitteleuropäischen Märzenbecher verwandte Art. Blätter 5–20 mm breit, oft länger als der 2-kantige, robuste, hohle Blütenschaft. Blüten nickend zu (1–)3–7, glockig, Hüllblattabschnitte alle gleich, 13–22 mm lang, mit grünem Fleck unterhalb der Spitze, ohne Nebenkrone. Auf den westmediterranen Inseln die schon oft ab Dezember blühende ssp. *pulchellum* (Salisb.) Briq.) mit 8–14 mm langen Abschnitten.
Vorkommen Feuchte Wiesen und Wälder, auch Zierpflanze.
4 **Weitere Arten** Nur 1–2,5 mm breite Blätter hat die **Langblättrige Knotenblume** *L. longifolium* (Roem.) Gren. (*Acis longifolia* Roem.), Blütenschaft zierlicher, nicht hohl, mit 1–4 Blüten, deren Abschnitte 8–11 mm lang (Korsika). Rosablütig der Herbstblüher *L. roseum* Mart. (*A. rosea* (Mart.) Sweet, Korsika, Sardinien).

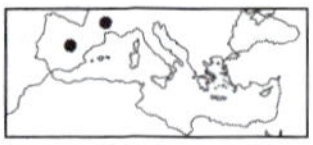

5 Binsenblättrige Narzisse *Narcissus assoanus* Dufour

(*N. requienii* Roem.) **0,1–0,3 m Dezember–März ♃**

Merkmale Blätter dieser Narzisse schmal, 1–3 mm breit, mit glattem oder gezähneltem Rand. Blüten zu 1–3(–6), waagerecht abstehend, leuchtend gelb, mit 12–18 mm langer, schlanker Röhre, die 6 abstehenden oder leicht zurückgekrümmten Hüllblattabschnitte 7–10 mm, die Nebenkrone mit 4–8 mm ½ so lang oder länger, am Saum gewellt.
Vorkommen Felsspalten im Kalkgestein.
Weitere Arten In Spanien u. a. *N. jonquilla* L., Blüten mit 20–30 mm langer Röhre, Hüllblattabschnitte 10–15 mm, die Nebenkrone mit 3–5 mm nur etwa ⅓ so lang (in S-Europa aus Anbau verwildert).

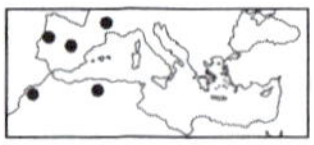

6 Reifrock-Narzisse *Narcissus bulbocodium* L. s. l.

0,06–0,2 m Februar–April ♃

Merkmale Blätter wie bei voriger Art, bisweilen niederliegend. Blüten ± waagerecht, blassgelb bis gelborange, mit außen grün gestreifter oder gelblicher, 4–25 mm langer, trichterförmiger Röhre und 6–15 mm langen, aufrechten oder aufrecht-abstehenden, schmalen und spitzen Hüllblattabschnitten. Letztere kürzer als die den Trichter fortsetzende, 7–25 mm lange, am Saum glatte bis gewellte, besonders große Nebenkrone.
Vorkommen Feuchte Gebüsche, Felsfluren, Weiden.

1

2

3

4

5

6

1 **Dichter-Narzisse** *Narcissus poeticus* L.

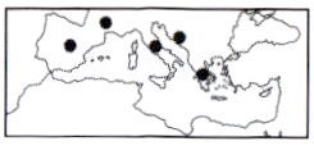

0,2–0,6 m April–Juni ♃

Merkmale Blätter lineal und flach, 5–14 mm breit. Blüten gewöhnlich einzeln, abstehend bis nickend, mit 2–3 cm langer, allmählich erweiterter, grünlicher Röhre und ausgebreiteten, weißen Hüllblattabschnitten, diese 15–30 mm lang, eiförmig-länglich, die Ränder sich deckend. Die schüsselförmige Nebenkrone nur 1–3 mm lang, gelb, mit rotem, krausem Rand.

Vorkommen Bergwiesen, sommergrüne Wälder, auch Zierpflanze, in Mitteleuropa nur verwildert.

Weitere Arten *N. radiiflorus* Salisb. mit verkehrt eiförmig-keilförmigen, ± deutlich genagelten, sich nicht deckenden Hüllblattabschnitten (Frankreich bis zur westl. Balkanhalbinsel, sehr selten bis Mitteleuropa).

2 **Spätblühende Narzisse** *Narcissus obsoletus* (Haw.) Spach

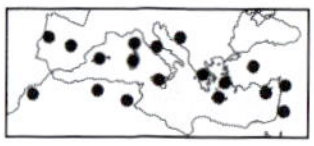

(*N. miniatus* Donn.-Morg. & al.) **0,1–0,3 m Oktober–Dezember ♃**

Merkmale Zierlicher als vorige Arten, Blätter halbzylindrisch, 1 mm breit, meist nur an nicht blühenden Zwiebeln. Blüten zu 1–2(–3) ± aufrecht stehend, Blütenröhre allmählich verengt, Hüllblattabschnitte weiß, länglich-lanzettlich, 10–16 mm lang, die orangefarbene Nebenkrone lappig, etwa 1 mm.

Vorkommen Garigues, Kalkschutt, Brachland.

Weitere Arten *N. serotinus* L. mit plötzlich verengter Blütenröhre und gelber Nebenkrone, nur SW-Iberische Halbinsel, Marokko.

3 **Gelbe Narzisse** *Narcissus pseudonarcissus* L.

0,2–0,5 m März–Mai ♃

Merkmale Blätter flach, unterseits gekielt, graugrün, 5–15 mm breit. Blüten meist einzeln, nickend oder abstehend, mit 15–25 mm langer, trichterförmiger Röhre und hellgelben, dunkelgelben oder weißlichen, 18–40 mm langen, eiförmigen, oft ± gedrehten, aufrecht-abstehenden Hüllblattabschnitten. Die weit zylindrisch-glockige Nebenkrone etwa ebenso lang, dottergelb, am Saum wellig oder ungleich gekerbt.

Vorkommen Sommergrüne Wälder, Wiesen, Kulturland.

Weitere Arten Ähnlich *N. bugei* (Fern. Casas) Fern. Casas, Nebenkronensaum zurückgeschlagen (S-Spanien).

4 **Tazette**, Bukett-Narzisse *Narcissus tazetta* L.

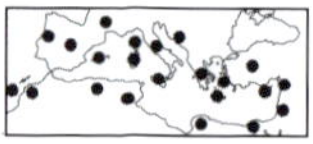

0,2–0,6 m Dezember–Mai ♃

Merkmale Die blaugrünen Blätter stumpf gekielt, 5–24 mm breit. Blüten zu (2–)3–15 auf ungleich langen Stielen, mit schlanker, 12–18 mm langer Röhre und ausgebreiteten, weißen, cremefarbenen oder gelben, 8–22 mm langen Hüllblattabschnitten, die sich meist berühren oder decken. Die schüsselförmige Nebenkrone 3–6 mm lang, gelb oder orange.

Vorkommen Wiesen, Weiden, Kulturland, formenreich auch durch Gartenkultur, gebietsweise verwildert.

5 **Weitere Arten** Ähnlich die **Papyrus-Narzisse** *N. papyraceus* Ker-Gawl., bis zu 20 Blüten mit reinweißer, ganzrandiger oder krauser Nebenkrone (S-Europa, NW-Afrika).

6 **Dünen-Trichternarzisse**, Pankrazlilie *Pancratium maritimum* L.

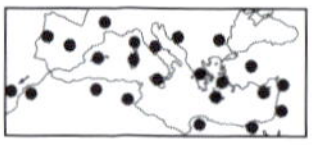

0,2–0,6 m Juli–September ♃

Merkmale Pflanze an der großen Zwiebel und den 5–6 etwas fleischigen, gedrehten, linealen Blättern auch nicht blühend gut kenntlich. Blüten an zusammengedrücktem Schaft zu 3–15 doldig stehend, mit 6–8 cm langer, grüner Röhre und 3–5 cm langen, lineal-lanzettlichen, abstehenden Hüllblattabschnitten. Die trichterförmige Nebenkrone etwa 2/3 so lang, 12-zähnig. Fruchtstängel sich zu Boden neigend, aus den Kapseln die pechschwarzen, schwimmfähigen Samen freilassend. **Vorkommen** Küstendünen.

7 **Weitere Arten** Bei der **Illyrischen Trichternarzisse** *P. illyricum* L. Blüten zu 7–20 mit nur 1,5 cm langer, außen gelbgrüner Röhre, die Nebenkrone tief in 6 zweizähnige Lappen geteilt, weniger als halb so lang wie die Hüllblattabschnitte (Felspflanze auf Korsika, Sardinien, Capraia, blüht April–Mai).

1

2

3

4

5

6

7

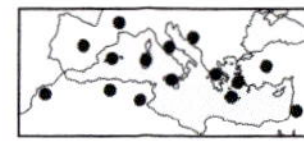

1 **Herbst-Goldbecher** *Sternbergia lutea* (L.) Spreng. *Amaryllidaceae*
0,1–0,3 m September–Oktober ♃
Merkmale Blätter lineal, flach, 7–15 mm breit, ohne blaugrünen Mittelstreifen, vor oder mit den Blüten austreibend. Letztere goldgelb, krokusähnlich aufrecht, auf 4–10 cm langem Schaft, mit kurzer Röhre und sechs 35–60 mm langen, 10–23 mm breiten, stumpf eiförmig-elliptischen Hüllblattabschnitten.
Vorkommen Garigues, Felsfluren, Ruderalstellen, auch Zierpflanze, gelegentlich verwildert.
Weitere Arten Ähnlich *S. sicula* Guss. (auch zu obiger Art gestellt), aber Blätter rinnig, mit blaugrünem Mittelstreifen, nur 2–6 mm breit, Hüllblattabschnitte spitz (S-Italien, Sizilien, östl. Mittelmeergebiet). Bei *S. colchiciflora* Waldst. & Kit. Blätter erst nach der Blüte im Frühjahr entwickelt, Blütenröhre fast so lang wie die 2–5 mm breiten Hüllblattabschnitte (zerstreut von Spanien bis in die Türkei).

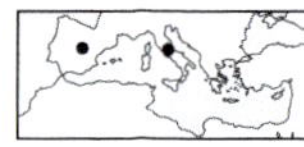

2 **Rüssel-Krummstab** *Arisarum proboscideum* (L.) Savi *Araceae*
0,1–0,2(–0,3) m Dezember–März ♃
Merkmale Blätter mit spieß- oder pfeilförmiger Spreite, die Stiele viel länger als der Blütenschaft. Das für Aronstabgewächse typische Hochblatt (Spatha) bei dieser Art außergewöhnlich, unten verwaschen purpurn gestreift, nach oben zu kapuzenförmig nach vorne gebogen, dunkelbraun oder bräunlich grün, und dann in einem aufwärts gerichteten, 5–15 cm langen, fadenförmigen, einem Mäuseschwanz ähnlichen Fortsatz endend, den Blütenkolben mit verdickter weißlicher Spitze einschließend. Blüten ohne Blütenhülle am Grund des Kolbens sitzend, hier 1–3 weibliche, darüber 13–16 männliche, ohne unfruchtbare Blüten.
Vorkommen Schattig-feuchte immergrüne Laubwälder, bisweilen epiphytisch auf Felsen oder Baumstämmen, auch kultiviert.

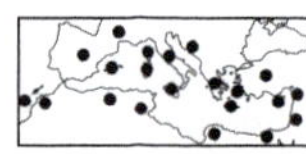

3 **Gewöhnlicher Krummstab** *Arisarum vulgare* Targ.-Tozz.
0,1–0,4 m Oktober–April ♃
Merkmale Blätter mit eiförmig-pfeilförmiger Spreite, die Stiele ungefähr so lang wie der Blütenschaft. Das Hochblatt 3–5 cm lang, zu einer grün bis rotbraun gestreiften Röhre verwachsen, mit dem oberen Teil helmförmig den nach vorne gekrümmten und herausragenden, zylindrischen, am Ende grünlichen Blütenkolben überdeckend. Blüten am Grund des Kolbens, 4–6 weibliche und darüber etwa 20 männliche, ohne unfruchtbare Blüten.
Vorkommen Brachland, Garigues, Macchien, Wälder.
4 **Weitere Arten** Ähnlich der **Gedrungene Krummstab** *A. simorrhinum* Dur., aber Blütenkolben an der Spitze fast kugelig verdickt, die Mündung des Hochblattes ± verschließend (westl. Mittelmeergebiet).

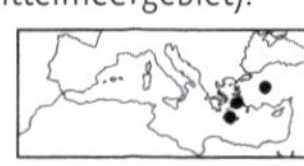

5 **Kretischer Aronstab** *Arum creticum* Boiss. & Heldr.
0,3–0,4 m März–Mai ♃
Merkmale Blattspreite glänzend dunkelgrün, breit spießförmig. Das 10–20 cm lange Hochblatt hellgelb, der freie Teil doppelt so lang wie die Röhre, während der Blütezeit zurückgeschlagen und am Ende oft gedreht. Blütenkolben ohne oder mit nur wenigen unfruchtbaren Blüten zwischen den männlichen und weiblichen, der oberste kahle Teil kräftig gelb und lang herausragend.
Vorkommen Garigues, Lesesteinhaufen, Felsfluren, bis in Bergwälder. Besonders häufig auf Karpathos.

6 **Dioskorides-Aronstab** *Arum dioscoridis* Sm.
0,1–0,5 m März–Mai ♃
Merkmale Blattspreite länglich spieß- oder pfeilförmig. Das 11–40 cm lange Hochblatt lang zugespitzt, außen grünlich, bisweilen purpurn überlaufen, innen weißlich mit purpurnen Flecken bis ganz purpurn in der unteren Hälfte, länger als der Blütenkolben. Dieser mit unfruchtbaren Blüten über und unter den männlichen, der obere nackte Teil dunkelpurpurn, bläulich schimmernd.
Vorkommen Felsfluren, Feldränder, Flussufer.

1

2

3

4

5

6

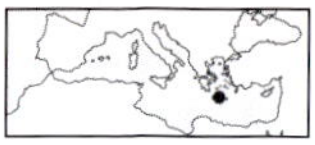

1 Ida-Aronstab *Arum idaeum* Gand.

0,2–0,4 m April–Mai ♃

Merkmale Blattspreite spieß- oder pfeilförmig. Der freie Teil des innen milchweißen bis grünlichen Hochblattes mit 5–9 cm etwa so lang wie die Röhre, die Spitze den schwarzpurpurnen, selten gelblichen Blütenkolben umhüllend. Über und unter den männlichen keine unfruchtbaren Blüten.

Vorkommen Bergwälder, auf Kalkgestein.

Weitere Arten Kreta-Endemit ist auch *A. purpureospathum* Boyce mit innen einfarbigem, dunkelpurpurnem Hochblatt, die Röhre außen lebhaft grün und fein längs gestreift.

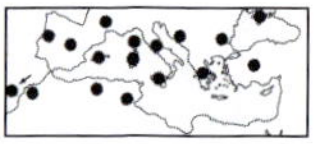

2 Italienischer Aronstab *Arum italicum* Mill.

0,2–0,7 m April–Juni ♃

Merkmale Blattspreite spieß- oder pfeilförmig, oft grau oder weißlich geadert oder gefleckt, selten auch mit schwarzpurpurnen Flecken. Das Hochblatt blass grünlich weiß oder gelblich, mit 15–40 cm mehr als doppelt so lang wie der Blütenkolben, dessen oberster nackter Teil kräftig gelb, über und unter den männlichen mit unfruchtbaren Blüten. Im Mittelmeergebiet nur in der typischen Unterart.

Vorkommen Gebüsche, Hecken, Baumkulturen.

3 **Weitere Arten** Ähnlich der **Hübsche Aronstab** *A. concinnatum* Schott, das Hochblatt vor allem an den Rändern purpurn überlaufen, den am Ende grünlich gelben oder bräunlichen Blütenkolben höchstens ⅓ überragend (S-Griechenland, Kreta, Ägäis, SW-Anatolien).

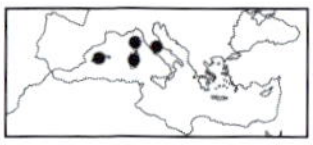

4 Gezeichneter Aronstab *Arum pictum* L. f.

0,3–0,5 m September–November ♃

Merkmale Blattspreite glänzend, breit herz-spießförmig mit eindrucksvoller weißlicher Nervatur. Blüten sich vor oder mit den Blättern im Herbst entwickelnd. Hochblatt dunkel rötlich purpurn, 14–25 cm lang, den gleichfarbigen Blütenkolben überragend. Sterile Blüten meist nur über den männlichen vorhanden.

Vorkommen Garigues, Felsspalten.

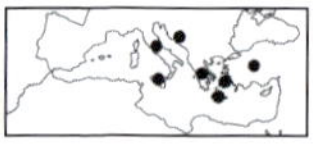

5 Schmalblättriges Biarum *Biarum tenuifolium* (L.) Schott

0,1–0,2 m Oktober–März ♃

Merkmale Blätter lineal-elliptisch, stumpf, flach oder gewellt, im Gegensatz zu *Arum*-Arten in einen Stiel verschmälert, zur Blütezeit oft nicht entwickelt. Hochblatt unten zu einer kurzen Röhre verwachsen, der freie Teil zungenförmig, 3–5-mal so lang, schwarzpurpurn, ± grün überlaufen. Blütenkolben meist länger, mit schwarzpurpurnem, nacktem Teil, über und unter den männlichen mit unfruchtbaren Blüten.

Vorkommen Garigues, Felsfluren, Weiden.

Weitere Arten Ähnlich *B. arundanum* Boiss. & Reut. (Iberische Halbinsel, NW-Afrika). Bei *B. davisii* Turrill Blätter verkehrt eiförmig bis elliptisch, Hochblatt kapuzenförmig nach vorne gekrümmt, der freie Teil etwa so lang wie die bauchige Röhre, ohne unfruchtbare Blüten (Kreta, SW-Anatolien).

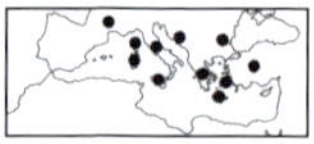

6 Gewöhnliche Schlangenwurz *Dracunculus vulgaris* Schott

0,6–1,2 m April–Juni ♃

Merkmale Pflanze zur Blütezeit mit starkem Aasgeruch, Blätter fußförmig in 9–15 Abschnitte zerteilt, die Stiele mit ihren marmorierten Scheiden den Schaft einhüllend. Hochblatt bis 50 cm lang, mit gewelltem Rand, innen dunkelpurpurn und kahl, außen grünlich. Blütenkolben wie das Hochblatt gefärbt und dieses oft überragend, männliche und weibliche Blüten durch wenige unfruchtbare getrennt.

Vorkommen Wälder, Gebüsche, nährstoffreiche, feuchte Standorte.

7 **Weitere Arten** Außergewöhnlich die **Fliegenfressende Schlangenwurz** *D. muscivorus* (L. f.) Parl. (*Helicodiceros muscivorus* (L. f.) Engl.), Hochblatt sehr breit, fleischfarben, innen behaart, der Kolben mit fädigen Gebilden (Balearen, Korsika, Sardinien).

1

2

3

4

5

6

7

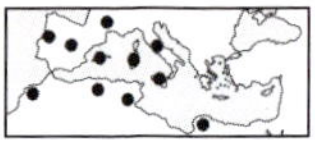

1 Zwergpalme *Chamaerops humilis* L. *Arecaceae (Palmae)*

0,5–4 m April–Juni ♄

Merkmale Durch Beweidung oft buschig, nur an unzugänglichen Stellen oder in Kultur mit hohem Stamm. Blätter endständig, mit 70–80 cm großer, fächerförmiger, bis zu 2/3 in 10–20 lanzettliche spitze Abschnitte zerteilter Spreite, der Blattstiel am Rand dornig gezähnt. Blüten in umscheideten, dichten, gelben, rispigen Blütenständen. Früchte ungenießbar.

Vorkommen Garigues, Felsfluren, sandige Standorte, auch Zierpflanze.

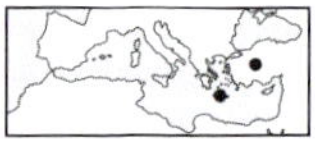

2 Kreta-Dattelpalme *Phoenix theophrasti* Greut.

1,5–10 m Februar–Juni ♄

Merkmale Wie die **Echte Dattelpalme** (*Phoenix dactylifera*, siehe S. 448) mehrstämmig, schlank, aber kaum über 10 m hoch. Blätter graugrün, bogig aufrecht, später hängend, mittlere Fiedern 30–50 cm lang, steif, untere 8–15 cm, dornig, gelblich. Früchte ungenießbar.

Vorkommen Sandige Flusstäler und Flussmündungen.

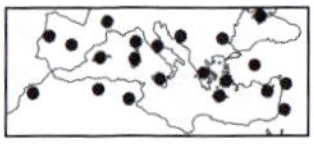

3 Grundblütige Segge *Carex halleriana* Asso *Cyperaceae*

0,1–0,35 m Januar–April ♃

Merkmale Dichte Horste bildende Segge, Stängel stumpf 3-kantig, oberwärts rau, wie auch die derben, starren, bis 3 mm breiten, am Rand umgerollten Blätter. Blütenstand aus einer endständigen männlichen und 1–3 genäherten, seitlichen, ± sitzenden, weiblichen Ähren, außerdem meistens mit 1 grundständigen, 10–25 cm lang gestielten, weiblichen Ähre. Narben 3, Frucht so lang wie die Spelzen oder etwas länger, plötzlich in einen kurzen Schnabel verschmälert.

Vorkommen Offene Garigues, sehr selten bis in die wärmsten Gebiete Mitteleuropas.

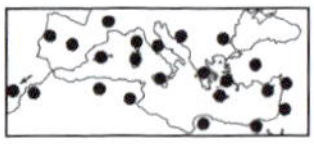

4 Dünen-Zypergras *Cyperus capitatus* Vand. (*C. kalli* (Forsk.) Murb.)

0,1–0,5 m April–Juli ♃

Merkmale Mit Rhizomen weit kriechende Strandpflanze. Stängel einzeln, rundlich und gerillt, am Grund mit 1–6 mm breiten, rinnigen, graugrünen Blättern. Blütenstand endständig, 15–30 mm breit, aus kopfig zusammengezogenen, 4–12-blütigen Ährchen und meist 3 am Grund verbreiterten, rinnigen, bis 15 cm langen und bogig nach unten gekrümmten Hüllblättern.

Vorkommen Sandküsten, Dünen.

5 Papyrusstaude *Cyperus papyrus* L.

2–5 m Juli–September ♃

Merkmale Stattliche Pflanze mit blattlosen, 3-kantigen, mehrere cm dicken Stängeln. Der zusammengesetzt doldige Blütenstand etwa 0,5 m breit, aus 30–100 und mehr 10–30 cm langen dünnen Strahlen mit linealischen Ährchen, diese am Grund mit 4–10 cm langen Hüllblättern.

Vorkommen Langsam fließende Gewässer. Auf Sizilien wohl seit der Antike erhalten, ob die Vorkommen im östl. Mittelmeerraum ursprünglich sind, ist umstritten. Im Altertum Zier- und Nutzpflanze, zur Papierherstellung, als Flechtmaterial (Heimat östl. tropisches Afrika).

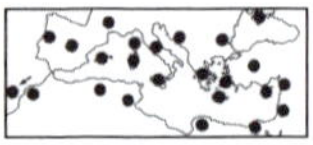

6 Gewöhnliche Kugelsimse *Scirpoides holoschoenus* (L.) Soják

(*Scirpus holoschoenus* L.)

0,3–1,5(–2,5) m April–Juni ♃

Merkmale Stängel binsenartig, stechend. Blütenährchen dicht gedrängt in 1 bis vielen kugeligen Köpfchen, eines davon sitzend, die übrigen gestielt, scheinbar seitenständig, überragt vom untersten Hochblatt als Fortsetzung des Stängels. Formenreich, z. B. die abgebildete Sippe mit 1–3, bis 8 mm breiten Köpfchen.

Vorkommen Flussufer, Gräben, Sandküsten.

1

2

3

4

5

6

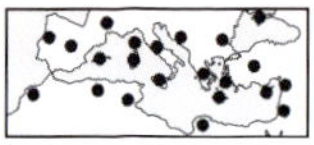

1 Gewöhnliche Schmerwurz *Dioscorea communis* (L.) Cadd. & Wilkin

(*Tamus communis* L.) *Dioscoreaceae* **1–4 m April–Juni** ♃

Merkmale Pflanze mit windenden, gerillten Stängeln. Blätter wechselständig, dunkelgrün glänzend, tief herzförmig mit 3–9 gebogenen Hauptnerven, am verdickten Blattgrund mit 2 kleinen, derben Nebenblättern. Blüten 2-häusig, mit unscheinbarer gelblich grüner, 6-teiliger Blütenhülle, rispig bzw. traubig in den Blattachseln (**1a**). Rote, kugelige Beeren (**1b**). Giftpflanze, enthält eine stark hautreizend wirkende Substanz.

Vorkommen Wälder, Gebüsche und Hecken. Bis in die wärmsten Bereiche Mitteleuropas.

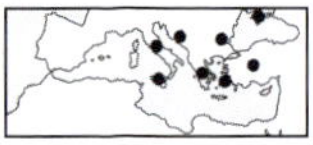

2 Zweiblütiger Krokus *Crocus biflorus* Mill. *Iridaceae*

0,05–0,15 m Februar–Juni ♃

Merkmale Blätter 0,5–3,5 mm breit, mit nur undeutlichem weißen Streifen. Blüten zu 1–3, die 6 Hüllblattabschnitte 1,5–4,5 cm lang, weiß, blau oder lila, die äußeren außen deutlich dunkel genervt, der Schlund gelb, zu einer 2–8 cm langen Röhre verwachsen. Griffel in 3 gelbe oder orangerote Äste geteilt, Staubfäden mit gelben oder schwärzlichen Staubbeuteln. Sehr formenreich, mit mehreren Unterarten, abgebildet ist die ssp. *isauricus* (Bowles) Mathew aus S-Anatolien.

Vorkommen Felsfluren, Gebüsche, offene Kiefernwälder, bis in die alpine Stufe.

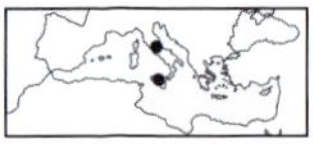

3 Langblütiger Krokus *Crocus longiflorus* Rafin.

0,1–0,15 m Oktober–Dezember ♃

Merkmale Blätter 1–3 mm breit, mit weißem Streifen. Blüten zu 1–2, die Blütenröhre mit 5–16 cm auffällig lang, gelb, oft purpurn gestreift, Hüllblattabschnitte 2,5–4,5 cm lang, lila bis purpurn, außen gelegentlich mit dunklen Nerven. Griffel 3-teilig, gelb bis orange, meist von den gelben Staubbeuteln überragt.

Vorkommen Felsfluren, offene Garigues.

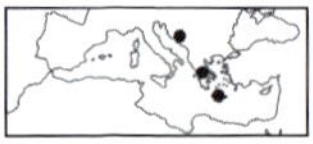

4 Siebers Krokus *Crocus sieberi* Gay

0,05–0,1 m März–Mai ♃

Merkmale Blätter 1,5–6 mm breit, mit deutlichem weißen Streifen. Hüllblattabschnitte weiß, blasslila oder lilapurpurn, außen weiß oder purpurn überlaufen, 15–45 mm lang, der Schlund gelb. Griffel 3-teilig, gelb oder orangerot, etwa so lang wie die Staubblätter. Mit mehreren Unterarten; abgebildet ist die ssp. *atticus* (Boiss. & Orph.) B. Mathew.

Vorkommen Felshänge, Schneeböden, Weiderasen, Gebüsche.

5 **Weitere Arten** Der **Korsische Krokus** *C. corsicus* Vanucchi mit 1–2 mm breiten, weiß gestreiften Blättern, Hüllblattabschnitte 20–37 mm lang, violett, seltener weiß, Schlund nicht gelb, Narben scharlachrot (Korsika). Ähnlich, aber in allen Teilen kleiner *C. minimus* Redouté (Korsika, Sardinien).

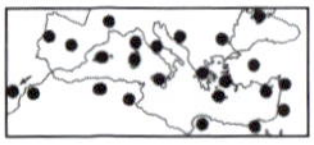

6 Saat-Siegwurz *Gladiolus italicus* Mill.

0,4–1,2 m März–Juni ♃

Merkmale Im Vergleich zu unseren Garten-Gladiolen zierliche Pflanze mit linealen, 8–16 mm breiten Blättern. Blüten zu 6–16 in lockerer, einseitswendiger, einfacher Ähre, gestützt von jeweils 1 langen und 1 kurzen Hochblatt. Blütenhülle rosarot, zu einer kurzen Röhre verwachsen, die 6 Abschnitte fast 2-lippig, der mittlere der 3 oberen breiter und mit 30–45 mm viel länger als die beiden seitlichen und von diesen deutlich abgesetzt. Staubbeutel 12–17 mm, länger als die Staubfäden mit 8–10 mm, Samen 3-kantig, nicht geflügelt.

Vorkommen Kulturland, vor allem Getreidefelder.

7 **Weitere Arten** Ähnlich die **Illyrische Siegwurz** *G. illyricus* Koch, aber Blätter nur 4–10 mm breit, die Ähre 3–10-blütig, selten mit einem Seitenast, oberster Hüllblattabschnitt 22–33 mm, wenig länger als die seitlichen, Staubbeutel mit 6,5–9 mm so lang wie die Staubfäden oder kürzer. Samen flach, geflügelt (Garigues, Mittelmeergebiet). An feuchten Standorten *G. communis* L., Pflanze insgesamt kräftiger, Ähre häufig verzweigt, 10–20-blütig, Staubbeutel 9–13 mm, kürzer als die Staubfäden (Mittelmeergebiet).

1a
1b
2
3
4
5
6
7

1 Dreiblättrige Siegwurz *Gladiolus triphyllus* (Sm.) Ker-Gawl.

0,15–0,5 m März–Mai ♃

Merkmale Schlanker und kleiner als die vorigen Siegwurz-Arten. Blätter graugrün, weniger als 5 mm breit. Blüten zu 1–7, Hüllblattabschnitte blassrosa, schmal, 25–30 mm lang, das oberste etwas entfernt stehend, die unteren fast genagelt, blasser, mit weißlichen Streifen in der Mitte. Staubbeutel mit 6–8 mm kürzer als die 10–15 mm langen Staubfäden.

Vorkommen Garigues, Macchien, offene Kiefernwälder. Zypern-Endemit.

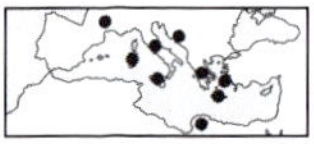

2 Hermesfinger *Hermodactylus tuberosus* (L.) Mill. (*Iris tuberosa* L.)

0,2–0,4 m Februar–April ♃

Merkmale Von *Iris*-Arten durch 2–4 fingerförmige Knollen am Rhizom unterschieden. Blätter 1,5–3 mm breit, 4-kantig, länger als der Blütenschaft. Blüten einzeln, grünlich gelb, die 3 äußeren Hüllblattabschnitte 4–5 cm lang, mit zurückgebogener, dunkel braunvioletter, nicht bärtiger Lippe, die 3 inneren aufrecht, 2–2,5 cm lang, schmal und lang zugespitzt. 1–2 krautige, lanzettliche Tragblätter, so lang wie die Blüte oder diese überragend.

Vorkommen Brachland, Felsfluren, Garigues. Gelegentlich aus Kultur verwildert.

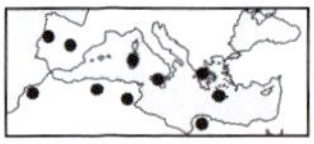

3 Flachblättrige Schwertlilie *Iris planifolia* (Mill.) T. Durand & Schinz

0,15–0,4 m November–April ♃

Merkmale Pflanze mit Zwiebel und kräftigen fleischigen Wurzeln. Blätter dieser schon im Winter blühenden Art 10–30 mm breit, flach, gewellt und umgebogen, Ober- und Unterseite verschieden. Blüten meist 1–2, ± sitzend, blau bis violett, selten weiß, mit 10–20 cm langer Röhre, die 3 äußeren Hüllblattabschnitte 5–8 cm lang, am Ende nach außen gebogen, in der Mitte mit gelber, papillöser Linie, die inneren abstehend, bis halb so lang.

Vorkommen Grasfluren, Felsfluren, Garigues.

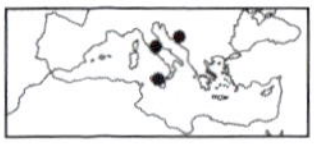

4 Sizilische Schwertlilie *Iris pseudopumila* Tineo

0,05–0,3 m März-Mai ♃

Merkmale Wie die meisten Schwertlilien-Arten mit kräftigem Rhizom. Blätter überwinternd, schwertförmig, „reitend", auf beiden Seiten gleichartig, nicht breiter als 15 mm. Blüten gewöhnlich einzeln, mit 5–7,5 cm langer Röhre, die Hüllblattabschnitte etwa ebenso lang, blauviolett, rein gelb oder nur die 3 äußeren violettbraun gefärbt, gelbbärtig, die Enden nach außen gebogen, die inneren Hüllblätter aufrecht.

Vorkommen Garigues, Grasfluren.

5 **Weitere Arten** Ähnlich die **Tyrrhenische Schwertlilie** *I. lutescens* Lam. (incl. *I. chamaeiris* Bert.) mit blauvioletten, gelben oder 2-farbigen Hüllblattabschnitten, die Blütenröhre aber nur 2–3,5 cm lang (SW-Europa). Sichelförmige graugrüne Blätter, die sich im Frühling entwickeln, und purpurne, gelbe oder 2-farbige Hüllblattabschnitte bei *I. attica* Boiss. & Heldr. (südl. Balkanhalbinsel, Anatolien).

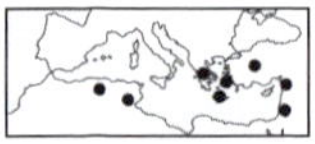

6 Kretische Schwertlilie *Iris unguicularis* Poir.

0,1–0,5(–0,85) m Februar–Juni ♃

Merkmale Blätter schmal lineal, 1–5(–10) mm breit, gerillt und mit wulstigem Rand, nach dem Absterben ausdauernd, blassbraun. Blüten stängellos mit sehr schlanker, 5–26 cm langer Röhre, die unten von meist krautigen, spitzen Hochblättern umgeben ist. Äußere Blütenhüllblätter 4,5–8,5 cm lang, zurückgeschlagen, mit länglich-elliptischer, bartloser, an der Spitze dunkelvioletter, im übrigen Teil hellvioletter, weiß geaderter Lippe mit gelbem Mittelstreifen, die inneren aufgerichtet, violett, etwa ebenso lang. Formenreiche Art, abgebildet ist die zierlichere ssp. *cretensis* (Janka) Davis & Jury von Kreta. In Griechenland und weiter östlich wird die ssp. *carica* (W. Schulze) Davis & Jury unterschieden, in NW-Afrika die typische Unterart.

Vorkommen Lichte Wälder, Macchien, Garigues.

1

2

3

4

5

6

1 Mittags-Schwertlilie *Moraea sisyrinchium* (L.) Ker Gawl.

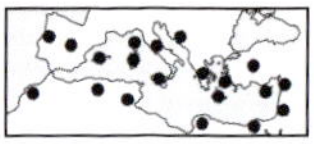

(*Gynandriris sisyrinchium* (L.) Parl.) *Iridaceae*

0,05–0,5 m März–Mai ♃

Merkmale Geophyt mit dicht faserig umhüllter Zwiebelknolle, früher zu *Iris* (mit Rhizomen als Überdauerungsorganen) gestellt. Die 1–2 schlaffen, rinnigen Blätter mit langer Scheide und freier Spreite, die länger als der Blütenstand ist. Blüten zu 1–6 in den Achseln je eines 4–6 cm langen, trockenhäutigen Hochblattes. Hüllblätter hellblau bis violett, unten verwachsen, die 3 äußeren Abschnitte etwa 3 cm lang, zurückgeschlagen, mit einem verwaschen wirkenden, weißen, in der Mitte gelben Fleck, die 3 inneren aufrecht lanzettlich, Staubblätter und Griffeläste zu einer Säule verklebt. Jede Blüte öffnet sich nur für einen Nachmittag.

Vorkommen Garigues, Grasfluren, auch auf Sand.

2 **Weitere Arten** Mit nur 1 schmalen eingerollten Blatt die **Einblättrige Schwertlilie** *M. mediterranea* Goldblatt (*G. monophylla* Klatt), Pflanze winzig, bis 6 cm hoch, äußere Hüllblätter 11–16(–20) mm lang, mit scharf begrenztem Fleck (offene, flachgründige Stellen, Garigues, Kreta bis Israel, Ägypten, Libyen).

3 Großblütiger Scheinkrokus *Romulea bulbocodium* (L.) Seb. & Mauri

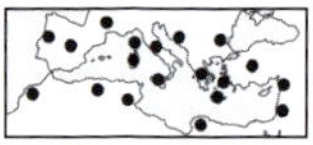

0,03–0,15 m Januar–April ♃

Merkmale Krokusähnlicher Frühlingsblüher mit rinnigen, schlaffen, bis 2 mm breiten Blättern, die länger als die Blüten sind. Letztere zu 1–6, mit kurzer Röhre (im Gegensatz zu *Crocus*), hier 35–55 mm, und 13–28 mm langen, spitzen Abschnitten, weiß bis violett mit gelbem Schlund, Narben die Staubblätter weit überragend. Unterhalb jeder Blüte wie für *Romulea*-Arten charakteristisch 2 ± häutige Hochblätter.

Vorkommen Garigues, Macchien, lichte Wälder.

4 **Weitere Arten** Auffällig der **Clusius-Scheinkrokus** *R. clusiana* (Lange) Nym. mit 30–46 mm langen, quer gefärbten Hüllblattabschnitten, unten gelborange, in der Mitte weißlich und oben violett, Narben die Staubblätter überragend (auf Sand, S-Spanien). Verbreitet ist *R. columnae* Seb. & Mauri, mit nur 9–19 mm langen, dunkler geaderten Blüten, Narben von den Staubblättern überragt (Mittelmeergebiet, Kanaren).

5 Tyrrhenischer Scheinkrokus *Romulea requienii* Parl.

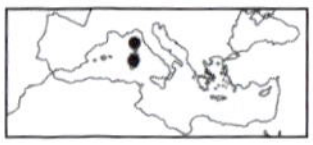

0,02–0,1 m Februar–April ♃

Merkmale Blätter vierkantig, rinnig. Die 1–3(–6) Blüten dunkelviolett, manchmal mit weißlichem Schlund, 20–25 mm lang. Hüllblattabschnitte stumpflich, die Röhre mit 5–8 mm sehr kurz. Staubbeutel deutlich von den Narben überragt.

Vorkommen Grasfluren, Felsfluren.

6 Stechende Binse *Juncus acutus* L. *Juncaceae*

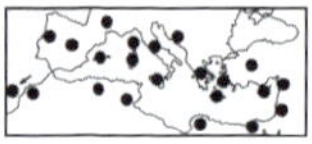

0,3–1,5 m April–Juli ♃

Merkmale Große dichte Horste bildend, mit steifen, stechenden, stielrunden Blättern. Stängel 2–5 mm dick, Blütenstand dicht kugelig, vom untersten, stängelartigen Tragblatt häufig überragt. 6 rötlich braune, etwa gleich lange Blütenhüllblätter, die 3 inneren breiter, an der Spitze mit häutigen Öhrchen. Kapsel 4–6 mm, an der Spitze kegelförmig, über doppelt so lang wie die Blütenhülle.

Vorkommen Sandküsten, Salz- und Süßwassersümpfe, seltener im Binnenland.

Weitere Arten An der Spitze 3-kantige Kapseln hat *J. littoralis* Mey. (nördl. und östl. Mittelmeergebiet).

7 Meerstrand-Binse *Juncus maritimus* Lam.

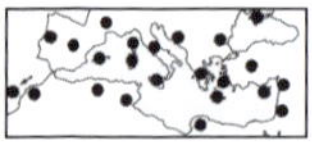

0,3–1 m Juni–September ♃

Merkmale Binse mit kriechendem Rhizom, keine Horste bildend, Blätter und Tragblätter weniger stechend. Blütenstand locker verzweigt, die 6 Blütenhüllblätter strohgelb, die 3 inneren stumpf und etwas kürzer als die äußeren. Kapsel dreikantig-eiförmig, 2,5–3,5 mm, so lang wie die Blütenhülle oder etwas länger.

Vorkommen Sandküsten, Salzsümpfe, selten im Binnenland und bis zur Nord- und Ostseeküste.

1

2

3

4

5

6

7

1 Sommer-Lauch *Allium ampeloprasum* L. (*Alliaceae*)

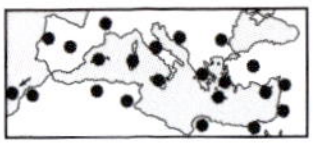

0,4–1,8 m April–Juli ♃

Merkmale Lauch mit 5–40 mm breiten, flachen, am Rand rauen Blättern, das untere 1/3–1/2 des kräftigen Stängels umscheidend. Die kugelige Scheindolde 4–9 cm breit, mit bis zu 500 becher- bis glockenförmigen Blüten, deren Hüllblätter 4–5,5 mm lang, dunkelrot, rosa oder weiß, auf dem Rücken fein papillös. Staubbeutel purpurn oder gelblich, eingeschlossen bis weit herausragend.

Vorkommen Kultur- und Brachland, Ruderalflächen.

2 Schöner Lauch *Allium carinatum* L. ssp. *pulchellum* Bonnier & Layens

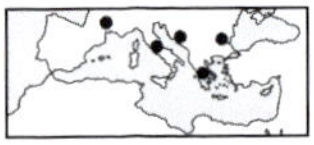

(*A. coloratum* Spreng.) **0,2–0,6 m Juni–September ♃**

Merkmale Blätter den Stängel etwa bis zur Mitte umscheidend, 1–2 mm breit, oberseits gefurcht, am Rand fein rau. Scheindolde ohne Brutzwiebeln, die lang gestielten, aufrechten bis überhängenden Blüten mit rosaroter, glockiger, 4–5 mm langer Hülle, Staubblätter weit herausragend. Hochblatt bleibend, 2-klappig, 1 Zipfel länger als der Blütenstand. Die ssp. *carinatum* mit Brutzwiebeln, auch in Mitteleuropa.

Vorkommen Felsfluren, Schuttfluren.

3 **Weitere Arten** Ähnlich der **Bleiche Lauch** *A. pallens* L. mit weißlicher Blütenhülle, Staubblätter etwa so lang wie die Hülle (Mittelmeergebiet).

4 Zwerg-Lauch *Allium chamaemoly* L.

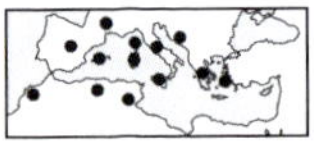

0,02–0,08 m Dezember–März ♃

Merkmale Blätter alle grundständig, flach am Boden liegend, 3–10 mm breit, gewimpert und manchmal auch auf der Fläche behaart, den Stängel der fast sitzenden, 2,5–4 cm breiten, halbkugeligen Scheindolde aus 2–20 Blüten ganz einhüllend. Deren Hüllblätter sternförmig ausgebreitet, weiß mit grünem, seltener purpurnem Nerv, 5–9 mm lang, die Staubblätter kürzer. Fruchtstiele herabgebogen.

Vorkommen Grasfluren, Trittstellen.

5 Neapolitanischer Lauch *Allium neapolitanum* Cyr.

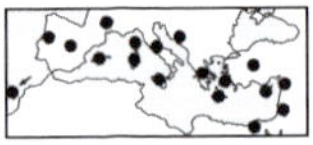

0,2–0,5 m Februar–Juni ♃

Merkmale Stängel im oberen Teil mit 1 stumpfen und 2 scharfen Kanten, von den 5–20 mm breiten, gekielten, am Rand papillösen Blättern unten zu 1/5 bis 1/4 scheidig umschlossen. Die 5–8 cm breite Scheindolde fast kugelig, aus zahlreichen becher- bis sternförmig ausgebreiteten Blüten mit stumpfen, 7–12 mm langen, weißen Hüllblättern, Staubblätter deutlich kürzer, mit grünlichen Staubbeuteln.

Vorkommen Kultur- und Brachland, Macchien, Wälder.

6 Dunkler Lauch *Allium nigrum* L.

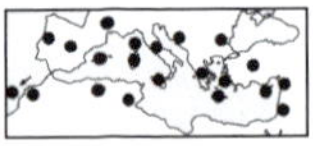

0,4–1 m März–Juni ♃

Merkmale Blätter bis 8 cm breit, flach und am Rand etwas rau, alle grundständig. Der kräftige lange Stängel mit 3,5–10 cm breiter, halbkugeliger, reichblütiger Scheindolde, diese meist ohne Brutzwiebeln. Blütenhüllblätter sternförmig ausgebreitet, später zurückgeschlagen, 6–9 mm lang, stumpf, rosaviolett oder weiß, mit grünlichem Mittelnerv, Staubblätter kürzer, am Grund bis auf 1,5 mm verbreitert.

Vorkommen Kulturland, Brachland.

7 Armblütiger Lauch *Allium parciflorum* Viv.

0,1–0,3 m Juni–September ♃

Merkmale Blätter zylindrisch, bis 4 mm breit, den runden Stängel etwa bis zur Hälfte umscheidend, zur Blütezeit vertrocknet. Scheindolde aus nur 3–12 aufrechten, röhrig-glockigen Blüten an ungleich langen Stielen, Hüllblätter rosa, kräftig dunkel genervt, schmal und spitz, 5–6 mm lang, Staubblätter eingeschlossen.

Vorkommen Felsfluren.

1
2
3
4
5
6
7

1 Rosen-Lauch *Allium roseum* L. (*Alliaceae*)

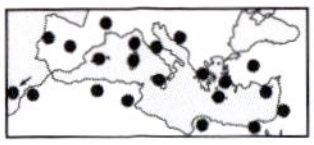

0,1–0,8 m Februar–Juni ♃

Merkmale Äußere Hülle der Zwiebel krustig, charakteristisch von kleinen Löchern übersät. Blätter flach, am Rand oft fein gezähnelt (Lupe), bis 14 mm breit, den runden Stängel zu 1/5 scheidig umschließend. Scheindolde häufig mit Brutzwiebeln, halbkugelig, bis 7 cm, mit 5–30 breit becher- oder glockenförmigen, 7–12 mm langen, rosa bis weißen Blüten. Staubblätter kürzer als die Hüllblätter. Formenreiche Art.
Vorkommen Kulturland, Brachland, oft in großen Beständen, Garigues.

2 Zottiger Lauch *Allium subvillosum* Schultes

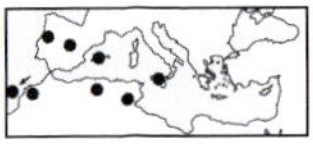

0,05–0,5 m Februar–Mai ♃

Merkmale Blätter mit sehr kurzer Scheide, 2–20 mm breit, in der Regel gewimpert, grün oder blaugrün. Der runde Stängel mit oft reichblütiger, fast kugeliger, 2,5–5 cm breiter Scheindolde. Blüten becherförmig, weiß, 5–9 mm lang, die Staubblätter mit gelben Staubbeuteln so lang wie die Hüllblätter oder länger.
Vorkommen Küstensande, Grasfluren, Garigues.
Weitere Arten Ähnlich *A. subhirsutum* L., Blütenstiele 3–5-mal so lang wie die weiße, ± sternförmig aus-
gebreitete Blütenhülle mit 7–9 mm, Staubblätter viel kürzer als diese und mit braunen Staubbeuteln (Mit-
3 telmeergebiet, Kanaren). Beim **Dreiblättrigen Lauch** *A. trifoliatum* Cyr. Blütenstiele nur 1,5–3-mal so lang
wie die rosa überlaufene oder genervte, sternförmig ausgebreitete Blütenhülle mit 7–10 mm, Staubblätter
ebenfalls viel kürzer, mit gelben Staubbeuteln (östl. Mittelmeergebiet, westl. bis SO-Frankreich).

4 Glöckchen-Lauch *Allium triquetrum* L.

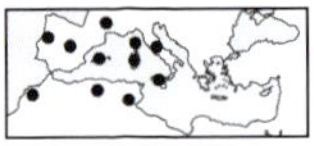

0,1–0,5 m Dezember–Mai ♃

Merkmale Blätter mit nur kurzer oberirdischer Scheide, kahl, bis 17 mm breit, etwa so lang wie der scharf dreikantige Stängel. Die Scheindolde aus 3–15 einseitswendig nickenden Blüten, ihre Hüllblätter weiß, innen und außen mit grünem Mittelnerv, 10–18 mm lang, spitz, immer glockig zusammenneigend.
Vorkommen Feuchte, schattige Wald- und Gebüschränder, Gräben, Flussufer.
Weitere Arten *A. pendulinum* Ten., der 3-kantige Stängel mit anfangs aufrechten, später allseitswendig hängenden Blüten, Hüllblätter erst nach der Blüte zusammenneigend (Korsika, Sardinien, Italien, Sizilien).

5 Europäisches Androcymbium

Androcymbium europaeum (Lange) K. Richter (*Colchicum europaeum* (Lange) J. C. Manning & Vinn.) (*Colchicaceae*) **0,05–0,1 m Dezember–Januar** ♃

Merkmale Die flachen, ± gefalteten, lineal-lanzettlichen, auf dem Boden ausgebreiteten Blätter 4–15 mm breit, im Gegensatz zu denen von *Allium chamaemoly* (siehe S. 362) kahl, an der Spitze des Stängels direkt unterhalb der Blüten scheidig sitzend. Hüllblattabschnitte genagelt, weiß mit kräftigen purpurnen Adern, zugespitzt, 20–25 mm lang. Frucht kugelig, 6–8 mm, drüsig punktiert.
Vorkommen Offene, sandig-grasige Flächen in Küstennähe. Nur in SO-Spanien.
Weitere Arten Ähnlich *A. rechingeri* Greut., Hüllblattabschnitte nur schwach purpurn geadert, Frucht verkehrt birnenförmig, 6–10 mm, höchstens an der Spitze drüsig punktiert (Kreta, Cyrenaika). In NW-Afrika *A. gramineum* (Cav.) Macbridge mit 13–15 mm großen Früchten. Alle Arten der Gattung sind giftig.

6 Binsenlilie *Aphyllanthes monspeliensis* L. (*Aphyllanthaceae*)

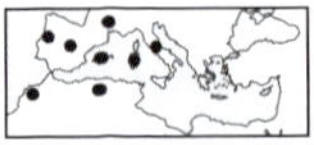

0,1–0,5 m Februar–Juli ♃

Merkmale Horstig wachsende Pflanze mit binsenartigen, blaugrünen, gerippten, etwa 1 mm dicken Stängeln, die am Grund als Reste zurückgebildeter Blätter nur rotbraune, 3–8 cm lange Scheiden tragen. Endständig 1–3 Blüten mit 6 hellblauen, dunkler genervten, 15–20 mm langen Hüllblättern, umgeben von 6–7, zum Teil begrannten Hochblättern.
Vorkommen Garigues, lichte Wälder.

1

2

3

4

5

6

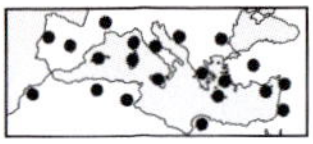

1 **Stechender Spargel** *Asparagus acutifolius* L. (*Asparagaceae*)

0,4–2 m Juli–Oktober ♄

Merkmale Kletternder Halbstrauch mit sparrigen, weißlichen oder braunen Zweigen ohne Blattdornen. Stattdessen in den Achseln kleiner schuppenförmiger Blättchen 5–30 und mehr etwa gleiche, 2–8 mm lange und bis 0,5 mm dicke, steife, stechende Kurztriebe (Phyllokladien). Blüten zu 1–4, mit 3–4 mm langer, glockiger, gelbgrüner, 6-teiliger Blütenhülle. Beeren schwarz. Die jungen Sprosse sind essbar.

Vorkommen Wälder, Macchien, Garigues.

Weitere Arten Krautige Stängel, rote Beeren und nicht stechende Kurztriebe bei *A. tenuifolius* Lam. zahlreich und haarfein (SO-Europa, Kleinasien), bei *A. maritimus* (L.) Mill. breiter, zu 4–7 (Mittelmeergebiet).

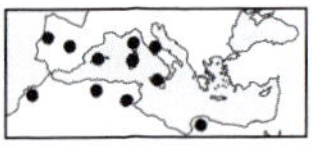

2 **Weißstängeliger Spargel** *Asparagus albus* L.

0,5–1 m Juli–Oktober ♄

Merkmale Halbstrauch mit weißlichen, überhängenden, hin- und hergebogenen Zweigen. Blätter zu kräftigen, abstehenden, am Grund sehr breiten, 5–12 mm langen Dornen umgewandelt, in den Achseln mit Büscheln von 10–20 nicht stechenden, hinfälligen, 5–25 mm langen Kurztrieben, die sich nach den Blüten entwickeln. Diese zu 6–15, mit 2–3 mm langer, weißer, ausgebreiteter Blütenhülle (**2a**). Beeren rot (**2b**).

Vorkommen Macchien, Garigues, Hecken.

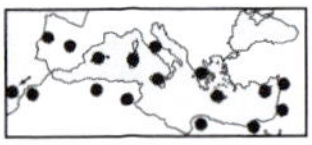

3 **Schrecklicher Spargel** *Asparagus horridus* L. (*A. stipularis* Forssk.)

0,5–1 m April–Oktober ♄

Merkmale Pflanze scheinbar blattlos, grün oder graugrün, von ihren kräftigen, 1–5 cm langen, zu Dornen umgewandelten Kurztrieben bestimmt, die meist einzeln, selten zu 2–3 allseitig abstehen. An ihrem Grund 0–2 zu häutigen Schuppen reduzierte Blätter und 2–8 Blüten mit 3–4 mm langer, gelbgrüner bis violetter, ausgebreiteter Blütenhülle. Beeren bläulich schwarz.

Vorkommen Garigues, Wegränder.

4 **Weitere Arten** Der **Blattlose Spargel** *A. aphyllus* L. mit deutlich ungleichen, 10–20 mm langen, stechenden Kurztrieben zu 3–10(–15), Beeren schwarz (südl. Mittelmeergebiet).

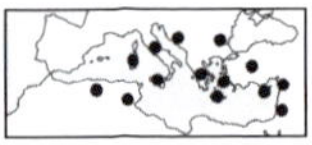

5 **Große Affodeline** *Asphodeline lutea* (L.) Rchb. (*Asphodelaceae*)

0,4–1 m April–Juni ♃

Merkmale Stängel bis zum Blütenstand durchgehend beblättert. Blätter 1,5–3(–5) mm breit, schmal lineal, zugespitzt, im Querschnitt 3-eckig. Blüten in dichter einfacher Traube, die 6 goldgelben Hüllblattabschnitte länglich-lanzettlich, 20–25 mm lang, der untere etwas isoliert stehend. Tragblätter häutig, etwa 25 × 10 mm.

Vorkommen Garigues, Felsfluren, auch als Zierpflanze kultiviert.

6 **Weitere Arten** Ähnlich die **Liburnische Affodeline** *A. liburnica* (Scop.) Rchb., Stängel 0,25–0,6 m hoch, nur in der unteren Hälfte beblättert, die gelben Hüllblattabschnitte 25–30 mm lang, Tragblätter nicht größer als 15 × 3 mm (lichte Wälder, Macchien, blüht Juni–Juli in Italien, auf der Balkanhalbinsel, Kreta, Rhodos). In der Türkei auch weißblütige *Asphodeline*-Arten, bis zur Balkanhalbinsel reicht *A. taurica* (Bieb.) Kunth

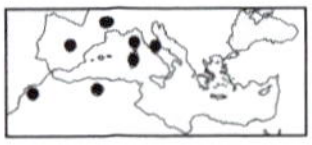

7 **Kirschfrüchtiger Affodill** *Asphodelus cerasifer* Gay

(*A. ramosus* auct., non L.)

0,8–2 m Februar–Juni ♃

Merkmale Affodill mit fleischigen, spindelförmigen Wurzelknollen. Alle Blätter grundständig, schmal lineal, flach, gekielt, 1–3 cm breit, allmählich zur Spitze hin verschmälert. Blütenstand spärlich verzweigt oder einfach, mit ± locker stehenden Blüten in den Achseln von weißlichen bis hellbraunen Tragblättern, Hüllblätter wie bei allen Arten ausgebreitet, 13–22 mm lang. Kapseln 10–20 mm, kugelig, zur Fruchtzeit aufrecht-abstehend. Bisher wurde die Art meist als *A. ramosus* bezeichnet.

Vorkommen Felshänge, Gebüsche, Waldlichtungen, bis in die Bergstufe.

1

2a

2b

3

4

5

6

7

1 **Röhriger Affodill** *Asphodelus fistulosus* L. (*Asphodelaceae*)

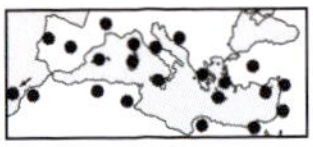

0,15–0,7 m Dezember–Juni ⊙ ⊙ ♃

Merkmale Wurzeln faserig, nicht verdickt. Blätter halbstielrund und hohl, 2–4 mm breit, glatt, nur am Rand und auf den Nerven etwas rau. Der lockere, einfache oder wenig verzweigte, traubige Blütenstand mit häutigen weißlichen Tragblättern auf glattem Schaft. Blütenhüllblätter 8–12 mm lang, weiß bis schwach rosa mit grünem oder rotbraunem Mittelnerv. Kapseln eiförmig-kugelig, 5–6 mm.

Vorkommen Wegränder, Kultur- und Brachland.

Weitere Arten Ähnlich *A. ayardii* Jah. & Maire mit 13–17 mm langen Hüllblättern, Blütenschaft glatt, Blätter am Grund scheidig verbreitert (westl. Mittelmeergebiet, Kanaren). *A. tenuifolius* Cav., unterer Blütenschaft warzig. Hüllblätter 5–8 mm lang, Kapseln 3–4 mm (südl. Mittelmeergebiet, Kanaren).

2 **Großfrüchtiger Affodill** *Asphodelus macrocarpus* Parl.

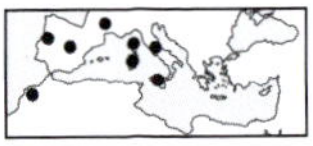

(*A. albus* auct. non Mill.)

0,8–1,25(–1,85) m März–Juli ♃

Merkmale Ähnlich *A. cerasiferus* (siehe S. 366), bisher meist als *A. albus* bezeichnet. Blütenstand gewöhnlich einfach, aber mit dicht stehenden Blüten in den Achseln von dunkelbraunen bis schwarzen Tragblättern. Kapseln aufrecht stehend, ± eiförmig, 12–18 mm lang.

Vorkommen Sommergrüne Gebüsche und Wälder, Bergweiden.

Weitere Arten *A. albus* Mill., Kapseln eiförmig-elliptisch, 7–13 mm (nördl. Mittelmeergebiet, vom Norden der Iberischen Halbinsel bis zum Balkan, überwiegend in der Bergstufe).

3 **Kleinfrüchtiger Affodill** *Asphodelus ramosus* L.

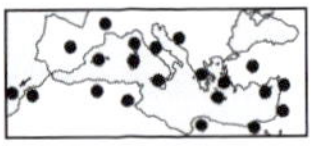

(*A. aestivus* auct., *A. microcarpus* Viv.)

0,5–1,5 m März–Juni ♃

Merkmale Wurzelknollen spindelförmig verdickt. Blätter 1–2(–4) cm breit, flach und etwas gekielt. Blütenstand pyramidal verzweigt, Blütenhüllblätter weiß mit rotbraunem Mittelnerv, 11–18 mm lang, Tragblätter mit häutigem Rand. Kapseln eiförmig-elliptisch, 5,5–13 mm. Bisher meist als *A. aestivus* benannt.

Vorkommen Weiderasen, Garigues, oft große Bestände bildend, an der spanischen Mittelmeerküste selten.

Weitere Arten Bei *A. aestivus* Brot. handelt es sich um eine Art aus dem SW der Iberischen Halbinsel. Die Gattung *Asphodelus* wurde für das westl. Mittelmeergebiet neu bearbeitet, was zu weitreichenden Änderungen in der Nomenklatur geführt hat. Alle *Asphodelus*-Arten sind giftig.

4 **Römische Hyazinthe** *Bellevalia romana* (L.) Sweet (*Hyacinthaceae*)

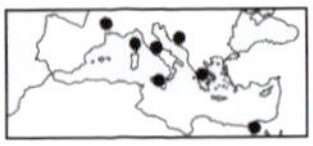

0,2–0,6 m April–Mai ♃

Merkmale Kahle Pflanze mit 3–6 grundständigen, lineal-lanzettlichen, am Rand glatten, 5–15 mm breiten Blättern, die den traubigen Blütenstand überragen. 20–30 Blüten an aufrecht-abstehenden Stielen, mit weißer, am Grund bisweilen bläulicher, später schmutzig brauner, 6–9 mm langer, etwa zur Hälfte verwachsener, schmal glockenförmiger Hülle. Früchte scharf 3-kantig mit 3 vorstehenden Rippen.

Vorkommen Feuchte Wiesen, Kulturland.

5 **Weitere Arten** Auf Kreta endemisch u. a. die an *Muscari*-Arten (siehe S. 374) erinnernde **Sitia-Hyazinthe** *B. sitiaca* Kypr. & Tzanoud., Blüten röhrig, 7–8 mm lang, weiß mit violetten Zipfeln.

6 **Dreiblättrige Hyazinthe** *Bellevalia trifoliata* (Ten.) Kunth

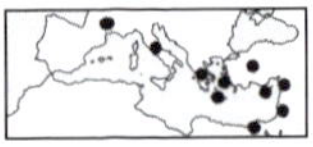

0,25–0,6 m März–Mai ♃

Merkmale Grundständige Blätter meist 3, am Rand oft fein gewimpert, 15–30 mm breit, länger als die Blütentraube. Blüten an abstehenden bis leicht zurückgebogenen Stielen, ihre Hülle zuerst violett und weißlich, dann olivgrün, 9–16 mm lang, röhrig, zu ¾ verwachsen.

Vorkommen Kulturland, Brachland, feuchte Weiden.

1

2

3

4

5

6

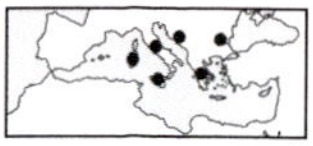

1 Bivona-Zeitlose *Colchicum bivonae* Guss. (*Colchicaceae*)

0,15–0,3 m August–Oktober ♃

Merkmale Blätter zu 5–9 grundständig, lanzettlich, 8–13 mm breit, erst nach der Blüte entwickelt. Blütenhüllblätter unten zu einer langen, schlanken Röhre verwachsen, die länglichen bis breit lanzettlichen freien Abschnitte blass oder dunkel rosaviolett, 55–65 × 8–20 mm, deutlich schachbrettartig gemustert. Staubbeutel dunkelpurpurn oder -braun, in der Mitte angeheftet, mit gelben Pollen. Die 3 Griffel an der Spitze umgebogen und mit lang herablaufenden Narben. Formenreiche Art. Wie alle *Colchicum*-Arten Giftpflanze.
Vorkommen Weiden, lichte Wälder, bis in die Bergstufe.

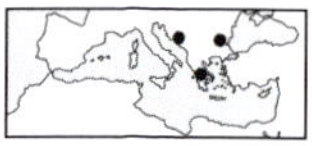

2 Haynalds Zeitlose *Colchicum haynaldii* Heuffel (*C. kochii* Parl.)

0,15–0,25 m September–Oktober ♃

Merkmale Wie vorige Art, aber die 10–40 mm breiten Blätter meist nur zu 3–6. Hüllblattabschnitte ± lineal, 25–60 × 4–16 mm, rosapurpurn, mit schwacher oder auch deutlicher, feiner, schachbrettartiger Musterung. Griffel so lang wie die Staubblätter oder etwas länger, Staubbeutel gelb.
Vorkommen Grasfluren, lichte Wälder.
Weitere Arten Ähnlich *C. neapolitanum* (Ten.) Ten., aber Hüllblattabschnitte länglich-lanzettlich, selten schachbrettartig gemustert (S-Italien, Sizilien). *C. cupanii* Guss. hat 2(–3) zur Blütezeit ausgebildete Blätter (zentrales Mittelmeergebiet). Verbreitet besonders in den Gebirgen auch das aus Mitteleuropa bekannte *C. autumnale* L. ohne schachbrettartige Musterung.

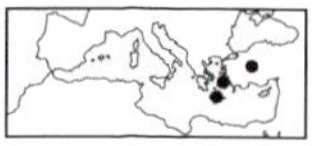

3 Großblättrige Zeitlose *Colchicum macrophyllum* Burtt

0,1–0,4 m September–Oktober ♃

Merkmale Im Frühjahr auffällig die 3–4 großen, spitz eiförmigen bis elliptischen, stark gefalteten, 11–15,5 cm breiten Blätter, die sich nach der Blüte entwickelt haben. Hüllblattabschnitte 45–70 × 22 mm, purpurn, oft heller oder weiß am Grund, schachbrettartig gemustert. Staubbeutel purpurn, Pollen grünlich.
Vorkommen Offene Wälder, Macchien, Olivenhaine, Brachland.

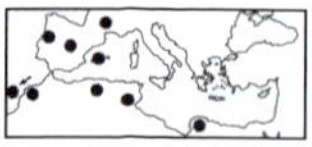

4 Schweifblatt *Dipcadi serotinum* (L.) Med. (*Hyacinthaceae*)

0,1–0,4(–1) m Februar–Mai ♃

Merkmale Alle Blätter grundständig, lineal und rinnig, 3–4 mm breit, kürzer als der Blütenschaft. Bei der typischen Unterart 3–10 schmal glockenförmige Blüten in aufrechter, lockerer, häufig einseitswendiger Traube. Hüllblätter 12–15 mm, gelblich, bräunlich oder grünlich, auch orangerot, am Grunde zu ¼–½ verwachsen, die 3 äußeren auswärts gekrümmt, die 3 inneren zunächst gerade, später an der Spitze nach außen gebogen. Die ssp. *fulvum* (Cav.) Maire & Weiller insgesamt kräftiger und reichblütiger, Hülle braunrot, etwa 18 mm lang (blüht im Oktober in S-Spanien, W-Marokko).
Vorkommen Felsfluren, auch auf Sand.

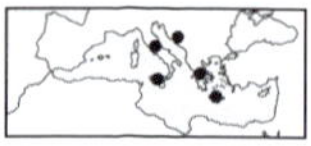

5 Messina-Schachblume *Fritillaria messanensis* Raf. (*Liliaceae* s. str.)

0,15–0,3 m März–April ♃

Merkmale Unterste Blätter oft gegenständig, 3–7 mm breit, lineal, die übrigen wechselständig oder die obersten bei der ssp. *messanensis* zu dritt im Quirl. Blüten meist einzeln, nickend, breit glockenförmig, ihre Hüllblätter 22–32 mm lang, verwaschen schachbrettartig gelblich, bräunlich oder purpurn gemustert, in der Mitte mit grünem Band. Nektargrube 6–10 mm lang. Mehrere Unterarten.
Vorkommen Grasfluren, Gebüsche, lichte Wälder.
Weitere Arten Ähnlich *F. graeca* Boiss. & Sprun., Blätter breiter, 11–25 mm, die untersten eiförmig bis lanzettlich, Nektargrube 4–6 mm lang (Südteil der Balkanhalbinsel, Ägäis, nicht auf Kreta). Außerdem zahlreiche kleinräumig verbreitete Arten besonders im östl. Mittelmeergebiet, in Griechenland 21 Arten, davon 13 endemisch, in Spanien nur 3 Arten (siehe auch folgende Seite).

1

2

3

4

5

1 **Portugiesische Schachblume** *Fritillaria lusitanica* Wikstr.

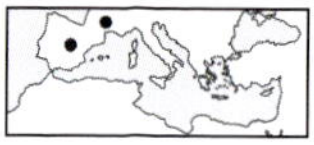

(*Liliaceae* s. str.)

0,1–0,8 m März–Juli ♃

Merkmale Blätter alle wechselständig, die untersten 3–18 mm breit, lineal-lanzettlich bis lanzettlich, die oberen schmaler. Blüten 1(–3), nickend, breit glockenförmig, ihre Hüllblätter 15–50 mm lang, außen grünlich oder rötlich braun, zum Teil mit breitem, grünem Band in der Mitte, innen gelb, braun gescheckt, über dem Grund mit 6–18 mm langer, grünlicher Nektargrube.

Vorkommen Felsen, Gebüsche, offene Wälder.

2 **Rhodische Schachblume** *Fritillaria rhodia* Hans.

0,06–0,3 m März–April ♃

Merkmale Blätter alle wechselständig, schmal lineal-lanzettlich, die untersten 3–7 mm breit, am Rand oft fein warzig. Blüten nickend zu 1–3, schmal glockenförmig, ihre Hüllblätter außen gelblich-grün, innen gelblich, 10–19 mm lang, die 3 äußeren an der Spitze umgebogen, Nektargrube grün, nur 1 mm lang.

Vorkommen Garigues, Kiefernwälder.

3 **Griechische Faltenlilie** *Gagea graeca* (L.) A. Irmisch

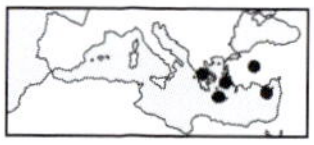

(*Lloydia graeca* (L.) Kunth)

0,05–0,25 m April–Mai ♃

Merkmale Zu den Gelbsternen gestellte, zierliche kahle Art mit nur einer Zwiebel. Grundblätter zu 2–4, lineal, Stängelblätter wechselständig, lineal-lanzettlich. Blüten meist 3–5, anfangs nickend, später aufgerichtet, trichterförmig, die stumpfen weißen, violett genervten Hüllblätter frei, 10–15 mm lang.

Vorkommen Felsfluren, auf Kalk.

4 **Langstieliger Gelbstern** *Gagea peduncularis* (Presl) Pasch.

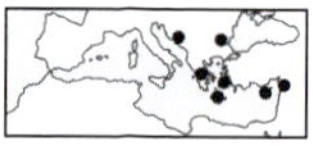

0,03–0,15 m Februar–April ♃

Merkmale Häufiger und gut kenntlicher Gelbstern mit 2 von einer gemeinsamen Hülle umgebenen Zwiebeln und behaarten Stängeln. Außer den beiden pfriemlichen bis linealen Grundblättern breitere, lanzettliche, kahle oder behaarte, wechselständige Stängelblätter. Blüten zu 1–3, ihre Hüllblätter 15–20 mm lang, innen gelb, außen grün, am Grund wie auch ihre zur Blütezeit verlängerten Stiele wollig.

Vorkommen Felsfluren, Kiefernwälder.

5 **Zypern-Hyazinthchen** *Hyacinthella millingenii* (Post) Feinbrun

(*Hyacinthaceae*)

0,05–0,15 m November–März ♃

Merkmale Blätter mit deutlichen parallelen Nerven, am Rand fein rau, bis 0,8 mm breit, in der Regel zu 2, bei einem zusätzlichen Blütenstängel zu 3. Letzterer häufig purpurn überlaufen wie auch die dicht aufrecht-abstehenden, ± sitzenden Blüten mit blassblauer, 6–8 m langer Hülle. Kapsel im Gegensatz zu *Bellevalia*-Arten zusammengedrückt kugelig, stumpf 3-kantig.

Vorkommen Felsfluren, auf Kalk. Zypern-Endemit.

6 **Madonnen-Lilie** *Lilium candidum* L. (*Liliaceae* s. str.)

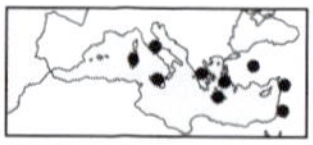

0,5–1,3 m Mai–Juni ♃

Merkmale Stängel mit zahlreichen spiralig angeordneten, 3–5-nervigen Blättern, die im Spätsommer erscheinen und den Winter überdauern. Blüten zu 5–6(–15) an ± aufrecht-abstehenden Stielen, schneeweiß, weit trichterförmig, die Hüllblätter frei, 5,5–6,5(–8) cm lang, am Ende etwas zurückgebogen.

Vorkommen Felshänge, Macchien, lichte Wälder. Wohl nur im östl. Mittelmeergebiet ursprünglich.

Weitere Arten Mit orangeroten Blüten *L. bulbiferum* L. (S-Europa, gebietsweise nur aus Gärten verwildert).

1
2
3
4
5
6

1 Schmalblättrige Merendera *Merendera filifolia* CAMB. (*Colchicaceae*)

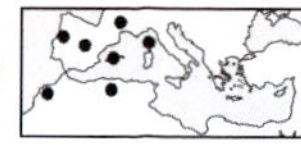

0,05–0,15 m September–November ♃

Merkmale Blätter alle grundständig, lineal, nicht breiter als 3 mm, Blüten meist einzeln, rosaviolett, Hüllblätter im Gegensatz zu *Colchicum*-Arten nicht verwachsen, ihr unterer, lang genagelter Teil in einer häutigen Scheide, der obere schmaleiförmig, ausgebreitet, 2,5–4 cm lang. Staubbeutel gelb, meist 6–8 mm lang. Die Gattung wird heute auch wieder zu *Colchicum* gestellt.

Vorkommen Offene, sandige Standorte in Küstennähe.

Weitere Arten Ebenfalls Herbstblüher sind *M. pyrenaica* (POURR.) P. FOURN., Blätter 4–8 mm breit, gefaltet, Staubbeutel 8–12(–17) mm lang, gelb (Iberische Halbinsel, Pyrenäen) und *M. attica* (SPRUN. ex TOMM.) BOISS. & SPRUN., Staubbeutel violett (östl. Mittelmeergebiet). *M. sobolifera* MEY. (östl. Mittelmeergebiet) und *M. androcymbioides* VALDÉS (SW-Spanien) sind Frühlingsblüher.

2 Übersehene Traubenhyazinthe *Muscari neglectum* TEN.

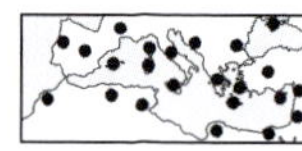

(incl. *M. racemosum* (L.) MED.) (*Hyacinthaceae*)

0,1–0,35 m März-Mai ♃

Merkmale Blätter 3–6, rinnig, 2–8 mm breit. Blüten in dichter Traube an abstehenden oder zurückgebogenen, bis 5 mm langen Stielen, krugförmig, die unteren fruchtbar, 3,5–7,5 mm lang, schwärzlich blau mit 6 weißen, zurückgekrümmten Zähnen, die oberen steril (bis zu 20), kleiner und blasser. Formenreiche Art.

Vorkommen Kulturland, Grasfluren. Nördlich bis Mitteleuropa vordringend.

3 **Weitere Arten** Ähnlich die **Dunkle Traubenhyazinthe** *M. commutatum* GUSS., Blätter 5–15 mm breit, Blütenkrone dunkel schwarzviolett mit gleichfarbigen Zähnen (östl. Mittelmeergebiet, westl. bis W-Italien).
4 Einziger Herbstblüher der Gattung die 1-jährige **Kleinblütige Traubenhyazinthe** *M. parviflorum* DESF., Blüten in lockerer Traube, 3–5 mm lang, blassblau, die Zähne mit dunkelblauem Mal (Mittelmeergebiet).

5 Kreta-Traubenhyazinthe *Muscari spreitzenhoferi* (HELDR.) VIERH.

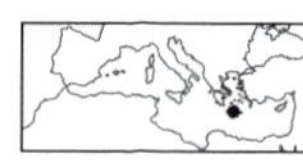

(*Leopoldia spreitzenhoferi* HELDR.)

0,05–0,2 m April–Mai ♃

Merkmale Blätter rinnig, 3–9(–15) mm breit. Blütentraube kegelförmig mit wenigen, hellblauen sterilen Blüten, die fruchtbaren grünlich braunen mit goldgelben Zähnen 5–7 mm lang, an aufsteigenden Stielen.

Vorkommen Garigues, Sandküsten. Kreta-Endemit.

6 Weiss' Traubenhyazinthe *Muscari weissii* FREYN

(*Leopoldia weissii* (FREYN) HELDR.)

0,1–0,3 m April–Mai ♃

Merkmale Blätter rinnig, 5–15 mm breit. Blüten in lockerer Traube, am Ende ohne oder mit einem Schopf aus wenigen sterilen, violetten oder purpurnen Blüten, die mit 4–8 mm etwa so lang wie die fruchtbaren Blüten sind. Diese länglich oder verkehrt kegelförmig, an abstehenden oder leicht zurückgebogenen Stielen, hellbraun oder schmutzig grünlich, weiter vorne dunkelbraun mit leuchtend bräunlich gelben Zähnen.

Vorkommen Felshänge, Garigues, offene Wälder.

Weitere Arten Ähnlich *M. comosum* (L.) MILL. (*L. comosa* (L.) PARL.) mit zahlreichen blauen sterilen Blüten, die fertilen mit cremefarbenen Zähnen waagerecht abstehend (Mittelmeergebiet, bis Mitteleuropa).

7 Arabischer Milchstern *Ornithogalum arabicum* L.

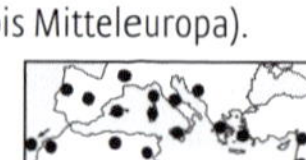

(*Melomphis arabica* (L.) RAF.) **0,3–0,8 m März–Mai ♃**

Merkmale Kräftige Pflanze, Blätter flach, ohne weißen Streifen und kahl, 10–30 mm breit. Blüten zu 6–25 doldentraubig gestellt, die unteren Stiele 8–10 cm lang, Blütenhülle ± glockig, auch außen völlig weiß, 15–23 mm lang. Auffällig ist der ± kugelige, schwärzlich violette Fruchtknoten.

Vorkommen Felsfluren. Gebietsweise nur verwilderte Zierpflanze.

1

2

3

4

5

6

7

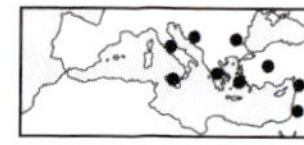

1 **Berg-Milchstern** *Ornithogalum montanum* Cyr. (*Hyacinthaceae*)

0,1–0,2 m März–Mai ♃

Merkmale Blätter flach und kahl, am Grund mit 8–20 mm sehr breit, grün, ohne weißen Mittelstreifen auf der Oberseite. Blüten zu 5–15 in einer Trugdolde auf kurzem Schaft, ihre Hüllblätter 10–20 mm lang, ausgebreitet, außen mit einem breiten grünen Mittelstreifen. Tragblätter gewöhnlich kürzer als die Blütenstiele. Fruchtstiele abstehend oder aufrecht-abstehend, ± gerade.

Vorkommen Felsfluren, Weiden.

2 **Weitere Arten** Ähnlich der **Gefranste Milchstern** *O. fimbriatum* Willd. mit kurzem, behaartem Schaft und 2–15 mm breiten, zumindest unterseits und am Rand behaarten Blättern. Blüten zu 4–8, mit 11–14 mm langen Hüllblättern. Fruchtstiele zurückgebogen (SO-Europa, NW-Türkei mit Inseln).

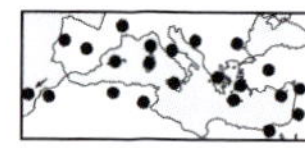

3 **Narbonne-Milchstern** *Ornithogalum narbonense* L.

(*Loncomelos narbonense* (L.) Raf.

0,2–0,5(–0,8) m April–Juni ♃

Merkmale Milchstern mit länglichem, traubigem Blütenstand (diese Arten werden heute auch zur Gattung *Loncomelos* gestellt). Blüten aufrecht, alle an etwa gleich langen Stielen, mit ausgebreiteten, 12–16 mm langen Hüllblättern, die Innenseiten milchig weiß, auf dem Rücken über die ganze Länge ein grüner Streifen. Staubbeutel gelb, Fruchtknoten 3,5–5 mm, an der Spitze flach, mit mindestens ebenso langem, dünnem Griffel. Tragblätter etwa so lang wie die Blütenstiele, die Blütenknospen überragend. Laubblätter 4–6, kahl, bis nach der Blütezeit ausdauernd.

Vorkommen Äcker, Weiden, Wegränder.

4 **Weitere Arten** Blätter des **Pyrenäen-Milchstern** *O. pyrenaicum* L. zur Blütezeit häufig schon verwelkt, Tragblätter kürzer als die Blütenstiele, Hüllblätter innen gelblich-grünlich, in Längsrichtung schon während der Blütezeit eingerollt (Mittelmeergebiet, Kanaren, selten in Mitteleuropa). 3 verwandte Arten in SO-Europa, *O. brachystylum* Zahar (Rhodos), *O. creticum* Zahar (Kreta) und *O. prasinantherum* Zahar (Griechenland).

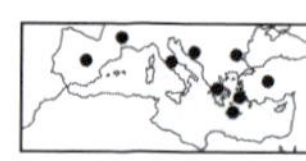

5 **Nickender Milchstern** *Ornithogalum nutans* L.

(*Honorius nutans* (L.) Gray)

0,2–0,6 m März–Mai ♃

Merkmale Blätter graugrün, rinnig, mit weißem Mittelstreifen, 6–15 mm breit. Blüten zu 3–17(–20) nickend in ± einseitswendiger, lockerer Traube, ihre Hüllblätter (20–)25–31 mm lang, innen weiß. Tragblätter länger als die Blütenstiele.

Vorkommen Äcker, Ruderalstellen, wohl nur im östl. Mittelmeergebiet heimisch, selten bis Mitteleuropa.

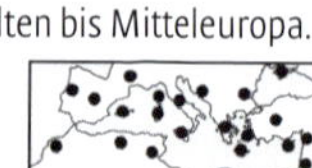

6 **Stechender Mäusedorn** *Ruscus aculeatus* L. (*Ruscaceae*)

0,1–0,8 m Oktober, Februar–April ♄

Merkmale Immergrüner verzweigter Halbstrauch mit 2-zeilig angeordneten, 1–3 cm langen, blattartig verbreiterten, eiförmigen, stechend-starren Flachsprossen. 1 oder mehrere unscheinbare Blüten mit grünlich weißer bis blassvioletter, 2,5 mm langer Hülle in der Achsel eines winzigen Tragblattes auf der Oberseite dieser Phyllokladien, die sich durch Drehung häufig nach unten richten. Glänzend rote, etwa 1,5 cm große Beeren. Die jungen Sprosse sind wie Spargel essbar, die Zweige findet man häufig in Trockensträußen. Rhizomextrakte werden in Medikamenten gegen venöse Durchblutungsstörungen eingesetzt.

Vorkommen Im Unterwuchs von Macchien, immer- und sommergrünen Wäldern, bis in die Bergstufe.

7 **Weitere Arten** Der **Westliche Mäusedorn** *R. hypophyllum* L. mit meist unverzweigten Trieben, Phyllokladien breit eiförmig, weich, nicht stechend, 5–9 cm lang, am Grund ziemlich plötzlich zusammengezogen. Blüten mit 3–4 mm langen Hüllblättern, Tragblatt 1–2 mm breit (westl. Mittelmeergebiet, häufig weiter kultiviert und verwildert).
8 Der **Zungen-Mäusedorn** *R. hypoglossum* L. dagegen mit zungenförmigen, am Grund verschmälerten Phyllokladien und breiteren Tragblättern (zentrales und nordöstl. Mittelmeergebiet).

1

2

3

4

5

6

7

8

1 **Herbst-Blaustern** *Scilla autumnalis* L.

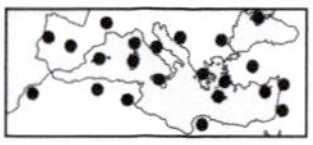

(*Prospero autumnale* (L.) SPETA) (*Hyacinthaceae*)
0,05–0,35 m September–November ♃
Merkmale Zierlicher Herbstblüher, Blätter erst nach der Blüte entwickelt, fleischig, schmal lineal und rinnig oder fädlich, 0,05–2 mm breit. Blüten zu 6–25 in Trauben ohne Tragblätter. Blütenhüllblätter am Grund bis zu 1/5 verwachsen, 4–5 mm lang, blauviolett mit dunklem Mittelstreifen, Staubbeutel dunkelviolett.
Vorkommen Lichte Wälder, Macchien, Garigues.

2 **Einblättriger Blaustern** *Scilla monophyllos* LINK

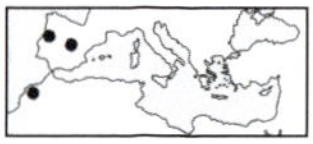

(*Tractema monophyllos* (LINK) SPETA) **0,05–0,3 m Februar–April** ♃
Merkmale Blaustern mit einem einzigen, linealen bis lanzettlichen, spitzen Blatt, bis zu 1/3 den Stängel umscheidend. Blütentraube mit kleinen Tragblättern und 1–25 blauvioletten Blüten, Hüllblattabschnitte frei, 7–9 mm lang, Staubbeutel blau.
Vorkommen Sandküsten.

3 **Zwerg-Blaustern** *Scilla nana* (SCHULTES & SCHULTES f.) SPETA

(*Chionodoxa nana* (SCHULTES & SCHULTES f.) BOISS. & HELDR.
0,05–0,1(–0,35) m April–Mai(–Juli) ♃
Merkmale Blätter 2(–4), rinnig, stumpf, 2–5(–12) mm breit, wie der Stängel ± rötlich überlaufen. Blüten zu 1–3(–5), Hüllblätter am Grund über 1/4 verbunden, 9–12 mm lang, bläulich lila, zum Grund hin weißlich.
Vorkommen Schneeböden, Igelpolsterheiden, Bergwälder. Kreta-Endemit.

4 **Peru-Blaustern** *Scilla peruviana* L. (*Oncostema peruviana* (L.) SPETA)

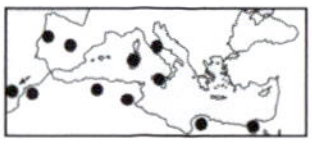

0,2–0,5 m März–Juni ♃
Merkmale Blätter lanzettlich, bis 8 cm breit, am Rand glatt oder papillös. Blütenstand eine breit pyramidale bis halbkugelige dichte Traube auf kurzem, kräftigem Stängel, mit pfriemlichen, 2–8 cm langen Tragblättern und 20–100 Blüten mit blauen bis violetten oder weißlichen, 7–12 mm langen Hüllblättern, blauen Staubfäden und gelblichen Staubbeuteln. Formenreiche Art.
Vorkommen Feuchte Standorte in Weiderasen, Gebüschen und lichten Wäldern.

5 **Mattiazzi-Graslilie** *Simethis mattiazzi* (VAND.) SACC.

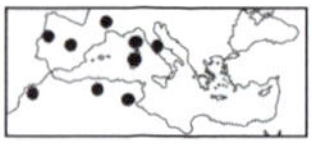

(*S. planifolia* (L.) GREN.) (*Asphodelaceae*)
0,15–0,5 m April–Juni ♃
Merkmale Blätter rinnig, 2,5–8 mm breit, am Rand rau, meist zurückgebogen. Blüten in lockerer Rispe, die oberseits weißen und unterseits rosa Hüllblätter 9–11 mm lang, mit 5–7 deutlichen Nerven. Staubfäden dicht wollig (Unterschied zu den ähnlichen, auch im Mittelmeergebiet verbreiteten Graslilien-Arten (*Anthericum*). **Vorkommen** Garigues, offene Wälder.

6 **Stechwinde** *Smilax aspera* L. (*Smilacaceae*)

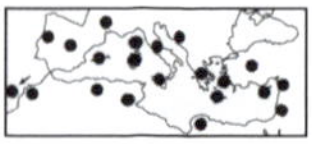

Bis 6(–10) m April–Dezember ♄
Merkmale Immergrüner, kahler, 2-häusiger Kletterstrauch. Blätter ledrig, 5–9-nervig, schmal bis breit herz- oder spießförmig, am Rand und auf den Hauptnerven der Unterseite ebenso wie am zickzackförmig gebogenen Stängel mit oder ohne gerade oder gebogene Stacheln, am Grund des Blattstiels mit 2 Ranken. Blütenstände end- oder achselständig mit büschelig stehenden Blüten, Hüllblätter weißlich, grünlich oder rosa, 2–4(–6) mm lang (**6a**). Beeren kugelig, rot, später schwarz, 4–9,5 mm (**6b**). Mehr oder weniger stachellose Sippen mit sehr breiten, herzförmigen Blättern wurden als ssp. *mauritanica* (POIR.) ARC. beschrieben, die extrem stacheligen und schmalblättrigen der Balearen als ssp. *balearica* (WILLK.) ROMO (**6c**).
Vorkommen Macchien und Wälder, an Mauern.

1
2
3
4
5
6a
6b
6c

1 Bakers Tulpe *Tulipa bakeri* A. D. Hall (*Liliaceae* s. str.)

0,05–0,25 m April–Mai ♃

Merkmale Tulpe mit 2–4 länglich-lanzettlichen, rinnigen bis fast flachen, 10–35 mm breiten Blättern. Blüten meist einzeln, mit 30–50 mm langen, rosapurpurnen Hüllblättern, diese innen am Grund mit einem gelben Fleck, umgeben von einem hellen, nach außen verlaufenden Ring. Staubbeutel gelb, 4–7 mm lang.
Vorkommen Felshänge, Schutthalden, Äcker, Brachland, oberhalb 600 m. Kreta-Endemit.
Weitere Arten Sehr ähnlich *T. saxatilis* Spreng., der gelbe Fleck am Grund der Blütenhüllblätter scharf abgegrenzt, Staubbeutel braun bis schwärzlich (unterhalb 900 m, Kreta, Ägäis, SW-Türkei).

2 Kretische Tulpe *Tulipa cretica* Boiss. & Heldr.

0,07–0,12 m März–Mai ♃

Merkmale Sehr kleine Art mit bis 15 mm breiten, rinnigen, oft sichelförmigen Blättern. Blüten zu 1(–3) mit 15–30 mm langen, weißen, rosa oder purpurn überlaufenen, innen am Grund mattgelben Hüllblättern. Staubbeutel nur 1,5–3 mm lang, gelb.
Vorkommen Garigues, Felsfluren, Schutthalden. Kreta-Endemit.

3 Dörflers Tulpe *Tulipa doerfleri* Gand.

0,1–0,3 m April–Mai ♃

Merkmale Blätter rinnig, mattgrün, bis 16 mm breit. Blütenhüllblätter dunkelrot, innen am Grund dunkel gefleckt, ziemlich breit und stumpf, 30–50 mm lang. Staubbeutel über 4,5 mm lang, braunviolett.
Vorkommen Kulturland, Brachland. Kreta-Endemit.
4 **Weitere Arten** Selten die elegante **Goulimis Tulpe** *T. goulimyi* Sealy & Turrill mit graugrünen, am Rand etwas gewellten Blättern, Blütenhüllblätter leuchtend orangerot, zugespitzt, schlanker als bei voriger Art, 40–50 mm lang, Staubbeutel 7,5–9 mm (Garigues, Felsfluren, Brachland, W-Kreta, S-Griechenland). *T. boeotica* Boiss. & Heldr., Blütenhüllblätter scharlachrot, am Grund mit je einem schwarzen, gelb umrandeten Fleck, Staubblätter im Gegensatz zu den anderen hier beschriebenen Arten am Grund nicht behaart (südl. Balkanhalbinsel, Kleinasien).

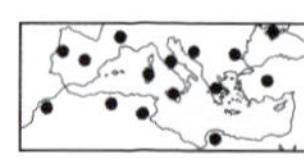

5 Wilde Tulpe *Tulipa sylvestris* L.

0,1–0,45 m April–Juni ♃

Merkmale Einzige weiter verbreitete Tulpen-Art im Mittelmeergebiet, oft Ausläufer treibend. Bei der abgebildeten ssp. *australis* (Link) Pamp. das graugrüne, rinnige, unterste Blatt weniger als 12 mm breit. Blüten in der Knospe nickend, ihre Hüllblätter 20–40 mm lang, innen gelb, ungefleckt, die äußeren außen rötlich überlaufen. Kräftiger die ssp. *sylvestris*, unterstes Blatt über 12 mm breit. Blütenhüllblätter 35–65 mm lang, außen oft grünlich (nur im zentralen Mittelmeergebiet, in Mitteleuropa selten eingebürgert).
Vorkommen Ssp. *australis*: Grasfluren, Felsfluren der Bergstufe, ssp. *sylvestris*: Kulturland.

6 Gewöhnliche Meerzwiebel *Urginea maritima* (L.) Bak. s. l.

(*Charybdis maritima* (L.) Speta, *Drimia maritima* (L.) Stearn) (*Hyacinthaceae*)

0,5–1,5 m August–Oktober ♃

Merkmale Zwiebel weiß oder rot, bis 20 cm breit, oft weit aus dem Boden herausragend. Blätter zur Blütezeit im Herbst vertrocknet, lanzettlich, bis 10 cm breit (**6a**). Die mehr als 50-blütige Traube dicht, Blütenhüllblätter 6–10 mm lang, weiß mit grünem oder purpurnem Mittelnerv, sternförmig ausgebreitet. Staubbeutel grünlich (**6b**). Formenreiche Art. Verwendung der giftigen, fleischigen Zwiebelschuppen in Herzmitteln.
Vorkommen Weiden, Felsfluren, Garigues, auch Sandstrände.
Weitere Arten Kleiner, mit locker stehenden rosa Blüten *U. undulata* (Desf.) Steinh. mit 3–15 mm breiten, gewellten und gezähnelten Blättern (SO-Spanien, Korsika, Sardinien, NW-Afrika) und *U. fugax* (Moris) Steinh. mit höchstens 3 mm breiten, glattrandigen Blättern (Korsika, Sardinien, S-Italien, N-Afrika).

1
2
3
4
5
6a
6b

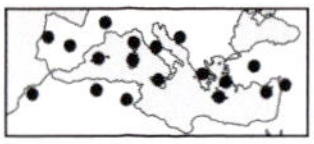

1 **Puppenorchis**, Ohnhorn *Aceras anthropophorum* (L.) AIT. (*Orchis anthropophora* (L.) ALL.) **0,1–0,4 m März–Juni** ♃

Merkmale Untere Blätter eiförmig-lanzettlich, stumpf. Bis zu 60 und mehr Blüten im schmalen, zylindrischen, 5–20 cm langen Blütenstand, grünlich gelb, oft mit rotbraunen Rändern und Streifen. 5 Blütenhüllblätter helmförmig zusammenneigend. Lippe hängend, ohne Sporn, 10–16 mm, mit 2 schmalen Seitenlappen und 1 längeren, geteilten Mittellappen, sodass der Eindruck eines hängenden Menschleins entsteht.
Vorkommen Grasfluren, Macchien, lichte Wälder. Selten bis in die wärmsten Gebiete Mitteleuropas.

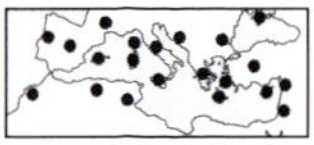

2 **Pyramidenorchis** *Anacamptis pyramidalis* (L.) RICH. **0,1–0,7 m März–Juli** ♃

Merkmale Stängel mit schmal lanzettlichen Blättern. Blütenstand zunächst dicht kegelförmig bis eiförmig, reichblütig, später verlängert, 2–10 cm. Blüten purpurrot, rosa oder weiß, seitliche äußere Hüllblätter waagerecht abstehend, das mittlere etwas vorgeneigt. Lippe 6–9 mm lang, etwa gleichmäßig 3-lappig, am Grund mit 2 Längsleisten, der Sporn 10–15 mm, dünn und abwärts gerichtet.
Vorkommen Grasfluren, lichte Gebüsche und Wälder. Selten bis Mitteleuropa.

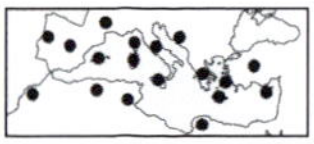

3 **Riesenknabenkraut**, Mastorchis *Barlia robertiana* (LOIS.) GREUT. (*Himantoglossum robertianum* (LOISEL.) DELF.) **0,25–0,8 m Januar–April** ♃

Merkmale Blätter eiförmig bis länglich, etwas fleischig, am Grund des kräftigen Stängels. Blüten in langer, dichter, zylindrischer Ähre, grünlich bis rötlich oder bräunlich, rot gefleckt. 5 Blütenhüllblätter locker helmförmig zusammenneigend, die 3-lappige Lippe bis 2 cm, die beiden seitlichen Lappen am Rand oft wellig, breit, sichelförmig einwärts gebogen, der Mittellappen 1,5–2-mal so lang und in 2 breite Zipfel gespalten. Sporn 3–6 mm, sackartig, nach unten gerichtet.
Vorkommen Grasfluren, Macchien, lichte Wälder.

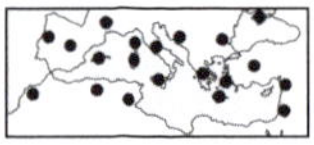

4 **Langblättriges Waldvögelein** *Cephalanthera longifolia* (L.) FRITSCH **0,2–0,6 m April–Juli** ♃

Merkmale Stängel mit ± 2-zeilig angeordneten, lineal-lanzettlichen Blättern. Blütenstand ziemlich locker, 7–21 cm lang, mit 7–27 reinweißen, meist halb geöffneten, ungespornten Blüten. Lippe mit 12–15 mm fast so lang wie die Hüllblätter, aufgerichtet, vorne mit 4–7 orangefarbenen, behaarten Längsleisten.
Vorkommen Lichte Wälder, Gebüsche. Selten bis Mitteleuropa.

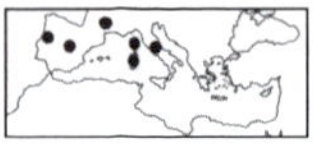

5 **Insel-Fingerwurz** *Dactylorhiza insularis* (SOM.) LANDW. **0,15–0,4 m April–Juni** ♃

Merkmale Orchidee mit fingerförmig gespaltener Knolle wie für Fingerwurz-Arten charakteristisch. Blätter zu 5–8, länglich-lanzettlich, mit der größten Breite in der oberen Hälfte, ungefleckt. Blütenstand 4–12 cm lang, ± locker 7–17-blütig. 2 abstehende und 3 helmbildende Hüllblätter, hellgelb, die rundliche, 3-lappige, flache Lippe mit wenigen roten Punkten. Sporn 9–11 mm, stumpf, ± waagerecht.
Vorkommen Kiefern- und Kastanienwälder, auf sauren Böden.

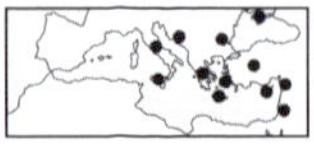

6 **Römische Fingerwurz** *Dactylorhiza romana* (SEB.) SOÓ **0,1–0,25 m März–Mai** ♃

Merkmale Blätter schmal länglich, die größte Breite etwa in der Mitte, ungefleckt, bis zu 11, die Mehrzahl in lockerer Rosette. Blütenstand 4–8 cm lang, ± locker mit 5–20 roten oder gelben Blüten. Lippe 9–11 mm, ohne Zeichnung, rundlich, 3-lappig, die Seitenlappen längs zurückgebogen, der mittlere nach vorne gezogen. Sporn schlank, stumpf, 12–18 mm, waagerecht bis steil aufwärts gerichtet und gebogen. Bei der ähnlichen *D. markusii* (TIN.) BAUM. & KÜNK. Sporn nur 9–13 mm lang (westl. Mittelmeergebiet).
Vorkommen Immergrüne Wälder, Gebüsche.

1

2

3

4

5

6

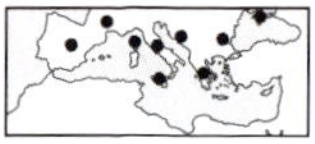

1 Holunder-Fingerwurz *Dactylorhiza sambucina* (L.) Soó

0,1–0,3 m April–Juli ♃

Merkmale Blätter 4–7, länglich-eiförmig, größte Breite über der Mitte. Oft gemeinsam gelb-(**1a**) und rotblütige (**1b**) Pflanzen (Mischfarben bei Hybriden) mit Holunderduft, Blüten zu 5–25 in 3–7 cm langem Blütenstand. Seitliche äußere Hüllblätter senkrecht aufgerichtet, die übrigen einen Helm bildend. Lippe 7–9 mm quer elliptisch, schwach 3-lappig, mit längs zurückgebogenen Seitenlappen. Sporn 10–14 mm, zylindrisch-kegelförmig, stumpf, abwärts gebogen.

Vorkommen Lichte Wälder, Magerrasen, Bergwiesen. Selten bis Mittel- und N-Europa.

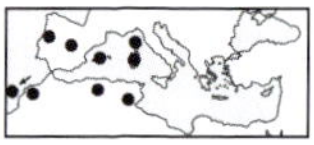

2 Zweiblättriger Grünstendel *Gennaria diphylla* (Link) Parl.

0,1–0,5 m Januar–Mai ♃

Merkmale Stängel mit nur 2 deutlich entfernt stehenden, am Grund herzförmig umfassenden Blättern. Der einseitswendige Blütenstand 6–17 cm lang, mit 10–65 unscheinbaren gelbgrünen Blüten. Hüllblätter glockig zusammenneigend, die Lippe mit 4–5 mm wenig länger, 3-lappig mit spreizenden Abschnitten, der sackförmige Sporn 1,5 mm, am Ende 2-geteilt.

Vorkommen Küstennahe Nadelwälder und Macchien.

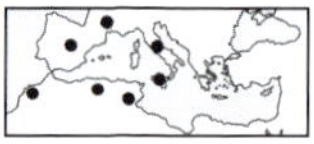

3 Bocks-Riemenzunge *Himantoglossum hircinum* (L.) Spreng.

0,3–0,8 m Mai–Juli ♃

Merkmale Pflanze kräftig, mit länglich-eiförmigen Blättern. Blütenstand 10–35 cm lang, mit 15–100 und mehr dicht stehenden Blüten mit strengem Bocksgeruch. 5 zusammenneigende, außen grünlich, innen rotbraun gestreifte Hüllblätter. Lippe 35–65 mm lang, am Grund mit dunkelroten Flecken, tief 3-lappig mit welligem Rand, der Mittellappen „riemenförmig", an der Spitze bis zu 7 mm gespalten, grünlich bis bräunlich, zunächst spiralig eingerollt, später schraubig gedreht. Sporn 3–6 mm, kegelförmig, abwärts gerichtet.

Vorkommen Grasfluren, Gebüsche, lichte Wälder. Selten bis Mitteleuropa.

4 **Weitere Arten** Die **Adriatische Riemenzunge** *H. adriaticum* Baum. mit schwächerem Bocksgeruch, Blüten kleiner und stärker gefärbt zu 15–40 in eher lockerem Blütenstand (Apennin- und nördl. Balkanhalbinsel).

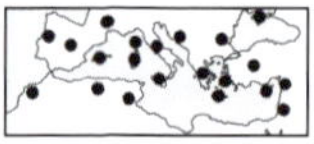

5 Violetter Dingel *Limodorum abortivum* (L.) Swartz

0,3–0,8 m April–Juli ♃

Merkmal Orchidee ohne grüne Blätter, der stahlblaue bis schmutzig violette Stängel nur mit scheidigen Schuppenblättern. Blütenstand 10–30 cm lang, mit 7–20 locker stehenden, hellvioletten, dunkler geaderten, halb bis weit geöffneten Blüten. 5 Hüllblätter ± abstehend, die Lippe ungeteilt, 16–20 mm lang, mit an den Rändern aufgewölbtem hinteren und herzförmigem, randlich gewellten vorderen Teil, der schlanke Sporn 15–20 mm, abwärts gerichtet.

Vorkommen Lichte sommer- und immergrüne Wälder, Gebüsche, Rasen, bis in die Bergstufe. Nördl. bis in die wärmsten Bereiche Mitteleuropas.

Weitere Arten Ähnlich *L. trabutianum* Batt. mit nur 2–4 mm langem Sporn, Blüten oft geschlossen bleibend oder halb geöffnet (südwestl. Mittelmeergebiet bis Mittelitalien).

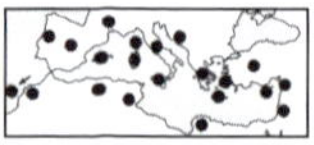

6 Keuschorchis, Gefleckte Waldwurz *Neotinea maculata* (Desf.) Stearn

0,1–0,3(–0,4) m März–Mai ♃

Merkmale Blätter 2–6, davon bis zu 3 grundständig, blaugrün, länglich-eiförmig, meist schwarzbraun gefleckt. Blütenstand zylindrisch, 2–10 cm lang, dicht mit sehr kleinen, nach Vanille duftenden Blüten besetzt, ihre Hüllblätter schmutzig rosa bis gelblich oder grünlich weiß, 3–4 mm lang, zu einem Helm zusammenneigend. Lippe meist rötlich gefleckt, schräg abwärts gerichtet, kaum länger, 3-lappig, der Mittellappen oft 2- oder 3-zähnig. Sporn bis 1,5 mm, stumpf.

Vorkommen Immer- und sommergrüne Wälder, Gebüsche, Rasen, bis in die Bergstufe.

1a

1b

2

3

4

5

6

Ragwurz *Ophrys* L.

Formenreiche Gattung, die mit etwa 180 Arten und Unterarten ihren Verbreitungsschwerpunkt im Mittelmeergebiet hat. Pflanzen mit 2 kugeligen bis eiförmigen, ungeteilten Knollen ausdauernd. Blätter lanzettlich bis eiförmig, die unteren rosettig, die oberen kleiner und scheidig. Blüten in lockerer Ähre zu 2–10(–15). **Vorkommen** Meist offene Standorte, Grasfluren, Garigues, überwiegend auf Kalk. Von den meisten der hier aufgeführten Arten wurden mehrere Unterarten beschrieben (siehe auch S. 8).

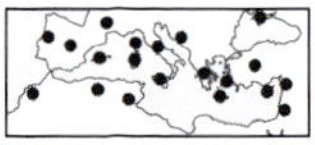

1 Bienen-Ragwurz *Ophrys apifera* Huds.

0,2–0,5(–0,7) m März–Juli ♃

Merkmale Äußere Hüllblätter groß, abstehend bis zurückgeschlagen, rosa oder weißlich. Lippe 3-lappig, stark gewölbt, 9–14 mm lang, Seitenlappen gehöckert und behaart, Mittellappen mit zurückgeschlagenem Anhängsel. Das Mal auf bräunlichem Grund violett oder rötlich braun mit hellen Rändern oder Flecken.

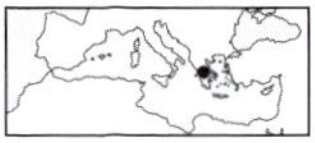

2 Argolische Ragwurz *Ophrys argolica* Fleischm.

0,15–0,5 m März–Mai ♃

Merkmale Äußere Hüllblätter rosa bis rot, Lippe rundlich, ± ungeteilt, leicht gewölbt, 10–12 mm lang, an den Schultern hell behaart, mit kleinem Anhängsel. Mal aus zwei getrennten oder verbundenen Flecken.

3 **Weitere Arten** Ähnlich die **Hornissen-Ragwurz** *O. crabronifera* Mauri mit gelblich grünen oder weißlichen bis rosa äußeren Hüllblättern. Die 11–18 mm lange Lippe höchstens schwach gehöckert, dunkel rotbraun, gegen die Ränder lang und dicht behaart, vorne meist mit großem, einfachem oder 3-zähnigem Anhängsel. In der Mitte zwei ± verbundene, graublaue Flecken (Korsika, Sardinien, Italien). Abgebildet ist die ssp. *pollinensis* (Nelson) Baumann & Lorenz („Brillen-Ragwurz“) aus S-Italien.

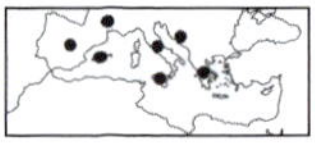

4 Bertolonis Ragwurz *Ophrys bertolonii* Mor. s. l.

0,1–0,35 m März–Juni ♃

Merkmale Äußere Hüllblätter hell bis dunkel rosaviolett, auch grünlich. Lippe meist ungeteilt, schwarzpurpurn, dicht behaart, 12–18 mm lang, länglich-eiförmig, sattelförmig nach oben gebogen, vorne ausgerandet und mit aufrechtem, gelblichem Anhängsel. Im vorderen Teil ein schildförmiges, leuchtend blaues Mal. Abgebildet ist die ssp. *balearica* (Delforge) Saéz & Roselló.

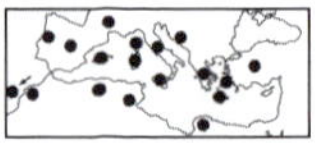

5 Drohnen-Ragwurz *Ophrys bombyliflora* Link

0,05–0,2(–0,3) m Februar–Mai ♃

Merkmale Äußere Hüllblätter hellgrün. Die 3-lappige Lippe nur 7–10 mm lang, mit zottig behaarten, gehöckerten Seitenlappen und stark gewölbtem Mittellappen, Anhängsel verdeckt, rückwärts gerichtet. Mal wenig auffällig, schildförmig oder 2-geteilt, bläulich violett, heller berandet.

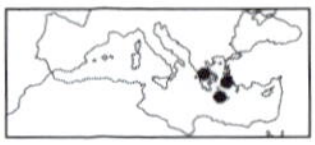

6 Kretische Ragwurz *Ophrys cretica* (Vierh.) Nels. s. l.

0,1–0,3 m März–April ♃

Merkmale Äußere Hüllblätter grün, purpurn überlaufen. Lippe 11–14 mm lang, 3-lappig mit ± gehöckerten Seitenlappen und länglichem, gewölbtem, dunkel rotbraunem Mittellappen, vorne ein kleines Anhängsel. Das Mal lang H-förmig oder streifenförmig, blasslila, weiß oder weiß berandet. Das Foto zeigt die ssp. *ariadnae* (Paulus) Kretzschmar.

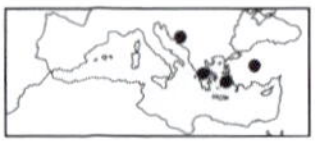

7 Hufeisen-Ragwurz *Ophrys ferrum-equinum* Desf. s. l.

10–35 cm März–Mai ♃

Merkmale Äußere Hüllblätter rosa, seltener weißlich. Die rundliche bis ovale samtig behaarte, dunkel rotbraune Lippe kaum gewölbt und ungeteilt, ohne Höcker, 13–16 mm lang, vorne mit kleinem, abwärts gerichtetem Anhängsel. Zwei oft zur Hufeisenform verbundene, blauviolette, bisweilen heller berandete Flecken.

1
2
3
4
5
6
7a
7b

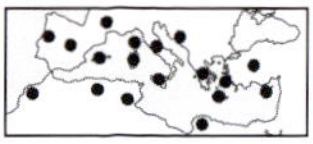

1 Braune Ragwurz *Ophrys fusca* LINK s. l.

0,1–0,4 m Februar–Mai ♃

Merkmale Äußere Hüllblätter breit und grün, das obere vorgeneigt. Die 3-lappige Lippe länglich, vorgestreckt, 13–23 mm, am Grund eingeschnitten, dunkel rotbraun, samtig behaart mit kahlem Rand, bisweilen mit schmalem, gelbem Saum. Das 2-geteilte Mal blaugrau oder blauviolett.

2 **Weitere Arten** Bei der **Regenbogen-Ragwurz** *O. iricolor* DESF. Lippe fast waagerecht, selten mit hellem Saum, das Mal intensiv stahlblau, bisweilen purpurn gefleckt (östl. und zentrales Mittelmeergebiet). Ähnlich *O. atlantica* MUNBY, Lippe sattelförmig aufgewölbt, der Mittellappen vorne tief eingeschnitten (S-Spanien, NW-Afrika), und *O. pallida* RAF., Hüllblätter blassgrün, Lippe 7–9 mm, vorne zurückgebogen (Sizilien).

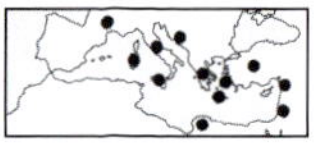

3 Hummel-Ragwurz *Ophrys holosericea* (BURM. f.) GREUT. (*O. fuciflora* (SCHMIDT) MOENCH) s. l.

0,1–0,5 m März–Juli ♃

Merkmale Äußere Hüllblätter rosa oder grünlich weiß. Lippe dunkelbraun, 8–17 mm lang, fast rechteckig, am Grund mit zwei Höckern, vorne ausgerandet mit gelblich grünem, aufgerichtetem Anhängsel, in der Mitte samtig, an den Rändern länger behaart. Das veränderliche Mal gegliedert, gelbgrün berandet. Zahlreiche (18) Unterarten, auch als Arten bewertet.

4 **Weitere Arten** Ähnlich die **Weißglanz-Ragwurz** *O. candica* GREUTER & AL. mit größeren inneren Hüllblättern und nach vorne gerichtetem Anhängsel (S-Italien bis SW-Türkei).

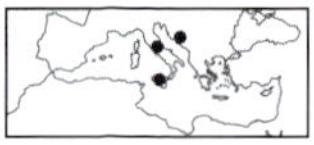

5 Lacaitas Ragwurz *Ophrys lacaitae* LOJAC.

0,1–0,25 m April–Juni ♃

Merkmale Äußere Hüllblätter grün. Lippe trapezförmig, 11–15 mm lang, am Grund behaart, sonst kahl, vorne mit sehr großem, aufgerichtetem Anhängsel und gezähneltem Rand, zitronengelb, nur in der Mitte bräunlich überlaufen. Das kleine rhombische Mal braun mit heller Zeichnung.

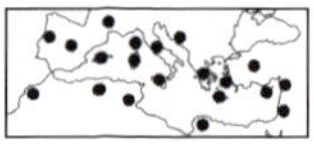

6 Gelbe Ragwurz *Ophrys lutea* CAV. s. l.

0,1–0,3 m Februar–Mai ♃

Merkmale Äußere Hüllblätter olivgrün, das obere vorgeneigt. Lippe 3-lappig, der Mittellappen unten eingebuchtet, rundlich bis länglich, papillös, in der Mitte braun mit graublauem Mal, der gelbe Rand ± breit, bei der abgebildeten ssp. *lutea* bis 6 mm, bei den übrigen Unterarten schmaler.

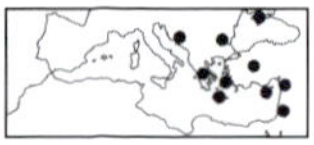

7 Busen-Ragwurz *Ophrys mammosa* DESF. s. l.

0,2–0,6 m Februar–Mai ♃

Merkmale Äußere Hüllblätter grün, die seitlichen in der unteren Hälfte purpurn überlaufen. Die ungeteilte, ovale Lippe gewölbt, dunkel rotbraun, 10–17 mm lang, im hinteren Teil mit kegelförmigen Höckern und am Rand stärker behaart, vorne nur papillös, das Anhängsel sehr klein oder fehlend. Mal H-förmig oder nur aus 2 langen Streifen, graublau bis lila, hell umrandet.

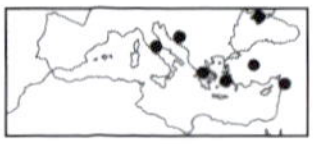

8 Gehörnte Ragwurz *Ophrys oestrifera* BIEB. (*O. cornuta* STEV.) s. l.

0,1–0,5 m Februar–Juni ♃

Merkmale Äußere Hüllblätter rosarot. Lippe 3-lappig, 6–16 mm lang, die dicht behaarten Seitenlappen zu bis 10 mm langen, ± abstehenden Hörnern ausgezogen, der Mittellappen gewölbt, braun, schmal gelblich berandet, vorne mit aufgerichtetem Anhängsel. Mal bräunlich violett mit hellem Rand.

9 **Weitere Arten** Ähnlich die **Schnepfen-Ragwurz** *O. scolopax* CAV., Hüllblätter und Lippenzeichnung wie bei voriger Art, Seitenlappen bis 5 mm lang vorwärts gerichtet gehörnt (westl. Mittelmeergebiet), und
10 **Heldreichs Ragwurz** *O. heldreichii* SCHLECHTER, deren Abgrenzung schwierig ist (Balkanhalbinsel, bis Kreta, Rhodos).

1
2
3
4
5
6
7
8
9
10

1 Omega-Ragwurz *Ophrys omegaifera* Fleischm.

0,1–0,3 m Januar–April ♃

Merkmale Äußere Hüllblätter grün, das obere vorgeneigt. Lippe knieartig gewölbt, fast waagerecht gestellt, 12–25 mm lang, auch am Rand behaart. Das braune Mal mit omega-förmiger, graublauer oder weißlicher Begrenzung.

Weitere Arten Ähnlich *O. fleischmannii* Hayek (Kreta) und *O. dyris* Maire (westl. Mittelmeergebiet).

2 Reinholds Ragwurz *Ophrys reinholdii* Fleischm. s. l.

0,15–0,6 m März–Juni ♃

Merkmale Äußere Hüllblätter rosa, auch weißlich oder grün. Lippe schwarzpurpurn, 3-lappig, 10–16 mm lang, mit dicht behaarten, bis zur Mitte reichenden Seitenlappen und länglichem Mittellappen, vorne mit kleinem Anhängsel. Das Mal aus 2 getrennten oder verbundenen Flecken, völlig weiß oder innen violett.

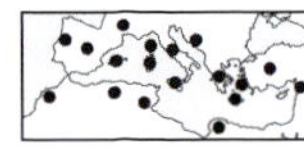

3 Spiegel-Ragwurz *Ophrys speculum* Link (*O. ciliata* Biv., *O. vernixia* Brot.)

0,05–0,25 m Februar–Mai ♃

Merkmale Äußere Blütenhüllblätter grün, meist mit 2 braunvioletten Streifen, das obere vorgeneigt. Lippe 11–15 mm, 3-lappig, mit rundlichem Mittellappen, der Rand dicht abstehend braun behaart, in der Mitte ein kahles, metallisch blau glänzendes, gelb umrandetes Mal (ssp. *speculum*, **3a**). Bei der ssp. *regis-ferdinandii* Acht. & Kell. (**3b**) Mittel- und Seitenlappen der Lippe viel schmaler und die Ränder nach hinten gebogen (S-Ägäis, W-Türkei), ähnlich die ssp. *lusitanica* O. & E. Danesch (Portugal, Spanien).

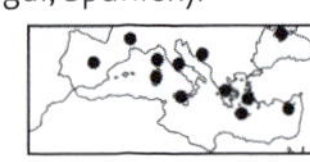

4 Spinnen-Ragwurz *Ophrys sphegodes* Mill. s. l.

0,1–0,5 m Februar–Juni ♃

Merkmale Äußere Hüllblätter gelblich grün oder rosa überlaufen, das mittlere geneigt oder aufgerichtet. Lippe braun oder rotbraun, ungeteilt bis schwach 3-lappig, 8–15 mm lang, rundlich bis eiförmig, meist schwach gehöckert, außen besonders hinten behaart, vorne etwas ausgerandet, mit oder ohne Anhängsel. Das graubraune oder graublaue Mal H-förmig mit hellem Rand. 14 Unterarten!

5 **Weitere Arten** Ähnlich die **Schwarze Ragwurz** *O. incubacea* Bianca (*O. atrata* Lindl.), aber Lippe stark gehöckert, das meist blaue Mal aus 2 parallelen, am Grund verbundenen Streifen auf die beiden Höcker ausstrahlend (westl. und zentrales S-Europa).

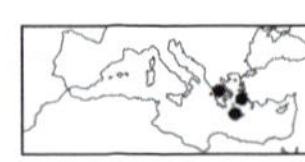

6 Spruners Ragwurz *Ophrys spruneri* Nym.

0,15–0,5 m März–Mai ♃

Merkmale Hüllblätter rosarot bis weißlich. Lippe lang gestreckt 3-lappig, dunkelbraun bis schwarzpurpurn, 10–15 mm, mit schwach gehöckerten, abwärts gerichteten Seitenlappen, Mittellappen vorne mit Anhängsel. Das Mal aus 2 langen, oft H-förmig verbundenen, blauvioletten, heller umrandeten Längsleisten.

7 Wespen-Ragwurz *Ophrys tenthredinifera* Willd. s. l.

0,1–0,45 m Februar–Mai ♃

Merkmale Äußere Hüllblätter rosa, selten weißlich. Lippe 11–16 mm lang, rechteckig, am Grund mit 2 schwachen Höckern, in der Mitte rotbraun, kurz behaart, mit breiter, gelber, dicht behaarter Randzone und aufwärts gerichtetem, kahlem Anhängsel. Mal klein, lila bis bräunlich, hell berandet, am Grund der Lippe.

8 Nabel-Ragwurz *Ophrys umbilicata* Desf.

0,1–0,45(–0,6) m Februar–Mai ♃

Merkmale Äußere Hüllblätter grün bis weißlich, auch rosa. Lippe 3-lappig, mit gehöckerten, dicht behaarten Seitenlappen und gewölbtem, rötlich bis dunkelbraunem Mittellappen, vorne ausgerandet, mit breitem, aufgerichtetem Anhängsel. Das bräunlich lila Mal mit hellen Rändern, rundliche Flecken einschließend.

1

2

3a

4

3b

5

6

7

8

1 Anatolisches Knabenkraut *Orchis anatolica* Boiss.

0,1–0,4 m März–Mai ♃

Merkmale Blätter zu 2–5, lanzettlich bis schmal eiförmig, meist gefleckt, rosettig gehäuft. 4–20 locker stehende, rosa bis purpurrote Blüten, die abstehenden, seitlichen äußeren Hüllblätter in der Mitte oft grünlich. Lippe etwas breiter als lang, bis 13 × 17 mm, 3-lappig mit 2-spaltigem Mittellappen, längs gefaltet, mit hellem, gepunktetem Mittelband. Der in der Regel aufwärts gebogene Sporn sich verjüngend, 15–25 mm lang.
Vorkommen Garigues, lichte Wälder, meist auf schwach sauren Böden.

2 Hügel-Knabenkraut *Orchis collina* Russel

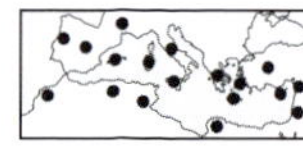

(*Anacamptis collina* (Russel) Batem. & al.) **0,1–0,4 m Februar–April ♃**

Merkmale Blätter 3–9, davon 2–5 grundständig, breit lanzettlich, ungefleckt (**2a**). 4–20 locker stehende Blüten (**2b**), Hüllblätter grün, meist braunrot überlaufen, die äußeren seitlichen aufgerichtet. Lippe elliptisch, 9–12 mm lang, ungeteilt, grün bis rotbraun, ohne Flecken. Sporn 5–7 mm, abwärts gerichtet.
Vorkommen Grasfluren, Garigues, lichte Wälder.

3 Wanzen-Knabenkraut *Orchis coriophora* L.

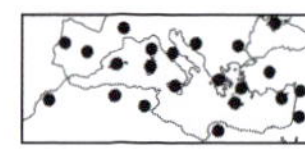

(*Anacamptis coriophora* (L.) Batem. & al.) **0,2–0,5 m April–Juni ♃**

Merkmale Blätter 4–10, davon 2–4 grundständig, zugespitzt lanzettlich und gefaltet, ungefleckt. Blüten bei der abgebildeten ssp. *fragrans* (Pollini) K. Richt. (im Mittelmeergebiet vorherrschend) meist wohlriechend, braunrot und grün. Hüllblätter zugespitzt, einen geschnäbelten Helm bildend. Die gefleckte Lippe 5–10 mm lang, 3-lappig, ± flach, Mittellappen deutlich länger als die Seitenlappen. Sporn hell, nach unten gerichtet, so lang wie die Lippe oder länger. Bei der ssp. *coriophora* Blüten mit Wanzengeruch, Lippe 6–8 mm, Mittellappen kaum länger als die seitlichen. Sporn nur halb so lang wie die Lippe.
Vorkommen Grasfluren, Macchien, lichte Wälder. Die ssp. *coriophora* selten auch in Mitteleuropa.
4 **Weitere Arten** Ähnlich das **Heilige Knabenkraut** *O. sancta* L. (*A. sancta* (L.) Batem. & al.) mit lang zugespitzten Hüllblättern, Lippe ungefleckt, Sporn nach unten gekrümmt (Kreta, Ägäis bis Israel).

5 Italienisches Knabenkraut *Orchis italica* Poir.

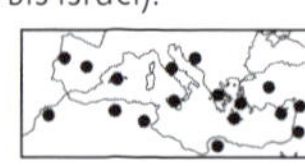

0,2–0,5 m Februar–Mai ♃

Merkmale Blätter 8–14, davon die meisten grundständig, länglich-lanzettlich, oft mit gewelltem Rand, gefleckt oder ungefleckt. Blütenstand eiförmig, dicht, von unten nach oben aufblühend. Hüllblätter rosa mit dunkleren Streifen, zugespitzt, zu einem Helm zusammenneigend. Lippe 14–17 mm, weiß oder rosa mit roten Punkten, tief 3-spaltig, der Mittellappen nochmals geteilt und zwischen den beiden Abschnitten ein verlängertes Zähnchen, alle Abschnitte lineal und spitz. Sporn dünn, abwärts gerichtet, etwa 6 mm lang.
Vorkommen Grasfluren, Macchien, lichte Wälder.

6 Milchweißes Knabenkraut *Orchis lactea* Poir.

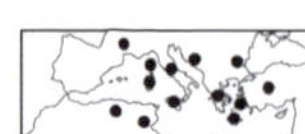

(*Neotinea lactea* (Poir.) Batem. & al.) **0,1–0,2 m Februar–April ♃**

Merkmale Blätter 4–8, hellgrün, die 4–6 grundständigen breit eiförmig-lanzettlich, ungefleckt. Blütenstand eiförmig bis zylindrisch. Hüllblätter blassrosa oder weißlich, zu einem Helm zusammenneigend, die äußeren ± lang zugespitzt und nach außen umgebogen, mit dunkelroten oder grünlichen Nerven. Lippe rot gefleckt, fast rundlich, 6–12 mm, tief 3-gelappt, ± gezähnt, der mittlere Lappen nur wenig eingeschnitten. Sporn abwärts gerichtet, 5–7 mm lang.
Vorkommen Grasfluren, Macchien, lichte Wälder, bis in die Bergstufe.
7 **Weitere Arten** Ähnlich das **Dreizähnige Knabenkraut** *O. tridentata* Scop. s. str., (*Neotinea tridentata* (Scop.) Batem. & al.), Pflanze größer, 0,15–0,45 m, Blütenstand kugelig, Lippe reichlich rot gefleckt, der Mittellappen stärker geteilt, mit deutlichem Zähnchen (blüht März–Juni, S-Frankreich bis zum Ostrand des Mittelmeergebietes, selten in Mitteleuropa).

1

2a

2b

3

4

5

6

7

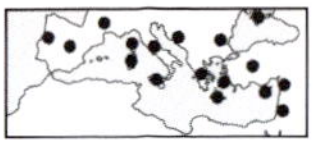

1 Lockerblütiges Knabenkraut *Orchis laxiflora* Lam.

(*Anacamptis laxiflora* (Lam.) Batem. & al.) **0,2–0,6 m März–Juni** ♃

Merkmale Blätter 3–8, am Stängel verteilt, lineal-lanzettlich, ungefleckt. Blütenstand locker, mit 10–30 rotvioletten Blüten. Lippe breiter als lang, bis 10 × 18 mm, ihr gestutzter Mittellappen kürzer als die zurückgeschlagenen Seitenlappen, in der Mitte weißlich, meist ohne Zeichnung. Der schräg aufrecht stehende Sporn 10–15 mm lang, am Ende oft verdickt und schwach gekerbt.

Vorkommen Feuchte Wiesen, Bachränder.

2 **Weitere Arten** Ebenfalls an feuchten Standorten das **Sumpf-Knabenkraut** *O. palustris* Jacq., Lippe mit etwas längerem Mittellappen und kaum zurückgeschlagenen seitlichen, die hellere Mitte meist gefleckt. Sporn waagerecht bis aufsteigend, 9–12 mm, am Ende abgerundet (Mittelmeergebiet, bis Mitteleuropa).

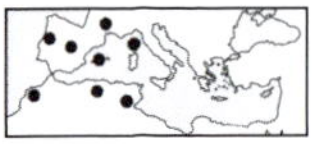

3 Olbia-Knabenkraut *Orchis mascula* L. ssp. *olbiensis* (Barla) A. & G.

0,1–0,25(–0,35) m März–Juni ♃

Merkmale Zierliche Unterart der in fast ganz Europa weit verbreiteten, sehr formenreichen Art. Blätter 4–9, gefleckt oder ungefleckt, davon 3–6 grundständig. Blüten locker zu 6–15(–25), Hüllblätter weißlich bis rot oder lila, die seitlichen nahezu aufrecht. Lippe 3-lappig, bis 13 × 17 mm, flach bis gewölbt, die Mitte blasser, mit roten Flecken und Streifen. Sporn aufwärts gebogen, 13–19 mm lang.

Vorkommen Garigues, Macchien, Felsfluren.

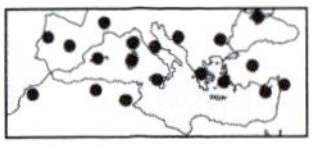

4 Kleines Knabenkraut *Orchis morio* L. s. l.

(*Anacamptis morio* (L.) Batem. & al.) **0,1–0,35 m März–Mai** ♃

Merkmale Blätter 9–12, davon 5–8 grundständig, lanzettlich, bespitzt, ungefleckt. Blüten zu 5–25, Hüllblätter mit grünlichen Nerven. Lippe breiter als lang, bis 11 × 17 mm, in der Mitte heller, mit dunklen Flecken, 3-lappig, der Mittelabschnitt oft ausgerandet, kleiner als die breiten, nach unten gerichteten und oft leicht zurückgeschlagenen Seitenlappen. Die ssp. *morio* in fast ganz S-Europa, abgebildet sind die ssp. *caucasica* (Koch) Camus & al. (**4a**, Balkanhalbinsel, Ägäis, Türkei) und die ssp. *champagneuxii* (Barn.) Cam. mit nur schwach gefleckter, angedeutet 3-teiliger Lippe (**4b**, westl. Mittelmeergebiet). 4 weitere Unterarten.

Vorkommen Grasfluren, Garigues, lichte Wälder, die ssp. *morio* auch bis Mitteleuropa.

5 **Weitere Arten** Ähnlich **Borys Knabenkraut** *O. boryi* Rchb. f. (*A. boryi* (Rchb. f.) Batem. & al.) mit schwach 3-lappiger, hellrosa, violett berandeter Lippe mit 4–6 violetten Punkten und abwärts gerichtetem Sporn (S-Griechenland, Kreta, Ägäis).

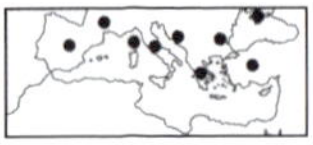

6 Bleiches Knabenkraut *Orchis pallens* L.

0,15–0,3 m April–Juni ♃

Merkmale Blätter 4–7, die grundständigen breit lanzettlich, ungefleckt. Blüten zu 6–35, seitliche äußere Hüllblätter fast senkrecht aufgerichtet, die übrigen helmförmig. Lippe breiter als lang, bis 11 × 14 mm, 3-lappig, der Mittellappen schwach eingeschnitten, gelb, ungefleckt. Sporn bogig aufsteigend, 10–12 mm.

Vorkommen Magerrasen, offene Wälder, bis in die Bergstufe, selten bis Mitteleuropa.

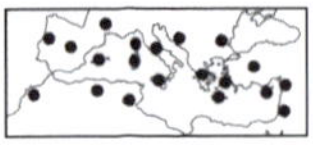

7 Schmetterlings-Knabenkraut *Orchis papilionacea* L. s. l.

(*Anacamptis papilionacea* (L.) Batem. & al. s. l.) **0,20–0,4 m Februar–Mai** ♃

Merkmale Blätter 6–12, die 3–8 grundständigen schmal lanzettlich, aufrecht, ungefleckt. Blütenstand ± locker 3–15-blütig. Hüllblätter braunpurpurn mit dunklen Nerven, helmartig. Lippe 11–18 mm, rhombisch bis rundlich, ungeteilt, vorne fächerförmig verbreitert, oft mit gewelltem oder unregelmäßig gezähntem Rand, weißlich bis karminrot, meist mit dunkelroter Zeichnung. Sporn 12–14 mm, abwärts gerichtet. Die ssp. *papilionacea* mit kleiner, oft ungezeichneter Lippe (nur zentrales Mittelmeergebiet), die ssp. *messenica* (Renz) mit größerer, auffällig gezeichneter Lippe (Foto, Griechenland, Kreta, Ägäis, Türkei). 6 Unterarten.

Vorkommen Grasfluren, Macchien, lichte Wälder.

1

2

3

4a

4b

5

6

7

1 **Kreta-Knabenkraut** *Orchis prisca* HAUTZ.

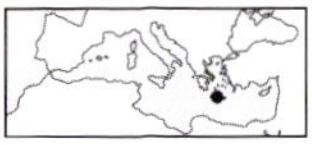

(*O. spitzelii* ssp. *nitidifolia* (TESCH.) SOÓ) **0,15–0,4 m April–Juni** ♃

Merkmale Blätter 5–9, davon 3–7 grundständig, oval-lanzettlich, ungefleckt. Blüten locker zu 5–25, rosa bis violett, äußere seitliche Hüllblätter schief eiförmig, ± waagerecht, innen grünlich, dunkelviolett gefleckt, die übrigen helmförmig. Lippe bis 11 × 16 mm, 3-lappig, mit vorgezogenem, kurz 2-spaltigem Mittellappen, auf dem helleren Rücken gefleckt. Sporn schräg nach unten gebogen, zugespitzt, 6–8 mm lang.

Vorkommen Lichte Bergwälder, auf Kalk. Kreta-Endemit.

2 **Französisches Knabenkraut** *Orchis provincialis* LAM. & DC.

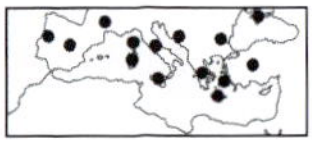

0,15–0,3 m März–Juni ♃

Merkmale Blätter 4–9, lanzettlich, deutlich gefleckt, davon 2–5 grundständig. Blüten ziemlich locker zu 5–10(–20), hellgelb. Seitliche äußere Hüllblätter zurückgeschlagen, das mittlere aufrecht, die beiden seitlichen inneren kleiner und zusammengeneigt. Lippe 8–12 mm lang, 3-lappig, aufgewölbt, mit herabgeschlagenen Seitenlappen, in der Mitte etwas dunkler und mit purpurroten Flecken, am Rand ± glatt. Sporn bogig aufwärts gerichtet, am Ende verdickt, 13–18 mm lang.

Vorkommen Sommergrüne Wälder der Bergstufe, Grasfluren, Macchien.

3 **Weitere Arten** Ähnlich das **Armblütige Knabenkraut** *O. pauciflora* TEN., aber Blätter ungefleckt, Blüten nur zu 3–7(–12), Lippe dottergelb, in der Mitte mit feinen rotbraunen Punkten, am Rand gezähnt, Sporn dünner, 14–20 mm lang (S-Europa von Korsika bis Griechenland und Kreta).

4 **Purpur-Knabenkraut** *Orchis purpurea* HUDS.

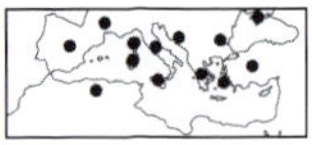

0,3–0,8 m April–Juni ♃

Merkmale Kräftige Orchidee mit 3–5 breit lanzettlichen bis eiförmigen, ungefleckten, mit 6–21 × 3–7 cm sehr großen Grundblättern und wenigen Stängelblättern. Blütenstand reich und dicht, Hüllblätter außen braunpurpurn, auch gefleckt, dicht helmförmig. Lippe weiß oder rosa, mit behaarten, purpurnen Flecken, 10–15 mm, meist tief 3-lappig, der Mittellappen viel größer und breiter als die schmalen seitlichen, nochmals geteilt und mit einem Zähnchen in der Mitte. Sporn abwärts gerichtet, 4–7 mm lang.

Vorkommen Lichte Wälder, Gebüsche, Baumkulturen. Selten bis Mitteleuropa.

5 **Vierpunkt-Knabenkraut** *Orchis quadripunctata* TEN.

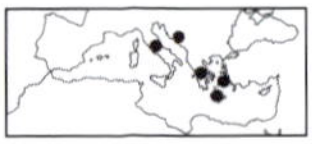

0,1–0,3 m März–Juni ♃

Merkmale Blätter 3–8, die unteren 2–6 rosettig gehäuft, länglich-lanzettlich, gefleckt oder ungefleckt. Blüten locker zu 8–35, von unten nach oben aufblühend. Blüten weiß, rosa bis purpurviolett, die äußeren Hüllblätter abgerundet und abstehend, die 2 seitlichen inneren kleiner und gewölbt, zusammenneigend. Lippe 6–8 mm, etwa gleichmäßig 3-lappig, am Grund hell, meist mit 4–5 dunkelroten Punkten, 2 davon oft im Sporneingang versteckt. Sporn dünn, 10–15 mm lang, ± abwärts gerichtet.

Vorkommen Felsfluren, Grasfluren, Garigues.

Weitere Arten *O. brancifortii* BIV. mit kleineren Blüten und sehr kurzer Unterlippe (Sardinien, Sizilien).

6 **Affen-Knabenkraut** *Orchis simia* LAM.

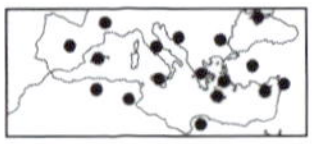

0,2–0,4 m März–Juni ♃

Merkmale Blätter 5–8, breit lanzettlich, ungefleckt, die unteren 3–5 rosettig gehäuft. Blüten dicht stehend zu 10–35, von oben nach unten aufblühend. Blüten bei einiger Fantasie von der Gestalt eines Äffchens, Hüllblätter blassviolett, zum Teil gestreift oder gefleckt und grün überlaufen, zugespitzt, einen Helm bildend. Lippe 12–16 mm, weiß bis rosa, rot gefleckt, tief 3-spaltig, der Mittellappen nochmals tief geteilt und zwischen den beiden Abschnitten ein verlängerter Zahn. Alle 4 Abschnitte lineal, an der Spitze abgerundet, meist dunkelrot. Sporn am Ende etwas verdickt, abwärts gerichtet, 4–6 mm lang.

Vorkommen Grasfluren, Gebüsche, lichte Wälder.

1

2

3

4

5

6

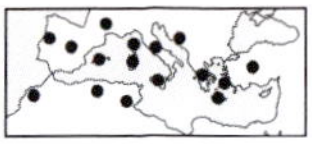

1 Herzförmiger Zungenstendel *Serapias cordigera* L.

0,15–0,5 m April–Juni ♃

Merkmale Stängel mit 4–9 schmal bis breit lanzettlichen Blättern, im oberen Teil rotbraun überlaufen. Blütenstand kurz und dicht 3–9-blütig. 5 Blütenhüllblätter wie bei allen Zungenstendel-Arten zu einem waagerecht vorstehenden Helm zusammengefügt, bei dieser Art wie auch das kürzere Tragblatt silbergrau mit roten Nerven. Lippe in Hinter- und Vorderlippe gegliedert, Hinterlippe am Grund mit 2 schwärzlichen spreizenden Schwielen und aufgebogenen, wenig aus dem Helm herausragenden Seitenlappen, Vorderlippe herzförmig, dunkelrot bis schwarzpurpurn, etwa bis zur Mitte dicht behaart, 20–32 mm lang und bis 23 mm breit.

Vorkommen Garigues, lichte Macchien und Wälder, Feuchtwiesen.

2 **Weitere Arten** Ähnlich der **Verkannte Zungenstendel** *S. neglecta* de Not., Lippe am Grund mit 2 parallelen, purpurnen Schwielen, die Seitenlappen weit herausragend, Vorderlippe heller, lachsrot bis braunrot, breit eiförmig, 20–30(–33) mm lang und 15–20 mm breit (S-Frankreich bis NW-Griechenland).

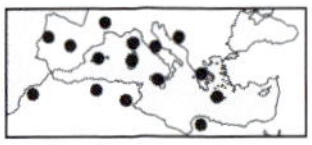

3 Echter Zungenstendel *Serapias lingua* L.

0,1–0,4 m April–Mai ♃

Merkmale Oft in größeren Gruppen wachsende Orchidee mit 4–8 lanzettlichen, spitzen Blättern. Blütenstand locker 2–9-blütig, Tragblätter grauviolett, mit rötlichen Nerven, die Blüten kaum überragend. Am Grund der Lippe eine von außen sichtbare, meist ungeteilte dunkle Schwiele, Seitenlappen mit dunkelrotem Rand, nur wenig aus dem Helm hervortretend. Vorderlippe purpurrot, rosa, gelblich oder weißlich, zugespitzt lanzettlich, aus etwas verschmälertem Grund schräg nach vorne oder abwärts gerichtet herausragend, nur schwach behaart, 10–20 mm lang und 5–10 mm breit.

Vorkommen Trockene und feuchte Grasfluren, Macchien, lichte Wälder, Baumkulturen.

4 **Weitere Arten** Beim **Kleinblütigen Zungenstendel** *S. parviflora* Parl. Blüten klein, am Grund mit 2 dunklen parallelen Schwielen, Vorderlippe nur 5–10 mm lang und 3–5 mm breit, meist stark zurückgeschlagen. Fruchtknoten schon in der Blüte verdickt. (S-Europa, Türkei, Zypern, NW-Afrika, Kanaren).

5 Orientalischer Zungenstendel

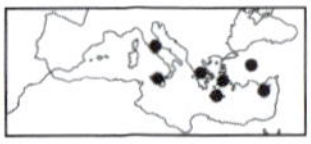

Serapias orientalis (Greut.) Baumann & Künkele

0,1–0,3 m März–April ♃

Merkmale Blätter breit lanzettlich, 4–6, die obersten beiden braunviolett überlaufen. Blütenstand 3–6-blütig, kurz, Tragblätter meist kürzer als der aufwärts gerichtete Helm. Lippe am Grund mit 2 spreizenden Schwielen, Seitenlappen aus dem Helm weit hervortretend, Vorderlippe 15–30 mm lang und 10–13 mm breit, vom Ansatz bis zur Mitte lang behaart.

Vorkommen Grasfluren, Felsfluren, Brachland, lichte Wälder.

Weitere Arten Ähnlich *S. vomeracea* (Burm.) Briq., Blütenstand 3–12-blütig, Tragblätter viel länger als der Helm. Am Grund der Lippe 2 parallele Schwielen, Seitenlappen kaum herausragend, Vorderlippe 20–35 × 8–14 mm, bräunlich violett, am Ansatz dicht und lang behaart (NO-Spanien bis Griechenland).

6 Beim **Schlankwüchsigen Zungenstendel** *S. bergonii* Camus (*S. vomeracea* ssp. *laxiflora* (Soó) Gölz & Reinh.) Blütenstand verlängert, locker, 4–9(–12)-blütig, Vorderlippe nur 10–18 mm lang und 3,5–7 mm breit, kaum behaart, meist zurückgeschlagen (östl. Mittelmeergebiet, westl. bis S-Italien und Sizilien).

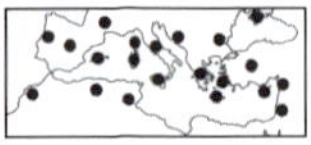

7 Herbst-Drehwurz *Spiranthes spiralis* (L.) Chevall.

0,1–0,2 m August–November ♃

Merkmale Blattrosette der Tochterpflanze neben dem Blütenstängel, dieser nur mit 3–5 behaarten, dicht anliegenden Schuppenblättern. Blütenstand weißwollig, 4–10 cm, mit 10–30 spiralig angeordneten, grünlich weißen Blüten. Die 5 Hüllblätter mit der nur 5–6 mm langen, am Rand welligen Lippe eine Röhre bildend.

Vorkommen Garigues, Weiderasen, offene Wälder, selten bis Mitteleuropa.

1

2

3

4

5

6

7

1 **Vernachlässigter Walch** *Aegilops neglecta* Bertol.

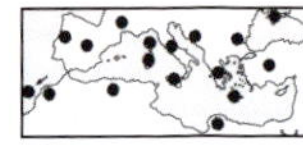

0,1–0,45 m April–Juni ⊙

Merkmale Blätter behaart, die Scheiden ± kahl und etwas aufgeblasen. Die eiförmige Ähre ohne Grannen 1–3,5 cm lang, mit flacher, breiter Spindel, über den 2 am Rücken gerundeten fruchtbaren Ährchen plötzlich zusammengezogen und fast lineal in 1–2 sterile, etwas entfernt stehende Ährchen übergehend. Am Grund außerdem wie bei den übrigen Walch-Arten meist winzige verkümmerte Ährchen, hier 2(–3). Hüllspelzen der fruchtbaren Ährchen mit 2–3 etwa gleich langen Grannen, die der Deckspelzen deutlich kürzer.

Vorkommen Brachland, Garigues, offene Wälder.

Weitere Arten Ähnlich *Ae. geniculata* Roth, aber Hüllspelzen des untersten fruchtbaren Ährchens mit 4–6 langen Grannen, die der Deckspelze ungefähr ebenso lang (Mittelmeergebiet). Die längliche Ähre des
2 **Dreizölligen Walch** *Ae. triuncialis* L. nach oben zu verjüngt, alle 4–6(–8) Ährchen fruchtbar, Grannen der Hüllspelzen des endständigen Ährchens deutlich länger als die der seitlichen (Mittelmeergebiet).

3 **Bauchiger Walch** *Aegilops ventricosa* Tausch

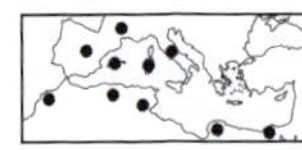

0,2–0,4 m April–Juni ⊙

Merkmale Blätter ± behaart, die Scheiden kaum aufgeblasen, abstehend behaart oder gewimpert. Ähre ohne Grannen 4–6(–12) cm lang, die 5–10 Ährchen bauchig, perlschnurartig übereinander stehend. Hüllspelzen der unteren Ährchen 2-zähnig, die des endständigen 3-zähnig, ohne Grannen, nur die Deckspelzen gewöhnlich mit 1 aufrechten Granne.

Vorkommen Wegränder, feuchte Weiden.

4 **Strandhafer** *Ammophila arenaria* (L.) Link (*Calamagrostis arenaria* (L.) Roth)

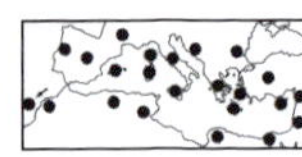

0,5–1,2 m Mai–August ♃

Merkmale Strandgras mit weit kriechenden Rhizomen. Blätter 2–5 mm breit, graugrün, steif, nach oben eingerollt und oberseits auf den Rippen fein behaart, Blattscheiden kahl, das Blatthäutchen 2-spitzig, 1–3 cm lang. Die bleiche Blütenrispe ährenähnlich, 7–20 cm lang, Ährchen 1-blütig, ohne Grannen, Deckspelze am Grund mit 4–6 mm langen, feinen, weißen Haaren.

Vorkommen Sandstrände, Dünen, zur Befestigung auch gepflanzt. Im Mittelmeergebiet nur die ssp. *australis* (Mabille) M. Laínz.

5 **Diss** *Ampelodesmos mauritanicus* (Poir.) Dur. & Sch.

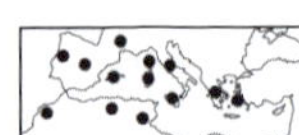

1–3 m April–Juni ♃

Merkmale In großen Horsten wachsend, mit derben, 7 mm breiten, sehr rauen und stark gerippten, am Rand zuletzt eingerollten Blättern, das Blatthäutchen lanzettlich, 8–15 mm lang, am Rand gewimpert. Blütenrispe etwa 50 cm lang, reich verzweigt, mit gestielten, seitlich zusammengedrückten, 2–5-blütigen Ährchen. Hüllspelzen häufig purpurn, Deckspelzen an der Spitze 2-zähnig und mit 1–2 mm langer Granne, in der unteren Hälfte auf dem Rücken behaart. Zur Papierherstellung und als Flechtmaterial.

Vorkommen Garigues, Macchien, Straßenböschungen, sich nach Brand häufig ausbreitend.

6 **Zweiähriges Bartgras** *Andropogon distachyos* L.

0,25–1 m April–November ♃

Merkmale Am Grund seidig behaartes Gras. Die schmalen, 4–14 cm langen Ähren immer paarweise endständig auf langem Halm, Ährchen ebenfalls paarweise, das sitzende zwittrig, mit langer, kahler, geknieter, unten gedrehter Granne, das gestielte männlich oder steril, kurz begrannt.

Vorkommen Garigues, Ruderalstellen, trockene Weiden.

7 **Weitere Arten** Ähnlich das **Gewöhnliche Bartgras** *Bothriochloa ischaemum* (L.) Keng (*A. ischaemum* L.), Blattflächen und -ränder rau, Ähren 3–8 cm lang, meist zu 3–6 steif aufrecht in kurzem Abstand untereinander am Halmende angeordnet (Mittelmeergebiet, selten bis Mitteleuropa).

1

2

3

4

5

6

7

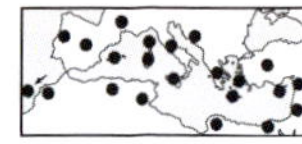

1 Spanisches Rohr, Riesenschilf *Arundo donax* L.

2–4(–8) m August-Dezember ♃

Merkmale Größtes Gras Europas, an Bambus erinnernd. Die 3–5 cm dicken Halme holzig, überwinternd, Blätter graugrün, flach, auf der Oberseite und an den Rändern rau, meist überhängend, bis 6 cm breit, Blattscheiden an der Öffnung mit einem 5–7 mm langen Haarbüschel. Blüten in 30–70 cm langen, dichten Rispen, Ährchen gewöhnlich violett überlaufen und 3–6-blütig. Hüllspelzen häutig, kahl, Deckspelze mit zwei 1–2 mm langen Zähnchen am Grund einer 2–4 mm langen Granne, auf dem Rücken mit 6–8 mm langen, seidigen Haaren. Vielfältige Nutzung, z. B. zu Windschutzpflanzungen, als Stützen im Gartenbau.
Vorkommen Gräben, Flussufer, feuchte Standorte, im Mittelmeergebiet seit langer Zeit kultiviert und eingebürgert, Heimat wohl Zentralasien.
Weitere Arten Ähnlich A. *plinii* TURRA, Pflanze nur 1–3(–5) m hoch, Halme dünner, Blätter 10–15 mm breit, aufrecht, Blütenrispe locker, Ährchen 1–2-blütig (Mittelmeergebiet). In ganz Europa und weiter verbreitet ist *Phragmites australis* (CAV.) STEUDEL (*Ph. communis* TRIN.), bis 3,5 m hoch, Ährchen mit 2–10 Blüten, Deckspelze kahl.

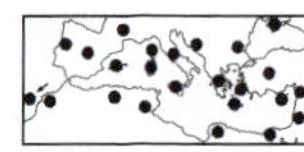

2 Bärtiger Hafer *Avena barbata* LINK

0,3–1 m März–Juni ⊙

Merkmale Blätter 3–8 mm breit, beiderseits ± dicht abstehend behaart und rau, das Blatthäutchen stumpf, 2–5 mm lang. Die lockere Rispe 30(–50) cm, oft einseitig nickend, mit 2–3-blütigen Ährchen. Deckspelze tief eingeschnitten, die 2 Spitzen jeweils in eine 3–5 mm lange Granne auslaufend, auf dem Rücken bis zur Ansatzstelle der 3–6 cm langen, geknieten Hauptgranne dicht mit langen, bräunlichen Haaren besetzt.
Vorkommen Kulturland, Brachland, Garigues.

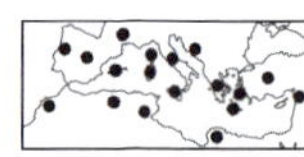

3 Ästige Zwenke *Brachypodium retusum* (PERS.) BEAUV.

(*B. ramosum* (L.) ROEM. & SCHULT.)

0,2–0,45(–0,6) m April–Juli ♃

Merkmale Gras mit reich verzweigtem Rhizom, die graugrünen Stängelblätter 2-zeilig abstehend, zuletzt eingerollt, mit hervortretenden Nerven und Stachelhaaren auf der Unterseite, Blatthäutchen 1 mm, stumpf, gewimpert. Der steif aufrechte Blütenstand mit 2–8 sehr kurz gestielten, 2–3 cm langen, linealen Ährchen aus 10–18 Blüten, oft nur die oberen Deckspelzen mit etwa 2 mm langer Granne.
Vorkommen Lichte Wälder, Macchien, Garigues, Kulturland.

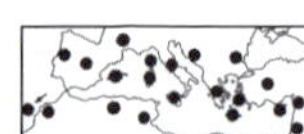

4 Großes Zittergras *Briza maxima* L.

0,1–0,6 m April–Juni ⊙

Merkmale Blätter 3–8 mm breit, flach, oberseits und an den Rändern fein rau, Blatthäutchen 2–5 mm lang. Blüten in lockeren Rispen aus 1–12 hängenden, oft rot überlaufenen, herzförmigen, seitlich zusammengedrückten, 14–25 mm langen, 7–20-blütigen Ährchen an haarfeinen langen Stielen. Spelzen ohne Grannen.
Vorkommen Garigues, Weiden, Kulturland, Wegränder, auch Zierpflanze.
5 **Weitere Arten** Ähnlich das **Kleine Zittergras** *B. minor* L., aber Ährchen hellgrün, mit 3–5 mm viel kleiner, 4–9-blütig, das Blatthäutchen 3–8 mm lang (feuchte Grasfluren und Ruderalstellen, Mittelmeergebiet). Weit verbreitet auch *B. media* L., ausdauernd, Ährchen 4–7 mm, 3–14-blütig, das Blatthäutchen 1–2 mm.

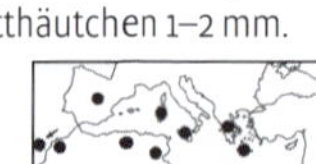

6 Warzige Castellie *Castellia tuberculosa* (MORIS) BOR

0,15–0,75(–1) m April–Mai ⊙

Merkmale Blätter flach, 3–6 mm breit, mit 1–2 mm langem, gestutztem, zerschlitztem Blatthäutchen. Blütenstand einem Weidelgras (*Lolium*) ähnlich, aber verzweigt, Ährchen 9–15 mm lang, 5–12-blütig, entfernt auf 2 Seiten der Achse ± sitzend, ohne Grannen. Hüllspelze gekielt, kahl, Deckspelze dicht warzig.
Vorkommen Brachland, Sandküsten, lokale Vorkommen.

1
2
3
4
5
6

1 **Gewöhnliches Steifgras** *Catapodium rigidum* (L.) Hubb.

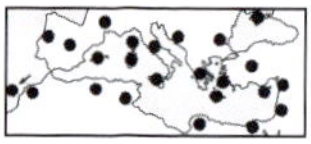

(*Desmazeria rigida* (L.) Tutin)

0,05–0,35(–0,6) m Mai–Juli ⊙

Merkmale Kahles, graugrünes, häufig violett überlaufenes, steifes Gras. Blätter flach oder eingerollt, bis 2 mm breit, oberseits rau, das gestutzte und gezähnelte Blatthäutchen 1–4 mm lang. Die starren einseitswendigen Blütenrispen 2–12 cm, Äste meist 2-zeilig, die unteren nochmals verzweigt und gewöhnlich etwas entfernt stehend. Ährchen 4–10-blütig, flach und grannenlos, kurz und ziemlich dick gestielt.

Vorkommen Sandküsten, Grasfluren, Wegränder.

2 **Strand-Cutandie** *Cutandia maritima* (L.) Barb. (*Scleropoa maritima* (L.) Parl.)

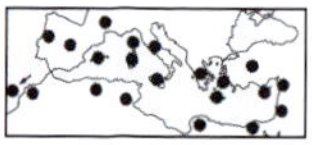

0,1–0,35(–0,6) m April–Juni ⊙

Merkmale Grünes, graugrünes oder rötlich überlaufenes, starres Strandgras. Blätter bis 7 mm breit, rückwärts rau, das Blatthäutchen 3–5 mm. Die lockere Blütenrispe abstehend verzweigt, meist mit 1–2 Ästen und 1 Ährchen an jedem Knoten, Ährchen kurz gestielt, schmal eiförmig, seitlich zusammengedrückt, 8–16 mm lang, mit 5–12 Blüten. Hüllspelzen mit 3–5 vorstehenden Nerven.

Vorkommen Sandstrände.

3 **Finger-Hundszahn**, Bermudagras *Cynodon dactylon* (L.) Pers.

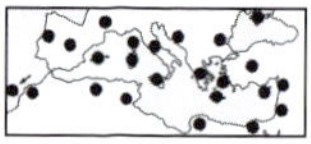

0,1–0,4 m Mai–Oktober(–April) ♃

Merkmale Gras mit langen oberirdischen, an den Knoten wurzelnden Ausläufern. Blätter 2-zeilig, 2–4 mm breit, ± behaart, die Scheiden an der Öffnung mit Büscheln langer abstehender Haare, das Blatthäutchen ein Wimpernkranz. Blühende Triebe mit 3–7 fingerförmigen, 2–6 cm langen dünnen Ähren, die einseitswendig 2 dichte Reihen fast sitzender, 1-blütiger Ährchen tragen. Alle Spelzen ohne Grannen, oft violett überlaufen.

Vorkommen Trittfluren, Brachland, Küstensande. Heimat wohl Mittelmeergebiet, heute ± weltweit.

4 **Grannen-Kammgras** *Cynosurus echinatus* L.

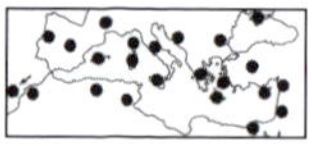

0,1–1 m April–Juli ♃

Merkmale Blätter flach, besonders oberseits sehr rau, 3–9 mm breit, das Blatthäutchen 4–10 mm lang, obere Scheiden etwas aufgeblasen. Die dichte, eiförmige und einseitswendige, ährenartig zusammengezogene Blütenrispe (ohne Grannen) 1–4 cm lang, oft violett überlaufen, mit verschieden gestalteten fruchtbaren und unfruchtbaren, lang begrannten Ährchen.

Vorkommen Grasfluren, lichte Wälder, gelegentlich Ziergras.

Weitere Arten Ähnlich *C. elegans* Desf., Pflanze gewöhnlich kleiner, mit lockeren Blütenrispen, Blätter 1–3,5 mm breit, ± behaart, das Blatthäutchen 2–3 mm lang (Mittelmeergebiet, Kanaren).

5 **Spanisches Knäuelgras** *Dactylis glomerata* L. ssp. *hispanica* (Roth) Nym.

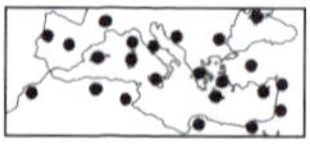

0,05–0,6 m Mai–Juni ♃

Merkmale Dem weit verbreiteten Gewöhnlichen Knäuelgras ähnlich, die Blütenrispe aber zusammengezogen und schmal, mit wenigen, kurz gestielten, dichten Knäueln von 2–5-blütigen Ährchen. Deckspelze am oberen Ende eingekerbt, zwischen den Lappen kurz begrannt. Weitere mediterrane Unterarten.

Vorkommen Küstenfelsen, Garigues.

6 **Kopfiges Igelgras** *Echinaria capitata* (L.) Desf.

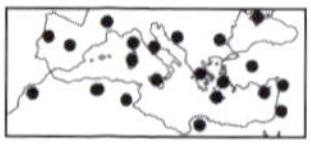

0,05–0,25 m März–Juni ⊙

Merkmale Blätter flach, flaumig behaart, 1–2 mm breit, Blatthäutchen unter 1 mm, gewimpert. Kennzeichnend die lang gestielten, kugeligen, stacheligen, 5–15 mm breiten Köpfchen aus zahlreichen, meist 2–3-blütigen Ährchen. Deckspelzen mit 5–7 ungleich langen, verbreiterten, abstehenden, stechenden Grannen.

Vorkommen Macchien, Garigues, Brachland, Sanddünen.

1

2

3

4

5

6

1 **Strand-Quecke** *Elytrigia juncea* (L.) NEVSKI (*Elymus farctus* (VIV.) RUNEM., *Thinopyrum junceum* (L.) Á. LÖVE) **0,3–0,8 m April–Juli** ♃

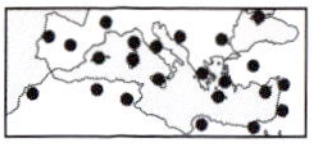

Merkmale Strandgras mit weit kriechendem Rhizom. Blätter graugrün, steif, bis 5 mm breit, ± stark nach oben eingerollt, oberseits auf den Nerven dicht samtig, Blatthäutchen unter 1 mm lang. Blütenstängel starr aufrecht, die 8–12 etwas entfernt 2-zeilig sitzenden, zusammengedrückten, 5–9-blütigen Ährchen der kahlen Achse angedrückt. Spelzen stumpf und ohne Grannen. Im Mittelmeergebiet die ssp. *juncea*.
Vorkommen Stranddünen.

2 **Behaartes Bartgras** *Hyparrhenia hirta* (L.) STAPF
0,4–0,8(–1,2) m April–September ♃

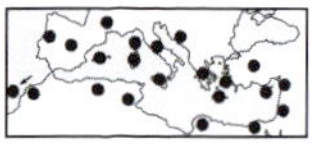

Merkmale Blätter graugrün, rau, 2–4 mm breit, mit kurzem, gewimpertem Blatthäutchen. Blütenstand locker, aus 2–10 Paaren von 2–4 cm langen Trauben, die am Grund jeweils von einer kahnförmigen behaarten oder kahlen Blattscheide umhüllt sind. Ährchen 2-blütig, paarweise, das eine sitzend, mit unten behaarter, geknieter, gedrehter Granne, das zweite gestielt, unbegrannt. Bei der ssp. *hirta* (**2a**) unterhalb der Traubenpaare mit 2–5 mm langen Haaren, bei der ssp. *pubescens* (ANDERSSON) PAUNERO (**2b**, *H. sinaica* (DELILE) LÓPEZ) nur mit höchstens 1 mm langen Haaren.
Vorkommen Grasfluren, Garigues, Brachland.

3 **Samtgras**, Hasenschwänzchen *Lagurus ovatus* L.
0,05–0,6 m April–Juni ☉

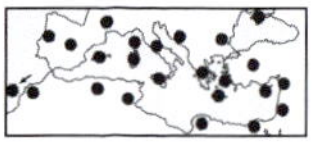

Merkmale Blätter graugrün, flach, beiderseits samtig, 3–12 mm breit. Blattscheiden locker, das Blatthäutchen etwa 3 mm, gestutzt zerschlitzt. Namengebend die weichhaarigen, eiförmigen, dichten Blütenstände mit 1-blütigen Ährchen, aus denen die 8–16 mm langen, geknieten Grannen der Deckspelzen herausragen.
Vorkommen Sandige Böden in Küstennähe, Brachland, Wegränder, Ziergras, beliebt in Trockensträußen.

4 **Goldgras** *Lamarckia aurea* (L.) MOENCH
0,05–0,25 m März–Juli ☉

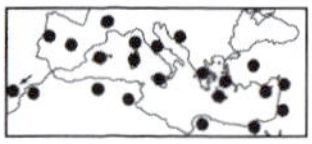

Merkmale Blätter flach und weich, blassgrün, 2–8 mm breit, oberste Blattscheide aufgeblasen, Blatthäutchen 5–10 mm lang und spitz. Die länglich ovale Ährenrispe zuletzt goldgelb, mit einseitswendig abstehenden, 2-gestaltigen Ährchen auf behaarten Stielchen, nur die fruchtbaren mit begrannten Deckspelzen.
Vorkommen Wegränder, Brachland, Mauern.

5 **Espartogras** *Lygeum spartum* L.
0,2–0,8 m März–Juni ♃

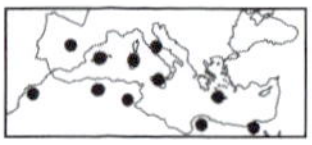

Merkmale In Horsten wachsend, mit binsenförmig eingerollten, bis 1,5 mm breiten Blättern, Blatthäutchen etwa 7 mm. Kennzeichnend das weißliche, eiförmige, 3–4(–9) cm lange, spitze, scheidenförmige Hochblatt, das nur ein einziges, meist 2-blütiges Ährchen ohne Hüllspelzen umschließt. Deckspelzen unten zu einer Röhre verwachsen und dort mit langen, abstehenden Haaren.
Vorkommen Garigues, Steppenrasen, häufig in großen Beständen.

6 **Halfagras** *Macrochloa tenacissima* (L.) KUNTH (*Stipa tenacissima* L.)
0,6–2 m März–Juni ♃

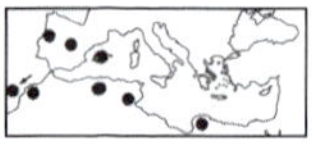

Merkmale Große Horste bildend, mit zähen, nach oben eingerollten, grauen, auf der stark gerippten Oberfläche dicht und fein behaarten Blättern. An der Scheidenmündung nicht blühender Sprosse zwei 2,5–3 cm lange, geschweifte, abstehend behaarte Fortsätze. Blütenrispe dicht, Deckspelze 10 mm, behaart, an der Spitze tief 2-spaltig, mit 4–6 cm langer, geknieter, im unteren Drittel etwa 3 mm lang behaarter, darüber nur rauer Granne. Bedeutend als Flechtmaterial und zur Herstellung von hochwertigem Papier.
Vorkommen Steppen, Weideland, offene Kiefernwälder, oft weite Flächen beherrschend.

1
2a
2b
3
4
5
6

1 **Mittelmeer-Perlgras** *Melica minuta* L.

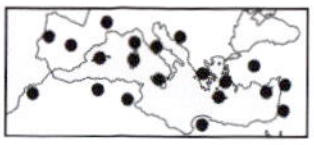

0,1–0,6(–1) m April–Juli ♃

Merkmale Blätter eingerollt bis 4 mm oder flach bis 8 mm breit, ± graugrün und kahl oder oberseits spärlich behaart, das meist zerschlitzte Blatthäutchen 4–8 mm lang. Blütenrispe sehr locker, die Äste oft waagerecht abstehend. Ährchen 7–10 mm, nickend, kahl und grannenlos, mit 2 fruchtbaren Blüten und darüber 2–3 verkümmerten als keulenförmiges Gebilde. Hüllspelzen häufig braunviolett.

Vorkommen Felsspalten, Felsfluren, lichte Wälder.

2 **Gekrümmter Dünnschwanz** *Parapholis incurva* (L.) Hubb.

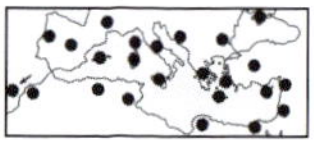

0,05–0,2 m April–Juli ☉

Merkmale Niederliegend bis bogig aufsteigend, die Blätter flach oder eingerollt, 1–3 mm breit, oberseits rau, mit 0,5–1 mm langem Blatthäutchen, oberste Blattscheide aufgeblasen. Ähren starr, dünn zylindrisch, gewöhnlich sichelförmig gekrümmt. Ährchen 1-blütig, einzeln wechselständig in Ausbuchtungen der Ährenachse sitzend. Beide Hüllspelzen nebeneinander vor der Blüte stehend, ihre Kiele nicht geflügelt.

Merkmale Salzwiesen, Ruderalstellen in Küstennähe.

Weitere Arten *P. filiformis* (Roth) Hubb., Blütenähre gerade oder nur wenig gebogen, Kiel der Hüllspelzen deutlich geflügelt (Mittelmeergebiet).

3 **Gewöhnlicher Grannenreis** *Piptatherum miliaceum* (L.) Coss.

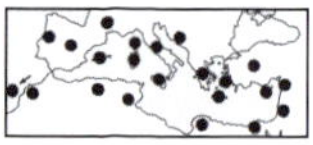

(*Oloptum miliaceum* (L.) Röser & Hamasha) **0,6–1,5 m April–Oktober ♃**

Merkmale Hohes, überwiegend kahles Gras, die Knoten oft dunkelviolett gefärbt. Blätter flach, meist 3–8 mm breit, oberseits und an den Rändern rau, anstelle des Blatthäutchens ein kurz behaarter, häutiger Saum. Blütenrispe 10–35 cm lang, locker ausgebreitet, an den Knoten mit 3–8(–50) dünnen Ästen, die unteren bisweilen ohne Ährchen. Letztere 3–4 mm lang, 1-blütig, Deckspelze kahl, mit einer 3–5 mm langen, leicht abfallenden, endständigen Granne.

Vorkommen Wegränder, Brachland, Kulturland, feuchte Standorte.

4 **Weitere Arten** Blätter des **Bläulichen Grannenreis** *P. coerulescens* (Desf.) Beauv. nur bis 2,5 mm breit, mit 6–9 mm langem, spitzem Blatthäutchen, Rispe mit 1–2 Ästen an jedem Knoten, Ährchen 6–8 mm lang, die Granne nur 3 mm (bis 0,8 m hoch, Felsfluren, Weideland, Mittelmeergebiet).

5 **Insel-Blaugras** *Sesleria insularis* Sommier

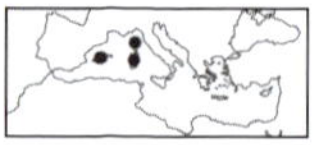

0,3–0,6 m April–Juni ♃

Merkmale Blätter ± blaugrün, kahl, 1,5–3(–4) mm breit, gefaltet bis flach, an der Spitze kapuzenförmig, das oberste Blatt nur bis 3 cm lang. Die 1,5–4,5 cm lange Blütenrispe dicht ährenartig, bläulich überlaufen, mit 2 gezähnelten Hochblättern am Grund. Ährchen meist aus 2 Blüten, Hüllspelzen kurz begrannt, Deckspelzen zwischen den Nerven kurz behaart, 5-zähnig, mit 2–4 mm langer Granne.

Vorkommen Exponierte, schattige Felsspalten. Nur auf Mallorca, Korsika und Sardinien.

Weitere Arten Nahe verwandt sind *S. italica* (Pamp.) Ujhelyi (*S. insularis* ssp. *italica* (Pamp.) Deyl) und *S. nitida* Ten. im Apennin, einzige Blaugras-Art auf Kreta ist *S. doerfleri* Hayek.

6 **Stechendes Vilfagras** *Sporobolus pungens* (Schreb.) Kunth

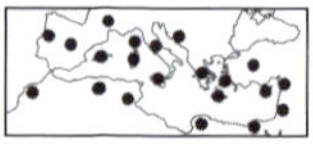

0,1–0,3 m Juni–September ♃

Merkmale Mit Rhizomen weit kriechendes Strandgras mit aufsteigenden oder aufrechten, nicht blühenden und blühenden Trieben. Die graugrünen, 2–5 mm breiten Blätter deutlich 2-zeilig gestellt, kurz und stechend, randlich eingerollt und oberseits behaart, anstelle des Blatthäutchens eine Reihe von Haaren, Blattscheiden übereinandergreifend. Blütenrispe reich verzweigt und dicht, eiförmig, 2–6 cm lang, grünlich oder violett. Ährchen 1-blütig, kurz gestielt, unbehaart und grannenlos.

Vorkommen Sandstrände.

1

2

3

4

5

6

1 **Gedrehtes Federgras** *Stipa capensis* THUNB. (*S. tortilis* DESF., *Stipellula capensis* (THUNB.) RÖSER & HAMASHA) *Poaceae*

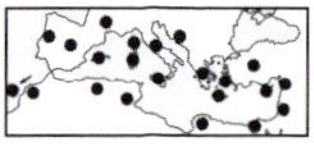

0,1–0,7 m März–Juni ⊙ ⊙

Merkmale Blätter blaugrün, eingerollt, das oberste mit verbreiterter Scheide, die den Blütenstand unten zunächst einhüllt. Blatthäutchen ein kurzer Saum, bewimpert wie auch die Scheidenmündung. Ährchen wie bei allen Federgras-Arten 1-blütig, hier in 3–15 cm langer, dichter, zur Reifezeit zusammengedrehter Rispe. Untere Hüllspelze bis 16 mm, etwas länger als die obere, Deckspelze 5–9 mm, behaart, mit 2-fach geknieter, 6–12 cm langer Granne, diese bis zum 2. Knie gedreht und behaart, darüber gerade und rau.
Vorkommen Grasfluren, Weideland, Garigues.

2 **Kleinblütiges Federgras** *Stipa parviflora* DESF. (*Achnatherum parviflorum* (DESF.) M. NOBIS) **0,3–0,6 m März–Juni** ♃

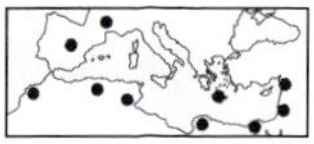

Merkmale Blätter eingerollt, die unteren mit gestutztem kurzen Blatthäutchen, an der Scheidenmündung bärtig. Blütenrispe sehr locker, nickend, 10–30 cm lang. Hüllspelzen deutlich ungleich, die untere 12–15 mm, lang zugespitzt, die obere 7–10 mm, Deckspelze 4–7 mm, locker angedrückt behaart, mit nur schwach geknieter, 5–11 cm langer, kurz angedrückt behaarter Granne.
Vorkommen Steppenrasen, Garigues.

3 **Zweiährige Zwenke** *Trachynia distachya* (L.) LINK (*Brachypodium distachyon* (L.) BEAUV.) **0,05–0,3 m März–Juni** ⊙

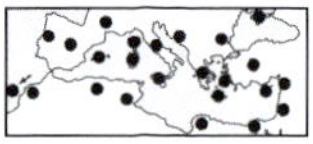

Merkmale Blätter flach und blassgrün, bis 4 mm breit, zerstreut behaart, das Blatthäutchen ein etwa 1 mm langer, behaarter, abgerundeter Saum. Stängel meist mit 2–3 steif aufrechten bis abstehenden, fast sitzenden, seitlich zusammengedrückten, 1,5–3 cm langen Ährchen aus 8–17 Blüten, Deckspelzen mit 10–17 mm langer, gerader Granne.
Vorkommen Garigues, Grasfluren, Ruderalstellen.

4 **Traubiges Klettengras** *Tragus racemosus* (L.) ALL.

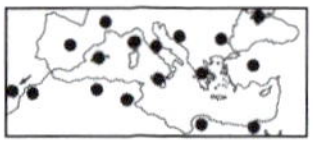

0,1–0,4 m Juni–September ⊙

Merkmale Blätter am Rand dornig rau, die oberen mit langer, ± aufgeblasener Scheide, das Blatthäutchen aus langen Haaren. Blütenrispe 2–6 cm lang, mit kurzen Ästen und jeweils 2–5 einblütigen Ährchen. Obere Hüllspelzen mit weißen, steifen, hakenförmig gekrümmten Haaren auf violetten Warzen.
Vorkommen Sandige und steinige Ruderalstellen.

5 **Neptungras** *Posidonia oceanica* (L.) DELILE *Posidoniaceae*

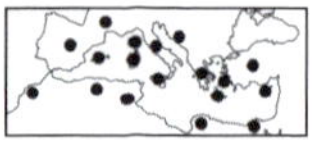

Bis 0,5 m Oktober–Mai ♃

Merkmale Untergetaucht lebende Wasserpflanze mit kräftigem Rhizom, an den Enden mit 5–10 dunkelgrünen, bandförmigen, stumpfen, 6–10 mm breiten, 13–17-nervigen Blättern. Blüten selten ausgebildet, ohne Blütenhülle, in lang gestielten, aus Ähren zusammengesetzten Blütenständen.
Vorkommen Auf feinsandigem Grund bis 40 m Wassertiefe. Im Spülsaum die von der Brandung abgerissenen, zerriebenen und zu faustgroßen braunen Bällen zusammengerollten Blätter und Rhizomreste.

6 **Südlicher Rohrkolben** *Typha domingensis* (PERS.) STEUD. *Typhaceae*

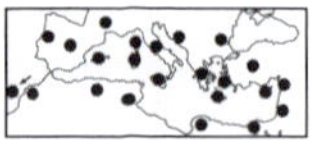

1–3(–4) m Mai–Oktober ♃

Merkmale Blattscheide in die Spreite verschmälert, die so lang wie der Blütenstand ist oder etwas länger, 5–18 mm breit. Blüten eingeschlechtig in walzenförmigen Kolben, die unteren weiblich, zimtbraun, mit fadenförmigen, an der Spitze verbreiterten, zugespitzten Tragblättern, die oberen männlich, durch ein 1–6 cm langes, kahles Achsenstück von den weiblichen getrennt.
Vorkommen Gräben, Röhrichte.

1

2

3

4

5

6

Die wichtigsten Arten der **Nutz- und verholzten Zierpflanzen** des Kulturlandes und der Siedlungen. Viele von ihnen sind gebietsweise verwildert oder eingebürgert, oft begegnet man Kultursorten und Hybriden.

1 Norfolktanne *Araucaria heterophylla* (SALISB.) FRANCO (*A. excelsa* R. BR.)

25–45(–60) m August–Januar ♄ **Araukariengewächse *Araucariaceae***

Merkmale Als „Zimmertanne" bekannter immergrüner Baum von regelmäßigem Wuchs mit wirtelig etagenförmig übereinanderstehenden Ästen (**1a**). An jungen Zweigen spiralig angeordnete, anfangs weiche, pfriemliche, einwärts gebogene und herablaufende, bis 12 mm lange Blätter, die der älteren Äste bis etwa 6 mm, flach, schuppenartig, eiförmig-dreieckig mit harter Spitze. Fast kugelige, verholzte, bis 10 cm große Zapfen (**1b**). Heimat Norfolkinsel (Australien).

2 Japanischer Palmfarn *Cycas revoluta* THUNB.

Bis 2 m Mai–Juli ♄ **Palmfarngewächse *Cycadaceae***

Merkmale Palmfarn mit unverzweigtem Stamm und bis 1 m langen, einfach gefiederten, 1-nervigen, am Rand verdickten und umgebogenen, farnähnlichen Blättern. Dicht stehende, bis 20 cm lange Samenblätter mit randständigen Samenanlagen und einem unfruchtbaren, verbreiterten, gefiederten, goldbraunfilzigen Endteil. Männliche Blüten auf getrennter Pflanze in langem, seitenständigem Kolben. Die Blätter werden als „Palmwedel" zur Dekoration von Särgen und an Festen genutzt. Heimat Japan, SO-Asien.

3 Indische Justizie, Malabarnuss *Justicia adhatoda* L. (*Adhatoda vasica* NEES)

1–3 m März–Mai ♄ **Akanthusgewächse *Acanthaceae***

Merkmale Immergrüner Strauch mit gegenständigen, glänzenden, eiförmig-lanzettlichen, etwas gewellten Blättern. Blüten in achselständigen, 3–8 cm langen, dichten, ährenförmigen Blütenständen, Krone etwa 30 mm lang, weiß, 2-lippig, mit kurzer Röhre, Unterlippe 3-lappig, fein violett gezeichnet. Kelch glockenförmig, 5-zipfelig. In der Homöopathie häufig genutzte Art. Heimat S-Asien, vor allem Indien.

4 Großblütige Thunbergie *Thunbergia grandiflora* (ROTTL.) ROXB.

Bis 15 m ganzjährig ♄ **Akanthusgewächse *Acanthaceae***

Merkmale Kräftiger, immergrüner, windender Strauch. Blätter gegenständig, dicklich und rau, zugespitzt eiförmig, am Rand geschweift gezähnt bis gelappt. Am Grund jeder Blüte 2 große Vorblätter. Krone bis 7,5 cm lang und breit, plötzlich glockig erweitert, gebogen, hellblau, der Saum 2-lippig, mit 5 zum Teil dunkel geaderten, abgerundeten Lappen und hell gelbbraunem Schlund. Heimat S-China, Indochina.

5 Kiwi, Chinesische Stachelbeere *Actinidia chinensis* PLANCH.

Bis 10 m Mai–Juni ♄ **Strahlengriffelgewächse *Actinidiaceae***

Merkmale Sommergrüner Kletterstrauch mit großen breit herz-eiförmigen bis rundlichen, am Rand gewellten und kurz borstigen, oberseits dunkelgrünen und meist kahlen, unterseits dicht sternhaarig-filzigen, an nicht fruchtenden Trieben zugespitzten Blättern. Blüten meist mit 5 weißlichen 1–2 cm langen Kronblättern, 2-häusig, die weiblichen mit über 30 strahlenförmig ausgebreiteten Griffeln. Beerenfrüchte unterschiedlich groß, die ausdauernden Kelchblätter zurückgeschlagen, angebaut vor allem die var. *deliciosa* CHEV. mit dichter brauner Behaarung. Kulturpflanze, Heimat China.

6 Herzblättrige Mittagsblume *Aptenia cordifolia* (L. f.) SCHWANTES

(*Mesembryanthemum cordifolium* L. f.)

0,2–0,6 m, weit kriechend April–November ♃ **Eiskrautgewächse *Aizoaceae***

Merkmale Ausgebreitet niederliegende, fleischige Art mit gegenständigen, aber flachen, herzeiförmigen, fein papillösen Blättern. Blüten einzeln, achsel- und endständig, gestielt, etwa 2 cm breit, mit zahlreichen rosaroten Kronblättern und nur 4 Griffeln. Bodendecker, an Küsten und Mauern. Heimat S-Afrika.

1a

1b

2

3

4

5

6

1 **Reichblütiges Drosanthemum** *Drosanthemum floribundum* (Haw.) Schwantes
0,15 m, weit kriechend März–Juni ♃ **Eiskrautgewächse *Aizoaceae***
Merkmale Ausgebreitet niederliegende Art mit abstehend behaartem Stängel. Blätter sitzend, zylindrisch, dicht und fein warzig-papillös, zur stumpfen Spitze hin etwas verbreitert. Etwa 2 cm breite, gestielte Blüten mit zahlreichen purpurnen, am Grund helleren Kronblättern und 5 Griffeln. Kapseln 5-klappig, geflügelt. Bodendecker, auch an Felsen und Mauern. Heimat S-Afrika.

2 **Echte Pistazie** *Pistacia vera* L.
3–10 m Mai–Juni ♄ **Sumachgewächse *Anacardiaceae***
Merkmale Sommergrüner Baum, Blätter mit (1–)3–5(–7) sitzenden, eiförmigen bis breit lanzettlichen, ganzrandigen Fiedern, Spindel schwach geflügelt, wie der Blattstiel fein behaart. Blüten 2-häusig, unscheinbar mit 3–5-lappigem Kelch, ohne Krone, in zusammengesetzten Rispen. Die 2–3 cm großen, schief eiförmigen Steinfrüchte rosa, zuletzt blauviolett, mit hellem Steinkern, darin die grünen Keimblätter (Pistazien, Grüne Mandeln). Kulturbaum. Heimat Zentralasien.

3 **Peruanischer Pfefferbaum** *Schinus molle* L.
4–15 m April–August ♄ **Sumachgewächse *Anacardiaceae***
Merkmale Immergrüner Baum oder Strauch mit schlanken, überhängenden Zweigen. Lange, schmale, aromatische Blätter mit 15–27 lineal-lanzettlichen, ganzrandigen oder gesägten, sitzenden Fiedern an schmal geflügelter Spindel. Blüten klein, mit 5-zähliger gelblich weißer Krone in lockeren hängenden Rispen. 4–7 mm große, kugelige, rosa Steinfrüchte mit pfefferartigem Geschmack, wie die Früchte der folgenden Art als „Rosa Pfeffer" im Handel. Im Mittelmeergebiet nur Zierbaum. Heimat S-Amerika.
4 **Weitere Arten** Der **Brasilianische Pfefferbaum** *Sch. terebinthifolia* Raddi dagegen mit abstehenden Zweigen, Blätter an die von *Pistacia terebinthus* (siehe S. 70) erinnernd, mit nur 5–13 verkehrt eiförmigen Fiedern, Spindel zum Ende hin etwas breiter geflügelt, Früchte leuchtend rot. Heimat S-Amerika.

5 **Großfrüchtiger Wachsbaum** *Carissa macrocarpa* (Eckl.) A. DC.
2–5 m fast ganzjährig ♄ **Hundsgiftgewächse *Apocynaceae***
Merkmale Milchsaft führender, dichter immergrüner Strauch mit 1–2-fach gegabelten Dornen und gegenständigen, glänzend dunkelgrünen, eiförmig-rundlichen, bespitzten Blättern. Blüten duftend, bis 3,5 cm breit, weiß, mit kurzer Röhre und sich am Grund schwach überlappenden, ausgebreiteten, abgerundeten Zipfeln. Die fleischigen Früchte ellipsoid, leuchtend rot, später schwärzlich, bis 5 cm lang. Heimat Südl. Afrika.

6 **Madagaskar-Immergrün** *Catharanthus roseus* (L.) G. Don (*Vinca rosea* L.)
0,3–1,2 m Juni–Oktober ♃ **Hundsgiftgewächse *Apocynaceae***
Merkmale Schwach fleischiger Halbstrauch, Blätter gegenständig, sehr kurz gestielt, lanzettlich, vorne stumpf oder abgerundet, dunkelgrün glänzend mit heller Mittelrippe. Blütenkrone mit zylindrischer Röhre und 5 gedrehten, ausgebreiteten Zipfeln, rosarot, blassrosa oder weißlich mit purpurnem Schlund, bis 4 cm breit. Zierpflanze, Blätter und Wurzeln aus Kulturen zur industriellen Gewinnung zellteilungshemmender Alkaloide. Heimat Madagaskar.

7 **Gelber Oleander**, Schellenbaum *Thevetia peruviana* (Pers.) Schum. (*Cascabela thevetia* (L.) Lipp.)
Bis 6 m Juni–Oktober ♄ **Hundsgiftgewächse *Apocynaceae***
Merkmale Immergrüner kahler Strauch oder kleiner Baum mit Milchsaft. Blätter schmal lanzettlich, mit vortretender Mittelrippe, oberseits glänzend dunkelgrün, oleanderähnlich, aber wechselständig. Große, gelbe, trichterförmige Blüten mit 5 gedrehten, nur wenig ausgebreiteten, bis 7 cm langen Kronlappen. Der viel kleinere Kelch mit 5 spreizenden Lappen. Unregelmäßig 4-kantige, zuletzt schwarze, klappernde Früchte (Name!). Heimat tropisches Amerika.

1

2

3

4

5

6

7

1 Falscher Jasmin *Trachelospermum jasminoides* (LINDL.) LEM.

Bis 7(–10) m März–August ♄ **Hundsgiftgewächse *Apocynaceae***

Merkmale Immergrüner Kletterstrauch mit Milchsaft. Die gegenständigen Blätter eiförmig-lanzettlich oder elliptisch, jung unterseits behaart. Blütenkrone 1,5–2,5 cm im Durchmesser, mit zylindrischer Röhre und 5 ausgebreiteten, propellerartig nach rechts gedrehten, am Rand gewellten und einseitig zurückgeschlagenen Lappen. Früchte ein Paar bis 15 cm langer Balgfrüchte, Samen mit Haarschopf. Heimat China.

2 Baumbewohnende Strahlenaralie *Schefflera arboricola* (HAYATA) MERR.

(*Heptapleurum arboricola* HAYATA) **3–4 m April–Juni ♄** **Araliengewächse *Araliaceae***

Merkmale In Kultur gewöhnlich strauchförmig. Blätter mit 7–9 strahlenförmig gestellten, gestielten Blättchen, Letztere eilänglich, stumpf, ganzrandig, kahl und ledrig. Etwa 1 cm breite Blüten in endständigen, aus kleinen Dolden zusammengesetzten Rispen, mit 5–7 weißlichen Kronblättern. Auffällig die etwa 5 mm großen, kugeligen, gelben, später schwarzvioletten, nach dem Trocknen 5-kantigen Früchte. Heimat Taiwan.

3 Curaçao-Seidenpflanze *Asclepias curassavica* L.

Bis 1 m Juni–September ♄ **Seidenpflanzengewächse *Asclepiadaceae***

Merkmale Kleiner immergrüner Halbstrauch mit gegenständigen, lanzettlichen, am Grund verschmälerten, unterseits ± kahlen Blättern. Blüten achsel- und endständig in kleinen Doldentrauben, purpurn, gelblich oder weiß, etwa 1 cm breit, mit orangefarbener Nebenkrone. Die bis 15 cm langen, schmalen Früchte glatt. Heimat tropisches Amerika.

4 Kreuzstrauch *Baccharis halimifolia* L.

1–3 m August–Oktober ♄ **Röhrenblütige Korbblütler *Asteraceae (Compositae)***

Merkmale Sommergrüner, kahler, etwas klebriger, 2-häusiger Strauch mit wechselständigen, kurz gestielten, dicklichen, ± rhombischen, unterseits fein punktierten, entfernt gezähnten oder (die oberen) ganzrandigen Blättern. Ausschließlich weißliche Röhrenblüten in 3–6 mm breiten Köpfchen mit zahlreichen Hüllblättern. Früchtchen 10-rippig, mit 8 mm langem, weißem Pappus. Heimat Mittel- und N-Amerika.

5 Färberdistel, Saflor *Carthamus tinctorius* L.

0,1–0,6(–1,3) m Juni–September ⊙ **Röhrenblütige Korbblütler *Asteraceae (Compositae)***

Merkmale Kahle Pflanze mit eilanzettlichen, ganzrandigen oder fein dornig gezähnten Blättern. Blütenköpfe von den obersten Blättern umgeben, 2–3 cm breit, mit gelben bis orangefarbenen Röhrenblüten. Hüllblätter mit krautigem, dornig bespitztem Anhängsel. Die Blüten zum Färben von Speisen und als Ersatz (und Verfälschung) von Safran, die Früchtchen zur Gewinnung von „Distelöl". Kulturpflanze. Herkunft unbekannt.

6 Artischocke *Cynara cardunculus* L.

0,2–1,2(–1,8 m) Mai–August ⊙ **Röhrenblütige Korbblütler *Asteraceae (Compositae)***

Merkmale Die Kulturpflanze Artischocke, früher als *C. scolymus* L. bezeichnet, wird heute zur westl. Unterart der Wilden Artischocke (siehe S. 108) gestellt: Blätter weniger dornig, Hüllblätter oft ausgerandet und dornenlos. Gegessen wird der fleischige Blütenboden mit dem unteren Teil der Hüllblätter vor dem Aufblühen. Artischockenextrakte für medizinische Zwecke aus den Blättern vor dem Auswachsen des Blütensprosses.

7 Madeirawein *Boussingaultia cordifolia* TEN. (*Anredera cordifolia* (TEN.) STEEN.)

2–4 m September–Oktober ♃ **Schlingmeldengewächse *Basellaceae***

Merkmale Schnellwüchsige, windende, ± kahle Pflanze. Blätter herzförmig, hellgrün und etwas fleischig. Stark duftende Blüten in reichen, 10–20 cm langen, achselständigen Trauben mit je 2 winzigen Hochblättern und Kelchblättern, die 5-teilige weißliche oder purpurne Krone etwa 2 mm lang. In den Blattachseln ohne Blütentriebe essbare Brutknospen. Heimat Andenländer, N-Argentinien, S-Brasilien.

1
2
3
4
5
6
7

1 **Amerikanische Klettertrompete** *Campsis radicans* (L.) BUREAU
Bis 6(–10) m Mai–September ♄ **Trompetenbaumgewächse *Bignoniaceae***
Merkmale Sommergrüne Kletterpflanze, wie die folgenden Trompetenbaumgewächse ohne Ranken, Blätter gegenständig, unpaarig gefiedert, hier mit 9–11 eiförmig-lanzettlichen, gesägten Blättchen. Blütenkrone 4–5 cm breit, scharlachrot, über dem Kelch erweitert, mit 5 rundlichen, ungleichen Lappen. Heimat N-Amerika. In Kultur oft die Hybride mit *C. grandiflora* (THUNB.) SCHUM. aus China, mit 7–9 kahlen Fiedern.

2 **Jacaranda**, Falscher Palisander *Jacaranda mimosifolia* D. DON. (*J. ovalifolia* R. BR.)
Bis 15 m Mai–Oktober ♄ **Trompetenbaumgewächse *Bignoniaceae***
Merkmale Laubwerfender, zur Blütezeit oft kahler Baum, die doppelt unpaarig gefiederten Blätter mit bis zu 31 lanzettlichen, in eine grannige Spitze verschmälerten, oberseits behaarten Blättchen. Große rispige Blütenstände, Krone etwa 5 cm lang, blauviolett mit weißem Schlund, die Röhre 2-lippig mit 5 rundlichen, abstehenden Lappen. Verholzende, flache, rundliche Kapseln. Heimat Argentinien, Bolivien.

3 **Weitschlundige Bignonie** *Podranea ricasoliana* (TANF.) SPRAG.
3–10 m April–Juli ♄ **Trompetenbaumgewächse *Bignoniaceae***
Merkmale Kräftiger, immergrüner, kahler Kletterstrauch. Blätter mit 7–11 eiförmigen, zugespitzten, ganzrandigen bis stumpf gesägten Fiedern. Blüten in reichen, lockeren, endständigen Rispen, Krone über dem Kelch plötzlich glockig erweitert, rosa mit dunkleren Adern und bräunlich gelbem Schlund, etwas 2-lippig, mit 5 rundlichen Lappen, 7–8 cm lang und breit. Bis 40 cm lange, zylindrische Kapseln. Heimat Südl. Afrika.

4 **Gelber Trompetenbaum** *Tecoma stans* (L.) KUNTH
6–9 m März–September ♄ **Trompetenbaumgewächse *Bignoniaceae***
Merkmale Immergrüner oder laubwerfender Strauch bis kleiner Baum, die 3–9 Fiederblätter eilanzettlich, spitz oder zugespitzt, am Rand deutlich gesägt. Blüten 3,5–8,5 cm lang, mit plötzlich trichterförmig erweiterter, goldgelber Krone, der ausgebreitete 5-lappige Saum nur schwach 2-lippig, Schlund und obere Lappen meist rot geadert. Lineale, zugespitzte, bis 25 cm lange Kapseln. Heimat S-USA bis N-Argentinien.

5 **Kap-Bignonie** *Tecomaria capensis* (THUNB.) SPACH (*Tecoma capensis* (THUNB.) LINDL.)
2–5(–7) m März–Oktober ♄ **Trompetenbaumgewächse *Bignoniaceae***
Merkmale Immergrüner kahler Kletterstrauch oder Baum, die 7–11 dunkelgrünen, glänzenden Fiederblätter eiförmig, gesägt, die unteren gestielt. Blüten endständig zu 6–8, mit leicht gekrümmter, 3,5– 5,5 cm langer, schmal trichterförmiger, deutlich 2-lippiger Krone, im Schlund orangefarben oder scharlachrot, Staubblätter herausragend. Lineale, zusammengedrückte, 7–12 cm lange Kapseln. Heimat Südl. Afrika.

6 **Kokonseidenbaum** *Chorisia speciosa* ST.-HIL. & AL. (*Ceiba speciosa* (ST.-HIL. & AL.) RAV.)
4–10(–25) m Oktober–Dezember ♄ **Wollbaumgewächse *Bombacaceae***
Merkmale Laubwerfender, zur Blütezeit ± kahler Baum, der wasserspeichernde Stamm auffällig durch dicke, spitze Stacheln (**6a**). Blätter fingerförmig 6–7-zählig mit gezähnten Blättchen. Blüten über 10 cm breit, mit 5 freien, rosa bis weinroten, unten gelben, ± gestrichelten Kronblättern und einer weit herausragenden Staubblattsäule (**6b**). Fruchtkapsel innen mit Haaren, darin eingebettet die Samen. Heimat S-Amerika.

7 **Buntfarbene Bauhinie** *Bauhinia variegata* L.
6–12 m Februar–Mai ♄ **Johannisbrotgewächse *Caesalpiniaceae***
Merkmale Laubwerfender Strauch oder kleiner Baum. Blätter rundlich, kahl, vorne etwa zu ⅓ eingeschnitten. Blüten orchideenartig auffällig („Orchideenbaum"), mit einseitig geöffnetem, scheidigem Kelch und 5 ausgebreiteten, 4–6 cm langen Kronblättern, davon das oberste vorstehend, kräftiger purpurn und dunkler geadert als die 4 blasseren seitlichen. Heimat Indien, China, SO-Asien.

1

2

3

4

5

6a

6b

7

1 **Paradiesvogelstrauch** *Caesalpinia gilliesii* (Hook.) Benth.
(*Erythrostemon gilliesii* (Hook.) Klotzsch)
2–5 m August–April ♄ **Johannisbrotgewächse *Caesalpiniaceae***
Merkmale Laubwerfender Strauch oder kleiner Baum mit doppelt gefiederten zarten Blättern, Fiederchen in 9–11 Paaren, 3–8 mm lang, stumpf, unterseits am Rand schwarz punktiert. Blüten in aufrechten, drüsig klebrigen, behaarten Trauben, mit bis zu 3,5 cm langen, gelben Kronblättern und scharlachroten, 5–8 cm langen, weit herausragenden Staubfäden. Behaarte, flache Hülsen. Heimat Uruguay, Argentinien, Chile.
Weitere Arten Ähnlich *C. pulcherrima* (L.) Sw., aber Blättchen 10–20 mm lang, Kronblätter genagelt, meist rot, mit gelben krausen Rändern, Hülsen kahl. Heimat Südl. S-Amerika.

2 **Feuer-Akazie**, Flamboyant *Delonix regia* (Hook.) Raf.
Bis 10 m Juni–August ♄ **Johannisbrotgewächse *Caesalpiniaceae***
Merkmale Laubwerfender Baum mit ausladender, flacher Krone. Blätter bis zu 50 cm lang, doppelt gefiedert, die sehr zahlreichen, elliptischen, stumpflichen Blättchen 5–10 mm. Blüten zum Ende der Trockenperiode, bis 15 cm breit, von den 5 lang genagelten Kronblättern 4 scharlachrot, das 5. etwas größer, teils weiß oder gelb mit roten Flecken. Holzige, 20–60 cm lange, flache, etwas gekrümmte und quer gerippte, dunkelbraune Hülsen. Heimat Madagaskar.

3 **Stachelige Parkinsonie**, Jerusalemdorn *Parkinsonia aculeata* L.
Bis 10 m Juli–April ♄ **Johannisbrotgewächse *Caesalpiniaceae***
Merkmale Lichter Baum mit überhängenden Ästen, die 2-fach gefiederten Blätter mit 2 Nebenblattdornen am Grund und dornig endender, verkürzter Spindel. Blättchen entfernt stehend, linealisch, etwa 7 mm lang, hinfällig. Blüten in langen Trauben, etwa 2,5 cm groß, mit 5 am Rand gezähnelt-gewellten, am Grund stark verschmälerten Kronblättern, davon 4 gelb, das obere orange gefleckt. Heimat S-USA bis N-Argentinien.

4 **Doppeltraubige Kassie**, Kerzenstrauch *Senna didymobotrya* (Fresen) Irw. & Barn.
(*Cassia didymobotrya* Fresen) **1,5–3 m Dezember–Mai ♄** **Johannisbrotgewächse *Caesalpiniaceae***
Merkmale Immergrüner, merkwürdig nach Erdnussbutter riechender Strauch. Die an den Zweigenden gehäuft stehenden Blätter mit 8–18 Paaren eiförmig-elliptischer, bespitzter, fein behaarter Fiedern. Blüten mit 17–27 mm langen, goldgelben Kronblättern in endständigen, lang gestielten, ährenartigen Trauben, in der Knospe jeweils von einem dunklen Hochblatt umhüllt. Hülsen flach, 8–10 cm. Heimat tropisches Afrika.

5 **Nördliche Kassie** *Senna septemtrionalis* (Viv.) Irw. & Barn. (*Cassia laevigata* Willd.)
1–4 m Mai–September ♄ **Johannisbrotgewächse *Caesalpiniaceae***
Merkmale Immergrüner kahler Strauch, in kühleren Gebieten laubwerfend. Blätter mit 3–5 eiförmig-elliptischen bis lanzettlichen, spitzen Blattpaaren, an deren Ansatzstellen jeweils eine deutliche Drüse. Blüten traubig, mit 5 etwa 15 mm langen, etwas ungleichen, gelborangefarbenen Kronblättern. Von den 7 fruchtbaren Staubblättern die 2–3 unteren länger. Hülse zylindrisch, 5–10 cm. Heimat Mittelamerika.
Weitere Arten Ähnlich *S. corymbosa* (Lam.) Irw. & Barn., aber nur mit 2–3 Blattpaaren und 1 einzigen Drüse zwischen den untersten Blättern. Heimat gemäßigtes S-Amerika.

6 **Schachtelhalmblättrige Kasuarine** *Casuarina equisetifolia* L.
Bis 35 m September–Dezember ♄ **Kasuarinengewächse *Casuarinaceae***
Merkmale Einhäusiger Baum mit hängenden, schachtelhalmartigen, 0,5–1 mm breiten Zweigen. Diese zwischen den 6–8 Längsrippen behaart und mit quirlig angeordneten, spitzen, bis 1 mm langen, schuppenartigen Blättern an den Knoten. Blüten unscheinbar, männliche kätzchenartig an den Zweigenden, weibliche köpfchenförmig an kurzen Seitenästen, zu kleinen, zapfenartigen, verholzenden Fruchtständen heranwachsend. Straßenbaum und zur Stabilisierung von Sanddünen. Heimat SO-Asien, NO-Australien.

1

2

3

4

5

6

1 **Japanisches Pfaffenhütchen** *Euonymus japonicus* L. f.
2–6 m Mai–August ♄ **Spindelstrauchgewächse *Celastraceae***
Merkmale Immergrüner Strauch oder kleiner Baum. Die gegenständigen, dunkelgrünen Blätter elliptisch bis verkehrt eiförmig, meist stumpf, ± gekerbt-gesägt, bei einigen Sorten auch weiß oder gelb am Rand. Blüten 5–8 mm breit, 4-zählig, mit grünlich weißen Kronblättern. Kapsel etwa 8 mm, wie beim heimischen Pfaffenhütchen die weißen Samen mit orangefarbenem Samenmantel. Heckenpflanze. Heimat Japan.

2 **Blaue Prunkwinde** *Ipomoea indica* (Burm.) Merr. (*Pharbitis learii* (Paxt.) Lindl.)
Bis 6 m Juli–Oktober ♃ **Windengewächse *Convolvulaceae***
Merkmale Staude mit verholzenden, windenden Stängeln. Große herzförmige Blätter, ungeteilt oder 3-lappig mit größerem Mittellappen, unterseits fein behaart. Blüten mit weit trichterförmiger, 6–8 cm breiter, blauer, purpurner oder weißer Krone und schmalen, lang zugespitzten Kelchblättern. Heimat S-Amerika.
Weitere Arten Ähnlich die Süßkartoffel *I. batatas* (L.) Lam., Pflanze kriechend. 3–5 cm breite Blüten mit zugespitzten Kelchblättern (selten ausgebildet, da 1-jährig kultiviert). Heimat Mexiko bis N-S-Amerika.

3 **Baumartiges Aeonium** *Aeonium arboreum* (L.) Webb & Berth.
0,5–1,5(–2) m Dezember–Februar(–Mai) ♄ **Dickblattgewächse *Crassulaceae***
Merkmale Strauch mit kräftigen, mäßig verzweigten, aufrechten, verholzten Ästen. Blätter fleischig, an den Astenden in 10–25 cm breiten Rosetten, verkehrt eiförmig-lanzettlich, plötzlich zugespitzt, am Rand gewimpert, oft purpurn überlaufen oder völlig purpurn. Blüten in dichter, kegel- oder eiförmiger, 10–30 cm langer Rispe, mit 9–11 leuchtend gelben Kronblättern. Kulturformen der auf den Kanaren beheimateten Art.

4 **Geldbaum**, Eirundes Dickblatt *Crassula ovata* (Mill.) Druce
1–2 m November–April ♃ ♄ **Dickblattgewächse *Crassulaceae***
Merkmale Reich verzweigter kleiner Strauch mit dicken Ästen, die glänzenden, lebhaft grünen, fleischigen Blätter manchmal bis 4 mm lang gestielt, eiförmig, am Rand oft rot. Blüten in Trugdolden, mit 7–10 mm langen, spitzen, lanzettlichen, sternförmig ausgebreiteten, weißen bis blassrosa Kronblättern. Heimat S-Afrika.

5 **Wassermelone** *Citrullus lanatus* (Thunb.) Matsum. & Nakai (*C. vulgaris* Schrad.)
0,5–0,8 m Mai–August ☉ **Kürbisgewächse *Cucurbitaceae***
Merkmale Stängel kriechend oder kletternd, rau behaart, mit einfachen oder verzweigten Ranken. Blätter im Umriss eiförmig, 2-fach buchtig fiederschnittig. Blüten eingeschlechtig, einzeln, mit gelber, tief 5-lappiger, bis 6 cm breiter Krone. Frucht glatt, dunkelgrün oder streifig hell gefleckt, kugelig oder ellipsoid, bis 60 cm groß, mit rotem oder hellgelbem Fruchtfleisch, in dem die Samen verteilt sind. Kulturpflanze, Heimat NO-Afrika.
Weitere Arten Die Zucker- oder Honig-Melone *Cucumis melo* L. mit weich behaarten Stängeln und unverzweigten Ranken in vielen Sorten, Samen in einer zentralen Fruchthöhle angeordnet. Heimat wohl O-Afrika.

6 **Kakibaum**, Kakipflaume *Diospyros kaki* L. f.
8–14 m Mai–Juni ♄ **Ebenholzgewächse *Ebenaceae***
Merkmale Sommergrüner kleiner Baum mit dichter, runder Krone. Die kurz gestielten Blätter länglich-eiförmig, spitz, ganzrandig, unterseits behaart und heller. Blüten getrenntgeschlechtig, weibliche einzeln, glockig, mit 4–5 cremefarbenen, 1,5–2 cm langen, am Ende etwas zurückgekrümmten Kronblättern und 4–5 Kelchblättern, die sich vergrößern und an der zuletzt orangeroten bis gelbbraunen Frucht mit 10 cm Durchmesser erhalten bleiben. Kulturbaum. Heimat O-Asien.
7 **Weitere Arten** Die Früchte der **Lotuspflaume** *D. lotus* L. dagegen nur bis 1,5 cm groß, gelblich bis zuletzt bläulich schwarz, Blätter länglich-elliptisch, zugespitzt, unterseits bleibend behaart, weibliche Blüten 8–10 mm, grünlich oder rötlich weiß. Kulturbaum oder -strauch. Heimat W-Indien.

1

2

3

4

5

6

7

1 Schmalblättrige Ölweide *Elaeagnus angustifolia* L.

2–7 m Mai–Juli ♄ **Ölweidengewächse *Elaeagnaceae***

Merkmale Sommergrüner Strauch oder kleiner Baum mit überhängenden Zweigen. Blätter schmal lanzettlich, ganzrandig, unterseits dicht silbrig sternhaarig-schuppig, oberseits verkahlend und dunkelgrün. Blüten sich mit den Blättern entwickelnd, mit einfacher, 4-zipfeliger, innen gelber, außen silbriger, etwa 1 cm langer Blütenhülle. Gelbe bis rötliche, längliche, mehlig-fleischige Steinfrüchte. Heimat gemäßigtes Asien.

2 Schillerndes Nesselblatt *Acalypha wilkesiana* Muell. Arg.

Bis 4,5 m April–August ♄ **Wolfsmilchgewächse *Euphorbiaceae***

Merkmale Dichter Strauch, die auffälligen, breit eiförmigen bis herzförmigen, zugespitzten, stumpf gesägten Blätter hell- bis dunkelgrün, unregelmäßig rosa und rot gescheckt oder gerandet. Blüten und Früchte unscheinbar in kätzchenartigen Ähren. Variable Art, häufig in Hecken. Heimat Pazifische Inseln.

3 Christusdorn-Wolfsmilch *Euphorbia milii* Des Moul.

Bis 2 m November–April ♄ **Wolfsmilchgewächse *Euphorbiaceae***

Merkmale Laubwerfender Strauch, giftigen Milchsaft führend, wie für Wolfsmilchgewächse die Regel. Etwa 8 mm breite, kantige, dunkelbraune Äste mit verkehrt eiförmigen, rosettig gehäuften Blättern, auf jeder Seite der Blattnarben bis 1 cm lange Dornen. Blütenstand mehrfach gegabelt, mit unscheinbaren Blüten, umgeben von 1 Paar leuchtend roter, seltener gelber, nierenförmiger Hochblätter. Heimat Madagaskar.

4 Weihnachtsstern, Poinsettie *Euphorbia pulcherrima* Klotzsch

Bis 4 m November–Februar ♄ **Wolfsmilchgewächse *Euphorbiaceae***

Merkmale Laubwerfender Strauch. Die lang gestielten kahlen Blätter eiförmig-länglich, ganzrandig, gezähnt oder buchtig gelappt, zugespitzt, am Grund keilförmig. Unscheinbare Blüten doldig an den Zweigenden, umgeben von ausgebreiteten, laubblattähnlichen, lebhaft roten oder grünlich cremefarbenen Hochblättern. Heimat Mexiko.

5 Tirucalli-Wolfsmilch *Euphorbia tirucalli* L.

2–4(–12) m November–April ♄ **Wolfsmilchgewächse *Euphorbiaceae***

Merkmale Dicht verzweigter, kahler, oft 2-häusiger Strauch, auch baumartig, mit zylindrischen, fleischigen, 5–7 mm dicken Gliedern, die jüngeren fast quirlig angeordnet. Blätter lineal-lanzettlich, hinfällig. Unscheinbare Blüten am Ende der Triebe. Gilt als besonders giftig. Heimat tropisches O- und S-Afrika.

6 Falscher Indigo *Amorpha fruticosa* L.

1–3(–6) m Juni–August ♄ **Schmetterlingsblütler *Fabaceae (Papilionaceae)***

Merkmale Sommergrüner Strauch, Blätter deutlich gestielt, unpaarig gefiedert, mit 11–31 länglichen, bespitzten, ± behaarten und drüsig punktierten Blättchen. Blüten in aufrechten, 7–15 cm langen Trauben, die eigenartigen Schmetterlingsblüten ohne Flügel und Schiffchen, die violette, 6 mm lange Fahne umfasst die Staubblattröhre. Schwach sichelförmig gekrümmte, etwa 1 cm lange Hülsen mit Drüsenhöckern. Früher zum Blaufärben als Ersatz für den echten Indigo (*Indigofera tinctoria* L.) verwendet. Heimat N-Amerika.

7 Erdnuss *Arachis hypogaea* L.

0,3–0,5 m Juni–August ☉ **Schmetterlingsblütler *Fabaceae (Papilionaceae)***

Merkmale Niederliegende, ± kahle Pflanze, Blätter mit 2 Paaren eiförmiger Fiedern. In den Achseln 1–6 nur jeweils wenige Stunden geöffnete, sich selbst bestäubende Blüten mit 15–20 mm langer goldgelber Krone. Die nach der Blüte aus dem Grund des Fruchtknotens gebildeten Stiele bis 20 cm lang und abwärts geneigt, 4–8 cm tief in das Erdreich dringend, wo sich dann die 1–4-samigen Erdnüsse entwickeln. Kulturpflanze. Heimat Peru.

1

2

3

4

5

6

7

1 **Kichererbse** *Cicer arietinum* L.

0,1–0,8 m Mai–August ☉ **Schmetterlingsblütler *Fabaceae (Papilionaceae)***

Merkmale Pflanze aufrecht, abstehend drüsig-klebrig behaart. Blätter unpaarig gefiedert, die 7–15 verkehrt eiförmigen Blätter im vorderen Teil scharf gesägt. Blüten einzeln, gestielt, 10–12 mm lang, blassviolett oder weiß, zuerst abstehend, später nickend wie auch die 2–3 cm langen, aufgeblasenen Hülsen mit meist 1–2 großen, ± kugeligen Samen. Kulturpflanze, Heimat wohl SW-Asien.

2 **Chinesischer Blauregen**, Glyzine *Wisteria sinensis* (SIMS) DC.

Bis 10 m Januar–Mai ♄ **Schmetterlingsblütler *Fabaceae (Papilionaceae)***

Merkmale Links windende, laubwerfende Pflanze mit unpaarig gefiederten Blättern. Die 7–13 Blättchen eiförmig-länglich, zugespitzt, anfangs dicht behaart, später verkahlend, sich erst mit den reichen, 15–30 cm langen, hängenden Blütentrauben entwickelnd. Blüten blauviolett oder weiß, etwa 2,5 cm lang, alle ± gleichzeitig geöffnet. Hülsen zusammengedrückt, samtig behaart. Heimat China.

Weitere Arten Ähnlich *W. floribunda* (WILLD.) DC., aber rechts windend, Blättchen zu 13–19, Trauben etwa 50 cm, sich von unten her nach der Blattentfaltung öffnend (Heimat Japan).

3 **Kleinblättriger Salbei** *Salvia microphylla* KUNTH

0,5–1,5 m Mai–September ♄ **Lippenblütler *Lamiaceae (Labiatae)***

Merkmale Reich verzweigter kleiner Strauch. Die gestielten, kreuzweise gegenständigen Blätter eiförmig oder eiförmig-elliptisch, spitz oder stumpf, gekerbt-gesägt, oberseits ± fein behaart. Blüten paarweise gegenständig in lockeren Trauben, Krone leuchtend rot oder rosa, 25–30 mm lang, ihre Röhre aus dem 2-lippigen Kelch weit herausragend. Heimat Mexiko.

4 **Avocadobaum** *Persea americana* MILL.

5–20 m März–Mai ♄ **Lorbeergewächse *Lauraceae***

Merkmale Baum mit wechselständigen, länglich-elliptischen, zugespitzten Blättern, beim Zerreiben sortenspezifisch mit Anisgeruch. Blüten in endständigen Rispen, unscheinbar mit 6-teiliger, gelblich grüner Hülle, nur wenige entwickeln sich zu Früchten. Diese mit 1 großen Samen, eiförmig bis birnenförmig, mit ledriger, dunkelgrüner bis violetter, glatter oder rauer Schale. Das Öl der schmackhaften Früchte auch in Hautpflegemitteln und medizinischen Salben. Kulturpflanze. Heimat Mittel- und N-S-Amerika.

5 **Okra** *Abelmoschus esculentus* (L.) MOENCH (*Hibiscus esculentus* L.)

0,6–2 m Mai–September ☉ **Malvengewächse *Malvaceae***

Merkmale Hohes, kräftiges Kraut mit ± tief 3–7-lappigen, gekerbten Blättern. Blüten mit 8–10 schmalen, freien Außenkelchblättern und einseitig aufreißendem, vor der Fruchtreife abfallendem Kelch, die 5 Kronblätter 2,5–5 cm lang, gelb, am Grund mit dunklem purpurnem Fleck (**5a**). Schmal kegelförmige, zugespitzte, kantige, 5–25 cm lange, aufrecht stehende Kapseln (**5b**), noch grün und unreif geerntet, gekocht als mildes Gemüse oder Salat. Kulturpflanze, Heimat unsicher, tropisches Afrika oder Asien.

6 **Behaarte Baumwolle** *Gossypium hirsutum* L.

Bis 2 m Juni–September ♃ ♄ **Malvengewächse *Malvaceae***

Merkmale In Kultur 1-jährige Art, Stängel verzweigt, behaart und mit schwarzen Öldrüsen besetzt. Blätter herzförmig, mit 3–7 breit eiförmigen, zugespitzten Lappen. Blüten mit 5-zähnigem Kelch und 3 freien, breit eiförmigen, etwa 4,5 cm langen Außenkelchblättern mit lang zugespitzten Zähnen, die über 3-mal so lang sind wie breit. 5 blassgelbe, sich später purpurn verfärbende, bis 5 cm lange Kronblätter. Kapsel mit 8–10 Samen, deren lange Haare zu Baumwollfasern verarbeitet werden. Kulturpflanze. Heimat trop. Amerika.

Weitere Arten *G. herbaceum* L., Pflanze ± kahl, Blüten gelb mit dunkelpurpurnem Grund, Außenkelchblätter bis 2,5 cm lang, Zähne gewöhnlich weniger als 3-mal so lang wie breit (Heimat wohl Pakistan).

1

2

3

4

5a

5b

6

1 **Chinesischer Roseneibisch** *Hibiscus rosa-sinensis* L.

1–5 m April–September ♃ **Malvengewächse *Malvaceae***

Merkmale Sommergrüner Strauch oder kleiner Baum mit breit eiförmigen, zugespitzten, kahlen, glänzenden Blättern, in der vorderen Hälfte unregelmäßig grob gesägt. Blüten einzeln lang gestielt in den Blattachseln, Kelch 5-blättrig, mit 7 schmalen Außenkelchblättern, Krone 5-blättrig, 10–15 cm breit, scharlachrot, auch rosa, weiß, gelb oder orange, zum Teil in gefüllten Formen. Die 5-köpfige Narbe und zahlreiche Staubbeutel am Ende einer weit vorgestreckten Staubblattsäule. Heimat tropisches Asien.

2 **Weitere Arten** Ähnlich der **Koralleneibisch** *H. schizopetalus* (Mast.) Hook. f., die lang herabhängenden Blüten mit rosarot gescheckten, zurückgeschlagenen, tief und unregelmäßig gefransten Kronblättern, Staubblattsäule weit heraushängend (Heimat tropisches Afrika).

3 **Baumartige Beerenmalve** *Malvaviscus arboreus* Cav.

2–4 m März–Juni, auch ganzjährig ♄ **Malvengewächse *Malvaceae***

Merkmale Immergrüner Strauch, die herzeiförmigen, zugespitzten, grob gesägt-gezähnten Blätter beiderseits behaart, später verkahlend. Blüten gestielt, einzeln in den Blattachseln, aufrecht oder hängend (var. *penduliflorus* (DC.) Schery, Foto), der 5-zähnige Kelch von einem 7–9-teiligen Außenkelch mit schmalen Zipfeln umhüllt. Krone bleibend tütenförmig eingerollt, mit 2,5–7 cm langen, leuchtend roten Kronblättern und 10 herausragenden Griffelästen. Rote fleischige Früchte. Heimat Mittel- bis S-Amerika.

4 **Paternosterbaum**, Indischer Zedrachbaum *Melia azedarach* L.

Bis 15 m Mai–Juni ♄ **Zedrachgewächse *Meliaceae***

Merkmale Sommergrüner Baum mit 2-fach unpaarig gefiederten Blättern. Blättchen eiförmig-lanzettlich, zugespitzt und schwach gesägt bis gelappt. Blüten mit Fliederduft und -farbe in 20–25 cm langen, lockeren Rispen, mit 5 freien, etwa 2 cm langen Kronblättern und dunkel rotvioletter Staubblattröhre. Gelbliche, erbsengroße, giftige Steinfrüchte, die gerne zu Ketten verarbeitet werden. Heimat SW-Asien.

5 **Silber-Akazie** *Acacia dealbata* Link

6–15(–30) m Januar–April ♄ **Mimosengewächse *Mimosaceae***

Merkmale Immergrüner dornenloser Baum mit behaarten jungen Zweigen und Blättern. Letztere doppelt gefiedert, die 10–26 Fiederpaare unter dem Ansatzpunkt jeweils mit einer Drüse und 30–50 Paaren von 2–5 mm langen Fiederchen. Die blassgelben Blütenköpfchen 5–6 mm breit, in reichen, rispigen Trauben. Hülsen flach, zwischen den Samen kaum eingeschnürt. Auch zur Bodenbefestigung gepflanzt, gebietsweise aggressiv verwildert, die blühenden Zweige als „Mimosen" im Blumenhandel. Heimat SO-Australien.

6 **Weitere Arten** Ähnlich mit 2-fach gefiederten Blättern **Mearns Akazie** *A. mearnsii* De Wild., Zweige und junge Blätter gelblich zottig, später dunkelgrün, jedes Fiederpaar mit 2 ungleich großen Drüsen unter dem Ansatzpunkt, Blütenköpfchen meist blassgelb, Hülsen deutlich eingeschnürt. Heimat SO-Australien.

7 **Duftende Akazie** *Acacia farnesiana* (L.) Willd. (*Vachellia farnesiana* (L.) Wight & Arn.)

1,5–4 m Februar–Juni ♄ **Mimosengewächse *Mimosaceae***

Merkmale Strauch mit 0,5–1,5(–3) cm langen Nebenblattdornen und sommergrünen Blättern. Letztere doppelt gefiedert mit 2–8 Fiederpaaren, Fiederchen in 10–21 Paaren, 2–7 mm lang. Die stark duftenden, goldgelben Blütenköpfchen 1–1,5 cm breit, einzeln oder 2–5 an kurzen behaarten Stielen. Hülsen aufgeblasen zylindrisch, reif dunkelbraun mit heller Bauchnaht. Als Zierstrauch und zur Parfümgewinnung kultiviert. Heimat tropisches und subtropisches Amerika.

8 **Weitere Arten** Ähnlich die **Schreckliche Akazie** *A. karroo* Hayne (*Vachellia karroo* (Hayne) Banfi & Galasso; *A. horrida* auct., non Willd.) mit 5–10 cm langen Nebenblattdornen, Blütenköpfchen etwa 1 cm breit, kaum duftend, an kahlen Stielen in endständigen Rispen. Hülsen flach, sichelförmig, leicht eingeschnürt. Undurchdringliche Heckenpflanze. Heimat S-Afrika.

1

2

3

4

5

6

7

8

1 **Kätzchen-Akazie** *Acacia longifolia* (ANDR.) WILLD.

1–8 m März–Juni ♄ **Mimosengewächse *Mimosaceae***

Merkmale Dornenloser Strauch oder Baum, die Blätter zu bis 3 cm verbreiterten, 2–4-nervigen Blattstielen (Phyllodien) reduziert. In den Achseln hellgelbe, 2–6 cm lange, kätzchenartige Blütenstände, aus kleinen Blütenköpfchen zusammengesetzt. Hülsen walzlich, zwischen den Samen eingeschnürt. Zur Dünenbefestigung gepflanzt, blühende Zweige werden als „Mimosen" gehandelt. Heimat SO-Australien.

2 **Immerblühende Akazie** *Acacia retinodes* SCHLECHT.

Bis 10 m April–Oktober ♄ **Mimosengewächse *Mimosaceae***

Merkmale Dornenloser Strauch oder Baum mit aufrecht-abstehenden (!) Zweigen. Phyllodien graugrün, lanzettlich, ziemlich gerade, mit hervortretendem Mittellnerv, mit der größten Breite (bis 1,5 cm) in der oberen Hälfte. Die leuchtend gelben Blütenköpfchen 5–8 mm breit, zu 6–15 locker traubig in den Achseln. Hülsen flach, zwischen den Samen höchstens leicht eingeschnürt. Heimat S-Australien.

3 **Weidenartige Akazie** *Acacia saligna* (LAB.) WENDL. f. (*A. cyanophylla* LINDL.)

3–10 m Februar–Mai, auch ganzjährig ♄ **Mimosengewächse *Mimosaceae***

Merkmale Dornenloser Strauch oder Baum mit überhängenden Zweigen. Phyllodien graugrün, 1-nervig, lineal oder lanzettlich, am breitesten in der Mitte, mit 0,5–5 cm sehr variabel. In den Achseln reiche Trauben von 6–15 mm breiten, gelben oder orangefarbenen Blütenköpfchen. Hülsen flach, zwischen den Samen eingeschnürt. Früher wurde *A. cyanophylla* LINDL. mit den größeren Köpfchen und mehr blaugrünen Blättern als eigene Art angesehen. Zierbaum und zur Dünenbefestigung. Heimat W-Australien.

4 **Seidenakazie**, Gewöhnliche Albizzie *Albizia julibrissin* DURAZZ.

3–12 m Mai–Oktober ♄ **Mimosengewächse *Mimosaceae***

Merkmale Laubwerfender dornenloser Baum, Blätter mit 6–12 Fiederpaaren, davon jedes mit 15–30 Paaren von schiefen und etwas gekrümmten, unterseits fein behaarten Fiederchen. Blüten an den Zweigenden in gestielten, kugeligen Köpfchen mit grünlich weißer, 5-lappiger, 7–8 mm langer Krone und herausragenden, im Gegensatz zu den Akazien am Grund verbundenen, 25–30 mm langen, zur Spitze hin rosa Staubfäden. Hülsen flach. Heimat S-Asien.

5 **Weitere Arten** Die **Zylinder-Albizzie** *Albizia lophantha* (WILLD.) BENTH. mit 1–2 zylindrischen, bis 8 cm langen Blütenständen in den Blattachseln und langen, gelblich weißen Staubfäden wird heute auch zur Gattung *Paraserianthes* NIELSEN gestellt (Heimat: SW-Australien, Java, Sumatra).

6 **Weißköpfige Mimose** *Leucaena leucocephala* (LAM.) DE WIT (*L. glauca* auct.)

Bis 9 m Ganzjährig ♄ **Mimosengewächse *Mimosaceae***

Merkmale Immergrüner, akazienartiger, lichter, kahler, dornenloser Strauch oder kleiner Baum. Blätter mit 4–8 Fiederpaaren (zwischen dem untersten mit einer Drüse) und jeweils 10–20 Paaren asymmetrischer, länglicher und spitzer, unterseits blaugrüner Blättchen. Blüten in gestielten, achselständigen, 2–5 cm breiten, gelblich weißen, kugeligen Köpfchen zu 1–4. Fünf freie Kronblätter, 10 herausragende Staubblätter mit behaarten Staubbeuteln. Hülsen flach. Heimat Mittelamerika.

7 **Echter Feigenbaum** *Ficus carica* L.

2–5 m Juni–September ♄ **Maulbeergewächse *Moraceae***

Merkmale Bei der Wildform (siehe S. 278) entwickeln sich die Früchte (botanisch sind sie Fruchtstände) nach einem komplizierten Bestäubungsvorgang durch Gallwespen, bei Kulturformen ist die Reife zu den dunkelblauen, braunvioletten oder gelben Feigen auch ohne Befruchtung möglich. Verwendung frisch oder getrocknet als Nahrungsmittel, zu Feigenschnaps oder -wein sowie als Abführmittel. Kulturbaum, Heimat wohl im östl. Mittelmeergebiet.

1
2
3
4
5
6
7

1 **Gummibaum** *Ficus elastica* HORNEM.

8–12(–30) m ganzjährig ♄ **Maulbeergewächse *Moraceae***

Merkmale Immergrüner Baum mit Milchsaft, Luftwurzeln bildend. Die kahlen, ledrigen, dunkelgrünen, ganzrandigen Blätter bis 30 cm lang, länglich-elliptisch, plötzlich kurz zugespitzt, am Grund abgerundet, die zahlreichen Seitennerven gleichmäßig, fast rechtwinklig abgehend. Junge Blätter längs eingerollt, von einer rötlichen häutigen Scheide verwachsener Nebenblätter umhüllt. Feigen paarig sitzend, bis 2 cm groß. Zimmerpflanze, Park- und Straßenbaum, bis zur Kultivierung des Parakautschukbaums *Hevea brasiliensis* (WILLD.) MUELL. ARG. auch zur Gewinnung von (Assam-)Kautschuk kultviert. Heimat SO-Asien.

2 **Rostroter Feigenbaum** *Ficus rubiginosa* VENT.

8–12 m ganzjährig ♄ **Maulbeergewächse *Moraceae***

Merkmale Immergrüner dichter Strauch oder kleiner Baum, dünne rötliche Luftwurzeln bildend. Die ledrigen, ganzrandigen Blätter eiförmig mit kleiner zurückgekrümmter Spitze, breit verschmälert oder abgerundet am Grund, unterseits rostfarben, 6–10 cm lang, mit 9–14 kaum hervortretenden Seitennerven, Knospen etwa so lang wie die Blattstiele. Feigen paarig sitzend, etwa 1 cm groß. Heimat O-Australien.

3 **Weitere Arten** Zahlreiche kultivierte Arten, auf Dorfplätzen häufiger der **Indische Lorbeerbaum** *F. microcarpa* L. f., Blätter nur 6–8 cm lang, eiförmig-lanzettlich mit etwas ausgezogener, stumpfer Spitze und keilförmigem Grund, Feigen 5–8 mm, zu 2 sitzend. Heimat tropisches Asien, Australien.

4 **Osagedorn**, Milchorangenbaum *Maclura pomifera* (RAF.) SCHNEID.

6–15 m Mai–Juni ♄ **Maulbeergewächse *Moraceae***

Merkmale Sommergrüner Baum, die gestielten, eiförmigen, zugespitzten, ganzrandigen Blätter oberseits kahl, unterseits weich behaart, mit 2–4 cm langen Dornen in den Achseln (auch dornenlose Kulturformen). Blüten 2-häusig, 4-zählig, unscheinbar in Köpfchen. Orangenähnliche, 10–14 cm große, ungenießbare Früchte. Heimat USA (mittlerer Süden).

5 **Weißer Maulbeerbaum** *Morus alba* L.

Bis 15 m April-Mai ♄ **Maulbeergewächse *Moraceae***

Merkmale Sommergrüner Baum mit verschieden ausgebildeten, meist ungeteilten, spitz oder stumpf eiförmigen, 3–5-lappigen, ungleich grob gesägt-gekerbten Blättern, der Grund abgerundet oder schief herzförmig. Oberseite gewöhnlich glatt, Unterseite kahl oder höchstens in den Achseln der Nerven behaart. Blüten unscheinbar, eingeschlechtig, 1- oder 2-häusig, 4-zählig, kätzchenartig. Fruchtstand brombeerartig, ziemlich schmal, 1–2,5 cm lang und etwa ebenso lang gestielt, weiß, rosa oder purpurviolett, reif mit fadem Geschmack. Verwendung der Blätter als Futter für Seidenraupen. Heimat China.

6 **Weitere Arten** Dagegen sind die Blätter des **Schwarzen Maulbeerbaums** *M. nigra* L. oberseits rau, unterseits fein behaart, Fruchtstand kurz gestielt bis fast sitzend, dick, purpurn bis schwärzlich violett, zur Reifezeit angenehm säuerlich-süß schmeckend, seit alters wegen der Früchte kultiviert. Heimat SW-Asien.

7 **Freudige Drüsenpflanze** *Myoporum laetum* FORST.

Bis 12 m fast ganzjährig ♄ **Drüsenpflanzengewächse *Myoporaceae***

Merkmale Immergrüner Strauch oder Baum, die wechselständigen, ± fleischigen Blätter lanzettlich, zugespitzt, gewöhnlich ganzrandig, mit gut sichtbaren, durchscheinenden Drüsenpunkten. Meist 5–10 Blüten, die weißen, 10–15 mm breiten Kronen mit kurzer Röhre und 5 abgerundeten, abstehenden Lappen, Letztere innen bärtig und mit zahlreichen violetten Punkten, 4(5) herausragende Staubblätter. Schwarzpurpurne, eiförmig-kugelige Steinfrüchte. Auch für Hecken und Windschutzpflanzungen. Heimat Neuseeland.

Weitere Arten Ähnlich *M. insulare* R. BR., aber Blätter ± ohne durchscheinende Drüsenpunkte, in der oberen Hälfte meist gesägt, Blüten 7–8 mm breit, innen ohne oder mit wenigen roten Punkten, Staubblätter 5, kaum herausragend. Heimat Australien.

1

2

3

4

5

6

7

1 **Zitronengelber Zylinderputzer** *Callistemon citrinus* (CURTIS) SKEELS
(*Melaleuca citrina* (CURTIS) DUM.COURS.) **1–5 m März–Juli ♄** **Myrtengewächse *Myrtaceae***
Merkmale Immergrüner Strauch, die aromatischen, ledrigen Blätter wechselständig, schmal elliptisch oder lanzettlich, spitz, aber nicht stechend. Blüten dicht gedrängt in ± aufrechten, 5–12 cm langen, zylindrischen, flaschenbürstenartigen Ähren sitzend, übergipfelt von beblätterten, in der Jugend behaarten Sprossen. Staubfäden bedeutend länger als die Krone, zahlreich, leuchtend rot, bis 2,5 cm lang, mit roten Staubbeuteln. Die verholzenden, knopfartigen Kapseln verbleiben mehrere Jahre an der Pflanze. Heimat SO-Australien.

2 **Camaldoli-Fieberbaum** *Eucalyptus camaldulensis* DEHNH.
10–25 m Juni–September ♄ **Myrtengewächse *Myrtaceae***
Merkmale Schnellwüchsiger Baum mit glatter, grauer, sich plattig ablösender Borke. Jugendblätter kreuzweise gegenständig sitzend, schmal bis breit lanzettlich, blaugrün, Folgeblätter wie bei den meisten Arten gestielt, wechselständig, schmal lanzettlich, zugespitzt, ± gekrümmt, grün bis graugrün. Blüten doldenartig zu 5–10 auf zylindrischem, 10–15 mm langem Stiel. Kron- und Kelchblätter in der Knospe verwachsen und sich als Deckelchen abhebend (bei dieser Art geschnäbelt), zahlreiche weiße Staubfäden freigebend. Frucht deutlich gestielt, halbkugelig, mit breitem Rand, 5–6 mm breit. Heimat Australien.
Weitere Arten Ähnlich *E. tereticornis* SM., Blüten 5–12 mm lang gestielt, Frucht 8–10 mm breit, mit deut-
3 lich herausragenden Klappen (O-Australien, Papua-Neuguinea). Leicht kenntlich der **Nagelköpfige Fieberbaum** *E. gomphocephala* DC., die 3–7 Blüten auf gemeinsamem, 25–35 mm langem und 10–15 mm breitem, bandförmigem Stiel ± sitzend, Operculum halbkugelig bis kegelförmig, Frucht 13–20 mm lang, glockenförmig, glatt oder mit 1 einzelnen Rippe, die Klappen kurz herausragend. Heimat W-Australien.

4 **Feigenblättriger Fieberbaum** *Eucalyptus ficifolia* F. v. MUELL.
(*Corymbia ficifolia* (F. v. MUELL.) HILL & JOHNS.)
Bis 13 m Juli–August, auch ganzjährig ♄ **Myrtengewächse *Myrtaceae***
Merkmale Immergrüner Baum, Altersblätter breit lanzettlich bis eiförmig, zugespitzt, ledrig, oberseits dunkelgrün, unterseits heller, am Rand und die Mittelrippe gelb. Die doldenartig endständigen Blüten etwa 2,5 cm breit, mit zahlreichen scharlachroten Staubfäden. Heimat W-Australien.

5 **Gewöhnlicher Fieberbaum** *Eucalyptus globulus* LAB.
20–40 m Februar–Juli ♄ **Myrtengewächse *Myrtaceae***
Merkmale Durch einzeln stehende Blüten und 1,5–3 cm große, 4-rippige, umgekehrt kegelförmige, blaugrau bereifte Fruchtkapseln ausgezeichnet. Die glatte Borke des hohen Baumes löst sich in langen Streifen ab. Blätter der älteren Äste sichelförmig-lanzettlich, grün. Staubblätter weiß oder rosa. Seit dem 19. Jahrhundert zur Trockenlegung von Sümpfen und als schnellwüchsiger Holzlieferant gepflanzt, auch als Zierbaum. Eine von mehreren Arten, die zur Gewinnung des arzneilich verwendeten Eucalyptusöls aus den Blättern herangezogen werden. Heimat Australien.

6 **Kahle Drillingsblume** *Bougainvillea glabra* CHOISY
Bis 4 m Juni–Oktober, auch ganzjährig ♄ **Wunderblumengewächse *Nyctaginaceae***
Merkmale Überwiegend kahler Kletterstrauch mit wechselständigen, gestielten, zugespitzt eiförmigen, ganzrandigen Blättern, in den Achseln bisweilen mit geraden Dornen. Blüten 14–24 mm, röhrenförmig mit kurzem, ausgebreitetem, weißlichem Saum, außen kurz flaumig oder kahl, jeweils zu dritt von 3 auffälligen, purpurnen, breit eiförmigen Hochblättern umgeben, die auch nach der Blüte an der Pflanze bleiben und den reifen Früchten (im Gebiet kaum ausgebildet) als Flugorgan dienen. In vielen Kulturformen, auch mit scharlachroten, orangefarbenen, rosa oder weißen Hochblättern. Heimat Brasilien.
Weitere Arten Kräftiger und höher kletternd ist *B. spectabilis* WILLD., Blätter unterseits samtig-filzig, die Blüten außen mit längeren, abstehenden Haaren. Heimat Brasilien.

1

2

3

4

5

6

1 Mexikanische Wunderblume *Mirabilis jalapa* L.

0,3–1,8 m Juli–Oktober ♃ **Wunderblumengewächse *Nyctaginaceae***

Merkmale Kahle oder spärlich behaarte Staude mit gegenständigen, gestielten, zugespitzt eiförmigen bis herzförmigen, ganzrandigen Blättern. Blüten zu 3–6 büschelig stehend, erst ab Nachmittag geöffnet, mit 2,5–5 cm langer, trichterförmiger, schwach 5-zipfeliger Krone, umgeben von einer 5-teiligen, kelchähnlichen Hochblatthülle. Wegen der bisweilen an derselben Pflanze auftretenden verschieden gefärbten Blüten (rot, weiß, gelb) zum Studium der Vererbungsgesetzmäßigkeiten herangezogen. Heimat Mexiko.

2 Winter-Jasmin *Jasminum nudiflorum* Lindl.

2–5 m Dezember–April ♄ **Ölbaumgewächse *Oleaceae***

Merkmale Sommergrüner Strauch mit überhängenden Ästen. Blüten vor der Blattentfaltung entwickelt, in gegenständigen Paaren ± sitzend, am Grund mit kleinen, dachziegelig stehenden Hochblättern. Krone gelb, mit langer schlanker Röhre und gewöhnlich 6-lappigem, 15–30 mm breitem Saum. Blätter gegenständig, jeweils mit 3 eiförmig-länglichen Blättchen. Heimat China.

3 Vielblütiger Jasmin *Jasminum polyanthum* Franch.

1–3(–5) m Februar–Mai ♄ **Ölbaumgewächse *Oleaceae***

Merkmale Immergrüner Kletterstrauch, Blätter gegenständig, mit 5 oder 7 zugespitzt eiförmigen Fiedern. Stark duftende Blüten in reichen endständigen Rispen, Krone außen rosa bis rötlich wie vorher die ganze Knospe, mit langer, schlanker Röhre und meist 4–6-lappigem, 22–26 mm breitem Saum. Kelch mit 5 fädigen, 1–2 mm langen Zipfeln. Fleischige schwarze Beeren. Heimat China.

Weitere Arten Ähnlich *J. officinale* L., Blattfiedern meist 7 oder 9, Kelchzipfel 4–10 mm lang (blüht in der Regel später), Heimat S-Asien. Die Knospen einer großblütigen Form liefern Jasminöl als Duftstoff in der Parfümerie.

4 Ölbaum *Olea europaea* L.

Bis 8(–20) m April–Juni ♄ **Ölbaumgewächse *Oleaceae***

Merkmale Häufigster und wichtigster Kulturbaum des Mittelmeergebietes (**4a**, siehe S. 278). Früchte elliptisch, 1–3,5 cm lang, fleischig mit hartem Steinkern, zunächst grün, reif bräunlich bis schwarzblau, Erntezeit Dezember–Februar (**4b**). Olivenöl verschiedener Qualität gewinnt man heute meist aus den reifen zermahlenen Früchten (mitsamt den Samen), Speiseoliven sind erst nach einem Entbitterungsprozess genießbar.

5 Blaue Passionsblume *Passiflora caerulea* L.

Bis 10 m Juni–September ♄ **Passionsblumengewächse *Passifloraceae***

Merkmale Kahle, mit unverzweigten, blattachselständigen Ranken kletternde Art. Blätter fingerförmig 5(–7)-lappig. Blüten einzeln, 7–10 cm breit, aus je 5 sich abwechselnden, weißen bis rosa Kelch- und Kronblättern. Fäden der Nebenkrone deutlich kürzer, an der Spitze blau, in der Mitte weiß und am Grund purpurn wie die Griffeläste. Eiförmige, etwa 6 cm lange, orangefarbene Beeren. Heimat S-Amerika.

Weitere Arten *P. edulis* Sims mit 3-lappigen Blättern wird wegen der Früchte (Passionsfrüchte, Maracuja) kultiviert. Gegessen werden die saftigen Samenmäntel. Heimat S-Amerika.

6 Indischer Sesam *Sesamum indicum* L.

0,3–1,5 m Juni–August ⊙ **Sesamgewächse *Pedaliaceae***

Merkmale Drüsig behaarte, steif aufrechte Pflanze. Blätter gestielt, ± ganzrandig, die unteren gegenständig, eiförmig, die oberen schmaler, wechselständig. Blüten einzeln in den Blattachseln, Krone weiß oder rosapurpurn, 2,5–3,5 cm lang, die Röhre zu einem 5-lappigen, schwach 2-lippigen Saum erweitert. Aufrechte, längliche, 4-kantige Kapseln mit zahlreichen Samen. Alte Kulturpflanze, in Indien beheimatet, im Mittelmeergebiet zur Samen- und Ölgewinnung besonders im Osten kultiviert.

1

2

3

4a

4b

5

6

1 **Amerikanische Kermesbeere** *Phytolacca americana* L. (*P. decandra* L.)

1–3 m Juli–Oktober ♃ **Kermesbeerengewächse *Phytolaccaceae***

Merkmale Am Grund verholzte Staude, Stängel kahl, häufig purpurn überlaufen, mit eiförmig-lanzettlichen, ganzrandigen Blättern. Blüten mit einfacher, anfangs weißer, 5-zähliger, 2–4 mm langer Hülle in 10–15 cm langen, zunächst aufrecht abstehenden, zur Fruchtzeit überhängenden Trauben. Früchte beerenartig, aus 10 verwachsenen Fruchtblättern, nur angedeutet gerippt, schwarzpurpurn, früher zum Färben von Wein verwendet und daher in Weinbaugebieten kultiviert. Übrige Pflanzenteile einschließlich der Samen giftig. Heimat N-Amerika.

2 **Weitere Arten** Immergrün oder kurze Zeit laubwerfend die **Zweihäusige Kermesbeere** *Ph. dioica* L., durch seinen grauen mächtigen Stammfuß auffälliger Baum. Blätter gestielt, kahl, spitz eiförmig, am Grund meist abgerundet. Blütentrauben ± hängend, die zur Reifezeit gelben Früchte aus 7–10 nur im unteren Bereich verbundenen und dadurch gerippten Früchtchen. Heimat S-Amerika.

3 **Chinesischer Pechsamenstrauch**, Klebsame *Pittosporum tobira* (Thunb.) Ait.

2–4(–6) m März–August ♄ **Klebsamengewächse *Pittosporaceae***

Merkmale Immergrüner Strauch, die ledrigen, dunkelgrün glänzenden Blätter an den Zweigenden gehäuft, verkehrt eiförmig, in einen Stiel verschmälert, vorne abgerundet oder ausgerandet, am Rand etwas umgebogen, zuletzt kahl. Blüten wie Orangenblüten duftend, in endständigen Doldentrauben, die 5 stumpflichen Kronblätter 12–14 mm lang, weiß, später gelblich. Etwa 1 cm große, ledrige, gelblich braune Kapseln mit Griffelrest, die rotbraunen Samen in eine klebrige Flüssigkeit gebettet. Heimat China, Japan.

4 **Weitere Arten** Kultiviert wird auch der **Gewelltblättrige Pechsamenstrauch** *P. undulatum* Vent., hoher Strauch oder Baum (bis 15 m) mit kahlen, lanzettlichen, spitzen, am Rand gewöhnlich gewellten Blättern, Blüten mit spitzen Kronblättern. Heimat O-Australien.

5 **Gewöhnliche Platane** *Platanus × hispanica* Münchh. (*P. × hybrida* Brot.)

10–35 m April–Mai ♄ **Platanengewächse *Platanaceae***

Merkmale Ähnlich *P. orientalis* L. (siehe S. 288), aber Blätter am Grund gestutzt bis schwach herzförmig, bis höchstens zur Mitte handförmig 3–5-lappig, der mittlere Abschnitt nur wenig länger als an der Basis breit, insgesamt buchtig gezähnt. Blütenköpfchen meist zu 2. Wahrscheinlich als Hybride aus der ostmediterranen Art und der früher öfter kultivierten nordamerikanischen *P. occidentalis* L. entstanden. Besonders im westl. Mittelmeergebiet gepflanzt, widerstandsfähiger gegen Frost und daher auch in Mitteleuropa nicht selten.

6 **Kap-Bleiwurz** *Plumbago auriculata* Lam. (*P. capensis* Thunb.)

2–5 m Mai–Dezember ♄ **Bleiwurzgewächse *Plumbaginaceae***

Merkmale Kletternder oder überhängender Strauch mit gestreiften Trieben. Die eilänglichen bis spateligen, ganzrandigen, stumpflichen Blätter wechselständig, bisweilen büschelig. Blüten in kurzen, endständigen Ähren, die sich zu ± halbkugeligen Blütenständen entfalten. Krone hellblau, mit langer enger Röhre und flachem, 5-teiligem, 2–3 cm breitem Saum, der Kelch kürzer, mit charakteristischen, großen Stieldrüsen. Heimat S-Afrika.

7 **Myrtenblättrige Kreuzblume** *Polygala myrtifolia* L.

0,6–2,5 m fast ganzjährig ♄ **Kreuzblumengewächse *Polygalaceae***

Merkmale Verkahlender reich verzweigter Strauch mit wechselständigen, ± sitzenden, länglichen bis verkehrt eiförmigen, stumpflichen Blättern. Blüten in kurzen Trauben, 2 der 5 Kelchblätter kronblattartig auffällig, purpurviolett, dunkler geadert und fein bespitzt, 12–20 mm lange Flügel bildend, die bei großblütigen Varietäten die violette Krone überragen. Diese aus 3 verwachsenen Kronblättern, die oberen kurz, 2-lappig, das untere mit gefranstem Anhängsel. Heimat S-Afrika.

Weitere Arten *P. × dalmaisiana* Neumann, mit wechsel- und gegenständigen Blättern, Blüten bis 3 cm groß.

1

2

3

4

5

6

7

1 **Australische Silbereiche** *Grevillea robusta* R. Br.
Bis 35 m April–Juni ♄ **Proteusgewächse *Proteaceae***
Merkmale Immergrüner Baum, Blätter ledrig, mit 11–12 unregelmäßig gezähnten bis gelappten Fiederpaaren, oberseits dunkelgrün, unterseits silbrig weiß. Bis 15 cm lange, einseitswendige, blattachselständige Blütentrauben, an eine Zahnbürste erinnernd. Krone 4-zählig, goldgelb bis orange, mit seitlich weit bogenförmig herausragendem, später aufgerichtetem Griffel. Heimat O-Australien.

2 **Granatapfelbaum** *Punica granatum* L.
2–7 m Mai–September ♄ **Granatapfelgewächse *Punicaceae***
Merkmale Kahler, oft dorniger Strauch oder kleiner Baum mit roten Blüten (siehe S. 298). Die apfelförmigen Früchte mit ledriger, rötlich brauner Schale und zahlreichen Samen jeweils umgeben von einem saftigen, essbaren Samenmantel (daraus der Saft „Grenadine") galten als Symbol der Fruchtbarkeit (Granatapfelmuster). Frucht- und Zierbaum. Heimat SW-Asien.

3 **Japanische Mispel**, Wollmispel *Eriobotrya japonica* (Thunb.) Lindl. (*Rhaphiolepis bibas* (Lour.) Galasso & Banfi) **2–10 m Oktober–Februar ♄** **Rosengewächse *Rosaceae***
Merkmale Immergrüner kleiner Baum, Blätter länglich-lanzettlich mit grob gezähntem Rand und kräftiger Nervatur, oberseits dunkelgrün, bräunlich oder gelb wollig-filzig unterseits. Blüten etwa 1 cm breit, weißlich, 5-zählig, duftend, in braun behaarten, dichten rispigen Blütenständen. Die 3–6 cm großen, birnenförmigen, samtig behaarten, goldgelben Früchte (Nespoli, Loquates) mit 2–3 großen, dunkelbraunen, ungenießbaren Samen sind im Frühjahr reif. Frucht- und Zierbaum. Heimat SO-Asien.

4 **Mandelbaum** *Prunus dulcis* (Mill.) Webb (*P. amygdalus* Patsch)
Bis 8 m Januar–März ♄ **Rosengewächse *Rosaceae***
Merkmale Kleiner Baum oder Strauch mit schwärzlichem Stamm. Die kahlen, schmal lanzettlichen Blätter am Rand drüsig gesägt, 1,2–2,5 cm lang gestielt. Blüten meist zu 2 ± sitzend, mit 5 rosa, später verblassenden, ca. 2 cm langen Kronblättern, vor den Laubblättern entwickelt. Früchte 3,5–6 cm, filzig behaart, mit ledrigem Fruchtfleisch und löchrig-grubigem Steinkern. Seit alters kultiviert, Heimat SW-Asien.
Weitere Arten Als Kulturbaum häufig auch der Pfirsich *P. persica* (L.) Batsch (Blätter lanzettlich, Blattstiel nur 1–1,5 cm lang, Blüten gewöhnlich einzeln, bleibend lebhaft rosa, Steinkern stark gefurcht und grubig, Heimat China) und die Aprikose *P. armeniaca* L. (Blätter breit eiförmig, am Grund oft fast herzförmig, Blüten meist einzeln, weiß oder nur schwach rosa, Steinkern glatt, scharfkantig, Heimat SO-Asien).

5 **Mexikanische Orangenblume** *Choisya ternata* Kunth
1–2,5 m April–Mai, August–Oktober ♄ **Rautengewächse *Rutaceae***
Merkmale Immergrüner kahler Strauch. Die aromatischen gegenständigen Blätter 3-zählig, mit sitzenden, länglich-eiförmigen, ganzrandigen Blättchen ohne warzige Drüsen. Blüten in Schirmrispen, duftend, 2,5–3 cm breit, mit 5 weißen, abstehenden, unbehaarten (!) Kronblättern, Staubblätter 10. In Kultur meist eine sterile Sorte. Heimat Mexiko.

6 **Zitrone** *Citrus limon* (L.) Osb.
2–7 m ganzjährig ♄ **Rautengewächse *Rutaceae***
Merkmale Immergrüner Baum, in den Blattachseln oft mit Dornen. Blätter breit elliptisch, zugespitzt, unregelmäßig gekerbt-gesägt, am Grund keilförmig, Stiel nur schwach geflügelt und deutlich von der Spreite abgesetzt. Blüten mit meist 5 innen weißen, außen rötlich überlaufenen Kronblättern und 25–40 Staubblättern. Früchte dünnschalig, mit zitzenförmigem Fortsatz. Kulturbaum, Heimat SO-Asien.
7 **Weitere Arten** Ähnlich die **Zitronat-Zitrone** *C. medica* L., der ungeflügelte Blattstiel nur undeutlich von der Spreite abgesetzt, Früchte größer, mit sehr dicker, runzeliger Schale, zur Herstellung von Zitronat.

1

2

3

4a

4b

5

6

7

1 **Orange**, Apfelsine *Citrus sinensis* (L.) OSB. (*C. aurantium* (L.) ssp. *sinensis* (L.) ENGL.)
2–5 m ganzjährig ♄ **Rautengewächse *Rutaceae***
Merkmale Kleiner immergrüner Baum mit runder Krone, in den Blattachseln oft mit dünnen, biegsamen Dornen. Blätter dunkelgrün, breit elliptisch, zugespitzt, am Grund abgerundet, undeutlich gekerbt. Stiel schmal geflügelt, die Flügel verkehrt lanzettlich, kaum mit Seitennerven. Blüten mit meist 5 dicklichen, reinweißen, stark duftenden Kronblättern und etwa 20 Staubblättern. Frucht kugelig bis eiförmig, mit süßem Fruchtfleisch. Seit dem 16. Jahrhundert kultiviert, Heimat SO-Asien.

2 **Weitere Arten** Bei der **Pomeranze,** Bitterorange *C. aurantium* L. Flügel des Blattstieles breiter, verkehrt eiförmig, oft mit Seitennerven, Kronblätter dunkel drüsig punktiert, Frucht abgeflacht kugelig, mit dickerer, bitterer Schale und bitter-saurem Fruchtfleisch. Zur Herstellung von Orangeat und Orangenmarmelade, die Schale als Bittermittel, die Blüten zur Aromatisierung von Tee und zur Parfümherstellung. Die Mandarine *C. deliciosa* TEN. (*C. reticulata* BLANCO) dagegen mit heller grünen, schmal elliptischen Blättern und dünnerer Fruchtschale, die dem Fruchtfleisch locker aufsitzt. Die Bergamotte *C. bergamia* RISSO & POIT., mit ungenießbaren, birnenförmigen Früchten, besonders in S-Italien wegen des wohlriechenden ätherischen Öles kultiviert (Parfümherstellung und Aromatisierung von Schwarzem Tee (Earl Grey)). Sehr breite verkehrt herzförmig geflügelte Blattstiele haben die Pomelo *C. maxima* (BURM.) MERR. (*C. grandis* (L.) OSB.) und die Grapefruit *C. × paradisi* MACF. (*C. maxima × C. sinensis*).

3 **Chinesische Kumquat** *Fortunella margarita* (LOUR.) SWINGLE (*Citrus japonica* THUNB.)
Bis 4 m April–Juni ♄ **Rautengewächse *Rutaceae***
Merkmale Immergrüner Strauch oder kleiner Baum, fast ohne Dornen. Die ledrigen Blätter lanzettlich, im vorderen Teil undeutlich gekerbt, unterseits blasser, drüsig punktiert. Duftende Blüten mit (3–)5(–6) weißen Kronblättern und 12–24 Staubblättern. Frucht eiförmig-länglich, 2,5–4 cm, mit dünner, orangegelber Schale und 3–6 Segmenten. Heimat China.
Weitere Arten Dornen hat *F. japonica* (THUNB.) SWINGLE, Früchte bis ca. 7,5 cm, kugelig. Heimat China.

4 **Dreiblättrige Orange** *Poncirus trifoliata* (L.) RAF. (*Citrus trifoliata* L.)
1–4(–7) m April–Mai ♄ **Rautengewächse *Rutaceae***
Merkmale Laubwerfender Strauch oder kleiner Baum mit grünen, abgeflachten, bis 7 cm langen Dornen und 3-zähligen Blättern, die Bättchen eiförmig-elliptisch, undeutlich gekerbt, durchscheinend punktiert, an gemeinsamem, geflügeltem Stiel sitzend. Blüten 3,5–5 cm breit, mit 5 weißen Kronblättern und 6–10 Staubblättern. Unverarbeitet ungenießbare, aber stark aromatische Zitrusfrucht, etwa 5 cm, mit flachem großem Nabel, filzig behaart, grün, zuletzt gelb, mit 6 Segmenten. Heimat China.

5 **Andersons Strauchveronika** *Hebe × andersonii* (LINDL. & PAXT.) COCKAYNE (*Veronica × andersonii* LINDL. & PAXTON) **1,2–1,8 m April–September ♄** **Rachenblütler *Scrophulariaceae***
Merkmale Kleiner immergrüner Strauch mit gegenständigen, eiförmigen bis lanzettlichen Blättern. Blüten in achselständigen, abstehenden, dichten ährenartigen, über 10 cm langen Trauben. Krone röhrenförmig mit 4 spreizenden, stumpfen Zipfeln, etwa 1 cm breit, blauviolett, fast weiß verblassend, 2 weit he-rausragende Staubblätter. Ausgangsarten dieser Hybridgruppe sind *H. salicifolia* (FORST) PENN. und *H. speciosa* (CUNN.) ANDERSEN, beide in Neuseeland heimisch.

6 **Drüsiger Götterbaum** *Ailanthus altissima* (MILL.) SWINGLE
Bis 25 m Juni–Juli ♄ **Bittereschengewächse *Simaroubaceae***
Merkmale Baum mit großen kahlen Blättern, die 13–25 kurz gestielten, eilanzettlichen, lang zugespitzten Fiedern am Grund mit 2–4 groben, Drüsen tragenden Zähnen. Blüten weißlich grün, 7–8 mm breit, in 10–20 cm langen Rispen. Die sehr zahlreich gebildeten hellbraunen bis leuchtend roten, 3–4 cm langen, geflügelten Nüsschen lange am Baum bleibend. Heimat China.

1
2
3
4
5
6

1 **Weiße Engelstrompete** *Brugmansia × candida* PERS.
2–5 m fast ganzjährig ♄ **Nachtschattengewächse *Solanaceae***
Merkmale Strauch- und baumförmige *Datura*-Arten werden heute in eine eigene Gattung *Brugmansia* gestellt. In Europa werden meist Hybriden kultiviert, wie hier aus *B. aurea* LAGERH. (*B. pittieri* (SAFF.) MOLD.) und *B. versicolor* LAGERH. Blätter immergrün, wechselständig, eiförmig, zugespitzt, am Rand glatt oder gewellt-gezähnt, besonders unterseits weich behaart. Die in den Blattachseln auf langen Stielen einzeln hängenden Blüten mit meist einseitig geschlitztem, scheidenartigem Kelch und bisweilen über 32 cm langer, trompetenförmiger, weißer, gelblicher, seltener rosa, auch manchmal gefüllter Krone mit langen nach oben gebogenen Saumspitzen. Unbewehrte Kapseln. Heimat S-Amerika.

2 **Brunfelsie** *Brunfelsia pauciflora* (CHAM. & SCHLTDL.) BENTH. (*B. calycina* BENTH.)
1–3 m März–Mai ♄ **Nachtschattengewächse *Solanaceae***
Merkmale Immergrüner, reich verzweigter Strauch mit eilanzettlichen, zugespitzten Blättern. Reichblütige Kulturformen, Kronsaum flach, 2,5–6 cm breit, etwa zur Hälfte eingeschnitten, mit 5 etwas übereinandergreifenden Lappen, im Übergang zur Kronröhre ein weißer Ring, 4 Staubblätter im Schlund. Blütenfarbe innerhalb weniger Tage von dunkelviolett nach blassviolett und weiß wechselnd. Heimat Brasilien.

3 **Chilenischer Hammerstrauch** *Cestrum parqui* L'HÉR.
1–3,5(–5) m fast ganzjährig ♄ **Nachtschattengewächse *Solanaceae***
Merkmale Immergrüner Strauch, die kahlen Blätter eilanzettlich, spitz bis zugespitzt. Duftende Blüten in ziemlich lockeren endständigen Rispen, die Krone 1,5–2,5 cm lang, grünlich gelb bis blassgelb, mit schmal trichterförmiger Röhre und 5 oder 6 spitzen, seitlich nach innen eingerollten und behaarten, etwa 5 mm langen, spreizenden Zipfeln. Freier Teil der Staubblätter 7 mm, ohne Anhängsel am Grund. Schwarze Beeren. Heimat Südl. S-Amerika.
Weitere Arten Ähnlich *C. nocturnum* L., aber Staubblätter nur 3–4 mm lang frei, mit kleinem Anhängsel am Grund, Beeren weiß (Zentralamerika), *C. aurantiacum* LINDL. mit orangefarbenen Blüten (Guatemala).

4 **Dunkelblauer Veilchenstrauch** *Iochroma cyaneum* (LINDL.) M. L. GREEN
1,5–3 m Mai–Februar ♄ **Nachtschattengewächse *Solanaceae***
Merkmale Immergrüner Strauch mit einfachen, elliptischen bis breit lanzettlichen, flaumig behaarten Blättern. Blüten gestielt, büschelig aus den oberen Blattachseln überhängend, mit 4–6 cm langer, röhriger, kurz 5-zipfeliger, dunkelblauer bis blaupurpurner Krone, einige Kultursorten auch mit lila oder rosa Blüten. Kugelige Beeren im zur Fruchtzeit vergrößerten Kelch. Heimat nordwestl. S-Amerika.

5 **Großblütiger Goldkelch** *Solandra grandiflora* SW.
Bis 5(–12) m ganzjährig ♄ **Nachtschattengewächse *Solanaceae***
Merkmale Immergrüne verholzende Kletterpflanze mit ledrigen, eiförmigen Blättern. Blüten meist einzeln, die sehr große, weit trichterförmige Krone 15–25 cm lang, anfangs blassgelb, später gold- bis braungelb, innen mit 5 braunvioletten Streifen, Saum mit 5 am Rand krausen, zurückgeschlagenen Lappen. Kugelige Beerenfrüchte. Heimat Mexiko.

6 **Aubergine**, Eierfrucht *Solanum melongena* L.
0,3–1,5 m Juni–August ♃ **Nachtschattengewächse *Solanaceae***
Merkmale Meist 1-jährig kultivierte Gemüsepflanze, oft etwas verholzt am Grund und mit einzelnen kleinen Stacheln an den verzweigten Stängeln. Blätter ungeteilt eiförmig bis geschweift gelappt, besonders unterseits sternhaarig filzig. Blüten einzeln oder bis zu 3, mit 2,5–5 cm breiter, 5–8-lappiger, violetter Krone. Hängende, vielsamige, schwammige Beeren, meist dunkelviolett, aber auch gelb, weißlich oder gefleckt, sehr unterschiedlich in der Form. Heimat Indien.

1
2
3
4
5
6

1 **Blauer Kartoffelstrauch**, Enzianstrauch *Solanum rantonnetii* CARR.
(*Lycianthes rantonnetii* (CARR.) BITTER
1–3 m Juni–Oktober ♄ **Nachtschattengewächse *Solanaceae***
Merkmale Immergrüner Strauch mit eiförmigen bis lanzettlichen, in den Stiel verschmälerten, beiderseits weich behaarten Blättern. Blüten mit 2–3,5 cm breiter, blauvioletter Krone mit flachem Saum und 5 Spitzchen am Ende dunklerer Streifen sowie gelber, sternförmiger Mitte, an Kartoffelblüten erinnernd. Rote, eiförmige, etwa 2,5 cm große Beeren, selten ausgebildet. Heimat S-Amerika.

2 **Pappelblättriger Brachychiton** *Brachychiton populneus* (SCHOTT & ENDL.) R. BR.
Bis 20 m Februar–August ♄ **Sterkuliengewächse *Sterculiaceae***
Merkmale Laubwerfender Baum mit kahlen, lang gestielten, am Grund keilförmigen, einfachen oder geschweift 2–5-lappigen, an den Spitzen lang ausgezogenen Blättern. Blüten eingeschlechtig in achselständigen Rispen, mit kronblattähnlichem, 1–2 cm langem, glockenförmigem, grünlich weißem, innen rötlich punktiertem Kelch, die 5–6 Zipfel spreizend und randlich stark behaart. Früchte aus 5 dunkelbraunen, geschnäbelten, holzigen Balgfrüchten. Heimat O-Australien.
Weitere Arten Kultiviert wird auch *B. acerifolius* (G. DON) MUELL. mit roten Blüten. Heimat Australien.

3 **Zitronenstrauch**, Echte Verbene *Aloysia citriodora* PALAU (*Lippia triphylla* (L'HÉR.) KUNTZE)
1–2,5(–6) m August–November ♄ **Eisenkrautgewächse *Verbenaceae***
Merkmale Laubwerfender Strauch, Blätter lanzettlich, lang zugespitzt, gewöhnlich in Quirlen zu dritt, beim Zerreiben nach Zitrone duftend. Blüten mit kleiner weißer oder blasslila, schwach 2-lippiger, 5 mm breiter Krone in endständigen, dünnen, zu Rispen vereinigten Ähren. Als Zier- und Teepflanze sowie in der Parfümindustrie genutzt. Heimat S-Amerika.

4 **Japanischer Losbaum** *Clerodendrum trichotomum* THUNB.
Bis 8 m August–September ♄ **Eisenkrautgewächse *Verbenaceae***
Merkmale Laubwerfender Strauch oder kleiner Baum, die gegenständigen Blätter eiförmig, zugespitzt, am Rand fast glatt, unterseits weich behaart. Stark duftende Blüten, die Krone mit enger Röhre und 5 schmalen ausgebreiteten Abschnitten, etwa 3 cm breit, Staubblätter und Griffel weit herausragend. Auffällig der rote, tief in 5 dreieckige Zipfel zerteilte Kelch. Blaue, später schwarze, beerenartige Früchte. Heimat O-Asien.

5 **Wandelröschen** *Lantana camara* L.
Bis 3,5 m ganzjährig ♄ **Eisenkrautgewächse *Verbenaceae***
Merkmale Immergrüner Strauch mit gegenständigen, eilänglichen, stumpfen oder kurz zugespitzten, gekerbt-gesägten, etwas runzeligen und unterseits weich behaarten Blättern. Blüten in flachen, 1,5–5 cm breiten Köpfchen, ihre Kronen mit unregelmäßigem 4–5-lappigem Saum. Die Farbe wechselt bei den meisten Sorten während der Blütezeit von Gelb oder Rosa zu Orange oder Rot bis Violett. Stahlblaue, beerenartige Früchte. In Kultur wohl nur Hybriden, Heimat tropisches Amerika.

6 **Weinrebe** *Vitis vinifera* L.
Bis 35 m kletternd Mai–Juni ♄ **Weinrebengewächse *Vitaceae***
Merkmale Liane mit verholztem Stamm und rundlich-herzförmigen, unregelmäßig gezähnten, 3–7-lappigen Blättern. Blüten 5-zählig in dichten Rispen, bei der Kulturform ssp. *vinifera* (Foto) zwittrig, die unscheinbaren blassgrünen Kronblätter an der Spitze zusammenhängend und gemeinsam abfallend. Beeren mit geschnäbelten Samen. Die Wildform ssp. *sylvestris* (GMEL.) HEGI , 2-häusig, mit 2–3 kugeligen ungeschnäbelten Samen in den sauren Beeren, kommt in Auwäldern vor. In den verschiedenen Regionen des Mittelmeergebietes in vielen Sorten in landschaftsgebundenen und -prägenden Kulturmethoden. Einige amerikanische Arten, die als Pfropfunterlagen verwendet wurden, sind gebietsweise verwildert.

1
2
3
4
5
6

1 **Sisal-Agave** *Agave sisalana* PERR.

6–7 m November–März ♄ **Agavengewächse *Agavaceae***

Merkmale Ähnlich der Amerikanischen Agave (siehe S. 346). Blätter grundständig oder auf kurzem, dickem Stamm starr in alle Richtungen abstehend, schmal lanzettlich, mit stechendem Enddorn, die Ränder in der Regel glatt und knorpelig. Blütenstand mehrere Meter hoch, an den Rispenästen büschelig aufrecht stehende, 6-zählige, gelbe, 5,5–6,5 cm lange Blüten mit herausragenden Staubblättern. Häufig mit Brutpflänzchen. Zierpflanze, in der Heimat Mexiko zur Gewinnung von Fasern und zur Herstellung von Steroidhormonen.

2 **Weitere Arten** Die **Drachenbaum-Agave** *A. attenuata* SALM-DYCK, unverkennbar mit schwanenhalsförmig gebogenem, bis 3,5 m langem Blütenstand mit dicht stehenden, 3,5–5 cm langen, grünlich gelben Blüten. Heimat Mexiko.

3 **Mauritiushanf** *Furcraea foetida* (L.) HAW.

6–12 m März–Mai ♄ **Agavengewächse *Agavaceae***

Merkmale Stamm einfach, bis 1 m hoch, die endständige Blattrosette aus 1–2 m langen, glattrandigen, aufrechten bis abstehenden, spitzen, aber kaum stechenden Blättern. Blüten in mehrere Meter hohen Rispen, hängend, breit glockig, 6-zählig, mit 2–2,5 cm langen, außen grünlichen, innen weißen Hüllblattabschnitten, Staubblätter eingeschlossen. Häufig mit Brutpflänzchen. Heimat nördl. S-Amerika.

4 **Prachtvolle Palmlilie**, Kerzen-Palmlilie *Yucca* gloriosa L.

2–5 m Juni–September ♃ **Agavengewächse *Agavaceae***

Merkmale Stamm 0,5–1 m hoch und höher, bei älteren Pflanzen verzweigt, die endständige Blattrosette aus 0,5–1 m langen, starren, aufstrebenden Blättern mit steifer, stechender Spitze, junge Blätter entfernt gezähnt. Blüten in 1–1,5 m hoher Rispe mit abstehenden bis aufsteigenden Ästen, glockenförmig nickend, mit 6 freien, 4–7 cm langen, meist reinweißen Hüllblättern, Staubblätter eingeschlossen. Heimat im SO Nordamerikas.

5 **Kanarische Dattelpalme** *Phoenix canariensis* H. WILDPRET

8–18 m Februar–Juni ♄ **Palmen *Arecaceae***

Merkmale Stamm gedrungen, immer einzeln, von den Narben abgeworfener Blätter mosaikartig gemustert. Krone mit 5–6 m langen, schief stehenden, frischgrünen Wedeln, die mittleren Fiedern 40–50 cm lang, am Grund in Dornen übergehend. Blüten 2-häusig, 3-zählig, in reich verzweigten Blütenständen, die anfangs von einem Hüllblatt (Spadix) umschlossen sind. Früchte 1,5–2,5 cm, wenig fleischig, ungenießbar. Schnellwüchsig, wenig kälteempfindlich, daher als Zierbaum bevorzugt gepflanzt, nur auf den Kanaren heimisch.

6 **Weitere Arten** Die **Echte Dattelpalme** *Ph. dactylifera L.* mit höherem (bis 30 m) und schlankerem Stamm, an natürlichen Standorten mehrstämmig. Blätter graugrün, aufsteigend bogenförmig, 3–5 m lang, mittlere Fiedern 30–40 cm. Früchte 2,5–7,5 cm, länglich, fleischig. Bewässerungskulturen in S-Spanien (Elche), N-Afrika, im übrigen Mittelmeergebiet als Zierbaum. Ursprung wohl im iranisch-arabischen Raum.

7 **Fädige Washingtonie** *Washingtonia filifera* (KERCHOVE & AL.) DE BARY

18–22 m April–Juni ♄ **Palmen *Arecaceae***

Merkmale Stamm im oberen Teil von abgestorbenen Blättern umhüllt, unten glatt und quer gefurcht. Frische erwachsene Blätter graugrün, mit etwa 2 m breiter, fächerförmiger Spreite, zwischen den 50–70 am Grund verbundenen, lanzettlichen, am Ende 2-spitzigen oder zerschlissenen Abschnitten mit bleibenden, langen, weißen Fasern, Stiel am Rand dornig, 1–2 m lang. Früchte schwärzlich, ellipsoid. Heimat im Süden N-Amerikas.

8 **Weitere Arten** Ähnlich die **Mexikanische Washingtonie** *W. robusta* WENDL., aber Stamm am Grund elefantenfußartig verbreitert, dann schlanker und höher. Blätter leuchtend grün, mit steifen Fächerstrahlen, ausgewachsen gewöhnlich ohne Fäden. Früchte ± kugelig. Heimat Mexiko.

1

2

3

4

5

6

7

8

1 **Baumartige Aloe** *Aloe arborescens* MILL.
2–4 m Januar–Juni ♄ **Liliengewächse *Liliaceae* s. l. *(Asphodelaceae)***
Merkmale Aloe mit reich verzweigtem Stamm, an den Astenden Rosetten von fleischigen, spreizenden, 50–60 cm langen, mit der Spitze nach unten gebogenen Blättern, am Rand mit blassen, steifen, kaum stechenden Zähnen. Blütenstand gewöhnlich einfach traubig bis 30 cm lang, die zylindrischen Blüten mit orangeroter, etwa 4 cm langer Krone. Äußere Hüllblätter bis zum Grund frei, Staubblätter 3–5 mm herausragend. Heimat S-Afrika.

2 **Echte Aloe**, Barbados-Aloe *Aloe vera* (L.) BURM. f. (*A. barbadensis* MILL.)
0,5–1 m ganzjährig ♃ **Liliengewächse *Liliaceae* s. l. *(Asphodelaceae)***
Merkmale Stammlose Aloe mit fleischigen, bis 60 cm langen, ± grundständigen, blaugrünen, oft rötlich überlaufenen, am Rand dornigen Blättern. Blütenstand 30–50 cm lang, einfach oder mit 2–3 Seitenästen. Die bis 3 cm langen Blüten gelb, streng zurückgebogen, die äußeren Hüllblätter zu ⅓–½ ihrer Länge verbunden, Staubblätter 3–4 mm weit herausragend. Durch ihre Nutzung als Heilpflanze bekannte Art: Der eingedickte Zellsaft der Blätter wird seit alters als Abführmittel verwendet, der frische stabilisierte Saft als Aloe-vera-Gel vor allem in Hautpflegemitteln. Zier- und Nutzpflanze, Heimat wohl Arabien, NO-Afrika.

3 **Zwerg-Banane** *Musa cavendishii* PAXT.
2–4 m ganzjährig ♃ **Bananengewächse *Musaceae***
Merkmale Blätter mit ihren Scheiden einen Scheinstamm bildend, Spreiten länglich, zunächst ungeteilt, später vom Wind zerschlitzt. Der nach 7–9 Monaten entwickelte, zuletzt hängende kräftige Blütenstand mit Gruppen weißlicher Blüten in den Achseln von großen, matten, rötlich-purpurnen Tragblättern. Die männlichen Blüten an der Spitze bald abfallend, die weiblichen am Grund ohne Bestäubung zu den samenlosen Früchten heranwachsend. Danach stirbt der Trieb ab, die Pflanze vermehrt sich vegetativ durch Schösslinge. Einzelne Plantagen im südl. Mittelmeergebiet, auch Zierpflanze. Wohl von der südostasiatischen *M. acuminata* COLLA abstammend.

4 **Pampasgras** *Cortaderia selloana* (SCHULTES & SCHULTES f.) ASCH. & GRAEB.
1–3 m August–Oktober ♃ **Süßgräser *Poaceae (Gramineae)***
Merkmale Mächtige, dichte Horste bildendes Gras mit 1–3 m langen, überhängenden, am Rand fein scharf gesägten, graugrünen Blättern, als Blatthäutchen eine Haarreihe. Blüten eingeschlechtig, 2-häusig, in 0,5 bis 1 m langer, silbrig weißer oder seltener rosa, aufrechter, später einseitswendiger Rispe. Ährchen zusammengedrückt, mit 2–7 Blüten, Spelzen häutig, die Deckspelze behaart und mit endständiger Granne. Heimat südl. S-Amerika.

5 **Reis** *Oryza sativa* L.
Bis 1,3 m Juli–September ⊙ **Süßgräser *Poaceae (Gramineae)***
Merkmale Am Grund büschelig verzweigtes Gras, Blätter bis 60 × 1,5 cm, am Rand rau, die lange Scheide mit gewimperten Öhrchen und bis 20 mm langem, 2-spaltigem Blatthäutchen. Blütenstand eine lockere, zusammengezogene, etwa 50 cm lange Rispe, nach der Blüte bogig überhängend. Ährchen 3-blütig, nur das oberste fertil, Deckspelze behaart, mit oder ohne Granne. Bewässerte Kulturen, Heimat unsicher.

6 **Zuckerrohr** *Saccharum officinarum* L.
2–3(–6) m September–Oktober ♃ **Süßgräser *Poaceae (Gramineae)***
Merkmale Hohes kräftiges Gras, die Blätter bis 2 m lang und 4–10 cm breit, 2-zeilig angeordnet (**6a**). Blütenrispe breit pyramidal, bis 1 m lang, mit zahllosen, winzigen, grannenlosen Ährchen mit langen Haaren am Grund, selten ausgebildet: Die Stängel werden vor der Blüte zur Gewinnung des zuckerhaltigen Saftes geerntet. Heute nur noch wenige Kulturen in S-Spanien (**6b**), Heimat wohl Neuguinea.

1
2
3
4
5
6a
6b

Literaturauswahl

Das folgende Literaturverzeichnis bringt eine Auswahl der wichtigsten, für die Abfassung dieses Buches benutzten Werke. Außerdem soll es dem Pflanzenfreund einen tieferen Einstieg in die Flora der Länder rund um das Mittelmeer ermöglichen und nennt dazu die speziellen Landesfloren ebenso wie eine Auswahl allgemein verständlicher Bildbände.

ACEBES GINOVÉS, J. R. & AL.: Lista de especies silvestres de Canarias 2009, Pteridophyta, Spermatophyta. La Laguna 2009

ALI, S. I. & al. (Hrsg.): Flora of Libya. Teil 1–150 und Pteridophytes, Gymnosperms. Tripolis 1976–1990

BÄRTELS, A.: Pflanzen des Mittelmeerraumes, Stuttgart 2003

BAÑARES BAUDET, A. & al.: (ed.) Atlas y libro rojo de la flora vascular amenazada de España. Madrid 2003

BAUMANN, H.: Griechische Pflanzenwelt in Mythos, Kunst und Literatur, 2. Aufl. München 1993

BAUMANN, H. & al.: Orchideen Europas. Stuttgart 2006

BAYER, E. & al.: Pflanzen des Mittelmeerraums. Steinbachs Naturführer. München 1986

BECKETT, E.: Illustrated Flora of Mallorca. Palma de Mallorca, 2. Aufl. 2008 (spanisch 2009)

BLAMEY, M. & CH. GREY-WILSON: Wild Flowers of the Mediterranean, ed. 2. London 2015

BOHN, U. & al.: Karte der natürlichen Vegetation Europas. Bonn 2004

BOLÓS, O. DE & J. VIGO: Flora dels Països Catalans, 4 Bände. Barcelona 1984–2001

BOULÓS, L.: Flora of Egypt, 4 Bände. Kairo 1995–2005

BURNIE, D.: Mediterrane Wildpflanzen. München 2007

CARLSTRÖM, A.: A Survey of the Flora and Phytogeography of Rodhos, Simi, Tilos and the Marmaris Peninsula. Lund 1987

CASTROVIEJO, S. & al.: Flora Iberica, Bände 1–21. Madrid 1986–2021

CHARCO, J.: Guía de los Árboles y Arbustos del Norte de África. Madrid 2001

CONTI, F. & al.: An Annotated Checklist of the Italian Vascular Flora. Rom 2005

CUÉNOD, A. & al.: Flore analytique et synoptique de la Tunisie. Cryptogames vasculaires, Gymnospermes et Monocotylédones. Tunis 1954

DAVIES, P. & B. GIBBONS: Field Guide to Wild Flowers of Southern Europe. Wiltshire 1993

DAVIS, P. H.: Flora of Turkey and the East Aegean Islands, 11 Bände. Edinburgh 1965–2002

DELFORGE, P.: Orchidées d'Europe, d'Afrique du Nord et du Proche Orient. 4. Aufl. Paris 2016

DOBIGNARD, A. & C. CHATELAIN: Index synonymique de la flore d'Afrique du Nord. 5 Bände, Genf 2010–2013

DOMAC, R.: Flora Hrvatske. Zagreb 2002

DÜLL, R. & I.: Taschenlexikon der Mittelmeerflora. Wiebelsheim 2007

FENNANE, M. & al.: Flore pratique du Maroc. 3 Bände, Rabat 1999–2014

FIELDING, J. & N. TURLAND: Flowers of Crete. London 2005

FRAGMAN, O. & al.: Flowers of the Eastern Mediterranean. Ruggell 2001

GALÁN CELA, P. & al.: Árboles y Arbustos de la Península Ibérica e Islas Baleares. Madrid 1998

GIARDINA, G. & al.: A catalogue of plants growing in Sicily. – Bocconea 20: 1–582. Palermo

GIL, L. & L. LLORENS: Claus de determinació de la Flora Balear. Soller 1999

GREUTER, W. & al. (Hrsg.): Med-Checklist, Band 1–4. Genf 1984–2008

HASLAM, S. M. & al.: A Flora of the Maltese Islands. Malta 1977

HEGI, G.: Illustrierte Flora von Mitteleuropa, Band 1–7, 1. –3. Aufl. München, Berlin, Jena 1906–2016

JAHN, R. v P. SCHÖNFELDER: Exkursionsflora für Kreta. Stuttgart 1995

JEANMONOD, D. & J. GAMISANS: Flora Corsica. 2. Aufl., Nercillac, 2013

KLEINSTEUBER, A. & al. (Hrsg.): Flora von Rhodos und Chalki, Bd. 1. Karlsruhe 2016

KRETZSCHMAR, H. & al.: Orchideen auf Rhodos. Bad Hersfeld 2001

KRETZSCHMAR, H. & al.: Orchideen auf Kreta, Kasos, Karpathos. Bad Hersfeld 2002

KRETZSCHMAR, H. & al.: Die Orchideengattungen Anacamptis, Orchis, Neotinea. Bürgel 2007

KREUTZ, C. A. J.: Kompendium der Europäischen Orchideen. Landgraaf 2004

KÜRSCHNER, H. & al.: Pflanzen der Türkei, 2. Aufl. Wiesbaden 1997

LALANDE, P.: Carte de la végétation de la région méditerranéenne. Paris 1968

LE FLOC'H, E. & al.: Catalogue synonymique commenté de la flore de Tunisie. 2. Aufl., Tunis 2010

López González, G.: Los árboles y arbustos de la Península Ibérica e Islas Baleares, 2 Bände. Madrid, Barcelona, Mexico 2001
Maire, R.: Flore de l'Afrique du Nord, 16 Bände. Paris 1952–1987
Mayer, A.: Flora Escursionistica dell'Italia, 1: Italia Centrale, Trostberg 2015
Meikle, R. D.: Flora of Cyprus, 2 Bände. Kew 1985
Mouterde, R: Nouvelle flore du Liban et de la Syrie, 3 Text- und 3 Atlasbände. Beirut 1966–1986
Papiomytoglou, V.: Wildblumen aus Griechenland. Rethymno 2006
Phitos, D. & al.: The Red Data Book of rare and threatened plants of Greece., 2 Bände. 2. Aufl., Patras 2009
Pignatti, S.: Flora d'Italia, 4 Bände, 2. Aufl., Bologna 2017–2019
Pils, G.: Flowers of Turkey. A photo guide. Linz 2006
Pils, G.: Illustrated Flora of Albania. Freistadt 2016
Plitmann, U. & al.: Pictorial Flora of Israel. Jerusalem 1983
Polunin, O.: Flowers of Greece and the Balkans. Oxford 1980
Polunin, O. & B. E. Smythies: Flowers of South-West Europe. London 1973
Pottier-Alapetite, G.: Flore de la Tunisie, Angiospermes, Dicotyledones, 2 Bände. Tunis 1979, 1981
Quezel, P. & M. Barbero: Carte de la végétation potentielle de la région méditerranéenne. Paris 1985
Quezel, P. & S. Santa: Nouvelle Flore de l'Algérie et des régions désertiques meridionales, 2 Bände. Paris 1962–1963
Rechinger, K. H.: Flora Aegaea. Wien 1944.
Romo, A. M.: Flores Silvestres de Baleares. Madrid 1994
Rottensteiner, W.: Exkursionsflora für Istrien. Klagenfurt 2014
Sánchez Gómez, P. & J. Guerra Montes: Nueva Flora de Murcia. Murcia 2003
Schmidt, W.: Gehölze für mediterrane Gärten. Hortus Mediterraneus Band 2. Stuttgart 1999
Schönfelder, L. & P.: Kosmos-Atlas Mittelmeer- und Kanarenflora. 2. Aufl. Stuttgart 2002
Schönfelder, P. & L.: Was blüht am Mittelmeer? Kosmos Naturführer, 5. Aufl. Stuttgart 2014
Schönfelder, P. & I.: Die Kosmos-Kanarenflora. 4. Aufl. Stuttgart 2018
Sterry, P.: Collins Complete Mediterranean Wildlife Photoguide. London 2000
Strasser, W.: Die Pflanzen der östlichen Ägäis inklusive Kreta und Zypern. Ruggell 2006
Strasser, W.: Pflanzen des Peloponnes, 2. Aufl. Ruggell 2002
Strid, A. & K. Tan: Flora Hellenica Band 1, 2. Königstein, Ruggell 1997, 2002
Strid, A.: Wild Flowers of Mount Olympus. Athen 1980
Strid, A.: Atlas of the Aegean Flora. 2 vols. Berlin 2016
Stübing, G. & J. B. Peris: Plantas Silvestres de la Comunidad Valenciana. Madrid 1998
Tan, K. & G. Iatrou: Endemic Plants of Greece, The Peloponnese. Kopenhagen 2001
Tison, J.-M. & B. De Foucault: Flora Gallica. Mèze 2014
Tison, J.-M. & al.: Flore de la France méditerranéenne continentale. Turriers 2014
Turland, N. J. & al.: Flora of the Cretan area. Annotated Checklist & Atlas. London 1993
Tutin, T. G. & al. (Hrsg.): Flora Europaea. 5 Bände, Cambridge 1964–1980, 1993
Valdés, B. & al.: Flora Vascular de Andalucía Occidental, 3 Bände. Barcelona 1987
Valdés, B. & al.: Catalogue des Plantes Vasculaires du Nord du Maroc, 2 Bände. Madrid 2002
Viney, D. E.: An Illustrated Flora of North Cyprus, 2 Bände. Königstein, Vaduz 1994, 1996
Walters, S. M & al.: The European Garden Flora. 6 Bände, Cambridge 1984-2000
Weber, H. Ch. & B. Kendzior: Flora of the Maltese Islands. Weikersheim 2006
Zohary, M.: Flora Palaestina. 4 Textbände, 4 Tafelbände. Jerusalem 1966–1986
Zohary, M.: Pflanzen der Bibel. Stuttgart 1983

Internet:

https://europlusmed. org/ (Euro+Med Plantbase)
http://flora. huji. ac. il/ (Flora of Israel)
https://powo. science. kew. org (Plants of the World online)
https://www. actaplantarum. org/ (Acta Plantarum)
http://www. flora-of-cyprus. eu (Hand R. & al. (ed.): Flora of Cyprus – a dynamic checklist. 2011–)
http://www. mittelmeerflora. de (Meyer, Th. & M. Hassler: Mitelmeer- und Alpenflora. 2013–)
https://www. tela-botanica. org/ (Tela Botanica, le réseau des botanistes francophones)
https://portal. cybertaxonomy. org/flora-greece/intro (Flora of Greece Web)

Register

Wegen des Umfangs des Registers wurden zweiteilige deutsche Namen nur einmal, und zwar mit vorgestelltem deutschen Gattungsnamen aufgeführt. Die beschriebenen Unterarten sind unter der jeweiligen Art zu finden.

Abelmoschus esculentus 426
Abies alba 62
– *borisii-regis* 62
– *cephalonica* 19, 62
– *cilicica* 62
– *marocana* 62
– *nebrodensis* 62
– *nordmanniana* 62
– *numidica* 62
– *pinsapo* 62
Acacia cyanophylla 430
– *dealbata* 428
– *farnesiana* 428
– *horrida* 428
– *karroo* 428
– *longifolia* 430
– *mearnsii* 428
– *retinodes* 430
– *saligna* 430
Acalypha wilkesiana 424
Acanthaceae 66, 412
Acantholimon androsaceum 288
Acanthoxanthium spinosum 124
Acanthus balcanicus 66
– *hungaricus* 66
– *mollis* 66
– *spinosus* 66
– *syriacus* 66
Acer monspessulanum 66
– *obtusatum* 66
– *obtusifolium* 66
– *opalus* 66
– *sempervirens* 66
Aceraceae 66
Aceras anthropophorum 382
Achillea ageratifolia 90
– *cretica* 90
– *maritima* 15, 90
Achnatherum parviflorum 410
Achyranthes aspera 68
– *sicula* 68
Acis longifolia 346
– *rosea* 346
Ackerlöwenmaul, Kelch- 324
Actinidia chinensis 412
Actinidiaceae 412
Acuston perenne 150
Adenocarpus complicatus 200
Adhatoda vasica 412
Adiantaceae 52 f.
Adiantum capillus-veneris 52
Adonis aestivalis 298
– *annua* 298
– *autumnalis* 298
– *cretica* 298
– *flammea* 298
– *microcarpa* 298
Adonisröschen, Herbst- 298
Adonisröschen, Kreta- 298
Aegilops geniculata 400
– *neglecta* 400
– *triuncialis* 400
– *ventricosa* 400
Aeonium arboreum 422
Aeonium, Baumartiges 422
Aetheorhiza bulbosa 134
Aethionema saxatile 146
Affodeline, Große 24, 366
Affodeline, Liburnische 366
Affodill, Großfrüchtiger 368
Affodill, Kirschfrüchtiger 366
Affodill, Kleinfrüchtiger 368
Affodill, Röhriger 368
Agavaceae 346, 448
Agave americana 346
– *attenuata* 448
– *sisalana* 448
Agave, Amerikanische 346
Agave, Drachenbaum- 448
Agave, Sisal- 448
Agavengewächse 346, 448
Agrimonia 308
Ahorn, Französischer 66
Ahorn, Immergrüner 66
Ahorn, Schneeballblättriger 66
Ahorngewächse 66
Ailanthus altissima 442
Aizoaceae 68, 412 f.
Aizoanthemopsis hispanica 68
Aizoon canariense 68
– *hispanicum* 68
Ajuga chamaepitys 248
– *iva* 248
– *orientalis* 248
Akanthus, Dorniger 66
Akanthus, Weicher 66
Akanthusgewächse 66, 412
Akazie, Duftende 428
Akazie, Feuer- 420
Akazie, Immerblühende 430
Akazie, Kätzchen- 430
Akazie, Mearns 428
Akazie, Schreckliche 428
Akazie, Silber- 428
Akazie, Weidenartige 430
Alant, Aromatischer 108
Alant, Berg- 114
Alant, Klebriger 108
Alant, Kreta- 114
Alant, Salz- 116
Alant, Schneeweißer 114
Alant, Spierstrauchblättriger 114
Albizia julibrissin 430
– *lophantha* 430
Albizzie, Gewöhnliche 430
Albizzie, Zylinder- 430
Alcea biennis 274
– *cretica* 274
Alhagi graecorum 200
– *maurorum* 200
Alismataceae 346
Alkanna graeca 136
– *lutea* 136
– *orientalis* 136
– *tinctoria* 136
– *tuberculata* 136
Alkanna, Färber- 136
Alkanna, Gelbe 136
Alkanna, Griechische 136
Alkanna, Östliche 136
Alliaceae 362 f.
Allium ampeloprasum 362
– *carinatum* 362
– *chamaemoly* 362
– *coloratum* 362
– *neapolitanum* 362
– *nigrum* 362
– *pallens* 362
– *parciflorum* 362
– *pendulinum* 364
– *roseum* 364
– *subhirsutum* 364
– *subvillosum* 364
– *trifoliatum* 364
– *triquetrum* 364
Alnus cordata 136
– *orientalis* 136
Aloe arborescens 450
– *barbadensis* 450
– *vera* 450

Aloe, Barbados- 450
Aloe, Baumartige 450
Aloe, Echte 450
Aloysia citriodora 446
Alpenveilchen, Flügelrad- 296
Alpenveilchen, Geschweiftblättriges 296
Alpenveilchen, Kretisches 296
Alpenveilchen, Neapolitanisches 296
Alpenveilchen, Persisches 296
Alpenveilchen, Rhodos 296
Alraune, Herbst- 332
Althaea cannabina 274
– *hirsuta* 274
Amaranthaceae 68
Amaryllidaceae 346 ff.
Amberbaum, Östlicher 246
Ammei, Zahnstocher- 72
Ammi majus 72
– *visnaga* 72
Ammophila arenaria 400
Amorpha fruticosa 424
Ampelodesmos mauritanicus 400
Ampfer, Stierkopf- 294
Anacamptis boryi 394
collina 392
– *coriophora* 392
– *laxiflora* 394
– *morio* 394
– *papilionacea* 394
– *pyramidalis* 382
– *sancta* 392
Anacardiaceae 70, 414
Anacyclus clavatus 90
– *valentinus* 90
Anagallis arvensis 294
– *caerulea* 294
– *foemina* 294
– *linifolia* 294
– *monelli* 294
Anagyris foetida 200
Anchusa aegyptiaca 136
– *azurea* 138
– *hybrida* 138
– *italica* 138
– *undulata* 138
Anchusella cretica 138
– *variegata* 138
Andorn, Adriatischer 254
Andorn, Rotblütiger 254
Androcymbium europaeum 364
– *gramineum* 364
– *rechingeri* 364
Androcymbium, Europäisches 364
Andropogon distachyos 400
– *ischaemum* 400
Andryala integrifolia 126
– *ragusina* 126
Andryala, Ungeteiltblättrige 126
Anemone apennina 298
– *blanda* 298
– *coronaria* 300
– *hortensis* 300
– *palmata* 300
– *pavonina* 300
– *stellata* 300
Anemone, Apennin- 298
Anemone, Handförmige 300
Anemone, Kronen- 300
Anemone, Pfauen- 300
Anemone, Stern- 300
Anemone, Strahlen- 298
Anemonoides apennina 298
– *blanda* 298
Anogramma leptophylla 52
Anredera cordifolia 416
Anthemis chia 90
– *fuscata* 106
– *maritima* 90
– *rigida* 92
– *tomentosa* 90
– *tricolor* 92
Anthyllis aegaea 202
– *barba-jovis* 202
– *circinnata* 216
– *cytisoides* 202
– *hermanniae* 202
– *splendens* 202
– *terniflora* 202
– *tetraphylla* 234
– *vulneraria* 202
Antirrhinum latifolium 318
– *majus* 318
– *siculum* 318
Apfelsine 442
Aphyllanthaceae 364
Aphyllanthes monspeliensis 364
Apiaceae 72 ff.
Apocynaceae 84, 414 f.
Aprikose 440
Aptenia cordifolia 412
Arabis verna 146
Araceae 350 f.
Arachis hypogaea 424
Araliaceae 416
Araliengewächse 416
Araucaria excelsa 412
– *heterophylla* 412
Araucariaceae 412
Araukariengewächse 412
Arbutus andrachne 192
– *unedo* 22, 192
– × *andrachnoides* 192
Arceuthobium oxycedri 272
Arctotheca calendula 92
Arctotheca, Ringelblumen- 92
Arecaceae 354, 448
Aremonia agrimonoides 308
Aremonie 308
Arenaria balearica 164
– *montana* 164
Argyrolobium zanonii 202
Arisarum proboscideum 350
– *simorrhinum* 350
– *vulgare* 350
Aristolochia baetica 86
– *bianorii* 86
– *clematitis* 86
– *cretica* 86
– *guichardii* 86
– *hirta* 86
– *lutea* 86
– *pallida* 86
– *paucinervis* 86
– *pistolochia* 86
– *rotunda* 86
– *sempervirens* 86
Aristolochiaceae 86
Armeria canescens 288
– *pungens* 288
Aronstab, Dioskorides- 350
Aronstab, Gezeichneter 352
Aronstab, Hübscher 352
Aronstab, Ida- 352
Aronstab, Italienischer 352
Aronstab, Kretischer 350
Aronstabgewächse 350 f.
Artemisia alba 92
– *arborescens* 92
– *barrelieri* 92
– *herba-alba* 92
Arthrocaulon macrostachyum 172
Arthrocnemum fruticosum 174
– *glaucum* 172
– *macrostachyum* 16, 172
Artischocke 27, 416
Artischocke, Horntragende 108
Artischocke, Wilde 108
Arum concinnatum 352
– *creticum* 350
– *dioscoridis* 350
– *idaeum* 352
– *italicum* 352

– *pictum* 352
– *purpureospathum* 352
Arundo donax 402
– *plinii* 402
Asarina procumbens 318
Asclepiadaceae 88, 416
Asclepias curassavica 416
– *fruticosa* 88
Asparagaceae 366
Asparagus acutifolius 366
– *albus* 366
– *aphyllus* 366
– *horridus* 366
– *maritimus* 366
– *stipularis* 366
– *tenuifolius* 366
Asperula incana 312
– *lutea* 312
– *pubescens* 312
– *taygetea* 312
Asphodelaceae 366 f., 378, 450
Asphodeline liburnica 366
– *lutea* 24, 366
– *taurica* 366
Asphodelus aestivus 368
– *albus* 368
– *ayardii* 368
– *cerasifer* 366
– *fistulosus* 368
– *macrocarpus* 368
– *microcarpus* 368
– *ramosus* 24, 366, 368
– *tenuifolius* 368
Aspidiaceae 56
Aspleniaceae 52 f.
Asplenium adiantum-nigrum 54
– *billotii* 54
– *ceterach* 52
– *hemionitis* 54
– *obovatum* 54
– *onopteris* 54
– *sagittatum* 54
– *scolopendrium* 54
Aster sedifolia 110
Aster, Mauerpfefferblättrige 110
Asteraceae 90 ff.
Asteraceae, Asteroideae 90 ff., 416
Asteraceae, Cichorioideae 126 ff.
Asteriscus aquaticus 92
– *maritimus* 118
Asterolinon linum-stellatum 294
Astracantha thracica 204
Astragalus angustifolius 206
– *balearicus* 206
– *cretica* 204
– *granatensis* 204
– *hamosus* 204
– *lusitanicus* 204
– *massiliensis* 206
– *monspessulanus* 204
– *pelecinus* 206
– *sempervirens* 204
– *sirinicus* 206
– *thracicus* 204
– *tragacantha* 206
Atractylis cancellata 94
– *gummifera* 94
– *humilis* 94
Atriplex glauca 172
– *halimus* 172
– *portulacoides* 172
Aubergine 444
Aubrieta columnae 146
– *deltoidea* 146
Avena barbata 402
Avocadobaum 426

Baccharis halimifolia 416
Backenklee, Aufrechter 210
Backenklee, Behaarter 210
Backenklee, Fünffinger- 210
Backenklee, Griechischer 210
Balanophoraceae 188
Baldrian, Haselwurzblatt- 342
Baldriangewächse 340 f.
Ballota acetabulosa 250
– *hirsuta* 250
– *pseudodictamnus* 250
Banane, Zwerg- 450
Bananengewächse 450
Barlia robertiana 382
Bartgras, Behaartes 406
Bartgras, Gewöhnliches 400
Bartgras, Zweiähriges 400
Bartpippau, Doldiger 134
Bartpippau, Echter 134
Bartsia trixago 320
Basellaceae 416
Bastardsenf, Grauer 150
Bauhinia variegata 418
Bauhinie, Buntfarbene 418
Baumschlinge, Griechische 88
Baumschlinge, Schmalblättrige 88
Baumwolle, Behaarte 426
Beerenmalve, Baumartige 428
Beifuß, Strauch- 92
Beilwicke, Echte 230
Beinwell, Kleinblütiger 144
Beinwell, Kreta- 144
Bellardia trixago 320
– *viscosa* 326
Bellardie, Bunte 320
Bellevalia romana 368
– *sitiaca* 368
– *trifoliata* 368
Bellis annua 94
– *longifolia* 94
– *perennis* 94
– *sylvestris* 94
Bellium bellidioides 94
Benediktenkraut 100
Berberidaceae 136
Berberis aetnensis 136
– *cretica* 136
– *hispanica* 136
– *vulgaris* 136
Berberitze, Kretische 136
Berberitzengewächse 136
Berberthuja 60
Bergamotte 442
Bergminze Nervige 262
Bergminze, Dornige 262
Bergminze, Griechische 260
Bergminze, Julianische 260
Bergminze, Karst- 262
Bergminze, Thymbra- 262
Bermudagras 404
Bertram, Keulen- 90
Bertram, Valencia- 90
Betulaceae 136
Biarum arundanum 352
– *davisii* 352
– *tenuifolium* 352
Biarum, Schmalblättriges 352
Bibernelle, Dornige 312
Bignoniaceae 418
Bignonie, Kap- 418
Bignonie, Weitschlundige 418
Bilsenkraut, Goldgelbes 330
Bilsenkraut, Weißes 330
Bingelkraut, Filziges 200
Bingelkraut, Korsisches 200
Binse, Meerstrand- 360
Binse, Stechende 360
Binsengewächse 360
Binsenlilie 364
Birkengewächse 136
Birne, Mandelblättrige 310
Biscutella didyma 146
– *sempervirens* 146
Biserrula pelecinus 206
Bitterapfel 188
Bittereschengewächse 442

Bitterkraut, Natternkopf- 128
Bitterling, Durchwachsen-blättriger 242
Bitterorange 442
Bituminaria bituminosa 206
Blackstonia acuminata 242
– *grandiflora* 242
– *imperfoliata* 242
– *perfoliata* 242
Blasenstrauch, Gewöhnlicher 208
Blaugras, Insel- 408
Blaukissen, Griechisches 146
Blauregen, Chinesischer 426
Blaustern, Einblättriger 378
Blaustern, Herbst- 378
Blaustern, Peru- 378
Blaustern, Zwerg- 378
Blechnaceae 56
Bleiwurz, Europäische 292
Bleiwurz, Kap- 438
Bleiwurzgewächse 288 ff., 438
Bocksbart, Hybrid- 128
Bocksbart, Roter 134
Bocksdorn, Europäischer 330
Bocksdorn, Schweinfurths 330
Bocksdorn, Sparriger 330
Bockshornklee, Balansas 234
Bockshornklee, Schwertförmiger 234
Bohnenkraut, Winter- 262
Bombacaceae 418
Boraginaceae 136 ff.
Borago officinalis 138
Boretsch 138
Bothriochloa ischaemum 400
Bougainvillea glabra 434
– *spectabilis* 434
Boussingaultia cordifolia 416
Brachsenkraut, Stachelschwein- 52
Brachsenkrautgewächse 52
Brachychiton acerifolius 446
– *populneus* 446
Brachychiton, Pappelblättriger 446
Brachypodium distachyon 410
– *ramosum* 402
– *retusum* 402
Brandkraut, Filziges 256
Brandkraut, Halbmondblättriges 256
Brandkraut, Kreta- 256
Brandkraut, Purpurrotes 256
Brandkraut, Strauchiges 23, 256
Brandkraut, Wind- 256
Brandkraut, Wolliges 256
Brassica balearica 146
– *repanda* 146
Brassicaceae 146 ff.
Braunwurz, Dreiblättrige 326
Braunwurz, Fremde 326
Braunwurz, Hunds- 326
Braunwurz, Strauchige 326
Braunwurz, Verschiedenblättrige 326
Breitrauch, Feinlappiger 284
Breitsame, Falscher 80
Breitsame, Möhrenartiger 80
Brennnessel, Geschwänzte 340
Brennnessel, Mallorca- 340
Brennnessel, Pillen- 340
Brennnesselgewächse 338 f.
Brillenschötchen, Einjähriges 146
Brillenschötchen, Immergrünes 146
Briza maxima 402
– *media* 402
– *minor* 402
Brombeere, Heilige 312
Brombeere, Mittelmeer- 312
Brugmansia aurea 444
– *pittieri* 444
– *versicolor* 444
– × *candida* 444
Brunfelsia calycina 444
– *pauciflora* 444
Brunfelsie 444
Bryonia cretica 188
– *dioica* 188
– *marmorata* 188
Buchengewächse 238 f.
Buchsbaum, Balearen- 156
Buchsbaum, Immergrüner 156
Buchsbaumgewächse 156
Bunias erucago 148
Bupleurum baldense 72
– *fruticescens* 74
– *fruticosum* 72
– *gibraltaricum* 72
– *junceum* 72
– *lancifolium* 72
– *praealtum* 72
– *rotundifolium* 72
– *spinosum* 74
– *subovatum* 72
– *veronense* 72
Burzeldorn, Erd- 344
Buxaceae 156
Buxus balearica 156
– *sempervirens* 156

C

Cactaceae 156
Caesalpinia gilliesii 420
– *pulcherrima* 420
Caesalpiniaceae 158, 418 f.
Cakile maritima 148
Calamagrostis arenaria 400
Calendula arvensis 96
– *stellata* 96
– *suffruticosa* 96
– *tripterocarpa* 96
Calicotome spinosa 206
– *villosa* 206
Callistemon citrinus 434
Calystegia sepium 182
– *silvatica* 182
– *soldanella* 182
Campanula anchusifolia 160
– *creutzburgii* 158
– *drabifolia* 158
– *formanekiana* 158
– *garganica* 158
– *incurva* 158
– *medium* 160
– *pelviformis* 160
– *portenschlagiana* 158
– *pyramidalis* 160
– *ramosissima* 160
– *rhodensis* 158
– *rupestris* 160
– *topaliana* 160
– *versicolor* 160
Campanulaceae 158 ff.
Camphorosma monspeliaca 172
Campsis grandiflora 418
– *radicans* 418
Cannabis 188
Capparaceae 162
Capparis orientalis 162
– *sicula* 162
– *spinosa* 162
Caprifoliaceae 164
Carduncellus caeruleus 100
– *monspelliensium* 100
Carduus cephalanthus 96
– *macrocephalus* 96
– *nutans* 96
– *pycnocephalus* 96
Carex halleriana 354
Carissa macrocarpa 414
Carlina acanthifolia 96
– *barnebyana* 98
– *corymbosa* 98
– *curetum* 98
– *frigida* 98
– *graeca* 98

– *hispanica* 98
– *lanata* 98
– *macrocephala* 98
– *oligocephala* 98
– *pygmaea* 98
– *racemosa* 98
– *sicula* 98
– *sitiensis* 98
Carpinus orientalis 184
Carpobrotus acinaciformis 68
– *edulis* 68
Carrichtera annua 148
Carrichtera, Einjährige 148
Carthamus arborescens 100
– *caeruleus* 100
– *carduncellus* 100
– *creticus* 100
– *dentatus* 100
– *lanatus* 100
– *tinctorius* 416
Caryophyllaceae 164 ff.
Cascabela thevetia 414
Cassia didymobotrya 420
– *laevigata* 420
Castanea sativa 238
– *vesca* 238
Castellia tuberculosa 402
Castellie, Warzige 402
Castroviejoa frigida 100
Casuarina equisetifolia 420
Casuarinaceae 420
Catananche caerulea 126
– *lutea* 126
Catapodium rigidum 404
Catharanthus roseus 414
Cedrus atlantica 62
– *deodara* 62
– *libani* 19, 62
Ceiba speciosa 418
Celastraceae 170, 422
Celtis australis 338
– *tournefortii* 338
Centaurea aegialophila 104
– *benedicta* 100
– *calcitrapa* 102
– *deusta* 102
– *idaea* 104
– *melitensis* 102
– *pectinata* 102
– *pindicola* 102
– *pullata* 102
– *pumilio* 104
– *raphanina* 104
– *seridis* 104
– *solstitialis* 104
– *sphaerocephala* 104
– *subtilis* 104
Centaurium erythraea 242
– *maritimum* 242
– *pulchellum* 242
– *spicatum* 242
– *tenuiflorum* 242
Centranthus angustifolius 340
– *calcitrapae* 340
– *macrosiphon* 340
– *ruber* 340
Cephalanthera longifolia 382
Cephalaria leucantha 190
Ceratonia siliqua 158
Cercis siliquastrum 158
Cerinthe major 138
– *retorta* 138
Cestrum aurantiacum 444
– *nocturnum* 444
– *parqui* 444
Ceterach officinarum 52
Chaenorhinum litorale 320
– *minus* 320
– *origanifolium* 320
– *villosum* 320
Chamaecytisus creticus 208
– *polytrichus* 206
– *spinescens* 208
Chamaeleon gummifer 94
– *macrocephalus* 98
Chamaemelum fuscatum 106
– *mixtum* 106
Chamaerops humilis 354
Chamaesyce peplis 194
Charybdis maritima 380
Cheilanthes acrostica 54
– *catanensis* 54
– *maderensis* 54
– *marantae* 54
– *vellea* 54
Chenopodiaceae 172 f.
Chionodoxa nana 378
Choisya ternata 440
Chondrilla juncea 126
– *ramosissima* 126
Chorisia speciosa 418
Christusauge 134
Christusdorn 306
Chrozophora obliqua 194
– *tinctoria* 194
Chrysanthemum coronarium 112
– *segetum* 112
Cicer arietinum 426
Cichorium spinosum 126
Cionura erecta 88
Cirsium candelabrum 106
– *creticum* 106
– *morinifolium* 106
Cistaceae 174 ff.
Cistanche phelypaea 280
Cistanche, Gelbe 280
Cistus albidus 174
– *atriplicifolius* 178
– *calycinus* 178
– *clusii* 174
– *creticus* 174
– *crispus* 174
– *halimifolius* 178
– *ladanifer* 176
– *laurifolius* 176
– *libanotis* 174
– *monspeliensis* 176
– *palhinhae* 176
– *parviflorus* 23, 176
– *populifolius* 176
– *salviifolius* 176
Citrullus colocynthis 188
– *lanatus* 422
– *vulgaris* 422
Citrus aurantium 442
– *bergamia* 442
– *deliciosa* 442
– *grandis* 442
– *japonica* 442
– *limon* 440
– *maxima* 442
– *medica* 440
– *reticulata* 442
– *sinensis* 442
– *trifoliata* 442
– × *paradisi* 442
Cladanthus mixtus 106
Clematis campaniflora 300
– *cirrhosa* 300
– *flammula* 300
– *viticella* 300
Clerodendrum trichotomum 446
Clypeola jonthlaspi 148
Cneoraceae 180
Cneorum tricoccon 180
Cnicus benedictus 100
Coccus ilicis 238
Cochenille-Laus 156
Colchicaceae 364, 370, 374
Colchicum autumnale 370
– *bivonae* 370
– *cupanii* 370
– *europaeum* 364
– *haynaldii* 370
– *kochii* 370
– *macrophyllum* 370
– *multiflorum* 370
– *neapolitanum* 370

Coleostephus myconis 106
Colutea arborescens 208
– *cilicica* 208
Compositae 90 ff., 416
Consolida ajacis 302
Convolvulaceae 182 f., 422
Convolvulus althaeoides 182
– *cantabrica* 182
– *dorycnium* 182
– *elegantissimus* 182
– *lanuginosus* 182
– *lineatus* 184
– *oleifolius* 184
– *pentapetaloides* 184
– *siculus* 184
– *tricolor* 184
Coriandrum sativum 74
Coriaria myrtifolia 184
Coriariaceae 184
Coridaceae 294
Coridothymus capitatus 268
Coris monspeliensis 294
Coronilla emerus 212
– *juncea* 208
– *minima* 208
– *repanda* 208
– *rostrata* 230
– *scorpioides* 208
– *valentina* 208
Coronopus didymus 148
– *squamatus* 148
Cortaderia selloana 450
Corylaceae 184
Corymbia ficifolia 434
Cosentinia vellea 54
Cotinus coggygria 70
Crassula ovata 422
Crassulaceae 186, 422
Crataegus azarolus 308
– *laciniata* 308
– *monogyna* 308
– *orientalis* 308
Crepis cretica 126
– *neglecta* 126
– *rubra* 126
Crithmum maritimum 74
Crocodilium creticum 104
– *pumilio* 104
Crocus biflorus 356
– *corsicus* 356
– *longiflorus* 356
– *minimus* 356
– *sieberi* 356
Crucianella angustifolia 312
– *latifolia* 312
– *maritima* 312
Cruciata glabra 314
– *laevipes* 314
Cruciferae 146 ff.
Crupina crupinastrum 108
– *vulgaris* 108
Cucumis melo 422
Cucurbitaceae 188, 422
Cupressaceae 58 f.
Cupressus macrocarpa 58
– *sempervirens* 58
Cutandia maritima 404
Cutandie, Strand- 404
Cyanus pindicola 102
Cycadaceae 412
Cycas revoluta 412
Cyclamen alpinum 296
– *balearicum* 296
– *coum* 296
– *creticum* 296
– *graecum* 296
– *hederifolium* 296
– *persicum* 296
– *repandum* 296
– *rhodium* 296
– *trochopteranthum* 296
Cymbalaria aequitriloba 320
– *hepaticifolia* 320
– *longipes* 320
– *microcalyx* 320
– *muralis* 320
Cynanchum acutum 88
Cynara cardunculus 27, 108, 416
– *cornigera* 108
– *scolymus* 416
Cynodon dactylon 404
Cynoglossum cheirifolium 138
– *creticum* 140
Cynomoriaceae 188
Cynomorium coccineum 188
Cynosurus echinatus 404
– *elegans* 404
Cyperaceae 354
Cyperus capitatus 354
– *kalli* 354
– *papyrus* 354
Cytinus hypocistis 298
– *ruber* 298
Cytisophyllum sessilifolium 210
Cytisus creticus 208
– *hirsutus* 206
– *laniger* 206
– *spinescens* 208
– *spinosus* 206
– *triflorus* 210
– *villosus* 210
Dactylis glomerata 404
Dactylopius coccus 156
Dactylorhiza insularis 382
– *markusii* 382
– *romana* 382
– *sambucina* 384
Damasonie, Bourgeau- 346
Damasonium alisma 346
– *bourgaei* 346
Daphne gnidium 336
– *laureola* 336
– *oleifolia* 336
– *oleoides* 336
– *sericea* 336
Datisca cannabina 188
Datiscaceae 188
Dattelpalme, Echte 354, 448
Dattelpalme, Kanarische 448
Dattelpalme, Kreta- 354
Daucus pumilus 80
Delonix regia 420
Delphinium ajacis 302
– *staphisagria* 302
Desmazeria rigida 404
Dianthus balbisii 166
– *ciliatus* 166
– *ferrugineus* 166
– *sylvestris* 166
Dickblatt, Eirundes 422
Dickblattgewächse 186, 422
Digitalis dubia 322
– *ferruginea* 322
– *laevigata* 322
– *lanata* 322
– *lutea* 322
– *minor* 322
– *obscura* 322
Dingel, Violetter 384
Dioscorea communis 356
Dioscoreaceae 356
Diospyros kaki 422
– *lotus* 422
Dipcadi serotinum 370
Diplotaxis erucoides 148
– *harra* 150
Dipsacaceae 190 f.
Dipsacus ferox 190
Diptam, Kretischer 254
Diptamdost 254
Diss 400
Distel, Großköpfige 96
Distel, Knäuelköpfige 96
Distel, Kopfblütige 96
Dittrichia graveolens 108
– *viscosa* 108

Doldenblütler 72 ff.
Doppelsame, Hängender 150
Doppelsame, Raukenähnlicher 148
Dornginster, Behaarter 206
Dornginster, Stacheliger 206
Dornlattich, Geweih- 130
Dornlattich, Strauch- 130
Dornlattich, Wolliger 130
Dornnelke 166
Doronicum columnae 108
– *corsicum* 108
– *orientale* 108
– *plantagineum* 108
Dorycnium fulgurans 210
– *graecum* 210
– *hirsutum* 210
– *pentaphyllum* 210
– *rectum* 210
Dorystaechas hastata 250
Dost, Borstiger 254
Dost, Echter 254
Dost, Griechischer 254
Dracunculus muscivorus 352
– *vulgaris* 352
Drehwurz, Herbst- 398
Drillingsblume, Kahle 434
Drimia maritima 380
Drosanthemum floribundum 414
Drosanthemum, Reichblütiges 414
Drüsenfrucht, Zusammengefaltete 200
Drüsenpflanze, Freudige 432
Drüsenpflanzengewächse 432
Drypis spinosa 166
Dünnschwanz, Gekrümmter 408

E

Ebenaceae 422
Ebenholzgewächse 422
Ebenholzstrauch, Kretischer 210
Ebenus cretica 210
Eberwurz, Akanthusblättrige 96
Eberwurz, Ebensträußige 98
Eberwurz, Griechische 98
Eberwurz, Großköpfige 98
Eberwurz, Kretische 98
Eberwurz, Sitía- 98
Eberwurz, Trauben- 98
Eberwurz, Wenigköpfige 98
Ecballium elaterium 188
Echinaria capitata 404
Echinophora spinosa 74
– *tenuifolia* 74
Echinops ritro 110
– *spinosissimus* 110
Echium angustifolium 140
– *arenarium* 140
– *asperrimum* 140
– *creticum* 140
– *italicum* 140
– *parviflorum* 140
– *plantagineum* 140
– *sabulicola* 140
Edraianthus graminifolius 160
Ehrenpreis, Syrischer 330
Ehrenpreis, Zimbel- 330
Eiche, Arkadische 240
Eiche, Auchers 238
Eiche, Erlenblättrige 240
Eiche, Flaum- 240
Eiche, Kermes- 238
Eiche, Kork- 240
Eiche, Portugiesische 238
Eiche, Rundblättrige 240
Eiche, Stech- 238
Eiche, Stein- 17, 240
Eiche, Ungarische 238
Eiche, Wallonen- 20, 240
Eiche, Zerr- 238
Eichenmistel, Europäische 272
Eierfrucht 444
Einfachblatt, Kronen- 316
Einfachblatt, Leinblättriges 316
Eisenkrautgewächse 342, 446
Eiskraut, Kanaren- 68
Eiskraut, Spanisches 68
Eiskrautgewächse 68, 412 f.
Elaeagnaceae 424
Elaeagnus angustifolia 424
Elaeoselinum asclepium 74
Elymus farctus 406
Elytrigia juncea 15, 406
Emerus major 212
Emex spinosa 292
Engelstrompete, Weiße 444
Engelsüß 56
Enziangewächse 242
Enzianstrauch 446
Ephedra campylopoda 60
– *distachya* 60
– *foeminea* 60
– *fragilis* 60
– *major* 60
– *nebrodensis* 60
– *vulgaris* 60
Ephedraceae 60
Equisetaceae 52
Equisetum ramosissimum 52
Erbse, Wilde 228
Erdbeerbaum, Östlicher 192
Erdbeerbaum, Westlicher 22, 192
Erdnuss 424
Erdrauch, Rankender 282
Erdrauchgewächse 282
Erdschötchen 154
Erica arborea 22, 192
– *manipuliflora* 194
– *multiflora* 194
– *platycodon* 194
– *scoparia* 194
Ericaceae 192 f.
Erinacea anthyllis 212
Eriobotrya japonica 440
Erle, Herzblättrige 136
Erle, Östliche 136
Erodium chium 244
– *ciconium* 244
– *corsicum* 244
– *malacoides* 244
– *reichardii* 244
Erophaca baetica 204
Eryngium amethystinum 76
– *campestre* 76
– *creticum* 76
– *dilatatum* 76
– *falcatum* 76
– *maritimum* 76
Erythrostemon gilliesii 420
Esche, Blumen- 278
Esche, Manna- 278
Esche, Schmalblättrige 278
Eselsdistel, Illyrische 118
Eselsdistel, Schreckliche 118
Eselsdistel, Taurien- 118
Eselsdistel, Verzweigte 118
Esparsette, Geaderte 226
Esparsette, Hahnenkamm- 226
Esparsette, Zacken- 226
Espartogras 25, 406
Essigbaum 70
Esskastanie 238
Eucalyptus camaldulensis 434
– *ficifolia* 434
– *globulus* 434
– *gomphocephala* 434
– *tereticornis* 434
Euonymus japonicus 422
Euphorbia acanthothamnos 24, 196
– *biumbellata* 196
– *characias* 196
– *dendroides* 196
– *hirsuta* 198
– *medicaginea* 198

– *melitensis* 196
– *milii* 424
– *myrsinites* 198
– *nicaeensis* 198
– *paralias* 15, 198
– *peplis* 194
– *pithyusa* 198
– *pubescens* 198
– *pulcherrima* 424
– *rigida* 198
– *serrata* 198
– *spinosa* 196
– *sultan-hassei* 196
– *terracina* 196
– *tirucalli* 424
– *veneta* 196
Euphorbiaceae 194 ff., 424
Evax pygmaea 110

Fabaceae 200 ff., 424 f.
Färberdistel 416
Färberdistel, Blaue 100
Färberdistel, Gezähnte 100
Färberdistel, Kreta- 100
Färberdistel, Wollige 100
Fagaceae 238 f
Fagonia cretica 344
Fagonie, Kretische 344
Faltenlilie, Griechische 372
Federgras, Gedrehtes 410
Federgras, Kleinblütiges 410
Federkopf, Ausdauernder 192
Federkopf, Pinards 192
Fedia cornucopiae 340
– *graciliflora* 340
Fedie, Füllhorn- 340
Feigenbaum, Echter 278, 430
Feigenbaum, Rostroter 432
Feigenkaktus, Echter 156
Feldsalat, Blasenfrüchtiger 342
Feldsalat, Scheibenartiger 342
Feldsalat, Stumpflappiger 342
Felsennelke, Peloponnes- 168
Felsennelke, Samt- 166
Felsrauch, Afrikanischer 284
Fenchel, Wilder 78
Ferkelkraut, Spreutragendes 128
Ferula communis 6, 76
– *tingitana* 76
Ferulago nodosa 78
Ferulago, Knotiger 78
Fetthenne, Nizza- 186
Fettkraut, Kristall- 270
Feuerdorn 310
Fibigia clypeata 150
– *lunarioides* 150
Ficaria verna 304
Ficus carica 278, 430
– *elastica* 432
– *microcarpa* 432
– *rubiginosa* 432
Fieberbaum, Camaldoli- 434
Fieberbaum, Feigenblättriger 434
Fieberbaum, Gewöhnlicher 434
Fieberbaum, Nagelköpfiger 434
Filago gallica 110
– *pygmaea* 110
Filzkraut, Französisches 110
Fingerhut, Balearen- 322
Fingerhut, Dunkler 322
Fingerhut, Kahler 322
Fingerhut, Rotbrauner 322
Fingerhut, Wolliger 322
Fingerkraut, Kleinblütiges 310
Fingerwurz, Holunder- 384
Fingerwurz, Insel- 382
Fingerwurz, Römische 382
Flamboyant 420
Fleischrauch, Neunblättriger 284
Flockenblume, Ägäis- 104
Flockenblume, Bräunliche 102
Flockenblume, Gänsedistelblättrige 104
Flockenblume, Gargano- 104
Flockenblume, Kammartige 102
Flockenblume, Kugelkopf- 104
Flockenblume, Malta- 102
Flockenblume, Pindus- 102
Flockenblume, Rettichartige 104
Flockenblume, Sonnenwend- 104
Flockenblume, Stern- 102
Flockenblume, Verbrannte 102
Flockenblume, Zwerg 104
Flohkraut, Großes 122
Florettseidenbaum 418
Foeniculum vulgare 78
Fortunella margarita 442
– *japonica* 442
Frankenia hirsuta 242
– *laevis* 242
– *pulverulenta* 242
– *thymifolia* 242
Frankeniaceae 242
Frankenie, Behaarte 242
Frankenie, Staubige 242
Frankeniengewächse 242
Frauenhaarfarn 52
Frauenspiegel, Fünfkantiger 162
Fraxinus angustifolia 278
– *excelsior* 278
– *ornus* 278
Fritillaria graeca 370
– *lusitanica* 372
– *messanensis* 370
– *rhodia* 372
Froschlöffelgewächse 346
Fuchsschwanzgewächse 68
Fumana arabica 176
– *ericifolia* 176
– *ericoides* 176
– *laevipes* 178
– *procumbens* 176
– *thymifolia* 178
Fumaria capreolata 282
– *flabellata* 282
Fumariaceae 282
Furcraea foetida 448

Gänseblümchen, Einjähriges 94
Gänseblümchen, Großes 94
Gänseblümchen, Langblättriges 94
Gänsedistel, Knollen- 134
Gänsedistel, Zarte 134
Gänsefußgewächse 172 f.
Gänsekresse, Frühlings- 146
Gagea graeca 372
– *peduncularis* 372
Galactites tomentosus 110
Galatella sedifolia 110
Galium verrucosum 314
Gamander, Gelber 266
Gamander, Goldgelber 266
Gamander, Katzen- 266
Gamander, Kopfiger 266
Gamander, Kurzblättriger 266
Gamander, Schmalblättriger 266
Gamander, Strauchiger 266
Gauchheil, Blauer 294
Gauchheil, Leinblättriger 294
Geißblatt, Etruskisches 164
Geißblatt, Windendes 164
Geißblattgewächse 164
Geißklee, Dreiblütiger 210
Geißklee, Italienischer 210
Geißklee, Montpellier- 230
Gelasia cretica 132

Gelbdolde, Gespenst- 82
Gelbdolde, Kretische 82
Gelbdolde, Rundblättrige 82
Gelbhanf 188
Gelbstern, Langstieliger 372
Geldbaum 422
Gemswurz, Östliche 108
Genista acanthoclada 212
– *cinerea* 214
– *corsica* 212
– *hispanica* 212
– *linifolia* 230
– *lobelii* 212
– *lucida* 212
– *majorica* 214
– *monosperma* 228
– *monspessulana* 230
– *ramosissima* 214
– *raetam* 228
– *salzmannii* 212
– *sardoa* 212
– *sphaerocarpa* 230
– *tricuspidata* 212
– *umbellata* 214
– *valdez-bermejoi* 212
Gennaria diphylla 384
Gentianaceae 242
Geraniaceae 244
Geranium lucidum 244
– *macrostylum* 244
– *tuberosum* 244
Gerberstrauch 184
Gerberstrauchgewächse 184
Geropogon glaber 128
– *hybridus* 128
Gesneriaceae 246
Gesneriengewächse 246
Ginster, Ästiger 214
Ginster, Dolden- 214
Ginster, Dorniger 212
Ginster, Glänzender 212
Ginster, Korsischer 212
Ginster, Salzmanns 212
Ginster, Spanischer 212, 230
Gladiolus communis 356
– *illyricus* 356
– *italicus* 356
– *triphyllus* 358
Glandora rosmarinifolis 142
Glaskraut, Ästiges 338
Glaskraut, Kreta- 338
Glaucium corniculatum 282
– *flavum* 282
Glebionis coronaria 112
– *segetum* 112
Gliedermelde, Ausdauernde 174
Gliedermelde, Graue 16, 172
Gliedermelde, Strauchige 174
Gliederzypresse 60
Gliedkraut, Italienisches 262
Gliedkraut, Purpurrotes 264
Gliedkraut, Römisches 264
Globularia alypum 246
– *cambessedesii* 246
– *majoricensis* 246
Globulariaceae 246
Glockenblume, Felsenblumenblättrige 158
Glockenblume, Gargano- 158
Glockenblume, Gekrümmte 158
Glockenblume, Marien- 160
Glockenblume, Pyramiden- 160
Glockenblume, Schüsselförmige 160
Glockenblume, Topalis 160
Glockenblume, Verzweigte 160
Glockenblumengewächse 158 ff.
Glycyrrhiza echinata 214
– *glabra* 214
Glyzine 426
Götterbaum, Drüsiger 442
Goldbecher, Herbst- 350
Golddistel, Gefleckte 132
Golddistel, Spanische 132
Goldgras 406
Goldkelch, Großblütiger 444
Gomphocarpus fruticosus 88
Gossypium herbaceum 426
– *hirsutum* 426
Gramineae 400 ff., 450
Granatapfelbaum 298, 440
Granatapfelgewächse 298, 440
Grannenreis, Bläulicher 408
Grannenreis, Gewöhnlicher 408
Grapefruit 442
Graslilie, Mattiazzi- 378
Grasnelke, Stechende 288
Greiskraut, Balearen- 122
Greiskraut, Französisches 122
Greiskraut, Margeritenblättriges 122
Greiskraut, Weißfilziges 114
Grevillea robusta 440
Grünstendel, Zweiblättriger 384
Günsel, Gelber 248
Günsel, Moschus- 248
Günsel, Orientalischer 248
Gummibaum 432
Gummiwurz, Cheiron- 78
Gurkenkraut 138
Guttiferae 246 f.
Gymnosporia senegalensis 170
Gynandriris monophylla 360
– *sisyrinchium* 360

H

Hafer, Bärtiger 402
Hahnenfuß, Asiatischer 304
Hahnenfuß, Blasiger 304
Hahnenfuß, Isthmus- 304
Hahnenfuß, Kupfer- 304
Hahnenfuß, Stachelfrucht- 306
Hahnenfußgewächse 298 ff.
Hainbuche, Orientalische 184
Halfagras 406
Halftdolde, Breitblättrige 84
Halimione portulacoides 172
Halimium atriplicifolium 178
– *calycinum* 178
– *commutatum* 178
– *halimifolium* 178
Halskraut, Blaues 162
Hamamelidaceae 246
Hamamelisgewächse 246
Hammerstrauch, Chilenischer 444
Hanf 188
Haplophyllum coronatum 316
– *linifolium* 316
Harzklee 206
Haselnussgewächse 184
Hasenkümmel 78
Hasenohr, Binsen- 72
Hasenohr, Dorniges 74
Hasenohr, Eiblättriges 72
Hasenohr, Gibraltar- 72
Hasenohr, Monte Baldo- 72
Hasenohr, Strauchiges 72
Hasenschwänzchen 406
Hauhechel, Behaarte 228
Hauhechel, Bunte 228
Hauhechel, Gelbe 226
Hauhechel, Zweidornige 228
Hebe salicifolia 442
– *speciosa* 442
– × *andersonii* 442
Hedypnois cretica 128
– *rhagadioloides* 128
Hedysarum coronarium 214
– *glomeratum* 214
– *spinosissimum* 214
Heide, Baum- 22, 192
Heide, Besen- 194
Heide, Quirlblättrige 194
Heide, Vielblütige 194
Heidekrautgewächse 192 f.

Heiligenkraut, Scheinzypressen- 122
Helianthemum almeriense 180
– *apenninum* 180
– *caput-felis* 180
– *lavandulifolium* 180
– *ledifolium* 178
– *marifolium* 178
– *pilosum* 180
– *salicifolium* 178
– *stipulatum* 178
– *syriacum* 180
– *violaceum* 180
Helichrysum conglobatum 112
– *frigidum* 100
– *heldreichii* 112
– *italicum* 112
– *orientale* 112
– *saxatile* 112
– *stoechas* 112
Helicodiceros muscivorus 352
Heliotropium curassavicum 142
– *europaeum* 142
– *hirsutissimum* 142
– *supinum* 142
Helleborus lividus 302
– *odorus* 302
Helminthotheca echioides 128
Helmkraut, Colonna- 262
Helmkraut, Siebers 262
Henna-Strauch 136
Heptapleurum arboricola 416
Hermesfinger 358
Hermodactylus tuberosus 358
Hesperis laciniata 150
Hibiscus esculentus 426
– *rosa-sinensis* 428
– *schizopetalus* 428
– *trionum* 274
Himantoglossum adriaticum 384
– *hircinum* 384
– *robertianum* 382
Hippocrepis balearica 216
– *biflora* 216
– *ciliata* 216
– *cyclocarpa* 216
– *emerus* 212
– *grosii* 216
– *multisiliquosa* 216
– *unisiliquosa* 216
– *valentina* 216
Hirschfeldia incana 150
Hirschzunge, Pfeilförmige 54
Hirtellina fruticosa 114
Honorius nutans 376
Hopfenbuche 184
Hornklee, Essbarer 220
Hornklee, Geißkleeartiger 220
Hornklee, Kretischer 220
Hornklee, Schmaler 220
Hornklee, Vogelfußähnlicher 220
Hornmohn, Gelber 282
Hornmohn, Roter 282
Hufeisenklee, Balearen- 216
Hufeisenklee, Rundfrüchtiger 216
Hufeisenklee, Valencia- 216
Hufeisenklee, Zweiblütiger 216
Hundsgiftgewächse 84, 414 f.
Hundskamille, Chios- 90
Hundskamille, Dreifarbige 92
Hundskamille, Filzige 90
Hundskamille, Steife 92
Hundskamille, Strand- 90
Hundskohl 336
Hundskohlgewächse 336
Hundskolbengewächse 188
Hundswürger 88
Hundszahn, Finger- 404
Hundszunge, Goldlackblättrige 138
Hundszunge, Kretische 140
Hyacinthaceae 368 ff.
Hyacinthella millingenii 372
Hyazinthchen, Zypern- 372
Hyazinthe, Dreiblättrige 368
Hyazinthe, Römische 368
Hyazinthe, Sitia- 368
Hymenocarpos circinnatus 216
Hyoscyamus albus 330
– *aureus* 330
– *niger* 330
– *reticulatus* 330
Hyoseris lucida 128
– *radiata* 128
– *scabra* 128
Hyparrhenia hirta 406
Hypecoum imberbe 284
– *procumbens* 284
Hypericaceae 246 f.
Hypericum amblycalyx 246
– *balearicum* 246
– *coris* 246
– *empetrifolium* 246
– *hircinum* 246
– *jovis* 246
– *olympicum* 248
– *perfoliatum* 248
– *spruneri* 248
– *triquetrifolium* 248
Hypochaeris achyrophorus 128
Hyssopus officinalis 250

Iberis linifolia 150
– *sempervirens* 150
Ifloga spicata 114
Ifloga, Ährige 114
Igelginster 212
Igelgras, Kopfiges 404
Igelpolster, Mannsschildartiges 288
Immergrün, Großes 84
Immergrün, Krautiges 84
Immergrün, Madagaskar- 414
Immergrün, Mittleres 84
Indigo, Falscher 424
Indigofera tinctoria 424
Inula candida 114
– *crithmoides* 116
– *montana* 114
– *pseudolimonella* 114
– *spiraeifolia* 114
– *verbascifolia* 114
– *viscosa* 108
Iochroma cyaneum 444
Ipomoea batatas 422
– *indica* 422
Iridaceae 356 ff.
Iris attica 358
– *chamaeiris* 358
– *lutescens* 358
– *planifolia* 358
– *pseudopumila* 358
– *tuberosa* 358
– *unguicularis* 358
Isoëtaceae 52
Isoëtes histrix 52

Jacaranda 418
Jacaranda mimosifolia 418
– *ovalifolia* 418
Jacobaea candida 114
– *maritima* 114
Jancaea heldreichii 246
Jankaea, Heldreichs 246
Jasmin, Falscher 416
Jasmin, Strauchiger 278
Jasmin, Vielblütiger 436
Jasmin, Winter- 436
Jasminum fruticans 278
– *nudiflorum* 436
– *officinale* 436
– *polyanthum* 436
Jerusalemdorn 420
Jochblatt, Bohnen- 344
Jochblatt, Weißes 344
Jochblattgewächse 344

Johannisbrotbaum 158
Johannisbrotgewächse 158, 418 f.
Johanniskraut, Balearen- 246
Johanniskraut, Bocks- 246
Johanniskraut, Durchwachsenblättriges 248
Johanniskraut, Krähenbeeren- 246
Johanniskraut, Krausblättriges 248
Johanniskraut, Olymp- 248
Johanniskrautgewächse 246 f.
Judasbaum 158
Juncaceae 360
Juncus acutus 360
– *littoralis* 360
– *maritimus* 360
Jungfer im Grünen 304
Juniperus communis 58
– *drupacea* 58
– *excelsa* 58
– *foetidissima* 58
– *macrocarpa* 58
– *oxycedrus* 58
– *phoenicea* 58
– *thurifera* 60
Jupiterbart 202
Jurinea humilis 116
– *mollis* 116
Justicia adhatoda 412
Justizie, Indische 412

K

Kakibaum 422
Kakipflaume 422
Kakteen 156
Kameldorn, Falscher 200
Kamille, Bräunliche 106
Kamille, Gemischte 106
Kammgras, Grannen- 404
Kampferkraut, Montpellier- 172
Kaperngewächse 162
Kapernstrauch, Östlicher 162
Karde, Stachel- 190
Kardengewächse 190 f.
Kardone 108
Kartoffelstrauch, Blauer 446
Kassie, Doppeltraubige 420
Kassie, Nördliche 420
Kastanie, Echte 238
Kasuarine, Schachtelhalmblättrige 420
Kasuarinengewächse 420
Katzenminze, Amethystfarbene 254
Katzenminze, Scordotis- 254
Kermesbeere, Amerikanische 438
Kermesbeere, Zweihäusige 438
Kermesbeerengewächse 438
Kerndolde, Gewöhnliche 78
Kerzenstrauch 420
Kettenfarn, Wurzelnder 56
Keuschbaum 342
Keuschorchis 384
Kichererbse 426
Kickxia commutata 322
Kiefer, Aleppo- 18, 64
Kiefer, Brutia- 62
Kiefer, Kalabrische 62
Kiefer, Lärchen- 64
Kiefer, Pallas- 64
Kiefer, Schwarz- 64
Kiefer, Stern- 64
Kieferngewächse 62 f.
Kirsche, Niederliegende 310
Kiwi 412
Klasea flavescens 116
Klebsame 438
Klebsamengewächse 438
Klee, Cherlers 232
Klee, Einblütiger 234
Klee, Erd- 234
Klee, Filziger 234
Klee, Inkarnat- 232
Klee, Ligurischer 232
Klee, Schaumiger 232
Klee, Schildartiger 232
Klee, Schmalblättriger 232
Klee, Stern- 234
Kleefarn, Behaarter 52
Kleefarngewächse 52
Klettengras, Traubiges 410
Klettenkerbel, Knotiger 84
Klettertrompete, Amerikanische 418
Klippenziest, Großer 258
Knabenkraut, Affen- 396
Knabenkraut, Anatolisches 392
Knabenkraut, Armblütiges 396
Knabenkraut, Bleiches 394
Knabenkraut, Borys 394
Knabenkraut, Dreizähniges 392
Knabenkraut, Französisches 396
Knabenkraut, Heiliges 392
Knabenkraut, Hügel- 392
Knabenkraut, Italienisches 392
Knabenkraut, Kleines 394
Knabenkraut, Kreta- 396
Knabenkraut, Lockerblütiges 394
Knabenkraut, Milchweißes 392
Knabenkraut, Olbia- 394
Knabenkraut, Purpur- 396
Knabenkraut, Schmetterlings- 394
Knabenkraut, Sumpf- 394
Knabenkraut, Vierpunkt- 396
Knabenkraut, Wanzen- 392
Knäuelgras, Spanisches 404
Knautia orientalis 190
Knautie, Östliche 190
Knorpellattich, Binsen- 126
Knorpelmöhre, Echte 72
Knorpelmöhre, Große 72
Knöterich, Schachtelhalm- 292
Knöterich, Strand- 294
Knöterichgewächse 292 f.
Knotenblume, Langblättrige 346
Knotenblume, Sommer- 346
Königskerze, Bärenschwanz- 328
Königskerze, Buchtige 328
Königskerze, Dornige 328
Königskerze, Gewelltblättrige 328
Königskerze, Griechische 328
Königskerze, Langschwänzige 328
Kohl, Balearen- 146
Kokonseidenbaum 418
Koloquinte 188
Koralleneibisch 428
Korbblütler, Röhrenblütige 90 ff., 416
Korbblütler, Zungenblütige 126 ff.
Koriander 74
Krähenfuß, Zweiknotiger 148
Krapp, Balearen- 314
Krapp, Kletten- 314
Krapp, Zartblättriger 314
Kratzdistel, Akarna- 120
Kratzdistel, Armleuchter- 106
Kratzdistel, Artischocken- 116
Kratzdistel, Kretische 106
Kratzdistel, Morinablättrige 106
Kratzdistel, Scheinfichten- 120
Kratzdistel, Spanische 120
Kratzdistel, Syrische 116
Kreuzblatt, Breitblättriges 312
Kreuzblatt, Strand- 312
Kreuzblume, Geaderte 292
Kreuzblume, Gelbliche 292
Kreuzblume, Große 292
Kreuzblume, Myrtenblättrige 438

Kreuzblume, Nizza- 292
Kreuzblumengewächse 292, 438
Kreuzblütler 146 ff.
Kreuzdorn, Bocksdornartiger 308
Kreuzdorn, Erzherzog-Ludwig-Salvator- 308
Kreuzdorn, Immergrüner 308
Kreuzdorn, Ölbaum- 308
Kreuzdorngewächse 306 f.
Kreuzlabkraut, Kahles 314
Kreuzstrauch 416
Krokus, Korsischer 356
Krokus, Langblütiger 356
Krokus, Siebers 356
Krokus, Zweiblütiger 356
Kronwicke, Binsen- 208
Kronwicke, Kleine 208
Kronwicke, Skorpions- 208
Kronwicke, Strauchige 212
Kronwicke, Valencia- 208
Krugglocke, Grasblättrige 160
Krummstab, Gedrungener 350
Krummstab, Gewöhnlicher 350
Krummstab, Rüssel- 350
Kürbisgewächse 188, 422
Kugelblume, Strauchige 246
Kugelblumengewächse 246
Kugeldistel, Drüsenhaarige 110
Kugeldistel, Ritro- 110
Kugelsimse, Gewöhnliche 354
Kumquat, Chinesische 442

Labiatae 248 ff., 426
Labkraut, Anis- 314
Lackmuskraut 194
Lactuca viminea 130
Lafuentea rotundifolia 322
Lafuentie, Rundblättrige 322
Lagoecia cuminoides 78
Lagurus ovatus 406
Lamarckia aurea 406
Lamiaceae 248 ff., 426
Lamium album 250
– *bifidum* 250
– *garganicum* 250
– *moschatum* 250
– *orvala* 252
Lamyropsis cynaroides 116
– *microcephala* 116
Lantana camara 446
Lanzenähre 250
Lappenblume, Niederliegende 284
Lathyrus aphaca 216
– *articulatus* 216
– *cicera* 218
– *clymenum* 216
– *digitatus* 218
– *latifolius* 218
– *laxiflorus* 218
– *ochrus* 218
– *oleraceus* 228
– *sphaericus* 218
– *tingitanus* 218
– *venetus* 218
– *vernus* 218
Lattich, Ruten- 130
Lauch, Armblütiger 362
Lauch, Bleicher 362
Lauch, Dreiblättriger 364
Lauch, Dunkler 362
Lauch, Glöckchen- 364
Lauch, Neapolitanischer 362
Lauch, Rosen- 364
Lauch, Schöner 362
Lauch, Sommer- 362
Lauch, Zottiger 364
Lauch, Zwerg- 362
Launaea arborescens 130
– *cervicornis* 130
– *lanifera* 130
Lauraceae 270, 426
Laurentia minuta 162
Laurentie, Kleine 162
Laurus nobilis 270
Lavandin 252
Lavandula angustifolia 252
– *dentata* 252
– *lanata* 252
– *latifolia* 252
– *multifida* 252
– *pedunculata* 252
– *spica* 252
– *stoechas* 252
– *viridis* 252
– × *intermedia* 252
Lavatera arborea 274
– *bryoniifolia* 276
– *cretica* 276
– *maritima* 276
– *oblongifolia* 276
– *olbia* 276
– *punctata* 276
Lavendel, Echter 252
Lavendel, Fiederblättriger 252
Lavendel, Gezähnter 252
Lavendel, Schopf- 252
Lavendel, Spik- 252
Lawsonia inermis 136
Lecokia cretica 78
Lecokie, Kretische 78
Legousia falcata 162
– *pentagonia* 162
– *scabra* 162
Leimkraut, Ägyptisches 168
Leimkraut, Einseitswendiges 170
Leimkraut, Farbiges 168
Leimkraut, Fleischiges 170
Leimkraut, Französisches 170
Leimkraut, Mauerpfeffer- 170
Leimkraut, Strand– 170
Lein, Bäumchen- 270
Lein, Glocken- 270
Lein, Halbstrauchiger 272
Lein, Narbonne- 270
Lein, Steifer 272
Lein, Weichhaariger 270
Lein, Zweijähriger 270
Leingewächse 270 f.
Leinkraut, Aleppo- 324
Leinkraut, Kupfer- 324
Leinkraut, Pellicier- 324
Leinkraut, Purpurrotes 324
Leiotulus aureus 78
Lentibulariaceae 270
Leontodon tuberosus 130
Leopoldia comosa 374
– *spreitzenhoferi* 374
– *weissii* 374
Lepidium didymum 148
– *coronopus* 148
Leucaena glauca 430
– *leucocephala* 430
Leucojum aestivum 346
– *longifolium* 346
– *roseum* 346
Leuzea conifera 122
Levkoje, Dreihörnige 154
Levkoje, Großblütige 152
Levkoje, Kleinblütige 154
Levkoje, Strand- 154
Levkoje, Trübe 152
Liliaceae s. l. 362 ff., 450
Liliaceae s. str. 370 f., 380
Lilie, Madonnen- 372
Liliengewächse 362 ff., 450
Lilium bulbiferum 372
– *candidum* 372
Limbarda crithmoides 116
Limodorum abortivum 384
– *trabutianum* 384
Limoniastrum monopetalum 290
Limonium circaei 290
– *glomeratum* 290

Limonium lobatum 290
– *narbonense* 290
– *sinuatum* 290
– *sommierianum* 290
Linaceae 270 f.
Linaria aeruginea 324
– *chalepensis* 324
– *pelisseriana* 324
– *purpurea* 324
Linum arboreum 270
– *bienne* 270
– *caespitosum* 270
– *campanulatum* 270
– *maritimum* 272
– *narbonense* 270
– *pubescens* 270
– *strictum* 272
– *suffruticosum* 272
– *tenuifolium* 272
– *thracicum* 270
– *trigynum* 272
Lippenblütler 248 ff., 426
Lippia canescens 342
– *nodiflora* 342
– *triphylla* 446
Lippie, Knotenblütige 342
Liquidambar orientalis 246
Lithodora fruticosa 142
– *hispidula* 142
– *prostrata* 142
– *rosmarinifolia* 142
Lloydia graeca 372
Lobularia libyca 152
– *maritima* 152
Löwenmaul, Großes 318
Löwenmaul, Nierenblättriges 318
Löwenmaul, Sizilianisches 318
Löwenzahn, Knolliger 130
Logfia gallica 110
Lolium 402
Lomelosia brachiata 190
– *prolifera* 190
Loncomelos narbonense 376
Lonicera caprifolium 164
– *etrusca* 164
– *implexa* 164
– *periclymenum* 164
Loranthaceae 272
Loranthus europaeus 272
Lorbeer, Gewürz- 270
Lorbeerbaum 270
Lorbeerbaum, Indischer 432
Lorbeergewächse 270, 426
Losbaum, Japanischer 446
Lotus angustissimus 220
– *conjugatus* 220
– *creticus* 220
– *cytisoides* 220
– *dorycnium* 210
– *edulis* 220
– *graecus* 210
– *hirsutus* 210
– *maritimus* 220
– *ornithopodioides* 220
– *peregrinus* 220
– *rectus* 210
– *tetragonolobus* 220
Lotuspflaume 422
Lotwurz, Aufrechte 144
Lotwurz, Griechische 144
Lotwurz, Natternkopf- 144
Lotwurz, Strauchige 144
Lupine, Kleinblättrige 222
Lupine, Schmalblättrige 222
Lupinus angustifolius 222
– *cosentinii* 222
– *gussoneanus* 222
– *micranthus* 222
– *pilosus* 222
Lycianthes rantonnetii 446
Lycium europaeum 330
– *intricatum* 330
– *schweinfurthii* 330
Lygeum spartum 25, 406
Lygos sphaerocarpa 230
Lysimachia arvensis 294
– *foemina* 294
– *linum-stellatum* 294
– *monellii* 294
Lythraceae 274
Lythrum acutangulum 274
– *junceum* 274

Maclura pomifera 432
Macrochloa tenacissima 406
Madeirawein 416
Mäusedorn, Stechender 376
Mäusedorn, Westlicher 376
Mäusedorn, Zungen- 376
Malabaila aurea 78
Malabarnuss 412
Malcolmia africana 152
– *flexuosa* 152
– *littorea* 152
– *maritima* 152
– *nana* 152
– *ramosissima* 152
Malcolmie, Gebogene 152
Malcolmie, Strand- 152
Malcolmie, Zwerg- 152
Malope malacoides 276
Malteserschwamm 188
Malva arborea 274
– *cretica* 276
– *multiflora* 276
– *oblongifolia* 276
– *olbia* 276
– *punctata* 276
– *setigera* 274
– *subovata* 276
– *sylvestris* 276
– *unguiculata* 276
Malvaceae 274 f., 426 f.
Malvaviscus arboreus 428
Malve, Kretische 276
Malvengewächse 274 f., 426 f.
Mandarine 442
Mandel, Webbs 310
Mandelbaum 310, 440
Mandragora autumnalis 332
– *officinarum* 332
Mannstreu, Feld- 76
Mannstreu, Kretisches 76
Mannstreu, Sichelblatt- 76
Mannstreu, Stahlblaues 76
Marcus-kochia littorea 152
– *ramosissima* 152
Maresia nana 152
Margerite, Gelbe 106
Mariendistel 124
Marrubium alysson 254
– *incanum* 254
– *vulgare* 254
Marsilea strigosa 52
Marsileaceae 52
Mastixdistel 94
Mastixstrauch 70
Mastorchis 382
Matthiola fruticulosa 152
– *incana* 154
– *longipetala* 152
– *parviflora* 154
– *sinuata* 154
– *tricuspidata* 154
Mauermiere, Kopfförmige 166
Mauermiere, Silber- 166
Mauerpfeffer, Rötlicher 186
Mauerpfeffer, Spanischer 186
Mauerpfeffer, Strand- 186
Maulbeerbaum, Schwarzer 432
Maulbeerbaum, Weißer 432
Maulbeergewächse 278, 430 f.
Mauritiushanf 448
Maytenus senegalensis 170
Maytenus, Senegal- 170
Medicago arabica 222

– *arborea* 222
– *citrina* 222
– *coronata* 222
– *disciformis* 222
– *leiocarpa* 224
– *marina* 224
– *murex* 224
– *orbicularis* 224
– *polymorpha* 224
– *rugosa* 224
– *scutellata* 224
– *strasseri* 222
– *suffruticosa* 224
Meerfenchel 74
Meersenf, Europäischer 148
Meerträubel, Gewöhnliches 60
Meerträubel, Krummstiel- 60
Meerträubel, Zerbrechliches 60
Meerträubelgewächse 60
Meerzwiebel, Gewöhnliche 380
Meier, Behaarter 312
Meier, Gelber 312
Melaleuca citrina 434
Melanortocarya obtusifolia 144
Melde, Graugrüne 172
Melde, Strauch- 172
Melia azedarach 428
Meliaceae 428
Melica minuta 408
Melilotus indicus 226
– *messanensis* 226
– *siculus* 226
– *sulcatus* 226
Melomphis arabica 324
Melone, Honig- 422
Melone, Zucker- 422
Mercurialis annua 200
– *corsica* 200
– *tomentosa* 200
Merendera androcymbioides 374
– *attica* 374
– *filifolia* 374
– *pyrenaica* 374
– *sobolifera* 374
Merendera, Schmalblättrige 374
Mesembryanthemum cordifolium 412
– *crystallinum* 68
– *nodiflorum* 68
Micromeria graeca 260
– *juliana* 260
– *nervosa* 262
Microrrhinum litorale 320
– *minus* 320
Milchfleckdistel 110
Milchorangenbaum 432
Milchstern, Arabischer 374
Milchstern, Berg- 376
Milchstern, Gefranster 376
Milchstern, Narbonne- 376
Milchstern, Nickender 376
Milchstern, Pyrenäen- 376
Milzfarn 52
Mimosaceae 428 f.
Mimose, Weißköpfige 430
Mimosengewächse 428 f.
Minuartia geniculata 168
Mirabilis jalapa 436
Misopates calycinum 324
– *orontium* 324
Mispel, Japanische 440
Mistel, Kreta- 272
Mistel, Kreuzblättrige 272
Mistelgewächse 272
Mittagsblume, Gelbe 68
Mittagsblume, Herzblättrige 412
Mittagsblume, Knotenblütige 68
Mittagsblume, Kristall- 68
Mönchskraut, Aufgeblasenes 144
Mönchskraut, Stumpfblättriges 144
Mönchspfeffer 342
Mohn, Bastard- 284
Mohn, Borstiger 284
Mohn, Schlaf- 284
Mohngewächse 282 f.
Moosfarn, Gezähnter 56
Moosfarngewächse 56
Moraceae 278, 430 f.
Moraea mediterranea 360
– *sisyrinchium* 360
Moricandia arvensis 154
Moricandie, Acker- 154
Morina persica 190
Morinaceae 190
Morinie, Persische 190
Morisia monanthos 154
Morus alba 432
– *nigra* 432
Musa acuminata 450
– *cavendishii* 450
Musaceae 450
Muscari commutatum 374
– *comosum* 374
– *neglectum* 374
– *parviflorum* 374
– *racemosum* 374
– *spreitzenhoferi* 374
– *weissii* 374
Myoporaceae 432
Myoporum insulare 432
– *laetum* 432
Myrtaceae 278, 434
Myrte 278
Myrtengewächse 278, 434
Myrtus communis 278

Nabelkraut, Hängenden 186
Nabelkraut, Kleinblütiges 186
Nabelkraut, Waagerechtes 186
Nachtschatten, Buenos Aires- 332
Nachtschatten, Ölweidenblättriger 332
Nachtschattengewächse 330 ff., 444 f.
Nachtviole, Zerschlitzte 150
Nacktfarn, Dünnblättriger 52
Nadelröschen, Arabisches 176
Nadelröschen, Erika- 176
Nadelröschen, Thymianblättriges 178
Nagelkraut, Vierblättriges 168
Narcissus assoanus 346
– *bugei* 348
– *bulbocodium* 346
– *jonquilla* 346
– *miniatus* 348
– *obsoletus* 348
– *papyraceus* 348
– *poeticus* 348
– *pseudonarcissus* 348
– *radiiflorus* 348
– *requienii* 346
– *serotinus* 348
– *tazetta* 348
Narzisse, Binsenblättrige 346
Narzisse, Bukett- 348
Narzisse, Dichter- 348
Narzisse, Gelbe 348
Narzisse, Papyrus- 348
Narzisse, Reifrock- 346
Narzisse, Spätblühende 348
Narzissengewächse 346 ff.
Natternkopf, Italienischer 140
Natternkopf, Kleinblütiger 140
Natternkopf, Sand- 140
Natternkopf, Schmalblättriger 140
Natternkopf, Wegerichblättriger 140
Nauplius aquaticus 92

Neatostema apulum 142
Nelke, Balbis 166
Nelke, Gewimperte 166
Nelke, Stein- 166
Nelkengewächse 164 ff.
Neotinea lactea 392
– *maculata* 384
– *tridentata* 392
Nepeta amethystina 254
– *nepetella* 254
– *scordotis* 254
Neptungras 410
Neptungrasgewächse 410
Nerium oleander 84
Nessel, Römische 340
Nesselblatt, Schillerndes 424
Nicotiana glauca 332
– *rustica* 332
– *tabacum* 332
Nieswurz, Korsische 302
Nieswurz, Wohlriechende 302
Nigella arvensis 302
– *damascena* 304
– *sativa* 302
Nonea echioides 144
– *obtusifolia* 144
– *ventricosa* 144
– *vesicaria* 144
Norfolktanne 412
Notobasis syriaca 116
Nyctaginaceae 434 f.

Ochsenzunge, Ägyptische 136
Ochsenzunge, Bunte 138
Ochsenzunge, Hybrid- 138
Ochsenzunge, Italienische 138
Ochsenzunge, Kretische 138
Odermennig 308
Ölbaum 2-3, 278, 436
Ölbaumgewächse 278 f., 436
Ölsilge, Asklepias- 74
Ölweide, Schmalblättrige 424
Oeosporangium acrosticum 54
– *pteridioides* 54
Ölweidengewächse 424
Ohnhorn 382
Okra 426
Olea europaea 2-3, 278, 436
Oleaceae 278 f., 436
Oleander, Gelber 414
Oleander, Gewöhnlicher 84
Oloptum miliaceum 408
Oncostema peruvian 378
Onobrychis aequidentata 226
– *caput-galli* 226
– *venosa* 226
Ononis natrix 226
– *hispanica* 226
– *pubescens* 228
– *ramosissima* 226
– *spinosa* 228
– *talaverae* 226
– *variegata* 228
Onopordum argolicum 118
– *bracteatum* 118
– *horridum* 118
– *illyricum* 118
– *tauricum* 118
Onosma echioides 144
– *erecta* 144
– *frutescens* 144
– *fruticosa* 144
– *graeca* 144
Ophrys apifera 386
– *argolica* 386
– *atlantica* 388
– *atrata* 390
– *bertolonii* 386
– *bombyliflora* 386
– *candica* 388
– *carmeli* 390
– *ciliata* 390
– *cornuta* 388
– *crabronifera* 386
– *cretica* 386
– *dyris* 390
– *ferrum-equinum* 386
– *fleischmannii* 390
– *fuciflora* 388
– *fusca* 388
– *heldreichii* 388
– *holosericea* 388
– *incubacea* 390
– *iricolor* 388
– *lacaitae* 388
– *lutea* 388
– *mammosa* 388
– *oestrifera* 388
– *omegaifera* 390
– *pallida* 388
– *reinholdii* 390
– *scolopax* 388
– *speculum* 390
– *sphegodes* 390
– *spruneri* 390
– *tenthredinifera* 390
– *umbilicata* 390
– *vernixia* 390
Opopanax chironium 78
– *hispidus* 78
Opuntia ficus-barbarica 156
– *ficus-indica* 156
Orange 442
Orange, Dreiblättrige 442
Orangenblume, Mexikanische 440
Orchidaceae 382 ff.
Orchideen 382 ff.
Orchis anatolica 392
– *anthropophora* 382
– *boryi* 394
– *brancifortii* 396
– *collina* 392
– *coriophora* 392
– *italica* 392
– *lactea* 392
– *laxiflora* 394
– *mascula* 394
– *morio* 394
– *pallens* 394
– *palustris* 394
– *papilionacea* 394
– *pauciflora* 396
– *prisca* 396
– *provincialis* 396
– *purpurea* 396
– *quadripunctata* 396
– *sancta* 392
– *simia* 396
– *spitzelii* 396
– *tridentata* 392
Origanum dictamnus 254
– *heracleoticum* 254
– *onites* 254
– *vulgare* 254
Orlaya daucoides 80
– *grandiflora* 80
– *kochii* 80
Ormenis mixta 106
Ornithogalum arabicum 374
– *brachystylum* 376
– *creticum* 376
– *fimbriatum* 376
– *montanum* 376
– *narbonense* 376
– *nutans* 376
– *prasinantherum* 376
– *pyrenaicum* 376
Ornithopus compressus 228
– *pinnatus* 228
Orobanchaceae 280
Orobanche crenata 280
– *latisquama* 280
– *lavandulacea* 280
– *mutelii* 280
Oryza sativa 450

Osagedorn 432
Osterluzei, Gelbe 86
Osterluzei, Immergrüne 86
Osterluzei, Kretische 86
Osterluzei, Pistolochia- 86
Osterluzei, Rundknollige 86
Osterluzei, Südspanische 86
Osterluzei, Wenignervige 86
Osterluzeigewächse 86
Ostrya carpinifolia 184
Osyris alba 316
– *lanceolata* 316
– *quadripartita* 316
Otanthus maritimus 90
Oxalidaceae 280
Oxalis pes-caprae 280

Paeonia cambessedesii 282
– *clusii* 282
– *mascula* 282
– *officinalis* 282
– *peregrina* 282
Paeoniaceae 282
Palisander, Falscher 418
Paliurus spina-christi 306
Pallenis maritima 16, 118
– *spinosa* 118
Palmae 354, 448
Palmen 354, 448
Palmfarn, Japanischer 412
Palmfarngewächse 412
Palmlilie, Kerzen- 448
Palmlilie, Prachtvolle 448
Pampasgras 450
Pancratium illyricum 348
– *maritimum* 348
Pankrazlilie 348
Papaver dodecandrum 284
– *hybridum* 284
– *setigerum* 284
Papaveraceae 282 f.
Papilionaceae 200 ff., 424 f.
Papyrusstaude 354
Paradiesvogelstrauch 420
Paragymnopteris marantae 54
Parapholis filiformis 408
– *incurva* 408
Paraserianthes 430
Parentucellia flaviflora 324
– *latifolia* 324
– *viscosa* 326
Parentucellie, Breitblättrige 324
Parentucellie, Klebrige 326
Parietaria cretica 338
– *diffusa* 338
– *judaica* 338
– *lusitanica* 338
– *officinalis* 338
Parkinsonia aculeata 420
Parkinsonie, Stachelige 420
Paronychia argentea 166
– *capitata* 166
Passiflora caerulea 436
– *edulis* 436
Passifloraceae 436
Passionsblume, Blaue 436
Passionsblumengewächse 436
Pastinaca latifolia 80
– *lucida* 80
Pastinak, Glänzender 80
Paternosterbaum 428
Pechklee 206
Pechsamenstrauch, Chinesischer 438
Pechsamenstrauch, Gewellt-blättriger 438
Pedaliaceae 436
Peganum harmala 344
Pelzfarn, Marantas 54
Pelzfarn, Wolliger 54
Pentanema mpntanum 114
– *spiraeifolium* 114
– *verbascifolium* 114
Periploca angustifolia 88
– *graeca* 88
Perlgras, Mittelmeer- 408
Persea americana 426
Perückenstrauch 70
Petromarula pinnata 162
Petrorhagia dubia 166
– *glumacea* 168
– *nanteuilii* 166
– *velutina* 166
Petrosedum sediforme 186
– *ochroleucum* 186
Pfaffenhütchen, Japanisches 422
Pfefferbaum, Brasilianischer 414
Pfefferbaum, Peruanischer 414
Pfennigklee 216
Pfingstrose, Balearen- 282
Pfingstrose, Großblättrige 282
Pfingstrose, Weiße 282
Pfingstrosengewächse 282
Pfirsich 440
Pfriemenginster 230
Phagnalon rupestre 120
– *saxatile* 120
– *sordidum* 120
Pharbitis learii 422
Phelipanche mutelii 280
Phillyrea angustifolia 278
– *latifolia* 280
– *media* 280
Phlomis cretica 256
– *crinita* 256
– *fruticosa* 23, 256
– *herba-venti* 256
– *italica* 256
– *lanata* 256
– *lunariifolia* 256
– *lychnitis* 256
– *purpurea* 256
Phoenix canariensis 448
– *dactylifera* 354, 448
– *theophrasti* 354
Phonus arborescens 100
Phragmites australis 402
– *communis* 402
Phyla nodiflora 342
Phyllitis sagittata 54
Phytolacca americana 438
– *decandra* 438
– *dioica* 438
Phytolaccaceae 438
Picnomon acarna 120
Picris echioides 128
Pinaceae 62 f.
Pinguicula crystallina 270
Pinie 18, 64
Pinus brutia 62
– *halepensis* 18, 64
– *heldreichii* 64
– *leucodermis* 64
– *maritima* 64
– *nigra* 64
– *pinaster* 64
– *pinea* 18, 64
– *sylvestris* 64
Pippau, Roter 126
Pippau, Vernachlässigter 126
Piptatherum coerulescens 408
– *miliaceum* 408
Pistacia atlantica 70
– *lentiscus* 70
– *terebinthus* 70
– *vera* 414
Pistazie, Atlantische 70
Pistazie, Echte 414
Pistazie, Terpentin- 70
Pisum sativum 228
Pittosporaceae 438
Pittosporum tobira 438
– *undulatum* 438
Plantaginaceae 286 f.
Plantago afra 286

– *albicans* 286
– *amplexicaulis* 288
– *bellardii* 286
– *coronopus* 288
– *crassifolia* 286
– *cretica* 286
– *holosteum* 286
– *lagopus* 288
– *ovata* 286
– *psyllium* 286
– *sempervirens* 286
– *serraria* 288
– *subulata* 286
Platanaceae 288, 438
Platane, Gewöhnliche 438
Platane, Morgenländische 21, 288
Platanengewächse 288, 438
Platanus occidentalis 438
– *orientalis* 21, 288
– × *hispanica* 438
– × *hybrida* 438
Platterbse, Breitblättrige 218
Platterbse, Flügel- 218
Platterbse, Gefingerte 218
Platterbse, Kugelsamige 218
Platterbse, Lockerblütige 218
Platterbse, Purpur- 216
Platterbse, Ranken- 216
Platterbse, Rote 218
Platterbse, Tanger- 218
Platterbse, Venezianische 218
Platycapnos tenuilobus 284
Plocama calabrica 314
Plumbaginaceae 288 ff., 438
Plumbago auriculata 438
– *capensis* 438
– *europaea* 292
Poaceae 400 ff., 450
Podranea ricasoliana 418
Poinsettie 424
Polycarpon tetraphyllum 168
Polygala flavescens 292
– *major* 292
– *myrtifolia* 438
– *nicaeensis* 292
– *venulosa* 292
– × *dalmaisiana* 438
Polygalaceae 292, 438
Polygonaceae 292 f.
Polygonum equisetiforme 292
– *maritimum* 294
Polypodiaceae 52 ff.
Polypodium australe 56
– *cambricum* 56
– *interjectum* 56
– *vulgare* 56
Polystichum setiferum 56
Pomelo 442
Pomeranze 442
Poncirus trifoliata 442
Posidonia oceanica 410
Posidoniaceae 410
Potentilla micrantha 310
Poterium spinosum 312
Prasium majus 258
Primelgewächse 294 f.
Primulaceae 294 f.
Procopiania cretica 144
Prospero autumnale 378
Proteaceae 440
Proteusgewächse 440
Prunkwinde, Blaue 422
Prunus amygdalus 440
– *armeniaca* 440
– *dulcis* 310, 440
– *persica* 440
– *prostrata* 310
– *webbii* 310
Pseudodictamnus acetabulosus 250
– *hirsutus* 250
– *mediterraneus* 250
Pseudorlaya pumila 80
Psoralea bituminosa 206
Pteridaceae 56
Pteris cretica 56
– *vittata* 56
Pterocephalus perennis 192
– *pinardii* 192
Ptilostemon afer 120
– *chamaepeuce* 120
– *gnaphaloides* 120
– *hispanicus* 120
Pulicaria dysenterica 122
– *odora* 122
Punica granatum 298, 440
Punicaceae 298, 440
Puppenorchis 382
Purgierdolde, Gargano- 82
Putoria calabrica 314
Putorie, Kalabrische 314
Pyracantha coccinea 310
Pyramidenorchis 382
Pyrus amygdaliformis 310
– *spinosa* 310

Quecke, Strand- 15, 406
Quercus alnifolia 240
– *aucheri* 238
– *calliprinos* 238
– *canariensis* 238
– *cerris* 238
– *coccifera* 238
– *faginea* 238
– *frainetto* 238
– *ilex* 17, 240
– *ithaburensis* 20, 240
– *lusitanica* 238
– *pubescens* 240
– *rotundifolia* 240
– *suber* 240
– *trojana* 240
– *virgiliana* 240

Rachenblütler 318 ff., 442
Rafflesiaceae 298
Ragwurz, Argolische 386
Ragwurz, Bertolonis 386
Ragwurz, Bienen- 386
Ragwurz, Braune 388
Ragwurz, Busen- 388
Ragwurz, Drohnen- 386
Ragwurz, Gehörnte 388
Ragwurz, Gelbe 388
Ragwurz, Heldreichs 388
Ragwurz, Hornissen- 386
Ragwurz, Hufeisen- 386
Ragwurz, Hummel- 388
Ragwurz, Kretische 386
Ragwurz, Lacaitas 388
Ragwurz, Nabel- 390
Ragwurz, Omega- 390
Ragwurz, Regenbogen- 388
Ragwurz, Reinholds 390
Ragwurz, Schnepfen- 388
Ragwurz, Schwarze 390
Ragwurz, Spiegel- 390
Ragwurz, Spinnen- 390
Ragwurz, Spruners 390
Ragwurz, Weißglanz- 388
Ragwurz, Wespen- 390
Rainfarn, Audiberts 124
Ramonda heldreichii 246
– *myconi* 246
Ranunculaceae 298 ff.
Ranunculus asiaticus 304
– *bullatus* 304
– *cupreus* 304
– *ficaria* 304
– *garganicus* 304
– *isthmicus* 304
– *millefoliatus* 304
– *muricatus* 306
– *parviflorus* 306
Rhaphiolepis bibas 440

Rapistrum rugosum 154
Rapsdotter, Runzeliger 154
Rasselblume, Blaue 126
Raublattgewächse 136 ff.
Raute, Aleppo- 316
Raute, Gefranste 316
Raute, Korsische 316
Rautengewächse 316, 440 f.
Reichardia intermedia 130
– *picroides* 130
– *tingitana* 132
Reichardie, Bittere 130
Reichardie, Tanger- 132
Reiherschnabel, Balearen- 244
Reiherschnabel, Korsischer 244
Reiherschnabel, Malvenblättriger 244
Reiherschnabel, Storchartiger 244
Reis 450
Reseda alba 306
– *lutea* 306
– *luteola* 306
– *orientalis* 306
– *phyteuma* 306
Resedaceae 306
Resede, Östliche 306
Resede, Rapunzel- 306
Resede, Weiße 306
Resedengewächse 306
Retama monosperma 228
– *raetam* 228
– *sphaerocarpa* 230
Retama, Einsamige 228
Retama, Gewöhnliche 230
Rhagadiolus edulis 132
– *stellatus* 132
Rhamnaceae 306 f.
Rhamnus alaternus 308
– *ludovici-salvatoris* 308
– *lycioides* 308
Rhaponticum coniferum 122
Rhodalsine geniculata 168
Rhus coriaria 70
– *pentaphylla* 70
– *typhina* 70
Ricinus communis 200
Ricotia cretica 154
Ricotia, Kretische 154
Riemenblume 272
Riemenzunge, Adriatische 384
Riemenzunge, Bocks- 384
Riesenknabenkraut 382
Riesenschilf 402
Ringelblume, Acker- 96
Ringelblume, Halbstrauchige 96
Rittersporn, Garten- 302
Rittersporn, Scharfer 302
Rizinus 200
Röhrenkraut, Kreta- 128
Roemeria hybrida 284
Roemerie, Bastard- 284
Rötegewächse 312 f.
Rohr, Spanisches 402
Rohrkolben, Südlicher 410
Rohrkolbengewächse 410
Romulea bulbocodium 360
– *clusiana* 360
– *columnae* 360
– *requienii* 360
Rosa sempervirens 310
Rosaceae 308 ff., 440
Rose, Immergrüne 310
Roseneibisch, Chinesischer 428
Rosengewächse 308 ff., 440
Rosenpappel, Zweijährige 274
Rosmarin, Echter 258
Rosmarin, Wolliger 258
Rosmarinus eriocalyx 258
– *officinalis* 258
Rotmiere, Gekniete 168
Rubia balearica 314
– *peregrina* 314
– *tenuifolia* 314
Rubiaceae 312 f.
Rubus sanctus 312
– *ulmifolius* 312
Rumex bucephalophorus 294
– *spinosus* 292
Rupicapnos africana 284
Ruscaceae 376
Ruscus aculeatus 376
– *hypoglossum* 376
– *hypophyllum* 376
Ruta angustifolia 316
– *chalepensis* 316
– *coronata* 316
– *corsica* 316
– *graveolens* 316
– *linifolia* 316
– *montana* 316
Rutaceae 316, 440 f.
Rutenglockenblume, Kretische 162
Rutenkraut 76
Rutenstrauch, Honigduftender 316
Rutenstrauch, Lanzettblättriger 316
Saccharum officinarum 450
Sägehülse 206
Saflor 416
Salbei, Apfeltragender 260
Salbei, Echter 258
Salbei, Eisenkraut- 260
Salbei, Griechischer 258
Salbei, Grüner 260
Salbei, Kleinblättriger 426
Salbei, Muskateller- 260
Salbei, Silberblatt- 258
Salbei, Weißer 258
Salicornia fruticosa 174
– *perennis* 174
Salpichroa origanifolia 332
Salpichroa, Oreganoblättrige 332
Salsola kali 172
– *soda* 172
– *squarrosa* 172
Salvia argentea 258
– *candidissima* 258
– *dorystaechas* 250
– *fruticosa* 258
– *jordanii* 258
– *lavandulifolia* 258
– *microphylla* 426
– *officinalis* 258
– *pomifera* 260
– *rosmarinus* 228
– *sclarea* 260
– *triloba* 258
– *verbenaca* 260
– *viridis* 260
Salzkraut, Kali- 172
Salzkraut, Soda- 172
Salzmelde, Portulak- 172
Samtgras 406
Sandelholzgewächse 316
Sandkraut, Balearen- 164
Sandkraut, Berg- 164
Sandröschen, Geflecktes 180
Santalaceae 316
Santolina chamaecyparissus 122
– *corsica* 122
– *magonica* 122
– *villosa* 122
Saponaria calabrica 168
Sarcocapnos enneaphylla 284
Sarcocornia fruticosa 174
– *perennis* 174
Sarcopoterium spinosum 312
Satureja graeca 260
– *juliana* 260

– *montana* 262
– *nervosa* 262
– *spinosa* 262
– *thymbra* 262
Sauergräser 354
Sauerklee, Nickender 280
Sauerkleegewächse 280
Saumfarn, Gebänderter 56
Saxifraga chrysospleniifolia 318
– *corsica* 318
– *hederacea* 318
– *rotundifolia* 318
Saxifragaceae 318
Scabiosa atropurpurea 192
Scandix australis 80
– *pecten-veneris* 80
Schachblume, Messina- 370
Schachblume, Pyrenäen- 372
Schachblume, Rhodische 372
Schachtelhalm, Ästiger 52
Schachtelhalmgewächse 52
Schafgarbe, Kreta- 90
Schafgarbe, Leberbalsamblättrige 90
Scharbockskraut, Großblütiges 304
Scharte, Zichorienartige 116
Schefflera arboricola 416
Scheinhanf 188
Scheinhanfgewächse 188
Scheinkrokus, Clusius- 360
Scheinkrokus, Großblütiger 360
Scheinkrokus, Tyrrhenischer 360
Schellenbaum 414
Schenkia spicata 242
Schildfarn, Borstiger 56
Schildkraut, Echtes 148
Schildkraut, Libysches 152
Schildkraut, Weißes 152
Schildkresse, Echte 150
Schildkresse, Silberblatt- 150
Schildlaus, Kermes- 238
Schinus molle 414
– *terebinthifolia* 414
Schlangenwurz, Fliegenfressende 352
Schlangenwurz, Gewöhnliche 352
Schleifenblume, Immergrüne 150
Schleifenblume, Leinblättrige 150
Schlingmeldengewächse 416
Schlupfsame, Echter 108
Schmarotzerblumengewächse 298
Schmerwurz, Gewöhnliche 356
Schmerwurzgewächse 356
Schmetterlingsblütler 200 ff., 424 f.
Schneckenklee, Diskusförmiger 222
Schneckenklee, Gefleckt-blättriger 222
Schneckenklee, Gekrönter 222
Schneckenklee, Glattfrüchtiger 224
Schneckenklee, Rauer 224
Schneckenklee, Rippen- 224
Schneckenklee, Scheiben- 224
Schneckenklee, Schüsselförmiger 224
Schneckenklee, Stachel- 224
Schneckenklee, Strand- 224
Schneckenklee, Strauch- 222
Schneeball, Immergrüner 164
Schriftfarn 52
Schuppenfarn, Wimpern- 54
Schuppenkopf, Weißer 190
Schwalbenwurz, Gebräuchliche 88
Schwalbenwurz, Lianen- 88
Schwalbenwurz, Schwarze 88
Schwarzkümmel, Acker- 302
Schwarzkümmel, Echter 302
Schwarznessel, Behaarte 250
Schwarznessel, Napf- 250
Schwarzwurzel, Kreta- 132
Schwefelkörbchen, Bitterkraut- 134
Schwefelkörbchen, Weichhaariges 134
Schweifblatt 370
Schweinssalat, Glänzender 128
Schweinssalat, Strahliger 128
Schwertlilie, Einblättrige 360
Schwertlilie, Flachblättrige 358
Schwertlilie, Kretische 358
Schwertlilie, Mittags- 360
Schwertlilie, Sizilische 358
Schwertlilie, Tyrrhenische 358
Schwertliliengewächse 356 ff.
Scilla autumnalis 378
– *monophyllos* 378
– *nana* 378
– *peruviana* 378
Scirpoides holoschoenus 354
Scirpus holoschoenus 354
Scleropoa maritima 404
Scolymus grandiflorus 132
– *hispanicus* 132
– *maculatus* 132
Scorpiurus muricatus 230
– *vermiculatus* 230
Scorzonera cretica 132
– *arguta* 326
– *canina* 326
– *frutescens* 326
– *heterophylla* 326
– *peregrina* 326
– *sambucifolia* 326
– *trifoliata* 326
Scrophulariaceae 318 ff., 442
Scutellaria balearica 262
– *columnae* 262
– *sieberi* 262
Searsia pentaphylla 70
Securigera cretica 230
– *parviflora* 230
– *securidaca* 230
Sedum hispanicum 186
– *litoreum* 186
– *nicaeense* 186
– *ochroleucum* 186
– *praesidis* 186
– *rubens* 186
– *sediforme* 186
Segge, Grundblütige 354
Seidelbast, Herbst- 336
Seidelbast, Lorbeer- 336
Seidelbast, Ölbaumähnlicher 336
Seidelbast, Seidenhaariger 336
Seidelbastgewächse 336 f.
Seidenakazie 430
Seidenpflanze, Curaçao- 416
Seidenpflanze, Strauchige 88
Seidenpflanzengewächse 88, 416
Seifenkraut, Kalabrisches 168
Selaginella denticulata 56
Selaginellaceae 56
Senecio bicolor 114
– *gallicus* 122
– *leucanthemifolius* 122
– *rodriguezii* 122
– *varicosus* 122
Senf, Weißer 156
Senna corymbosa 420
– *didymobotrya* 420
– *septemtrionalis* 420
Serapias bergonii 398
– *cordigera* 398
– *lingua* 398
– *neglecta* 398
– *orientalis* 398

– *parviflora* 398
– *vomeracea* 398
Serradella, Flachhülsige 228
Serradella, Hochblattlose 228
Serratula cichoracea 116
Sesam, Indischer 436
Sesamgewächse 436
Sesamum indicum 436
Sesel, Gewundener 80
Seseli tortuosum 80
Sesleria doerfleri 408
– *insularis* 408
– *italica* 408
– *nitida* 408
Sibthorpia africana 328
– *europaea* 328
Sibthorpie, Balearen- 328
Sideritis italica 262
– *purpurea* 264
– *romana* 264
– *syriaca* 262
Siegwurz, Dreiblättrige 358
Siegwurz, Illyrische 356
Siegwurz, Saat- 356
Silbereiche, Australische 440
Silberhülse 202
Silberklee 202
Silberscharte, Spinnweben- 116
Silene aegyptiaca 168
– *colorata* 168
– *gallica* 170
– *littorea* 170
– *secundiflora* 170
– *sedoides* 170
– *succulenta* 170
Silybum marianum 124
Simaroubaceae 442
Simethis mattiazzi 378
– *planifolia* 378
Sinapis alba 156
Sixalix atropurpurea 192
Skabiose, Brutbildende 190
Skabiose, Palaestina- 190
Skabiose, Schwarzrote 192
Skorpionskraut 208
Skorpionsschwanz, Stacheliger 230
Skorpionsschwanz, Wurmförmiger 230
Smilacaceae 378
Smilax aspera 378
Smyrnium apiifolium 82
– *creticum* 82
– *olusatrum* 82
– *perfoliatum* 82
– *rotundifolium* 82
Soda inermis 172
Sode, Strauchige 174
Sodomsapfel 332
Solanaceae 330 ff., 444 f.
Solandra grandiflora 444
Solanum bonariense 332
– *elaeagnifolium* 332
– *linnaeanum* 332
– *melongena* 444
– *rantonnetii* 446
– *sodomeum* 332
Solenopsis minuta 162
Sommerwurz, Breitschuppige 280
Sommerwurz, Gezähnelte 280
Sommerwurz, Mutels 288
Sommerwurzgewächse 280
Sonchus bulbosus 134
– *tenerrimus* 134
Sonnenröschen, Katzengamander- 178
Sonnenröschen, Katzenkopf- 180
Sonnenröschen, Lavendelblättriges 180
Sonnenröschen, Strand- 178
Sonnenröschen, Weichhaariges 180
Sonnenröschen, Weidenblatt- 178
Sonnenwende, Curaçao- 142
Sonnenwende, Europäische 142
Spargel, Blattloser 366
Spargel, Schrecklicher 366
Spargel, Stechender 366
Spargel, Weißstängeliger 366
Spargelbohne, Rote 220
Spartium junceum 230
Spatzenzunge, Behaarte 336
Spatzenzunge, Heilewelt- 336
Spatzenzunge, Samt- 338
Spatzenzunge, Silberweiße 338
Spindelkraut, Gitter- 94
Spindelkraut, Gummi- 94
Spindelkraut, Niedriges 94
Spindelstrauchgewächse 170, 422
Spiranthes spiralis 398
Spitzklette, Dornige 124
Spitzklette, Großfrüchtige 124
Spornblume, Fußangel- 340
Spornblume, Rote 340
Spornblume, Schmalblättrige 340
Sporobolus pungens 408
Spreublume, Einjährige 124
Spreublume, Sizilianische 68
Spritzgurke 188
Stachelbeere, Chinesische 412
Stacheldolde, Starre 74
Stachelträubchen 294
Stachys byzantina 264
– *candida* 264
– *canescens* 264
– *cretica* 264
– *germanica* 264
– *glutinosa* 264
– *ocymastrum* 264
– *spinosa* 264
Staehelina dubia 124
– *fruticosa* 114
Staphisagria macrosperma 302
Stechampfer 292
Stechginster, Kleinblütiger 236
Stechwinde 378
Steckenkraut, Gewöhnliches 6, 76
Steifgras, Gewöhnliches 404
Steinbrech, Efeu- 318
Steinbrech, Korsischer 318
Steinbrech, Milzkrautblättriger 318
Steinbrechgewächse 318
Steinimmortelle, Felsen- 120
Steinimmortelle, Gewöhnliche 120
Steinimmortelle, Griechische 120
Steinimmortelle, Mehrköpfige 120
Steinklee, Gefurchter 226
Steinklee, Orientalischer 226
Steinlinde, Breitblättrige 280
Steinlinde, Schmalblättrige 278
Steinlorbeer 164
Steinsame, Borstiger 142
Steinsame, Gelber 142
Steinsame, Niederliegender 142
Steinsame, Strauchiger 142
Steintäschel, Felsen- 146
Stephanskraut 302
Steppenraute 344
Sterculiaceae 446
Sterkuliengewächse 446
Sternauge, Stechendes 118
Sternbergia colchiciflora 350
– *lutea* 350
– *sicula* 350
Sternlattich 132
Sternlein 294
Stinkstrauch 200
Stipa capensis 410
– *parviflora* 410
– *tenacissima* 406
– *tortilis* 410

Stipellula capensis 410
Stockmalve, Hanf- 274
Storchschnabel, Glänzender 244
Storchschnabel, Großgriffeliger 244
Storchschnabelgewächse 244
Strahlenaralie, Baumbewohnende 416
Strahlengriffelgewächse 412
Stranddistel 76
Strandfilzblume, Schneeweiße 15, 90
Strandflieder, Circeo- 290
Strandflieder, Geflügelter 290
Strandflieder, Geknäuelter 290
Strandflieder, Gelappter 290
Strandflieder, Schmalblättriger 290
Strandhafer 400
Strandkresse 152
Strandstern, Ausdauernder 16, 118
Strandstern, Einjähriger 92
Strauchnessel 258
Strauchpappel, Baumförmige 274
Strauchpappel, Kretische 276
Strauchpappel, Punktierte 276
Strauchpappel, Strand- 276
Strauchpappel, Zaunrübenblättrige 276
Strauchscharte, Echte 114
Strauchscharte, Zweifelhafte 124
Strauchstrandflieder 290
Strauchveronika, Andersons 442
Streifenfarn, Eiförmiger 54
Streifenfarn, Spitzer 54
Strigosella africana 152
Strohblume, Italienische 112
Strohblume, Korsische 100
Strohblume, Mittelmeer- 112
Strohblume, Östliche 112
Stundenblume 274
Styracaceae 334
Styrax officinalis 334
Styraxbaum, Echter 334
Styraxgewächse 334
Suaeda fruticosa 174
– *vera* 174
Succowia balearica 156
Suckowie, Balearen- 156
Süßgräser 400 ff., 450
Süßholz, Kahles 214
Süßkartoffel 422
Süßklee, Dorniger 214
Süßklee, Kronen- 214
Sulla coronaria 214
– *spinosossima* 214
Sumach, Finger- 70
Sumach, Gerber- 70
Sumachgewächse 70, 414
Symphytum bulbosum 144
– *creticum* 144

Tabak, Blaugrüner 332
Tännelkraut, Verändertes 322
Tamaricaceae 334
Tamariske, Afrikanische 334
Tamariske, Hampes 334
Tamariske, Kanarische 334
Tamariskengewächse 334
Tamarix africana 334
– *boveana* 334
– *canariensis* 334
– *gallica* 334
– *hampeana* 334
– *parviflora* 334
Tamus communis 356
Tanacetum audibertii 124
Tanne, Griechische 19, 62
Tanne, Igel- 62
Tanne, Weiß- 62
Taubnessel, Gargano- 250
Taubnessel, Großblütige 252
Taubnessel, Moschus- 250
Taubnessel, Weiße 250
Taubnessel, Zweispaltige 250
Tausendgüldenkraut, Ähriges 242
Tausendgüldenkraut, Gelbes 242
Tazette 348
Tecoma capensis 418
– *stans* 418
Tecomaria capensis 418
Teline linifolia 230
– *monspessulana* 230
Teline, Leinblättrige 230
Teline, Montpellier- 230
Tetraclinis articulata 60
Tetraena alba 344
Tetragonolobus purpureus 220
Teucrium brevifolium 266
– *campanulatum* 266
– *capitatum* 266
– *divaricatum* 266
– *flavum* 266
– *fruticans* 266
– *luteum* 266
– *marum* 266
– *polium* 266
– *pseudochamaepitys* 266
Thalictrum orientale 306
– *tuberosum* 306
Thapsia asclepium 74
– *garganica* 82
– *villosa* 82
Theligonaceae 336
Theligonum cynocrambe 336
Thevetia peruviana 414
Thinopyrum junceum 406
Thunbergia grandiflora 412
Thunbergie, Großblütige 412
Thymbra capitata 24, 268
Thymelaea hirsuta 336
– *myrtifolia* 338
– *sanamunda* 336
– *tartonraira* 338
– *velutina* 338
Thymelaeaceae 336 f.
Thymian, Echter 268
Thymian, Ganzrandiger 268
Thymian, Gestreifter 268
Thymian, Kopfiger 24, 268
Thymian, Langblütiger 268
Thymian, Winter- 268
Thymus capitatus 268
– *hyemalis* 268
– *integer* 268
– *longiflorus* 268
– *striatus* 268
– *vulgaris* 268
– *zygis* 268
Tolpis barbata 134
– *umbellata* 134
Tordylium aegyptiacum 82
– *apulum* 82
– *maximum* 82
– *officinale* 82
Torilis nodosa 84
– *pseudonodosa* 84
Trachelium caeruleum 162
– *lanceolatum* 162
Trachelospermum jasminoides 416
Trachynia distachya 410
Tractema monophyllos 378
Tragant, Ausdauernder 204
Tragant, Balearen- 206
Tragant, Haken- 204
Tragant, Marseille- 206
Tragant, Montpellier- 204
Tragant, Portugiesischer 204
Tragant, Thrakischer 204
Tragopogon hybridus 128
– *porrifolius* 134
Tragus racemosus 410

Traubenhyazinthe, Dunkle 374
Traubenhyazinthe, Kleinblütige 374
Traubenhyazinthe, Kreta- 374
Traubenhyazinthe, Übersehene 374
Traubenhyazinthe, Weiss' 374
Tremastelma palaestinum 190
Tribulus terrestris 344
Trichtermalve, Langblättrige 276
Trichternarzisse, Dünen- 348
Trichternarzisse, Illyrische 348
Trifolium angustifolium 232
– *cherleri* 232
– *clypeatum* 232
– *hirtum* 232
– *incarnatum* 232
– *ligusticum* 232
– *spumosum* 232
– *stellatum* 234
– *subterraneum* 234
– *tomentosum* 234
– *uniflorum* 234
Trigonella balansae 234
– *gladiata* 234
– *smallii* 226
– *sulcata* 226
Tripodion tetraphyllum 234
Trompetenbaum, Gelber 418
Trompetenbaumgewächse 418
Tuberaria guttata 180
– *lignosa* 180
– *plantaginea* 180
– *praecox* 180
Tüpfelfarn, Südlicher 56
Tüpfelfarngewächse 52 ff.
Tulipa bakeri 51, 380
– *boeotica* 380
– *cretica* 380
– *doerfleri* 380
– *goulimyi* 380
– *saxatilis* 380
– *sylvestris* 380
Tulpe, Bakers 51, 380
Tulpe, Dörflers 380
Tulpe, Goulimis 380
Tulpe, Kretische 380
Tulpe, Wilde 380
Turgenia latifolia 84
Typha domingensis 410
Typhaceae 410

Ulex parviflorus 236
Ulmaceae 338
Ulmengewächse 338
Umbelliferae 72 ff.
Umbilicus erectus 186
– *gaditanus* 186
– *horizontalis* 186
– *luteus* 186
– *parviflorus* 186
– *rupestris* 186
Urginea fugax 380
– *maritima* 380
– *undulata* 380
Urospermum dalechampii 134
– *picroides* 134
Urtica atrovirens 340
– *bianorii* 340
– *caudata* 340
– *membranacea* 340
– *pilulifera* 340
Urticaceae 338 f.

Vachellia farnesiana 429
– *karroo* 429
Vaillantie, Behaarte 314
Vaillantie, Mauer- 314
Valantia hispida 314
– *muralis* 314
Valeriana asarifolia 342
– *dioscoridis* 342
– *italica* 342
Valerianaceae 340 f.
Valerianella discoidea 342
– *obtusiloba* 342
– *vesicaria* 342
Veilchen, Skorpions- 344
Veilchengewächse 344
Veilchenstrauch, Dunkelblauer 444
Venuskamm, Echter 80
Venuskamm, Südlicher 80
Verbascum arcturus 328
– *graecum* 328
– *macrurum* 328
– *sinuatum* 328
– *spinosum* 328
– *undulatum* 328
Verbenaceae 342, 446
Verbene, Echte, 446
Veronica × andersonii 442
– *cymbalaria* 330
– *syriaca* 330
Viburnum tinus 164
Vicia benghalensis 236
– *bithynica* 236
– *grandiflora* 236
– *hybrida* 236
– *lutea* 236
– *melanops* 236
– *narbonensis* 236
Vilfagras, Stechendes 408
Vinca difformis 84
– *herbacea* 84
– *major* 84
– *media* 84
– *rosea* 414
Vincetoxicum creticum 88
– *hirundinaria* 88
– *nigrum* 88
Viola arborescens 344
– *scorpiuroides* 344
Violaceae 344
Viscum album 272
– *cruciatum* 272
Vitaceae 446
Vitex agnus-castus 342
Vitis vinifera 446

Wacholder, Hoher 58
Wacholder, Pflaumenfrüchtiger 58
Wacholder, Phönizischer 58
Wacholder, Spanischer 60
Wacholder, Stech- 58
Wacholder, Zedern- 58
Wacholdermistel 272
Wachsbaum, Großfrüchtiger 414
Wachsblume, Große 138
Wachsblume, Violette 138
Walch, Bauchiger 400
Walch, Dreizölliger 400
Walch, Vernachlässigter 400
Waldrebe, Brennende 300
Waldrebe, Italienische 300
Waldrebe, Ranken- 300
Waldvögelein, Langblättriges 382
Waldwurz, Gefleckte 384
Wandelröschen 446
Washingtonia filifera 448
– *robusta* 448
Washingtonie, Fädige 448
Washingtonie, Mexikanische 448
Wassermelone 422
Wasserschlauchgewächse 270
Wegerich, Bellardi- 286
Wegerich, Dickblättriger 286
Wegerich, Flohsamen- 286
Wegerich, Hasenfuß- 288
Wegerich, Kiel- 286
Wegerich, Krähenfuß- 288
Wegerich, Kreta- 286

Wegerich, Pfriemenblättriger 286
Wegerich, Sägeblatt- 288
Wegerich, Silbrigweißer 286
Wegerich, Spitz- 288
Wegerich, Stängelumfassender 288
Wegerich, Strauch- 286
Wegerichgewächse 286 f.
Wegwarte, Dornige 126
Weidelgras 402
Weiderich, Binsenartiger 274
Weiderichgewächse 274
Weihnachtsstern 424
Weinrebe 446
Weinrebengewächse 446
Weißdorn, Zerschlitztblättriger 308
Wermut, Barreliers 92
Wermut, Kampfer- 92
Wicke, Bengalen- 236
Wicke, Bithynische 236
Wicke, Großblütige 236
Wicke, Hybrid- 236
Wicke, Narbonne- 236
Wicke, Schwarzflügelige 236
Wiesenraute, Östliche 306
Winde, Backenklee- 182
Winde, Dreifarbige 184
Winde, Eibischblättrige 182
Winde, Gestrichelte 184
Winde, Kantabrische 182
Winde, Ölbaumblättrige 184
Winde, Sizilianische 184
Winde, Strand- 182
Winde, Wald- 182
Winde, Wollige 182
Winde, Zierliche 182
Windengewächse 182 f., 422
Wisteria floribunda 426
– *sinensis* 426
Withania frutescens 334
– *somnifera* 334
Withanie, Schlafbringende 334
Withanie, Strauch- 334
Wolfsmilch, Baumartige 196
Wolfsmilch, Behaarte 198
Wolfsmilch, Christusdorn- 424
Wolfsmilch, Doppeldolden- 196
Wolfsmilch, Dornbusch- 24, 196
Wolfsmilch, Gesägte 198
Wolfsmilch, Malta- 196
Wolfsmilch, Myrten- 198
Wolfsmilch, Nizza- 198
Wolfsmilch, Palisaden- 196
Wolfsmilch, Pithyusen- 198
Wolfsmilch, Steife 198
Wolfsmilch, Strand- 15, 198
Wolfsmilch, Sumpfquendel- 194
Wolfsmilch, Terracina- 196
Wolfsmilch, Tirucalli- 424
Wolfsmilch, Wulfens 196
Wolfsmilchgewächse 194 ff., 424
Wollbaumgewächse 418
Wollmispel 440
Woodwardia radicans 56
Wucherblume, Kronen- 112
Wucherblume, Saat- 112
Wunderbaum 200
Wunderblume, Mexikanische 436
Wunderblumengewächse 434 f.
Wundklee, Blasen- 234
Wundklee, Dorniger 202
Wundklee, Roter 202
Wundklee, Ruten- 202

Xanthium orientale 124
– *spinosum* 124
Xeranthemum annuum 124

Ysop 250
Yucca gloriosa 448

Zackenschötchen, Senfblättriges 148
Zapfenkopf 122
Zaunrübe, Kretische 188
Zeder, Atlas- 62
Zeder, Libanon- 19, 62
Zedrachbaum, Indischer 428
Zedrachgewächse 428
Zeiland, Dreibeeriger 180
Zeitlose, Bivona- 370
Zeitlose, Großblättrige 370
Zeitlose, Haynalds 370
Zelkova abelicea 338
Zelkova, Kretische 338
Zickzackdorn 308
Ziest, Basilikum- 264
Ziest, Dorniger 264
Ziest, Klebriger 264
Ziest, Kretischer 264
Ziest, Messenischer 264
Ziest, Weißer 264
Zimbelkraut, Dreilappiges 320
Zimbelkraut, Langstängel- 320
Zirmet, Ägyptischer 82
Zirmet, Apulischer 82
Zirmet, Echter 82
Zistrose, Clusius- 174
Zistrose, Gelbe 178
Zistrose, Graubehaarte 174
Zistrose, Kelch- 178
Zistrose, Kleinblütige 23, 176
Zistrose, Lack- 176
Zistrose, Montpellier- 176
Zistrose, Salbeiblättrige 176
Zistrose, Weißliche 174
Zistrosengewächse 174 ff.
Zistrosenwürger, Gelber 298
Zistrosenwürger, Roter 298
Zitrone 440
Zitrone, Zitronat- 440
Zitronenstrauch 446
Zittergras, Großes 402
Zittergras, Kleines 402
Ziziphus lotus 308
Zuckerrohr 450
Zürgelbaum, Südlicher 338
Zungenstendel, Echter 398
Zungenstendel, Herzförmiger 398
Zungenstendel, Kleinblütiger 398
Zungenstendel, Orientalischer 398
Zungenstendel, Schlankwüchsiger 398
Zungenstendel, Verkannter 398
Zwenke, Ästige 402
Zwenke, Zweiährige 410
Zwergedelweiß 110
Zwerggänseblümchen, Echtes 94
Zwergginster, Kretischer 208
Zwergginster, Reichhaariger 206
Zwergginster, Stechender 208
Zwerglöwenmaul, Majoranblättriges 320
Zwerglöwenmaul, Strand- 320
Zwerglöwenmaul, Wollhaariges 320
Zwergölbaum 180
Zwergölbaumgewächse 180
Zwergpalme 354
Zygophyllaceae 344
Zygophyllum album 344
– *fabago* 344
Zylinderputzer, Zitronengelber 434
Zypergras, Dünen- 354
Zypresse, Mittelmeer- 58
Zypressengewächse 58 f.

Impressum

Umschlaggestaltung von BÜRO JORGE SCHMIDT, München, unter Verwendung zweier Fotos von picture alliance (blickwinkel/A. Laule) (vorne: Echter Feigenkaktus, *Opuntia ficus-indica*) und Peter Schönfelder (hinten: Baumförmige Strauchpappel, *Lavatera arborea*) sowie einer historischen Zeichnung aus Coste Flore de France (Weißliche Zistrose, *Cistus albidus*).

Mit 1598 Farbfotos von E. Garnweidner (S. 195/3, S. 205/1), N. Griebl (S. 385/4), Ph. Kollmar (S. 123/2), H. Kretzschmar (S. 383/6), W. Zielonkowski (S. 293/5) und 1592 Aufnahmen von Peter Schönfelder. Mit 936 Karten von Peter Schönfelder, Grundkarte von Wolfgang Lang.
111 Zeichnungen von Wolfgang Lang (3 Farbzeichnungen nach Entwürfen von Peter Schönfelder, 23 SW) und Marianne Golte-Bechtle (85 SW).

Seite 2/3: Alte Ölbäume *Olea europaea* bei Prassies (Kreta)
Seite 51: Bakers Tulpe *Tulipa bakeri* bei Omalos (Kreta)

Aus der Tatsache, dass einige Arten als Giftpflanzen bezeichnet werden, kann nicht geschlossen werden, dass alle anderen ungiftig sind.

Unser gesamtes Programm finden Sie unter **kosmos.de**.
Über Neuigkeiten informieren Sie regelmäßig unsere Newsletter, einfach anmelden unter **kosmos.de/newsletter**

FSC www.fsc.org
MIX
Papier aus verantwortungsvollen Quellen
FSC® C015829

Gedruckt auf chlorfrei gebleichtem Papier

ISBN 978-3-440-17499-9
Projektleitung: Claudia Salata
Redaktion: Rainer Gerstle
Gestaltungskonzept: eStudio Calamar
Satz: typopoint GbR, Ostfildern
Produktion: Markus Schärtlein
Druck und Bindung: Printer Trento, Trento
Printed in Italy / Imprimé en Italie

Exkursions —— Begleiter

Die KOSMOS-Naturführer für Fortgeschrittene. Mit diesen umfangreichen Bestimmungsbüchern sin Sie für Ihre botanischen Exkursionen bestens gerüstet. Alle Bücher zeigen die Schönheit und Vielfalt der Pflanzenwelt der jeweiligen Region oder Familie auf zahlreichen Farbfotos. Prägnante Bestimmungstexte erleichtern das Erkennen der Arten und Verbreitungskarten veranschaulichen das Vorkommen der Pflanzen. Interessante Extras und Ergänzungen wie Familienübersichten auf den Klappen oder die Darstellung von Zier- und Nutzpflanzen runden den Inhalt ab.

Orchideen Europas –
porträtiert mehr als 800 Arten, Unterarten und Varietäten.

496 Seiten, ca. € (D) 44,–

56

57

58

59

60

61

62

63

64

65

66

67

68

69

70

71

72

73